Mechanik, Werkstoffe und Konstruktion im Bauwesen

Band 43

Weitere Bände in dieser Reihe
http://www.springer.com/series/13824

Institutsreihe zu Fortschritten bei Mechanik, Werkstoffen, Konstruktionen, Gebäudehüllen und Tragwerken.

Sebastian Schula

Charakterisierung der Kratzanfälligkeit von Gläsern im Bauwesen

Characterisation of the scratch sensitivity of glasses in civil engineering

Sebastian Schula
Institut für Statik und Konstruktion
Technische Universität Darmstadt
Deutschland

Dissertation Technische Universität Darmstadt, 2015

D 17

Mechanik, Werkstoffe und Konstruktion im Bauwesen
ISBN 978-3-662-47781-6 ISBN 978-3-662-47782-3 (eBook)
DOI 10.1007/978-3-662-47782-3

Die Deutsche Nationalbibliothek verzeichnet diese Publikation in der Deutschen Nationalbibliografie; detaillierte bibliografische Daten sind im Internet über http://dnb.d-nb.de abrufbar.

Springer Vieweg

Gedruckt auf säurefreiem und chlorfrei gebleichtem Papier

Springer-Verlag Berlin Heidelberg ist Teil der Fachverlagsgruppe Springer Science+Business Media
(www.springer.com)

Danksagung

Die vorliegende Arbeit entstand während meiner Tätigkeit als wissenschaftlicher Mitarbeiter am Institut für Statik und Konstruktion der Technischen Universität Darmstadt. Mein besonderer Dank gilt Herrn Prof. Dr.-Ing. Jens Schneider, der meine Arbeit stets wohlwollend gefördert und betreut hat und auf dessen Hilfe sowie Unterstützung ich mich immer verlassen konnte. Ebenso danke ich herzlich Herrn Prof. Dr.-Ing. Harald Garrecht der Universität Stuttgart für seine Bereitschaft zur Übernahme des Korreferats und die stets freundliche Unterstützung.

Bei den Kollegen und Mitarbeitern des Institutes bedanke ich mich für die gute Zusammenarbeit. Dabei gilt besonderer Dank Johannes Franz, Jonas Hilcken, Jonas Kleuderlein und Johannes Kuntsche. Für die Unterstützung bei der Durchführung der experimentellen Untersuchungen möchte ich mich herzlich bei Paula Sternberg und Yves Staudt bedanken. Für die inspirierenden Gespräche zu Beginn meiner Arbeit möchte ich mich bei Herrn Günther Mattes bedanken. Speziell Herrn Michael Elstner von der Interpane Glas Industrie AG danke ich besonders, da ohne seine unermüdliche und kostenfreie Bereitstellung von Probekörpern der experimentelle Umfang dieser Arbeit sonst nicht möglich gewesen wäre. Herrn Prof. Dr.-Ing. Stefan Kolling und Frau Dipl.-Ing. Gitta Ehrenhaft der Technischen Hochschule Mittelhessen danke ich für die freundliche und wertvolle Unterstützung bei der Durchführung der vielzähligen Rasterelektronenmikroskopaufnahmen. Frau Dipl.-Ing. Yvette Schales und Frau Hellen Stelter des Fachgebietes Werkstoffe im Bauwesen danke ich für die Unterstützung bei den Ätzvorgängen von Glas und Herrn Dipl.-Ing. Ferdinand Klösel (NSG Gladbeck) für die unterstützende Literaturrecherche zum Ätzen von Glas.

Meiner Familie danke ich für die entgegengebrachte Unterstützung und Motivation. Dies gilt insbesondere für meine Lebensgefährtin Magdalena und meine Kinder Fine und Marc. Nicht zuletzt danke ich Mathias für seine konstruktive Kritik und das Korrekturlesen meiner Arbeit.

Darmstadt, im Dezember 2014 *Sebastian Schula*

Zusammenfassung

Der spröde Werkstoff Glas wird immer häufiger für konstruktive Bauteile verwendet, sodass er heute baurechtlich den konventionellen Materialien des konstruktiven Ingenieurbaus nahezu gleichgestellt ist. Mit vermehrter Anwendung wurde aber auch schnell offensichtlich, dass mechanische Oberflächendefekte, wie Kratzer oder Eindrücke, häufig die Anwendbarkeit einschränken, da neben der Reduzierung der optischen Qualität (Gebrauchstauglichkeit) auch wesentlich die Materialfestigkeit (Tragfähigkeit) negativ beeinflusst wird.

Im Rahmen der vorliegenden Arbeit wurde auf Grundlage theoretischer Betrachtungen und eines umfangreichen Versuchskonzeptes die Kratzanfälligkeit von kommerziellem Kalk-Natronsilikatglas charakterisiert. Dabei wurde konsequent zwischen einer optischen und einer statisch wirksamen Kratzanfälligkeit differenziert. Während erstere die Sichtbarkeit eines Kratzers beschreibt, bezieht sich letztere auf die Reduzierung der Glasfestigkeit. Es konnte gezeigt werden, dass aus einem spitzen Kontakt (z. B. durch ein Sandkorn) resultierende mechanische Oberflächendefekte auf Glas im Bauwesen in der Regel ein typisches Risssystem aufweisen. Dieses besteht aus parallel zur Glasoberfläche wachsenden Lateralrissen, welche eine Verbreiterung der Kratzspur bewirken und somit die makroskopische Sichtbarkeit eines Oberflächendefektes deutlich erhöhen, sowie Tiefen- und Radialrissen, welche senkrecht zur Glasoberfläche vordringen und eine Herabsetzung der Festigkeit bewirken. Neben den wesentlichen Einflussparametern auf die Ausbildung und das Wachstum der Risse konnte gezeigt werden, dass insbesondere Letzteres für Lateralrisse zeitabhängig aufgrund subkritischer Risswachstumseffekte auch nach dem eigentlichen Kontaktvorgang erfolgt. Für im Bauwesen üblicherweise vorherrschende atmosphärische Umgebungsbedingungen weist thermisch vorgespanntes Glas im Vergleich zu thermisch entspanntem Floatglas eine leicht höhere optische Kratzanfälligkeit auf; unter feuchten Umgebungsbedingungen konnte dieser Unterschied kaum beobachtet werden. Hinsichtlich der statisch wirksamen Kratzanfälligkeit wurde für thermisch vorgespannte Gläser beobachtet, dass trotz identischer Vorschädigung die effektive Biegefestigkeit mit zunehmender Oberflächendruckspannung infolge des thermischen Vorspannprozesses steigt, respektive die Risslänge abnimmt. Weiterführend konnte für auf Gläsern im Bauwesen zu beobachtende Schadensmuster gezeigt werden, dass insbesondere für thermisch entspanntes Floatglas die charakteristische Festigkeit, welche in den Produktnormen definiert ist, teilweise deutlich unterschritten wird. Kratzer haben bei thermisch entspanntem Floatglas also einen ungünstigeren Einfluss auf die Materialfestigkeit als bei thermisch vorgespanntem Glas.

Anhand abschließender Betrachtungen zur Sanierung von Kratzern auf Glasoberflächen konnte gezeigt werden, dass abrasive Polierverfahren zur Reduzierung der Sichtbarkeit von Oberflächendefekten auf statisch nicht wirksamen Glaselementen durchaus geeignet sind. Allerdings werden durch derartige Verfahren weitere (nicht sichtbare) Oberflächendefekte auf der Glasoberfläche erzeugt, sodass von einer zusätzlichen Reduzierung der Glasfestigkeit ausgegangen werden muss. Für die lokale Anwendung stark verdünnter Flusssäure konnte hingegen eine gegensätzliche Wirkung beobachtet werden: Während durch das Ätzen die makroskopische Sichtbarkeit teilweise ansteigt, wird der festigkeitsmindernde Einfluss des Oberflächendefektes erheblich minimiert.

Abstract

Glass is a brittle material, which is more and more used for structural components in civil engineering. According to the current building regulations, today glass is treated as a conventional constructive material in civil engineering. But with increased application it was obvious that mechanical surface damages, such as scratches and indentations, are a major problem for glass, since they affect both optical quality (serviceability) and strength (load capacity).

In the present work, the scratch sensitivity of commercial soda-lime-silicate glass was characterised by theoretical considerations and a broad experimental concept. Thereby, the sensitivity to scratches was differentiated between optical and structural consequences. While the former describes the visibility of a scratch, the latter refers to the reduction of materials strength. For glasses in civil engineering applications it has been shown that mechanical surface defects, induced by a sharp contact (e.g. due to a grain of sand), exhibits a typical crack system. It consists of lateral cracks, which extend sideways closely below the surface and lead to an optical enlargement of the scratch, as well as median and radial cracks, which penetrate the glass perpendicular to the surface an reduce the strength. In addition to the substantial influencing parameters on initiation and crack growth of the flaws, it has been shown that in particular the latter for lateral cracks is time dependent and occurs due to subcritical crack growth effects also delayed after the actual contact process. It was identified that for normally prevailing ambient atmospheric conditions in civil engineering thermally toughened glasses show a slightly higher optical sensitivity to scratches than annealed glasses; for humid conditions, this difference could be hardly observed. The structural sensitivity to scratches was found to be more sensitive for annealed glasses, since with increasing surface compression stresses due to thermal tempering, a decrease of the crack length could be observed. Further, for surface defects found in-situ, it could be observed, that especially for annealed glass the resulting characteristic strength is well below the values given in standards. Thus, scratches have a unfavorable influence on the material strength of annealed glass than on thermally toughened glass.

Final considerations for the rehabilitation of scratches on glass surfaces showed that abrasive polishing methods are quite suitable for reducing the visibility of surface defects on glass elements that are not used in static context. However, (non-visible) surface flaws are generated, so that a further reduction of the components strength has to be assumed. On the contrary, for the local use of diluted hydrofluoric acid an opposite effect was observed:

while the macroscopic visibility increases slightly by etching, the strength-reducing effect of the surface defect is considerably compensated.

Résumé

De nos jours, le matériau verre est de plus en plus utilisé pour réaliser des éléments de construction. De sorte qu'il est aujourd'hui juridiquement presque égal aux matériaux d'ouvrage d'art conventionnels. En l'utilisant davantage, on s'aperçoit cependant que des imperfections mécaniques de la surface telles que des rayures ou des empreintes limitent l'application du fait qu'en plus de la réduction de la qualité optique (l'état limite en service), la résistance de matériau (l'état limite ultime) est affectée essentiellement.

Dans le cadre du présent ouvrage, la propension du verre calcaire-soude à former des rayures a été caractérisée à la base de considérations théoriques et d'un vaste programme de tests. Ce faisant, on a différencié les imperfections optiques et celles structurelles. Les premières concernent la visibilité, tandis que les secondes réduisent la résistance du matériau. Les résultats montrent, que les imperfections mécaniques de surface du verre, utilisé dans la construction, présentent un système de rayure typique, dû à un contact aigu (tel qu'un grain de sable). Celui-ci consiste en des fissures latérales se répandant parallèlement à la surface du verre, et qui provoquent un élargissement du sillon de la fissure et par conséquent, augmentent considérablement la visibilité macroscopique de l'imperfection superficielle. En outre, il se forme des fissures se propageant en profondeur et de façon radiale et qui pénètrent perpendiculairement à la surface du verre et réduisent la résistance. En plus de décrire les paramètres principaux influençant la formation et la croissance subcritique des fissures, il est démontré que, particulièrement les fissures latérales se produisent en fonction du temps après le processus de contact. Dans des conditions atmosphériques que l'on a d'ordinaire pour le bâtiment, les verres float précontraints thermiquement sont un peu plus sensibles à la formation de fissures latérales que les verres relaxés thermiquement. Il convient de mentionner que dans des conditions humides, cette différence n'est plus observable. En ce qui concerne la propension à former des fissures produites statiquement, on peut constater que, même pour des défauts initiaux identiques, la résistance à la flexion effective augmente puisque la tension de compression en surface augmente suite à un processus de précontrainte thermique. Qui plus est, la longueur des fissures se réduit. En outre, on a pu révéler qu'en particulier, la résistance caractéristique des verres float relaxés thermiquement est souvent en deca de la résistance caractéristique exigée pour des verres avec des défauts réels que l'on constate dans le bâtiment. Par conséquent, la propension à la formation de fissures produites statiquement est à évaluer de façon plus sensible pour les verres relaxés thermiquement.

Enfin, l'analyse des possibilités de réparation des surfaces de verre fissurées révèle que des procédures de polissage abrasif sont appropriées pour diminuer la visibilité des imperfections de surface des éléments en verre n'étant pas utilisés statiquement. Mais l'application de ces procédures cause plus d'imperfections invisibles des surfaces des verres de sorte qu'on doit supposer une réduction supplémentaire de la résistance des éléments. En appliquant localement une solution d'acide fluorhydrique très diluée, on décèle un effet contraire: tandis que la corrosion augmente la visibilité macroscopique, l'influence de l'imperfection superficielle sur la résistance est réduite énormément.

Inhaltsverzeichnis

Symbolverzeichnis

Bruchmechanik und Härte

A	Rissausbreitungskonstante
$A(h)$	Kontaktfläche
$A_{\mathrm{BV}}(h)$	Kontaktfläche bei Verwendung eines *Berkovich*-Eindringkörpers
$A_{\mathrm{V}}(h)$	Kontaktfläche bei Verwendung eines *Vickers*-Eindringkörpers
$A(d_{HV})$	Kontaktoberfläche bei der Bestimmung der *Vickershärte*
A_{p}	Projizierte Kontaktfläche
$A_{\mathrm{p},HV}$	Projizierte Kontaktfläche bei Verwendung eines *Vickers*-Eindringkörpers
B	Konstante zur Bestimmung der Ausprägung des Eigenspannungsfeldes
C	Glaszusammensetzung
C_{B}	Spannungsoptische Konstante
C_{H}	Proportionalitätsfaktor zwischen Fließspannung und Härte
E	Elastizitätsmodul
E_{r}	Reduzierter Elastizitätsmodul/Eindringmodul
F	Prüfkraft
F_{n}	Normalkraft auf einen Eindringkörper
$F_{\mathrm{n,max}}$	Maximale Prüfkraft auf einen Eindringkörper
$\dot{F}_{\mathrm{n}}$	Kraftrate der Lastaufbringung auf den Eindringkörper
F_{t}	Tangentialkraft auf einen Eindringkörper
H	Härte
H_{IT}	Eindringhärte
HK	Härte nach *Knoop*
HM	Härte nach *Martens*
HS_{P}	Kratzhärte nach ASTM G171

HV	Härte nach *Vickers*
K	Spannungsintensitätsfaktor
K_{I}	Spannungsintensität (Modus I)
K_{I0}	Spannungsrisskorrosionsgrenze (Modus I)
K_{Ic}	Bruchzähigkeit (Modus I)
K_{Ir}	Spannungsintensitätsfaktor einer Referenzkonfiguration (Modus I)
K_{II}	Spannungsintensität (Modus II)
K_{IIc}	Bruchzähigkeit (Modus II)
K_{III}	Spannungsintensität (Modus III)
K_{IIIc}	Bruchzähigkeit (Modus III)
K_{v}	Vergleichsspannungsintensitätsfaktor
$\breve{K}_{\mathrm{I}}$	Spannungsintensitätsfaktor eines Kerbrisses
N	Risswachstumsparameter
R	Oberflächenbeschaffenheit
R_{d}	Bemessungswert des Tragwiderstands
S	Kontaktsteifigkeit zwischen Probe und Eindringkörper/Prüfmaschine
T	Temperatur
U	Gesamtenergie
U_{M}	Mechanische Energie
U_{S}	Oberflächenenergie
X	Chemische Reaktionsfähigkeit der Umgebungsbedingung
Y	Geometriefaktor
Y_{r}	Geometriefaktor einer Referenzkonfiguration
a	Maximaler Kontaktradius zwischen Eindringkörper und Probenoberfläche
c	Risslänge
c_0	Länge eines kerbähnlichen Risses
c_{f}	Kritische Risslänge
c_{i}	Initialrisslänge
c_{l}	Laterale Risslänge
$\bar{c}_{\mathrm{l}}$	Mittelwert der lateralen Risslänge

d	Breite kerbähnlicher Risse
d	Glasdicke
d_{HV}	Arithmetisches Mittel der Eindruckdiagonalen bei Bestimmung der Vickershärte
f	Materialkennwert
f_{c}	Kritischer Materialkennwert
f_{k}	Charakteristischer Wert der Biegefestigkeit
$f_{\mathrm{k,Stoß}}$	Charakteristischer Wert der Kurzzeitfestigkeit bei Stoßbeanspruchung
f_{m}	Mittelwert der Biegefestigkeit
h	Eindringtiefe
h_{I}	Gewichtsfunktion (Modus I)
h_{II}	Gewichtsfunktion (Modus II)
h_{a}	Elastische Wegstrecke zwischen Probenoberfläche und Kontaktradius
h_{c}	Kontakttiefe bei maximaler Prüfkraft
h_{e}	Elastischer Anteil der Eindringtiefe
h_{max}	Maximale Eindringtiefe
h_{p}	Permanente Eindringtiefe nach Rücknahme der Prüfkraft
h_{r}	Aus der Kraftrücknahmekurve abgeleitete Tangententiefe
h_{s}	Höhe der Spitzenverrundung eines Eindringkörpers
k	Geometrische Konstante zur Bestimmung der Kratzhärte HS_{P} nach ASTM G171
k_{c}	Beiwert zur Berücksichtigung der Konstruktionsart
k_{mod}	Beiwert zur Berücksichtigung der Lasteinwirkungsdauer
l_{K}	Risslänge eines Kerbgrundrisses
l_{k}	Länge einer Kratzspur
m	Geradensteigung
p_{m}	Mittlere Kontaktspannung
r	Radialer Abstand (Koordinate) vor einer Rissspitze
r_1	Radius des Lastringes (Doppelring-Biegeversuch)
r_2	Radius des Stützringes (Doppelring-Biegeversuch)

r_3	Radius der Abmessung eines rotationssymmetrischen Probekörpers (Doppelring-Biegeversuch)
r_p	Radius der inelastischen Prozesszone im Bereich einer Rissspitze
r_s	Radius der Spitzenausrundung eines Eindringkörpers
s	Vertikaler Abstand des Lastangriffspunktes von der Oberfläche des elastischen Halbraums
t	Zeit
t_{eff}	Effektive Zeit
t_f	Prüfdauer, Lebensdauer
$t_{f,d}$	Prüfdauer, Lebensdauer (dynamische Prüfung)
$t_{f,s}$	Prüfdauer, Lebensdauer (statische Prüfung)
t_{HF}	Ätzdauer
u	Horizontale Rissöffnungsverschiebung
u_z	Vertikale Gesamtverschiebung eines Eindringkörpers
$u_{z,el}$	Elastischer Verformungsanteil der vertikalen Gesamtverschiebung eines Eindringkörpers
$u_{z,pl}$	Plastischer Verformungsanteil der vertikalen Gesamtverschiebung eines Eindringkörpers
v	Vertikale Rissöffnungsverschiebung
v	Rissgeschwindigkeit
v_0	Initialrissgeschwindigkeit
v_k	Kratzgeschwindigkeit
w_k	Mittlere Breite der Kratzfurche
α	Spitzenwinkel eines Eindringkörpers
γ	Oberflächenenergie
γ_M	Teilsicherheitsbeiwert für Materialeigenschaften
δ	Ätztiefe
ε	Geometriefaktor zur Berücksichtigung verschiedener Eindringkörpergeometrien
ε	Dehnung
$\dot{\varepsilon}$	Dehnrate
η	Verhältnis unterschiedlicher Ätzraten an Glasoberfläche und Rissspitze

η_{A_p}	Reduktionsfaktor zur Berücksichtigung elastischer Verformungsanteile
θ	Winkel der Tangente an der Rissspitze
θ_0	Winkel der Rissfortschrittsrichtung bei einer Modus II Beanspruchung
κ	Verdichtungsparameter
μ	Reibungskoeffizient
ν	Querkontraktion
ρ	Radius der Rissspitzenausrundung
σ	Spannung
σ_1	Hauptzugspannung
σ_{I0}	Dauerstandsfestigkeit
σ^*	Intrinsische Festigkeit
ς	Verhältnis der Bruchzähigkeiten bei Mixed-Mode Beanspruchungen
σ_a	An der Bauteiloberfläche anliegende risswirksame Zugspannung (Modus I, z. B. Biegespannung)
σ_e	Oberflächendruckspannung infolge thermischer oder chemischer Vorspannung
$\bar{\sigma}_e$	Mittelwert der Oberflächendruckspannung infolge thermischer oder chemischer Vorspannung
$\sigma_{e,k}$	Charakteristischer Wert der Oberflächendruckspannung infolge thermischer oder chemischer Vorspannung
$\sigma_{f,eff}$	Effektive Biegefestigkeit
σ_f	Biegefestigkeit
$\sigma_{f,d}$	Druckfestigkeit
$\sigma_{f,d}$	Dynamische Zeitstandfestigkeit
$\sigma_{f,HF}$	Biegefestigkeit einer geätzten Glasoberfläche
$\sigma_{f,inert}$	Inerte Festigkeit
$\sigma_{f,s}$	Statische Zeitstandfestigkeit
$\sigma_{f,z}$	Zugfestigkeit
σ_{max}	Maximal auftretende risswirksame Spannung
σ_n	An den Rissflanken anliegende Zugspannung (Modus I)
σ_{rad}	Radialspannung

σ_t	Theoretische Festigkeit
σ_{tan}	Tangentialspannung
σ_y	Fließspannung
σ_ρ	Rissspitzenspannung kerbähnlicher Risse
$\dot{\sigma}$	Spannungsrate
$\tau_{xy,a}$	Am Bauteil anliegende risswirksame Schubspannung (Modus II)
$\tau_{yz,a}$	Am Bauteil anliegende risswirksame Schubspannung (Modus III)
$\tau_{xy,n}$	An den Rissflanken anliegende risswirksame Schubspannung (Modus II)
ω	Faktor zur Berücksichtigung der Eindringkörpergeometrie

Herstellung und Chemie des Glases

T_f	Schmelzpunkt einer Flüssigkeit
T_g	Transformationstemperatur
T_p	Aufheiztemperatur beim Vorspannprozess
ΔT	Temperaturdifferenz
$\dot{T}$	Abkühlgeschwindigkeit
V	Volumen
V_G	Volumen einer gläsernen Struktur
V_K	Volumen einer kristallinen Struktur
ΔV	Differenzvolumen
ρ_M	Dichte
ρ_{Sn}	Zinnkonzentration
α_T	Temperaturausdehnungskoeffizient
η	Viskosität

Statistik und charakteristische Biegefestigkeit von Glas

C	Konfidenzintervall
F^{-1}	Umkehrfunktion der kumulativen Verteilungsfunktion
F_{LN}	Kumulative Verteilungsfunktion der Lognormalverteilung
F_{WB}	Kumulative Verteilungsfunktion der Weibull-Verteilung
P_f	Wahrscheinlichkeit

$P_{f,i}$	Kumulative Ausfallwahrscheinlichkeit
$P_{f,RC2}$	Versagenswahrscheinlichkeit (Zuverlässigkeitsklasse RC2)
R^2	Korrelationskoeffizient (Bestimmtheitsmaß)
X	Zufallsvariable
$\hat{a}$	Schätzwert des Achsenabschnittes der linerarisierten, kumulativen Weibull-Verteilung
f_{LN}	Wahrscheinlichkeitsdichte der Lognormalverteilung
f_{WB}	Wahrscheinlichkeitsdichte der Weibull-Verteilung
i	Rangnummer
l	Konfidenzniveau, bzw. Aussagewahrscheinlichkeit ($l = 1 - \alpha$ für eine einseitige und $l = 1 - \alpha/2$ für eine zweiseitige Abgrenzung)
$\hat{m}$	Schätzwert der Geradensteigung der linearisierten, kumulativen Weibull-Verteilung
n	Stichprobenumfang
$\bar{r}$	Arithmetischer Mittelwert der Biegefestigkeit
s_e	Standardfehler des Schätzwertes
$t_{l;n-2}$	Quantil der t-Verteilung
x	Stichprobe
x_0	Unabhängige Variable an der Stelle $X = x_0$
$\bar{x}$	Arithmetisches Mittel der beobachteten Stichproben x
$\bar{y}$	Mittelwert der linearisierten Verteilungsfunktion auf der Ordinatenachse des Wahrscheinlichkeitsnetzes (Ausfallwahrscheinlichkeit)
$\check{y}_{C,0}$	Intervallwert des Konfidenzintervalls
α	Signifikanzniveau
β	Skalenparameter der Weibull-Verteilung
$\hat{\beta}$	Schätzwert des Skalenparameters der Weibull-Verteilung
λ	Formparameter der Weibull-Verteilung
$\hat{\lambda}$	Schätzwert des Formparameters der Weibull-Verteilung
μ_x	Erwartungswert der Stichproben entsprechend der *Gauß*'schen Normalverteilung
μ	Parameter der Lognormalverteilung (Erwartungswert der logarithmierten Stichprobenwerte)

$\hat{\mu}$ Schätzwert des Parameters der Lognormalverteilung

v Variationskoeffizient

σ_x Standardabweichung der Stichproben entsprechend der *Gauß*'schen Normalverteilung

σ^2 Parameter der Lognormalverteilung (Varianz der logarithmierten Stichprobenwerte)

$\hat{\sigma}^2$ Schätzwert des Parameters der Lognormalverteilung

Abkürzungsverzeichnis

ALS	Aluminosilikatglas
BP	Biegeprüfung
BV	Betretbare Verglasung
CVG	Chemisch vorgespanntes Glas
DMS	Dehnmessstreifen
EDX	*Energy dispersive X-ray analysis* (Röntgenstrahlanalyse)
ESG	Einscheibensicherheitsglas
ESZ	Ebener Spannungszustand
EVZ	Ebener Verzerrungszustand
FE	Fluoreszierende Eindringprüfung
FEM	Finite-Element-Methode
FG	Thermisch entspanntes Floatglas
FV	Fassadenverglasung
HF	Flusssäure
KNS	Kalk-Natronsilikatglas
LM	Lichtmikroskop
PVS	Planmäßige Vorschädigung
REM	Rasterelektronenmikroskop

rF	Relative Luftfeuchtigkeit
TVG	Teilvorgespanntes Glas
UPM	Universalprüfmaschine
UST	Universal-Surface-Tester
VSG	Verbundsicherheitsglas

1 Einleitung

Der Werkstoff Glas wird seit etwa 25 Jahren neben der herkömmlichen Verwendung als flächenfüllendes Fensterelement auch für konstruktive Bauteile verwendet. Durch baulich immer größer werdende Herausforderungen wurde das spröde Material mittlerweile baurechtlich aus dem Schattendasein gelöst. Dies ist an einer immer stärker wachsenden Produktpalette mit interessanten Weiterentwicklungen ersichtlich. Nicht zuletzt die steigende Anzahl an Zustimmungen im Einzelfall (ZiE), die zahlreichen Richtlinien, die allgemein bauaufsichtlichen Zulassungen (abZ) und Prüfzeugnisse (abP) sowie die aktuell tätige nationale und internationale Normungsarbeit verdeutlichen dies. Im Zuge des Architekturtrends gelten die Transparenz bzw. Lichtdurchlässigkeit sowie die Schlankheit und hierdurch vermittelte Leichtigkeit einer gläsernen Konstruktion als Hauptargument für die Verwendung von Glas im Bauwesen. Intensive Forschungstätigkeiten haben in den letzten Jahren ermöglicht, dass der Werkstoff Glas in bauphysikalischer und konstruktiver Hinsicht den Anforderungen an die stetig steigenden Ansprüche des Energiehaushaltes eines Gebäudes und dem Streben nach immer mehr Transparenz, Weite und Offenheit gerecht wird und somit neben den bekannten Standarddisziplinen des Bauwesens (Stahl-, Beton- und Holzbau) etabliert werden konnte.

Heutzutage werden Tragelemente aus Glas mit einer permanenten Beteiligung am Lastabtrag üblicherweise als Glasbalken, -stützen, -kuppeln und -dächer, -brücken und -treppen realisiert (Bucak, 1999; Bucak & Schuler, 2008). Daneben stehen Anwendungen, bei denen ein Glaselement dauerhaften Biegespannungen (z. B. kalt gebogenes Glas) ausgesetzt wird.

Generell gilt für alle konstruktiven Strukturen aus Glas, dass neben der Gebrauchstauglichkeit auch die Gewährleistung prinzipieller Sicherheitsanforderungen zu erfüllen ist. Dabei sind die Besonderheiten des spröden Werkstoffes, die Einwirkungen und die daraus resultierenden Beanspruchungen zu berücksichtigen. Insbesondere Spannungsspitzen, wie sie beispielsweise bei Rissstrukturen von Kratzern auftreten, wirken sich negativ auf die Bruchfestigkeit des Werkstoffs Glas aus. Dabei sind die Ursachen und Intensitäten von Verkratzungen auf Gläsern im Bauwesen sehr unterschiedlich. Sachverständige, Fachleute aus dem Bereich der Glasherstellung, -veredelung und -verarbeitung, sowie Experten aus dem Gebäudereinigerhandwerk messen Einscheibensicherheitsglas im Vergleich zu herkömmlichem thermisch entspanntem Floatglas eine wesentlich höhere Kratzanfälligkeit bei. In der Regel wird die Kratzanfälligkeit dabei anhand rein ästhetischer Aspekte definiert, sodass in der Regel die Breite einer Kratzspur als Maß herangezogen wird. Die Bewertung erfolgt dabei häufig subjektiv mit bloßem Auge.

Die Breite eines Kratzers wird neben der eigentlichen Kratzspur, hervorgerufen durch den kratzenden Eindringkörper (z. B. Sandkorn) auch durch laterale Risse, die dicht unterhalb der Glasoberfläche verlaufen, bestimmt. Erreichen diese die Glasoberfläche, kommt es typischerweise zu muschelförmigen Abplatzungen, die auch als *Chipping* bezeichnet werden. Diese Schadensmuster bewirken auf Glas typischerweise eine Verbreiterung des Kratzers von ursprünglich etwa $10-30\,\mu m$ auf bis zu $300\,\mu m$. Sofern kein abrasives Nutzungsverhalten (z. B. Betretung oder Begehung von Horizontalverglasungen) vorliegt, wird für Verkratzungen häufig die unsachgemäße Ausführung von Reinigungsarbeiten als Ursache genannt (Oberacker, 2004a,b). Insbesondere bei zuvor genannten konstruktiven Anwendungen von Glas im Bauwesen, stellt sich für Sachverständige neben der häufigen Frage nach der Ursache und dem Verursacher auch die elementare Frage, ob das betroffene Element weiterhin den Anforderungen an die Tragfähigkeit gerecht wird, oder ob ein Austausch notwendig ist. Die Fragestellung kann aufgrund der bislang nicht messbaren Risslänge von Tiefenrissen ohne eine zerstörende Bauteilprüfung nicht beantwortet werden. Während Lateralrisse aufgrund des zur Glasoberfläche parallelen Rissfortschritts nur die Sichtbarkeit eines Kratzers erhöhen, bewirken Tiefenrisse durch den unterhalb der Kratzspur und zur Glasoberfläche senkrechten Rissfortschritt eine Festigkeitsreduzierung. Bei Glasscheiben mit sehr großen Abmessungen und hohem Gewicht erfordert dies häufig den kostenintensiven Einsatz von schwerem Gerät und Material. Darüber hinaus stellen Verkratzungen aufgrund ihrer deutlichen Sichtbarkeit, beispielsweise durch Reflektionen bei einfallendem Sonnenlicht, einen erheblichen optischen Mangel dar. Schadenssummen von einigen tausend bis mehreren zehntausend Euro pro Scheibe führten deshalb in den letzten Jahren zu sensibleren Reinigungsvorschriften speziell von Einscheibensicherheitsglas (Bundesinnungsverband des Glaserhandwerks, 2003; Bundesinnungsverband des Gebäudereiniger-Handwerks, 2001) und dem regelmäßigen Gebrauch eines Haftungsausschlusses (Bundesinnungsverband des Glaserhandwerks, 2001). Die Biegefestigkeit eines Bauteils aus Glas beruht auf dem vorliegenden Oberflächenzustand, welcher während der geforderten Lebensdauer von 50 Jahren durch mechanische Einflüsse je nach Art der Nutzung mehr oder weniger verändert wird. Da diese Einflüsse für den praktischen Einsatz von Glasscheiben nicht abzuschätzen sind, wurde die Ermittlung charakteristischer Biegefestigkeiten an planmäßig vorgeschädigten Gläsern durchgeführt. Für trockenes Schmirgeln der Körnung 220 oder durch Berieseln mit Korund der Körnung P 16 wurde unterstellt, dass der hierdurch erzeugte Schädigungsgrad so hoch gewählt wurde, dass er im normalen praktischen Einsatz nicht erreicht wird. Eine Korrelation der resultierenden Biegefestigkeiten aus gewählter Schädigungsmethode und denen realer Schadensmuster wurde allerdings nicht untersucht. Es ist zwar nicht davon auszugehen, dass jeder erkennbare Kratzer zwangsläufig zu einem notwendigen Austausch führen muss, jedoch existieren bislang keine Kriterien und Maßgaben für die Beurteilung von realen Oberflächenschäden. Ein Bewertungskatalog zur Klärung, ab welcher Schädigung eine Beeinträchtigung der Biegefestigkeit, respektive des Sicherheitsniveaus eintritt, ist demnach dringend erforderlich.

Im Rahmen dieser Arbeit werden die aus mechanischen Oberflächendefekten auf Glas resultierenden Beeinträchtigungen quantitativ bewertet. Durch eine systematische Trennung zwischen optischer und statisch wirksamer Kratzanfälligkeit erfolgt eine Charakterisierung der Kratzanfälligkeit für thermisch entspannte und vorgespannte Gläser. Neben der bruchmechanischen Betrachtung der Rissinitiierung von Tiefen- und Lateralrissen werden hierzu zahlreiche experimentelle Untersuchungen durchgeführt. Zwar wurden bislang mehrere Studien zur optischen Kratzanfälligkeit von Einscheibensicherheitsglas durchgeführt, doch konnte keine der Bestrebungen die wahren Einflussparameter auf das laterale Risswachstum und das *Chipping* identifizieren (vgl. Beer, 1996; Werkstoffzentrum Rheinbach GmbH, 2001; ift Rosenheim, 2005). So werden von Fachleuten und Sachverständigen gegenwärtig neben der einwirkenden Kraft auf den Eindringkörper auch durch den Herstellungsprozess bedingte Oberflächenunterschiede von Floatglas vermutet. In der vorliegenden Arbeit werden zunächst mechanische Oberflächendefekte auf Glas erläutert und deren Ursachen erörtert. Hierauf aufbauend werden anhand von bis zu mehr als 30 Jahren genutzten Fassaden- und betretbaren Verglasungen aus Einscheibensicherheitsglas reale Schadensmuster hinsichtlich der geometrischen Ausbildung charakterisiert. Auf Grundlage der hieraus gewonnenen Erkenntnisse werden systematische Kratzversuche mit einem mikromechanischem Spezialgerät durchgeführt. Neben dem direkten Vergleich der Kratzerbreite auf thermisch entspannten und vorgespannten Gläsern werden Einflüsse aus der Auflast auf den Eindringkörper während der Vorschädigung, den atmosphärischen Umgebungsbedingungen, den produktionsbedingten Oberflächenunterschieden und der chemischen Zusammensetzung der Gläser auf das laterale Risswachstum untersucht. Die Kratzerbreiten werden dabei nach mikroskopischer Dokumentation durch ein numerisches Verfahren automatisch ermittelt. Hierdurch soll neben einer präzisen Auswertung auch ein hohes Maß an Objektivität gewährleistet werden. Die statisch wirksame Kratzanfälligkeit von Glas wird durch eine planmäßige Vorschädigung (Kratzversuche) der Probekörper untersucht. Hierbei werden Einflüsse aus der Belastungsgeschwindigkeit, atmosphärischen Umgebungsbedingungen und Rissheilungseffekten, produktionsbedingten Oberflächenunterschieden, der Auflast auf den Eindringkörper während der Vorschädigung, der Kratzgeschwindigkeit und dem pH-Wert des Waschwassers bei der Glasreinigung untersucht. Des Weiteren wird anhand realer Schadensmuster, wie beispielsweise der alltäglichen Reinigung von Glasoberflächen, die zu erwartende Festigkeitsreduzierung bewertet. Abschließend werden zwei Methoden (abrasives Polieren der Glasoberfläche und lokales Ätzen mit Flusssäure) hinsichtlich der Eignung zur Sanierung von Glas untersucht.

2 Glas im Bauwesen

2.1 Produktion von Flachglas – Ein historischer Überblick

Der Werkstoff Glas ist der Menschheit bereits seit 3000 v. Chr. bekannt. Zunächst ausschließlich als Schmuck genutzt, wurden ab ca. 1000 n. Chr. die ersten Fenster aus Glas hergestellt. Hierfür wurden handtellergroße, flache, kreisförmige Butzenscheiben im *Walzverfahren* oder durch *Blasen* hergestellt und mit Hilfe von Bleifassungen zu Kirchenfenstern verarbeitet. Fensterglas im heutigen Sinne ist seit dem 17. und 18. Jahrhundert bekannt. Ab diesem Zeitraum sind Verglasungen nicht mehr nur für Kirchen und Klöster verwendet worden, sondern wurden fortan auch in Schlössern und Stadthäusern genutzt. Der stetig steigende Bedarf an Flachglas erforderte die Entwicklung neuer Produktionsverfahren. Schließlich gelang es dem Franzosen *Bernard Perrot* im Jahr 1687 das *Gussglasverfahren* zu entwickeln. Bei dieser Technik wird die Glasschmelze aus der Schmelzwanne auf eine glatte, vorgewärmte Kupferplatte gegossen und mit einer wassergekühlten Metallwalze zu einer Tafel ausgewalzt. Die Scheibendicke kann bei diesem Verfahren über die Arretierung der Walzen gesteuert werden. Im Anschluss werden die Glastafeln mit Quarzsand (später Korund (Al_2O_3) und Karborundum (SiC)) und Wasser geschliffen und anschließend mit einer Paste aus Eisenoxid poliert (Abb. 2.1). Vorteile dieses Verfahrens waren die bessere Qualität, der verringerte Arbeitsaufwand und bisher unerreichte Abmessungen von $1{,}2\,\mathrm{m} \times 2{,}0\,\mathrm{m}$ die den Platten auch den Namen *grandes glaces* oder *Spiegelglasscheiben* verliehen. Bedingt durch die verhältnismäßig zeitaufwändigen Polierarbeiten waren Fensterverglasungen dieser Machart weiterhin nur Wohlhabenden vorbehalten.

Der Amerikaner *John H. Lubbers* entwickelt um 1900 ein mechanisches Verfahren zur Herstellung gläserner Zylinder. Dieses Verfahren bietet die Grundlage des *Ziehglasverfahrens*. Aus der Schmelzwanne wird durch die Kombination von Blasen und Ziehen ein Zylinder an der Spitze mit vorgewärmter Druckluft beaufschlagt. Durch ständiges Nachpumpen der Druckluft wird der Zylinder langsam aus der Schmelzwanne herausziehend geformt. Um mit diesem Verfahren Glasplatten zu produzieren, mussten die Zylinder aus der Vertikalen in die Horizontale umgelegt, aufgeschnitten und umgeformt werden. Besonders das Umlegen erwies sich hierbei als riskanter Vorgang.

Weiterführende Fortschritte lassen sich erst wieder im frühen 20. Jahrhundert verzeichnen. Drei auf dem Ziehglasverfahren basierende Verfahren machten ihrerseits die Flachglasproduktion wirtschaftlicher und förderten somit die Verbreitung des Werkstoffs Glas. Der Belgier *Emile Fourcault* patentierte 1904 das nach ihm benannte *Fourcault-Verfahren.* Damit war es erstmals möglich Flachglas direkt aus der Glasschmelze zu ziehen. Das heiße und zähe Glasgemisch quillt dabei über eine rechteckige in die Glasschmelze eingelassene, aus gebranntem Ton hergestellte Ziehdüse und wird von Fangeisen seitlich gefasst und über eine Ziehmaschine in die Höhe gezogen. Anschließend befördern Walzenpaare die erstarrende Glasmasse durch einen 8 m hohen Kühlschacht. Bedingt durch die Erdanziehung entsteht ein für dieses Produktionsverfahren typisches horizontales Wellenmuster. Um diesen Effekt unauffälliger zu machen, wurden mit diesem Verfahren hergestellte Fensterscheiben stets mit horizontal verlaufendem Wellenmuster verbaut. Bereits im Jahre 1899 begann der Amerikaner *Irving W. Colburn* damit, eine Methode zur Herstellung von Flachglas im Ziehverfahren zu entwickeln, die er 1904 patentieren ließ. Es dauerte jedoch noch bis zum Jahr 1913, bis die ersten erfolgreichen Ergebnisse zustande kamen. Zu der Zeit hatte *Colburn* das Patent bereits an die *Toledo Glass Company* verkauft. Drei Jahre später war das Verfahren ausgereift. Da die Firma zwischenzeitlich in *Libbey-Owens Sheet Glass Company* umbenannt wurde, erhielt die Methode 1917 die Bezeichnung *Libbey-Owens-Verfahren* (Abb. 2.2b). Ähnlich dem Fourcault-Verfahren wird hierbei das Glasband ohne Verwendung einer Düse aus der freien Oberfläche der Glasschmelze nach oben gezogen und nach 0,7 m über eine polierte Stahlwalze umgelenkt und horizontal gezogen. In einem bis zu 60 m langen Kühlkanal wurde das Glas auf etwa 30 °*C* abgekühlt und anschließend geschnitten. Über die Ziehgeschwindigkeit ließ sich die Glasstärke zwischen 0,6 mm und 20 mm einstellen. Die Breite des Glasbandes betrug 2,5 m. Ab 1928 verwendete die *Pittsburgh Plate Glass Company* eine Kombination beider vorangenannter Verfahren. Die Glasschmelze wurde hierzu wie beim Libbey-Owens-Verfahren ohne Ziehdüse aus der freien Oberfläche

Abbildung 2.1 Gusstisch Ende des 19. Jahrhunderts – Beim *Tischwalzverfahren* wurde die Glasschmelze auf einen vorgeheizten Tisch gegossen *(a)* und anschließend gekühlt, geschliffen und poliert; Walzglasproduktion im Jahr 1908 *(b)*. (Bildnachweis: Saint Gobain *(a)* und Lewis Wickes Hine *(b)*)

entnommen. Die Ziehmaschine des Foucault-Verfahrens beförderte das frische Glasband in einen bis zu 12 m hohen Kühlschacht.

Die Entwicklung und Optimierung der Ziehglasverfahren sorgte dafür, dass die um 1900 entwickelte Spiegelglasherstellung zunehmend weniger Anwendung fand. Zwar war die Qualität des gezogenen Flachglases für Fensterscheiben ausreichend, jedoch waren Dickenunterschiede und optische Defizite wie Schlieren prozessbedingt nicht vermeidbar. Insbesondere die in dieser Zeit revolutionär wachsende Automobilindustrie verlangte eine Verbesserung der Qualität hinsichtlich Ebenheit und Transparenz. Zwischen 1910 und 1914 wird bei *Saint Gobain* in Herzogenrath das von *Max Bicheroux* entwickelte und nach ihm benannte *Bicheroux-Verfahren* (Abb. 2.2a) eingeführt: Bei diesem Gussglasverfahren wird die flüssige Glasmasse portionsweise aus der Schmelzwanne über eine geneigte Ebene gekippt. Zwei stählerne Walzen formen daraufhin unmittelbar ein Glasband mit der gewünschten Glasdicke. Durch die verkürzte Berührungszeit von Stahlwalze und Glas konnte eine für damalige Verhältnisse ebene Glasoberfläche erzeugt werden. Die geforderte Glasdicke konnte mit diesem Verfahren in guter Übereinstimmung hergestellt werden. Das Glas wurde nach dem Walzen in bis zu 3,0 m × 6,0 m große Glastafeln geschnitten und auf beweglichen Tischen in Kühlöfen abgekühlt. Durch den Gussvorgang konnten zu dieser Zeit bislang unerreichte Qualitäten hinsichtlich der Kontinuität der Glasdicke erreicht werden. Verbliebene Unebenheiten wurden nach dem Herunterkühlen durch Schleifen ausgeglichen. Bassierend

Abbildung 2.2 Beim *Bicheroux-Verfahren* ergießt sich das geschmolzene Glas aus einer Schmelzwanne auf eine schiefe Ebene. Zwei Walzen stellen sofort die gewünschte Glasdicke her. Durch das Walzen auf eine sich festbewegende Ebene konnten dünne, gleichmäßig starke Scheiben mit ebener Oberfläche hergestellt werden, sodass der Schleifvorgang erheblich reduziert wurde *(a)*; Glasherstellung nach dem *Libbey-Owens-Verfahren*, aufgenommen in der Toledo Glass Company zwischen 1912-1914. Zu sehen ist der etwa 60 m lange Kühltunnel und der darauf folgende Schneidtisch *(b)*. (Bildnachweis: Saint Gobain)

auf dem Bicheroux-Verfahren gelang es dem englischen Glashersteller *Pilkington* und dem amerikanischen Automobilkonzern *Ford* 1923 kontinuierliches Gussglas für den Automobilbau herzustellen. Geschmolzenes Glas wird hierbei in einem permanenten Prozess über Walzen von der freien Oberfläche der Glasschmelze abgenommen und in einen Kühlprozess eingeführt. Unmittelbar nach dem Abkühlen wird das Glas automatisch von beiden Seiten geschliffen und poliert. Letztgenannter Arbeitsschritt machte dieses Produktionsverfahren deutlich teurer und beschränkte somit den Einsatz auf anspruchsvolle Anwendungen. Noch heute findet dieses Verfahren in der Herstellung von ornamentierten Gläsern Verwendung. Je nach Ausbildung der Walzen werden dabei strukturierte Oberflächen erzeugt.

Das *Floatverfahren* (Abb. 2.8), der bis heute vorerst letzte Meilenstein in der Entwicklung der Flachglasherstellung, wurde von *Lionel Alexander Bethune Pilkington*, später *Sir Alastair Pilkington*, und *Kenneth Bickerstaff* 1953 zum Patent angemeldet. Bei diesem Herstellverfahren für Flachglas wird flüssiges Glas einem Floatbad aus gescholzenem Zinn zugleitet worauf es schwimmt (engl.: *to float*) und sich in Form eines endlosen Glasbandes ausbreitet. Infolge der Oberflächenspannung des Glases und der planen Oberflächen des Zinnbades bildet sich ein planparalleles, verzerrungsfreies Glasband von hoher optischer Qualität. Die Idee, flüssiges Zinn als Träger für Flachglas zu verwenden, geht auf den britischen Ingenieur und Erfinder *Henry Bessemer* zurück. Aufbauend darauf erhielt *William E. Heal* 1902 ein Patent in den USA auf das Herstellungsprinzip, Glas kontinuierlich über ein Zinnbad laufen zu lassen und so planparallele Oberflächen zu erhalten. Allerdings wurde dieses Patent nie kommerziell genutzt. Erst 1959 war die Entwicklung des Floatverfahrens so weit ausgereift, dass hiermit ab den 1960er Jahren eine Produktion im industriellen Maßstab erfolgen konnte; 1966 begann die Firma *Pilkington Brothers*, St. Helens/UK, mit der Produktion und vergab nachfolgend eine Vielzahl von Lizenzen an andere Flachglashersteller. Schon bald wurden die meisten Flachgläser im Floatverfahren hergestellt. Aufgrund der wirtschaftlichen Produktionsweise und der hervorragenden Glasqualität hinsichtlich Planität, Kontinuität der Glasdicke und kaum vorhandenen Luft- und Materialeinschlüssen, hat es heute bis auf wenige Spezialanwendungen die meisten anderen Methoden zur Flachglasherstellung weitgehend verdrängt.

2.2 Glas im konstruktiven Ingenieurbau

Die Materialeigenschaften von Glas sind durch eine hohe Druck- und eine niedrige Zugfestigkeit sowie eine erhebliche Kerbempfindlichkeit gekennzeichnet. Die Festigkeit von Glas wird somit durch dessen sprödes Materialverhalten bestimmt. Der Bruch eines überbelasteten Glases erfolgt unmittelbar aus der elastischen Deformation heraus. Dieses Verhalten ist auch als *Sprödbruchverhalten* bekannt. Plastisches Fließen als Folge einer mechanischen Überbeanspruchung und daraus resultierende bleibende Verformungen können im makroskopischen Bereich im Gegensatz zu Stahl für Glas nicht erreicht werden, weshalb dem

Material in der praktischen Anwendung ein ideal-elastisches Verhalten unterstellt wird. Aufgrund der spröden Eigenschaften und der damit verbundenen geringen Zugfestigkeit war der Werkstoff Glas neben der herkömmlichen Verwendung als flächenfüllendes Fensterelement noch in den 1990er Jahren als Konstruktionswerkstoff nicht vollends akzeptiert. Intensive Forschungstätigkeiten haben seitdem ermöglicht, dass Glas in bauphysikalischer und konstruktiver Hinsicht den Anforderungen an die stetig steigenden Ansprüche des Energiehaushaltes eines Gebäudes und dem Streben nach immer mehr Transparenz gerecht wird, sodass sich der *konstruktive Glasbau* neben den Standarddisziplinen des Bauwesens (Stahl-, Beton- und Holzbau) etabliert hat. Letztendlich hat sich Glas in den letzten beiden Jahrzehnten durch die immer größeren Anforderungen auch baurechtlich aus seinem Hintergrunddasein gelöst (vgl. Abb. 2.3).

Eingesetzt als Bauteil mit lastabtragender Funktion wird der transparente Werkstoff heutzutage zu einem wichtigen Bestandteil innerhalb statischer Systeme. Immer größer werdende Produktionsabmessungen mit derzeitigen Scheibenabmessungen von 14,0 m × 3,15 m[1] zu produzieren, thermisch zu veredeln und anschließend zu Verbundsicherheitsglas weiter zu verarbeiten ist heute Stand der Technik. Dabei haben Veredelungen von Glaselementen, wie z. B. das thermische Vorspannen, die Realisierung von Ganzglas-Konstruktionen erst möglich gemacht. Mit zunehmender Forschungstätigkeit und Anwendung von Glaselementen im konstruktiven Ingenieurbau werden reale Anwendungen mit vertretbarem Prüf- und Genehmigungsaufwand umsetzbar. Jüngstes Beispiel ist die aktuell veröffentlichte Normenreihe DIN 18008. Speziell Teil DIN 18008-7 *Glas im Bauwesen – Bemessungs- und Konstruktionsregeln – Teil 7: Sonderkonstruktionen*, momentan in Erarbeitung, wird zukünftig die Bemessung von aussteifenden, lastabtragenden und kalt verformten Bauteilen aus Glas regeln. Bis zur bauaufsichtlichen Einführung muss die Verwendbarkeit von statischen Glaselementen in Deutschland über Zustimmungen im Einzelfall (ZiE) nachgewiesen werden. In der Regel sind dafür experimentelle Untersuchungen notwendig.

Typische Glasprodukte für den Einsatz im konstruktivem Ingenieurbau sind Einscheibensicherheitsglas (ESG), Teilvorgespanntes Glas (TVG) und Verbundsicherheitsglas (VSG). Generell gilt für alle konstruktiven Strukturen aus Glas, dass neben der Gebrauchstauglichkeit auch die Gewährleistung prinzipieller Sicherheitsanforderungen zu erfüllen ist. Dabei sind die Besonderheiten des spröden Werkstoffes, die Einwirkungen und die daraus resultierenden Beanspruchungen zu berücksichtigen. Mechanische, oberflächennahe Verschleißerscheinungen, häufig in Form von Kratzern infolge gewöhnlicher Nutzung (z. B. Reinigung), sind der Hauptgrund für verhältnismäßig geringe, für die statische Bemessung relevante Biegezugfestigkeiten. Da das Versagen eines Bauteils aus Glas nie gänzlich ausgeschlossen werden kann, ist im Voraus auch das Resttragfähigkeitsverhalten einer Konstruktion zu bewerten.

[1] Verbundsicherheitsgläser aus 2 × 12 mm Einscheibensicherheitsglas für das Projekt *Apple Campus 2* in Cupertino/USA.

Abbildung 2.3 Beispiele für Glasanwendungen im konstruktiven Ingenieurbau: *The Ledge* bzw. *Skydeck* am Willis Tower in Chicago/USA *(a)*; Ganzglas-Brücke *Brücke 7*, hergestellt im Laminationsbiegeverfahren *(b)*; Vorgespannte Stütze aus Borosilikatglas *(c)*; Seilnetzfassade der *Markthal* in Rotterdam *(d)*; Sphärische gekrümmte Verglasungen an der Fassade der *Elbphilharmonie* in Hamburg *(e)*. (Bildnachweis: Skydeck Chicago at Willis Tower, Chicago *(a)*, sedak GmbH & Co. KG, Gersthofen *(b)*, Hi-Tec Glas, Grünenplan *(c)*, Ossip van Duivenbode, Rotterdam *(d)*)

In den vergangenen Jahren wurden einige sehr interessante Glaskonstruktionen realisiert. Dazu gehören die als begehbare Ganzglas-Konstruktion ausgeführten Glasbalkone *The Ledge* am Willis Tower in Chicago, von welchen die Besucher eine atemberaubende Aussicht über Chicago und den ungehinderten Blick in 400 m Tiefe genießen können (Abb. 2.3a), die *Brücke 7*, einer 7 m weit spannenden Glasbrücke, hergestellt im Laminationsbiegeverfahren (Abb. 2.3b), vorgespannten Stützen aus Borosilikatglasrohren, welche ständige und veränderliche Geschosslasten in einem Privatgebäude tragen (Abb. 2.3c), Seilnetzfassaden wie solche der neuen *Markthal* in Rotterdam, bei denen die einzelnen Glasplatten infolge windinduzierter Verformung der biegeweichen Seilnetz-Konstruktion eine Verwindung (Zwängungslastfall) aus der Plattenebene erfahren (Abb. 2.3d) und schließlich die Fassade der *Elbphilharmonie* in Hamburg (Abb. 2.3e), welche ca. 600 sphärisch gekrümmte Verglasungen beinhaltet. Bedingt durch die exponierte Lage ist die Fassade hohen Windeinwirkungen ausgesetzt; die sphärische Krümmung der Gläser (hergestellt im Schwerkraftbiegeverfahren) führt bei Isolierverglasungen unter Zwängungsbeanspruchungen (z. B. Klimalasten) zu einer erhöhten Belastung des Glases. Alle diese Konstruktionen vertreten repräsentativ viele weitere Anwendungen des konstruktiven Glasbaus.

2.3 Chemie des Glases

2.3.1 Der Glaszustand

Der Begriff *Glas* charakterisiert einen inneren Zustand, der unabhängig von seiner chemischen Zusammensetzung (Abs. 2.3.2) zu verstehen ist. Zur Beschreibung der physikalischen Materialeigenschaften von Glas wird zwischen den Eigenschaften eines Festkörpers und denen einer Schmelze unterschieden (Scholze, 1988). Eine eindeutige Klassifikation des Aggregatzustandes ist nicht möglich, weshalb Glas eine Zwischenstellung zwischen fest und flüssig einnimmt. Eine der ersten wissenschaftlichen Definitionen von Glas wurde 1933 von *Gustav Tammann* vorgenommen:

> »*Der Glaszustand ist der eingefrorene Zustand einer unterkühlten Flüssigkeit, die ohne zu kristallieren erstarrt ist.*«

Für bauseitige Anwendungen wird Glas in DIN 1259-1 als »anorganisches nichtmetallisches Material, das durch völliges Aufschmelzen einer Mischung von Rohmaterialien bei hohen Temperaturen erhalten wird, wobei eine homogene Flüssigkeit entsteht, die dann zum festen Zustand abgekühlt wird, üblicherweise ohne Kristallation« definiert. Im üblichen Sprachgebrauch bezieht sich der Begriff Glas auf die Eigenschaften des Festkörpers. Der in Tammann (1933) verwendete Begriff der *unterkühlten Flüssigkeit* soll nicht suggerieren, dass es sich bei Glas um eine sehr zähe Flüssigkeit handelt, die unter Belastung zu fließen beginnt. Vielmehr ist hierbei die atomar unregelmäßige Gitterstruktur zu verstehen. Zahlreiche makroskopisch beobachtete Glaseigenschaften, wie Bruchverhalten und Festigkeit, sind in guter Übereinstimmung mit diesem Modell der unregelmäßigen Glasstruktur erklärbar.

Im flüssigen Aggregatzustand können sich Atome, Moleküle und Molekülgruppen relativ frei bewegen. Im Gegensatz zum gasförmigen Zustand, sind sie über zwischenmolekulare Wechselwirkungen (Kohäsionskräfte) miteinander verbunden. Dabei brechen die Bindungen immer wieder und bilden sich neu, wodurch die Bindungspartner ständig wechseln. Bei diesen intramolekularen Bewegungen wird durch Reibung zwischen den benachbarten Teilchen eine Kraft übertragen, die von der Bewegungsgeschwindigkeit abhängig ist. Die Viskosität η ist die technisch messbare, makroskopische Eigenschaft dieser molekularen Beweglichkeit.

Wird eine Flüssigkeit unterhalb ihres Schmelzpunktes T_f abgekühlt, findet für gewöhnlich eine *Kristallation* statt (Abb. 2.4), wobei durch die dichte Anordnung der Atome eine Volumenabnahme erfolgt. Infolge einer weiteren Temperaturabnahme wird das Volumen weiterhin kleiner, jetzt aber mit einem geringeren Temperaturkoeffizienten α_T. Die Steigung der Kurven in Abb. 2.4 kann über den gesamten Temperaturbereich als Temperaturausdehnungskoeffizient α_T interpretiert werden. Die Form des entstehenden Kristallgitters ist von der Art der chemischen Bindung und den beteiligten Bindungspartnern abhängig. Auf atomarer Ebene kommt es bei einem gewissen Teilchenabstand zu einem Ausgleich der entgegengesetzt gerichteten Anziehungs- und Abstoßungskräfte zweier benachbarter Teilchen. Anhand dieses vorgegebenen Abstandes, bildet sich eine dreidimensionale, regelmäßige Gitterstruktur. Alle Teilchen sind bestrebt, eine für sie günstige Position in dieser Anordnung anzunehmen. Der Aufbau eines kristallinen Festkörpers ist zeitabhängig. Wird eine Schmelze schneller abgekühlt, sodass es den Atomen nicht möglich ist eine optimale Position in der Struktur anzunehmen, kann eine Kristallation verhindert werden. Eine Schmelze kann somit auch bei Temperaturen unterhalb von T_f flüssig bleiben. Ein solcher Zustand wird physikochemisch als *unterkühlte Flüssigkeit* oder als *unterkühlte Schmelze* bezeichnet und ist durch die durchgezogene Kurve in Abb. 2.4 schematisch dargestellt. Bei glasbildenden Systemen wird das Entstehen eines Kristallgitters zusätzlich

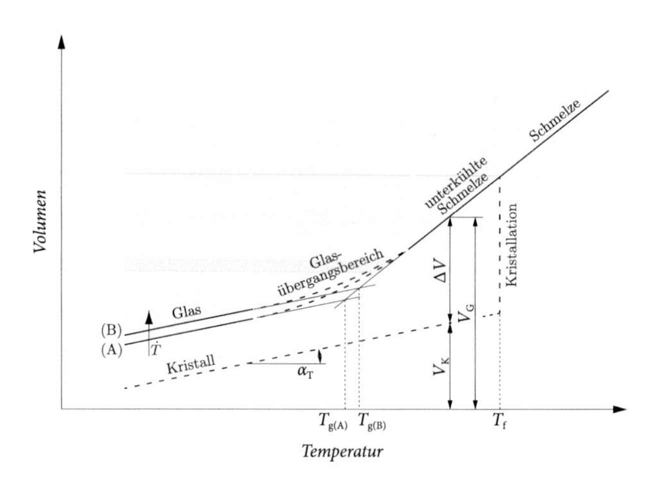

Abbildung 2.4 Schematische Darstellung der Temperaturabhängigkeit des Volumens von Glas. (nach Scholze, 1988; Schneider, 2005)

durch die Viskostität der Schmelze verhindert. Wenn bei T_f keine Kristallation einsetzt, verringert sich das Volumen stetig weiter entlang der oberen Kurve. Bei dem zwischen Schmelze und Glaszustand als *Glasübergang* bezeichneten Prozess, ist die dynamische Teilchenbewegung extrem verlangsamt. Hierdurch ist die Anordnung der Teilchen in eine bevorzugte Gitterstruktur unterbunden. Da nichtkristalline Festkörper eine höhere freie Energie als Kristalle besitzen, befindet sich das System in einem metastabilen thermodynamischen Gleichgewicht, welches durch die steigende Viskosität aufrecht erhalten wird. Durch weiteres Abkühlen wird das Verhalten der Flüssigkeitsstruktur immer langsamer, bis schließlich die Viskosität so hoch geworden ist, dass bei kontinuierlicher Abkühlung eine Gleichgewichtseinstellung nicht mehr möglich ist. Zu diesem Zeitpunkt ist aus der unterkühlten Flüssigkeit ein erstarrter Festkörper geworden. Da eine derartig unstrukturierte atomare Anordnung analog bei Flüssigkeiten zu beobachten ist, wird ein solcher nichtkristalliner Festkörper mit der inneren Struktur eines Fluids als amorpher Festkörper, nicht kristalliner Festkörper oder schlicht als Glas bezeichnet. In diesem Bereich verläuft die Gleichgewichtskurve parallel zu der des Kristalls (Abb. 2.4). Im Gegensatz zur Kristallation erfolgt der Phasenübergang von der Schmelze in den Glaszustand kontinuierlich und ohne abrupte Änderung der Materialeigenschaften. Aufgrund dieses kontinuierlichen Übergangs sollte statt von einer Transformationstemperatur T_g, von einem Transformationsbereich gesprochen werden. Dieser beträgt für Kalk-Natronsilikatglas etwa $500\,°C$ bis $550\,°C$. Dabei gilt, dass der Schmelzpunkt oberhalb der Transformationstemperatur liegt, also $T_f > T_g$ ist, wobei T_g als Schnittpunkt der Geraden definiert wird, die das idealisierte lineare Materialverhalten im flüssigen und glasartigen Zustand beschreibt. Auch die Kühlrate hat einen Einfluß auf den Phasenübergang. Langsames Abkühlen bietet den Molekülen mehr Zeit sich in die bevorzugte Lage zu begeben. Das langsamer erstarrte Glas weist somit eine höhere Dichte auf. *Tammanns* Modell ist auch auf den thermischen Vorspannprozess (Abs. 2.5.1) von Gläsern übertragbar: Die Oberfläche des Glasbauteils wird aktiv über das Anblasen mit Luft mit einer hohen Abkühlgeschwindigkeit $\dot{T}$ abgekühlt und erstarrt in einem offenen Zustand B (Abb. 2.5). Das Glas weist an dieser Stelle einen geringeren Ordnungsgrad der Struktur und eine geringere Dichte auf. Der Transformationsbereich liegt entsprechend bei höheren Temperaturen T, da die schnell ansteigende Viskosität zu einem schnellen Erstarren geführt hat. Hingegen kühlt das Glasinnere langsamer aus und nimmt einen dichteren und geordneteren Zustand A an.

Das Volumen ermöglicht eine einfache phänomenologische Beschreibung des Erstarrungsvorgangs (Abb. 2.4): Das Differenzvolumen ΔV ergibt sich als Differenz zwischen dem dargestellten Volumen einer Struktur im Glaszustand V_G und dem Volumen einer Kristallstruktur V_K in ihrer dichtest möglichen Konfiguration im Kristallgitter, welches sich nur durch eine thermische Ausdehnung ändert. Da die temperaturabhängige Volumenzunahme einer Glas- und einer Kristallstruktur gleich ist, bleibt das Differenzvolumen ΔV im Festkörper konstant. Hingegen benötigt jedes Teilchen im flüssigen Zustand einen

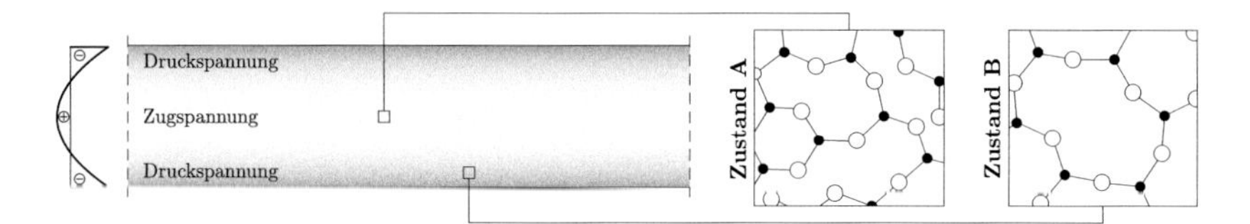

Abbildung 2.5 Dichteunterschiede infolge thermischer Vorspannung: Im Glasinneren können sich aufgrund der vergleichsweise längeren Abkühlzeit die Moleküle in einer dichteren Struktur (Zustand A) anordnen. An den Glasoberflächen wird das System beim Vorspannprozess sehr schnell abgekühlt, wodurch hier nur eine weniger dichte atomare Struktur möglich ist (Zustand B).

ausreichend großen Freiraum proportional zu ΔV. Deshalb steigt die Volumendifferenz im Bereich des Glasübergangsbereichs und der unterkühlten Schmelze an.

Im festen Aggregatzustand weist Glas ein ideal linear-elastisches und isotropes Materialverhalten auf. Der lineare Zusammenhang zwischen Dehnung ε und Spannung σ wird durch das *Hooke*'sche Gesetz

$$\sigma = E \cdot \varepsilon \tag{2.1}$$

beschrieben. Der Elastizitätsmodul E ist als makroskopisches Maß für die Steifigkeit zu betrachten. Erklären lässt sich dieses Verhalten über die atomare Bindung eines Festkörpers: Moleküle und Atome sind wie oben beschrieben in einer gewissen Struktur positioniert. Um die Lage der Teilchen zu verändern, muss dem System Energie zugeführt werden. Dies kann beispielsweise durch eine äußere mechanische Belastung erfolgen. Wird die äußere Belastung wieder entfernt, kehren die Moleküle, angetrieben durch die gespeicherte potenzielle Energie, in ihre ursprüngliche Lage zurück. Bei kleinen Belastungen geschieht dies ohne Schädigung des Gefüges (Bruch atomarer Bindungen), sodass der Vorgang als reversibel bezeichnet werden kann.

2.3.2 Chemische Zusammensetzung

Im Bauwesen werden fast ausschließlich Silikatgläser verwendet. Der Hauptteil entfällt hierbei auf *Kalk-Natronsilikatgläser* (engl.: *soda-lime-silicate glass*) nach DIN EN 572-1, welches im Wesentlichen aus den Gundstoffen Quarzsand, Kalk und Soda besteht. Die chemische Zusammensetzung der Glasschmelze besteht aus Siliciumoxid (SiO_2), Calciumoxid (CaO), Natriumoxid (Na_2O), Magnesiumoxid (MgO) und Aluminiumoxid (Al_2O_3). Des Weiteren befinden sich noch geringe Anteile anderer Oxide wie Titandioxid (TiO_2) und Eisenoxid in der Schmelze. Die Eisenoxide geben dem handelsüblichen Flachglas normalerweise seine charakteristische grünliche Färbung. Für Spezialanwendungen, wie

Tabelle 2.1 Chemische Zusammensetzung von Kalk-Natronsilikatglas und Borosilikatglas sowie chemische Funktion der Inhaltsstoffe innerhalb der Glasschmelze.

Inhaltsstoff [–]	**Kalk-Natron-silikatglas**[a] [%]	**Boro-silikatglas**[b] [%]	**chemische Funktion** [–]
Siliciumdioxid (SiO_2)	69-74	70-87	Netzwerkbildner
Calciumoxid (CaO)	5-14	-	Netzwerkwandler
Bortrioxid (B_2O_3)	-	7-15	Netzwerkbildner
Natriumoxid (Na_2O)	10-16	0-8	Netzwerkwandler
Magnesiumoxid (MgO)	0-6	-	Netzwerkwandler
Kaliumoxid (K_2O)	-	0-8	Netzwerkwandler
Aluminiumoxid (Al_2O_3)	0-5	0-8	Netzwerkbildner u. Netzwerkwandler
Andere	0-5	0-8	

[a] nach DIN EN 572-1
[b] nach DIN EN 1748-1-1

beispielsweise Brandschutzverglasungen, werden *Borosilikatgläser* (engl.: *borosilicate glass*) nach DIN EN 1748-1-1 verwendet, welches sonst hauptsächlich Anwendung in der chemischen Behälterglasindustrie findet. Es zeichnet sich durch einen sehr geringen Wärmeausdehnungskoeffizienten aus und besteht aus Siliciumoxid (SiO_2), Bortrioxid (B_2O_3), Natriumoxid (Na_2O), Kaliumoxid (K_2O) und Aluminiumoxid (Al_2O_3). Die Gemengezusammensetzung im Bauwesen verwendeter Silikatgläser ist in Tab. 2.1 beschrieben. Physikalische und mechanische Eigenschaften der Gläser sind in Tab. 2.2 aufgeführt.

In einer vereinfachten Vorstellung nach Zachariasen (1932) bilden Netzwerkbildner (Glasbildner) ein amorphes Netzwerk, in dessen Lücken andere Inhaltsstoffe (Netzwerkwandler) eingebaut sind. Als Glasbildner kommen für Gläser im Bauwesen meist SiO_2 (Siliciumdioxid: bildet Silikat- oder Kieselglas) und B_2O_3 (Boroxid: bildet Boratglas) zum Einsatz. Sie besitzen die Tendenz, den Zustand der unterkühlten Schmelze auch dann anzunehmen, wenn die Schmelze relativ langsam abgekühlt wird. Der Ordnungsgrad von glasbildenden Systemen ähnelt prinzipiell dem von Flüssigkeiten und ist geringer als der kristalliner Festkörper. Siliciumoxid besitzt dabei lokal die Form eines regelmäßigen, dichtbepackten SiO_4-Tetraeders (Abb. 2.6a) der aufgrund der Valenz des Siliciums aus vier Sauerstoffatomen (O) und einem Siliciumatom (Si) besteht. Während beim Quarz ein kristallines SiO-Netzwerk (Abb. 2.6b) mit existierender Nah- und Fernordnung vorliegt, bilden entsprechend Michalske & Bunker (1985) in einem reinen SiO_2-Glas (Kieselglas bzw. Quarzglas) (Abb. 2.6c) meistens fünf bis sieben Tetraeder eine ringartige Struktur (Hohl-

Tabelle 2.2 Physikalische und mechanische Eigenschaften von Kalk-Natronsilikatglas und Borosilikatglas (bei Raumtemperatur).

Eigenschaft	**Kalk-Natronsilikatglas**[a]	**Borosilikatglas**[b]
Dichte ρ_M	2.500 kg m^{-3}	2.200 - 2.500 kg m^{-3}
Elastizitätsmodul E	70.000 N mm^{-2}	60.000 - 70.000 N mm^{-2}
Querkontraktion ν	0,2 [-]	0,2 [-]
Längenausdehnungs-koeffizient α_T	ca. $9 \cdot 10^{-6}$ K^{-1}	Klasse 1: 3,1 - $4{,}0 \cdot 10^{-6}$ K^{-1} Klasse 2: 4,1 - $5{,}0 \cdot 10^{-6}$ K^{-1} Klasse 3: 5,1 - $6{,}0 \cdot 10^{-6}$ K^{-1}
Knoop'sche Härte HK	6.000 N mm^{-2}	4.500 - 6.000 N mm^{-2}

[a] nach DIN EN 572-1
[b] nach DIN EN 1748-1-1

raumdurchmesser: $\sim 0{,}5$ nm) aus der schließlich das Glasnetzwerk aufgebaut ist (Gehrke & Ullner, 1988). Da jedem SiO_2-Molekül rechnerisch nur zwei Sauerstoffatome zur Verfügung stehen, müssen diese unter benachbarten Molekülen aufgeteilt werden (Abb. 2.7). Daher ist jedes Sauerstoffatom an zwei benachbarte Siliciumatome gebunden und verbindet somit zwei Tetraeder. Aufgrund dieser brückenartigen Bindung wird das Sauerstoffatom auch *Brückensauerstoffatom* genannt. Beim SiO_2-Molekül tritt eine kovalente Bindung mit einem stark ionischen Charakter auf. Hierdurch entsteht eine sehr starke Bindung zwischen den beteiligten Atomen, die sich zum einen in einer sehr hohen Schmelztemperatur und zum anderen, im Vergleich zur reinen Ionenbindung, einem verkürzten Atomabstand zwi-

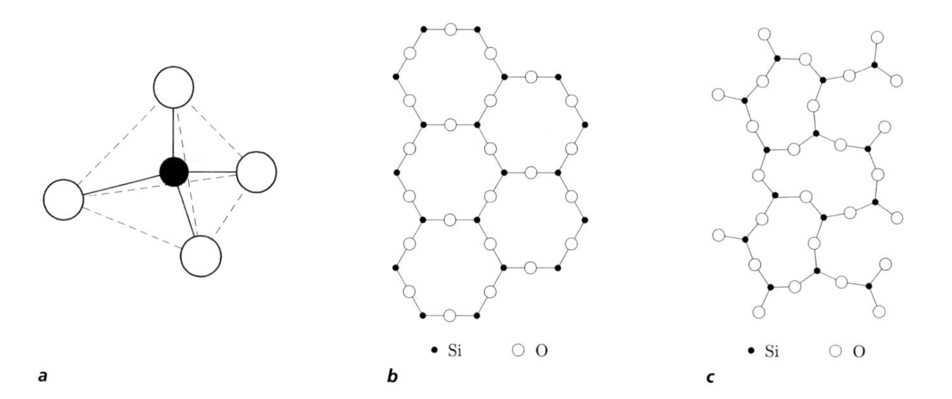

Abbildung 2.6 Dreidimensionale Darstellung des SiO_4-Tetraeders *(a)*; Ebene Darstellung eines kristallinen SiO_2-Netzwerkes (Quarz) mit existierender Nah- und Fernodnung *(b)*; Quarzglas/Kieselglas (nicht kristallines SiO_2-Netzwerk) mit existierender Nah-, allerdings fehlender Fernordnung *(c)*. Bei den ebenen Darstellungen ragen die vierten Valenzen der Si-Atome aus der Zeichenfläche heraus.

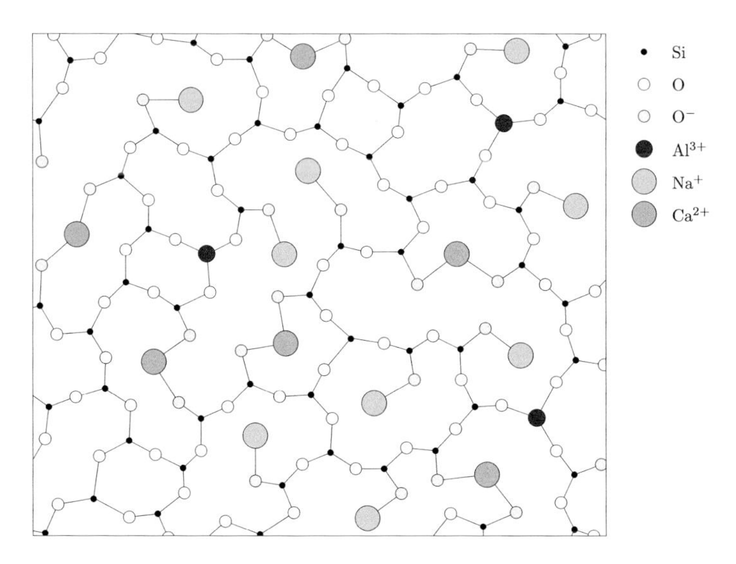

Abbildung 2.7 Ebene Darstellung eines unregelmäßigen SiO_2-Netzwerkes, welches mit alkalischen Bestandteilen modifiziert wurde (z. B. Kalk-Natronsilikatglas). Die vierten Valenzen der Si-Atome ragen aus der Zeichenfläche heraus.

schen dem Silicium und dem Sauerstoff auswirkt. Charakteristisch für den SiO_4-Tetraeder ist, dass aufgrund der Bindungswinkel innerhalb des Tetraeders kein lückenloser Körper erzeugt werden kann. Da das glasbildende System bestrebt ist, seine lokale, energetisch günstige Konfiguration (Nahordnung) aufrechtzuerhalten, ist eine einheitliche Fernordnung (einheitliche Bindungswinkel) nicht möglich, sodass trotz der regelmäßigen Struktur des Tetraeders keine Ordnung mehr zu erkennen ist (Abb. 2.6c und Abb. 2.7).

Netzwerkwandler modifizieren das Glasnetzwerk und übernehmen verschiedene Aufgaben. Im Gegensatz zu den Netzwerkbildnern können sie eigenständig kein Glasnetzwerk bilden. Zu ihnen zählen Alkali- und Erdalkalioxide. Hauptsächlich werden sie als Flussmittel[2] (Beschleunigung des Schmelzvorgangs) und als Stabilisatoren (Verringerung der Viskosität) eingesetzt. Die chemische Integration in das Glasnetzwerk kann durch im SiO-Netzwerk brückenbildende und nicht brückenbildende Bindungen erfolgen. Zu letzteren gehören positiv geladene Natriumionen (Na^+; Alkalimetall). Sie treten im Netzwerk an die Bindungsstelle zwischen zwei Tetraedern und unterbrechen das Netzwerk. Das

[2] Die Beimengung von 25% Natrium reduziert die Schmelztemperartur des Glases um etwa 54% (Le Bourhis, 2008).

ehemalige Brückensauerstoffatom wird hierdurch negativ geladen (O^-). Die chemische Reaktionsgleichung der Beimengung von Natriumoxid lautet

$$\equiv \mathrm{Si}-\mathrm{O}-\mathrm{Si}\equiv \; + \mathrm{Na_2O} \quad \rightarrow \quad \equiv \mathrm{Si}-\mathrm{O}^- - \mathrm{Na}^+ \; + \; \mathrm{Na}^+ - \mathrm{O}^- - \mathrm{Si}\equiv \; . \tag{2.2}$$

Zu den brückenbildenden Netzwerkwandlern in Kalk-Natronsilkatglas gehören positiv geladene Calciumionen (Ca^{2+}, Erdalkalimetall) und Aluminiumionen (Al^{3+}). Calciumionen treten an die Bindungsstelle zwischen zwei Si–O-Tetraedern und bilden mit zwei Sauerstoffatomen eine Ionenverbindung. In ähnlicher Weise wirkt das Aluminiumion. Aufgrund seiner dreifach positiven Ladung ersetzt es ein Si-Atom und übernimmt neben der Funktion als Netzwerkwandler gleichzeitig die Aufgabe eines Netzwerkbildners.

2.3.3 Chemische Beständigkeit – Glaskorrosion

Unter *chemischer Beständigkeit* von Glas wird das Verhalten gegenüber Wasser und wässrigen Lösungen verstanden. Grundsätzlich wird Glas eine sehr hohe chemische Beständigkeit im baurelevanten Temperaturbereich gegenüber einer Vielzahl von aggressiven Medien zugeschrieben. Ohne diese Eigenschaft wäre die vielseitige Anwendung im Bauwesen undenkbar. Von den bekannten Chemikalien ist es nur die *Flusssäure*, die einen sofort merkbaren Angriff auf das Glas ausübt (Scholze, 1988). Neben dieser intensiven Lösungsreaktion, zeigt Glas auch gegenüber *Wasser* eine eingeschränkte Beständigkeit, jedoch unter deutlich geringeren Reaktionsgeschwindigkeiten. Dieser Prozess wird auch als *Glaskorrosion* bezeichnet. Das chemische Gleichgewicht von Wasser lautet

$$2\mathrm{H_2O} \quad \rightleftharpoons \quad \mathrm{H_3O^+} + \mathrm{OH^-} \; , \tag{2.3}$$

sodass an der Glasoberfläche neben Wassermolekülen, auch Protonen und Hydroxidionen vorliegen können. Untersuchungen haben gezeigt, dass die zum Aufbrechen einer Silicium-Sauerstoff-Bindung zwei benachbarter Tetraeder benötigte Energie in Gegenwart von Wasser und wässrigen Lösungen drastisch sinkt (Wiederhorn, 1967; Wiederhorn & Bolz, 1970; Michalske & Freiman, 1983; Ullner, 1993). Durch Kontakt von Wasser und wässrigen Lösungen mit dem SiO-Netzwerk können Gläser nach Scholze (1988) und Bunker (1994) durch Auflösung, selektive Auslaugung und *Spannungsrisskorrosion* (s. Abs. 5) beeinflusst werden. Dabei erfolgen die Reaktionen zwischen Glas und wässrigen Lösungen über drei chemische Mechanismen:

(1) *Hydratation* Wassermoleküle diffundieren in Form einer intakten Lösung in das Glas, d.h. es kommt zu keiner chemischen Wechselwirkung zwischen Wasser und

Glasnetzwerk. Die Diffusion ist hierbei durch das Verhältnis der Molekülgröße des Wassers oder der wässrigen Lösung und dem Öffnungsdurchmesser des Glasnetzwerks begrenzt.

(2) *Ionenaustausch* Zwischen Wassermolekülen und mit Alkali-, bzw. Erdalkali modifizierten Silikatgläsern kann es zu einer selektiven Auslaugung im Bereich der alkalischen Netzwerkwandler kommen. Dieser Prozess wird auch als *Auslaugung des Glases* bezeichnet. Bei Kalk-Natronsilikatglas befinden sich in den Hohlräumen Calcium- und Natriumionen (Abb. 2.7). Eine Reaktion zwischen dem Glasnetzwerk und den Protonen der Lösung (Gl. 2.3) kann zunächst vernachlässigt werden, da die SiO-Bindungen so feste Bindungen aufweisen, dass für die einzelnen Bestandteile keine Wanderungsmöglichkeit besteht. Dagegen verfügen die Netzwerkwandler über eine gewisse Bewegungsfreiheit, indem sie von Hohlraum zu Hohlraum wandern und auch in die umgebende Lösung treten können. Da stets die Elektronenneutralität gewährleistet sein muss, kann dies innerhalb des Glasnetzwerks durch Nachwandern von Kationen erfolgen. An der Grenzfläche zwischen Glas und Wasser ist hingegen ein Ionenaustausch zwischen den Kationen des Glasnetzwerks und den Protonen der Lösung zu beobachten. Die chemischen Reaktionsgleichungen lauten

$$\equiv \mathrm{Si-O-Na^+} + \mathrm{H_3O^+} \quad \rightarrow \quad \equiv \mathrm{Si-OH} + \mathrm{Na^+} + \mathrm{H_2O}\,, \tag{2.4}$$

bzw.

$$\equiv \mathrm{Si-O-Na^+} + \mathrm{H_2O} \quad \rightarrow \quad \equiv \mathrm{Si-OH} + \mathrm{Na^+} + \mathrm{OH^-}\,. \tag{2.5}$$

(3) *Hydrolyse* Wassermoleküle spalten die molekularen Bindungen des Glasnetzwerks und bezwecken eine *Auflösung* des Glases. Insbesondere Silikatgläser sind für nukleophile Angriffe durch Hydroxidionen (OH^-, s. Gl. 2.3) anfällig, da diese in der Lage sind, das Glasnetzwerk zu lösen. Das chemische Gleichgewicht dieser Reaktion lautet

$$\equiv \mathrm{Si-O-Si(OH)_3} + \mathrm{OH^-} \quad \rightarrow \quad \equiv \mathrm{Si-O^-} + \mathrm{Si(OH)_4}\,. \tag{2.6}$$

Sofern alle vier Bindungen eines SiO_4-Tetraeders nach diesem Schema reagiert haben, liegt formal eine lösliche Kieselsäure $Si(OH)_4$ (Hydroxilgruppe) vor. Die Löslichkeit des SiO_2-Netzwerks in Wasser kann entsprechend der klassischen Theorie von Charles & Hillig (1962) durch die Strukturgleichung

$$\equiv \mathrm{Si-O-Si} \equiv + \mathrm{H_2O} \quad \rightarrow \quad \equiv \mathrm{Si-OH} + \mathrm{HO-Si} \equiv \tag{2.7}$$

beschrieben werden. Formal wird diese Reaktion als Transformation einer Siloxanverbindung[3] zu einer Silanolverbindung[4] bezeichnet. Die in Gl. 2.7 beschriebene Reaktion ist in der bruchmechanischen Betrachtungen von Glas von großer Bedeutung, da Wasser in der Nähe von Rissspitzen für Ermüdungserscheinungen in Form von Risswachstum (Spannungsrisskorrosion) verantwortlich ist (Kap. 5).

Durch den oben beschriebenen Ionenaustausch verarmt Kalk-Natronsilikatglas im oberflächennahen Bereich an Alkalien, während Protonen und Wasser in der Glasoberfläche eingelagert werden. Hierbei kommt es zur Ausprägung einer *Gelschicht*[5]. Die Bildung dieser etwa nur 100 nm dicken Schicht ist proportional der Wurzel der Zeit (Scholze, 1988). In Bereichen mit geringem Verhältnis von Wasservolumen zu Glasoberfläche und speziell in solchen in denen die angreifende Lösung nicht abgewaschen wird, kommt es mit fortschreitender Zeit zur Anlagerung von OH^--Ionen in der Lösung. In diesem Stadium ist die Glaskorrosion bereits voll ausgeprägt.

2.4 Floatglasherstellung

2.4.1 Allgemeines

Der Begriff *Floatglas* leitet sich aus dem gleichnamigen Herstellverfahren ab. Gemäß DIN EN 572-1 handelt es sich bei Floatglas (FG) um »planes, durchsichtiges, klares oder gefärbtes Kalk-Natronsilikatglas mit parallelen und feuerpolierten Oberflächen, hergestellt durch kontinuierliches Aufgießen und Fließen über ein Metallbad«. Bei nahezu allen im Bauwesen verarbeiteten Flachgläsern wird Floatglas verwendet. Umgangssprachlich wird daher unter dem Begriff *Floatglas* für gewöhnlich thermisch nicht vorgespanntes Glas verstanden. Weitere Synonyme sind *Basisglas* und *Spiegelglas* (DIN 1259-2). Im Folgenden wird der Begriff »Floatglas« als Synonym für »nicht vorgespanntes Glas« verwendet. Es ist zu beachten, dass auch Floatglas einen geringen Vorspanngrad (vgl. Abs. 2.5.1) besitzt. So beträgt die Oberflächendruckspannung im Mittel etwa σ_e = -6,0 N mm^{-2} (vgl. Abs. 9.4.1).

Die Länge einer Floatglasanlage beträgt aufgrund der notwendigen und kontinuierlichen Kühlung zwischen 300 m und 1.000 m. Eine Floatanlage läuft permanent. Dabei ist die Produktionsdauer aufgrund des Verschleißes der Wannenausmauerung bei Schmelzwannen auf 11 bis 15 Jahre beschränkt. Zudem beanspruchen die chemische aggressive Atmosphäre und die Temperaturwechsel das Gewölbe und den Rauchgasbereich. Eine Instandsetzung der Schmelzwanne und anschließendes Antempern dauert bei einer Flachglasanlage etwa 90 Tage. Der im Folgenden beschriebene Herstellprozess von Floatglas ist in Abb. 2.8 mit Dar-

[3]Bei Siloxanverbindungen sind die Siliciumatome durch genau ein Sauerstoffatom verbunden (Si-O-Si).
[4]Silanolverbindungen sind chemische Verbindungen die aus einem Siliciumgrundgerüst und Wasserstoff bestehen.
[5]Unter *Gel* wird eine feste Phase verstanden, die von einer flüssigen Phase durchdrungen wird.

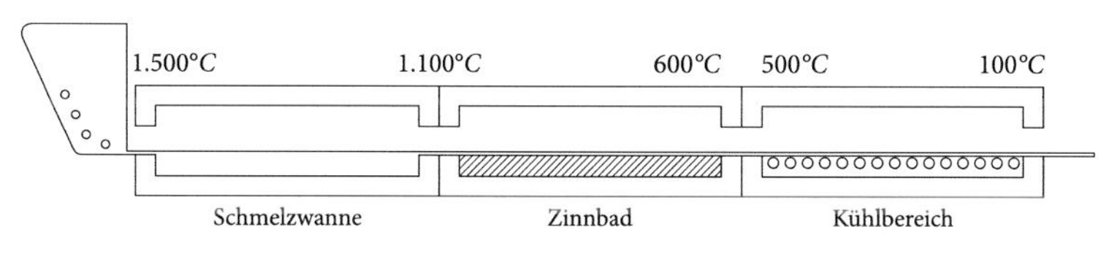

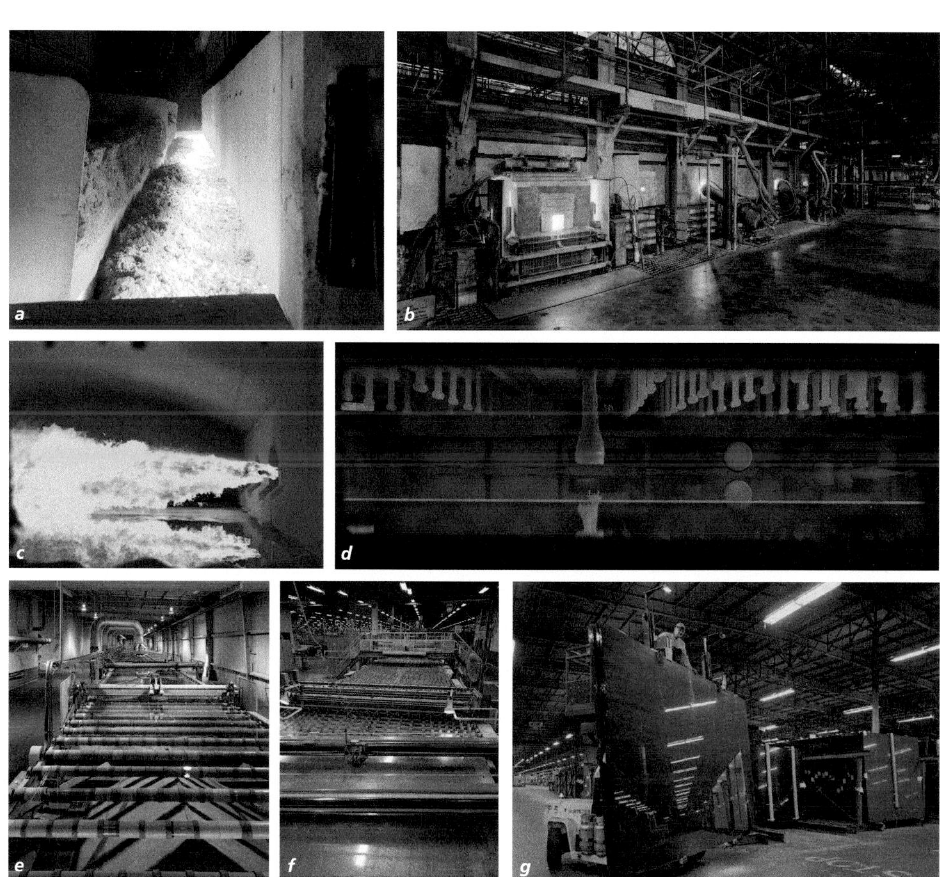

Abbildung 2.8 Herstellungsprozess von Floatglas – Schematische Darstellung des Produktionsablaufs *(oben)* und Blick in die verschiedenen Produktionsprozesse: Übergabe des Rohstoffgemenges in die Schmelzwanne *(a)*; Außenansicht der Schmelzwanne *(b)*; Glasschmelze während des Befeuerungsprozesses im Inneren der Schmelzwanne *(c)*; Zinnbad mit darauf schwimmenden Glasband *(d)*; Kühlbereich *(e)*; Zuschnittbereich *(f)*; Stapelung auf Transportgestelle und Einlagerung der Glasplatten *(g)*. (Bildnachweis: Glas Trösch Holding AG, Bützberg/CH *(a)*, Timothy Hursley, Little Rock/USA *(b-g)*)

stellung der verschiedenen Produktionsprozesse ersichtlich. Eine detaillierte Beschreibung der Verfahrensprozesse findet sich in Scholze (1988) und Nölle (1997).

2.4.2 Der Schmelzvorgang

Die Zusammensetzung des Rohstoffgemenges (vgl. Abs. 2.3.2) hat einen wesentlichen Einfluss auf die Viskosität der Schmelze und die Glasverarbeitung. Je nach Zusammensetzung wird das Glasgemenge bei 1.300 °C bis 1.600 °C geschmolzen. Die Schmelztemperatur von reinem SiO_2 liegt bei 1.713 °C (Le Bourhis, 2008). Um den Energieaufwand bei der Glasherstellung zu reduzieren, wird die Schmelztemperatur des Glasgemenges durch den Zusatz von Netzwerkwandlern (Alkalien) gesenkt (Abs. 2.3.2). Im Abstechbereich der Schmelzwanne liegt die Temperatur der Glasschmelze bei nur noch etwa 1.100 °C. Eine industrielle Schmelzwanne beinhaltet permanent bis zu 2.000 Tonnen Glas (Abb. 2.8a-c). Dabei entfallen etwa 20 % auf transparentes, recyceltes Flachglas und Produktionsscherben (Eigenscherben), die in der Flachglasproduktion anfallen. Vermischtes, recyceltes Behälterglas kommt aufgrund der starken Verunreinigung nicht zur Anwendung.

2.4.3 Der Floatprozess

Nach dem Schmelzvorgang wird die Glasschmelze aus dem Abstehbereich kontinuierlich über eine geneigte Ebene auf ein Bad aus geschmolzenem Zinn innerhalb der Floatwanne (Abb. 2.8d und Abb. 2.9) gegossen. Aufgrund seines geringern spezifischen Gewichtes (1/3 von Zinn) schwimmt das Glas in Form einer kontinuierlichen Schicht auf dem Zinnbad. Die Glasmasse breitet sich unmittelbar auf dem Zinnbad aus, bis sich die sogenannte *Gleichgewichtsdicke* eingestellt hat. Diese ist durch die Dichte der Glasmasse, die Dichte des Zinnbads und die Grenzflächenspannungen zwischen beiden Materialien bestimmt.

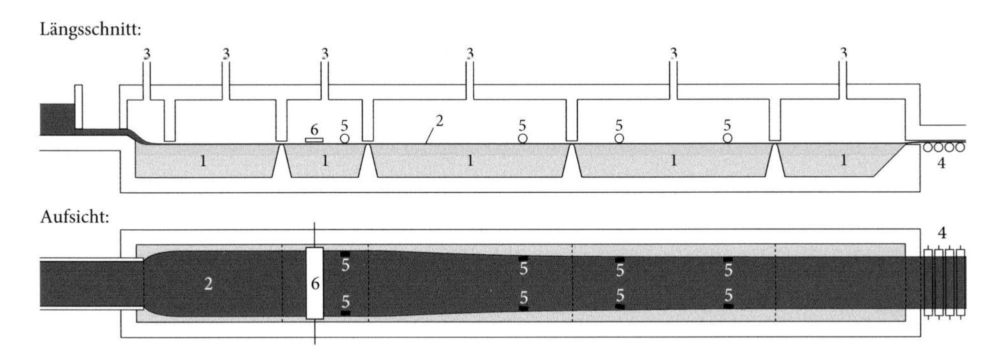

Abbildung 2.9 Schematischer Aufbau einer Floatwanne - Zinnbad *(1)*; Glasband *(2)*; Inertgaszuleitung *(3)*; Transportwalzen *(4)*; Toproller *(5)*; Kühler *(6)*. (nach Nölle, 1997)

Üblicherweise liegt die Gleichgewichtsdicke für Kalk-Natronsilikatglas bei etwa 7 mm. Der Schmelzpunkt von Zinn liegt bei nur 232 °*C*. Der Übergang in den gasförmigen Aggregatzustand erfolgt bei 2.720 °*C*. Um eine Oxidation des Zinns zu vermeiden, findet der gesamte Floatprozess in einer nahezu inerten Gasumgebung (Schutzgas bestehend aus Wasserstoff und Stickstoff) statt. Durch Anpassung der Unterfläche an die völlig ebene Oberfläche des Zinnbades und gleichzeitiges Heizen von oben ergibt sich ein planparalleles Glasband (Abb. 2.8d).

Über die Geschwindigkeit der unmittelbar hinter der Floatwanne angeordneten Transportwalzen ist eine Regulierung der Dicke des Glasbandes möglich. Dabei üben die Walzen auf das auf dem Zinnbad schwimmende Glasband Zugkräfte aus, die zu einer Einschürrung desselben führen. Aufgrund der Gleichgewichtsdicke wäre ohne Gegenmaßnahmen hiervon nur die Breite des Glasbandes betroffen. Da das Glas die Zugkräfte aufgrund seiner viskosen Eigenschaften nicht aufnehmen kann, werden mit sogenannten *Toprollern* Gegenkräfte ausgeübt. Toproller sind mit Wasser gekühlte Rollen, die mit definierter und einstellbarer Umfangsgeschwindigkeit angetrieben werden. Durch den Einsatz mehrerer Toproller-Paare in geeigneter Drehzahlabstufung und Winkeleinstellung, kann eine Einschnürrung des Bandes durch reckende, das Glasband in der Querschnittsfläche einschnürrende Gegenkräfte auf 20-30 % verringern werden. Mit dieser Methode ist es möglich, Glasdicken von nur $d = 2$ mm bis theoretisch $d = 35$ mm zu produzieren.

Der Wechsel zu anderen Glasdicken ist verlustreich und zeitaufwendig. So dauert die Umstellung von 4 mm auf 5 mm etwa 45 min. Die Bandgeschwindigkeit ist umgekehrt proportional zur Glasdicke. Weltweit einheitlich lieferbare Nenndicken sind in Tab. 2.3 genannt. Es sei an dieser Stelle angemerkt, dass Floatglas üblicherweise mit dünneren Stärken als angegeben produziert wird. Die in Europa nach DIN EN 572-2 zulässigen Toleranzen sind ebenfalls in Tab. 2.3 angegeben.

Aufgrund der Feuerpolitur auf der Oberseite und der Auflage auf dem Zinnbad an der Unterseite des Glasbandes, kommt es zu prozessbedingten Unterschieden zwischen beiden

Tabelle 2.3 Nenndicken und Toleranzen für Kalk-Natronsilikatglas im Bauwesen. (nach DIN EN 572-2)

Nenndicken [mm]	**Toleranzen** [mm]
2, 3, 4, 5 und 6	±0,2
8, 10 und 12	±0,3
15	±0,5
19 und 25	±1,0

Seiten des Glases, sodass zwischen *Zinnbadseite* und *Atmosphärenseite* (auch als *Feuerseite* bezeichnet) unterschieden wird. Insbesondere auf der dem Zinn zugewandten Seite kommt es aufgrund des mehrere Minuten dauernden Kontaktes mit dem flüssigen Zinn zu einer Veränderung der Oberflächeneigenschaften. Untersuchungen an kommerziellem Floatglas haben gezeigt, dass die Zinnkonzentration ρ_{Sn} bis zu 30 μm in das Glas hineinreicht (Colombin et al., 1980). Die Konzentration der Zinnionen folgt dabei einem exponentiellen Verlauf. Die Atmosphärenseite, die nicht mit dem Zinnbad in Kontakt steht, weist, neben einer vernachlässigbaren Zinnkonzentration, aufgrund der stark schwefelhaltigen Schutzatmosphäre innerhalb des Floatbereiches eine starke Anreicherung von Schwefel auf. Durch Verwendung von UV-C-Strahlung mit einer Wellenlänge von 254 nm können die Zinnionen in der Glasoberfläche sichtbar gemacht werden.

2.4.4 Beschichtung, Kühlung und Zuschnitt

Die für die Ziehgeschwindigkeit verantwortlichen Transportwalzen heben das Glasband am Ende der Floatwanne bei einer Glastemperatur von etwa 600 $^\circ C$ vom Zinnbad ab und führen es einem kontrollierten Kühlprozess zu (Abb. 2.8e). Bevor das Glas im sogenannten Temperofen auf ca. 100 $^\circ C$ kontrolliert abgekühlt (engl.: *to anneal*) wird, können zunächst *pyrolytische Beschichtungen* (Sonnenschutz- und Wärmedämmbeschichtungen) im Online-Verfahren aufgebracht werden. Da sich das Glas in diesem Stadium in einem metastabilen Zustand befindet, ist die Relaxation abhängig von der Abkühlgeschwindigkeit. Deshalb wird das Glasband kontinuierlich über einen langen Kühltunnel spannungsarm getempert. Nach dem Herunterkühlen wird das Glasband auf optische Fehler und Einschlüsse kontrolliert und in einem letzten Bearbeitungsschritt, bei nur noch etwa 20 $^\circ C$ auf das gängige Scheibenformat von 3,21 m $\times$ 6,00 m zugeschnitten (Abb. 2.8f) und anschließend gelagert (Abb. 2.8g).

2.5 Vorspannen von Glas

2.5.1 Thermisches Vorspannen von Glas

Der Prozess des thermischen Vorspannens wurde im frühen 17. Jahrhundert im Zusammenhang mit der *Bologneser Glasträne*, auch bekannt als *Batavischer Tropfen*, entdeckt. Hierbei handelt es sich um einen heißen Glasfaden oder -tropfen der durch Eintauchen in Wasser oder Öl sehr schnell (unkontrolliert) abgekühlt wird. Schon bei kleinster Beschädigung zerspringt eine solche Träne aufgrund des hohen Eigenspannungszustandes in feinen Glasstaub.

Thermisch vorgespanntes Glas, im Sinne von Flachglas wurde erstmals 1929 von der Firma *Saint Gobain* unter dem Markennamen *Sekurit* hergestellt. Wie alle Innovationen aus den ersten Dekaden des 20. Jahrunderts im Bereich der Flachglasanwendungen wurde auch vorgespanntes Flachglas zunächst in der Automobilindustrie verwendet. Für den Einsatz im konstruktiven Glasbau haben sich die Bauprodukte *Einscheibensicherheitsglas (ESG)* nach DIN EN 12150-1 und *Teilvorgespanntes Glas (TVG)* nach DIN EN 1863-1 als wesentliche Glasarten etabliert. Diese werden über einen thermischen Vorspannprozess unter Verwendung von thermisch entspanntem Floatglas (vgl. Abs. 2.4.1) produziert. Der übliche Vorspanngrad an der Oberfläche infolge thermischer Vorspannung beträgt für kommerzielles ESG σ_e = -90 N mm^{-2} bis σ_e = -140 N mm^{-2} (Abb. 2.10) und für TVG σ_e = -40 N mm^{-2} bis σ_e = -70 N mm^{-2}. Der Ablauf des thermischen Vorspannprozesses ist in Abb. 2.11 dargestellt.

Bei der thermischen Vorspannung von Glasbauteilen wird das für glasbildende Systeme charakteristische Relaxationsverhalten ausgenutzt (Abs. 2.3.1). Die Glasschmelze verhält sich bei hohen Temperaturen annährend wie eine *Newton'sche Flüssigkeit*, d.h. sie zeigt ein rein viskoses Materialverhalten. Als Festkörper zeigt Glas das ideal linear-elastische Verhalten eines *Hook'schen Festkörpers*. Im Transformationsbereich T_g vermischen sich diese Materialeigenschaften zu einem visko-elastischen Materialverhalten. Vorgespanntes Glas (fälschlicherweise häufig als *gehärtetes Glas* bezeichnet) wird überall dort angewendet, wo neben den bekannten Eigenschaften des Glases, zusätzlich eine hohe Biegezugfestigkeit und eine hohe Temperaturwechselbeständigkeit gefordert wird. Insbesondere ESG bietet bei hinreichend hoher Vorspannung im Bruchzustand den Vorteil, dass die Glasscheibe in kleine, stumpfkantige Bruchstücke mit einem geringen Verletzungspotenzial zerbricht. Somit bildet die thermische Vorbehandlung von Glas die wichtigste Bearbeitungsmethode für den Einsatz im konstruktiven Ingenieurbau. Grundlage des thermischen Vorspannens

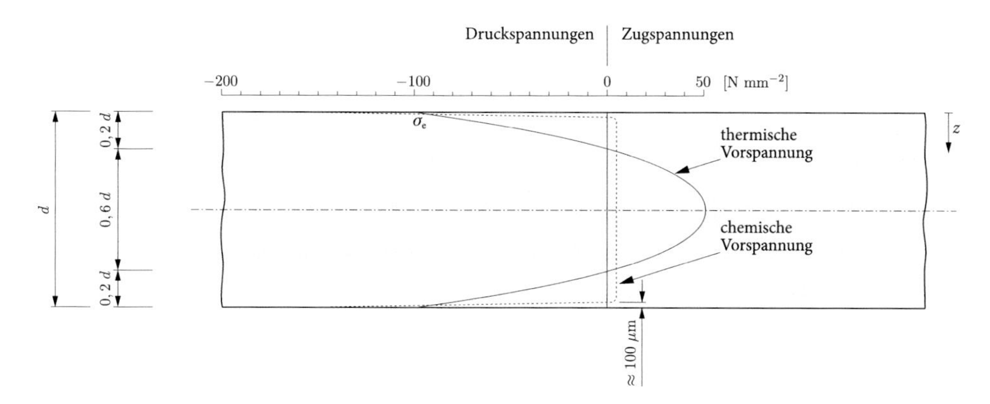

Abbildung 2.10 Eigenspannungsverlauf infolge thermischer (Einscheibensicherheitsglas) und chemischer Vorspannung in Glas.

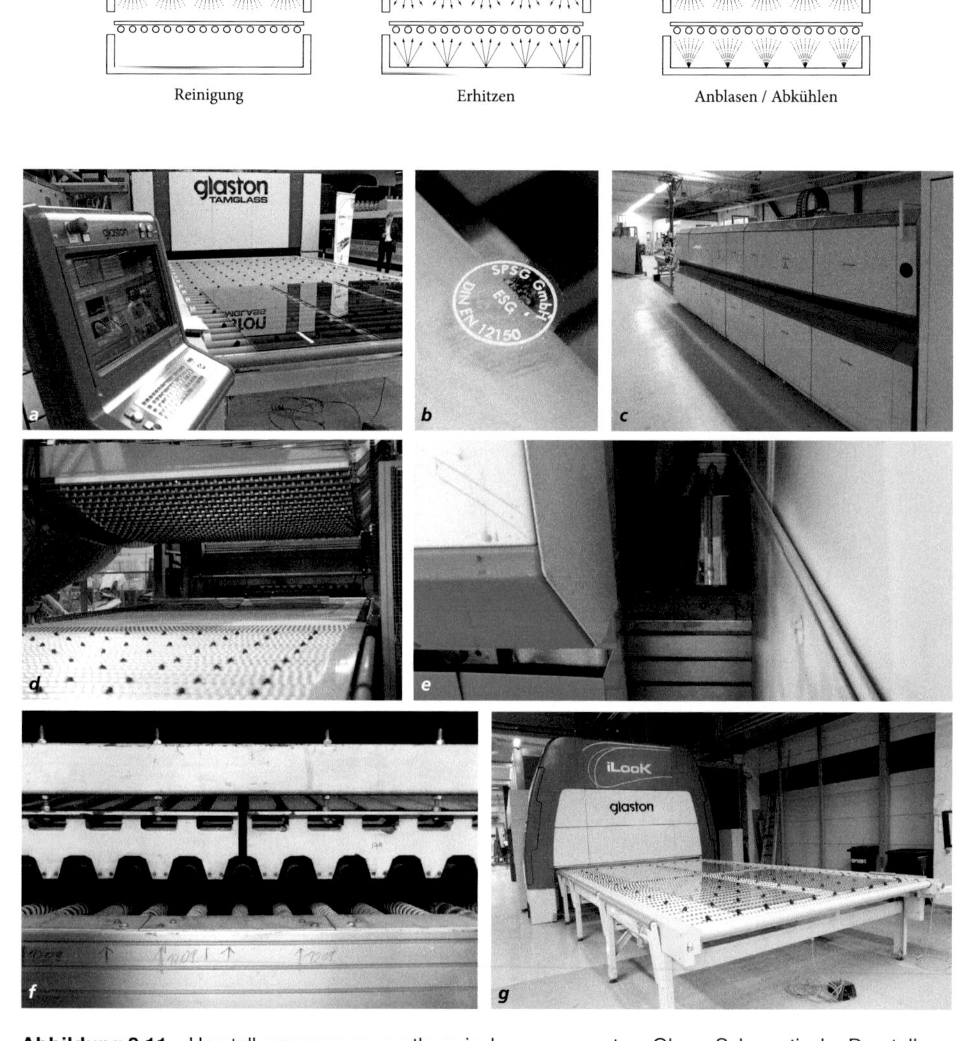

Abbildung 2.11 Herstellungsprozess von thermisch vorgespanntem Glas – Schematische Darstellung *(oben)* und Blick in die verschiedenen Produktionsabläufe des thermischen Vorspannprozesses: Vorbereitung und Auflage der Glasscheiben auf den Transportrollen *(a)*; frisch aufgebrachter keramischer Stempel *(b)*; Außenansicht eines Vorspannofen *(c)*; Innenansicht eines Vorspannofen zur Herstellung von zylindrisch gebogenem, vorgespanntem Glas *(d)*; Glas im Übergangsbereich zwischen Ofen und Kühlbereich *(e)*; Kühlbereich *(f)*; Entnahmebereich *(g)*. (Bildnachweis: Glaston, Tampere/FIN (*a, d* und *g*))

bildet das dauerhafte Einbringen eines über die Scheibendicke parabelförmigen Eigenspannungszustandes: Dabei sind an den Glasoberflächen Druckspannungen und im Inneren der Scheibe Zugspannungen dauerhaft vorhanden (Abb. 2.10). Die Höhe der Druckzone beträgt etwa 20 % der Glasdicke je Seite. Der Verlauf der eingeprägten Spannungen entspricht über die Scheibendicke d näherungsweise einer Parabel der Form

$$\sigma(z) = \sigma_\mathrm{e} \left[6 \left(\frac{z}{d} \right)^2 - 6 \frac{z}{d} + 1 \right]. \tag{2.8}$$

Dem eigentlichen Vorspannprozess geht eine gründliche Reinigung der Glasscheiben voraus. Danach werden die Glasscheiben auf dem Vorbereitungstisch vor dem Vorspannofen mit einem keramischen Stempel versehen (Abb. 2.11a-b). Dieser ist in den Produktnormen vorgeschrieben und kennzeichnet das vorgespannte Glas als solches. Während des Vorspannens brennt dieser in die Oberfläche des Glases ein. In modernen Öfen erfolgt der Transport im Ofen liegend über ein Rollensystem aus keramischen Materialien oder in Hochkonvektionsöfen auf einem Luftpolster zur Herstellung von thermisch vorgespannten Dünngläsern mit Glasdicken von bis zu d = 2,0 mm. Im Vorspannofen (Abb. 2.11c-d) wird das Glas zunächst homogen über den Querschnitt konstant auf eine Temperatur T_p erwärmt. Diese liegt im Bereich von etwa 100 °C über der Transformationstemperatur T_g. Sollte T_p zu klein gewählt werden, z. B. $T_\mathrm{p} < T_\mathrm{g}$, erfolgt keine Erwärmung bis in den visko-elastischen Materialbereich und die Glasscheibe verhält sich wie ein rein elastischer Körper, sodass keine Eigenspannungen entstehen können. Die Erwärmung erfolgt über Strahlung oder Konvektion, bzw. einer Kombination beider Techniken. Anschließend wird die Scheibe in den Kühlbereich des Ofens transportiert (Abb. 2.11e) und dort rasch mit Luft abgekühlt (Abb. 2.11f) wobei die Eigenspannungen erzeugt werden: Zu Beginn des Abkühlprozesses ist die Spannung über den gesamten Querschnitt konstant. Aufgrund der auf die Oberflächen wirkenden Abkühlung sind diese bestrebt sich zusammenzuziehen. Dies wird vom noch nicht abgekühlten Kern unterbunden, sodass kurzzeitig Zugspannungen an der Oberfläche und Druckspannungen im Kern entstehen. Diese sind allerdings betragsmäßig klein, da sie durch die niedrige Viskosität rasch abgebaut werden. Vorraussetzung für den Abbau dieser Spannungsverteilung ist also, dass die Ausgangstemperatur T_p ausreichend hoch gewählt wurde. Sollte dies nicht der Fall sein und schließlich die Viskosität zu hoch sein, können Zugspannungen an den Glasoberflächen verbleiben. Wenn die Oberflächentemperatur die Transformationstemperatur T_g unterschreitet, sollte die Oberflächenspannung im negativen Bereich (Druck) liegen, da ab diesem Zeitpunkt die Spannungen kaum noch relaxieren. Dies hätte eine Verminderung der nach dem Vorspannen eingeprägten Druckspannungen zur Folge. Ab diesem Temperaturniveau wechselt das Materialverhalten von einem visko-elastischen in ein linear-elastisches. Folgende Spannungsrelxationen der Glasoberflächen werden daher vernachlässigbar klein. Aufgrund der langsameren Abkühlung erhält der

Kern zu diesem Zeitpunkt noch ein wesentlich höheres Temperaturniveau ΔT. Der Kern muss sich also im Folgenden um einen höheren Betrag abkühlen als die Oberflächen. Er zieht sich hierbei zusammen und erzeugt eine Vergrößerung der Druckspannung an den Oberflächen. Aus Gleichgewichtsgründen entstehen im Kern Zugspannungen. Die Größe der endgültigen Vorspannung hängt von der Temperaturdifferenz ΔT zwischen Kern und Oberflächen in der elastischen Phase, d.h. $T < T_g$ im gesamten Querschnitt ab. Je größer die Differenz, desto größer fällt auch die endgültige Vorspannung aus. Deshalb muss für den Vorspannprozess eine geeignete Kombination aus Anfangstemperatur T_p und Abkühlgeschwindigkeit $\dot{T}$ gewählt werden, damit die maximale Temperaturdifferenz genau mit dem Zeitpunkt des beginnenden Spannungsaufbaus zusammenfällt und gleichzeitig keine Zugspannungen mehr an der Oberfläche existieren (Schneider, 2001). Bedingt durch die erzeugten Eigenspannungen im Glas sind Vorarbeiten am Basisglas, wie z. B. der Glaszuschnitt, Bohrungen und Kantenbearbeitung, vor dem Vorspannen durchzuführen. Ein nachträgliches Bearbeiten von vorgespanntem Glas ist ohne das Versagen der gesamten Glasscheibe nur bedingt möglich.

Im Gegensatz zu den Glasoberflächen sind im Glasinneren bis auf Produktionsfehler (z. B. Luftblasen, Einschlüsse, etc.) keine mikroskopischen Fehlstellen enthalten, weshalb hier eine gute Beständigkeit gegenüber Zugspannungen besteht (Jebsen-Marwedel & Brückner, 2011). Auf der Glasoberfläche sind im täglichen Gebrauch Beschädigungen im Mikrobereich unvermeidbar. Werden diese Defekte einer wirksamen Zugspannung ausgesetzt, kommt es zu subkritischen Risswachstumseffekten (Kap. 5), welche zu einem Bauteilversagen durch Bruch führen können. Aufgrund der geringen nicht planmäßigen Vorspannung von Floatglas werden am Bauteil wirkende Zugspannungen direkt wirksam. Hieraus resultiert eine sehr geringe Festigkeit (Abs. 6.2) für thermisch entspanntes Glas. Im Gegensatz hierzu muss für Defekte auf thermisch vorgespannten Gläsern zunächst die Oberflächenspannung überwunden werden, damit es zu Risswachstumseffekten kommt (Abb. 2.12).

2.5.2 Chemisches Vorspannen von Glas

Ähnlich dem thermischen Vorspannprozess (Abs. 2.5.1) wird beim chemischen Vorspannen von Glas ein Eigenspannungszustand mit Druckspannungen im oberflächennahen Bereich und Zugspannungen im Glasinneren erzeugt (Abb. 2.10). Der erfolgreiche Einsatz des chemischen Vorspannverfahrens wird erstmals von Kistler (1962) erwähnt. Der Prozess beruht auf dem Prinzip des Ionenaustauschs der Alkali-Ionen im oberflächennahen Bereich. Bei Kalk-Natronsilikatglas werden Na^+-Ionen (Atomradius: 153,7 pm) durch etwa 30 % größere K^+-Ionen (Atomradius: 227,2 pm) ersetzt (Abb. 2.13). Der Austausch findet bei kommerzieller Anwendung für Kalk-Natronsilikatglas in einem Bad mit geschmolzenem Salz (Kaliumnitrat KNO_3) statt (Donald, 1989; Karlsson et al., 2010). Derartige Anlagen

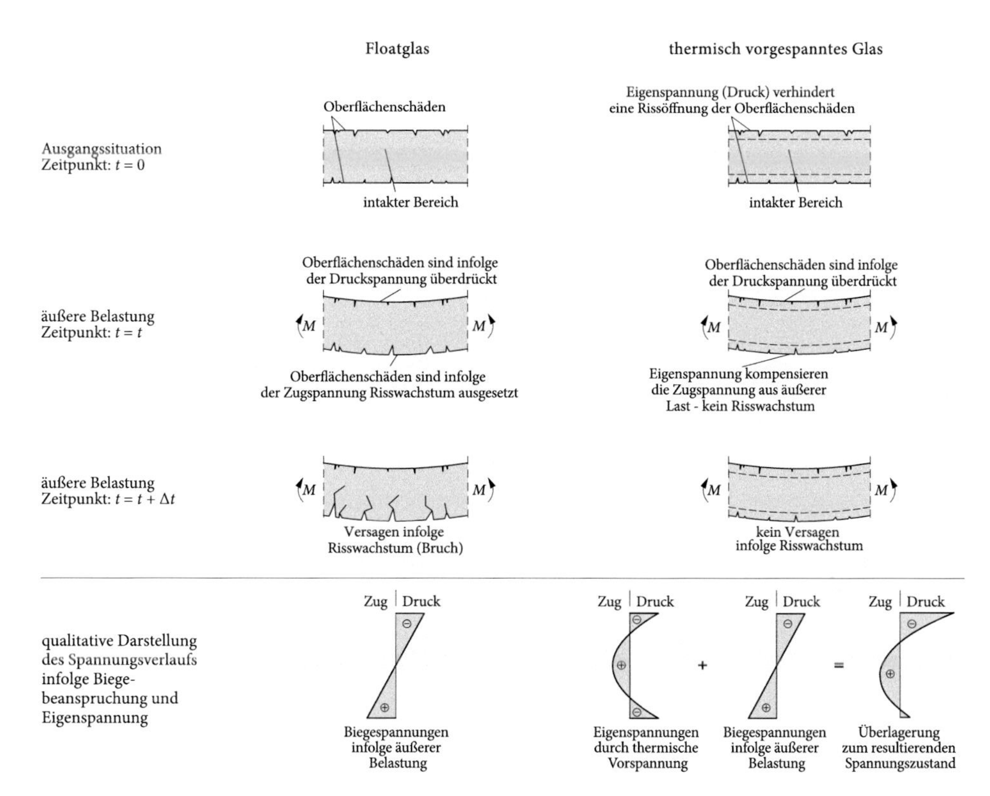

Abbildung 2.12 Wirkungsweise der thermischen Vorspannung und Auswirkung des subkritischen Risswachstums von Oberflächendefekten bei Floatglas und Einscheibensicherheitsglas: Infolge von Zugspannungen aus äußeren Einwirkungen kommt es bei Floatglas aufgrund der fehlenden Vorspannung zu subkritischem Risswachstum (Kap. 5), welcher zu einem Bauteilversagen durch Bruch führen kann. Hingegen werden Zugspannungen aus äußerer Einwirkung bei thermisch vorgespanntem Glas durch die Oberflächenspannungen aus thermischer Vorspannung kompensiert. (nach Sedlacek, 1999)

bestehen aus großen, verschließbaren Wannen (Abb. 2.14) in welche die Scheiben in Körben gelagert vollständig über etwa 24 h eingetaucht werden.

Die erzeugte Druckspannung ist beim chemischen Vorspannprozess proportional zu dem Glasvolumen in welchem der Ionenaustausch stattgefunden hat; sie korreliert mit der Quadratwurzel der Behandlungsdauer. Da es sich bei dem Ionenaustausch um einen Diffusionsprozess handelt, ist dieser stark temperatur- und zeitabhängig, schließlich nehmen die Oberflächendruckspannungen mit zunehmender Verweildauer im Salzbad ab, während die Druckzonenhöhe ansteigt. Bedingt durch ein ausgeprägtes Spannungsrelaxationsverhalten bei Temperaturen im Bereich der Transformationstemperatur T_g (Abs. 2.5.1 und Abs. 2.3.1), findet der chemische Vorspannprozess von Kalk-Natronsilikatglas bei Temperaturen unterhalb von 450 °C statt. Dementsprechend wird dieses Verfahren auch als *Niedrigtemperaturprozess* bezeichnet. Einen wesentlichen Einfluss auf den Vorspannvorgang hat zusätzlich die Glaszusammensetzung: Während Aluminosilikatgläser sehr gut chemisch vorgespannt werden können, und die Höhe der Druckspannung an der Glasoberfläche proportional mit steigendem Aluminiumanteil ansteigt, sinkt die Ionenaustauschrate mit steigendem Calcium-Anteil in Kalk-Natronsilikatglas (Karlsson et al., 2010). Sie steigt jedoch mit zunehmender Anzahl von Na^{+}-Ionen (alkalische Bestandteile, s. Abs 2.3.2). Grundsätzlich gilt, dass der Betrag der Druckspannung mit steigender Differenz der Ionengröße zunimmt. Nach Karlsson et al. (2010), sind für einen derartigen Ionenaustausch Gläser mit 10-18 m% Na_2O (Natriumoxid) und 5-15 m% Al_2O_3 (Aluminiumoxid) vorteilhaft. Während ersteres auf Kalk-Natronsilikatglas nach DIN EN 572-1 zutrifft, ist der Aluminiumoxidgehalt kommerzieller Gläser mit 0-5 m% sehr gering (s. Abs. 2.3.2, Tab. 2.1). Bei Alumininosilikatglas werden Li^{+}-Ionen (Atomradius: 152 pm) entweder durch größere Na^{+}- oder K^{+}-Ionen ersetzt. Bedingt durch die aus dem Ionenaustausch resultierende höhere Dichte, wird zudem die Eindringhärte des Glases im oberflächennahen Bereich gesteigert (Karlsson et al., 2010). Entgegengesetzt zu Einscheibensicherheitsglas, entspricht das Bruchbild von chemisch vorgespanntem Glas aufgrund der geringen gespeicherten Energie im Glasinneren eher dem von thermisch entspanntem Floatglas. Bei sehr hoch vorgespannten Gläsern kann es im Bereich des Bruchursprungs zu einem sehr feinen Bruchbild kommen. Eine nachträgliche Behandlung (z. B. Schneiden, Bohren, Schleifen)

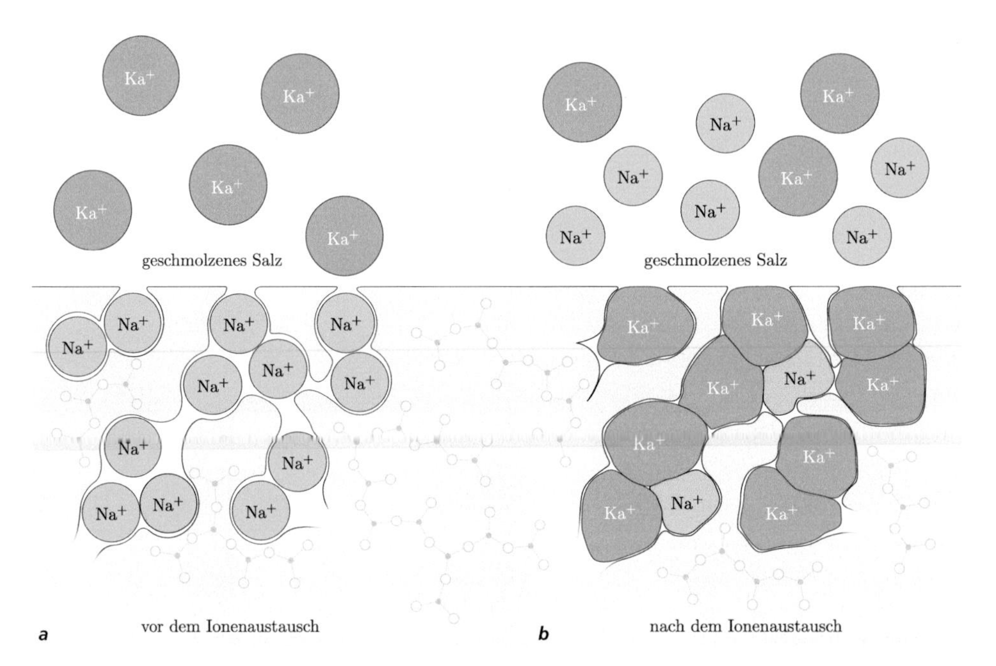

Abbildung 2.13 Ionenaustauschprozess bei chemisch vorgespanntem Glas im Niedrigtemperaturprozess: Im Glas eingelagerte Na^{+}-Ionen *(a)* werden durch größere K^{+}-Ionen ersetzt *(b)*.

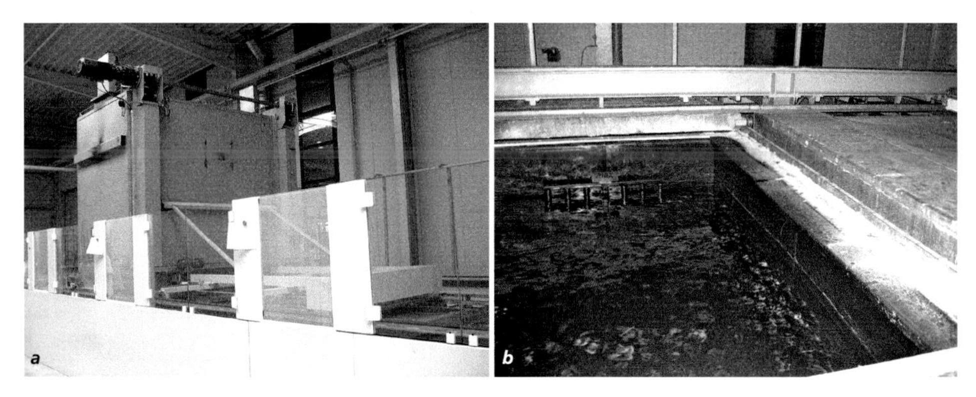

Abbildung 2.14 Kommerzielle Anlage zum chemischen Vorspannung von Glas: Außenansicht *(a)* und Blick in das Salzbad *(b)*. (Bildnachweis: Yachtglass GmbH & Co. KG, Dersum)

ist im vorgespannten Zustand bedingt möglich; in den Bearbeitungsbereichen bleibt die Vorspannung aufgrund der Mikrorissbildung nicht erhalten.

Die Druckzonenhöhe beträgt 20 μm bis 300 μm (Oakley & Green, 1991), für kommerzielle Anwendungen ist sie gewöhnlich < 50 μm (Sane & Cooper, 1987). Für Kalk-Natronsilikatglas liegt die praktisch erreichbare Vorspannung σ_e an der Glasoberfläche unter -600 N mm^{-2}. Kommerzielle Aluminosilikatgläser (z. B. *Schott Xensation Cover*), welche als chemisch vorgespannte Displayverglasungen mit Glasdicken $d < 2$ mm eingesetzt werden, sind mit Oberflächendruckspannungen $\sigma_e >$ -900 N mm^{-2} erhältlich. Donald (1989) nennt für chemisch vorgespanntes Kalk-Natronsilikatglas ($Na^+ \rightleftharpoons K^+$) eine theoretische Biegezugfestigkeit von σ_t = 1.450 N mm^{-2}. Kistler (1962) (σ_f = 855 N mm^{-2}), Nordberg et al. (1964) (σ_f = 255 N mm^{-2}), Connolly et al. (1989) (σ_f = 509 N mm^{-2}), Abrams et al. (2003) (σ_f = 326 N mm^{-2}) und schließlich Schneider (2001) (σ_f = 344 N mm^{-2}) konnten hingegen im Mittel nur deutlich geringere Biegezugfestigkeiten experimentell feststellen. In DIN EN 12337-1 ist die charakteristische Festigkeit von chemisch vorgespanntem Kalk-Natronsilikatglas mit f_k = 150,0 N mm^{-2} (5 %-Fraktil) angegeben. Die praktische Festigkeit von chemisch vorgespannten Gläsern ist aufgrund der geringen Druckzonenhöhen wesentlich vom Oberflächenzustand (Defektdichte und -tiefe) abhängig. Sind die Schäden tief genug, sodass Tiefenrisse die Druckzone durchdringen, wird die Biegezugfestigkeit auf die eines nicht vorgespannten Floatglases herabsetzt (Abs. 3.5.2). Daher finden chemisch vorgespannte Gläser im Bauwesen nur vereinzelt Anwendung. Größeren Zuspruch erlangen sie für Spezialanwendungen (z. B. Cockpitverglasungen für Flugzeuge und Raumfahrzeuge sowie Verglasungen von Yachten), bei gebogenen und/oder sehr dünnen Gläsern mit Glasdicken $d < 2$ mm, die aufgrund der hohen Wärmeleitung von Glas thermisch nur schwer vorgespannt werden können. Grundsätzlich ist der thermische Vorspannprozess durch die hohe Automatisierung und die schnellere Bearbeitungszeit deutlich preiswerter.

3 Oberflächendefekte auf Glas im Bauwesen

3.1 Allgemeines

Im alltäglichen Gebrauch ist eine Glasoberfläche mechanischen, chemischen und thermischen Belastungen ausgesetzt. Unter mechanischer Belastung sind hierbei tribologische Abriebs-, Kratz- (Abb. 3.1) und Verschleißvorgänge zu verstehen, die zur lokalen Schädigung der Oberfläche führen (Abs. 3.2). Generell gilt für alle konstruktiven Anwendungen aus Glas, dass neben der Gebrauchstauglichkeit auch die Gewährleistung prinzipieller Sicherheitsanforderungen zu erfüllen ist. Dabei sind die Besonderheiten des spröden Werkstoffes, die Einwirkungen und die daraus resultierenden Beanspruchungen zu berücksichtigen. Insbesondere aus gewöhnlicher Nutzung, wie beispielsweise Reinigung und Betretung, resultieren oberflächennahe Verschleißbeanspruchungen, welche sich bei einem linienförmigen Kontakt als *Kratzer* (Abb. 3.1) und bei einem punktuellen Kontakt als *Eindrücke* auf der Glasoberfläche abzeichnen und so erheblich die optische Qualität und die Bauteilfestigkeit beeinflussen. Das komplexe Risssystem von Kratzern auf Glasoberflächen erfordert im Folgenden eine Differenzierung zwischen *optischer* und der *statisch wirksamer Kratzanfälligkeit*. Während erstere sowohl die mikroskopische als auch die makroskopische Sichtbarkeit eines Kratzers beschreibt und durch zur Glasoberfläche parallel verlaufende

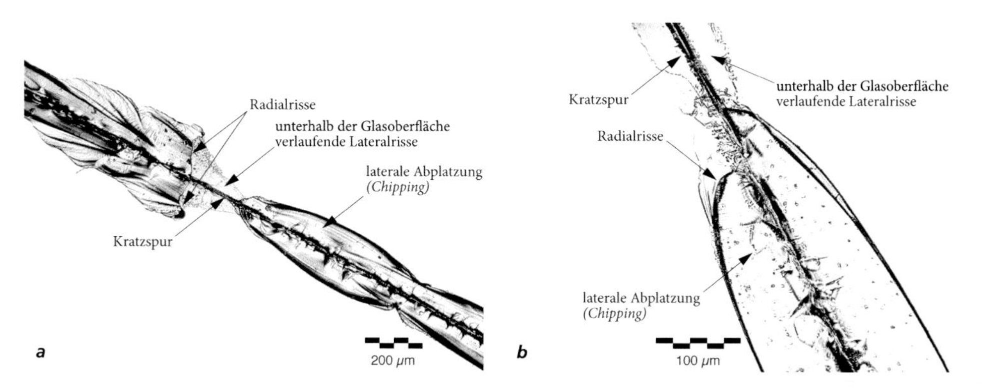

Abbildung 3.1 Durch Reinigungsarbeiten induzierte Kratzer auf Einscheibensicherheitsglas.

Lateralrisse (Abs. 3.3.3) beeinflusst wird, beschreibt die statisch wirksame Kratzanfälligkeit die festigkeitsmindernde Wirkung eines Oberflächendefektes infolge eines Tiefenrisses (Abs. 3.3.4).

3.2 Tribologische Beanspruchung der Glasoberfläche

Mechanische Oberflächenschäden auf Glas sind immer die Folge eines tribologischen Kontaktvorgangs. Die Tribologie beschreibt die Kontaktdeformation sowie durch Reibung und Verschleiß hervorgerufene mikro- und makroskopische Materialschädigungen infolge aufeinander wirkender Oberflächen, welche in Relativbewegung zueinander stehen (Czichos & Habig, 2010; Czichos & Hennecke, 2012). In einem tribologischen System, bestehend aus einem Grundkörper (kontaktierte Oberfläche) und einem Gegenkörper (Eindringkörper) treten innerhalb der Prozesszone Kontaktspannungen auf, welche elastische aber auch inelastische Deformationen sowie mikroskopische und makroskopische Materialschädigungen (Materialabtrag, Rissbildung, etc.) bewirken können. Bei der Festkörperreibung entstehen hierbei Normal- und Tangentialkräfte, die bei Überschreitung von Spannungsmaxima im Kontaktgrenzflächenbereich eine Abrasion bewirken. Diese tritt auf, wenn der Gegenkörper signifikant härter und/oder rauer ist, als der tribologisch beanspruchte Grundkörper. In Abb. 3.2 sind die tribologischen Verschleißmechanismen nach Czichos & Hennecke (2012) dargestellt. Für den Werkstoff Glas sind die Mechanismen der *Oberflächenzerrüttung* und der *Abrasion* maßgebend. Während erstere durch Ermüdung und Rissbildung in den Oberflächenbereichen für eine Festigkeitsminderung verantwortlich ist, definiert die Abrasion im Allgemeinen einen Materialabtrag und lässt sich in folgende Detailprozesse differenzieren:

- Beim *Mikropflügen* wird der Grundkörper unter der Wirkung des Eindringkörpers stark plastisch verformt und zu den Furchungsrändern hin aufgeworfen, ohne das ein Materialabtrag stattfindet.
- Beim *Mikrospanen* bildet sich vor dem abrasiven Kröper ein Mikrospan, dessen Volumen bei rein elastischem Materialverhalten gleich dem Volumen der entstehenden Verschleißfurche ist.
- Beim *Mikrobrechen* treten oberhalb einer kritischen Belastung (besonders bei spröden Materialien) laterale Risse bis hin zu größeren Materialausbrüchen längs der Verschleißfurche auf.

Aus tribologischer Sicht kann der Kratzvorgang als eine Sonderform des Verschleißes verstanden werden, bei dem es in lokalen Oberflächenbereichen zu einer Materialermüdung/Oberflächenzerrüttung (Mikrostrukturänderung und Rissbildung) sowie einem Materi-

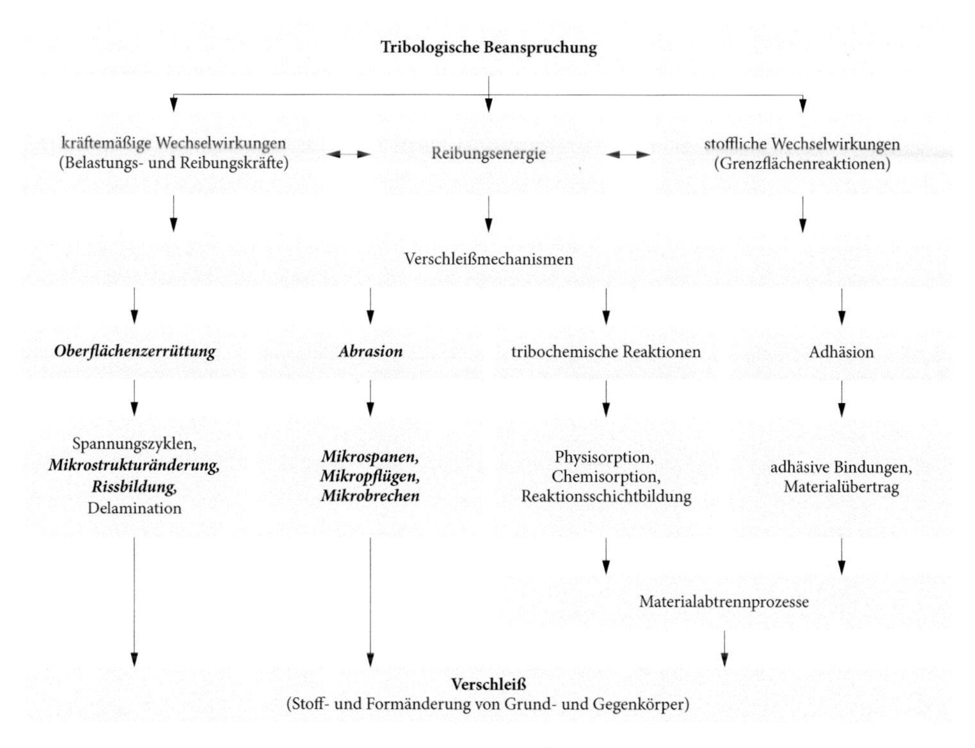

Abbildung 3.2 Tribologische Verschleißmechanismen: Übersicht über Stoff- und Formänderungsprozesse infolge tribologischer Beanspruchung. Hervorgehoben sind die Verschleißmechanismen für den Werkstoff Glas. (nach Czichos & Hennecke, 2012)

alabtrag/Abrasion in Form einer Kratzspur (Mikrospanen, Mikropflügen und Mikrobrechen) kommt (Abb. 3.2).

3.3 Elementare Bestandteile eines Kratzers auf Glas

3.3.1 Grundlagen

Durch den Kontakt eines harten Eindringkörpers mit einer Glasoberfläche kommt es neben der Ausbildung einer Kratzfurche zu einer lokalen Beschädigung in Form charakteristischer Risssysteme (Oberflächenzerrüttung, Abs. 3.2). Für den Kontakt wird hierbei zwischen einem rein *elastischen* und einem *elastisch-inelastischen* Materialverhalten des Grundkörpers unterschieden, wobei eine genaue Differenzierung durch die Geometrie und die Härte des Eindringkörpers sowie den Materialeigenschaften (dem Elastizitätsmodul E und nicht zuletzt der Bruchzähigkeit K_{Ic} (Abs. 4.3)) des Grundkörpers bedingt ist (Marshall et al.,

1982; Lawn, 1993). Motiviert durch die Frage der physikalischen Bedeutung der Härte geht erstere auf die fundamentalen Untersuchungen von *Heinrich Rudolf Hertz* (Hertz, 1881, 1896) zur Spannungsverteilung in der Kontaktzone zweier elastischer Körper mit gewölbten Oberflächen *(Hertz'sche Pressung)* zurück. Nach Lawn et al. (1975b) sind derartige Kontakte bei spröden Werkstoffen durch ein konisches Risssystem *(Hertz'ian Cone Cracks)* unterhalb des Kontaktbereiches gekennzeichnet (Abb. 3.3a). Sie verlaufen kreisförmig um den Kontaktbereich und dringen mit einer gewissen Schrägstellung in die Werkstoffoberfläche ein. Da bei dieser Kontaktdefinition ausschließlich elastische Spannungen auftreten, verbleibt nach dem Kontakt kein Eindruck auf der Glasoberfläche, weshalb in diesem Zusammenhang auch von einem *stumpfen Kontakt* (engl.: *blunt indentation*) gesprochen wird.

Infolge eines Kontaktes mit elastisch-inelastischem Materialverhalten, welcher auch als *scharfer Kontakt* (engl.: *sharp indentation*) bezeichnet wird, resultiert ein weitaus komplexeres Risssystem. Die Begrifflichkeit impliziert die Verwendung eines Eindringkörpers mit einer Spitzenausrundung von $r_s \to 0$. Die hierdurch im Grundkörper resultierende Spannungssingularität ($p_m \to \infty$), bestehend aus einem hydrostatischen Spannungsfeld mit hohen Schubspannungen (s. Kap. 8), bedingt die Entwicklung einer irreversiblen verformten *Kontaktzone (Kratzfurche* oder *-spur)*. Weiterhin werden bei dieser Kontaktdefinition *Lateral-* (Abb. 3.3b), *Radial-* (Abb. 3.3c) und *Tiefenrisse* (Abb. 3.3d) induziert (Lawn et al., 1976, 1980; Marshall et al., 1982; Cook & Pharr, 1990). Während Lateralrisse durch oberflächennahe Materialabplatzungen hauptsächlich einen Verschleiß der Oberfläche bedingen und die Sichtbarkeit eines Kratzers maßgeblich beeinflussen, sind Radial- und Tiefenrisse für eine Reduktion der Bauteilfestigkeit verantwortlich (Cook & Roach, 1986). Im Gegensatz zum elastischen Kontakt, erfolgt die Induzierung des Risssystems durch Eindringkörper mit Facettenschliff oder konischer Geometrie (Lawn, 1993). Die in Abb. 3.3 gezeigte schematische Darstellung der Ausbildung von Rissen infolge von Härteeindrücken mit einem Eindringkörper facettierter Geometrie ist ohne Weiteres auf

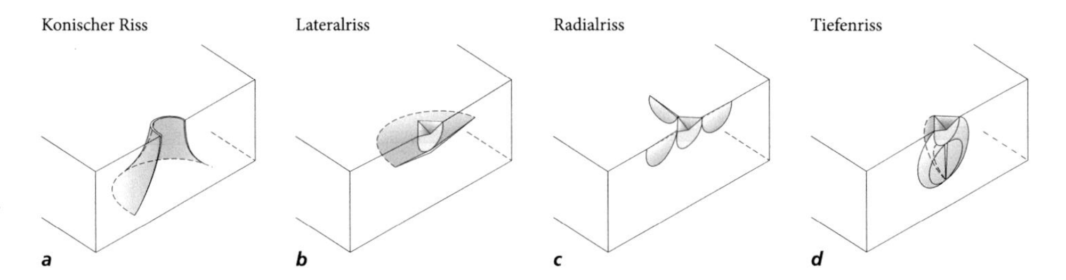

Abbildung 3.3 Schematische Darstellung möglicher Kontaktrissarten auf Glasoberflächen am Beispiel eines Härteeindrucks: konischer Riss *(Hertz'ian Cone Cracks)* infolge elastischem Kontakt mit einem stumpfen Eindringkörper, ohne Ausbildung einer dauerhaft verformten Kontaktzone *(a)*; Lateralriss *(b)*, Radialriss *(c)* und Tiefenriss *(d)* sowie Ausbildung einer dauerhaft verformten Kontaktzone infolge eines *elastisch-plastischen* Kontakts mit einem scharfen Eindringkörper. (nach Cook & Pharr, 1990)

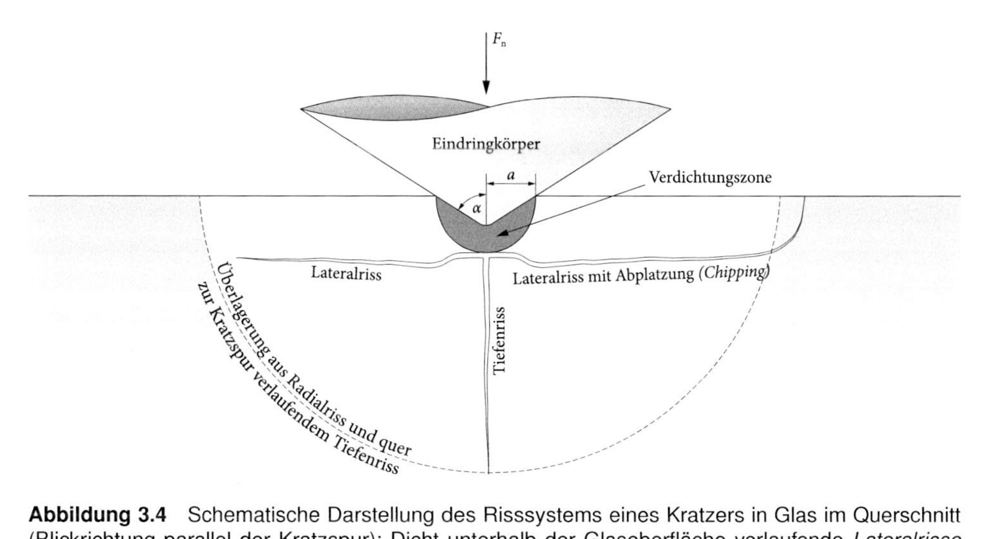

Abbildung 3.4 Schematische Darstellung des Risssystems eines Kratzers in Glas im Querschnitt (Blickrichtung parallel der Kratzspur): Dicht unterhalb der Glasoberfläche verlaufende *Lateralrisse* sowie orthogonal zur Glasoberfläche in das Glas eindringender *Tiefenriss* und *Radialriss* (in der Querschnittsebene). Infolge hoher Kontaktspannungen kommt es unterhalb des Eindringkörpers zu einer *Verdichtungszone*.

Kratzspuren (Abb. 3.4) übertragbar. In Abb. 3.5 sind Rasterelektronenmikroskopaufnahmen von Kratzspuren auf thermisch entspanntem Floatglas dargestellt. Deutlich sichtbar ist das Risssystem eines scharfen Kontaktes, welches von Sternberg (2012) (vgl. Abs. 9.3.3 und Abs. 9.4.2) als reales Schädigungsmuster auf Gläsern im Bauwesen identifiziert wurde sowie von zahlreichen Autoren (z. B. Jebsen-Marwedel & von Stösser, 1939; Swain, 1981; Beer, 1996; Li et al., 1998; Werkstoffzentrum Rheinbach GmbH, 2001; Pfeifer et al., 2002; Le Houérou et al., 2003, 2005; ift Rosenheim, 2005; Mattes, 2009; Gu & Yao, 2011) anhand von Kratzversuchen auf Glas nachgewiesen werden konnte. Daher sollen im Folgenden ausschließlich der scharfe Kontaktmechanismus und die daraus resultierenden elementaren Bestandteile eines Kratzers beschrieben werden. Eine detaillierte Betrachtung des lokalen Spannungszustands unterhalb des Eindringkörpers sowie bruchmechanische Mechanismen der Rissinitiierung sind in Kap. 8 dargestellt.

3.3.2 Kontaktbereich und Verdichtungszone

Der Kontaktbereich beschreibt die direkte Berührungsfläche zwischen Grund- und Gegenkörper und äußert sich bei Kratzern auf Glasoberflächen in Form einer dünnen, üblicherweise etwa 10 μm bis 20 μm breiten Kratzenspur bzw. -furche. Deutlich in Abb. 3.5b$_2$ und Abb. 3.5c$_2$ ersichtlich, kommt es im Kontaktbereich und einer darunterliegenden *Verdichtungszone* zu irreversiblen Verformungen (Abb. 3.4). Wie in Abb. 3.6c dargestellt, sind

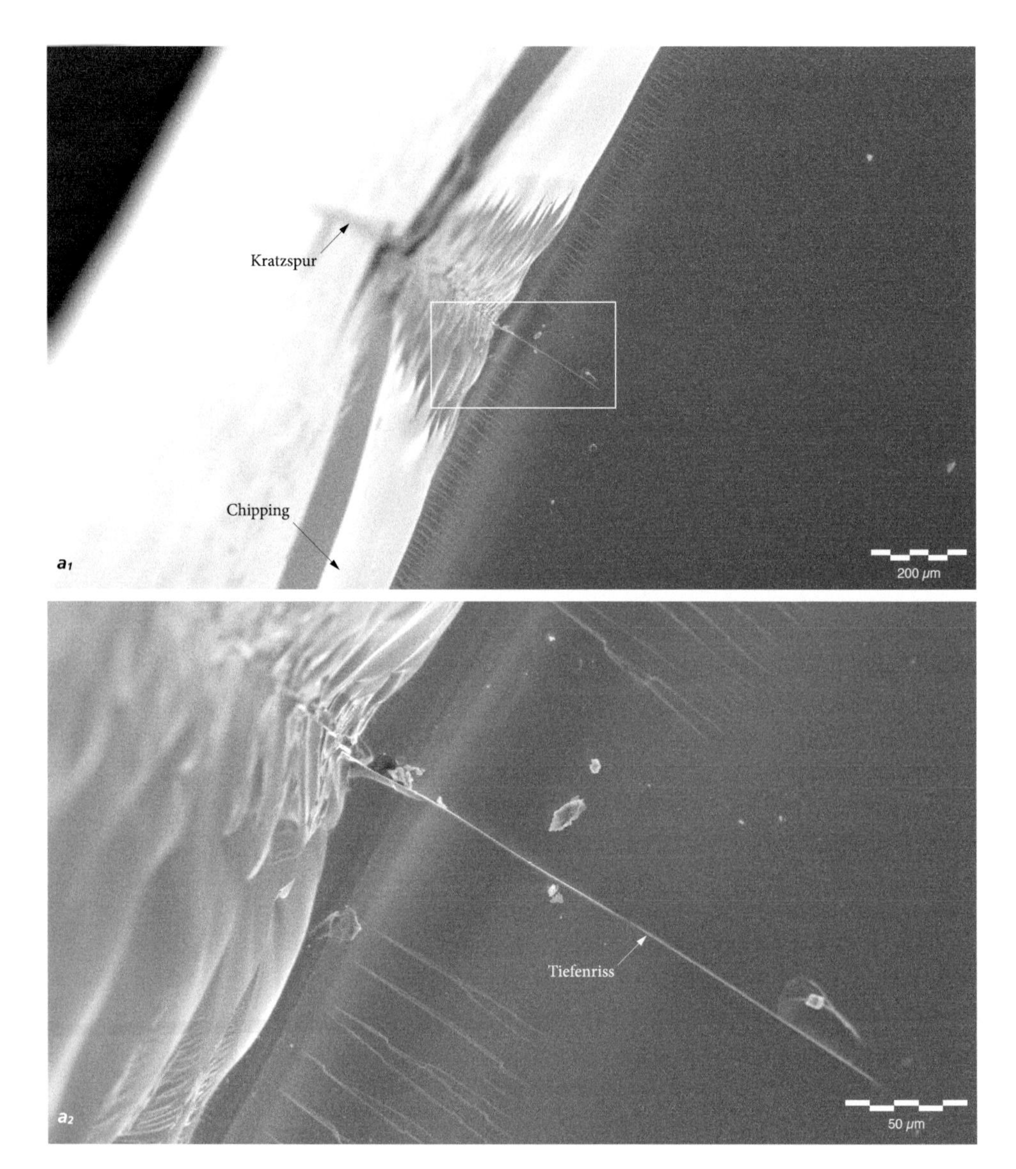

Abbildung 3.5 Rasterelektronenmikroskopaufnahmen von Kratzern auf thermisch entspanntem Floatglas: Querschnitt durch einen Kratzer mit Darstellung des Tiefenrisses *(a)*.

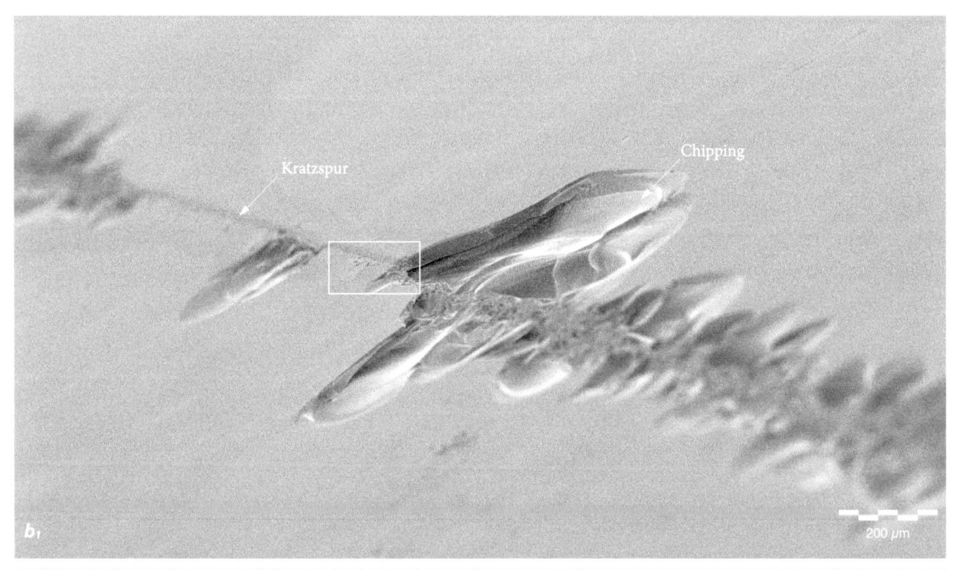

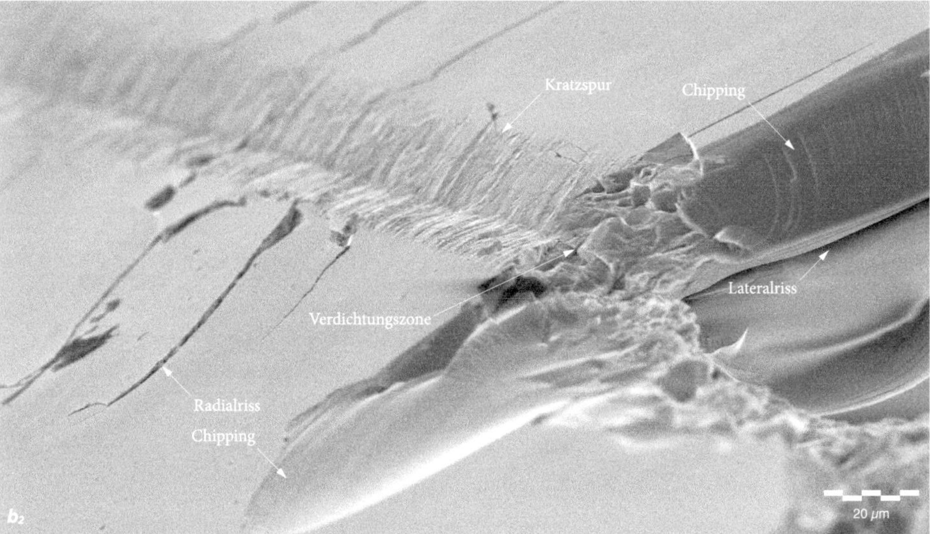

Abbildung 3.5 Rasterelektronenmikroskopaufnahmen von Kratzern auf thermisch entspanntem Floatglas: Kratzspur im Bereich ausgeprägter lateraler Abplatzungen (Chipping) mit Darstellung der Verdichtungszone *(b)*. *(Fortsetzung)*

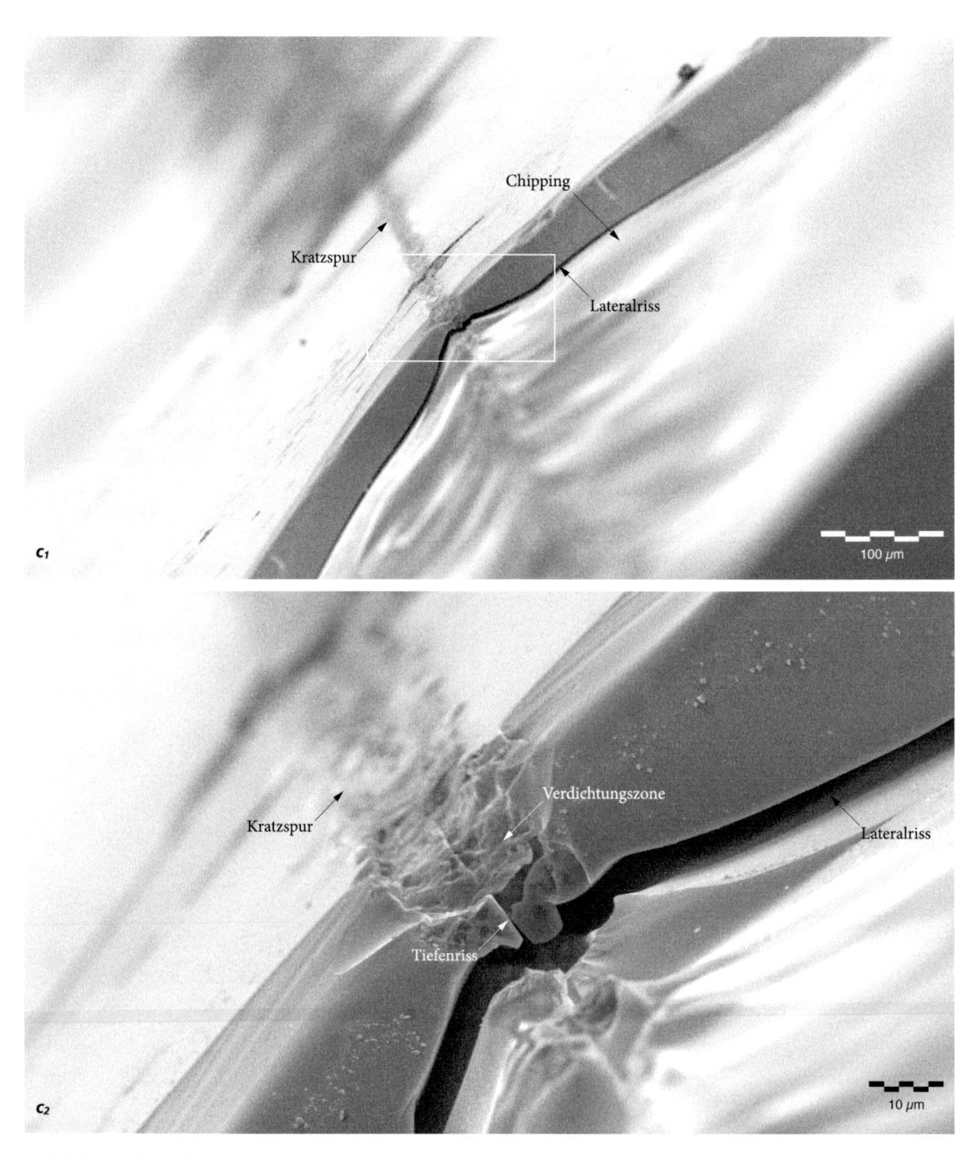

Abbildung 3.5 Rasterelektronenmikroskopaufnahmen von Kratzern auf thermisch entspanntem Floatglas: Kratzspur im Bereich ausgeprägter lateraler Abplatzungen (Chipping) mit Darstellung der Verdichtungszone *(c)*. *(Fortsetzung)*

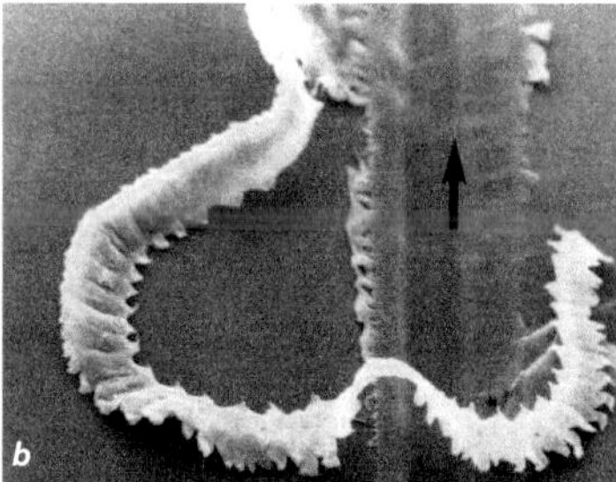

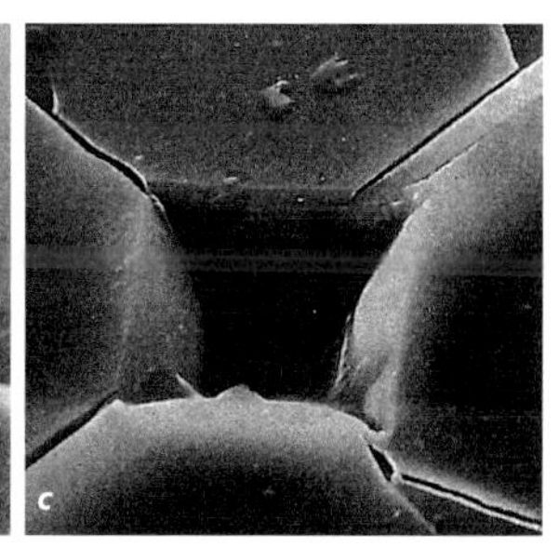

Abbildung 3.6 Ausbildung von Kratzspuren und Härteeindrücken auf Glasoberflächen: *Mikropflügen* ohne seitliche Aufwerfung der Kratzfurche und deutlichem Materialabtrag, der teilweise noch mit der Kratzspur verbunden ist *(a)* (Peter & Dick, 1967); *Mikrospanen* entlang einer Kratzfurche *(b)* (Schinker & Döll, 1983); permanenter Härteeindruck *(c)* (Peter, 1970).

identische Effekte sehr gut auch bei Härteeindrücken auf Glas zu beobachten (vgl. Marsh, 1964a,b; Peter, 1964; Arora et al., 1979).

Tribologische Verschleißmechanismen auf Glasoberflächen sind schon lange Bestandteil der Forschung. So untersuchten bereits Jebsen-Marwedel & von Stösser (1939) den Mechanismus des Glasschneidens und nutzten als Eindringkörper konventionelle Glasschneider. Dabei variierten sie die Auflast des Eindringkörpers und konnte neben der eigentlichen Kratzspur auch das in den folgenden Abschnitten beschriebene Risssystem, bestehend aus einem Tiefen- und symmetrischen Lateralrissen, auffinden (vgl. Abb. 3.4). Anhand von mikroskopischen Polarisationsaufnahmen konnte sie zudem ein *Eigenspannungsfeld* rund um die Kratzspur erkennen, welches mit steigender Auflast auf den Eindringkörper in seiner Intensität ansteigt und mit zunehmendem Alter der Kratzspur an Intensität verliert. Das von Jebsen-Marwedel & von Stösser entdeckte Eigenspannungsfeld wurde in den darauf folgenden Jahren intensiv untersucht. Schnell wurden dem für gewöhnlich als ideal-elastisch geltenden Werkstoff Glas inelastische Materialeigenschaften im lokalen Mikrobereich zugeschrieben. Erste Arbeiten hierzu gehen auf Taylor (1949b), Custers (1949), Bridgman (1953), Bridgman & Šimon (1953) und Marsh (1964a,b) zurück. Sie alle konnten durch Verwendung von sehr gering belasteten Eindringkörpern Kratzer oder Eindrücke auf Glas erzeugen, bei denen es zu einer deutlichen Ausbildung einer irreversiblen Deformation der Glasoberfläche kam, aber zu keiner Initiierung von Rissen. Anhand von Filmaufzeichungen des Ritzvorganges mit einem konischen Eindringkörper konnte Busch (1968) an Glasoberflächen im mikroskopischen Bereich ein inelastisches Materialverhalten nachweisen. Die beobachteten plastischen Effekte wurden im Folgenden durch Bridgman & Šimon (1953), Cohen & Roy (1961), Peter (1964); Peter & Dick (1967), Marsh (1964a,b), Evers (1964) und schließlich Ernsberger (1968) mit einer *Verdichtung* (nicht volumenkonstante Verformung) des Materials begründet.

Peter & Dick (1967) widmeten sich in ihren Untersuchungen eingehend der Ausbildung der Kratzspur und konnten anhand von Rasterelektronenmikroskopaufnahmen charakteristische Merkmale des *Mikropflügens* (Abs. 3.2) erkennen. Sie stellten dabei fest, das es bei Glas im Gegensatz zur obigen Definition (Abs. 3.2) nicht zu einer Aufwerfung an den Furchungsrändern kommt. Vielmehr wurden aus der Kratzspur stammende Partikel entlang den Furchungsrändern verteilt und stellten teilweise sogar noch eine Verbindung zur selbigen dar (Abb. 3.6a). Ähnliche Ergebnisse berichten Schinker & Döll (1983), die bei ihren Betrachtungen auch den Prozess des *Mikrospanens* bei Kratzspuren auf Glas beobachten konnten (Abb. 3.6b). Bedingt durch die atomare Struktur des Glasnetzwerks, ist die herkömmliche Materialvorstellungen einer plastischen Verformung infolge einer atomaren Versetzung nicht gültig. Bedingt durch die unregelmäßige atomare Anordnung (Abs. 2.3.2) ist unter einer Verdichtung eine Änderung der Atomabstände (dichtere Packung des Glasnetzwerks) zu verstehen. Die Verdichtung kann dabei über das Verhältnis des Differenzvolumens ΔV zum ursprünglichen Volumen V beschrieben werden. Bedingt durch die Materialverdichtung kommt es zur Ausbildung des von Jebsen-Marwedel & von Stösser (1939) beobachteten Eigenspannungszustandes. Marsh (1964a) und Peter (1970) analysierten die Verdichtungszone anhand von Härteeindrücken im Detail und konnte im Speziellen für Gläser mit Netzwerkwandlern (Abs. 2.3.2) die Theorie der Verdichtung zur Beschreibung permanenter Deformationen bestätigen. Peter konnte anhand seiner Untersuchungen nachweisen, dass es auch bei Glas in Abhängigkeit der chemischen Zusammensetzung zum Fließen und der Ausbildung von Scherbändern innerhalb der Verdichtungszone kommen kann. Zwar wird Glas aufgrund der ungeordneten Netzwerkstruktur (Abs. 2.3.2) kein plastisches Versetzungsverhalten wie kristallinen Strukturen zugeschrieben, jedoch sieht Marsh speziell in den nicht brückenbildenden Netzwerkwandlern (z. B. Natrium, vgl. Abb. 2.7) durch die Ausbildung »freier Enden« in der Netzwerkstruktur das Potenzial

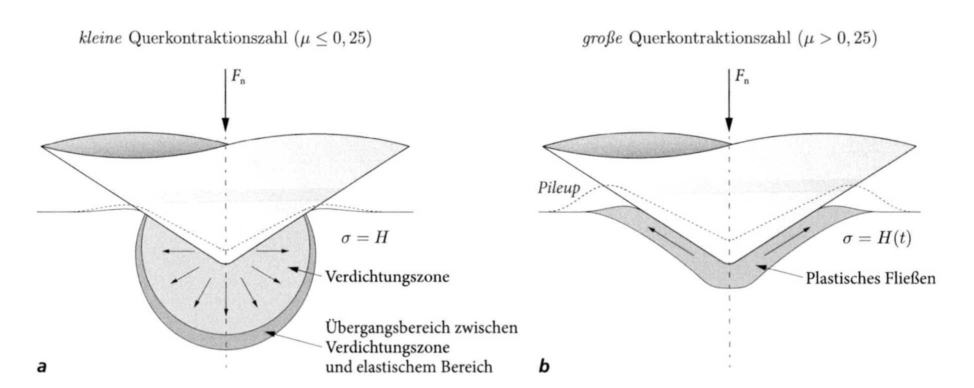

Abbildung 3.7 Schematische Darstellung inelastischer Verformungen unterhalb von Eindringkörpern: *Verdichtung (a)* und *Fließen (b)*. Die gestrichelte Linie gibt die Deformation der Oberfläche nach Entlastung durch den Eindringkörper an. (nach Rouxel et al., 2010)

plastischer Versetzungen. Aktuelle Forschungsergebnisse zum Verdichtungsverhalten von Glas finden sich in Yoshida et al. (2007), Rouxel et al. (2008), Rouxel et al. (2010) und Rouxel (2013). Die Autoren bestätigen die Ergebnisse von Peter (1970) und konnten zeigen, dass das Materialverhalten (Verdichtung oder Fließen) unterhalb der Kontaktzone mit der Querkontraktionszahl des Glases korreliert. Demnach neigen Gläser mit niedriger Querkontraktionszahl ($\nu \leq 0,25$ entsprechend Rouxel, 2013) zu einer verstärkten Verdichtung (Abb. 3.7a). Insbesondere herkömmlichem Kalk-Natronsilikatglas ($\nu = 0,2 - 0,23$) wird dabei ein ausgeprägtes Verdichtungsverhalten zugeschrieben, welches mit zunehmendem Gehalt von Netzwerkwandlern zunimmt. Gläser mit höherer Querkontraktionszahl tendieren zu *plastischem Fließen* (Abb. 3.7b). Hierbei kommt es im Gegensatz zur Materialverdichtung zu einem inhomogenen, volumenkonstanten Verformungsverhalten in einem sehr schmalen Bereich unterhalb des Eindringkörpers. Dies bedingt die Ausbildung charakteristischer Versetzungsbewegungen, bzw. von Scherbändern sowie Materialaufwerfungen am Rand der oberflächlichen Kratzfurche *(Pileup)*.

3.3.3 Das laterale Risssystem

Das laterale Risssystem (Abb. 3.3b und Abb. 3.4) besteht aus dicht unterhalb der Glasoberfläche verlaufenden Rissen (Marshall et al., 1982). Der Rissursprung liegt dicht unterhalb der inelastisch deformierten Kontaktzone, von wo aus eine symmetrische Rissentwicklung *nach* Entlastung (Abs. 8.2) durch den Eindringkörper stattfindet (Jebsen-Marwedel & von Stösser, 1939; Swain & Hagan, 1976; Hagan & Swain, 1978; Cook & Pharr, 1990). Die Initiierung und Ausbreitung des lateralen Risssystems ist wesentlich von der Ausprägung der Verdichtungszone abhängig (Cook & Roach, 1986). Bei voranschreitendem Rissverlauf ist eine Anhebung der darüber liegenden Glasoberfläche im Mikrobereich messbar (Abb. 3.8a-b). Lateralrisse zeigen einen charakteristischen Rissverlauf (Abb. 3.5 und Abb. 3.8) der von einigen Winkeländerungen des Rissfortschritts geprägt ist: Vom Rissursprung aus verlaufen die Risse zunächst parallel zur Glasoberfläche, um etwa auf halber Breite der Kontaktzone mit einem Winkel von ca. 30° über eine kurze Distanz in das Glasinnere einzudringen. Dieses Verhalten kann anhand von bruchmechanischen Mixed-Mode Betrachtungen (Abs. 8.4.2 und Abs. 4.6) nachvollzogen werden. Der weiterführende Rissverlauf erfolgt im Wesentlichen parallel zur Glasoberfläche, bis er häufig abrupt und nahezu orthogonal zur Glasoberfläche voranschreitet (Howes & Szameitat, 1984; Whittle & Hand, 2001). Entsprechend Lawn et al. (1975a), Hagan & Swain (1978) und Tu & Scattergood (1990) steht dieser Effekt in engem Zusammenhang mit dem Eigenspannungsfeld im Kontaktbereich. Durch die zunehmende Distanz zwischen Kontaktzone und Rissspitze werden zum einen die wirksamen Spannungen an der Rissspitze kleiner und zum anderen kommt es mit Vergrößerung des Risses zu einem Abbau des inelastischen Eigenspannungsfeldes (Cook & Roach, 1986). Eine mechanische Erklärung, warum die Lateralrisse plötzlich orthogonal zur Glasoberfläche wachsen, ist in der Literatur jedoch nicht zu finden. Whittle & Hand (2001) vermuten eine Interaktion der Lateralrisse mit den Rissfronten der Radialrisse. Diese These kann auf Grundlage der in dieser Arbeit durchgeführten experimentellen Untersuchungen (Kap. 9) nicht bestätigt werden. Erreichen die Risse die Glasoberfläche, kommt es typischerweise zu muschelförmigen Abplatzungen, die auch als *Chipping* bezeichnet werden (Srinivasan & Scattergood, 1987; Chiu et al., 1998; Quinn & Salem, 2002; Le Houérou et al., 2003, 2005). Insbesondere die seitlichen Abplatzungen bewirken eine im makroskopischen Bereich deutlich erhöhte Sichtbarkeit der Kratzspur. Entlang eines Kratzers werden die Längen der Abplatzungen häufig durch Radialrisse begrenzt. Im Gegensatz zu Tiefen- und Radialrissen, beeinflussen Lateralrisse

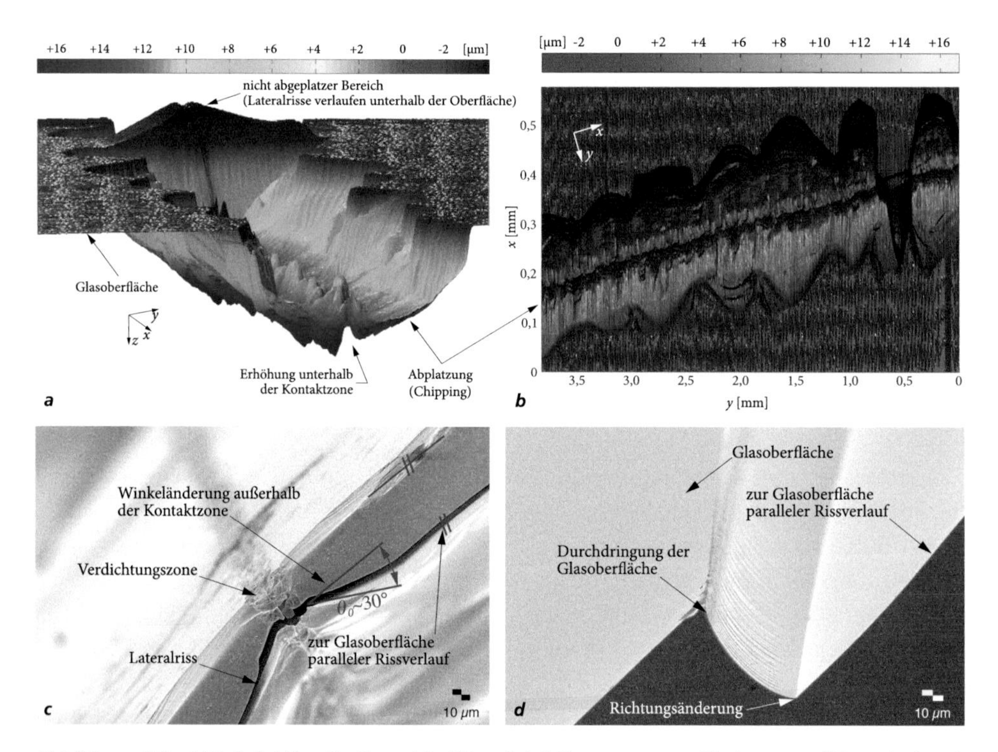

Abbildung 3.8 Mittels taktiler Profilometrie (Abs. 3.4.4.6) vermessene Kratzspur auf thermisch entspanntem Floatglas in isometrischer Darstellung *(a)* und in Draufsicht *(b)* – deutlich sichtbar ist die Aufwölbung der Glasoberfläche im Bereich von Lateralrissen die nicht zur Abplatzung geführt haben sowie die durch eine Änderung der Risswachstumsrichtung bedingte charakteristische Erhöhung unterhalb der Verdichtungszone (z-Richtung jeweils in 1.000-fach überhöhter Darstellung; aufgrund der Spitzenausrundung der Tastspitze sind die Tiefenrisse nicht sichtbar). Detaillierte Rasterelektronenmikroskopaufnahmen von Kratzern auf thermisch entspanntem Floatglas im Bereich von Änderungen der Risswachstumsrichtung der Lateralrisse: Unterhalb der Verdichtungszone kommt es zu einer Winkeländerung von etwa 30° entgegen der Glasoberfläche *(c)* und einer abrupten Winkeländerung (Risswachstum nahezu orthogonal zur Glasoberfläche) im äußersten Bereich der Kratzspur *(d)*.

nicht die Bauteilfestigkeit, weshalb sie im Gegensatz zu vorangenannten Risssystemen lange Zeit wissenschaftlich nicht beachtet wurden.

3.3.4 Das Tiefenriss- und das radiale Risssystem

Neben dem lateralen Risssystem stellt die Kombination aus Tiefen- und Radialrissen das zweite wesentliche Risssystem dar. Eine Abgrenzung zwischen Radial- und Tiefenrissen kann sehr gut anhand von Härteeindrücken beobachtet werden, da hier bei Verwendung eines facettierten Eindringkörpers (z. B. *Vickers*-Eindringkörper) die Risswachstumsrichtung entlang den Tangenten erfolgt (vgl. Abb. 3.3c-d und Abb. 3.6). Für Härteeindrücke (statische Belastung) gilt im Wesentlichen, dass Tiefenrisse (Abb. 3.3d) während der Belastung durch den Eindringkörper unterhalb der Verdichtungszone initiiert werden und mit steigender Belastung senkrecht zur Oberfläche in den Grundkörper eindringen (Peter, 1964; Lawn & Wilshaw, 1975; Lawn & Fuller, 1975; Lawn & Swain, 1975; Marshall & Lawn, 1979; Cook & Pharr, 1990; Lawn, 1993). Radialrisse (Abb. 3.3c) enstehen in Glas während der Entlastung durch den Eindringkörper (Cook & Pharr, 1990). Im Gegensatz zu den Tiefenrissen befindet sich der Rissursprung dicht neben dem Kontaktbereich auf der Glasoberfläche. Nach zunehmender Entlastung durch den Eindringkörper kommt es entlang der Tangente des Eindringkörpers zur Überlagerung zwischen den Tiefen- und Radialrissen[6]. Im vollkommen entlasteten Zustand ist eine eindeutige Differenzierung zwischen beiden Rissarten häufig nicht mehr möglich. Der entstandene, halbelliptische Riss wird auch als *Half-Penny-Riss* bezeichnet (Lawn & Fuller, 1975; Lawn & Swain, 1975; Marshall & Lawn, 1979). Bei Kratzern verläuft der Tiefenriss unterhalb der Kratzfurche parallel zur Kratzrichtung; eine Tiefenrissbildung senkrecht zur Kratzspur erfolgt dabei nicht. Teilweise kommt es zur Ausbildung von Radialrissen, die seitlich von der Kratzspur an der Glasoberfläche in den Grundkörper eindringen. Während bei Kratzspuren auf Glasoberflächen der Tiefenriss (Abb. 3.5a) für die Reduzierung der Biegefestigkeit verantwortlich ist, reduzieren Radialrisse (Abb. 3.5b_2) bei geschnittenen Glaskanten (Kantenbearbeitung KG) die Kantenfestigkeit. Dannheim et al. (1981) berichten, dass die Risslänge der Tiefenrisse bei thermisch vorgespannten Gläsern geringer ist, als bei thermisch entspannten Gläsern. Die Autoren machen hierfür die oberflächenahen Druckspannungen infolge thermischer Vorspannung verantwortlich.

[6]Radialrisse sind auch als *Palmqvist*-Risse bekannt.

3.4 Stand der Technik

3.4.1 Allgemeines

Unabhängig der Verursachungsart wird seitens von Sachverständigen, Fachleuten aus dem Bereich der Glasherstellung, -veredelung und -verarbeitung sowie Experten aus dem Gebäudereinigerhandwerk thermisch vorgespannten Gläsern aufgrund der mechanischen Eigenspannung im Vergleich zu thermisch entspanntem Floatglas eine wesentlich höhere Kratzempfindlichkeit zugesprochen (Pfeifer et al., 2002; Küffner & Lummertzheim, 2004; Wiegand, 2005; Mattes, 2009; Bundesverband Flachglas, 2012). Insbesondere nach der üblichen Glasreinigung werden zunehmend Kratzschäden auf thermisch vorgespannten Gläsern bemängelt. Dementsprechend wird für Verkratzungen häufig die unsachgemäße Ausführung von Reinigungsarbeiten als Ursache genannt (Lutz, 1999; Bundesinnungsverband des Gebäudereiniger-Handwerks, 2001; Oberacker, 2004b,a; Zimmermann, 2006; RAL Gütegemeinschaft Gebäudereinigung e.V., 2010; Schönwiese, 2010). In Abb. 3.9 sind typische Schadensfälle zerkratzter Glasscheiben im Bauwesen dargestellt. Insbesondere die bauseitige Erstreinigung erweist sich als problematisch, da hier grobe Verschmutzungen wie Sandkörner, Zement- und Betonreste und andersartige granulare Bestandteile vorsichtig von der Glasoberfläche entfernt werden müssen. Erfolgt dies nicht mit notwendiger Fachkenntnis und Vorsicht, sind irreversible Oberflächenbeschädigungen nicht auszuschließen. Zudem sind Kratzer die während des Bauablaufs entstanden sind unter Staub und Schmutz

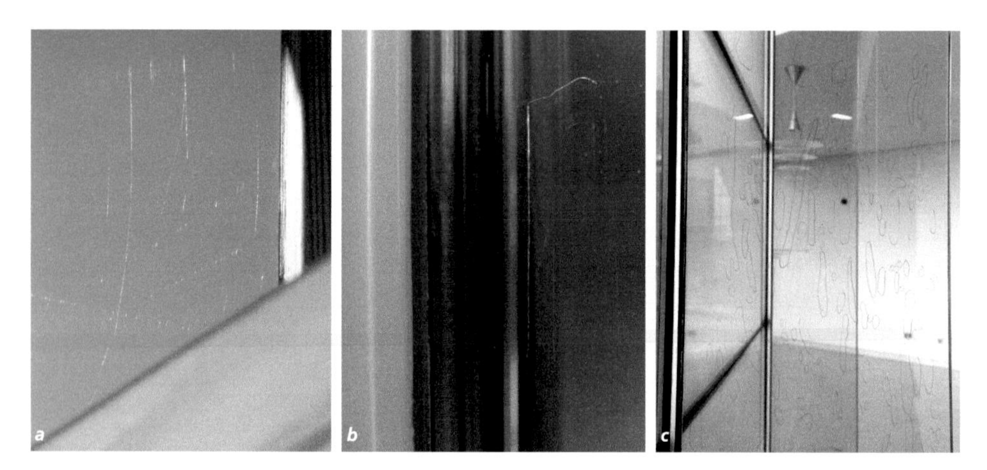

Abbildung 3.9 Typische Schadensfälle zerkratzter Glasscheiben im Bauwesen: Zerkratzte Glasscheiben aus thermisch entspanntem Floatglas eines privaten Bauvorhabens in Stuttgart *(a)* und eines Schulgebäudes in Darmstadt *(b)* sowie auf einem biegebeanspruchten Glasbalken aus VSG (ESG) deutliche Akkumulation von Kratzern (Kratzspuren wurden zur Kennzeichnung markiert) in einem Forschungszentrum in Lissabon. Für alle Schäden konnte eine nicht sachgemäße Ausführung der Reinigungsarbeiten identifiziert werden. (Bildnachweis: Schönwiese GmbH *(a)*)

nur schwer, bzw. gar nicht zu erkennen. Erfolgt ein Austausch aus optischen und/oder statischen Aspekten (z. B. Grönegräs, 1992, 1995; Lutz, 1995b; Küffner & Lummertzheim, 2004), belaufen sich die Schadenssummen insbesondere für Glasscheiben mit sehr großen Abmessungen und hohem Grad der Veredelung von einigen tausend bis mehrere zehntausend Euro pro Scheibe.

Dies führte in den letzten Jahren zu sensibleren Reinigungsvorschriften für Einscheibensicherheitsglas (Bundesinnungsverband des Glaserhandwerks, 2003; Bundesinnungsverband des Gebäudereiniger-Handwerks, 2001) und dem regelmäßigem Gebrauch eines Haftungsausschlusses (Bundesinnungsverband des Glaserhandwerks, 2001). Neben vertikalen Glasanwendungen unterliegen begehbare/betretbare Verglasungen einem erhöhten Risiko im mikroskopischen Bereich beschädigt zu werden. An der Schuhsohle anhaftende Sandkörner führen hier unmittelbar zu Kratzern und Eindrücken.

3.4.2 Optische Kratzanfälligkeit

In der Regel wird ein Kratzer ausschließlich über die makroskopische Sichtbarkeit, d. h. die Breite eines Kratzers, bzw. die *optische Kratzanfälligkeit* subjektiv und zudem mit bloßem Auge bewertet. Zwar ist in der Verdingungsordnung für Bauleistungen (ATV VOB DIN 18361 »Verglasungsarbeiten«) sehr allgemein die Bemerkung enthalten, dass bei thermisch entspanntem Floatglas »vereinzelte, nicht störende kleine Blasen und unauffällige Kratzer« zulässig sind, doch ist diese Bewertungsgrundlage in der Praxis keinesfalls ausreichend. Daher wurde durch verschiedene Fachverbände eine *Richtlinie zur Beurteilung der visuellen Qualität von Glas für das Bauwesen* (Bundesverband Flachglas, 2009) formuliert, welche durch alle Hersteller und glasverarbeitenden Betriebe getragen wird. Zwar ist diese Herstellerrichtlinie keine technische Regel, wird aber bei Streitfällen von Sachverständigen häufig als Bewertungsgrundlage herangezogen. Der Geltungsbereich der aktuellen Ausgabe umfasst Gläser mit Beschichtungen, in der Masse eingefärbte Gläser sowie Verbundgläser oder vorgespannte Gläser (ESG und TVG). Die Bewertung der visuellen Qualität der Glaskanten wird ausgeschlossen. Im Ansatz verfolgt die Richtlinie den Anspruch, den subjektiven Eindruck einer visuellen Beeinträchtigung auf ein objektives Verfahren zu übertragen. Vorgegebene Kriterien sollen gewährleisten, dass verschiedene Personen vorhandene Oberflächenschäden möglichst gleich bewerten. Bei der Prüfung werden Oberflächenschäden in der Durchsicht der Verglasung bewertet, d. h. die Betrachtung des Hintergrundes und nicht die Aufsicht sind maßgebend. Die Betrachtung erfolgt aus einem Abstand von einem Meter von innen nach außen und aus einem Betrachtungswinkel, welcher der allgemein üblichen Raumnutzung entspricht. Die Prüfung erfolgt bei diffusem Licht (z. B. bei bedecktem Himmel), ohne das direktes Sonnenlicht oder künstliche Beleuchtung auf die Glasfläche fällt. Oberflächenschäden dürfen nicht besonders markiert sein und werden erst ab einer Größe von 0,5 mm berücksichtigt. Zur Bewertung der Zulässigkeit von Oberflächenschäden, wird die Glasscheibe in drei Zonen eingeteilt (Abb. 3.10): Der Glasfalz (Zone F), in den ein Einblick nur teilweise aus schräger Betrachtungsrichtung möglich ist, der Randbereich (Zone R), mit einer Breite von 5 cm oder 10 % der Glasfläche, durch den der Blick häufig auf Bauteile des Rahmens fallen wird, und dem mittleren Hauptbereich (Zone H) der Glasscheibe. Dem Glasfalz unterliegen mit Ausnahme von mechanischen Kantenbeschädigungen keine Einschränkungen. Im Gegensatz zum mittleren Hauptbereich, wird der Randbereich weniger streng beurteilt. In der gemischten Betrachtung der Randzone und des mittleren Hauptbereichs, ist die Anzahl von visuellen Fehlern nur begrenzt zulässig. Entsprechend Bundesverband Flachglas (2009) sind in Tab. 3.1 für Floatglas, thermisch vorgespannte Glasarten (TVG und ESG), Verbundglas und Verbundsicherheitsglas sowie Zweischeiben-Isolierglas die zulässigen Kratzer pro Scheibeneinheit je Zone genannt. In Abb. 3.11 sind Beispiele für unzulässige Kratzer in den Zonen R und H gezeigt.

Obwohl in der Richtlinie die Begrifflichkeiten *Kratzer* und *Haarkratzer* verwendet werden, erfolgt keine qualitative Differenzierung. Wagner (2002) definiert hingegen verschiedene makroskopische Intensitäten und Störungsgrade von Kratzern auf der Glasoberfläche entsprechend Tab. 3.2.

Die Breite eines Kratzers wird neben der eigentlichen Kratzspur, hervorgerufen durch den kratzenden Eindringkörper (z. B. Sandkorn), auch durch laterale Risse (Abs. 3.3.3), die dicht unterhalb der Glasoberfläche verlaufen, bestimmt. Detaillierte Messungen an realen Schadensmustern mehrerer Jahrzehnte genutzter Fassadenverglasungen und betretbarer

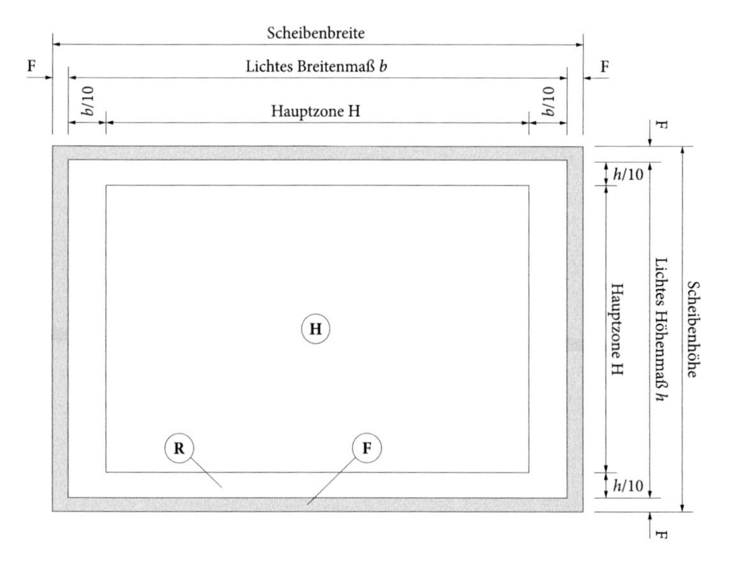

Abbildung 3.10 Zoneneinteilung von Glasscheiben entsprechend der *Richtlinie zur Beurteilung der visuellen Qualität von Glas im Bauwesen.* (nach Bundesverband Flachglas, 2009)

Tabelle 3.1 Zulässige Kratzer pro Scheibeneinheit. (nach Bundesverband Flachglas, 2009)

Zone	Zulässig pro Scheibeneinheit	
	Kratzer	**Haarkratzer**
F	uneingeschränkt	uneingeschränkt
R[a]	Einzellänge: max. 30 mm Summe der Einzellängen: max. 90 mm	nicht gehäuft erlaubt
H[a]	Einzellänge: max. 15 mm Summe der Einzellängen: max. 45 mm	nicht gehäuft erlaubt
R + H[a]	max. Anzahl der Zulässigkeiten wie in Zone R	

[a] Die Zulässigkeiten erhöhen sich für Dreifach-Wärmedämmglas, Verbundglas und Verbund-Sicherheitsglas in der Häufigkeit je zusätzlicher Glaseinheit und je Verbundglaseinheit um 25 % der genannten Werte. Das Ergebnis ist aufzurunden.

Verglasungen haben gezeigt, dass die Breite eines Kratzers infolge des lateralen Risswachstums von ursprünglich etwa 10-20 μm (Kratzspur) durchschnittlich auf bis zu 300-450 μm ausgeweitet wird (Sternberg, 2012). In diesen Untersuchungen gemessene Maximalwerte der Abplatzungen lagen bei bis zu 1.240 μm. Da das menschliche Auge unter optimalen Bedingungen linienartige Strukturen mit einer Breite von 10 μm und punktuelle von bis zu 50 μm im Durchmesser auflösen kann, sind derartige Oberflächenschäden makroskopisch deutlich sichtbar und als störend zu werten.

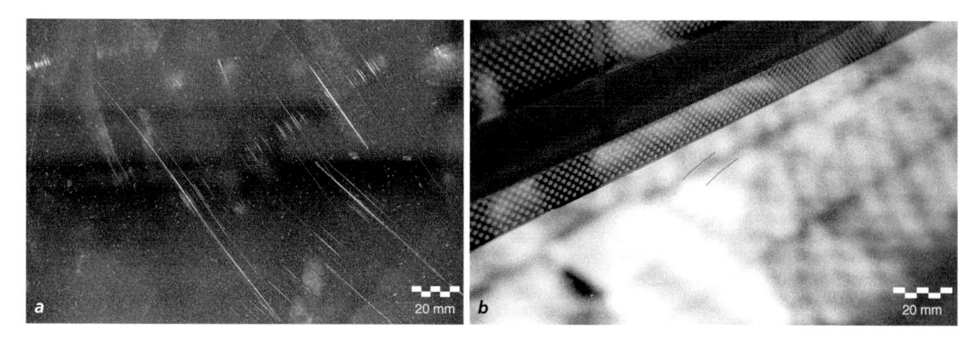

Abbildung 3.11 Entsprechend der *Richtlinie zur Beurteilung der visuellen Qualität von Glas für das Bauwesen* (Bundesverband Flachglas, 2009) unzulässige Oberflächenkratzer infolge mangelhafter Reinigung (Kratzspuren wurden zur Kennzeichnung nachgezeichnet): Anhäufung parallel verlaufender Kratzspuren in Zone H, hervorgerufen durch einen *Glashobel (a)*; Kurze Kratzspuren in Zone R, hervorgerufen durch die Entfernung sandartiger Verschmutzungen während der Glasreinigung *(b)*. (Bildnachweis: Schönwiese GmbH, Pforzheim *(a)*)

Tabelle 3.2 Makroskopische Charakterisierung der Intensitäten von Kratzspuren. (nach Wagner, 2002)

Bezeichnung	**Intensität und Störungsgrad**
Engelshaar	Extrem feine, nicht fühlbare Oberflächenkratzer, die unter normalen Tageslichtverhältnissen nicht sichtbar sind.
Haarkratzer	Feine, nicht fühlbare, in der Regel nur gegen einen dunklen Hintergrund oder bei genauer Betrachtung und Kennzeichnung erkennbare Kratzer.
Schwache Kratzer	Bei diffusem Tageslicht und gegen einen dunklen Hintergrund meist gut auszumachende Kratzer. Mit dem Fingenagel spürbare Kratzer.
Starke Kratzer	Immer erkennbar, aus jedem Blickwinkel und gegen jeden Hintergrund. Durch unregelmäßige Begrenzungen (seitliche Abplatzungen entlang der Kratzspur) gut durch Reflexionen sichtbar. Mit dem Fingernagel deutlich spürbare Kratzer.

3.4.3 Statisch wirksame Kratzanfälligkeit

Für die statische Bemessung einer Glasscheibe ist eine verlässliche Angabe eines Bemessungswertes der Biegefestigkeit notwendig (Kap. 6). Den in TRLV (2006) definierten zulässigen Biegezugspannungen, bzw. den Bemessungswerten des Tragwiderstandes[7] entsprechend DIN 18008-1 liegen empirisch gewonnene Materialfestigkeiten zugrunde (Abs. 6.1.4). Im Vorfeld dieser Versuche in den frühen 1990er Jahren wurden Überlegungen angestellt, wie für die geforderte 50-jährige Nutzungsdauer (vgl. DIN EN 1990) einer Verglasung festigkeitsmindernde Einflüsse (z. B. Reinigung von Glas) auf der sicheren Seite liegend berücksichtigt werden können. Daher wurden die Versuche an vorgeschädigten Gläsern durchgeführt, bei denen der Schädigungsgrad so hoch gewählt wurde, dass von einem »Worst Case« ausgegangen wurde. Eine Korrelation zwischen realer Schädigung und der gewählten Schädigung der Prüfscheiben durch trockenes Schmirgeln mit Schleifpapier der Körnung 220 und durch Berieseln mit Korund P16 erfolgte allerdings nicht. Eine ausführliche Dokumentation zu diesen Überlegungen findet sich beispielsweise in Blank (1993).

Angesichts der komplexen Rissgeometrie eines Kratzers (Abs. 3.3) und der damit verbundenen Reduzierung der Bauteilfestigkeit ist eine subjektive und rein makroskopische Betrachtung als nicht ausreichend anzusehen. Zwar ist nicht davon auszugehen, dass jeder erkennbare Kratzer zwangsläufig den Austausch einer statisch wirksamen Verglasung bedingt, jedoch existieren bislang keine Kriterien und Maßgaben für die Beurteilung von

[7] Zu berechnen auf Grundlage der in den Produktnormen für Glas im Bauwesen genannten charakteristischen Biegefestigkeiten (Tab. 6.1).

Oberflächenkratzern auf Glas. Seitens der Sachverständigen wird derzeit davon ausgegangen, dass starke Kratzer auf ESG-Scheiben eine potenzielle Gefahr des Glasbruchs bieten (Zimmermann et al., 2006). Zwar sind in der Fachliteratur eine Vielzahl von Studien/Untersuchungen zur Reduzierung der Biegefestigkeit infolge von Oberflächenschäden verfügbar, jedoch beziehen sich diese nicht auf reale Schadensmuster wie sie aufgrund einer Nutzung auf der Oberfläche von Verglasungen im Bauwesen entstehen. Da in der Praxis neben der Erkennung der Ursache einer Verkratzung auch die Bewertung der verbleibenden Tragfähigkeit infolge der Beschädigung erforderlich ist, ist für eine Beurteilung ein Bewertungskatalog zur Klassifizierung von Kratzern auf Glasoberflächen unabkömmlich.

3.4.4 Methoden zur Detektion und Charakterisierung von Kratzern auf Glas im Bauwesen

3.4.4.1 Allgemeines

Die Detektion von Oberflächendefekten ist Grundvoraussetzung zur Einschätzung der Tragfähigkeit einer statisch wirksamen Verglasung. Ausgenommen von optischen Online-Verfahren in der Glasproduktion (z. B. Wereszczak et al., 2014) und der Glasweiterverarbeitung existieren bislang keine automatisierten Verfahren zur Detektion von Oberflächenschäden auf Glas. Daher erfolgt die Bestimmung des Schädigungsgrades vor Ort bislang durch eine rein subjektive und makroskopische Sichtkontrolle. Dabei ist es oftmals nicht möglich, das komplette Schadensbild zu erfassen, zumal der Betrachtung und Bewertung eine Reinigung des Bauteils vorangehen sollte und spezielle Belichtungssituationen erforderlich sind. Im Bereich der Material- und Ingenieurwissenschaft stehen verschiedene Verfahren zur Detektion feiner Rissstrukturen zur Verfügung. Zu den gängigsten zählen zerstörende Biegezugprüfungen (z. B. Doppelring-Biegeversuch oder Vierpunkt-Biegeversuch). Anhand der hieraus abgeleiteten Bruchspannung ist es unter Kenntnis subkritischer Risswachstumsparameter (Abs. 5.6.3) möglich, die kritische Risstiefe zurückzurechnen. Zu den zerstörungsfreien Prüfmethoden zählen die Magnetpulverprüfung (nicht möglich auf Glas), die Ultraschallprüfung sowie die Farb- und fluoreszierende Eindringprüfung (Abs. 3.4.4.2). Aus wirtschaftlichen Gründen und die im Einbauzustand großflächige Durchführbarkeit ist für Flachglas besonders letztgenannte Methode als praktikabel zu betrachten ist. Insbesondere das Lichtmikroskop (Abs. 3.4.4.4) und für kleinflächige Probenabmessungen bis zu einigen Quadratzentimetern das Rasterelektronenmikroskop (Abs. 3.4.4.5) sind zur Charakterisierung und Vermessung von Kratzern und Rissen auf Glasoberflächen geeignet. Neben dem Lichtmikroskop können Durchleuchtungen des Probekörpers auch mittels Computer-Tomografie (Abs. 3.4.4.3) erfolgen. Taktile Profilometrieverfahren (Abs. 3.4.4.6) und die Weißlichtinterferometrie als optisches Profilometrieverfahren (Abs. 3.4.4.7) sind zur Darstellung der Oberflächentopografie anwendbar. In Tab. 3.3 sind verfügbare Prüfmethoden

Tabelle 3.3 Gegenüberstellung von Prüfmethoden zur Detektion von Kratzspuren auf Verglasungen im Bauwesen und deren Eignung zur Charakterisierung/Darstellung von Risssystemen.

Methode	zerstörende Prüfung	Detektion	Charakterisierung		Auflösung
			Lateralriss	Tiefenriss	
Fluoreszierende Eindringprüfung	nein	+	-	-	makro
Computer-Tomografie	ja	-	+/o	o/-	mikro/makro
Lichtmikroskop	ja/nein	+/o	+	o/-	mikro
Raster-Elektronen-Mikroskop	ja	-	+	+	nano/mikro
Taktile Profilometrie	ja	-	+	-	mikro
Weißlichtinterferometrie	ja/nein	o	+	o/-	mikro
Biegezugprüfung	ja	o	-	+	mikro

(+) geeignet; (o) bedingt geeignet; (-) nicht geeignet.

hinsichtlich ihrem Potenzial zur Detektion von Kratzern auf Verglasungen im Bauwesen und der Charakterisierung/Darstellung des Risssystems (Abs. 3.3) gegenübergestellt.

3.4.4.2 Fluoreszierende Eindringprüfung

Die fluoreszierdende Eindringprüfung nach DIN EN 571-1 ist neben der Farbeindringprüfung ein spezielles Verfahren aus dem Gebiet der Eindringprüfungen. Es ermöglicht das Auffinden von sehr kleinen Fehlern, wie z. B. Rissen, Kratzern oder Eindrücken, die zur Probenoberfläche hin geöffnet sein müssen. Aufgrund ihrer Materialunabhängigkeit ermöglicht diese Methode eine zuverlässige Untersuchung hinsichtlich Unregelmäßigkeiten von Werkstoffflächen jeglicher Größe. Die Anwendung dieser Detektionsmethode ist in Abs. 9.2.2 erläutert. Für die Vermessung der Tiefe von Tiefenrissen unter dem Lichtmikroskop eignet sich das Verfahren nicht, da das Eindringmittel aufgrund seiner Viskosität nicht bis an die Rissspitze vordringt.

3.4.4.3 Computer Tomografie

Mittels Computertomografie (CT) lassen sich Objekte schichtweise durchleuchten und anschließend digital zu dreidimensionalen Modellen zusammenfügen. Die Probenanordnung erfolgt zwischen einer Strahlungsquelle (Hochenergie-Röntgenquelle) und einem Detektor. In Abhängigkeit von der Dichte, der Dicke sowie der Ordnungszahl der durchstrahlten Materie wird der dabei verwendete Röntgenstrahl mehr oder weniger stark geschwächt. Moderne

Geräte für sehr kleine Probenabmessungen erreichen Auflösungen von bis zu mehreren Mikrometern. Allerdings erfordern diese Geräte sehr kleine Probenabmessungen (wenige Quadratzentimeter), weshalb dieses Verfahren in Bezug auf Verglasungen als zerstörende Prüfmethode einzustufen ist. Vorteil des Verfahrens ist die Darstellung von Strukturen und Inhomogenitäten im Materialinneren. In Abb. 3.12 ist ein an der Universität Gent mit einem Mikro-CT vermessener Kratzer auf Glas dargestellt. Das Risssystem von Kratzern kann in Bereichen in denen eine Rissöffnung (Luftspalt) vorliegt gut dargestellt werden. Hingegen müsste zur Darstellung dicht anliegender Rissflanken ein Kontrastmittel mit geeigneter Viskosität verwendet werden. Die Versuchsdurchführung erweist sich grundsätzlich als sehr kostenintensiv. Im Vergleich zur Mikroskopie ist die Abbildungsleistung der Risstrukturen als sehr schlecht einzuschätzen.

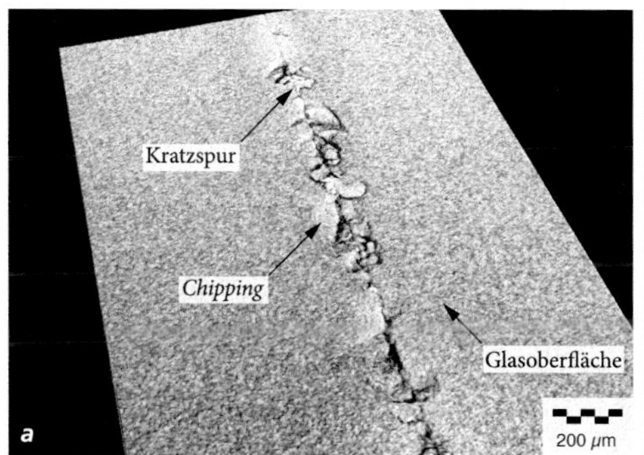

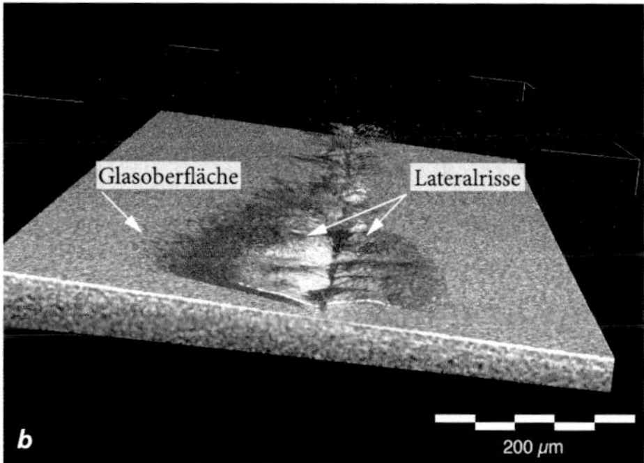

Abbildung 3.12 Mittels Computer-Tomografie versuchsweise dargestellter Kratzer auf Glas: Blick auf die Glasoberfläche und Kratzspur *(a)* und invertierte Darstellung (Glas = schwarz und Luft = grau) zur Abbildung der lateralen Rissstrukturen *(b)*. (Bildnachweis: Universität Gent)

3.4.4.4 Lichtmikroskopie

Optische Mikroskope eignen sich für vielseitige Anwendungen und können auch für fraktografische Analysen verwendet werden. Aufgrund der geringen Tiefenschärfe eines optischen Mikroskops sind Proben mit ebenen Oberflächen zu bevorzugen. Optisch sinnvolle Vergrößerungen reichen bis zu 1.600-fach. Bei größeren Vergrößerungen nimmt die Lichtleistung des Objektives sehr stark ab. Zudem ist durch eine fehlende Tiefenschärfe bei großen Vergrößerungen nur noch bedingt eine Abbildung der Oberfläche, bzw. der Defekte, möglich. Dreidimensionale Messungen und Darstellungen sind mit dem Lichtmikroskop bei Glas aufgrund der Reflexionen nur bedingt möglich. Bei starken Reflexionen des Lichtes auf der Probenoberfläche kann die Verwendung einer Dunkelfeldbeleuchtung erforderlich sein. Dabei wird das Licht nicht mehr über die Betrachtungsachse, sondern schräg und ringförmig in die Probenoberfläche eingeleitet. Ausschließlich Licht, welches auf eine Störstelle trifft, wird dann sichtbar sein, sodass Bruchflächen als kleine helle Punkte und

Linien auf einem dunklen Hintergrund erscheinen. Anders als ein gewöhnliches Mikroskop mit einer optischen Achse ermöglichen Stereomikroskope eine dreidimensionale Probenbetrachtung. Das Mikroskop verfügt dafür über zwei Okulare. Derartige Mikroskope besitzen einen größeren Tiefenschärfenbereich und eignen sich daher sehr gut für fraktografische Analysen. Allerdings ist die maximale Vergrößerung auf etwa 400 × begrenzt. Während gewöhnliche Mikroskope üblicherweise mit Auflicht- oder bei transparenten Werkstoffen Durchlichtquellen arbeiten, sind Polarisationsmikroskope mit einer Durchlichtquelle und zwei in den Strahlengang integrierten Polarisationsfiltern ausgestattet. Der erste Polfilter wird als Polarisator bezeichnet und ist direkt hinter der Lichtquelle angeordnet, der zweite befindet sich hinter dem Prüfobjekt und wird als Analysator bezeichnet. Bei dem Prinzip wird der Effekt der *Doppelbrechung* (s. Abs. 9.2.1) genutzt. Mit diesem Prinzip ist es möglich, Hauptspannungsänderungen in transparenten Materialien sichtbar zu machen. In der fraktografischen Analyse eignet sich dieses Verfahren sehr gut zur Betrachtung des Spannungszustandes im Bereich einer Rissspitze.

3.4.4.5 Rasterelektronenmikroskopie

Das Rasterelektronenmikroskop (REM) bietet im Vergleich zum Lichtmikroskop eine sehr viel größere Vergrößerung (bis zu 20.000-fach) und gleichzeitig eine größere Tiefenschärfe ($> 10\,\mu$m). Insbesondere bei feinen Strukturen, wie beispielsweise einem Tiefenriss, liefert das REM unvergleichbar gute Abbildungen (vgl. Abb. 3.5). Es bietet sich jedoch an, die Proben zunächst unter einem Lichtmikroskop zu prüfen und für weitere Untersuchungen vorzubereiten, da wertvolle Informationen, wie beispielsweise Farbe, Reflexionsvermögen und innere Defekte in einem Rasterelektronenmikroskop nicht erfasst werden können. Auch das Probenhandling ist durch erforderliche Ein- und Ausschleusevorgänge und ein eventuell zuvor notwendiges *Sputtern* der Probe zeitaufwendiger. Zudem sind die Probenabmessungen durch die Größe der Vakuumkammer eingeschränkt. Die Proben können während der Betrachtung gedreht oder gekippt werden. Die Aufnahmen im REM erfolgen in einer Probenkammer unter Hochvakuum. Zum einen ist dies notwendig, da die Elektronenquelle (üblicherweise aus Wolfram) nur in inerter Umgebung betrieben werden kann (vgl. Glühbirne) und zum anderen wird hierdurch eine Wechselwirkung zwischen den Atomen des Probekörpers und den Molekülen der Luft vermieden. Der energieintensive, fokussierte Elektronenstrahl (Primärelektronen) wird zur Bilderzeugung rasterförmig über die Probenfläche bewegt. Die auf die Probenoberfläche treffenden Primärelektronen werden in Wechselwirkung mit den Atomen des zu untersuchenden Objektes in Form von Sekundärelektronen von der Oberfläche abgestrahlt und durch einen Detektor aufgezeichnet. Da die erzeugten Sekundärelektronen ein niedriges Energieniveau besitzen, stammen sie aus den obersten Nanometern der Probenoberfläche und bilden somit die Topografie des Objektes sehr genau ab. Die charakteristische Röntgenstrahlung kleinster Probenbereiche kann in einem REM mittels einer Röntgenstrahlanalyse (engl.: *energy dispersive X-ray ana-*

lysis, EDX) genutzt werden, um die in der Probe enthaltenen Elemente zu charakterisieren. Weiterentwicklungen von gewöhnlichen Rasterelektronenmikroskopen sind sogenannte Feldemissions-Rasterelektronenmikroskope, welche optische Vergrößerungen von bis zu 600.000-facher Vergrößerung ermöglichen, das ESEM (engl.: *Environmental Scanning Electron Microscope*), bei dem die Elektronenstrahlerzeugung im Hochvakuum stattfindet, die Probe aber in einem leichten Vakuum gehalten werden kann, sowie das Rastertransmissionselektronenmikroskop (engl.: *transmission electron microscope, TEM*), bei dem sehr dünne Proben (<500 nm) mit den Elektronenstrahlen durchleuchtet werden können. Detaillierte Informationen zu fraktografischen Untersuchungen von Gläsern und Keramiken mit einem Rasterelektronenmikroskop finden sich in Quinn (2007).

3.4.4.6 Taktile Profilometrie

Bei der taktilen Profilometrie, auch als Tastschnitttechnik bezeichnet, wird mittels einer nahezu kraftfreien Abtastung das Oberflächenprofil der Probenoberfläche berührend durch eine Diamantspitze abgetastet. Durch das Zusammenfügen mehrerer paralleler Messspuren lassen sich dreidimensionale Oberflächentopografien darstellen (Abb. 3.8a-b). Während die vertikale Auflösung üblicherweise im Bereich von $<100\,\mu$m liegt, ist die horizontale Auflösung stark von der Spitzenausrundung r_s und dem Spitzenwinkel α der Tastspitze abhängig. Der Kontakt der Prüfspitze mit der Probenoberfläche stellt aufgrund der taktilen Messmethode ein Reibsystem dar. Trotz der geringen Normalkräfte F_n auf den Eindringkörper wird durch den Messvorgang die Oberfläche lokal verändert (zerkratzt). Während des eigentlichen Messvorgangs, der Abtastung, ist aufgrund der hohen Härte der Prüfspitze ein Verschleiß nahezu ausgeschlossen. Mit dem Verfahren kann das laterale Risssystem sehr gut abgebildet werden. Sehr feine Strukturen im Bereich der eigentlichen Kratzspur und dem Tiefenriss werden jedoch aufgrund der Spitzenausrundung der Prüfspitze nicht erfasst (vgl. Abb. 3.8a). Für die in dieser Arbeit durchgeführten taktilen Profilmessungen wurde der *Universal Surface Tester* (Innowep GmbH) UST 1000 in Kombination mit einem konischen $\alpha = 60°$-Diamanten mit einer Spitzenausrundung von etwa $r_s = 7\,\mu$m und einer Normalkraft auf den Eindringkörper von F_n=1 mN verwendet.

3.4.4.7 Optische Profilometrie

Die Weißlichtinterferometrie ist eine berührungslose optische Messmethode zur dreimensionalen Profildarstellung von Strukturen mit Abmessungen im Bereich weniger Mikrometer bis zu einigen Zentimetern. Bei dem Verfahren werden die Interferenzen von breitbandigem Licht genutzt. Der Lichtstrahl wird hierzu hinter der Lichtquelle in zwei Wege aufgeteilt. Die Probe wird senkrecht zum Messaufbau durch den interferierenden Bereich bewegt. Ein Strahl reflektiert an einem Referenzspiegel und der andere an der zu messenden Probenoberfläche. Beide Strahlen werden auf ihrem Rückweg überlagert und so ein Interferenzbild erzeugt. Ein durch die Struktur der Probenoberfläche hervorgerufener Weglängenunterschied ändert das Interferenzmuster. Die erreichbare vertikale Auflösung beträgt < 1,0 μm; transparente Werkstoffe können nur eingeschränkt in Aufsicht (Abb. 3.13a) oder Durchsicht (Abb. 3.13b) vermessen werden, da Reflexionen auf der Probenoberfläche Artefakte in den Messungen hervorrufen können. Anhand der probehalber durchgeführten Messungen einer Kratzspur auf Glas (Abb. 3.13) ist ersichtlich, dass das laterale Risssystem mit diesem Verfahren sehr gut abgebildet werden kann. Tiefenrisse wurden aufgrund der senkrechten Betrachtungsrichtungen nicht erfasst. Hier könnte eine Betrachtung der Probe aus verschiedenen Betrachtungsrichtungen und eine anschließende Überlagerung der Einzelmessungen zu hinreichend genauen Messwerten führen.

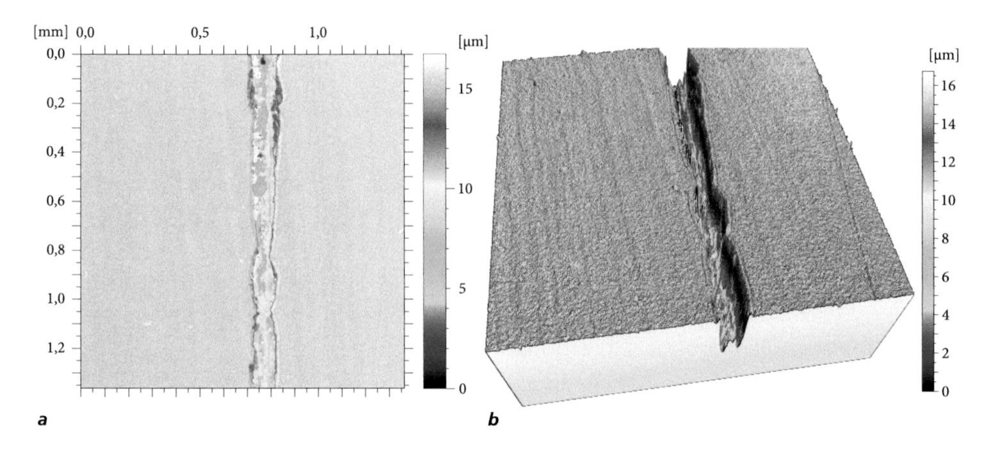

Abbildung 3.13 Mittels Weißlichtinterferometrie dargestellter Kratzer auf Glas: In der direkten Aufsicht vermessene Kratzspur *(a)*; dreidimensionale Darstellung *(b)*. (Bildnachweis: Isra Surface Vision GmbH, Darmstadt)

3.4.5 Sanierung von zerkratzten Glasoberflächen im Bauwesen

Kratzer auf Glasoberflächen können je nach Schadenstiefe nur bedingt saniert werden. Aufgrund der Bauteilabmessungen und Einbausituation von Gläsern im Bauwesen kommt für gewöhnlich nur eine Sanierung am Objekt in Frage. Oftmals stehen hierbei ästhetische Gründe im Vordergrund, sodass sich *Polier-* bzw. *Schleifverfahren*, wie beispielsweise von Abegg & Dür (2007) diskutiert, durchgesetzt haben. Während der Bundesverband Flachglas (2012) in seinen Hinweisen zur Reinigung von Glas eine deratige Oberflächenbehandlung untersagt, verweist die RAL Gütegemeinschaft Gebäudereinigung e.V. (2010) in diesem Zusammenhang explizit auf die Sanierungsmethode der Firma 3M (2002), bei der Kratzer durch die Verwendung verschiedener Schleifscheiben unterschiedlicher Abrasivität entfernt werden. Entsprechend den Herstellerangaben können mit dem Fingernagel spürbare Kratzer

(Tab. 3.2) und als Kratzerschar auftretende Oberflächenschäden nicht ohne anschließende optische Beeinträchtigung entfernt werden. Alle abrasiven Verfahren vereint, dass ein erhöhter Materialabtrag bei diagonaler Betrachtungsweise durch nicht mehr planparallele Oberflächen zu deutlicher Sichtbarkeit des bearbeiteten Bereichs *(Linseneffekten)* führt, weshalb immer eine möglichst geringe Abtragstiefe im Bereich von 10 μm bis 30 μm angestrebt wird. Dies bedeutet, dass hierbei nur die eigentliche Kratzspur (s. Abs. 3.3.2) entfernt wird; unterhalb dieser verlaufende Tiefenrisse (s. Abs. 3.3.4) und durch das Verfahren induzierte Risse verbleiben im Glas, sodass Polier- bzw. Schleifverfahren nicht zur Ertüchtigung der Tragfähigkeit eines Bauteils aus Glas dienen können, sondern vielmehr mit einer weiteren Reduzierung der Festigkeit zu rechnen ist.

Durch den abrasiven Schleifvorgang kommt es zu weiteren Oberflächendefekten in Form von kleinen Kratzern und Rissen (Abb. 3.14). Entsprechend Hayashida et al. (1972) entspricht die Defekttiefe in etwa dem Dreifachen des Schleifkorndurchmessers, weshalb der Glasabtrag wie in Abb. 3.14 schematisch dargestellt stufenweise mit sukzessiver Verkleinerung der Schleifkorngröße erfolgen muss. Die pyramidenförmige Schleifkörnung des 3M-Systems besteht aus Aluminiumoxid mit Korngrößen der Abstufungen 35 μm, 10 μm und 5 μm (Etzold, 2003). Dementsprechend ist bei Anwendung der Sanierungsmethode der Firma 3M (2002) mit zusätzlich induzierten Defekten mit Risstiefen von etwa 15 μm

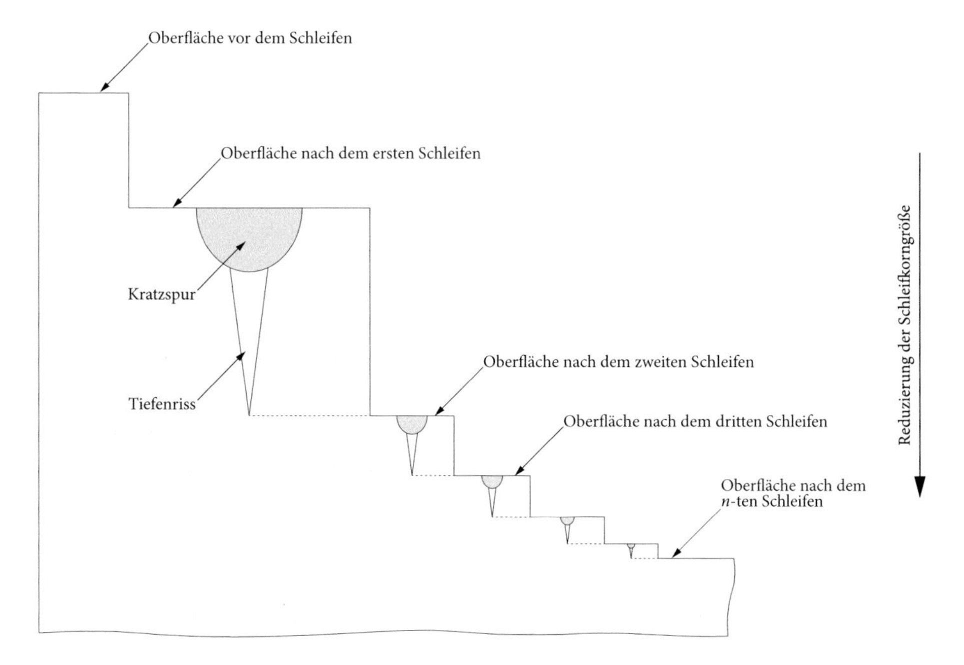

Abbildung 3.14 Schematische Darstellung der Defektinduzierung während eines Schleifvorgangs auf Glasoberflächen. (nach Hayashida et al., 1972)

bis 105 μm auszugehen. Zur Reduzierung der durch die beim 3M-System dreistufigen Vorgehensweise bedingten Festigkeitsminderung ist daher unabhängig der Herstellerempfehlungen von einem minimal notwendigen Glasabtrag von 150 μm (15 μm+30 μm+105 μm) auszugehen. Sofern die Risstiefe des zu sanierenden Oberflächdefektes größer als dieser Glasabtrag ist, ist eine um den Differenzbetrag erweiterte Sanierungstiefe notwendig. Bei thermisch vorgespannten Gläsern (Abs. 2.5.1) kann ein derartiger Materialabtrag in Bezug auf die Eigenspannungen (Druck) an der Oberfläche nicht vernachlässigt werden: Wird eine Schichtdicke von 150 μm auf einem Einscheibensicherheitsglas der Dicke 6 mm (Druckzonenhöhe ca. 1,2 mm) entfernt, beträgt die Druckzonenhöhe nach Sanierung nur noch 88 %.

Zur Sanierung der Tragfähigkeit von Gläsern mit Oberflächendefekten im Einbauzustand existiert bislang kein geeignetes Verfahren. Zwar wurden einige Verfahren im Labormaßstab erprobt (z. B. Ionenaustausch, thermische Behandlung (Feuerpolitur), Ätzen, thermische und chemische Vorspannverfahren sowie Beschichtungen (Franz, 1987; Donald, 1989; Carturan et al., 2007), diese lassen sich aber nur bedingt für eine Anwendung im Einbauzustand erweitern. Einzig chemische Ätzverfahren scheinen für eine lokale Oberflächenbehandlung am ehesten geeignet. Im Bereich der professionellen Glasreinigung empfiehlt Lutz (1995a) die Entfernung starker Verätzungen auf Verglasungen durch die Benetzung der Glasoberfläche mit Wasser und anschließendem Auftrag von dreiprozentiger Flusssäure. Angrenzende und säureempfindliche Bauteile sind hierbei ausreichend zu schützen. Die theoretischen Grundlagen des Ätzens von Glas sind in Kap. 10 erläutert. Die Potenziale der Festigkeitssteigerung werden in Abs. 10.8.3 vorgestellt.

3.5 Stand der Forschung

3.5.1 Optische Kratzanfälligkeit

Bislang durchgeführte vergleichende Untersuchungen zur optischen Kratzanfälligkeit von Glas im Bauwesen gehen im Wesentlichen auf Beer (1996), Wesseling (1996), Werkstoffzentrum Rheinbach GmbH (2001) und ift Rosenheim (2005) zurück. Die Autoren analysierten die Sichtbarkeit eines Kratzers anhand der Ausprägung des lateralen Risssystems an thermisch entspanntem und thermisch vorgespanntem Floatglas.

Beer (1996) verwendete in ihren Versuchen als Kratzprüfgerät eine Eigenkonstruktion. Als Prüfspitze wählte sie einen Vickersdiamanten mit Facettenschliff (vgl. Abs. 7.4.1), für welchen sie sehr starke Abnutzungen beobachtete. Die mit dem Vickersdiamanten erzeugten Kratzerbreiten erreichten bis zu 200 μm; die Breite der eigentlichen Kratzspur betrug etwa 10 μm bis 20 μm. Während bei dem Begriff der Kratzerbreite auch Lateralrisse berücksichtigt werden, wird zur Definition der Kratzspur nur der eigentliche Kontaktbereich zwischen

Glasoberfläche und Gegenkörper betrachtet. Die Beurteilung der eingebrachten Schädigung erfolgte subjektiv anhand eines *Ritzquotienten* (Verhältnis zwischen nicht deutlich sichtbarer Kratzerlänge (keine Abplatzung) zur Gesamtlänge eines Kratzers). Grundsätzlich attestiert sie Einscheibensicherheitsglas eine höhere optische Kratzanfälligkeit als thermisch entspanntem Floatglas und begründet dies mit dem Eigenspannungszustand vorgespannter Gläser an der Oberfläche. Identische Beobachtungen zur lateralen Rissentwicklung bei Vickers-Härteeindrücken machten Tandon & Cook (1993). Des Weiteren beobachtete Beer, dass die laterale Rissausbreitung durch Feuchtigkeit positiv beeinflusst wird und die optische Kratzanfälligkeit mit zunehmender Scheibendicke abnimmt. Außerdem geht sie davon aus, dass die aus dem Vorspannprozess resultierende Rollenseite der Gläser die empfindlichere ist. Hinsichtlich der aus dem Floatprozess resultierenden unterschiedlichen Oberflächen (Atmosphärenseite und Zinnbadseite) bei Einscheibensicherheitsglas konnte sie keinen klaren Unterschied erkennen. Im Gegensatz hierzu konnte Wesseling (1996) anhand von Kratzversuchen ableiten, dass die dem Zinnbad zugewandte Oberfläche eine höhere Kratzempfindlichkeit aufweist.

Am Werkstoffzentrum Rheinbach GmbH (2001) wurde im Auftrag des *Bundesinnungsverband des Gebäudereiniger-Handwerks* der Fragestellung nachgegangen, ob thermisch vorgespannte Gläser eine erhöhte optische Kratzanfälligkeit aufweisen. Anhand eines Kratzprüfgeräts (Eigenbau) mit Rockwell-Eindringkörper wurden Kratzspuren auf thermisch entspannten und vorgespannten Gläsern erzeugt. Für thermisch vorgespannte Gläser konnte für die Rollenseite im Gegensatz zur Luftseite eine geringfügig höhere Kratzempfindlichkeit gemessen werden. Ein deutlicher Unterschied zwischen thermisch entspannten und vorgespannten Gläsern konnte hingegen nicht aufgezeigt werden.

Im Gegensatz zu vorgenannten Autoren, wurde die Kratzanfälligkeit am ift Rosenheim (2005) mit Hilfe des Härteprüfverfahrens nach *Mohs* (Abs. 7.6) geprüft. Als Prüfmittel wurden die Minerale Fluorid (*Mohs*-Härte 4), Apatit (*Mohs*-Härte 5) und Feldspat (*Mohs*-Härte 6) verwendet. Die Kratzversuche haben gezeigt, dass alle Gläser mit dem Mineral Fluorid gekratzt werden konnten, die Kratzhärte 4 nach Mohs also nicht erreicht wird. Ab Kratzhärte 6 konnte Chipping beobachtet werden. Wie auch Beer (1996) konnte am ift Rosenheim (2005) eine geringfügig höhere optische Kratzempfindlichkeit für thermisch entspanntes Floatglas beobachtet werden.

3.5.2 Statisch wirksame Kratzanfälligkeit

Obwohl das Schädigungsverhalten und die Festigkeitsminderung durch Oberflächendefekte von Glas im allgemeinen Interesse der Materialwissenschaft liegt, finden sich in der Literatur nur wenige vergleichende Studien von entspannten und vorgespannten Gläsern. Verfügbare Ergebnisse basieren dabei im Wesentlichen auf der Durchführung von Härteeindrücken.

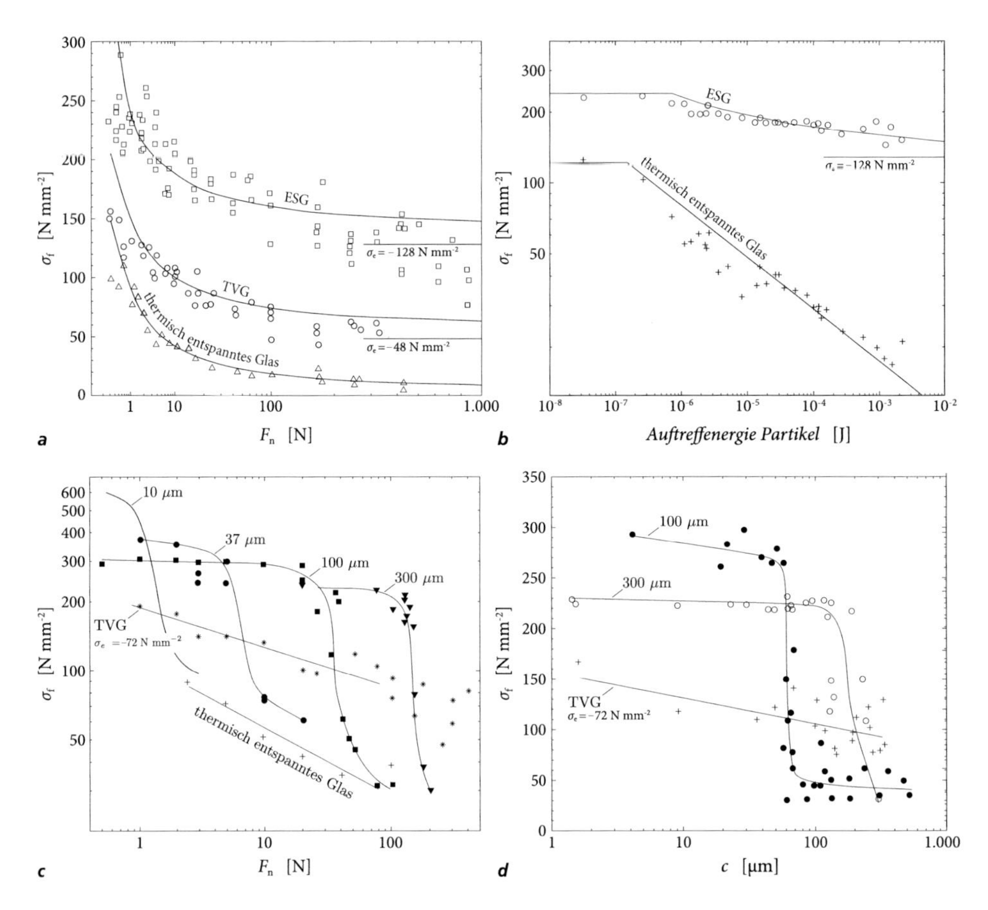

Abbildung 3.15 Biegefestigkeit planmäßig vorgeschädigter, thermisch entspannter und vorgespannter Gläser in Abhängigkeit der Eindrucklast (Härteeindrücke) *(a)* (Marshall & Lawn, 1978); Biegefestigkeit nach Beschuss mit Korundpartikeln *(b)* (Lawn et al., 1979); Biegefestigkeit von chemisch vorgespanntem Glas unter Berücksichtigung unterschiedlicher Druckzonenhöhen (10 μm, 37 μm, 100 μm sowie 300 μm) und einer Glasdicke von d = 3 mm in Abhängigkeit der Eindrucklast (Härteeindrücke) *(c)* und der Schadenstiefe infolge Beschuss mit Kieselsteinen (Gewicht der Steine 0,2 g) *(d)* im Vergleich zu thermisch entspanntem Floatglas und thermisch Teilvorgespanntem Glas (Oakley & Green, 1991).

Lawn & Marshall (1978), Marshall & Lawn (1978) (Abb. 3.15a), Marshall et al. (1979) und Tandon & Cook (1993) untersuchten anhand mittels Vickers-Härteeindrücke vorgeschädigter Gläser die Auswirkung der Vorspannung auf die Bruchspannung, bzw. auf die Risstiefe der Tiefenrisse. Sie konnten zeigen, dass mit steigender Eigenspannung die Bruchspannung signifikant höher, respektive die Risstiefe kleiner ist, als bei thermisch entspanntem Floatglas. Einen identischen Effekt konnten Abrams et al. (2003) für chemisch vorgespannte Gläser verzeichnen. Anhand von in situ Mikroskopaufnahmen, konnten Tandon et al. (1990) für chemisch und Tandon & Cook (1993) sowie Chaudhri & Phillips (1990) für thermisch vorgespannte Kalk-Natronsilikatgläser nachweisen, dass die Eigenspannungen eine verzögerte Rissinitiierung der Tiefenrisse bedingen. Wiederhorn & Lawn (1979) und Lawn et al. (1979) untersuchten die Festigkeitsreduzierung thermisch entspannter und vorgespannter Gläser nach Beschuss mit Korundpartikeln (Abb. 3.15b). Ähnliche Versuche wurden von Bousbaa et al. (2003) durchgeführt, die das abrasive Verhalten von Sandbestrahlung auf thermisch entspannten und chemisch vorgespannten Gläsern untersuchten. Wie auch Lawn et al. (1979) stellten die Autoren im Gegensatz zu thermisch entspanntem Gläsern für thermisch und chemisch vorgespannte Gläser höhere Festigkeiten nach Schädigung fest. Hingegen konnten Oakley & Green (1991) anhand einer vergleichenden Untersuchung (Vorschädigung durch Härteeindrücke und Beschuss mit 0,2 g schweren Kieselsteinen) an thermisch und chemisch vorgespannten Gläsern zeigen, dass die Festigkeit von chemisch vorgespannten Gläsern nach Vorschädigung höher ist, jedoch auf das Festigkeitsniveau von thermisch entspanntem Glas herabfällt, sobald die Risse die Druckzone der Eigenspannung durchdringen (Abb. 3.15c-d).

3.6 Ursachen für Kratzer auf Glas im Bauwesen

Gläser im Bauwesen erfahren über die gesamte Lebensdauer eine Schädigung durch Oberflächendefekte. Bedingt durch den Kontakt von Glas und Förderrollen sind bereits für produktionsfrische Floatgläser auf der Zinnbadseite niedrigere Biegefestigkeiten messbar (Abs. 6.2; Blank, 1993). Wesentliche Schädigungen erfolgen allerdings erst nach der Produktion, sodass folgende Ursachen identifiziert werden können:

- *Montage* der Verglasung auf der Baustelle (Abb. 3.16a-b) und insbesondere hierbei häufig fehlende *Sensibilität* (Abb. 3.16c) im Umgang mit dem spröden Werkstoff Glas,
- *Baufeinreinigung* (Abb. 3.16d-f) nach der Bauphase und wiederholende *Unterhaltsreinigung* der Glasoberflächen während der Nutzungsdauer,
- *Betretung* (Abb. 3.16g) und *Begehung* (Abb. 3.16h) während der eigentlichen Nutzungsdauer.

Insbesondere die Montage eines Glaselements in Kombination mit dem üblichen Bauprozess erweist sich in Bezug auf Verkratzungen auf Glasoberflächen regelmäßig als problematisch. Häufig ist dies durch fehlende, vorbeugende Schutzmaßnahmen auf der Glasoberfläche (Abb. 3.16a-b), wie sie beispielsweise von Rogers (2007) in Form einer adhäsiven Folie beschrieben werden, begründet. Oftmals kann aber auch die Unerfahrenheit, bzw. ein nicht baustoffgerechter Umgang als Ursache identifziert werden. Hierzu zählen beispielsweise der Kontakt der Glasoberfläche mit harten Gegenständen (Abb. 3.16c) sowie die sorglose Verschmutzung mit fest anhaftenden, granularen Bestandteilen (Abb. 3.16d). Besonders bei noch laufenden Baumaßnahmen kommt es immer wieder durch Begleitge-

Abbildung 3.16 Ursachen für Kratzer auf Glas im Bauwesen: Fehlende Schutzmaßnahmen während der Montage und des Bauprozesses *(a-b)*, nicht baustoffgerechter Umgang während der Montage *(c)*, fest anhaftende, grobkörnige Verschmutzungen *(d-e)*, Glasreinigung *(f)*, Betretung *(g)*, Begehung *(h)*. (Bildnachweis: Schönwiese GmbH *(c)*; Jens Schneider *(g)*; Ulrich Knaack *(h)*)

werke zu anhaftenden Verschmutzungen der Verglasungen mit mineralischen Baustoffen (z. B. Zement), Kalk, Silikonen und Kleberückständen; außerdem treten durch laufende Bauarbeiten staubartige und granulare Verschmutzungen mit mineralischen Stoffen (z. B. Sand, s. Abb. 3.16e) auf (RAL Gütegemeinschaft Gebäudereinigung e.V., 2010). Diese erweisen sich während der Baufeinreinigung nach Abschluss der Bauphase als kritisch, da Verunreinigungen wie z. B. Betonrückstände zu diesem Zeitpunkt in der Regel vollkommen ausgehärtet sind und nur noch durch Zuhilfenahme eines Glashobels (Abb. 3.17) entfernt

Abbildung 3.17 Handelsüblicher Glashobel (links) und Klinge (rechts).

werden können. Diese Vorgehensweise wird auch als *Abklingen* bezeichnet. Der Glashobel besteht aus einem Griff und einer breiten, scharfen Klinge, mit der die Verschmutzungen im Arbeitstakt (Vorwärtsbewegung) von der Oberfläche entfernt werden. Dabei können Anteile der Verschmutzung unter die Klinge geraten, die dann spätestens beim Rückführen der Klinge zu Kratzern führen (Pfeifer et al., 2002). Die Gefahr der Verkratzung durch den Glashobel ist weitläufig bekannt und anhand von zahlreichen Schadensberichten (z. B. Grönegräs, 1989, 1992; Lutz, 1995b) dokumentiert. Obwohl die Anwendung in Richtlinien zur Glasreinigung (RAL Gütegemeinschaft Gebäudereinigung e.V., 2010; Bundesverband Flachglas, 2012)[8] sowie in Reinigungsanweisungen von den Glasherstellern untersagt wird, kommt er regelmäßig zur Anwendung.

Der Verschmutzungszustand von Glasoberflächen variiert je nach Standort (z. B. Straßenstaub, Schmutzspuren durch Regenwasser, etc.) sowie Jahreszeit. Auf Grundlage von filtriertem Waschwasser und nicht gewaschener Velourbezüge (Einwascher) professioneller Gebäudereinigungsunternehmen konnten anhand mikroskopischer Untersuchungen Sandkörner im Korngrößenbereich von wenigen Mikrometern bis hin zu 300 μm aufgefunden werden (Abb. 3.18a-b). In Abb. 3.18c-d sind durchschnittlich bzw. stark verschmutzte Glasoberflächen der Bürotürme der Deutschen Bank in Frankfurt a.M. dargestellt. Die durchschnittliche Verschmutzung in Abb. 3.18c besteht aus gewöhnlichem Staub und vereinzelten Mikrokörnern unterschiedlichster Durchmesser. Anhand der EDX Analyse des in Abb. 3.18d markierten Bereichs ist ersichlich, dass die Verschmutzung neben organischen Bestandteilen zu einem Großteil aus Siliciumoxid (SiO_2), dem elementaren Bestandteil von Sand, besteht.

[8] Das Abklingen ganzer Glasflächen und beschichteter Gläser ist nicht zulässig; für lokale Bereiche darf, wenn dies ohne Beschädigung erfolgt, ein Glashobel verwendet werden.

Die eigentliche Fensterreinigung (Abb. 3.16f) erfolgt für gewöhnlich nach einem einheitlichen Schema (Lutz, 2001; RAL Gütegemeinschaft Gebäudereinigung e.V., 2010). Zunächst wird der zu reinigende Bereich abgekehrt oder abgesaugt. Festhaftende Verschmutzungen werden in der Regel vorgenässt. Bei der Fensterreinigung mit Rahmen erfolgt zunächst eine Reinigung des Rahmens. Danach werden die Glasflächen mit Wasser und Reinigungsmittel unter Verwendung eines Einwaschers (dichtfloriges Velours) eingewaschen. Im darauffolgenden Arbeitsgang wird die Glasoberfläche mit einem Fensterwischer abgezogen (Abb. 3.16f). Verbleibende Wasserrückstände werden mit einem Fensterleder entfernt. Während des Einwaschvorgangs gelangen auf der Glasoberfläche anhaftende feste Bestandteile in das Velour des Einwaschers und so in das Waschwasser. Ohne ständigen Wechsel des Waschwassers und gutem Ausspülen des Velours birgt der Vorgang des Ein-

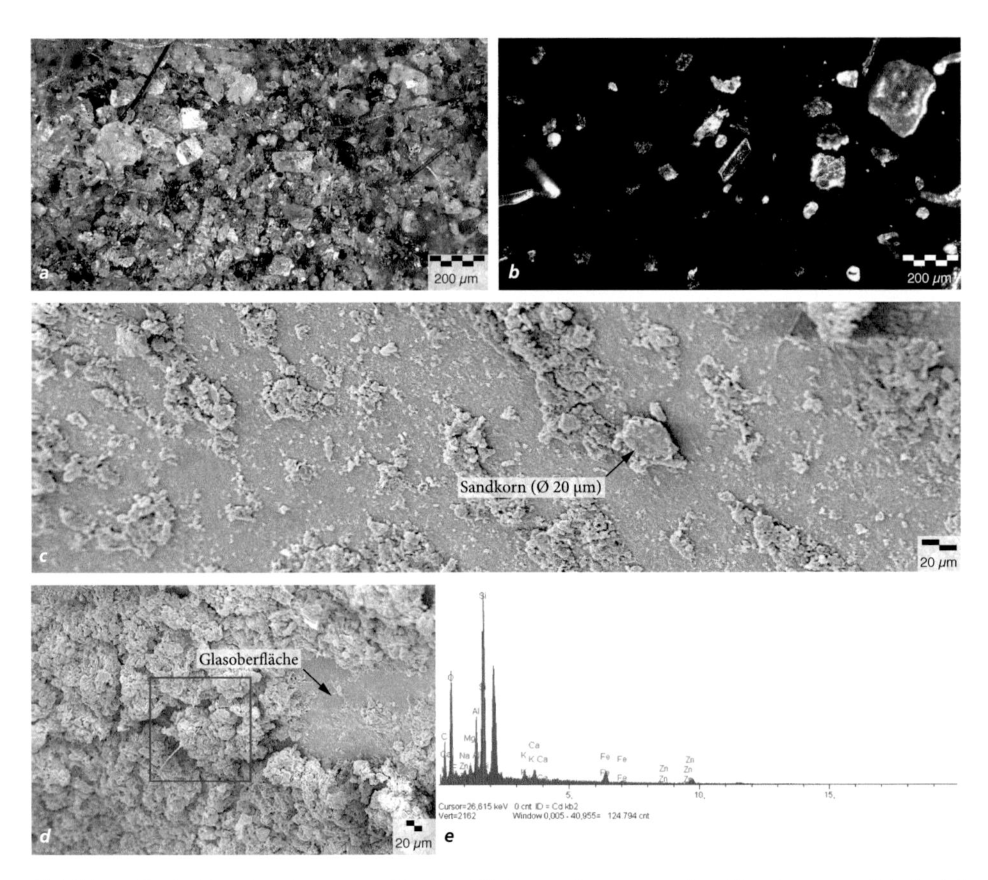

Abbildung 3.18 Verschmutzung von Glasoberflächen im Bauwesen: Aus Waschwasser filtrierte *(a)* und in einem ungewaschenen Velourbezug (Einwascher) *(b)* aufgefundene granulare Bestandteile; REM-Aufnahme durchschnittlich *(c)* und stark *(d)* verschmutzter Glasoberflächen. Die EDX-Analyse *(e)* zeigt die Elementhäufigkeit des in Bild *(d)* rot markierten Bereichs.

waschens ständig die Gefahr Kratzer auf der Glasoberfläche zu erzeugen. Spätestens beim Abziehen des Waschwassers können Schmutzpartikel unter die Gummilippe des Abziehers gelangen und so deutliche Kratzspuren erzeugen (Abb. 3.9). Aber auch das nicht sachgemäße Ablegen der Reinigungsutensilien auf verschmutzten Untergründen (z. B. Fenstersims) birgt die Gefahr der Induzierung von Kratzern.

Anhand der Geometrie der Kratzspuren ist sehr gut auf die Ursache zu schließen: Während durch die Verwendung eines Glashobels hervorgerufene Beschädigungen oft durch viele parallel verlaufende, etwa zehn Zentimeter lange Kratzspuren gekenntzeichnet sind (Abb. 3.11a), sind durch einen Einwascher hervorgerufene Kratzspuren bis zu 20 cm lang und entstehen wenn Restschmutz über die Glasscheibe gezogen wird. Oftmals verlaufen diese Kratzer bogenförmig mit dem Radius eines Unterarms über die Glasoberfläche (Pfeifer et al., 2002). Hingegen sind durch einen Abzieher verursachte Kratzer oftmals länger (bis zu 30 cm) und verlaufen bedingt durch die Arbeitsrichtung länglich, parallel zu den Glaskanten. Reichen sie bis in die Nähe der Scheibenränder, sind sie oft durch starke Richtungsänderungen von bis zu 180° gekennzeichnet.

Neben der Baufeinreinigung erweist sich auch die wiederholende Unterhaltsreinigung, bei der durch normale Umwelteinflüsse entstandene Verschmutzungen beseitigt werden, als typische Ursache für Verkratzungen. Daneben sind mechanische Oberflächendefekte für betretbare (Abb. 3.16g) und begehbare (Abb. 3.16h) Horizontalverglasungen nicht vermeidbar. Insbesondere bei begehbaren Verglasungen ist eine Eintrübung/Mattierung der Oberfläche oftmals nach kürzester Zeit bemerkbar. Aufgrund der gehäuften Oberflächenbeschädigung wird die oberste Schicht eines begehbaren Verbundsicherheitsglases statisch nicht berücksichtigt.

Im Speziellen in Nordamerika werden seitens des Verbands der Fensterreiniger *IWCA – International Window Cleaning Association* sogenannte *Fabrication Debris* (Abb. 3.19a-b) als maßgebliche Ursache für Kratzer auf thermisch vorgespannten Gläsern angesehen (Duffer, 2011; Mauer, 2011; Duffer, 2012). Dabei handelt es sich um kleine Partikel, die während des Vorspannprozesses auf den Glasoberflächen eingebrannt werden. Da diese Partikel nur auf der Rollenseite vorgespannter Gläser aufgefunden werden liegt die Vermutung nahe, dass diese von den Förderrollen der Vorspannöfen stammen. Bartoe et al. (1999) konnte anhand von REM-EDX-Analysen nachweisen, dass die Partikel aus Aluminiumsilikat bestehen. Es wird im Form von Fasern als feuerfestes Isolationsmaterial auf den Förderrollen der Vorspannöfen verwendet. Seitens des Verbands der Glasreiniger *(IWCA)* wird bislang vehement die Meinung vertreten, dass diese Partikel beim Abklingen mit dem Glashobel gelöst werden und beim Arbeitsgang die Glasoberfläche zerkratzen. Aus einer nicht veröffentlichten Kommunikation zwischen *Bartoe* und der *IWCA* (Duffer, 2012) geht hervor, dass ersterer die Oberflächenkontaminationen nicht als Ursache für makroskopische Kratzer sieht. Dies bestätigen eigene Versuche (vgl. Abb. 3.19c): Da die Problematik der Oberflächenkontamination durch den Vorspannprozess in Europa relativ unbekannt ist bzw. allgemein nicht als Ursache für Oberflächenkratzer auf Glas anerkannt ist, konnten von *IWCA* zwei Probekörper mit markierten *Fabrication Debris* bezogen werden. Zwar waren kleine Erhebungen auf den Oberflächen spürbar und diese auch in lichtmikroskopischer Betrachtung sichtbar, doch nach Behandlung mit dem Glashobel entsprechend den Anweisungen des Verbandes bzw. solchen in Mauer (2011) konnten bis auf wenige schwach ausgebildete Haarkratzer auch nach längerem Zeitraum keine makroskopisch sichtbaren Kratzspuren aufgefunden werden (Abb. 3.19c). Daher werden *Fabrication Debris* als Ursache für makroskopische Kratzer auf Gläsern im Bauwesen als unwahrscheinlich betrachtet.

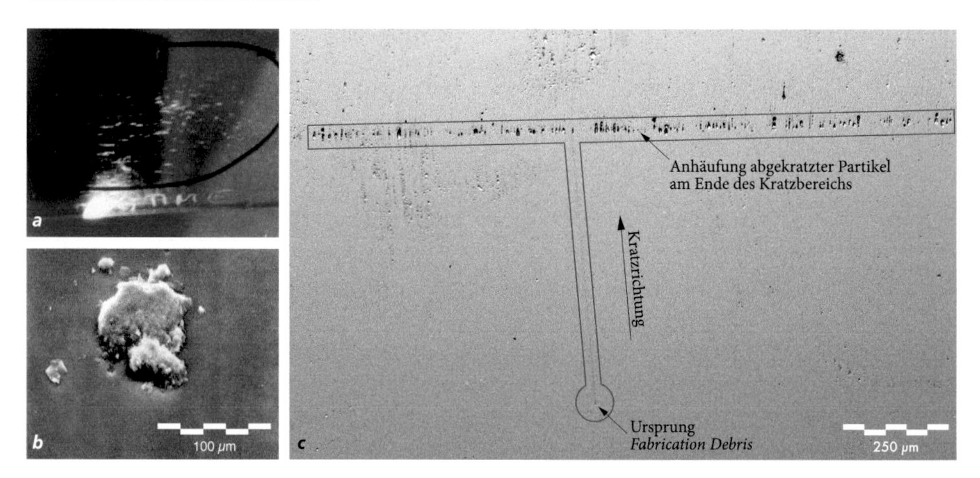

Abbildung 3.19 Oberflächenkontamination *(Fabrication Debris)* auf thermisch vorgespanntem Glas: Makroskopisch deutlich ausgebildete Kontamination *(a)*; Kontamination in rasterelektronenmikroskopischer Darstellung *(b)*; Resultat an Probekörpern der *IWCA* mit einem Glashobel durchgeführter Kratzversuche. (Bildnachweis: Bartoe (2001) *(a)*, Bartoe et al. (1999) *(b)*)

4 Bruchmechanische Grundlagen

4.1 Festigkeit – Definition im Zusammenhang mit dem Werkstoff Glas

Die Festigkeit von Glas ist im Wesentlichen von der chemischen Glaszusammensetzung C, der Oberflächenbeschaffenheit R, der Temperatur T, der Reaktionsfähigkeit der Umgebungsbedingung X und schließlich der Dehnrate $\dot{\varepsilon}$ abhängig. Je nach Kombination dieser Parameter kann die Festigkeit von Glas stark variieren. Um eine einheitliche Abgrenzung zu ermöglichen, differenziert Kurkjian et al. (2003) drei grundsätzliche Bezeichnungen für die Festigkeit von Glas:

(1) Die **intrinsische Festigkeit** σ^* (engl.: *intrinsic strength*) wird an Proben frei von Oberflächenschäden und chemisch reaktionsfähigen Umgebungsmedien sowie unabhängig von einer inerten Ermüdungsgrenze und der Dehnrate bestimmt. Für eine homogene Glaskomposition hängt die intrinsische Festigkeit somit nur von der Temperatur ab. Sie beschreibt als experimentelles Maß am ehesten die theoretische Festigkeit σ_t eines Glases. Es gilt

$$\sigma^* = \sigma(C,T)\ . \tag{4.1}$$

(2) Die **inerte Festigkeit** $\sigma_{\mathrm{f,inert}}$ (engl.: *inert strength*) wird an Proben mit Oberflächenschäden in Abwesenheit von chemisch reaktionsfähigen Umgebungsmedien bestimmt. Da jedoch die Oberflächenbeschaffenheit variieren kann, ist die inerte Festigkeit keine Materialkenngröße. Es gilt

$$\sigma_{\mathrm{inert}} = \sigma(C,R,T)\ . \tag{4.2}$$

(3) Die **umgebungsbedingte Festigkeit** (engl.: *environmental strength*) wird umgangssprachlich auch als **Festigkeit** σ_{f} bezeichnet und an Proben mit Oberflächenschäden unter chemisch reaktionsfähigen Umgebungsbedingungen bestimmt. Es gilt

$$\sigma_{\mathrm{f}} = \sigma(C,R,T,X,\dot{\varepsilon})\ . \tag{4.3}$$

Für die Messung der inerten Festigkeit $\sigma_{\mathrm{f,inert}}$ muss per Definition der Einfluss chemisch reaktionsfähiger Umgebungsmedien an der Rissspitze ausgeschlossen werden, sodass nach Kurkjian et al. (2003) folgende Versuchsdurchführungen in Betracht kommen:

(1) Versuchsdurchführung im Vakuum oder in trockenen Umgebungsbedingungen,

(2) an Proben (vorzugsweise Glasfasern) mit einer hermetisch dichten Beschichtung auf der Oberfläche,

(3) bei sehr geringen Temperaturen ($T \rightarrow -273,15\ ^\circ C$),

(4) unter chemisch reaktionsfähigen Umgebungsmedien, aber mit sehr hohen Dehnraten,

(5) unter Verwendung chemisch inerter Medien (z.B. Silikonöl (Sglavo & Green, 1995) oder Anilin (Michalske & Bunker, 1985)).

Für die Messung der intrinsischen Festigkeit ist zusätzlich die Herstellung fehlerfreier Probenoberflächen notwendig. Proctor et al. (1967) und Lower et al. (2004) verwendeten hierzu sorgfältig hergestellte Glasfasern.

4.2 Bruchverhalten von Glas

Aufgrund der spröden und den makroskopisch ideal linear-elastischen Materialeigenschaften wird das Bruchversagen von Glas durch die Hauptspannungshypothese beschrieben. Demnach wird das Materialverhalten durch die Zugfestigkeit, bzw. die Druckfestigkeit bestimmt (Gross & Seelig, 2007), sodass Versagen angenommen wird, wenn die größte Hauptnormalspannung den Wert der kritischen Zug- $\sigma_{\mathrm{f,z}}$ oder Druckfestigkeit $\sigma_{\mathrm{f,d}}$ erreicht. Da bei Gläsern die Festigkeit im Wesentlichen durch die Kerbempfindlichkeit der unter Zugbelastung stehenden Oberfläche geprägt ist (vgl. Abb. 4.1), die Druckfestigkeit erheblich größer und für übliche Anwendungen im Bauwesen nicht relevant ist (Wörner et al., 2001), wird Versagen angenommen, wenn für die Hauptspannung σ_{I} die Bedingung

$$\sigma_{\mathrm{I}} = \sigma_{\mathrm{f,z}} \tag{4.4}$$

erfüllt ist. Die Zugefestigkeit von Glas hängt im Wesentlichen von der Oberflächenbeschaffenheit (Defektdichte, Defekttiefe) und, bedingt durch Risswachstumseffekte (Kap. 5), auch von der Belastungsdauer ab. Die theoretische Festigkeit der molekularen Bindungen innerhalb des Glasnetzwerks ist sehr hoch. Auf Grundlage der atomaren Bindungsverhältnisse des SiO-Netzwerks berechnen Pavelchek & Doremus (1974) die theoretische Festigkeit zu etwa $\sigma_{\mathrm{t}} \approx 14{,}0\,\mathrm{GPa}$. Anhand von Biegezugversuchen in flüssigem Stickstoff (-196,2 $^\circ C$) an »unberührten« Glasfasern aus Silikat- und Natriumsilikatglas (ähnlich dem

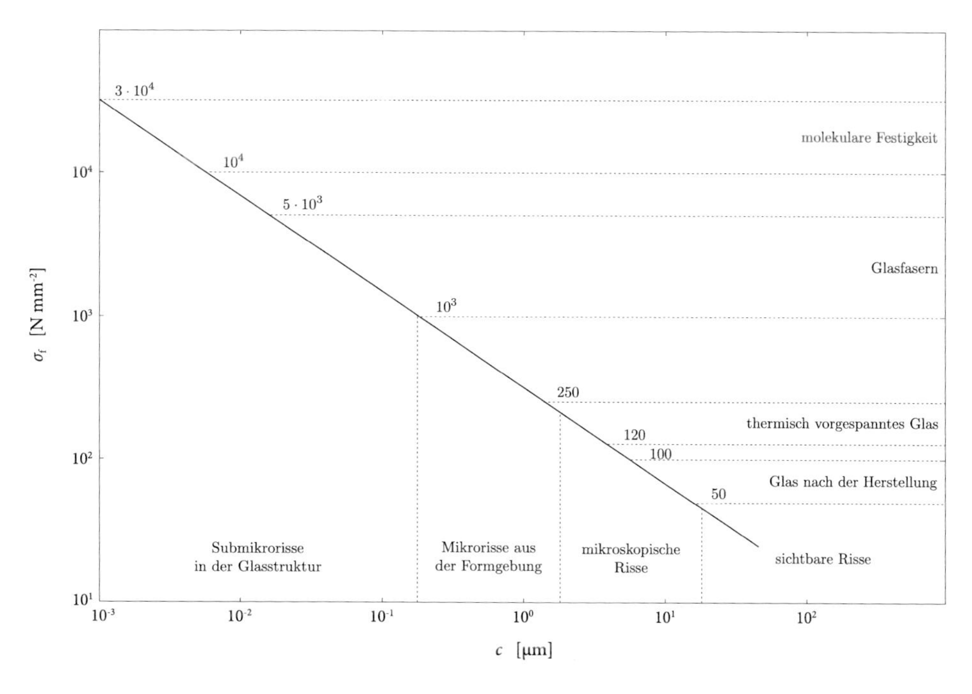

Abbildung 4.1 Kurzzeitfestigkeit σ_f von Glas in Abhängigkeit der wirksamen Risslänge c. (nach Petzold et al., 1990)

Kalk-Natronsilikatglas) konnten Lower et al. (2004) experimentell intrinsische Festigkeiten von $\sigma^* \approx 12{,}6\,\mathrm{GPa}$ für reines Silikatglas und $\sigma^* \approx 10{,}0\,\mathrm{GPa}$ bis $\sigma^* \approx 13{,}0\,\mathrm{GPa}$ für Natriumsilikatglas ermitteln, wobei mit steigendem Natriumgehalt auch ein Festigkeitsanstieg beobachtet werden konnte. Diese Werte decken sich sehr gut mit den Untersuchungen von Proctor et al. (1967). Für Temperaturen von -269,2 $^\circ C$, nahe dem absoluten Nullpunkt, verzeichneten die Autoren einen leichten Anstieg der Festigkeit von Glasfasern aus reinem Silikatglas auf $\sigma^* \approx 14{,}4\,\mathrm{GPa}$. Neben den Versuchen in flüssigem Stickstoff konnten sie im Temperaturbereich von -80 $^\circ C$ bis +200 $^\circ C$ einen Abfall der umgebungsbedingten Festigkeit aufzeigen, sodass diese bei Raumtemperatur zwischen $\sigma_f \approx 3{,}0\,\mathrm{GPa}$ und $\sigma_f \approx 8{,}5\,\mathrm{GPa}$ streut. Die inerte Festigkeit von Glasfasern aus Silkatglas beträgt im selbigen Temperaturbereich nur noch $\sigma_{f,\mathrm{inert}} \approx 8{,}8\,\mathrm{GPa}$. In der baupraktischen Anwendung sinkt die Biegefestigkeit des Glases deutlich unterhalb die von Proctor et al. (1967) und Lower et al. (2004) ermittelten Werte. Die tatsächliche technische Kurzzeitfestigkeit von normal gekühltem Glas mit einem ungeschützten Oberflächenzustand (»berührte« Oberfläche) liegt bei gewöhnlichen Umgebungsbedingungen im Bereich von etwa $\sigma_f \approx 30{,}0 - 100{,}0\,\mathrm{N\,mm^{-2}}$ (Petzold et al., 1990; Wörner et al., 2001) und ist so etwa 400-fach kleiner als die theoretische Festigkeit.

4.3 Grundlagen der linear-elastischen Bruchmechanik

Wie auch bei anderen spröden Materialien tritt Versagen bei Glas nahezu schlagartig ohne merkliche vorherige Ankündigung (z. B. inelastische Deformation) ein. Die technische Festigkeit von Glas ist nicht als absolute Materialkenngröße zu verstehen, sondern wird im Wesentlichen durch sub-mikroskopische, mikroskopische und makroskopische Oberflächendefekte beeinflusst (Abb. 4.1). Die *linear-elastische Bruchmechanik* bietet geeignete Modellvorstellungen, um den lokalen Zustand im Bereich einer Rissspitze zu beschreiben. Ein Riss in einem realen Werkstück kann komplexen Spannungsfeldern unterliegen, die sich durch Überlagerung von drei verschiedenen Rissöffnungsarten (Modi) beschreiben lassen (Abb. 4.2): *Modus I* kennzeichnet eine Separation in $x-z-$Ebene (senkrecht zu den Rissoberflächen) und wird daher auch als symmetrische Rissöffnung bezeichnet. Bedingt durch eine Längsscherung tritt bei *Modus II* eine asymmetrische Separation in $x-$Richtung der Rissoberflächen ein. *Modus III* ähnelt Modus II, die asymmetrische Separation resultiert hierbei aus einer Querscherung in $z-$Richtung der Rissoberflächen.

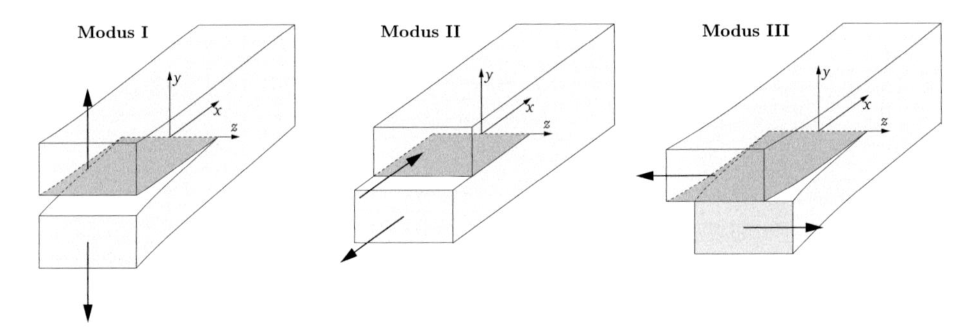

Abbildung 4.2 Rissöffnungsarten nach Gross & Seelig (2007): *Modus I* symmetrische Separation orthogonal zu den Rissoberflächen infolge Zugbelastung; *Modus II* asymmetrische Separation in Rissebene infolge Längsscherung; *Modus III* asymmetrische Separation in Rissebene infolge Querscherung.

Nach Gross & Seelig (2007) wird ein Riss aus makroskopischer und kontinuumsmechanischer Sicht als Schnitt durch einen Körper verstanden. Die gegenüberliegenden Berandungen werden als *Rissoberflächen*, *Rissflanken* oder *Rissufer* bezeichnet. Sie sind in der Regel belastungsfrei und enden mit der *Rissspitze*. Das Grundkonzept der linear-elastischen Bruchmechanik basiert auf der Betrachtung des mechanischen Verhaltens eines Einzelrisses in einem linear-elastischen, homogenen und isotropen Kontinuum (Kerkhof, 1975), sodass in der Anwendung ein rissbehafteter Körper im Gesamten als linear-elastisch angesehen wird. Aufgrund des linear-elastischen, spröden Materialverhaltens von Glas eignet sich die lineare Bruchmechanik zur mechanischen Beschreibung von Oberflächenrissen.

Nicht zuletzt diente Glas aufgrund der Transparenz, der Reproduzierbarkeit von Oberflächendefekten und kostengünstigen Verfügbarkeit als Ausgangsmaterial zur Entwicklung der linearen Bruchmechanik. Sie geht auf die elementaren Betrachtungen von Inglis (1913) zurück, welcher die Spannungskonzentrationen an elliptischen Defekten in gleichförmig belasteten Glasplatten quantifizierte. Für eine Platte mit innenliegendem, elliptischem Defekt der Breite $2c$ und Höhe $2d$, beansprucht durch eine gleichförmig verteilte, am Bauteil anliegende Zugspannung σ_a, lautet die Spannung σ_ρ im Bereich der größten Krümmung für den Fall $d \ll c$

$$\sigma_\rho / \sigma_\mathrm{a} = 2\sqrt{c/\rho}\,, \tag{4.5}$$

wobei das Verhältnis $\sigma_\rho/\sigma_\mathrm{a}$ als Spannungskonzentration zu verstehen ist. Unter Verwendung von Gl. 4.5 ist es möglich die Bruchspannung ($\sigma_\mathrm{a} = \sigma_\mathrm{f}$) zu berechnen, wenn die theoretische Zugfestigkeit σ_t ($\sigma_\rho = \sigma_\mathrm{t}$) des Materials erreicht wird. Es gilt

$$\sigma_\mathrm{f} = \frac{\sigma_\mathrm{t} \cdot \rho^{1/2}}{2 \cdot c^{1/2}}\,. \tag{4.6}$$

Somit konnte Inglis erstmals die Defektgröße für die Festigkeit eines Materials verantwortlich machen. Griffith entwickelte 1921 ein Bruchkriterium auf Grundlage einer energetischen Gleichgewichtsbetrachtung (Energiebilanz), welche die mechanische Energie U_M (bestehend aus der inneren elastischen Formänderungsenergie und aus der Belastung auf das System resultierenden äußeren Energie) und die Oberflächenenergie U_S, welche durch die Schaffung von Rissflanken dissipiert wird, berücksichtigt. Es gilt

$$U = U_\mathrm{M} + U_\mathrm{S}\,. \tag{4.7}$$

Risswachstum tritt ein, wenn die Gleichgewichtsbedingung $\mathrm{d}U/\mathrm{d}c = 0$ verletzt ist. Zwar ließ sich Griffith's Theorie an spröden Materialien (Glas) sehr gut beweisen, trotzdem fand sie erst ab den 1950er Jahren durch weiterführende Überlegungen von Irwin & Washington (1957) infolge der Entwicklung des *K-Konzepts* Anwendung. Dieses Bruchkonzept verfolgt die Hypothese, dass der Zustand an der Rissspitze durch *Spannungsintensitäten (K-Faktoren)* beschrieben werden kann. Der *Spannungsintensitätsfaktor* wird hierbei als Zustandsgröße angesehen, die ein Maß für die Belastung im Rissspitzenbereich ist (Gross & Seelig, 2007). Als Maß der Spannungssingularität (Abs. 4.4) eignet er sich für spröde Materialien, um die Versagenshypothese nach Gl. 4.4 zu beschreiben. Unter Vernachlässigung von subkritischen Risswachstumseffekten (s. Kap. 5) kommt es zur Separation (Bildung von Rissoberflächen durch instabilen Rissfortschritt, bzw. Bruch) sobald die jeweilige Spannungsintensität einen materialspezifischen Grenzwert, bekannt als *Bruchzähigkeit*, überschreitet. Je nach Rissöffnungsart gilt

$$\begin{aligned} K_{\mathrm{I}} &= K_{\mathrm{Ic}} \,, \\ K_{\mathrm{II}} &= K_{\mathrm{IIc}} \,, \\ K_{\mathrm{III}} &= K_{\mathrm{IIIc}} \,. \end{aligned} \tag{4.8}$$

Hierbei sind K_{I}, K_{II} und K_{III} Spannungsintensitäten und K_{Ic}, K_{IIc} und K_{IIIc} materialspezifische Bruchzähigkeiten. Die Versagenskriterien nach Gl. 4.8 gelten für reine *Single-Mode-Beanspruchungen*, bei denen jeweils nur eine Rissöffnungsart vorliegt. Spannungsintensitätsfaktoren, die aus der gleichen Rissöffnungsart resultieren, können aufgrund des im linear-elastischen Bereich geltenden Superpositionsprinzips addiert werden (Lawn, 1993). Da Quer- und Längsscherung bei Bruchvorgängen von biegebelastetem Glas nur eine untergeordnete Rolle spielen, wird im Allgemeinen nur eine Modus I Beanspruchung berücksichtigt. Die Bruchzähigkeit von Glas wird deshalb üblicherweise als K_{Ic} bezeichnet. In Tab. 4.1 sind experimentell ermittelte Bruchzähigkeiten für Kalk-Natronsiliaktglas genannt. Für die folgenden Betrachtungen wird eine Bruchzähigkeit von $K_{\mathrm{Ic}} = 0{,}75\,\mathrm{N\,mm^{-2}\,m^{1/2}}$ als geeignet angesehen. In Abhängigkeit der Glaszusammensetzung liegt die Bruchzähigkeit für Gläser im Allgemeinen zwischen $K_{\mathrm{Ic}} = 0{,}6\,\mathrm{N\,mm^{-2}\,m^{1/2}}$ und $K_{\mathrm{Ic}} = 1{,}0\,\mathrm{N\,mm^{-2}\,m^{1/2}}$.

Menčík (1992) nennt für Borosilikatglas einen Bereich von $K_{\mathrm{Ic}} = 0{,}75\,\mathrm{N\,mm^{-2}\,m^{1/2}}$ bis $K_{\mathrm{Ic}} = 0{,}82\,\mathrm{N\,mm^{-2}\,m^{1/2}}$, für Aluminosilikatglas $K_{\mathrm{Ic}} = 0{,}85\,\mathrm{N\,mm^{-2}\,m^{1/2}}$ bis $K_{\mathrm{Ic}} = 0{,}96\,\mathrm{N\,mm^{-2}\,m^{1/2}}$ und für Quarzglas $K_{\mathrm{Ic}} = 0{,}74\,\mathrm{N\,mm^{-2}\,m^{1/2}}$ bis $K_{\mathrm{Ic}} = 0{,}81\,\mathrm{N\,mm^{-2}\,m^{1/2}}$.

Tabelle 4.1 Bruchzähigkeiten (Modus I) für Kalk-Natronsilikatglas.

Autor [–]	**Jahr** [–]	**Bruchzähigkeit** K_{Ic} $\left[\mathrm{N\,mm^{-2}\,m^{1/2}}\right]$
Wiederhorn	1967	0,82
Gehrke, Ullner & Hähnert	1987	0,78
Menčík[a]	1992	0,72 - 0,82
Ullner	1993	0,76
Lawn	1993	0,75

[a] Zusammenfassung unterschiedlicher Literaturquellen.

Unter einer reinen Modus I Beanspruchung erfolgt der Rissfortschritt senkrecht zur maximalen Hauptzugspannung. Erfolgt während der Rissausbreitung ein Wechsel der Beanspruchungsart, bzw. sind mehrere Modus Anteile vorhanden, wird von einer *Mixed-Mode-Beanspruchung* (Abs. 4.6) gesprochen.

4.4 Rissspitzennahfeld

4.4.1 Risse

Irwin & Washington (1957) entwickelten unter Annahme eines infinitesimalen Spitzenradius ρ eine analytische Lösung zur Beschreibung der Spannungen und Dehnungen innerhalb des *Rissspitzennahfeldes*. Der Spitzenradius eines Risses wird dabei als infinitesimal angenommen ($\rho \to 0$), weshalb auch in der Anwendung der linear-elastischen Bruchmechanik von einer »scharfen« Rissspitze ausgegangen wird. Unter Voraussetzung, dass der Abstand r vor dem Riss deutlich kleiner als die Risslänge c ($r \ll c$) ist, können die Spannungen des Rissspitzennahfeldes (Abb. 4.3) einer zweidimensionalen Struktur in kartesischen, bzw. zylindrischen Koordinaten für eine Modus I respektive Modus II Beanspruchung anhand folgender Gleichungen berechnet werden (Lawn, 1993).

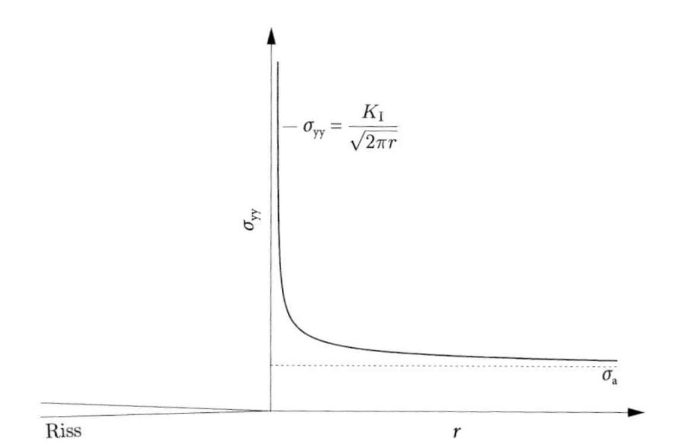

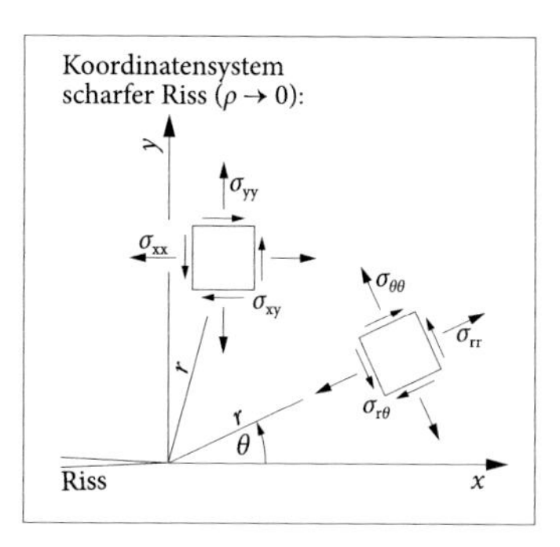

Abbildung 4.3 Rissspitzennahfeld und Koordinatensystem für einen Riss mit infinitesimalem Spitzenradius ($\rho \to 0$) und Modus I Beanspruchung: In Nähe der Rissspitze kommt es zu singulären Spannungen σ_{yy} (Wirkungsrichtung: senkrecht zu den Rissflanken) des Typs $r^{-1/2}$. Mit zunehmenden Abstand zur Rissspitze approximiert die Spannungsverteilung auf den Wert der am Bauteil wirkenden Zugspannung σ_a.

Modus I:

$$\begin{Bmatrix} \sigma_{xx} \\ \sigma_{yy} \\ \sigma_{xy} \end{Bmatrix} = \frac{K_I}{(2\pi r)^{1/2}} \begin{Bmatrix} \cos(\theta/2)\ [1-\sin(\theta/2)\ \sin(3\theta/2)] \\ \cos(\theta/2)\ [1+\sin(\theta/2)\ \sin(3\theta/2)] \\ \sin(\theta/2)\ \cos(\theta/2)\ \cos(3\theta/2) \end{Bmatrix} ,$$

$$\begin{Bmatrix} \sigma_{rr} \\ \sigma_{\theta\theta} \\ \sigma_{r\theta} \end{Bmatrix} = \frac{K_I}{(2\pi r)^{1/2}} \begin{Bmatrix} \cos(\theta/2)\ \left[1+\sin^2(\theta/2)\right] \\ \cos^3(\theta/2) \\ \sin(\theta/2)\ \cos^2(\theta/2) \end{Bmatrix} . \tag{4.9}$$

Modus II:

$$\begin{Bmatrix} \sigma_{xx} \\ \sigma_{yy} \\ \sigma_{xy} \end{Bmatrix} = \frac{K_{II}}{(2\pi r)^{1/2}} \begin{Bmatrix} -\sin(\theta/2)\ [2+\cos(\theta/2)\ \cos(3\theta/2)] \\ \sin(\theta/2)\ \cos(\theta/2)\ \cos(3\theta/2) \\ \cos(\theta/2)\ [1-\sin(\theta/2)\ \sin(3\theta/2)] \end{Bmatrix} ,$$

$$\begin{Bmatrix} \sigma_{rr} \\ \sigma_{\theta\theta} \\ \sigma_{r\theta} \end{Bmatrix} = \frac{K_{II}}{(2\pi r)^{1/2}} \begin{Bmatrix} \sin(\theta/2)\ \left[1-3\ \sin^2(\theta/2)\right] \\ -3\ \sin(\theta/2)\ \cos^2(\theta/2) \\ \cos(\theta/2)\ \left[1-3\ \sin^2(\theta/2)\right] \end{Bmatrix} . \tag{4.10}$$

Dabei gilt für beide Modi im ebenen Verzerrungszustand (EVZ)

$$\sigma_{zz} = \nu\ \left(\sigma_{xx} + \sigma_{yy}\right) = \nu\ \left(\sigma_{rr} + \sigma_{\theta\theta}\right) , \tag{4.11}$$

bzw. für den ebenen Spannungszustand (ESZ)

$$\sigma_{zz} = 0 . \tag{4.12}$$

Für die weiteren Spannungen gilt

$$\sigma_{xz} = \sigma_{yz} = \sigma_{rz} = \sigma_{\theta z} = 0 . \tag{4.13}$$

Aus Gl. 4.9 und Gl. 4.10 ist ersichtlich, dass die Intensität des Rissspitzennahfeldes proportional zu der von den räumlichen Koordinaten unabhängigen Spannungsintensität ist.

Alle weiteren Faktoren sind räumlich bedingt und bestimmen die Verteilung des Rissspitzennahfeldes: Die Spannungen in orthogonaler Rissfortschrittsrichtung weisen unmittelbar an der Rissspitze eine Singularität des Typs $r^{-1/2}$ auf (Abb. 4.3), d.h. sie wachsen theoretisch mit $r \to 0$ unbeschränkt an (z. B. Modus I: $\sigma_{yy} \to \infty$) (Lawn, 1993; Gross & Seelig, 2007). Da diese singulären Spannungen nicht in einem unbegrenzten Umfang durch ein elastisches Werkstoffverhalten kompensiert werden können, kommt es in diesen stark belasteten Bereichen unmittelbar vor der Rissspitze zu inelastischen Deformationen. Menčík (1992) definiert den Radius der inelastischen Prozesszone r_p als

$$r_\mathrm{p} = \frac{\pi}{8}\left(\frac{K_\mathrm{Ic}}{\sigma_\mathrm{y}}\right)^2, \tag{4.14}$$

wobei σ_y die Fließspannung ist. Menčík (1992) nennt für Kalk-Natronsilikatglas $\sigma_\mathrm{y} = 3.000\,\mathrm{N\,mm^{-2}}$. Der Radius der inelastischen Prozesszone berechnet sich somit etwa zu $r_\mathrm{p} = 25 \cdot 10^{-9}$ m. Dies entspricht ca. dem 50ig-fachen Durchmesser der natürlichen Hohlräume des Glasnetzwerks. Im Vergleich hierzu folgt für eine Edelstahllegierung[9] (30CrNiMo8) $K_\mathrm{Ic} = 115\,\mathrm{N\,mm^{-2}\,m^{1/2}}$ und $\sigma_\mathrm{y} = 1.100\,\mathrm{N\,mm^{-2}}$ der Radius der Prozesszone zu $r_\mathrm{p} = 4{,}3 \cdot 10^{-3}$ m. Die inelastische Zone ist beim Stahl somit etwa 170.000 mal größer.

4.4.2 Kerbähnliche Risse

Unter *kerbähnlichen Rissen* werden Rissspitzen verstanden, deren Spitzenradius ρ groß gegenüber den natürlichen Hohlräumen des Glasnetzwerks ist. Im Gegensatz zu Rissgeometrien mit scharfen Rissspitzen (Abs. 4.4.1), zeigen ausgerundete Rissspitzen kerbähnlicher Risse mit einem Spitzenradius $\rho > 0$ keine ausgeprägte Singularität. Creager & Paris (1967) erweiterten die Spannungsbeziehungen im Rissspitzennahfeld für eine Rissöffnung nach Modus I (Gl. 4.9) um einen weiteren Term, der die Spitzenausrundung unter Annahme einer elliptischen Rissgeometrie berücksichtigt (Abb. 4.4). Abweichend zu Gl. 4.9 ist der Koordinatenursprung der Risspitze um den Betrag $\rho/2$ in den Riss hinein verschoben (Abb. 4.4). Bedingt durch die Spitzenausrundung werden die sonst singulären Spannungen vor der Rissspitze deutlich abgemindert, sodass statt einer Spannungsintensität eine *Spannungskonzentration* vorliegt.

[9] Materialwerte aus Gross & Seelig (2007).

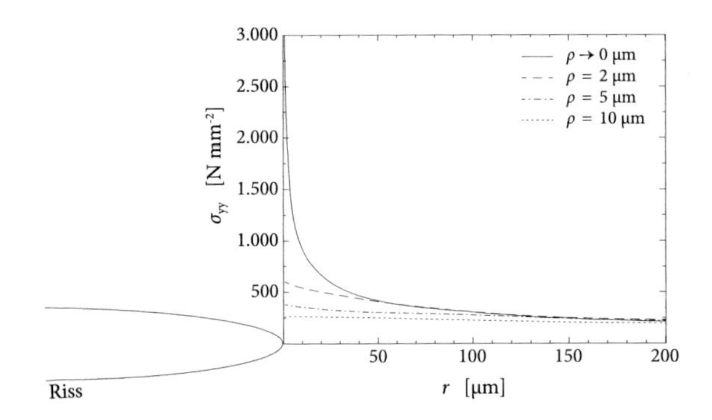

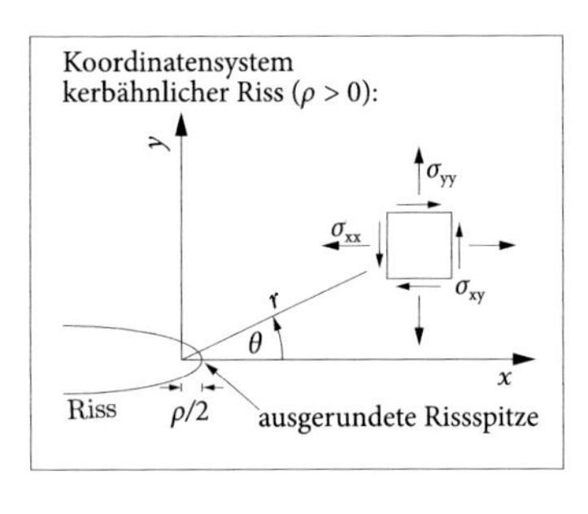

Abbildung 4.4 Spannungsverteilung und Koordinatensystem für kerbähnliche Risse mit einer Spitzenausrundung: Im Gegensatz zu Rissen ohne Spitzenausrundung ($\rho \to 0$) kommt es vor Rissspitzen mit einer Spitzenausrundung ($\rho > 0$) zu keiner ausgeprägten Singularität im Rissspitzennahfeld. Dargestellt sind die Spannungsverläufe σ_{yy} nach Gl. 4.15 für eine Modus I Rissöffnung und eine Spannungsintensität K_I = 0,75 N mm^{-2} m$^{1/2}$.

Es gilt

$$\begin{Bmatrix} \sigma_{xx} \\ \sigma_{yy} \\ \sigma_{xy} \end{Bmatrix} = \frac{K_I(c_0)}{(2\pi r)^{1/2}} \begin{Bmatrix} \cos(\theta/2)\,[1-\sin(\theta/2)\,\sin(3\theta/2)] \\ \cos(\theta/2)\,[1+\sin(\theta/2)\,\sin(3\theta/2)] \\ \sin(\theta/2)\,\cos(\theta/2)\,\cos(3\theta/2) \end{Bmatrix}$$

$$+ \frac{K_I(c_0)}{(2\pi r)^{1/2}} \begin{Bmatrix} -\rho/(2r)\,\cos(3\theta/2) \\ \rho/(2r)\,\cos(3\theta/2) \\ -\rho/(2r)\,\sin(3\theta/2) \end{Bmatrix} . \tag{4.15}$$

Hierin ist $K_I(c_0)$ der äquivalente Spannungsintensitätsfaktor eines Risses der Länge c identisch zur Kerbtiefe c_0.

4.5 Spannungsintensitätsfaktoren

4.5.1 Allgemein

In der linear-elastischen Bruchmechanik wird der Spannungsintensitätsfaktor K zur Beschreibung des Spannungszustands im Rissspitzennahfeld (Abs. 4.4) verwendet. Er ist ein Maß für das Verhältnis aus Querspannung vor der Rissfront und der anliegenden Spannung σ_a am rissbehafteten Bauteil. Bei durch Biegung oder Zug beanspruchten Glasoberflächen im baupraktischen Einsatz liegt üblicherweise eine reine Modus I Rissöffnung vor. Auf makroskopischer Ebene ist dies zutreffend. Für die Initiierung von Rissen im Bereich lokaler Störstellen, wie sie beispielsweise durch Härteeindrücke oder Kratzer entstehen, kann je nach Risssystem auch eine Modus II Rissöffnung und/oder eine Mixed-Mode-Beanspruchung (Abs. 4.6) auftreten. Grundsätzlich wird die Spannungsintensität von der äußeren anliegenden Spannung, der Risslänge, der Rissgeometrie, dem Beanspruchungsfall und der Rissöffnungsart beeinflusst und ist mit der Einheit $[\mathrm{N\,mm^{-2}\,m^{1/2}}]$ behaftet. An einem innenliegenden Riss der Länge $2c$ unter Zugspannung σ_a senkrecht zu den Rissufern (Modus I), bzw. den Schubspannungen $\tau_{\mathrm{xy,a}}$ (Modus II) und $\tau_{\mathrm{yz,a}}$ (Modus III) in Rissebene in einer unendlich ausgedehnten Scheibe (*Griffith*-Riss) ist die Spannungsintensität definiert als

$$\begin{aligned} K_\mathrm{I} &= \sigma_\mathrm{a}\sqrt{\pi\cdot c}\,, \\ K_\mathrm{II} &= \tau_{\mathrm{xy,a}}\sqrt{\pi\cdot c}\,, \\ K_\mathrm{III} &= \tau_{\mathrm{yz,a}}\sqrt{\pi\cdot c}\,. \end{aligned} \tag{4.16}$$

Zur Berücksichtigung weiterer Riss- und Bauteilgeometrien sowie Belastungsarten wird Gl. 4.16 um einen *Geometriefaktor Y* (Korrekturfaktor) ergänzt. Am Beispiel einer Modus I Beanspruchung lautet die allgemeine Darstellung für eine konstante, am Bauteil anliegende Spannung σ_a

$$K_\mathrm{I} = \sigma_\mathrm{a}\cdot Y\sqrt{\pi\cdot c}\,. \tag{4.17}$$

Voraussetzung für die Modellvorstellung in Gl. 4.17 ist, dass die Risstiefe wesentlich kleiner als die Bauteilabmessung ist. Gleichgerichtete Spannungen senkrecht zu den Rissflanken können superponiert werden. Dies ist insbesondere bei Glas mit thermischen, bzw. chemischen Eigenspannungen σ_e sinnvoll. Es gilt

$$\sigma(x) = \sigma_\mathrm{a}(x) + \sigma_\mathrm{e}(x)\,. \tag{4.18}$$

Im Folgenden sind die für Oberflächenschäden auf Glas relevanten K-Faktoren in chemisch inerter Umgebung beschrieben.

4.5.2 Oberflächenrisse am halbunendlichen Körper

Der *lange Oberflächenriss am halbunendlichen Körper* (Abb. 4.5a) unter gleichmäßiger, konstanter Belastung σ_a (Abb. 4.6a-b) wird hauptsächlich zur Beschreibung von Oberflä-

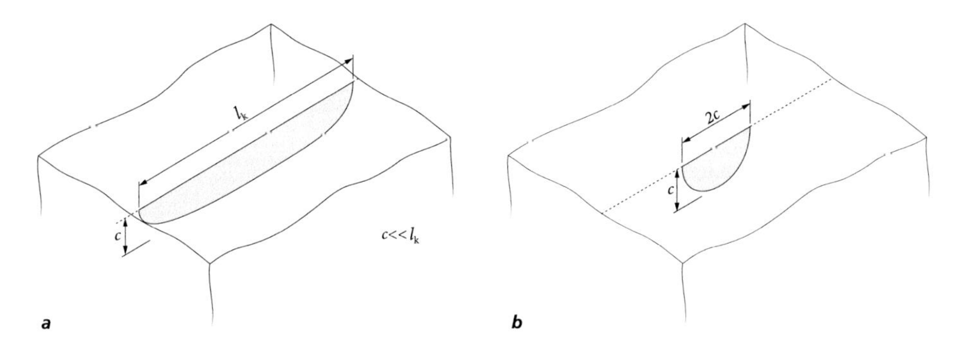

Abbildung 4.5 Geometrien von Oberflächendefekten am halbunendlichen Körper: *Langer Oberflächenriss (a)* und *Half-Penny-Crack (b).*

chendefekten auf Glas verwendet. Auf Grundlage von Gl. 4.17 mit $Y = 1{,}1215$ gilt für eine gerade Rissspitzenfront infolge einer Modus I und Modus II Beanspruchung (Tada et al., 1985; Lawn, 1993; Fett & Munz, 1994)

$$\begin{Bmatrix} K_{\mathrm{I}} \\ K_{\mathrm{II}} \end{Bmatrix} = \begin{Bmatrix} \sigma_{\mathrm{a}} \\ \tau_{\mathrm{xy,a}} \end{Bmatrix} 1,1215 \sqrt{\pi \cdot c} \,. \tag{4.19}$$

Den Geometriefaktor für einen *halbelliptischen Oberflächenriss (Half-Penny-Crack)* (Abb. 4.5b), wie er üblicherweise bei Härteeindrücken entsteht, ermittelten Newman & Raju (1981) empirisch für elastische Platten unter Biege- und Zugbelastung und einem halbkreisförmigen Rissverlauf unter Vernachlässigung der Plattendicke zu $Y = 0{,}713$. Im Gegensatz hierzu bestimmte Ullner (1993) den Geometriefaktor eines Vickers-Eindrucks experimentell zu $Y = 0{,}666$, welcher durch Lawn (1993) mit $Y = 2/\pi = 0,637$ in guter Übereinstimmung bestätigt wird.

Unter Annahme von chemisch inerten Bedingungen und Vernachlässigung von Risswachstum (Kap. 5) kann durch Verwendung von Gl. 4.8 und Umformung von Gl. 4.17 auf die Größenordnung der Risstiefe c_{f} geschlossen werden, bei welcher eine Zugbeanspruchung zum Bruchversagen führt (Abb. 4.6c):

$$c_{\mathrm{f}} = \left(\frac{K_{\mathrm{Ic}}}{Y \cdot \sigma_{\mathrm{a}} \sqrt{\pi}} \right)^2 . \tag{4.20}$$

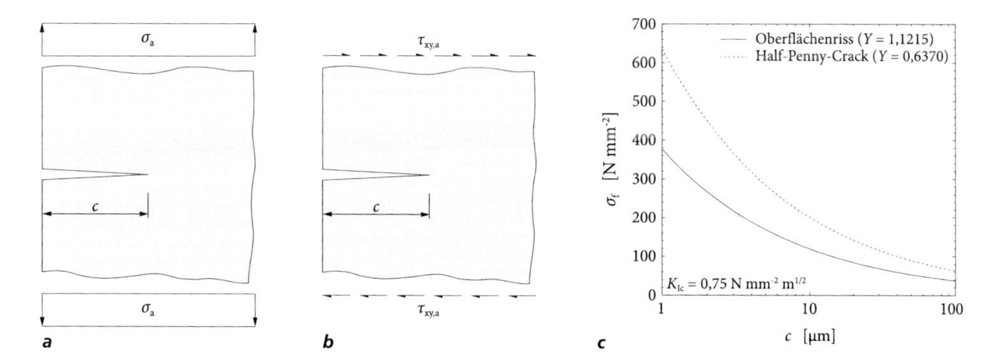

Abbildung 4.6 Oberflächenriss am halbunendlichen Körper: Rissgeometrie für eine Modus I *(a)* und eine Modus II Beanspruchung *(b)*. Gegenüberstellung der Bruchspannung σ_f für einen *langen Oberflächenriss* und einen *halbelliptischen Oberflächenriss* in Abhängigkeit der Risstiefe *(c)*.

Die kritische Risstiefe für ein Bauteil aus Glas mit einem langen Oberflächenriss folgt unter Verwendung einer Bruchzähigkeit von $K_{\mathrm{Ic}} = 0{,}75\,\mathrm{N\,mm^{-2}\,m^{1/2}}$ und unter Annahme einer anliegenden, äußeren Biegezugspannung von $\sigma_a = 45\,\mathrm{N\,mm^{-2}}$ zu $c_f = 70\,\mu\mathrm{m}$. Für die inerte Festigkeit σ_f gilt in Übereinstimmung mit Gl. 4.20:

$$\sigma_f = \frac{K_{\mathrm{Ic}}}{Y\sqrt{\pi \cdot c}} \,. \qquad (4.21)$$

4.5.3 Ungleichmäßig beanspruchte Rissufer

Aus einer Vielzahl von einschlägigen Handbüchern, wie Tada et al. (1985) oder Murakami (1987), können Spannungsintensitätsfaktoren für unterschiedlichste Rissgeometrien und Belastungsarten abgelesen werden. Komplexe Geometrien und Beanspruchungen von Bauteil und Riss lassen sich oftmals nicht auf einfache Modelle reduzieren. So existiert auch für den allgemeinen Beanspruchungsfall der *ungleichmäßig belasteten Rissufer* am langen Oberflächenriss unter Modus I (Abb. 4.7a) bzw. Modus II Beanspruchung (Abb. 4.7b) keine geschlossene Lösung. Zur Lösung des Problems der über die Risslänge nicht konstanten, entlang den Rissflanken verlaufenden Spannungsverteilung $\sigma_n(x)$, bzw. $\tau_{xy,n}(x)$ eignet sich die *Methode der Gewichtsfunktion.* Hierbei wird der Spannungsintensitätsfaktor durch ein Integral über die Spannung senkrecht zur Rissebene im Körper ohne Riss mit einer Gewichtsfunktion multipliziert. Diese wird aus der Lösung für einen beliebigen anderen Beanspruchungsfall bei identischer Geometrie bestimmt (Radaj & Vormwald, 2007).

Es erfolgt also eine Wichtung der Belastung entlang der Rissufer, um den zugehörigen Spannungsintensitätsfaktor zu bestimmen. Nach Fett (1990) gilt

$$\begin{aligned} K_{\mathrm{I}} &= \sigma_{\mathrm{n}} \cdot Y \sqrt{\pi \cdot c} = \int_0^c h_{\mathrm{I}}(x,c)\ \sigma_{\mathrm{n}}(x)\ \mathrm{d}x\,, \\ K_{\mathrm{II}} &= \tau_{\mathrm{xy,n}} \cdot Y \sqrt{\pi \cdot c} = \int_0^c h_{\mathrm{II}}(x,c)\ \tau_{\mathrm{xy,n}}(x)\ \mathrm{d}x\,. \end{aligned} \tag{4.22}$$

Hierin sind $h_{\mathrm{I}}(x,c)$ und $h_{\mathrm{II}}(x,c)$ die Gewichtsfunktionen, welche anhand von bekannten Referenzkonfigurationen berechnet werden können. Darunter werden Rissprobleme verstanden, für die bereits Lösungen zur Berechnung der Spannungsintensität K und der horizontalen (u), bzw. vertikalen (v) Rissöffnungsverschiebung verfügbar sind. Allgemein gilt (Fett, 1990; Gross & Seelig, 2007)

$$\begin{aligned} h_{\mathrm{I}}(x,c) &= \frac{E'}{K_{\mathrm{Ir}}} \frac{\partial v_{\mathrm{r}}(x,c)}{\partial c}\,, \\ h_{\mathrm{II}}(x,c) &= \frac{E'}{K_{\mathrm{IIr}}} \frac{\partial u_{\mathrm{r}}(x,c)}{\partial c}\,. \end{aligned} \tag{4.23}$$

Der Index r verweist hierbei auf die Referenzkonfiguration. Im ESZ ist E' durch E und im EVZ durch $E/(1-\nu^2)$ zu ersetzen. Für eine ungleichmäßige **Modus I Beanspruchung** eines Oberflächenrisses am halbunendlichen Körper bietet sich als Referenzbelastung eine gleichmäßige, konstante Belastung an. Die Referenzspannungsintensität K_{Ir} berechnet sich

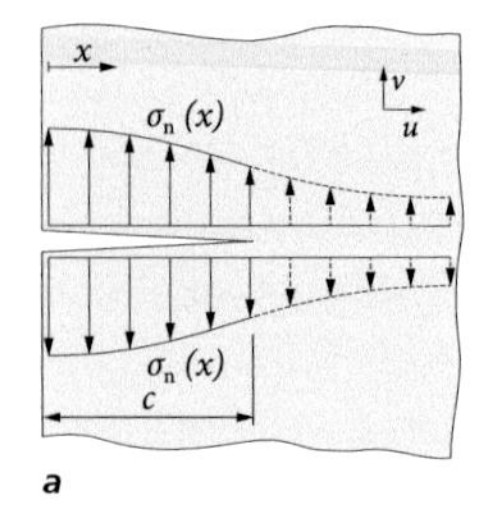

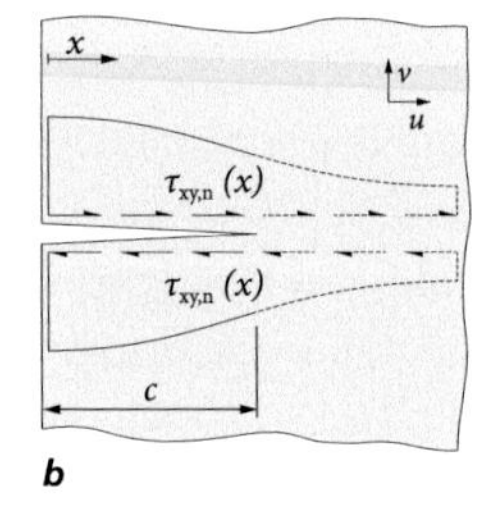

Abbildung 4.7 Oberflächenriss am halbunendlichen Körper unter ungleichmäßiger Modus I *(a)* und Modus II Beanspruchung *(b)*.

dann nach Gl. 4.19. Die korrespondierende Referenzverschiebung lautet (Gross & Seelig, 2007)

$$v_{\mathrm{r}} = \frac{\sigma_{\mathrm{n}}(x)}{E'\sqrt{2}} \left(4 \cdot Y_{\mathrm{r}}\sqrt{c}\sqrt{c-x} + \left[\frac{5\sqrt{2}\pi}{4} Y_{\mathrm{r}}^{2} - \frac{20}{3} Y_{\mathrm{r}} \right] \frac{(c-x)^{3/2}}{\sqrt{c}} \right) . \tag{4.24}$$

Darin ist der Elastizitätsmodul E' entsprechend Gl. 4.23 zu wählen. Y_{r} entspricht dem Geometriefaktor der Referenzkonfiguration (hier: $Y = 1{,}1215$). Substitution von Gl. 4.24 in Gl. 4.23 liefert die Gewichtsfunktion für eine Modus I Beanspruchung:

$$h_{\mathrm{I}}(x,c) = \frac{\sigma_{\mathrm{n}}(x)}{\sqrt{2}\,K_{\mathrm{Ir}}} \left(\frac{2Y_{\mathrm{r}}(2c-x)}{\sqrt{c}\,\sqrt{c-x}} + \left[\frac{5\sqrt{2}\pi}{4} Y_{\mathrm{r}}^{2} - \frac{20}{3} Y_{\mathrm{r}} \right] \frac{\sqrt{c-x}\,(2c+x)}{2c^{3/2}} \right) . \tag{4.25}$$

Die Lösung von Gl. 4.22 konvergiert bei numerischer Integration im Bereich der oberen Integrationsgrenze gegen unendlich. Für einen Einheitsriss mit der Länge $c = 1$ lässt sich eine sehr gute Übereinstimmung mit Literaturangaben erzielen, wenn die obere Integrationsgrenze auf $c = 0{,}99$ begrenzt wird. Gl. 4.22 liefert so für eine konstante Rissflankenbelastung ($\sigma_{\mathrm{n}} = \sigma$) den aus Abs. 4.5.2 bekannten Geometriefaktor $Y = 1{,}1215$. Gleichermaßen lautet der Geometriefaktor für eine parabelförmige Rissflankenbelastung $\sigma_{\mathrm{n}} = \sigma\,\sqrt{1 - x^2/c^2}$ für den einseitigen Randriss $K_{\mathrm{I}} = 0{,}742 \cdot \sigma\,\sqrt{\pi \cdot c}$. Ist die Rissflankenbelastung nur über Teilbereiche des Risses verteilt, sind die Integrationsgrenzen in Gl. 4.22 anzupassen: Für einen einseitigen Randriss der Länge c mit einer konstanten Rissflankenbelastung ($\sigma_{\mathrm{n}} = \sigma$) im Bereich $c/2$ bis c lautet die Lösung $K_{\mathrm{I}} = 0{,}690 \cdot \sigma\,\sqrt{\pi \cdot c}$, welche durch Tada et al. (1985) mit $Y = 0{,}686$ bestätigt wird.

Alternativ zu Gl. 4.23 verwendet Lawn (1993) für Oberflächenrisse am halbunendlichen Körper unter ungleichmäßiger Beanspruchung

$$K_{\mathrm{I}} = 2\left(\frac{c}{\pi}\right)^{1/2} \int_{0}^{c} \frac{\sigma_{\mathrm{n}}(x)}{\sqrt{c^2 - x^2}}\,\mathrm{d}x \,, \tag{4.26}$$

Hierin übernimmt der Term $(c^2 - x^2)^{1/2}$ die Wichtung der Spannung $\sigma_{\mathrm{n}}(x)$ im Bereich der Rissspitze. Während Gl. 4.26 für gerade Rissfronten gilt (Abb. 4.5a), ist diese entsprechend Lawn & Swain (1975) für *halbelliptische Oberflächenrisse* (Abb. 4.5b, Abs. 4.5.2) mit dem Faktor $\sqrt{2}/\pi$ zu multiplizieren. Auch Gl. 4.26 liefert im Bereich der oberen Integrationsgrenze eine singuläre Lösung. Wird analog der oben dargestellten Lösung die

Integrationsgrenze auf $c = 0{,}99$ begrenzt, sind für die beispielhaft diskutierten ungleichmäßigen Beanspruchungen deutliche Unterschiede erkennbar. Erst eine Anpassung auf $c = 0{,}999$ liefert vergleichbare Ergebnisse.

Fett (1990) schlägt für eine ungleichmäßige **Modus II Beanspruchung** als Gewichtsfunktion die analytische Approximation

$$h_{\mathrm{II}}(x,c) = \left(\frac{2}{\pi\, c}\right)^{1/2} \frac{g(x/c)}{\sqrt{1 - x/c}} \tag{4.27}$$

vor. Parameter für $g(x/c)$ können Tab. 4.2 entnommen werden. Unter Annahme einer konstanten Schubspannung ($\tau_{\mathrm{xy,n}} = \text{konstant}$) entlang der Rissflanken und Einsetzen von Gl. 4.27 in Gl. 4.22, zeigt sich im Vergleich zu Gl. 4.19 eine Ungenauigkeit von etwa +4,3 %.

Tabelle 4.2 Parameter für $g(x/c)$ in Gl. 4.27 aus Fett (1990).

				x/c			
	$0{,}0$	$0{,}2$	$0{,}4$	$0{,}6$	$0{,}8$	$0{,}9$	$1{,}0$
$g(x/c)$	1,834	1,624	1,440	1,273	1,128	1,061	1,000

In guter Übereinstimmung zu Gl. 4.27, folgt alternativ durch Anpassung von Gl. 4.26 für eine Modus II-Beanspruchung

$$K_{\mathrm{II}} = 2\,\left(\frac{c}{\pi}\right)^{1/2} \int_{0}^{c} \frac{\tau_{\mathrm{xy,n}}(x)}{\sqrt{c^2 - x^2}}\,\mathrm{d}x\,. \tag{4.28}$$

4.5.4 Risse mit ausgerundeter Rissspitze

Aufgrund der ringartigen Struktur des Glasnetzwerks liegt die Spitzenausrundung bei einem gewöhnlichen Riss bei etwa $\rho = 0{,}4$–$0{,}5$ nm deutlich in der atomaren Ebene, sodass für mikro- und makroskopische Risstiefen die Annahme einer scharfen Rissspitze gerechtfertigt ist. Speziell Oberflächenätzungen mittels Flusssäure bewirken eine Vergrößerung der Spitzenausrundung bis hin zur Ausbildung mikroskopisch sichtbarer, schmaler Kerben (Kap. 10). Unter einer am Bauteil anliegenden Zugspannung σ_{a}, kommt es am Grund der Kerbe zu einer Spannungskonzentration (vgl. Gl. 4.5), die aufgrund der Spannungskonzentration (Abs. 4.4.2) nicht durch eine Spannungsintensität entsprechend Gl. 4.16

beschrieben werden kann. Anhand von zwei Modellvorstellungen ist jedoch die Definition eines Bruchkriteriums möglich:

(1) Die Spannungskonzentration am Kerbgrund entspricht Gl. 4.6 und führt zum Erreichen der theoretischen Festigkeit des Materials.

(2) Am Kerbgrund befindet sich ein kleiner Riss (Kerbriss, Abb. 4.8a), für den anhand Gl. 4.17 und einem geeigneten Geometriefaktor die Spannungsintensität berechnet werden kann.

Für sehr schmale Kerben $(d/c_0 \leq 1)$ unter Modus I Beanspruchung definiert Fett (1993) eine Näherungsgleichung zur Ermittlung der Spannungsintenistät an einer Kerbrissspitze. Er vergleicht hierzu die Konfiguration der Kerbe mit einem kleinen Riss am Kerbgrund mit einem äquivalenten Riss der Länge $c = c_0 + l_K$ entsprechend Gl. 4.17 und Abb. 4.8b auf Grundlage der von Creager & Paris (1967) erweiterten Spannungsbeziehungen im Rissspitzennahfeld für eine Rissöffnung nach Modus I (Abs. 4.4.2). Demnach gilt

$$\frac{\breve{K}_\mathrm{I}}{K_\mathrm{I}} \simeq \tanh\left(2{,}243\ \sqrt{l_\mathrm{K}/\rho}\right) . \tag{4.29}$$

Hierin ist $\breve{K}_\mathrm{I}$ die Spannungsintensität eines Kerbrisses der Länge l_K, K_I die Spannungsintensität eines äquivalenten Risses der Länge $c = c_0 + l_\mathrm{K}$ und ρ die Spitzenausrundung am Kerbgrund $(\rho = d)$. Anhand Abb. 4.8c ist ersichtlich, dass die Spannungsintensität $\breve{K}_\mathrm{I}$ in unmittelbarer Nähe zum Kerbgrund sehr gering ist. Dieser Effekt ist bereits ab einem Verhältnis $l_\mathrm{K}/\rho \approx 0{,}5$ sehr stark relativiert, sodass schon ab einem Verhältnis $l_\mathrm{K}/\rho > 1{,}5$

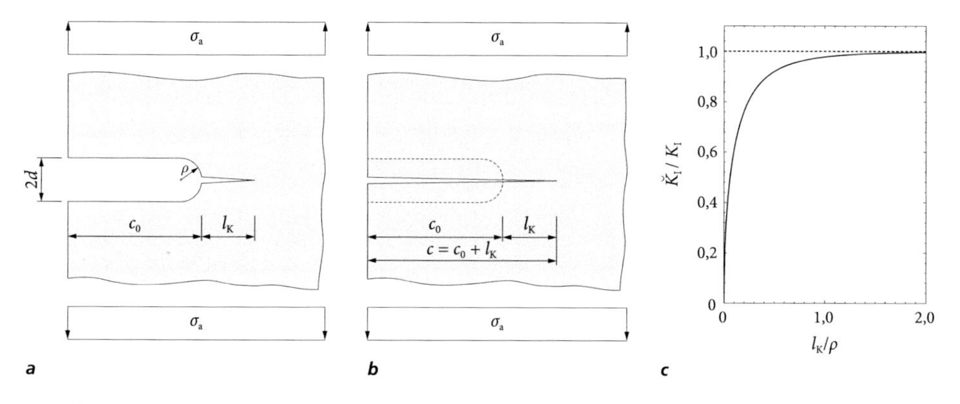

Abbildung 4.8 Oberflächenkerbe und -riss am halbunendlichen Körper unter gleichmäßiger Modus I Beanspruchung: Kerbe mit Kerbriss *(a)* und äquivalenter Riss entsprehend Gl. 4.17 *(b)*. Normalisierter Spannungsintensitätsfaktor $\breve{K}_\mathrm{I}/K_\mathrm{I}$ für einen kerbähnlichen Riss mit einem Spitzenradius ρ und einem kleinen Riss der Länge l_K am Kerbgrund unter gleichmäßiger Modus I Beanspruchung *(c)*.

kein Unterschied mehr zwischen einem Kerbriss (Abb. 4.8a) und einem äquivalenten Riss (Abb. 4.8b) besteht. Der Spannungsintensitätsfaktor des äquivalenten Risses ist somit ein oberer Grenzwert für den Kerbriss, sodass die Risslänge in Gl. 4.17 für Kerbrisse mit einem Verhältnis l_K/ρ durch $c = c_0 + l_K$ ersetzt werden kann.

4.6 Mixed-Mode Beanspruchung

4.6.1 Allgemein

Während der Rissfortschritt bei einer reinen Modus I Beanspruchung ausschließlich in Richtung der Tangente der Rissspitze erfolgt, sich also in Richtung der Längsachse des Risses ausbreitet, ist ein durch eine *Mixed-Mode Beanspruchung* belasteter Riss durch ein selbstähnliches Risswachstum charakterisiert (Zerres, 2010). Dies bedeutet, dass sich die Rissausbreitungsrichtung, bzw. die Orientierung der neu entstehenden Rissflächen, entsprechend einem bestimmten Winkel θ_0 zur Tangente an der Rissspitze orientiert. Der kritische Bruchzustand wird also durch den Einfluss mehrerer Modi bestimmt. Für ebene Mixed-Mode Probleme sind dies entsprechend Abb. 4.2 der Modus I und Modus II, sodass die Spannungsintensitätsfaktoren K_I und K_{II} den Spannungszustand an der Rissspitze beschreiben. Während für reine Single-Mode Beanspruchungen das Bruchkriterium nach Gl. 4.8 gilt, lautet solches für gemischte Beanspruchungen aufgrund der Interaktion der Rissöffnungsarten in allgemeiner Darstellung für ebene Probleme

$$f(K_I, K_{II}) = f_c \,, \tag{4.30}$$

mit dem Materialkennwert f_c als kritischem Wert von f. Im Folgenden sollen zwei Mixed Mode Bruchkriterien erläutert werden. Zum einen handelt es sich um das weitverbreitete *Kriterium der maximalen Tangentialspannung* nach Erdogan & Sih (1963) und zum

Tabelle 4.3 Unter Mixed-Mode Beanspruchung ermittelte Bruchzähigkeiten für Kalk-Natronsilikatglas.

Autor	**Jahr**	**Bruchzähigkeiten (Mixed-Mode)**		
		K_{Ic}	K_{IIc}	K_{Ic}/K_{IIc}
[–]	[–]	$\left[\mathrm{N\,mm^{-2}\,m^{1/2}}\right]$	$\left[\mathrm{N\,mm^{-2}\,m^{1/2}}\right]$	[–]
Shetty, Rosenfield & Duckworth	1987	0,73	0,90	0,81
Singh & Shelty	1990	0,67	0,80	0,84

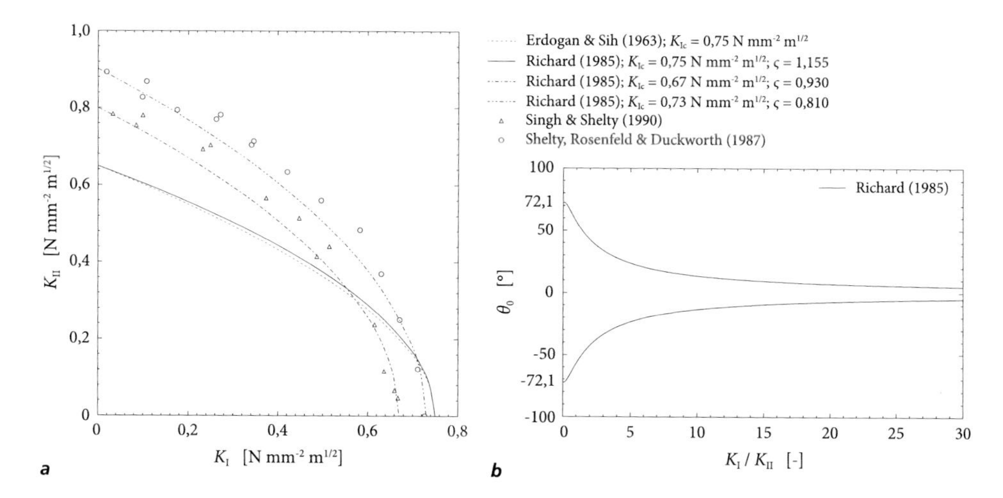

Abbildung 4.9 Bruchkriterium und Winkeländerung für Kalk-Natronsilikatglas unter Mixed-Mode Beanspruchung: Anpassung der Messdaten von Shetty et al. (1987) und Singh & Shelty (1990) an das Mixed-Mode Bruchkriterium von Richard (1985) (Gl. 4.33) und vergleichende Darstellung des Bruchkriteriums nach Erdogan & Sih (1963) (Gl. 4.32) *(a)*; Rissfortschritsrichtung nach Richard (1985) (Gl. 4.34) *(b)*.

anderen um das Kriterium nach Richard (1985). Beide Kriterien verwenden für f_c einen Vergleichsspannungsintensitätsfaktor K_V, welcher äquivalent zur Bruchzähigkeit K_{Ic} ist. Die Bruchzähigkeit für Schubbeanspruchung K_{IIc} von Kalk-Natronsilikatglas ist bislang wenig untersucht. In Tab. 4.3 und Abb. 4.9a sind anhand von Spaltversuchen[10] (engl.: *diametral compression test*) gewonnene Werte dargestellt.

Für alle ebenen Mixed-Mode Bruchkriterien gilt, dass entsprechend dem Rissspitzenkoordinatensystem in Abb. 4.3 eine positive Schubspannung an der Rissspitze – gleichbedeutend mit einer positiven Spannungsintensität K_{II} – eine negative Rissfortschrittsrichtung $-\theta_0$ und eine negative Schubspannung eine positive Rissfortschrittsrichtung θ_0 bewirkt (Abb. 4.10).

4.6.2 Bruchkriterium nach Erdogan & Sih

Das *Kriterium der maximalen Tangentialspannung* nach Erdogan & Sih (1963) unterliegt der Annahme, dass der Rissfortschritt in radialer Richtung $\theta = \theta_0$ (Abb. 4.3) vor der Rissspitze stattfindet. Die Richtung θ_0 ist dabei senkrecht zur maximalen Tangentialspannung

[10] Der auch als *Brazilian disk test* benannte Versuchsaufbau besteht aus einer kreisförmigen Glasscheibe mit einem zentrisch angeordneten, über die gesamte Plattendicke durchgehenden Innenriss der Länge $2c$ (vgl. hierzu *Griffith*-Riss in Abs. 4.5.1). Die Probe wird durch zwei gegenüberliegende Druckkräfte belastet. Durch Drehung der Platte kann der Rissöffnungsmodus von einem reinen Modus I bis zu einem reinen Modus II gewählt werden.

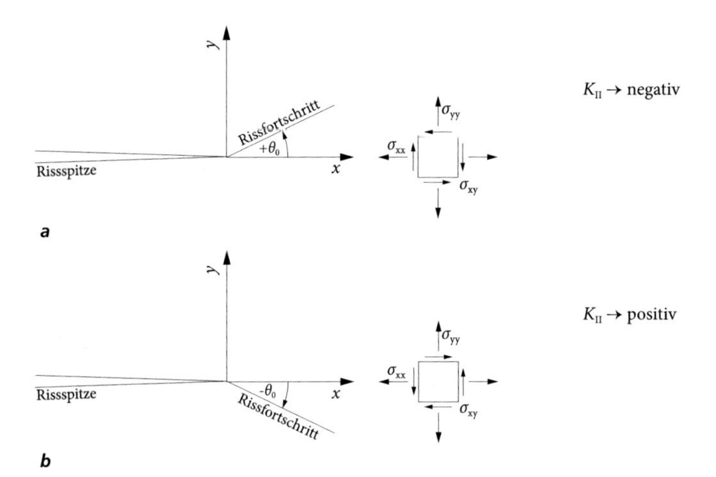

Abbildung 4.10 Rissfortschrittsrichtung unter ebener Mixed-Mode Beanspruchung: Für eine negative Schubspannung an der Rissspitze folgt eine positive Rissfortschrittsrichtung θ_0 *(a)* und umgekehrt für eine positive Schubspannung eine negative Rissfortschrittsrichtung $-\theta_0$ *(b)*.

$\sigma_{\theta\theta,\max}$ (Gl. 4.9) orientiert. Instabiler Rissfortschritt wird initiiert, wenn die $\sigma_{\theta\theta,\max}$ die materialspezifische Spannung σ_t erreicht, oder (sinngleich) der Vergleichsspannungsintensitätsfaktor K_v basierend auf $\sigma_{\theta\theta,\max}$, die Bruchzähigkeit K_{Ic} überschreitet (Richard et al., 2005). Die Rissfortschrittsrichtung berechnet sich zu

$$\theta_0 = -\arccos\left(\frac{3\,K_{II}^2 + K_I\sqrt{K_I^2 + 8K_{II}^2}}{K_I^2 + 9\,K_{II}^2}\right), \tag{4.31}$$

bzw. die Vergleichsspannungsintensitätsfaktor zu

$$K_v = \cos\frac{\theta_0}{2}\left[K_I\,\cos^2\frac{\theta_0}{2} - \frac{3}{2}K_{II}\,\sin\theta_0\right] = K_{Ic}\,. \tag{4.32}$$

4.6.3 Bruchkriterium nach Richard

Ähnlich einer Vergleichsspannung verwendet Richard (1985) für sein Bruchkriterium eine Vergleichsspannungsintensität K_v, welche ausschließlich von den Spannungsintensitäten K_I und K_{II} abhängt:

$$K_v = \frac{K_I}{2} + \frac{1}{2}\sqrt{K_I^2 + 4\,(\varsigma K_{II})^2} \leq K_{Ic}\,. \tag{4.33}$$

Instabiler Rissfortschritt tritt somit ein, wenn K_v die Bruchzähigkeit K_{Ic} überschreitet. Das Verhältnis der Bruchzähigkeiten $\varsigma = K_{Ic}/K_{IIc}$ ist ein Anpassungsparameter. Für $\varsigma = 1{,}155$ entspricht das Bruchkriterium mit sehr guter Übereinstimmung dem von Erdogan & Sih (1963). Die Rissfortschrittsrichtung berechnet sich zu

$$\theta_0 = \mp\left[\left(155{,}5^\circ\frac{|K_{II}|}{|K_I|+|K_{II}|}\right) - 83{,}4^\circ\right]\left(\left[\frac{|K_{II}|}{|K_I|+|K_{II}|}\right)^2\right], \tag{4.34}$$

mit $K_{II} > 0$ für Winkel $\theta_0 < 0$ und umgekehrt (Richard et al., 2005). In Abb. 4.9b ist die Änderung der Rissfortschrittsrichtung nach Gl. 4.34 in Abhängigkeit des Verhältnisses der Spannungsintensitäten dargestellt.

4.6.4 Vergleich der Bruchkriterien zu Mixed-Mode-Beanspruchungen

In Abb. 4.9a sind die Bruchkriterien aus Abs. 4.6.2 und Abs. 4.6.3 für Kalk-Natronsilikatglas dargestellt. Instabiles Risswachstum unter Mixed-Mode Beanspruchung tritt ein, wenn der Betrag der resultierenden Spannungsintensität an der Rissspitze oberhalb der in Abb. 4.9a gezeigten Grenzkurven liegt. Anhand Abb. 4.9a ist ersichtlich, dass das uniforme Bruchkriterium nach Erdogan & Sih (1963) nicht an die von Shetty et al. (1987) und Singh & Shelty (1990) ermittelten Bruchzähigkeiten K_I und K_{II} anzupassen ist. Im Gegensatz dazu zeigt das Bruchkriterium nach Richard (1985) unter Verwendung eines Anpassungsparameters von $\varsigma = 0{,}81$, bzw. $\varsigma = 0{,}93$ eine sehr gute Übereinstimmung.

5 Subkritisches Risswachstum

5.1 Grundlagen des subkritischen Risswachstums

Über den Zusammenhang zwischen Belastungsdauer und Bruchfestigkeit von Glas berichtet erstmals *L. Grenet*[11] 1899. Außerhalb inerter Umgebungsbedingungen wird die Festigkeit von Glas durch die Belastungsdauer, die Belastungsgeschwindigkeit, das chemische Umgebungsmedium und die Umgebungstemperatur bestimmt (vgl. Abs. 4.1). Derartige Einflüsse auf die Festigkeit von Glas werden unter dem Begriff *subkritischs Risswachstum* zusammengefasst. Maßgebende experimentelle Untersuchungen zu subkritischen Risswachstumseffekten in Glas wurden unter anderem von Proctor et al. (1967), Wiederhorn (1967, 1968), Wiederhorn et al. (1980), Gehrke et al. (1987, 1990) und Ullner (1993) durchgeführt. Das subkritische Risswachstum hängt jedoch nicht nur von den atmosphärischen Umgebungsbedingungen, sondern auch von dem mechanischen Spannungszutand an der Rissspitze ab. Im Speziellen Glas im Bauwesen ist stark schwankenden relativen Luftfeuchtigkeiten (rF) von bis zu 100 % und direkter Befeuchtung (z. B. durch Regen) ausgesetzt, sodass der Effekt des subkritischen Risswachstums einen maßgeblichen Einfluss auf die Festigkeit hat. Charles & Hillig (1962) erklärten dieses Phänomen anhand eines kontinuumsmechanischen Modells für einen elliptischen Riss, an dessen Rissflanken ein Materialabtrag (Netzwerkauflösung) oder ein Materialzuwachs (Ablagerung) stattfindet. Bei einer Erhöhung der Rissgeschwindigkeit infolge hoher Spannungskonzentrationen kommt es hierbei zu einer Rissspitzenverschärfung. Bei nur geringen Spannungskonzentrationen gingen sie von einer Vergrößerung des Rissspitzenradius aus. Da dieses Modell nicht auf Rissspitzen mit infinitesimalen Rissspitzenausrundungen anwendbar ist, entwickelten Michalske & Bunker (1985) ein chemisch molekulares Modell, bei dem es durch den Einfluss einer erhöhten Spannung an der Rissspitze zu einer beschleunigten Reaktion zwischen Wasser und SiO_2 und somit zu einem Anstieg der Rissgeschwindigkeit kommt (s. Abs. 5.3). Während die in Abs. 2.3.3 beschriebene Glaskorrosion (Hydrolyse) auf rein chemischen Zusammenhängen beruht, wird dieser Effekt aufgrund des komplexen Zusammenhangs zwischen chemischen und mechanischen Einflüssen als *Spannungsrisskorrosion* bezeichnet. Hingegen wird unter dem Begriff des *subkritischen Risswachstums*[12] die Folge (in der

[11] Siehe hierzu: Preston (1935).

[12] Der Begriff des »subkritischen Risswachstums« ist in der Literatur auch als *langsamer Risswachstum* oder als *statische Ermüdung* bekannt.

Regel ein langsames Wachstum eines Risses) der Spannungsrisskorrosion verstanden. Ein ausführlicher Überblick zu diesen Vorgängen und Mechanismen findet sich in Gy (2003), Freiman, Wiederhorn & Mecholsky (2009) und Ciccotti (2009).

Bislang wurden unterschiedlichste empirisch oder theoretisch begründete Konzepte zur Beschreibung des subkritischen Risswachstums im Bereich hoher Rissgeschwindigkeiten unterhalb der kritischen Rissgeschwindigkeit, aber auch in Bereichen dicht oberhalb der Ermüdungsgrenze mit sehr kleinen Risswachstumsgeschwindigkeiten formuliert. Atmosphärische Einflüsse auf das Risswachstum in Einzelrissen in Glas wurden maßgeblich durch *Sheldon M. Wiederhorn* identifiziert: Wurden zunächst einfache Ermüdungs-, bzw. Festigkeitsexperimente, wie beispielsweise von Shand (1954), durchgeführt, begann mit Wiederhorn (1967) die systematische Messung der Rissgeschwindigkeit in Abhängigkeit der Spannungsintensität und in Anwesenheit von korrosiven Medien. Risswachstumsgeschwindigkeiten von $v = 10^{-8}$ m s^{-1} bis $v = 10^{-9}$ m s^{-1} waren damals die Grenze des technisch direkt Messbaren. Eine Risslänge von einem Millimeter wird mit diesen Rissgeschwindigkeiten nach einem bis 12 Tagen erreicht. Experimente in Abhängigkeit der relativen Luftfeuchtigkeit, der Anwesenheit von wässrigen Lösungen und der Temperatur (Wiederhorn, 1967; Wiederhorn & Bolz, 1970), dem pH-Wert (Wiederhorn & Johnson, 1973) oder nicht wässrigen, organischen Flüssigkeiten (Wiederhorn et al., 1982) sowie im Vakuum (Wiederhorn et al., 1974) zeigen ein zum Teil deutlich verändertes Verhalten hinsichtlich der Lage und der Steigung der Risswachstumskurve im $v(K)$-Diagramm (s. Abb. 5.2b).

Bis heute zählen die komplexen Vorgänge an der Rissspitze zu aktuellen Forschungsschwerpunkten der Bruchmechanik und Materialwissenschaft. Moderne Atomic Force Mikroskope (AFM) ermöglichen in situ Messungen von Rissgeschwindigkeiten bis zu $v = 10^{-12}$ m s^{-1} (Ciccotti, 2009; Wondraczek et al., 2011). Dies entspricht der atomaren Trennung von nur etwa sieben SiO-Bindungen pro Stunde; eine Risslänge von einem Millimeter wird mit dieser Rissgeschwindigkeit erst nach etwa 32 Jahren erreicht. Dabei bestätigen die experimentell gewonnen Ergebnisse die im Folgenden erläuterten fundamentalen Mechanismen der Spannungsrisskorrosion (Abs. 5.2) und der bruchmechanischen Berücksichtigung des Einflusses der Belastungsdauer auf die Glasfestigkeit (Abs. 5.3).

5.2 Molekularer Mechanismus der Spannungsrisskorrosion

Die molekulare Beschreibung der Spannungsrisskorrosion in Glas geht im Wesentlichen auf Budd (1961) bzw. Michalske & Freiman (1982, 1983) zurück. Sie erklärten den molekularen Mechansimus anhand von pH-neutralem Wasser, sowie weiteren wässrigen Lösungen und Silikatglas. In Gegenwart dieser Medien kommt es entsprechend der in Abs. 2.3.3

beschriebenen hydrolytischen Reaktion direkt an der Rissspitze zu einer chemischen Wechselwirkung zwischen den atmosphärischen Wassermolekülen und den SiO-Bindungen im Bereich eines Brückensauerstoffatoms (Abb. 5.1a). Die Größe der Reaktionszone an der Rissspitze schätzt Wiederhorn (1978) zu etwa 10 nm ab. Grundvoraussetzung für das Eintreten der Spannungsrisskorrosion ist eine Dehnung des Glasnetzwerks durch eine anliegende mechanische Zugspannung. Michalske & Freiman (1983) beschreiben den korrosiven Vorgang zwischen Wasser und Glasnetzwerk anhand von drei aufeinander folgenden Schritten (Abb. 5.1b):

- **Schritt 1 (Adsorption)**
  Atmosphärische Wassermoleküle diffundieren durch die Rissöffnung an die (mechanisch gedehnte) Rissspitze (Abb. 5.2a). Aufgrund der Dipolwirkung (Ionisierung) des H_2O-Moleküls, richtet sich eins der Wasserstoffatome dem Brückensauerstoff und das Sauerstoffatom dem Siliciumatom des Glasnetzwerks zu. Bedingt durch die resultierende Van-der-Waals-Wechselwirkung wird das H_2O-Molekül an einer SiO-Bindungsstelle an der Rissspitze absorbiert (Abb. 5.2b (a)).
- **Schritt 2 (Reaktion)**
  Im Folgenden werden die neu eingegangenen Bindungen auf Kosten der ursprünglichen SiO-Bindungen verstärkt, bis schließlich das adsorbierte Wasserstoffatom des H_2O-Moleküls eine starke Wasserstoffbrückenbindung mit dem Brückensauerstoffatom und das Sauerstoffatom des H_2O-Moleküls mit dem Siliciumatom eine Ionenbindung eingeht (Abb. 5.2b (b)). Hierbei kommt es zu einem Protonentransfer vom Wasserstoffatom zum Brückensauerstoff und zu einem gleichzeitigen Elektronentransfer des Sauerstoffatoms des H_2O-Molekül zum Siliciumatom. Durch das Vorliegen von zwei wasserstoffgebundenen Silanolgruppen ist bereits ab diesem Schritt die ursprüngliche SiO-Bindungsstelle nicht mehr intakt.
- **Schritt 3 (Separation)**
  Abschließend kommt es zur endgültigen Trennung der ehemaligen Wasserstoffbrückenbindung innerhalb des H_2O-Moleküls (Abb. 5.2b (c)) und der atomaren Bindung des Glasnetzwerks. Es entstehen zwei Glasoberflächen aus je einer Oberflächensilanolgruppe entsprechend Gl. 2.7. Da die Wasserstoffbrückenbindung des H_2O-Moleküls bereits in Schritt 2 stark geschwächt wurde, folgt Schritt 3 unmittelbar nach Schritt 2.

Im Wesentlichen ist die Reaktionfähigkeit an der Rissspitze durch zwei Faktoren bestimmt: Einerseits muss das eindringende Medium die Kapazität besitzen, Elektronen und Protonen abzugeben. Andererseits muss das Glasnetzwerk an den Brückenbindungen eine geeignete Polarität aufweisen, um die Reaktion zu ermöglichen. Eindringende Moleküle ohne Ionisierung und Wasserstoff verhalten sich inert (Lawn, 1993).

Aufgrund der ringartigen Struktur des Glasnetzwerks (vgl. Abs. 2.3.2) rückt ein Riss durch das korrosive Aufbrechen einer SiO-Bindung in einer Schrittweite von 0,4 nm bis 0,5 nm voran. Dabei hängt der genaue Wert davon ab, wie viele SiO_4-Tetraeder einen Ring bilden. Michalske & Bunker (1985) untersuchten den Einfluss der Größe der auf das Glasnetzwerk wirkenden Moleküle. Sie entdeckten, dass Wasser, dessen Molekülgröße nur 0,26 nm im Durchmesser beträgt, Risse wesentlich schneller wachsen lässt, als beispielsweise Methanol (Moleküldurchmesser: 0,36 nm). Sie stellten zudem fest, dass das im Durchmesser 0,42 nm messende Anilinmolekül keine messbare Wirkung auf das Risswachstum zeigt. Hierbei ist davon auszugehen, dass die in ihrem Durchmesser größeren Anilinmoleküle nicht in die engere Ringstruktur (Spaltöffnung von ca. 0,4-0,5 nm) des Glasnetzwerks eindringen können.

Tomozawa (1998) stellt die klassische Theorie von Michalske & Freiman in Frage, da entgegen der Vorstellung von Charles & Hillig (1962) die Reaktiongeschwindigkeit einer Hydrolyse nicht durch eine mechanische Spannung beeinflusst wird. Vielmehr betrachtet er die Kombination aus Hydrolyse (Abs. 2.3.3 (3)) und Diffusion von Wasser in das Glasnetzwerk (Abs. 2.3.3 (1)) als Begründung für das subkritische Risswachstum, da er einen Anstieg der SiO_2 - H_2O Wechselwirkung unter zunehmender mechanischer Zugspannung in Silikatglas beobachten konnte.

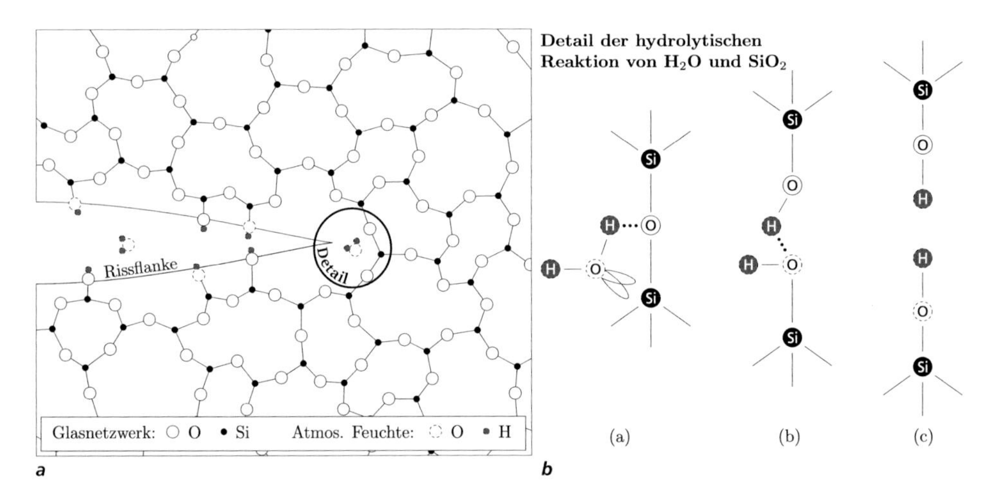

Abbildung 5.1 Spannungsrisskorrosion in Glas: Zweidimensionale Darstellung des molekularen Reaktionsmechanismus zwischen Wasser und Silikatglas. Atmosphärisches Wasser diffundiert durch den Riss an die Rissspitze *(a)* und führt dort zu einer Trennung des Glasnetzwerks *(b)*. (nach Michalske & Freiman, 1983)

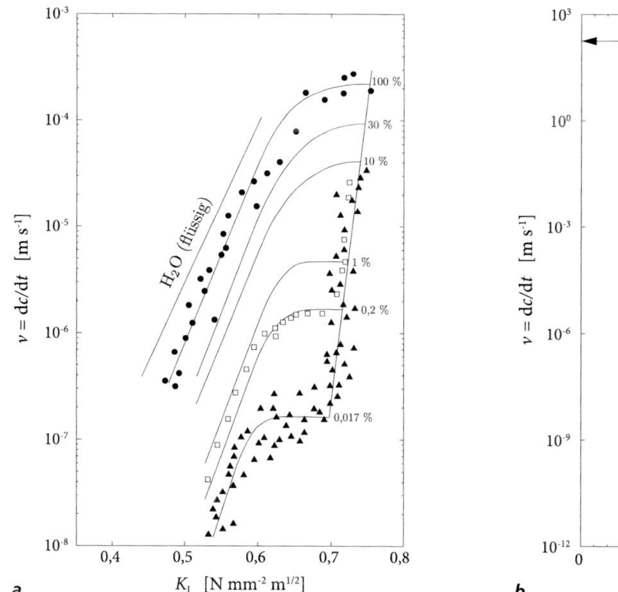

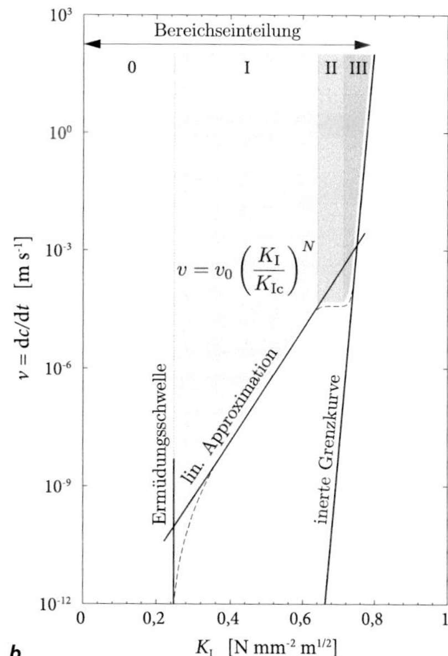

Abbildung 5.2 Einfluss von Feuchtigkeit auf den Rissfortschritt nach Wiederhorn (1967) *(a)* und charakteristisches $v(K)$-Diagramm von Kalk-Natronsilikatglas mit Kennzeichnung der unterschiedlichen Risswachstumsbereiche *(b)*.

5.3 Subkritisches Risswachstum in Glas

Um den Einfluss der Belastungsdauer auf die Glasfestigkeit zu berücksichtigen, muss das korrosive Rissverhalten, charakterisiert durch die Risswachstumsgeschwindigkeit v und die Spannungsintensität K, bekannt sein. Anhand zahlreicher Untersuchungen wurde der Einfluss in verschiedenen chemisch reaktionsfähigen (nicht inerten) Umgebungen bestimmt (Abs. 5.1). Dabei erscheint für das Bauwesen der Einfluss von Wasser als maßgebend. In Abb. 5.2a ist der Einfluss verschiedener relativer Luftfeuchtigkeiten und von Wasser in Abhängigkeit der Spannungsintensität ($v(K)$-Diagramm) exemplarisch für Kalk-Natronsilikatglas dargestellt. Je nach chemischer Reaktionsfähigkeit können diese Kurven in ihrer Lage variieren (Abs. 5.4). Das Risswachstumsverhalten in keramischen Werkstoffen lässt sich in vier charakteristische Bereiche (Abb. 5.2b) gliedern:

- **Bereich 0: Spannungsrisskorrosionsgrenze, bzw. Rissfestsetzung**
  Besonders in alkalireichen Gläsern zeigt sich unterhalb gewisser Spannungsintensitäten auch bei Vorhandensein von reaktionsfähigen Umgebungsmedien kein messbares Risswachstum, weshalb in Bereich 0 auch von einer *Spannungsrisskorrosionsgrenze*, bzw. *Ermüdungsgrenze* gesprochen wird. Je nach Glaszusammensetzung können die Rissgeschwindigkeiten im Bereich 0 zwischen $v^0 = 10^{-8}$ m s^{-1}

und $v^0 = 10^{-12}$ m s^{-1} liegen (Gehrke et al., 1991). Die Spannungsintensität, unterhalb der die Spannungsrisskorrosionsgrenze erreicht ist, wird mit K_{I0} bezeichnet. Für die im Bauwesen relevanten Umgebungsbedingungen liegt die Spannungsrisskorrosionsgrenze im Bereich von $K_{I0} \approx 0{,}2 - 0{,}27\, K_{Ic}$ (Schneider, 2001).

- **Bereich I: Subkritisches Risswachstum**
  Bereich I ist im Wesentlichen durch die molekularen Mechanismen der Spannungsrisskorrosion an der Rissspitze (Abs. 5.2) geprägt. Die Risswachstumsrate ist somit entscheidend von der anliegenden Spannungsintensität und der relativen Luftfeuchtigkeit abhängig. Die Risswachstumsgeschwindigkeit korreliert dabei stark mit der Reaktionsfähigkeit an der Rissspitze, d. h. der Interaktion zwischen den Wassermolekülen und dem Glasnetzwerk. Obwohl die kritische Bruchzähigkeit K_{Ic} des Materials noch nicht erreicht ist, kommt es zu einem langsamen Rissfortschritt, der auch als *subkritisches Risswachstum* bezeichnet wird. Die Rissgeschwindigkeiten in Bereich I liegen für Kalk-Natronsilikatglas üblicherweise unterhalb von $v = 1$ mm s^{-1}. In logarithmischer Darstellung der Ordinate des $v(K)$-Diagramms (Abb. 5.2b), zeigt sich zwischen Rissgeschwindigkeit und Spannungsintensität ein linearer Zusammenhang. In der Literatur werden verschiedene Ansätze zur Beschreibung dieses Zusammenhangs untersucht. Während Wiederhorn (1967) eine direkte Anpassung an die chemische Reaktionsfähigkeit (Kinetik) im Bereich I vorschlägt, verwenden Evans & Wiederhorn (1974) aufgrund der starken Steigung und dem kleinen Bereich der Spannungsintensität (Abb. 5.2b) das empirische Potenzgesetz

$$v^{\mathrm{I}} = A \cdot K_{\mathrm{I}}^{N} \tag{5.1}$$

zur Beschreibung der Rissgeschwindigkeit im Bereich I (vgl. Abb. 5.2b). Hierin sind A $\left([\mathrm{m\,s^{-1}}] \cdot [\mathrm{N\,mm^{-2}\,m^{1/2}}]^{-N}\right)$ die Rissausbreitungskonstante und N der dimensionslose Risswachstumsparameter. Die Parameter A und N werden anhand von Risswachstumsversuchen bestimmt (vgl. Abs. 5.6.1). Entsprechend Maugis (1985) kann die Rissgeschwindigkeit auch durch Umformulieren von Gl. 5.1 $\left(A = v_0 \cdot K_{\mathrm{Ic}}{}^{-N}\right)$ bestimmt werden. Es gilt

$$v^{\mathrm{I}} = \frac{\mathrm{d}c}{\mathrm{d}t} = v_0 \left(\frac{K_{\mathrm{I}}}{K_{\mathrm{Ic}}}\right)^{N}, \tag{5.2}$$

mit v_0 $\left([\mathrm{m\,s^{-1}}]\text{ bzw. }[\mathrm{mm\,s^{-1}}]\right)$ als Intialrissgeschwindigkeit. In logarithmischer Darstellung kennzeichnet v_0 den $y-$Achsenabschnitt bei K_{Ic} und der Exponent N die Steigung der Approximationsgeraden für Bereich I. Die starke Abhängigkeit der

Rissgeschwindigkeit von der chemischen Reaktionsfähigkeit der Umgebung wird am Beispiel der relativen Luftfeuchtigkeit deutlich (Abb. 5.2a): Die minimale Rissgeschwindigkeit im Bereich I liegt bei etwa $v^{\mathrm{I}}_{\mathrm{min}} \approx 1 \cdot 10^{-10}\,\mathrm{m\,s^{-1}}$ (Wiederhorn & Bolz, 1970). Während für sehr trockene Umgebungen maximale subkritische Rissgeschwindigkeiten von $v^{\mathrm{I}}_{\mathrm{rF}=0{,}017\%} \approx 1 \cdot 10^{-7}\,\mathrm{m\,s^{-1}}$ (Risswachstum von 1 mm innerhalb von etwa 3 Stunden) erreicht werden, beträgt die subkritische Rissgeschwindigkeit bei maximaler Sättigung der umgebenden Luft $v^{\mathrm{I}}_{\mathrm{rF}=100\%} \approx 1 \cdot 10^{-4}\,\mathrm{m\,s^{-1}}$ (Risswachstum von 1 mm innerhalb von etwa 10 Sekunden).

Der Wertebereich des Risswachstumsparameters N wurde für Kalk-Natronsilikatglas von vielen Autoren experimentell ermittelt. In Abhängigkeit der Temperatur und der chemischen Reaktionsfähigkeit der Umgebung, wurden Werte im Bereich von $N = 12\text{-}70$ [-] ermittelt. Eine ausführliche Zusammenstellung der Literaturangaben ist in Tab. 5.1 gegeben.

- **Bereich II: Kritisches Risswachstum**
  Im *Bereich II* wird das Risswachstum zwar noch von der chemischen Reaktionsfähigkeit der Umgebung beeinflusst, ist aber von der Spannungsintensität unabhängig. Da die Rissgeschwindigkeit direkt proportional zur relativen Luftfeuchtigkeit ist, nimmt sie im $v(K)$-Diagramm einen konstanten Verlauf an (Abb. 5.2b). Das Risswachstum geht in diesem Bereich von einem subkritischen Risswachstum in einen *kritischen Risswachstum* über. Lawn (1993) geht davon aus, dass das reaktionsfähige Medium durch verschiedene Mechanismen nur noch eingeschränkt an die Rissspitze vordringen kann. Es zeigt sich, dass Bereich II mit zunehmender relativer Luftfeuchtigkeit kleiner wird. Für flüssige Lösungen bildet sich nur noch ein sehr kleines Bereich-II-Plateau aus. Für die meisten keramischen Materialien, wie auch Glas, tritt Bereich II erst bei sehr hohen Geschwindigkeiten auf, sodass die Rissausbreitung maßgeblich durch Bereich I bestimmt wird (Evans & Wiederhorn, 1974).

- **Bereich III: Instabiles Risswachstum**
  Ab einer Rissgeschwindigkeit von $v = 1\,\mathrm{mm\,s^{-1}}$ laufen alle bei verschiedenen Luftfeuchtigkeiten und Temperaturen gemessenen Kurven in der Grenzkurve für inerte Bedingungen zusammen. Die Rissgeschwindigkeiten liegen im Bereich von $v^{\mathrm{III}} = 1\,\mathrm{mm\,s^{-1}}$ bis $v^{\mathrm{III}} = 1 \cdot 10^{3}\,\mathrm{mm\,s^{-1}}$. Daher wird das Risswachstum in *Bereich III* auch als *instabil* bezeichnet. Mit steigender Rissgeschwindigkeit ist es dem umgebenden reaktionsfähigen Medium nicht mehr möglich der schnell voranschreitenden Rissspitze zu folgen, sodass die Rissgeschwindigkeit im Bereich von K_{Ic} von den Umgebungsbedingungen unabhängig ist. Für größere Spannungsintensitäten müsste die Rissgeschwindigkeit theoretisch bis auf die *Rayleigh*'sche Wellengeschwindigkeit ansteigen. Die charakteristische Maximalgeschwindigkeit für Kalk-Natronsilikatglas liegt mit $v^{\mathrm{III}}_{\mathrm{max}} \approx 1.500\,\mathrm{m\,s^{-1}}$ jedoch nur bei 40-50 % des

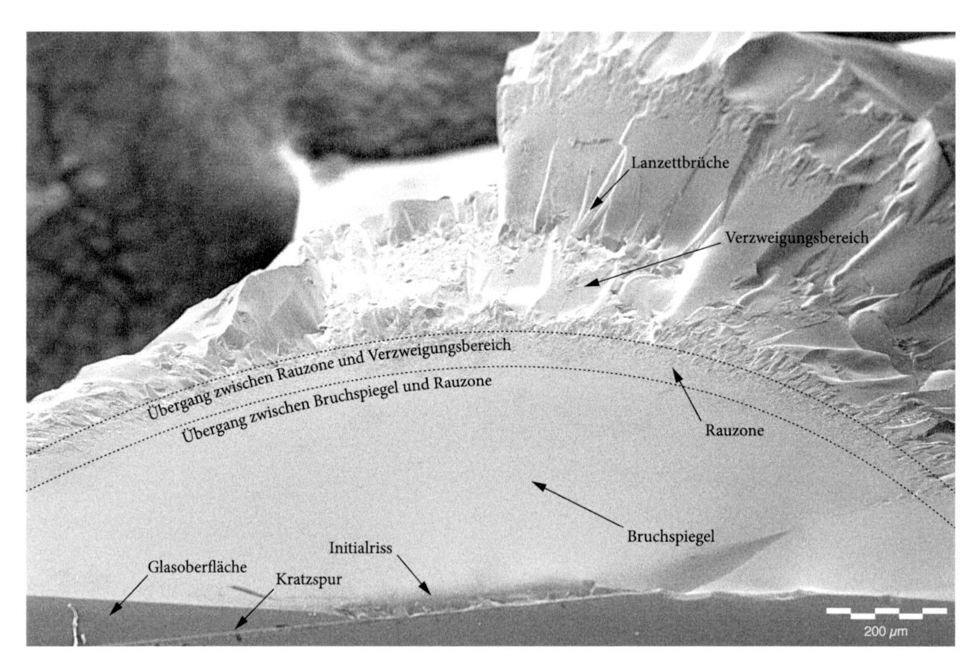

Abbildung 5.3 REM-Aufnahme eines Bruchspiegels in Glas mit Darstellung der charakteristischen Bereiche.

theoretischen Wertes (Nielsen et al., 2009; Schneider, 2001). Statt in Form einer Erhöhung der Rissbeschleunigung wird eine Energiedissipation in Glas anhand einer Aufrauhung der Rissoberflächen, Mikrorissverzweigung und schließlich einer Rissverzweigung erreicht. Dieser Vorgang lässt sich sehr gut im lokalen Bereich eines Bruchursprungs beobachten: Direkt um den Bruchursprung herum bildet sich eine kleine, nahezu glatte Bruchfläche, welche als *Bruchspiegel* (Abb. 5.3) bezeichnet wird (Kirchner & Kirchner, 1979). Mit zunehmender Entfernung vom Bruchursprung wird das Bruchbild zunächst rau *(Rauzone)* und dann wellig mit einer steigenden Tendenz zur Bildung von Sekundärrissen *(Lanzettbrüche)* bzw. Rissverzweigung.

5.4 Einflüsse auf das subkritische Risswachstum

Wie bereits in Abs. 5.3 erwähnt, zeigen unterschiedlichste Einflüsse Auswirkung auf das Risswachstumsverhalten. Die wichtigsten Effekte sollen hier kurz vorgestellt werden:

- **Relative Luftfeuchtigkeit**
  Der Effekt der relativen Luftfeuchtigkeit wurde ausführlich in Abs. 5.3 beschrieben.

Grundsätzlich verursacht ein Anstieg der relativen Luftfeuchtigkeit eine vertikale Parallelverschiebung der Bereiche I und II in Richtung höherer Risswachstumsgeschwindigkeiten (Wiederhorn, 1967). Dies bedeutet, dass im Wesentlichen die Initialrissgeschwindigkeit v_0 und nicht die Rissausbreitungskonstante N beeinflusst werden.

- **Temperatur**
  Der Anstieg der Temperatur zeigt für die Umgebungen Wasser, Luft und Vakuum einen Einfluss auf das Risswachstumsverhalten (Freiman et al., 2009) ähnlich der relativen Luftfeuchtigkeit. Mit steigender Temperatur konnte in Wasser eine vertikale Parallelverschiebung des Bereichs I in Richtung höherer Risswachstumsgeschwindigkeiten beobachtet werden. Auch im Vakuum lässt sich dieses Verhalten bestätigen, allerdings ist hier die Steigung der Approximationsgeraden entsprechend des typischen Verhaltens in Bereich III (Abs. 5.3) wesentlich steiler (Wiederhorn et al., 1974).
- **pH-Wert**
  Der Einfluss des pH-Wertes auf das Risswachstumsverhalten in Bereich I ist als sehr gering einzuschätzen. Gehrke et al. (1990) konnten für einen steigenden pH-Wert einen nur geringen Zuwachs der Risswachstumsgeschwindigkeit messen. Die Ermüdungsgrenze wird im Wesentlichen durch den pH-Wert beeinflusst: K_{I0} ist für sehr basische Lösungen kleiner und für äußerst saure Lösungen größer als in Abs. 5.3 genannt.
- **Glaszusammensetzung**
  Der Einfluss der Glaszusammensetzung erweist sich als äußerst komplex, da diesbezüglich die Initialrissgeschwindigkeit v_0 und Rissausbreitungskonstante N variieren. Es kommt hier also zu einer gleichzeitigen Parallelverschiebung und Änderung der Neigung der Approximationsgeraden im $v(K)$-Diagramm. Wiederhorn & Bolz (1970) untersuchten den Einfluss der Glaszusammensetzung auf das Risswachstumsverhalten in Wasser für Kalk-Natronsilkatglas, Borosilikatglas, Quarzglas und Aluminosilikatglas. Sie konnten aufzeigen, dass Kalk-Natronsilikatglas im Bereich I tendenziell bei kleineren Spannungsintensitäten zu größeren Rissgeschwindigkeiten tendiert als die restlichen Gläser.

5.5 Rissheilung

Neben der Spannungsrisskorrosion (Abs. 5.3 und Abs. 5.2) kann die Reaktion von H_2O mit dem Glasnetzwerk bei spannungsfreier Lagerung ($K \leq K_{I0}$) zu einer *Rissheilung* führen. Levengood (1958) berichtete erstmals von experimentellen Ergebnissen, bei denen mit ansteigender Lagerungsdauer auch eine Festigkeitserhöhung beobachtet werden konnte.

Weitere Experimente mit gleicher Erkenntnis wurden von Wiederhorn & Townsend (1970) durchgeführt. Ullner (1993) bezifferte die Steigerung der Inertfestigkeit vorgeschädigter Gläser durch Wasserlagerung mit dem Faktor 1,3 bis 1,54. Dabei nährt sich die Festigkeit im Verlauf von mehreren Tagen einem Grenzwert an.

Michalske (1977) untersuchte systematisch das Risswachstumsverhalten im Bereich der Spannungsrisskorrosionsgrenze, bzw. Rissfestsetzung (Bereich 0 in Abb. 5.2b). In Risswachstumsversuchen, identisch zu denen von Wiederhorn (1967), wählte er zunächst für Risse in Kalk-Natronsilikatglas eine Spannungsintensität von $K_I = 0{,}45\,\mathrm{N\,mm^{-2}\,m^{1/2}}$ (Bereich I in Abb. 5.2b), sodass subkritisches Risswachstum einsetzte. Anschließend verringerte er die Spannungsintensität auf $K_I = 0{,}225\,\mathrm{N\,mm^{-2}\,m^{1/2}}$ dicht unterhalb der Spannungsrisskorrosionsgrenze. Nach einer Lagerungsdauer von 16 Stunden und keinem weiteren Risswachstum erhöhte er die anliegende Spannungsintensität auf den ursprünglichen Wert. Dabei konnte er feststellen, dass das subkritische Risswachstum zeitlich verzögert fortsetzte. Je höher die Spannungsintensität für die Wiederbelastung gewählt wurde, desto kürzer war die beobachtete Zeitverzögerung mit der erneut subkritisches Risswachstum einsetzte. Die gemessene Zeitverzögerung lag dabei im Bereich von einigen Minuten bis hin zu einer Stunde; für eine sofortige Wiederbelastung konnte Michalske keine Zeitverzögerung registrieren.

Innerhalb der Literatur finden sich zwei wesentliche Interpretationen zur Beschreibung des Rissheilungseffektes: Zum einen handelt es sich um eine phänomenologische Vorstellung einer *Rissspitzenausrundung* und zum anderen um eine chemische Deutung auf Grundlage eines *Auslaugungsprozesses* im Bereich der Rissspitze und entlang der Rissflanken. Basierend auf der Modellvorstellung der Rissspitzenausrundung nach Charles & Hillig (1962) gehen Ito & Tomozawa (1982) von einer Auflösung und Ablagerung des Glasnetzwerks im Bereich der Rissspitze aus (Abb. 5.4a). Bislang als einzigartig erweisen sich die Untersuchungen von Bando et al. (1984). Sie haben an spannungsfrei, in Wasser gelagerten Probekörpern anhand hochauflösender Transmissionselektronenmikroskopie[13] (TEM) Rissspitzenausrundungen infolge spannungsfreier Lagerung sichtbar gemacht (Abb. 5.4b), welche sie mit der Modellvorstellung von Ito & Tomozawa (1982) erklärten. Auch Michalske (1977) begründet die Zeitverzögerung zur Fortsetzung des subkritischen Risswachstums mit der Tatsache, dass eine Rissspitzenausrundung stattgefunden hat, die zunächst durch eine »Verschärfung der Rissspitze« kompensiert werden muss. Lawn et al. (1984) bezweifeln jedoch die Ergebnisse von Bando et al. (1984). Sie berechneten für die gezeigte initiale Spitzenausrundung von 1,5 nm (vgl. Abs. 2.3.2) eine korrespondierende Bruchzähigkeit von $K_{Ic} = 2{,}7 \pm 0{,}2\,\mathrm{N\,mm^{-2}\,m^{1/2}}$, welche etwa drei- bis viermal größer als die materialspezifische Bruchzähigkeit ist. Stattdessen vermuten sie, das es bei den Versuchen von Bando et al. (1984) zu systematischen Fehlern in der

[13] Bei der Transmissionselektronenmikroskopie handelt es sich um eine spezielle Betriebsart der Raster-Elektronen-Mikroskopie. Die Probe wird hierbei durch die Elektronen durchstrahlt und muss daher ausreichend dünn präpariert sein.

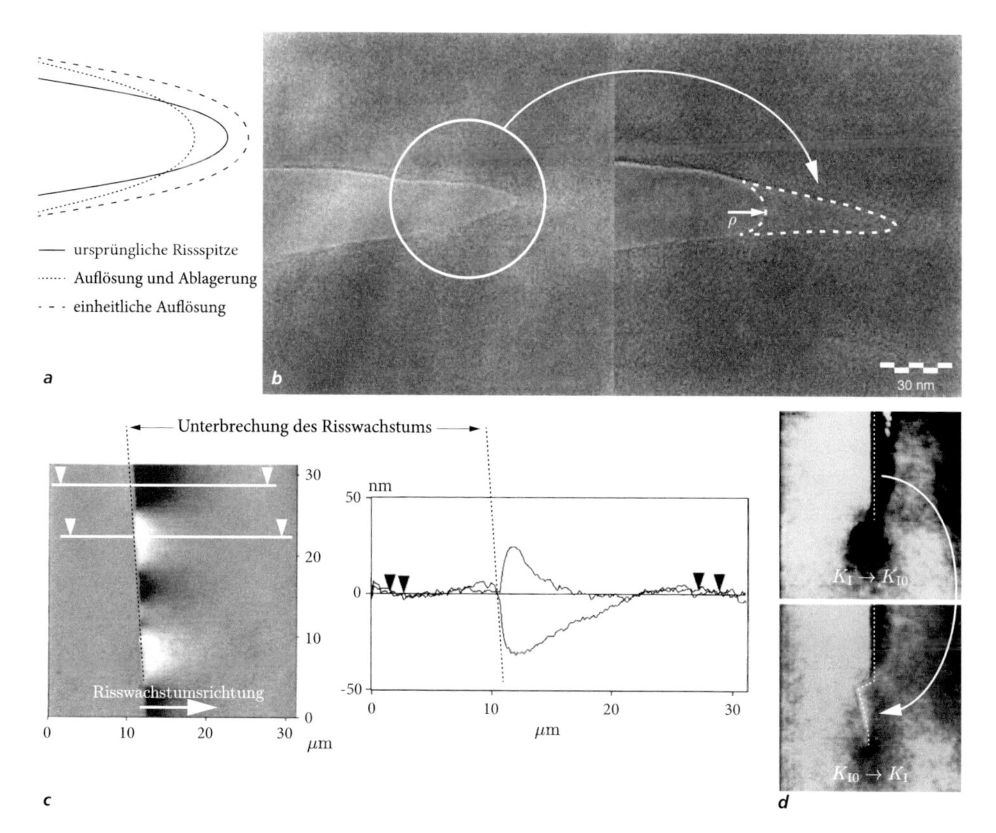

Abbildung 5.4 Beobachtete Rissheilungseffekte an Kalk-Natronsilikatglas: Phänomenologische Vorstellung einer Rissspitzenausrundung nach Ito & Tomozawa (1982) *(a)*; in Bando et al. (1984) mittels Transmissionselektronenmikroskopie dargestellte Rissspitzenausrundung vor (links) und nach einer spannungsfreien Lagerung in Wasser (rechts) *(b)*; Topografie (links) einer Rissfront welche nach einer Lagerung unterhalb der Spannungsrisskorrosionsgrenze durch Erhöhung der Spannungsintensität vorangeschritten ist und Höhenprofil (rechts) der in der Topografie dargestellten Profile *(c)* (Wiederhorn et al., 2002); Mit einem AFM vermessene Rissspitze (Hénaux & Creuzet, 1997): Durch Reduzierung der Spannungsintensität unter die Spannungsrisskorrosionsgrenze wurde das Risswachtum für etwa eine Stunde unterbrochen (oben) und anschließend mit Rückbelastung auf die ursprüngliche Spannungsintensität erneut fortgesetzt. In *(c)* und *(d)* sind trotz einer reinen Modus I Beanspruchung Abweichungen der Rissspitze vom tangentialen Rissverlauf zu beobachten.

Versuchsdurchführung gekommen ist und sehen daher keinen konstituierten Beweis für die Theorie der Rissspitzenausrundung. Anhand einer bruchmechanischen Betrachtung stellen Lawn et al. (1985a) fest, dass die Rissspitzen bei Spannungsintensitäten unterhalb der Spannungsrisskorrosionsgrenze keine Spitzenausrundung erfahren. Vielmehr erklären sie eine Festigkeitssteigerung durch den Abbau von Eigenspannungen im Bereich der Rissspitzen, wie sie beispielsweise durch Eindringversuche entstehen. Hierbei kommt es zu einem Risswachstum auch unterhalb der Spannungsrisskorrosionsgrenze. Probekörper deren Eigenspannungen infolge des Eindringversuchs durch einen thermischen Entspannungsprozess, auch als *Tempern* bezeichnet (engl.: *annealing*), entfernt wurden, zeigen nach thermischer Behandlung kein Risswachstum unterhalb K_{I0} und auch keine messbare Festigkeitssteigerung, bzw. Rissheilungseffekte.

Gehrke et al. (1991) begründen den Effekt der Rissheilung durch die Entstehung einer ausgelaugten Alkalischicht nach Gl. 2.5 entlang der Rissflanken und an der Rissspitze. Diese ausgelaugten Bereiche weisen im Gegensatz zum ursprünglichen Glasnetzwerk eine höhere Bruchzähigkeit auf. Entsprechend ihren experimentellen Erkenntnissen ist die Zeitverzögerung zur Fortsetzung des subkritischen Risswachstums neben der Spannungsintensität und der Alterungsdauer somit auch durch das Auslaugungsverhalten des Glases begründet. Die Mengenanteile der alkalischen Bestandteile sind dabei ein wichtiger Einflussparameter auf die Rissheilung. Hénaux & Creuzet (1997), Wiederhorn et al. (2002; 2003) und Guin et al. (2005) untersuchten das subkritische Risswachstum nach Lagerung unterhalb der Spannungsrisskorrosionsgrenze mit Hilfe von hochauflösenden AFM-Aufnahmen. Obwohl in ihren Experimenten eine reine Modus I Beanspruchung vorlag konnten sie anschaulich zeigen, dass die Rissausbreitung an der Rissspitze nicht entlang der Tangente erfolgte, sondern die Rissfortschrittsrichtung zunächst mit einer starken Richtungsänderung zur ursprünglichen Tangente voranschritt, um dann anschließend wieder in der vorherigen Richtung weiter zu wachsen (Abb. 5.4c und d). Der Ursprung des Rissfortschritts befindet sich aufgrund der hohen Spannungsintensität an der Rissspitze. Dies konstitutiert die Theorie von Gehrke et al. (1991). Einen Hinweis auf eine Rissspitzenausrundung konnten sie hingegen in ihren Experimenten nicht finden.

5.6 Ermüdung von Glas

5.6.1 Experimentelle Methoden zur Bestimmung von Risswachstumskonstanten

Aus Gl. 5.1 und Gl. 5.2 folgt, dass das Verhalten im subkritischen Bereich wesentlich durch die Risswachstumskonstanten A, N und v_0 bestimmt wird. Diese können anhand von *Risswachstums-* oder *Ermüdungsexperimenten* bestimmt werden (Munz & Fett, 1999). Bei Risswachstumsexperimenten wird das Risswachstum bei bekannter Spannungsintensität mittels mikroskopischer Messungen bestimmt, sodass aus den Experimenten direkt eine Risswachstumskurve abgeleitet werden kann. Die Risswachstumskonstanten A, N und v_0 lassen sich dann über eine Approximation der Messwerte an Gl. 5.1 direkt bestimmen.

Grundlage von Ermüdungsexperimenten ist bei dynamischer Versuchsdurchführung[14] die Messung der Bruchspannung σ_f in Abhängigkeit der Spannungsrate $d\sigma / dt = \dot{\sigma}$. Werden beide in einer dynamischen Ermüdungskurve doppelt logarithmisch gegeneinander aufgetragen und durch eine Gerade approximiert, kann der Risswachstumsparameter N über die Steigung m der Approximationsgeraden und den Zusammenhang

$$m = \frac{1}{N+1} \tag{5.3}$$

bestimmt werden. Bei statischer Versuchdurchführung[15] kann N über eine statische Ermüdungskurve ermittelt werden. Hierzu wird die Prüfdauer t_f gegenüber der Prüfspannung σ_f in doppelt logarithmischer Darstellung in einer statischen Ermüdungskurve dargestellt. Der Risswachstumsparameter N entspricht dabei dem Absolutwert der Steigung der Approximationsgeraden. Aufgrund der Streuung der Messwerte ist der durch Ermüdungsexperimente gewonnene Risswachstumsparameter N keine exakte Größe, liefert aber bei Verwendung der Erwartungswerte eine zulässige Näherung (Schneider, 2001). Da bei statischen und dynamischen Ermüdungsexperimenten die Risstiefe unbekannt ist, können die Risswachstumskonstanten A und v_0 nicht ermittelt werden.

5.6.2 Für das Bauwesen relevante Risswachstumskonstanten

Für Betrachtungen von Gläsern im Bauwesen erweisen sich die Einflüsse aus relativer Luftfeuchtigkeit und Feuchtigkeit an der Glasoberfläche als maßgeblich relevant. Anhand Tab. 5.1 und Abb. 5.5 ist ersichtlich, dass die experimentellen Werte der Risswachstumsgeschwindigkeiten in gewissen Grenzen für gleiche Randbedingungen (Temperatur, relative Feuchtigkeit, Glasart, Spannungsintensität) streuen. Blank (1993) betrachtet es als nicht sinnvoll entsprechend der exakten Luftfeuchtigkeit zu differenzieren, sondern empfiehlt eine Orientierung anhand der Grenzfälle *Wasser, Luft (50 % rel. Luftfeuchtigkeit)* und *Vakuum*. Die entsprechenden Risswachstumskonstanten können aus Tab. 5.1 entnommen werden und wurden auch von Shen (1997) in der Umsetzung eines Bemessungskonzeptes für Glas verwendet. Die Variation der einzelnen Kurven in Abb. 5.5 ist maßgeblich durch eine Parallelverschiebung gekennzeichnet, weniger durch eine Änderung der Neigung. Dies deckt sich mit der Feststellung in Abs. 5.3, dass die Folge einer Änderung der Luftfeuchtigkeit eine Parallelverschiebung der Risswachstumsbeziehung im $v(K)$-Diagramm bewirkt. Zudem ist davon auszugehen, dass aufgrund der geringen Neigungsunterschiede der Kurven in Abb. 5.5, die chemische Zusammensetzung der untersuchten Gläser nahezu identisch ist.

[14] Bei einer dynamischen Versuchsdurchführung erfolgt die Belastung der Probekörper unter einer konstanten Spannungsrate $\dot{\sigma}$.

[15] Bei einer statischen Versuchdurchführung erfolgt die Belastung der Probekörper mit einer konstanten Spannung σ.

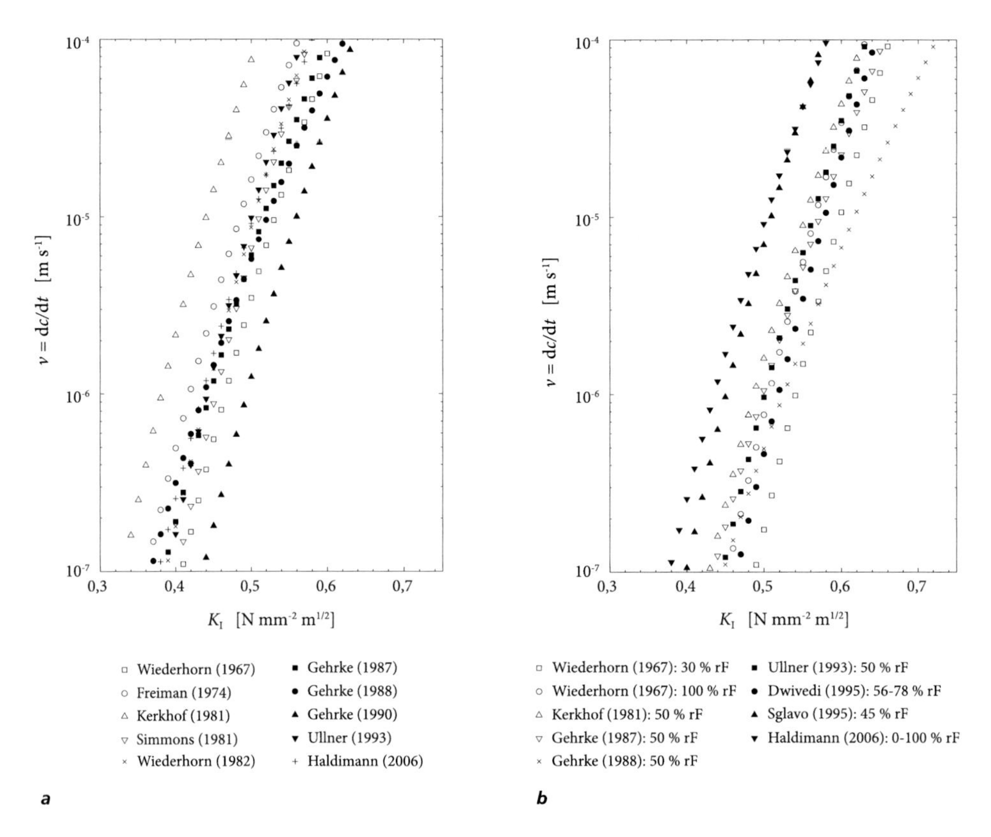

Abbildung 5.5 Gegenüberstellung von Risswachstumskonstanten aus Tab. 5.1 für Wasser *(a)* und Luft *(b)*.

5.6.3 Einfluss der Belastungsdauer auf die Glasfestigkeit

Für Lebensdauerprognosen von Glas im Bauwesen müssen subkritische Risswachstumseffekte berücksichtigt werden. Da im Bereich I des $v(K)$-Diagramms der maßgebliche Teil des subkritischen Risswachstums stattfindet, hat dieser für Lebensdauerprognosen eine große Bedeutung. Gleichermaßen relevant ist die Ermüdungsfestigkeit, welche durch die Ermüdungsschwelle (Übergang von Bereich 0 zu Bereich I) gekennzeichnet ist. Aufgrund der hohen Risswachstumsgeschwindigkeiten in den Bereichen II und III, sind diese im Bauwesen nur bei hochdynamischen Beanspruchungen (z. B. weicher Stoß oder Explosionseinwirkungen) maßgebend. Evans & Wiederhorn (1974), Kerkhof et al. (1981) und später auch Munz & Fett (1999) haben aus dem empirischen Potenzgesetz nach Gl. 5.1

Tabelle 5.1 Subkritische Risswachstumskonstanten für maßgebliche Umgebungsbedingungen von Kalk-Natronsilikatglas.

Literaturquelle	**Umgebungsmedium**	**Risswachstumsparameter**		
		N	A	v_0
[–]	[–]	[–]	$\left[\frac{m}{s\ [N\ mm^{-2}\ m^{1/2}]^N}\right]$	$[mm\ s^{-1}]$
Charles (1958)	Wasserdampf	16,0	-	-
Shand (1965)[c]	k.A.	13,5	-	-
Wiederhorn (1967)[c]	H_2O	17,4	0,6	3,8
	100,0 % rF	20,8	1,4	3,6
	30,0 % rF	22,6	1,1	1,7
	10,0 % rF	21,4	0,29	0,6
	0,017 % rF	27,2	0,22	$9 \cdot 10^{-2}$
	Vakuum	93,3	$6 \cdot 10^{7}$	0,13
Ritter (1969)	k.A.	11,9 - 13,4	-	-
Freiman (1974)[c]	H_2O	15,6	0,8	9,2
Ritter & Laporte (1975)	H_2O	16,6	-	-
Tummala & Forster (1975)	k.A. Zinnbadseite	17	-	-
	k.A. Atmosphärenseite	22	-	-
Marshall & Lawn (1980)[c]	H_2O	14,2	-	-
Kerkhof et al. (1981) und Blank (1993)[a]	H_2O	16	5,0	50,1 [b]
	50,0 % rF	18,1	0,45	2,5 [b]
	Vakuum	70,0	250	$4{,}5 \cdot 10^{-4}$ [b]
Simmons & Freiman (1981)[c]	H_2O (pH = 9,0)	19,2	4,0	16,0
Wiederhorn et al. (1982)[c]	H_2O	17,4	1,5	10,0
	Vakuum	98,0	$1 \cdot 10^{7}$	$1 \cdot 10^{-2}$

[a] Grundlage für das Bemessungskonzept von Shen (1997).
[b] Berechnet über den Zusammenhang $A = v_0 \cdot K_{Ic}^{-N}$, unter Annahme einer Bruchzähigkeit von $K_{Ic} = 0{,}75\,N\,mm^{-2}m^{1/2}$.
[c] Rekursiv aus $v(K)$-Diagramm bestimmt.

Tabelle 5.1 Subkritische Risswachstumskonstanten für maßgebliche Umgebungsbedingungen von Kalk-Natronsilikatglas. *(Fortsetzung)*

Literaturquelle	Umgebungsmedium	Risswachstumsparameter		
		N	A	v_0
[–]	[–]	[–]	$\left[\frac{\text{m}}{\text{s}\,[\text{N mm}^{-2}\,\text{m}^{1/2}]^N}\right]$	$[\text{mm s}^{-1}]$
Symonds et al. (1983)[c]	H_2O	11,4	-	-
Lawn et al. (1985b)[c]	H_20	14,7	-	-
Gehrke et al. (1987)[c]	H_2O 50,0 % rF	15,5 16,8	0,28 0,12	3,3 0,95
Gehrke & Ullner (1988)[c]	H_2O 50 % rF	13,0 14,3	$4{,}7 \cdot 10^{-2}$ $1{,}0 \cdot 10^{-2}$	1,1 0,16
Gehrke et al. (1990)[c]	H_2O	18,4	0,42	2,14
Ullner (1993)[c,d]	H_2O 50,0 % rF	18,4 19,7	3,4 0,82	17,1 2,8
Dwivedi & Green (1995)	56,0 - 78,0 % rF	21,1	1,04[b]	2,4
Sglavo & Green (1995)	45,0 % rF	18,8	3,19[b]	14,3
Fink (2000)	60,0 % rF Freilandversuch 28,0 - 96,0 % rF (Dauer <75 d)	16,4 15,6	- -	- -
Schneider (2001)	50,0 % rF	17 - 21	-	-
Haldimann (2006)	H_2O 0,0 - 100,0 % rF	16,0 16,0	0,6[b] 0,6[b]	6,0 6,0

[b] Berechnet über den Zusammenhang $A = v_0 \cdot K_{\text{Ic}}{}^{-N}$, unter Annahme einer Bruchzähigkeit von $K_{\text{Ic}} = 0{,}75\,\text{N mm}^{-2}\text{m}^{1/2}$.
[c] Rekursiv aus $v(K)$-Diagramm bestimmt.
[d] Grundlage für weitere Betrachtungen in dieser Arbeit.

ein Rechenmodell hergeleitet, welches die Berechnung der Lebensdauer von Bauteilen aus Glas erlaubt. Hiernach folgt durch Substitution von Gl. 4.17 in Gl. 5.2

$$\frac{\mathrm{d}c}{\mathrm{d}t} = v = v_0 \left(\frac{\sigma \cdot Y \sqrt{\pi \cdot c}}{K_{\mathrm{Ic}}} \right)^N . \tag{5.4}$$

Zur Lösung dieser gewöhnlichen Differentialgleichung vereinfachen Kerkhof et al. (1981) und Munz & Fett (1999) das Risswachstumsverhalten und nehmen an, dass Gl. 4.17 für den gesamten Bereich $K_{\mathrm{I0}} \leq K_{\mathrm{I}} \leq K_{\mathrm{Ic}}$ gilt und N konstant über die Bereiche I bis II ist. Das charakteristische Plateau in Bereich II wird somit vernachlässigt (vgl. Approximationsgerade in Abb. 5.2b). Durch Trennung der Veränderlichen folgt Gl. 5.4 zu

$$\int_0^t \sigma^N \mathrm{d}t = \frac{K_{\mathrm{Ic}}^N}{v_0 \cdot \left(Y \sqrt{\pi}\right)^N} \int_{c_{\mathrm{i}}}^{c_{\mathrm{f}}} c^{-N/2} \mathrm{d}c\,. \tag{5.5}$$

Hierin sind die Integrationsgrenezen c_{i} die Anfangs- und c_{f} die kritische Risslänge. Durch Integration der rechten Seite von Gl. 5.5 folgt schließlich

$$\int_0^t \sigma^N \mathrm{d}t = \frac{2\,K_{\mathrm{Ic}}^N}{(N-2)\,c_{\mathrm{i}}^{(N-2)/2} \cdot v_0 \left(Y \sqrt{\pi}\right)^N} \left(1 - \frac{c_{\mathrm{i}}^{(N-2)/2}}{c_{\mathrm{f}}^{(N-2)/2}} \right) . \tag{5.6}$$

Anhand von Gl. 5.6 ist es möglich, mit den aus Tab. 5.1 bekannten Risswachstumskonstanten N und v_0 und einer Anfangsrisslänge c_{i} sowie der Spannung $\sigma(t)$ die Risslänge zu einem bestimmten Zeitpunkt, bzw. die Lebensdauer für eine gegebene Risslänge zu berechnen. Für durchschnittliche Werte von N ($N > 12\,[-]$) und der Annahme, dass die kritische Risslänge bedingt durch das subkritische Risswachstum viel größer als die Anfangsrisslänge ($c_{\mathrm{f}} \gg c_{\mathrm{i}}$) ist, folgt für den zweiten Term innerhalb der Klammern in Gl. 5.6

$$\left(1 - \frac{c_{\mathrm{i}}^{(N-2)/2}}{c_{\mathrm{f}}^{(N-2)/2}} \right) \approx 1{,}0\,. \tag{5.7}$$

Schließlich kann anhand der vereinfachten Gl. 5.6 die Lebensdauer t_f, die Bruchspannung σ_f oder die Anfangsrisslänge c_i berechnet werden

$$\int_0^{t_f} \sigma^N \mathrm{d}t = \frac{2\,K_{Ic}^N}{(N-2)\,c_i^{(N-2)/2} \cdot v_0\,\left(Y\sqrt{\pi}\right)^N} \,. \tag{5.8}$$

Für eine *konstante Belastung* mit $\sigma(t) = \sigma_{f,s}$ ergibt sich die Lebensdauer $t_{f,s}$ entsprechend Gl. 5.8 zu

$$t_{f,s} = \frac{2\,K_{Ic}^N}{(N-2)\,c_i^{(N-2)/2} \cdot v_0\,\left(Y\sqrt{\pi}\right)^N \cdot \sigma_{f,s}^N} \,, \tag{5.9}$$

bzw. die statische Zeitstandfestigkeit $\sigma_{f,s}$ (Abb. 5.6a) zu

$$\sigma_{f,s} = \left[\frac{2\,K_{Ic}^N}{(N-2)\,c_i^{(N-2)/2} \cdot v_0\,\left(Y\sqrt{\pi}\right)^N \cdot t_{f,s}}\right]^{1/N} \,. \tag{5.10}$$

Für eine *konstante Spannungsrate* $\dot{\sigma}$, wie sie bei der Festigkeitsprüfung von Glas für gewöhnlich verwendet wird, nimmt die einwirkende Zugspannung gleichmäßig zu. Es gilt

$$\dot{\sigma} = \frac{\mathrm{d}\sigma}{\mathrm{d}t} = \text{konstant} \,, \tag{5.11}$$

bzw.

$$\sigma = \dot{\sigma} \cdot t \,. \tag{5.12}$$

Die Lebensdauer $t_{f,d}$ ergibt sich durch Einsetzen von Gl. 5.11 in Gl. 5.8 zu

$$t_{f,d} = \left[\frac{2\,K_{Ic}^N\,(N+1)}{(N-2)\,c_i^{(N-2)/2} \cdot v_0\,\left(Y\sqrt{\pi}\right)^N \dot{\sigma}^N}\right]^{1/(N+1)} \,. \tag{5.13}$$

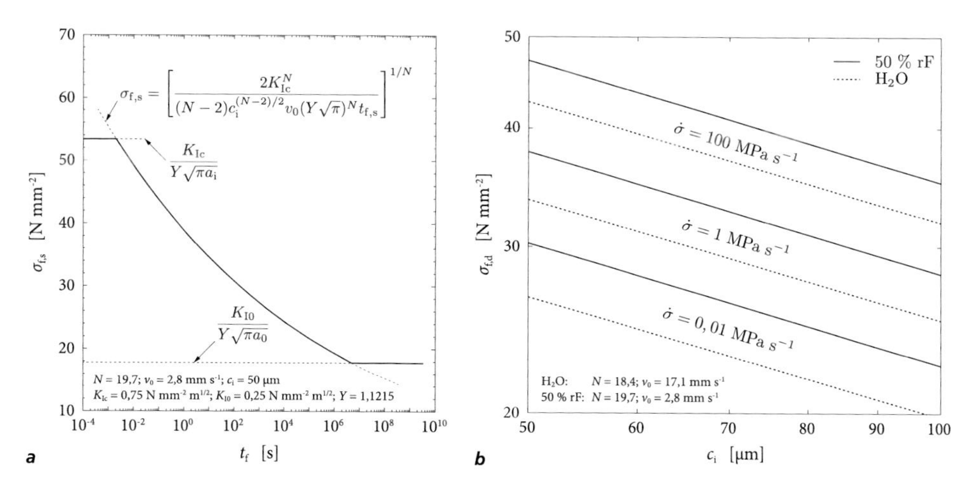

Abbildung 5.6 Zusammenhang zwischen statischer Zeitstandfestigkeit $\sigma_{f,s}$ und Lebensdauer $t_{f,s}$ nach Gl. 5.10 *(a)* (nach Overend & Zammit, 2012); Zusammenhang zwischen Bruchspannung $\sigma_{f,d}$ und Initialrisstiefe c_i nach Gl. 5.15 für konstante Spannungsraten $\dot{\sigma}$ *(b)*.

Die dynamische Zeitstandfestigkeit $\sigma_{f,d}$ (Abb. 5.6b) ergibt sich durch Kombination von Gl. 5.8 und Gl. 5.12 zu

$$\sigma_{f,d} = \left[\frac{2\,(N+1)\,K_{Ic}^N\,\dot{\sigma}}{(N-2)\,c_i^{(N-2)/2}\cdot v_0\,\left(Y\sqrt{\pi}\right)^N}\right]^{1/(N+1)} . \tag{5.14}$$

Durch Umformen von Gl. 5.14 folgt die Initialrisstiefe zu

$$c_i = \left[\frac{2\,(N+1)\,K_{Ic}^N\,\dot{\sigma}}{(N-2)\,v_0\,\left(Y\sqrt{\pi}\right)^N\,\sigma_{f,d}^{(N+1)}}\right]^{2/(N-2)} . \tag{5.15}$$

Physikalisch begründet ist die statische Zeitstandfestigkeit $\sigma_{f,s}$ (Gl. 5.10) bzw. die dynamische Zeitstandfestigkeit $\sigma_{f,d}$ (Gl. 5.14) in ihrem Wertebereich nach oben und unten begrenzt (Abb. 5.6a): Für eine sehr kleine Lebensdauer t_f (hohe Rissgeschwindigkeiten) muss die Zeitstandfestigkeit gegen den kritischen Grenzwert $\sigma_{f,inert}$ (Gl. 4.21) konvergieren. Gleichzeitig muss sie für sehr langsame Rissgeschwindigkeiten und kleine Spannungsintensitäten ($K_I \leq K_{I0}$) mit der Ermüdungsgrenze $\sigma_{I0} = K_{I0}/\left(Y\,(\pi\cdot c)^{1/2}\right)$ übereinstimmen. Der Zusammenhang zwischen der statischen Zeitstandfestigkeit $\sigma_{f,s}$ und der Lebensdauer $t_{f,s}$ ist entsprechend Gl. 5.10 exemplarisch in Abb. 5.6a für einen typischen Oberflächenriss in Glas (50 % rF) dargestellt. Es ist ersichtlich, dass die Zeitstandfestigkeit nach Gl. 5.10 für sehr kleine Lebensdauern theoretisch singulär wird und im Bereich unterhalb der Ermüdungsgrenze gegen Null konvergiert. Die physikalischen Grenzwerte sind in Abb. 5.6a eingezeichnet. In Abb. 5.6b ist der Zusammenhang zwischen der Bruchspannung $\sigma_{f,d}$ und der Initialrisstiefe c_i nach Gl. 5.14 für konstante Spannungsraten $\dot{\sigma}$ dargestellt.

6 Festigkeit von Glas im Bauwesen

6.1 Statistische Auswertung experimentell ermittelter Biegefestigkeiten

6.1.1 Allgemeines

Entsprechend DIN EN 1990 sind im Bauwesen sehr geringe Ausfallraten von tragenden Bauteilen gefordert. Für Bauteile aus Glas wird üblicherweise die Zuverlässigkeits-Klasse *RC2* zugrunde gelegt. Hierunter werden mittlere Folgen für Menschenleben, beinträchtliche wirtschaftliche, soziale oder umweltbeeinträchtigende Folgen (z. B. Wohn- und Bürogebäude, öffentliche Gebäude) verstanden. Die Versagenswahrscheinlichkeit für einen Betrachtungszeitraum von einem Jahr lautet $P_{\text{f,RC2}} = 1{,}3 \cdot 10^{-6}\,a^{-1}$, bzw. für einen Betrachtungszeitraum von 50 Jahren $P_{\text{f,RC2}} = 7{,}2 \cdot 10^{-5}\,(50\,a)^{-1}$. Diese Zuverlässigkeit wird im Wesentlichen durch die Einwirkung und den Widerstand probabilistisch erfasst. Die hierfür notwendige charakteristische Biegefestigkeit f_{k} kann anhand experimentell ermittelter Bruchspannungen und statistischen Verteilungsfunktionen bestimmt werden, wenn eine Anzahl n gleichartiger Proben $\{x_1, \ldots, x_n\}$ (Stichproben) aus der gleichen Zufallsvariable X nach einem einheitlichen Verfahren geprüft wurde. Nach DIN EN 1990 entspricht die charakteristische Festigkeit dem 5 %-Fraktil der Biegefestigkeit mit einer Aussagewahrscheinlichkeit von 95 % (einseitige Abgrenzung). Da die Festigkeit von Glas keine deterministische Materialkenngröße ist, sondern aufgrund des spröden Materialverhaltens stark vom Oberflächenzustand abhängt und für die Flächenfestigkeit gewöhnlich einen Variationskoeffizienten von etwa $v = 0{,}3$ aufweist, sollte der Stichprobenumfang für eine zuverlässige Bestimmung der charakteristischen Biegefestigkeit nicht vorgeschädigter Gläser zu $n = 30$ gewählt werden (Schula et al., 2013a).

Schneider (2001) untersuchte zur Auswertung von Biegefestigkeiten mehrere statistische Verteilungsfunktionen, wobei sich speziell für die Betrachtungen von Festigkeitswerten von Glas die *Lognormal-* und *Weibull-Verteilung* als geeignet erwiesen haben. Beide Verteilungsfunktionen finden auch in DIN EN 1990 Anwendung. Vorteilhaft und physikalisch sinnvoll erweist sich, dass sich mit ihnen im Gegensatz zur *Gauß*'schen Normalverteilung keine negativen charakteristischen Festigkeiten ergeben können.

6.1.2 Lognormalverteilung

Mit der asymmetrischen, einseitig schiefen Lognormalverteilung lassen sich Merkmale sehr gut beschreiben, die einen bestimmten Schrankenwert nicht unter- bzw. überschreiten können. Durch Logarithmieren der experimentell bestimmten Biegefestigkeiten werden annährend normalverteilte Werte erreicht. Eine stetige Zufallsvariable $X(>0)$ heißt somit logarithmisch normalverteilt, wenn $\ln x$ normalverteilt ist (Sachs & Hedderich, 2012). Die Wahrscheinlichkeitsdichte f_{LN} der Lognormalverteilung lautet

$$f_{\mathrm{LN}}(x) = \begin{cases} \frac{1}{\sigma x \sqrt{2\pi}} \exp^{-\frac{(\ln x - \mu)^2}{2\sigma^2}} & \text{für } x > 0\,, \\ 0 & \text{für } x \leq 0\,. \end{cases} \tag{6.1}$$

Hierin sind μ und σ^2 die charakteristischen Parameter zur Beschreibung der Lognormalverteilung. Durch Integration von Gl. 6.1 folgt die kumulative Verteilungsfunktion F_{LN} zu

$$F_{\mathrm{LN}}(x) = \begin{cases} \frac{1}{\sigma \sqrt{2\pi}} \int\limits_0^x x^{-1} \exp^{-\frac{(\ln x - \mu)^2}{2\sigma^2}} \,\mathrm{d}x & \text{für } x > 0\,, \\ 0 & \text{für } x \leq 0\,. \end{cases} \tag{6.2}$$

6.1.3 Weibull-Verteilung

Speziell für die Beschreibung von Lebensdauern, Ausfallhäufigkeiten und Materialfestigkeiten entwickelte *Waloddi Weibull* (1939, 1951) die nach ihm benannte Weibull-Verteilung. Speziell im Bereich der Materialwissenschaft findet diese für spröde Materialien wie Keramiken und Glas häufig Anwendung. Eine stetige Zufallsvariable $X(>0)$ ist weibullverteilt, wenn ihre Wahrscheinlichkeitsdichte f_{WB} gegeben ist durch

$$f_{\mathrm{WB}}(x) = \begin{cases} \left(\frac{\lambda}{\beta}\right) \left(\frac{x}{\beta}\right)^{\lambda - 1} \exp\left[-\left(\frac{x}{\beta}\right)^{\lambda}\right] & \text{für } x > 0\,, \\ 0 & \text{für } x \leq 0\,. \end{cases} \tag{6.3}$$

Hierin sind β der *Skalenparameter* (engl.: *scale parameter*) und λ der *Formparameter* (engl.: *shape parameter*). Der Skalenparameter symbolisiert die charakteristische Größe der Zufallsvariable X bei einer Wahrscheinlichkeit von $P_{\mathrm{f}} = 0{,}6321$. Der Formparameter ist ein

Maß für die Streuung innerhalb der Zufallsvariablen. Die kumulative Verteilungsfunktion F_{WB} der Weibull-Verteilung lautet

$$F_{\mathrm{WB}}(x) = \begin{cases} 1 - \exp\left[-\left(\frac{x}{\beta}\right)^{\lambda}\right] & \text{für } x > 0\,, \\ 0 & \text{für } x \leq 0\,. \end{cases} \tag{6.4}$$

6.1.4 Bestimmung der charakteristischen Biegefestigkeit

Zur Anpassung an eine Verteilungsfunktion muss für die in aufsteigender Reihenfolge sortierten Stichprobenwerte $(x_1 \leq x_2 \leq \ldots \leq x_n)$ mittels einer Schätzfunktion die kumulative Ausfallwahrscheinlichkeit $P_{\mathrm{f},i}$ für jeden Messwert bestimmt werden. Nach Makkonen (2008) ist hierfür ausschließlich die Schätzfunktion von Weibull (1939) für Extremwertbetrachtungen geeignet. Es gilt

$$P_{\mathrm{f},i} = \frac{i}{n+1}\,. \tag{6.5}$$

Hierin sind i die Rangnummer der sortierten Stichprobe x_i und n der Stichprobenumfang. Eine Darstellung im Wahrscheinlichkeitsnetz bietet sich zur optischen Beurteilung der Güte einer Anpassung von Stichproben an eine Verteilungsfunktion an. Dabei wird auf der Ordinatenachse die kumulative Ausfallwahrscheinlichkeit nach Gl. 6.5 und/oder die Umkehrfunktion der Verteilungsfunktion äquidistant aufgetragen. Die Skalierung der Achse wird durch die Verteilungsfunktion bestimmt. Auf der für die Lognormal- und Weibullverteilung logarithmisch skalierten Abszissenachse werden die zugehörigen Werte der Stichprobenwerte aufgetragen. Lassen sich die Daten durch eine lineare Regression anpassen, kann die gewählte Verteilungsfunktion als geeignet betrachtet werden. Als Maß für die Abweichung zwischen den Stichprobenwerten x_i und der Regressionsgeraden wird der Korrelationskoeffizient R^2 (Bestimmtheitsmaß) herangezogen. Damit wird der Anteil der Streuung der Y-Variablen beschrieben, der durch die lineare Regression aus der X-Variablen erklärt werden kann. Der Korrelationskoeffizient ist definiert als

$$R = \frac{\sum\limits_{i=1}^{n} (x_i - \bar{x})(y_i - \bar{y})}{\sqrt{\sum\limits_{i=1}^{n} (x_i - \bar{x})^2 \sum\limits_{i=1}^{n} (y_i - \bar{y})^2}}\,. \tag{6.6}$$

Eine Anpassung von Stichprobenwerten an eine **Lognormalverteilung** kann über die linearisierte Form der Verteilung erfolgen. Für die einzelnen Stichprobenwerte gilt

$$x_i = \ln(\sigma_{\mathrm{f},i}) \ ,$$
$$y_i = F^{-1} \ . \tag{6.7}$$

Hierin ist F^{-1} die Umkehrfunktion der kumulativen Verteilungsfunktion der *Gauß*'schen Normalverteilung unter Verwendung des Erwartungswertes $\mu_{\mathrm{x}} = 0$ und der Standardabweichung $\sigma_{\mathrm{x}} = 1$ für die zugehörigen Wahrscheinlichkeiten $P_{\mathrm{f},i}$. Die Parameter der Lognormalverteilung (μ, σ^2) stimmen nicht mit dem Erwartungswert und der Varianz der entsprechenden Zufallsvariablen überein. Da sie nicht durch eine lineare Regression im Wahrscheinlichkeitsnetz ermittelt werden können, schlagen Sachs & Hedderich (2012) eine Schätzung der Parameter vor. Für die Schätzwerte $\hat{\mu}$ und $\hat{\sigma}^2$ gilt

$$\hat{\mu} = \frac{1}{n}\sum_{i=1}^{n} \ln(x_i) \ ,$$
$$\hat{\sigma}^2 = \frac{1}{n}\sum_{i=1}^{n} \left(\ln(x_i) - \hat{\mu}\right)^2 \ . \tag{6.8}$$

Die Datenpunkte x_i und y_i können mit der Methode der kleinsten Quadrate approximiert werden.

Eine Anpassung von Stichprobenwerten an eine zweiparametrige **Weibull-Verteilung** kann über die linearisierte Form der Verteilung erfolgen. Für die einzelnen Stichprobenwerte gilt nach Sachs & Hedderich (2012)

$$x_i = \ln(\sigma_{\mathrm{f},i}) \ ,$$
$$y_i = \ln\left(\ln\left(\frac{1}{1 - P_{\mathrm{f},i}}\right)\right) \ . \tag{6.9}$$

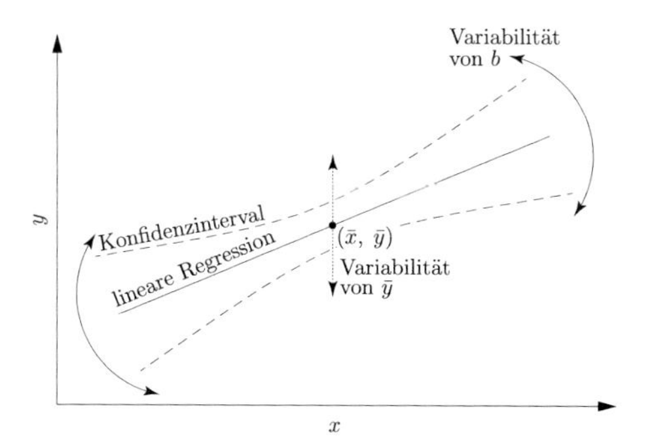

Abbildung 6.1 Schematische Darstellung des Konfidenzintervalls für die lineare Regression. (nach Sachs & Hedderich, 2012)

Die kumulative Verteilungsfunktion der Weibull-Verteilung (Gl. 6.4) ist in linearisierter Darstellung gegeben durch

$$y = -\lambda \cdot \ln(\beta) + \lambda \cdot x \,. \tag{6.10}$$

Gl. 6.10 kann mit der Methode der kleinsten Quadrate approximiert werden. Schätzung des Achsenabschnitts $\hat{a}$ und der Steigung $\hat{m}$ der linearen Geradengleichung $y = a + mx$ führen mit $\hat{\lambda} = \hat{m}$ und $\hat{\beta} = \exp(-\hat{a}/\hat{m})$ direkt zu den Schätzwerten der beiden Parameter λ und β der Weibull-Verteilung.

Die Ermittlung eines statistisch aussagekräftigen 5 %-Fraktilwertes der Biegefestigkeit f_k ist über das zugehörige **Konfidenzintervall** möglich. Jede gegebene Regressionsgerade erfährt durch eine Veränderung vom Mittelwert $\bar{y}$ eine vertikale Parallelverschiebung, bzw. durch eine Veränderung der Steigung der Regression eine Rotation um ihren Mittelpunkt ($\bar{x}$, $\bar{y}$) (Abb. 6.1). Das Konfidenzintervall C liefert somit einen durchschnittlichen Prognosewert und erfasst hierdurch die Variabilität der Regressionsgeraden im Wahrscheinlichkeitsnetz. Es wird berechnet durch

$$C = t_{l;n-2} \cdot s_e \sqrt{\frac{1}{n} + \frac{(x_0 - \bar{x})^2}{\sum\limits_{i=1}^{n} (x_i - \bar{x})^2}} \,. \tag{6.11}$$

Hierin sind $t_{l;n-2}$ das Quantil der Student-Verteilung (der Index verweist auf das Konfidenzniveau: $l = 1 - \alpha$ für eine einseitige und $l = 1 - \alpha/2$ für eine zweiseitige Abgrenzung), s_e der Standardfehler des Schätzwertes infolge der Approximation an eine Regressionsgerade, n der Stichprobenumfang, $\bar{x}$ das arithmetische Mittel der beobachteten Stichprobenwerte und x_0 die unabhängige Variable an der Stelle $X = x_0$. Zur Bestimmung eines 5 %-Fraktilwertes ist für eine einseite Abgrenzung $t_{1-\alpha;n-2}$ eine Aussagewahrscheinlichkeit von 95 %, bzw. für eine zweiseitige Abgrenzung $t_{1-\alpha/2,n-2}$ eine Aussagewahrscheinlichkeit von 90 % zu wählen. Der Standardfehler s_e wird berechnet durch

$$s_e = \sqrt{\frac{\sum_{i=1}^{n} (|y_i| - |a + b \cdot x_i|^2)}{n-2}} \tag{6.12}$$

Im Wahrscheinlichkeitsnetz ergeben sich die oberen und unteren Grenzen $\breve{y}_{C,0}$ des Konfidenzintervalls zu

$$\breve{y}_{C,0} = m \cdot x_0 + b \pm C \,. \tag{6.13}$$

6.2 Bisherige Festigkeitsuntersuchungen von Gläsern im Bauwesen

Über die Biegefestigkeit von Glas finden sich in der Literatur zahlreiche experimentelle Studien. Grundsätzlich wird hierbei zwischen drei Glasbeschaffenheiten unterschieden. Bei *nicht vorgeschädigtem Glas* (engl.: *as received glass*) erfolgt die Bestimmung der Biegefestigkeit an Probekörpern mit einer handelsüblichen und produktionsfrischen Oberflächenbeschaffenheit. Bei *bewittertem Glas* (engl.: *weathered glass*) werden die Probekörper nach einer längeren und realen Nutzungsdauer, beispielsweise aus alten Fensterverglasungen, gewonnen. Über die Nutzungsdauer war die Glasoberfläche so realen Umwelteinflüssen, z. B. Feuchtigkeit, und mechanisch schädlichen Einflüssen, z. B. Betretung und Reinigung, ausgesetzt. Schließlich werden Biegefestigkeiten auch an *kontrolliert vorgeschädigten Gläsern* bestimmt. Dies geschieht in der Regel durch Schmirgeln mit Schleifpapier oder Berieselung mit Korund aus definierter Fallhöhe.

Da die geforderte Lebensdauer von Glas im praktischen Einsatz 50 Jahre beträgt, sind die realen, festigkeitsmindernden mechanischen Oberflächenbeschädigungen nur sehr schwer abzuschätzen. Eine Bemessung auf Grundlage von Festigkeitswerten, ermittelt an handelsüblichen Oberflächenbeschaffenheiten, erscheint diesbezüglich nicht sinnvoll. Ausgehend für thermisch nicht vorgespanntes Floatglas, dienen die Ergebnisse aus Blank (1993) und Mellmann & Maultzsch (1989) für die Bemessungs- und Konstruktionsregeln von linienförmig gelagerten Glasscheiben (DIN 18008-2). Die charakteristische Biegefestigkeit wurde anhand kontrolliert vorgeschädigter Gläser bestimmt. Dabei wurde davon ausgegangen, dass der herbeigeführte Schädigungsgrad höher ist als ein solcher, der bei realer Nutzung auftritt. Normierte Werte charakteristischer Biegefestigkeiten f_k (5 %-Fraktil) für Floatglas, Teilvorgespanntes Glas, Einschcibensicherheitsglas und chemisch vorgespanntes Glas sind in Tab. 6.1 genannt. Es sei an dieser Stelle angemerkt, dass die Biegefestigkeit für chemisch vorgespanntes Glas aufgrund der kleinen Druckzone der chemischen Eigenspannung besonders stark vom Oberflächenzustand abhängt.

In Abb. 6.2 ist die Anpassung der Biegefestigkeiten aus Mellmann & Maultzsch (1989) zur Bestimmung eines charakteristischen Festigkeitswertes für Floatglas an eine Lognormal- und eine Weibull-Verteilung unter Berücksichtigung eines einseitigen Vertrauensbereichs von 95 % gemäß Abs. 6.1.4 dargestellt. Die Vorschädigung der Probekörper erfolgte durch Berieselung mit Korund der Körnung P16 (Fallhöhe: 1.500 mm) und Schmirgeln mit Schleifpapier der Körnung 220. Anhand des Bestimmtheitsmaßes (s. Abb. 6.2) ist ersichtlich, dass die Daten sehr gut durch beide Verteilungen angepasst werden können. Die Vorschädigung mit Korund zeigt im Gegensatz zu einer Vorschädigung mit Schleifpapier eine geringere Streuung in den ermittelten Biegefestigkeiten. Die charakteristischen Biegefestigkeiten beider Vorschädigungsmethoden sind nahezu deckungsgleich. Abb. 6.3 zeigt die Anpassung der Biegefestigkeiten von 48 Jahre altem, bewittertem Glas aus Fink (2000) und von handelsüblichem Floatglas mit Unterscheidung der aus dem Herstellungsprozess bedingten Oberflächenunterschiede (Zinnbad- und Atmosphärenseite) aus Blank (1993) an eine Lognormalverteilung unter Berücksichtigung eines einseitigen Vertrauensbereichs von 95 %. Die im Vergleich zur Atmosphärenseite deutlich geringere Biegefestigkeit der Zinnbadseite kann mit einer höheren Defektdichte, bedingt durch den Kontakt mit den Förderrollen nach dem Zinnbad, erklärt werden. Für das Bauwesen ist dieser Unterschied jedoch zu vernachlässigen, da sich der Oberflächenzustand der Atmosphärenseite dem der Zinnbadseite infolge der Nutzung anpassen wird. Die Bestimmung der charakteristischen Biegefestigkeit der bewitterten Probekörper zeigt, dass zumindest für den von Fink (2000)

Tabelle 6.1 Charakteristische Biegefestigkeiten von Glas im Bauwesen.

Glasart [–]	**Norm** [–]	**Charakteristische Biegefestigkeit** f_k $[\mathrm{N\,mm^{-2}}]$
Floatglas (FG)	DIN EN 572-1	45,0
Teilvorgespanntes Glas (TVG)	DIN EN 1863-1	70,0
Einscheibensicherheitsglas (ESG)	DIN EN 12150-1	120,0
Chemisch vorgespanntes Glas (CVG)	DIN EN 12337-1	150,0

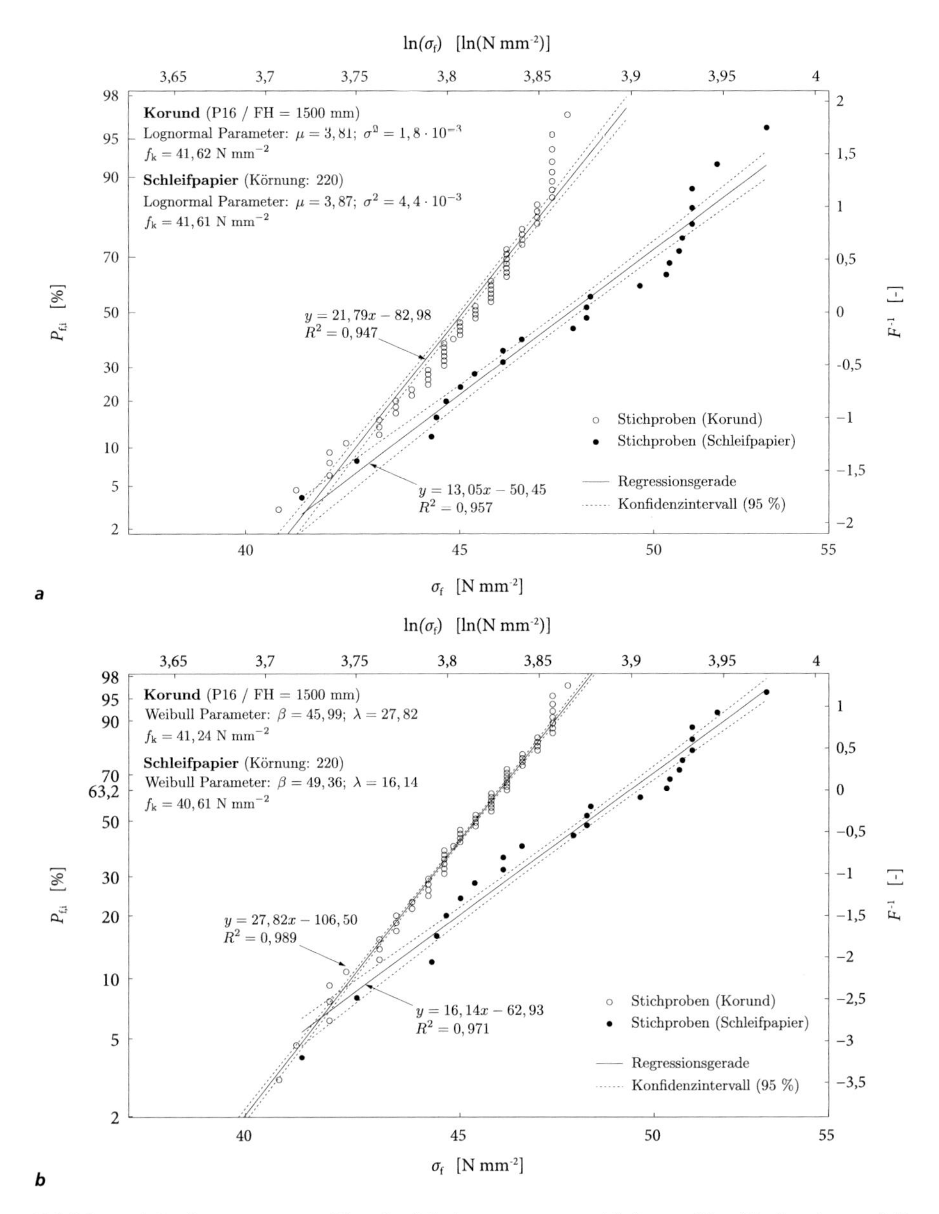

Abbildung 6.2 Anpassung von Biegefestigkeiten von vorgeschädigtem Glas (Berieselung mit Korund P16 (Fallhöhe: 1.500 mm) und Schmirgeln mit Schleifpapier (Körnung: 220) aus Mellmann & Maultzsch, 1989). Die Anpassung der Stichprobenwerte wurde entsprechend Abs. 6.1.4 durch eine lineare Regression an eine Lognormal- *(a)* und eine Weibull-Verteilung *(b)* vorgenommen. Zusätzlich dargestellt sind die Konfidenzintervalle für einen einseitigen Vertrauensbereich von 95 %.

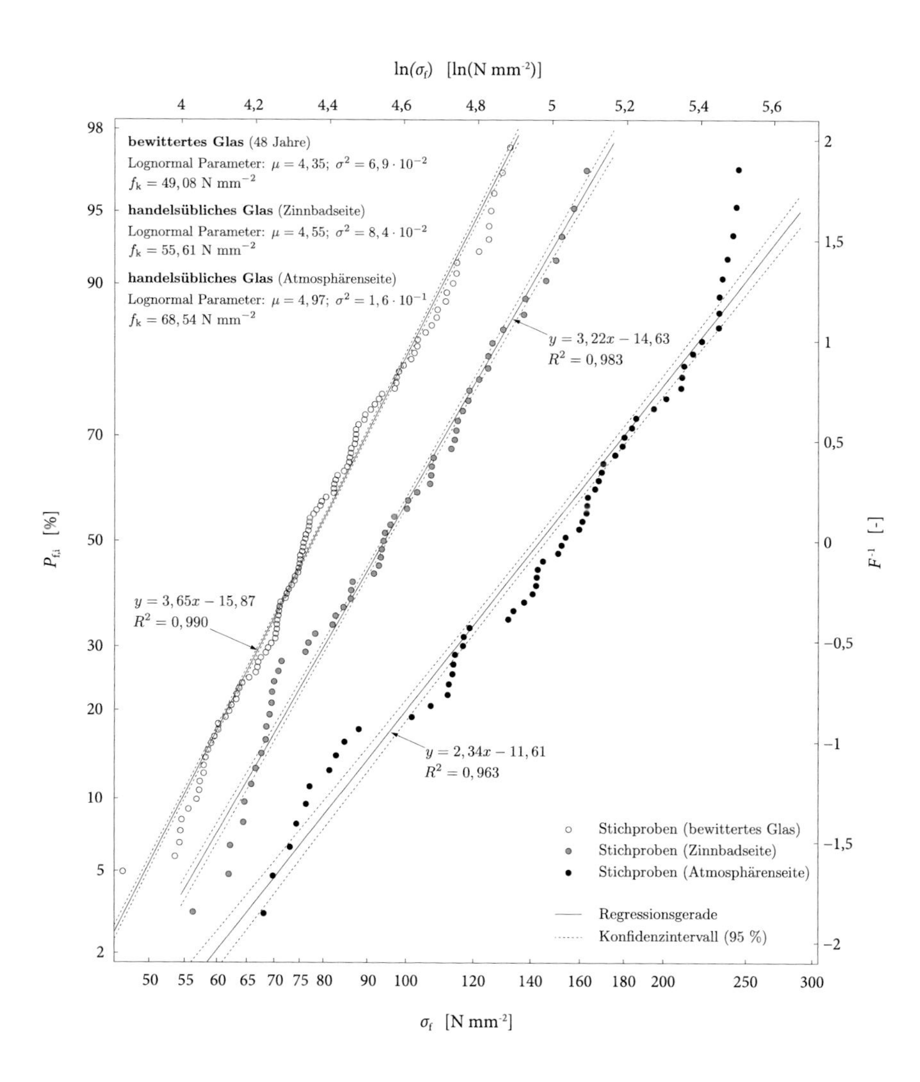

Abbildung 6.3 Anpassung der Biegefestigkeiten von bewittertem Glas (aus Fink, 2000) und von handelsüblichem (nicht vorgeschädigtem) Glas (aus Blank, 1993) mit Differenzierung der Zinnbadseite und der Atmosphärenseite mittels einer linearen Regression an eine Lognormalverteilung mit Darstellung der Konfidenzintervalle für einen einseitigen Vertrauensbereich von 95 %.

untersuchten Anwendungsfall von Floatglas als Fensterverglasung die o. g. Annahme des Vorschädigungsgrades zutreffend ist. Für weitere Verschleißerescheinungen infolge Nutzung, beispielsweise durch Betretung und hieraus resultierenden Oberflächendefekten, kann eine resultierende charakteristische Biegefestigkeit auf der bisherigen Datengrundlage nicht abgeleitet werden.

6.3 Berücksichtigung von Risswachstumseffekten für Glas im Bauwesen

6.3.1 Allgemeines

Für Gläser im Bauwesen werden Risswachstumseffekte über Modifikationsbeiwerte zur Berücksichtigung der Lasteinwirkungsdauer beachtet. Entsprechende normative Vorgaben finden sich für konstante Beanspruchungen in DIN 18008-1, bzw. in den europäischen Vornormen prEN 13474-3 sowie prEN 16612 und für Stoßbeanspruchung bei weichem Stoß (Doppelreifenpendelkörper nach DIN EN 12600) in DIN 18008-4. Für den Bemessungswert der Beanspruchbarkeit R_d gilt entsprechend oben genannter Normen einheitlich

$$R_d = \frac{k_{mod} \cdot k_c \cdot f_k}{\gamma_M} . \quad (6.14)$$

Hierin ist k_{mod} der Modifikationsbeiwert[16] zur Berücksichtigung der Lasteinwirkungsdauer, k_c ein Beiwert zur Berücksichtigung der Art der Konstruktion (für gewöhnlich gilt $k_c = 1{,}0$)[17] und γ_M der Materialsicherheitsbeiwert (thermisch entspanntes Floatglas: $\gamma_M = 1{,}8$; thermisch vorgespanntes Floatglas: $\gamma_M = 1{,}5$). In Tab. 6.2 sind die in DIN 18008-1, prEN 13474-3 und prEN 16612 genannten Beiwerte zur Berücksichtigung der Lasteinwirkungsdauer zusammengestellt. Für Stoßbeanspruchung bei weichem Stoß gelten entsprechend DIN 18008-4 die in Tab. 6.3 genannten Modifikationsbeiwerte. Zur Ermittlung des Bemessungswertes der Beanspruchbarkeit R_d gegenüber der Stoßbeanspruchung (außergewöhnliche Einwirkung) ist dann in Gl. 6.14 $\gamma_M = 1{,}0$ und $k_c = 1{,}0$ zu wählen. Die

[16] Gemäß DIN 18008-1 gilt für die Modifikationsbeiwerte thermisch vorgespannter Gläser unter konstanter Beanspruchung $k_{mod} = 1{,}0$.

[17] Entsprechend DIN 18008-2 ist bei der Ermittlung des Widerstandes gegen Spannunsgversagen für allseitig gelagerte Vertikalverglasungen bei Gläsern ohne thermische Vorspannung $k_c = 1{,}8$ zu wählen. Hingegen gilt für Gläser mit thermischer Vorspannung $k_c = 1{,}0$. Die Erhöhung des Bemessungswerts der Beanspruchbarkeit für thermisch entspanntes Floatglas ist mit dem gröberen Bruchbild im Versagensfall und der damit höheren Resttragfähigkeit zu erklären.

Tabelle 6.2 Modifikationsbeiwerte k_{mod} zur Berücksichtigung der Lasteinwirkungsdauer für konstante Beanspruchungen.

Einwirkung	**Lasteinwirkungsdauer**	**Modifikationsbeiwert**		
		prEN 16612	**prEN 13474-3**	**DIN 18008-1**
	t	k_{mod}	k_{mod}	k_{mod}
[–]	[–]	[–]	[–]	[–]
Personenlast, Holmlast	kurz (einfach)	0,89[c]	0,85[c]	0,70
Wind	kurz (einfach)	1,0	-	0,70[f]
Wind	kurz (mehrfach)	0,74[d]	0,74[d]	0,70[g]
Schnee	mittel	0,44[e]	0,44[e]	0,40[h]
Tägliche Temperaturänderung [a]	mittel	0,57	0,57	0,40
Jährliche Temperaturänderung [b]	mittel	0,39	0,39	0,40
Meteorologische Luftdruckänderung	mittel	0,50	0,50	0,40
Ortshöhendifferenz	ständig	-	-	0,25
Eigenlast	ständig	0,29	0,29	0,25

[a] 11 Stunden Höchstbelastung.

[b] 6 Monate Dauerbelastung mit Mittelwert.

[c] Der Wert $k_{mod} = 0{,}89$ (prEN 16612) basiert auf einer Personenlast mit einer Dauer von 30 Sekunden, bzw. $k_{mod} = 0{,}85$ (prEN 13474-3) für eine Dauer von einer Minute.

[d] Der Wert $k_{mod} = 0{,}74$ basiert auf einer kumulativ äquivalenten Dauer von zehn Minuten (prEN 16612), bzw. von fünf Minuten (prEN 13474-3) die als repräsentativ für die Auswirkungen eines Sturms betrachtet werden, der mehrere Stunden dauern kann.

[e] Der Wert $k_{mod} = 0{,}44$ (prEN 16612 u. prEN 13474-3) kann als repräsentativ für Schneelasten mit einer Dauer zwischen einer Woche ($k_{mod} = 0{,}48$) und drei Monaten ($k_{mod} = 0{,}41$) betrachtet werden.

[f] Entsprechend DIN EN 1991-1-4/NA liegt nicht schwingungsanfälligen Konstruktionen eine Böengeschwindigkeit zugrunde, die über eine Böendauer von zwei bis vier Sekunden gemittelt wurde.

[g] Entsprechend DIN EN 1991-1-4 wird der Mittelungszeitraum für die mittlere Windgeschwindigkeit zu zehn Minuten angenommen.

[h] Entsprechend Christoffer (1990) wird bei einer repräsentativen Schneelast von einer Dauer von einem Monat ausgegangen.

Tabelle 6.3 Bemessungswerte des Widerstandes R_d (Kurzzeitfestigkeiten) von Glas im Bauwesen für Stoßbeanspruchungen bei weichem Stoß entsprechend DIN 18008-4 und Gl. 6.14.

Glasart	Norm	Modifikations-beiwert k_{mod}	Bemessungswert Tragwiderstand R_d
[–]	[–]	[–]	$[\mathrm{N\,mm^{-2}}]$
Floatglas	DIN EN 572-1	1,8	81,0
Teilvorgespanntes Glas	DIN EN 1863-1	1,7	119,0
Einscheibensicherheitsglas	DIN EN 12150-1	1,4	168,0

Berechnung des Modifikationsbeiwerts k_{mod} erfolgt für konstante Beanspruchungen über den Zusammenhang

$$k_{mod} = \frac{\sigma_{f,s}}{f_k}, \qquad (6.15)$$

bzw. für Stoßbeanspruchungen bei weichem Stoß mittels

$$k_{mod} = \frac{\sigma_{f,s}}{f_{k,Stoß}}. \qquad (6.16)$$

6.3.2 Modifikationsbeiwerte für konstante Beanspruchungen

Gemäß DIN 18008-1 ist bei der Kombination von Einwirkungen unterschiedlicher Einwirkungsdauer die Einwirkung mit der kürzesten Dauer für die Bestimmung des Modifikationsbeiwertes k_{mod} maßgebend. Weiterführend müssen für die Bemessung eines Bauteils aus thermisch entspanntem Floatglas alle möglichen Lastfallkombinationen untersucht werden, da aufgrund des Einflusses der Einwirkungsdauer auf die Festigkeit auch solche Einwirkungskombinationen maßgebend sein können, welche nicht den maximalen Wert der Beanspruchung liefern.

In den europäischen Normenentwürfen prEN 13474-3 und prEN 16612 ist eine Berechnung von k_{mod} für thermisch entspanntes Floatglas entsprechend dem Zusammenhang

$$k_{mod} = 0{,}663\, t^{-\frac{1}{16}} \qquad (6.17)$$

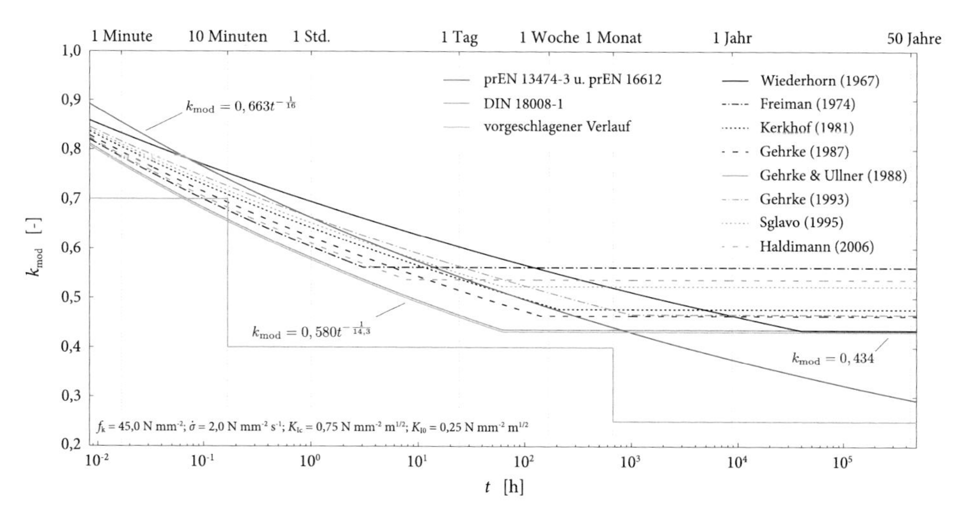

Abbildung 6.4 Modifikationsbeiwerte k_{mod} für thermisch entspanntes Floatglas zur Berücksichtigung der Lasteinwirkungsdauer (statische Beanspruchung): Gegenüberstellung der in DIN 18008-1 normativ geregelten, bzw. der in den europäischen Vornormen prEN 13474-3 und prEN 16612 vorgesehenen Modifikationsbeiwerte für konstante Beanspruchungen. Demgegenüber gestellt sind materialspezifische Modifikationsbeiwerte, die anhand der in Tab. 5.1 genannten Risswachstumskonstanten berechnet wurden. Dargestellt ist auch ein in dieser Arbeit vorgeschlagener Verlauf, welcher sich an den materialsspezifischen Risswachstumseigenschaften orientiert.

vorgesehen. Hierin ist t die Zeit der Lasteinwirkung in Stunden. Der Betrag im Nenner des Exponenten entspricht dem Risswachstumsparameter N ($N = 16$).

In Abb. 6.4 sind in Abhängigkeit der Lasteinwirkungsdauer die in DIN 18008-1, prEN 13474-3 und prEN 16612 genannten Modifikationsbeiwerte k_{mod} für konstante Beanspruchungen grafisch dargestellt. Anhand der in Tab. 5.1 genannten Risswachstumskonstanten ist es möglich, unter Annahme einer charakteristischen Biegefestigkeit von $f_{\mathrm{k}} = 45$ N mm^{-2} entsprechend Tab. 6.1 und der Rückrechnung der respektiven Initialrisstiefe nach Gl. 5.15[18] sowie der Zeitstandfestigkeit für eine konstante Beanspruchung entsprechend Gl. 5.10, die *materialspezifischen Modifikationsbeiwerte* k_{mod} zur Berücksichtigung der Lasteinwirkungsdauer zu ermitteln.

Für die in Abb. 6.4 gezeigten materialspezifischen Verläufe des Modifikationsbeiwertes ist auffallend, dass die Kurven aller Autoren im Bereich von 30 Sekunden $< t \leq 2$ Stunden einen sehr ähnlichen, teilweise koinzidenten Verlauf aufweisen. Für eine Wirkungsdauer im Bereich von 2 Stunden $< t \leq 1$ Monat (3 Jahre für Risswachstumskonstanten nach Wiederhorn, 1967) konvergieren die Verläufe aufgrund der Dauerstandsfestigkeit σ_{I0} gegen konstante Modifikationsbeiwerte k_{mod}. Da die in DIN 18008-1 genannten Modifikationsbeiwerte größtenteils unterhalb der materialspezifisch berechneten Werte verlaufen, erfassen diese

[18] Den Berechnungen ist eine Spannungsrate von $\dot{\sigma} = 2$ N mm^{-2}s^{-1} zugrunde gelegt.

das reale Risswachstumsverhalten mit teilweise sehr großen Sicherheiten. Dies gilt speziell für eine Lasteinwirkungsdauer im Bereich von 10 Minuten $< t \leq 1$ Tag und für die gesamte Dauer ständiger Einwirkungen ($t > 1$ Monat). Im Gegensatz hierzu sind für die in prEN 13474-3 und prEN 16612 genannte Funktion (Gl. 6.17) für eine kurze Lasteinwirkungsdauer ($t \leq 10$ Minuten), aber auch für mittlere Zeiträume (10 Minuten $< t \leq 1$ Monat), Unsicherheiten zu beobachten. Berechnete Werte von k_{mod} sind in diesen Bereichen stets bzw. teilweise größer als die berechneten materialspezifischen Modifikationsbeiwerte.

Um Risswachstumseffekte und somit den Schädigungsgrad, bzw. die Bruchwahrscheinlichkeit von Glas im Bauwesen in Abhängigkeit der Lasteinwirkungsdauer für statische Belastungen realitätsnah und wirtschaftlich sinnvoll zu erfassen, wird vorgeschlagen die Bestimmung des Modifikationsbewerts k_{mod} entsprechend der ungünstigsten Risswachstumskonstanten nach Gehrke & Ullner (1988) vorzunehmen und über folgende Fallunterscheidung zu ermitteln (vgl. Abb. 6.4):

$$k_{\text{mod}} = \begin{cases} 0{,}58\, t^{-\frac{1}{14{,}3}} & \text{für 30 Sekunden} \leq t < 96 \text{ Stunden (4 Tage)}\,, \\ 0{,}43 & \text{für } t \geq 96 \text{ Stunden}\,. \end{cases} \tag{6.18}$$

Hierin ist t die Zeit in Stunden. In Anlehnung an Gl. 6.18 und Tab. 6.2 sind in Tab. 6.5 angeglichene Modifikationsbeiwerte k_{mod} dargestellt. Hierzu wurde die in DIN 18008-1 verwendete Klassifizierung der Lasteinwirkungsdauer, welche sich an der Beanspruchung (Einwirkungsseite) orientiert, den materialspezifischen Gegebenheiten auf der Widerstandsseite angepasst (Tab. 6.4).

Tabelle 6.4 Klassifizierung des Begriffs der Lasteinwirkungsdauer entsprechend der materialspzifischen Gegebenheiten für den Werkstoff Glas.

Bezeichnung	**tatsächliche Lasteinwirkungsdauer**
stoßartig	$0 < t \leq 100$ ms
kurz	100 ms $< t \leq 5$ Minuten
mittel	5 Minuten $< t \leq 1$ Stunde
lang	1 Stunde $< t \leq 96$ Stunden (4 Tage)
quasi-ständig, ständig	$t > 96$ Stunden (4 Tage)

Tabelle 6.5 Angepasste Modifikationsbeiwerte k_{mod} zur Berücksichtigung der Lasteinwirkungsdauer für konstante Beanspruchungen unter Verwendung der in Tab. 6.4 definierten Begrifflichkeit.

Einwirkung [–]	**Lasteinwirkungsdauer** t [–]	**Bezeichnung** [–]	**Modifikationsbeiwert** k_{mod} [–]
Windböe (Windspitze)	3 Sekunden	kurz	0,95[c]
Personenlast (Begehung), Holmlast	1 Minute	kurz	0,77[a]
Personenlast (Betretung)	10 Minuten	mittel	0,66[b]
Wind (Mittelwert)	10 Minuten	mittel	0,66[d]
Meteorologische Luftdruckänderung	6 Stunden	lang	0,51[g]
Tägliche Temperaturänderung	11 Stunden	quasi-ständig	0,43[f]
Schnee	30 Tage	quasi-ständig	0,43[e]
Jährliche Temperaturänderung	6 Monate	quasi-ständig	0,43[g]
Eigenlast	50 Jahre	ständig	0,43
Ortshöhendifferenz	50 Jahre	ständig	0,43

[a] Verglasungen, die als Verkehrsweg nach DIN 18008-5, bzw. zur Absturzsicherung nach DIN 18008-4 genutzt werden. Es wird davon ausgegangen, dass es zu keiner stationären Belastung kommt.
[b] Verglasungen, die nach GS-BAU-18 (zukünftig E DIN 18008-6) nur kurzfristig zu Wartungsarbeiten oder Reinigungszwecken betreten werden können.
[c] Entsprechend DIN EN 1991-1-4/NA liegt nicht schwingungsanfälligen Konstruktionen eine Böengeschwindigkeit zugrunde, die über eine Böendauer von zwei bis vier Sekunden gemittelt wurde.
[d] Entsprechend DIN EN 1991-1-4 wird der Mittelungszeitraum für die mittlere Windgeschwindigkeit zu zehn Minuten angenommen.
[e] Entsprechend Christoffer (1990) wird bei einer repräsentativen Schneelast von einer Dauer von einem Monat ausgegangen.
[f] Entsprechend prEN 13474-3, bzw. prEN 16612 wird für die Höchstbelastung der täglichen Temperaturbelastung von elf Stunden ausgegangen.
[g] Entsprechend prEN 13474-3, bzw. prEN 16612 wird für die mittlere Belastungsdauer der jährlichen Temperaturänderung von sechs Monaten ausgegangen.

6.3.3 Modifikationsbeiwerte für stoßartige Beanspruchungen

Entsprechend den *Technischen Regeln für die Verwendung von absturzsichernden Verglasungen (TRAV)* ist $f_{k,Stoß}$ die charakteristische Kurzzeitfestigkeit von Glas bei Stoßbeanspruchung durch weichen Stoß. Um das bestehende Sicherheitsniveau der technischen Richtlinie (TRAV) beizubehalten, wurden die Modifikationsbeiwerte zur Überführung in eine Norm (DIN 18008-4) rekursiv ermittelt. Daher entspricht die charakteristische Kurzzeitfestigkeit $f_{k,Stoß}$ dem Bemessungswert des Tragwiderstands R_d (Tab. 6.3).

Der durch eine Stoßbeanspruchung mit einem Doppelreifenpendelkörper nach DIN EN 12600 (weicher Stoß) resultierende Hauptspannungs-Zeitverlauf $\sigma(t)$ ist zunächst in eine konstante Beanspruchung zu überführen. Die Stoßdauer während eines Pendelschlagversuchs beträgt durchschnittlich $t = 60$ ms (Schneider et al., 2011). Der Hauptspannungszeit-Verlauf kann in guter Übereinstimmung durch eine Parabel beschrieben werden. Durch Einführung einer effektiven Zeit t_{eff} ist es möglich, den Zeitraum zu ermitteln, in dem ein maximaler Spannungswert σ_{max} konstant wirken muss, um eine äquivalente Vorschädigung zu erreichen, wie sie eine Stoßbeanspruchung bei weichem Stoß im Zeitraum von 0 bis t aufweist (Shen, 1997). Unter Berücksichtigung von Gl. 5.8 gilt

$$\int_0^t \sigma^N \mathrm{d}t = \begin{cases} \sigma_{max}^N \cdot t_{eff} & \text{für } \sigma(t) \geq 0\,, \\ 0 & \text{für } \sigma(t) < 0\,. \end{cases} \tag{6.19}$$

Für die Ermittlung eines theoretischen Modifikationsbeiwertes k_{mod} für eine Stoßbeanspruchung ist das Integral in Gl 6.19 dem einer Beanspruchung mit einer konstanten Spannungsrate ($\dot{\sigma} = 2{,}0\,\mathrm{N\,mm^{-1}\,s^{-1}}$) anzupassen. Für Grenzwerte des Risswachstumsparameters ($N = 14$ und $N = 22$) erfolgte diese Anpassung in Tab. 6.6 bezogen auf die charakteristischen Festigkeiten f_k sowie in Tab. 6.7 auf die mittleren Biegefestigkeiten f_m. In Abb. 6.5 sind die auf Grundlage von in Tab. 5.1 genannten Risswachstumskonstanten für thermisch entspanntes Floatglas, Teilvorgespanntes Glas und Einscheibensicherheitsglas berechneten Modifikationsbeiwerte für stoßartige Beanspruchungen dargestellt. Da nur positive (Zug-)Spannungen einen Beitrag zum Risswachstum leisten, werden subkritische Risswachstumseffekte bei thermisch vorgespannten Gläsern erst wirksam, wenn die aus äußerer Beanspruchung wirksame Spannung ($\sigma_a = \sigma_{max}$) größer als die aus thermischer Vorspannung vorhandene Oberflächendruckspannung σ_e ist.

Für die vorliegenden Betrachtungen wurde die Eigenfestigkeit thermisch vorgespannter Gläser wie folgt berücksichtigt: Für Berechnungen auf Grundlage charakteristischer Festigkeiten f_k wurde angenommen, dass der Betrag der Eigenfestigkeit aus der Differenz der charakteristischen Festigkeit thermisch vorgespannter ($f_{k(TVG,ESG)}$) und thermisch entspannter Gläser ($f_{k(FG)}$) resultiert. Somit gilt

$$k_{mod(FG)} = \frac{\sigma_{max}}{f_{k(FG)}} \tag{6.20}$$

bzw.

$$k_{mod(TVG,ESG)} = \frac{\sigma_{max} + f_{k(TVG,ESG)} - f_{k(FG)}}{f_{k(TVG,ESG)}} \,. \tag{6.21}$$

Für Berechnungen auf Grundlage mittlerer Festigkeiten (f_m) wurde hingegen physikalisch begründet angenommen, dass der Betrag der Eigenfestigkeit dem Mittelwert der thermischen Oberflächendruckspannung ($\bar{\sigma}_e$) entspricht. Somit gilt

$$k_{mod(FG,TVG,ESG)} = \frac{\sigma_{max} + \bar{\sigma}_{e(FG,TVG,ESG)}}{f_{m(FG,TVG,ESG)}} \,. \tag{6.22}$$

Bei den Berechnungen auf Grundlage der charakteristischen Festigkeiten wird somit der tatsächliche Betrag der Eigenfestigkeit entsprechend den charakteristischen Werten der Oberflächendruckspannung ($\sigma_{e,k}$) vernachlässigt, da spannungsoptische Eigenspannungsmessungen (Abs. 9.4.1 und Tab. 9.4) gezeigt haben, dass speziell für thermisch vorgespannte Glasarten der charakteristische Wert der Oberflächendruckspannung nur dicht unterhalb der charakteristischen Festigkeit liegt ($f_{k(TVG,ESG)} - \sigma_{e,k(TVG,ESG)} \approx 20{,}0\,\text{N mm}^{-2}$) und somit aufgrund kleiner Modifikationsbeiwerte ($k_{mod(TVG)} \leq 1{,}05$ und $k_{mod(ESG)} \leq 1{,}03$ bei $N = 22$) nur eine moderate Steigerung der Festigkeit für stoßartige Einwirkungen resultieren würde ($R_{d(TVG)} = 73{,}5\,\text{N mm}^{-2}$ und $R_{d(ESG)} = 123{,}6\,\text{N mm}^{-2}$). Berechnungen unter Berücksichtigung mittlerer Festigkeiten wurden auf Grundlage der Messergebnisse in Tab. 9.4 geführt.

Anhand Abb. 6.5 ist ersichtlich, dass die Festigkeit bei Stoßeinwirkungen mit einer Dauer von $t \approx 60\,\text{ms}$ nahe der inerten Festigkeit ist. Für derartig kurze Belastungsvorgänge beträgt die Beanspruchungsdauer einer äquivalenten konstanten Belastung entsprechend Gl. 6.19 etwa $t_{eff} \approx 1{,}26 \cdot 10^{-2}\,\text{s}$. Die berechneten Modifikationsbeiwerte liegen dabei teilweise deutlich unterhalb den in Tab. 6.3 genannten Werten, sodass die resultierenden Bemessungswerte des Tragwiderstandes (vgl. Tab. 6.6 und Tab. 6.7) bei Berücksichtigung charakteristischer Einwirkungen (Tab. 6.6) deutlich unterhalb solcher in DIN 18008-4 (vgl. Tab, 6.3) liegen. Die Ergebnisse scheinen daher sehr konservativ. Werden hingegen die mittleren Biegefestigkeiten und mittleren Oberflächendruckspannungen zugrunde gelegt (Tab. 6.7), was gleichzeitig im Gegensatz zu vorheriger Betrachtung physikalisch nachvollziehbar und sinnvoll ist, resultieren Biegefestigkeiten für stoßartige Einwirkungen, welche größer als solche in DIN 18008-4 sind. Unter Berücksichtigung eines Teilsicherheitsbeiwertes von $\gamma_M \leq 1,0$ (außergewöhnliche Bemessungssituation) können die normativ geregelten Kurzzeitfestigkeiten somit bestätigt werden. Eine Anpassung der normativen Kurzzeitfestigkeiten (Berücksichtigung von mittleren Biegefestigkeiten), welche auf Grundlage charakteristischer Festigkeiten entsprechend den Produktnormen (vgl. Tab. 6.1) der unterschiedlichen Glasarten ermittelt werden, erscheint aufgrund der Harmonisierung zu anderen Normenteilen der DIN 18008 nicht sinnvoll.

Tabelle 6.6 Berechnete Modifikationsbeiwerte k_{mod} für Stoßbeanspruchung unter Verwendung charakteristischer Festigkeiten f_k.

Risswachstums-parameter N [–]	Glasart [–]	Charakteristische Biegefestigkeit f_k $[N\,mm^{-2}]$	Modifikations-beiwert k_{mod} [–]	Bemessungswert Tragwiderstand R_d $[N\,mm^{-2}]$
14,0	FG	45,0	1,40	63,0
	TVG	70,0	1,26	88,2
	ESG	120,0	1,15	138,0
22,0	FG	45,0	1,23	55,4
	TVG	70,0	1,15	80,5
	ESG	120,0	1,08	129,6

Tabelle 6.7 Berechnete Modifikationsbeiwerte k_{mod} für Stoßbeanspruchung unter Verwendung mittlerer Biegefestigkeiten f_m (vgl. Tab. 9.4).

Risswachstums-parameter N [–]	Glasart [–]	Mittlere Biegefestigkeit f_m $[N\,mm^{-2}]$	Modifikations-beiwert k_{mod} [–]	Bemessungswert Tragwiderstand R_d $[N\,mm^{-2}]$
14,0	FG	80,0	1,41	112,8
	TVG	170,0	1,32	224,4
	ESG	240,0	1,27	304,8
22,0	FG	80,0	1,23	98,4
	TVG	170,0	1,18	200,6
	ESG	240,0	1,16	278,4

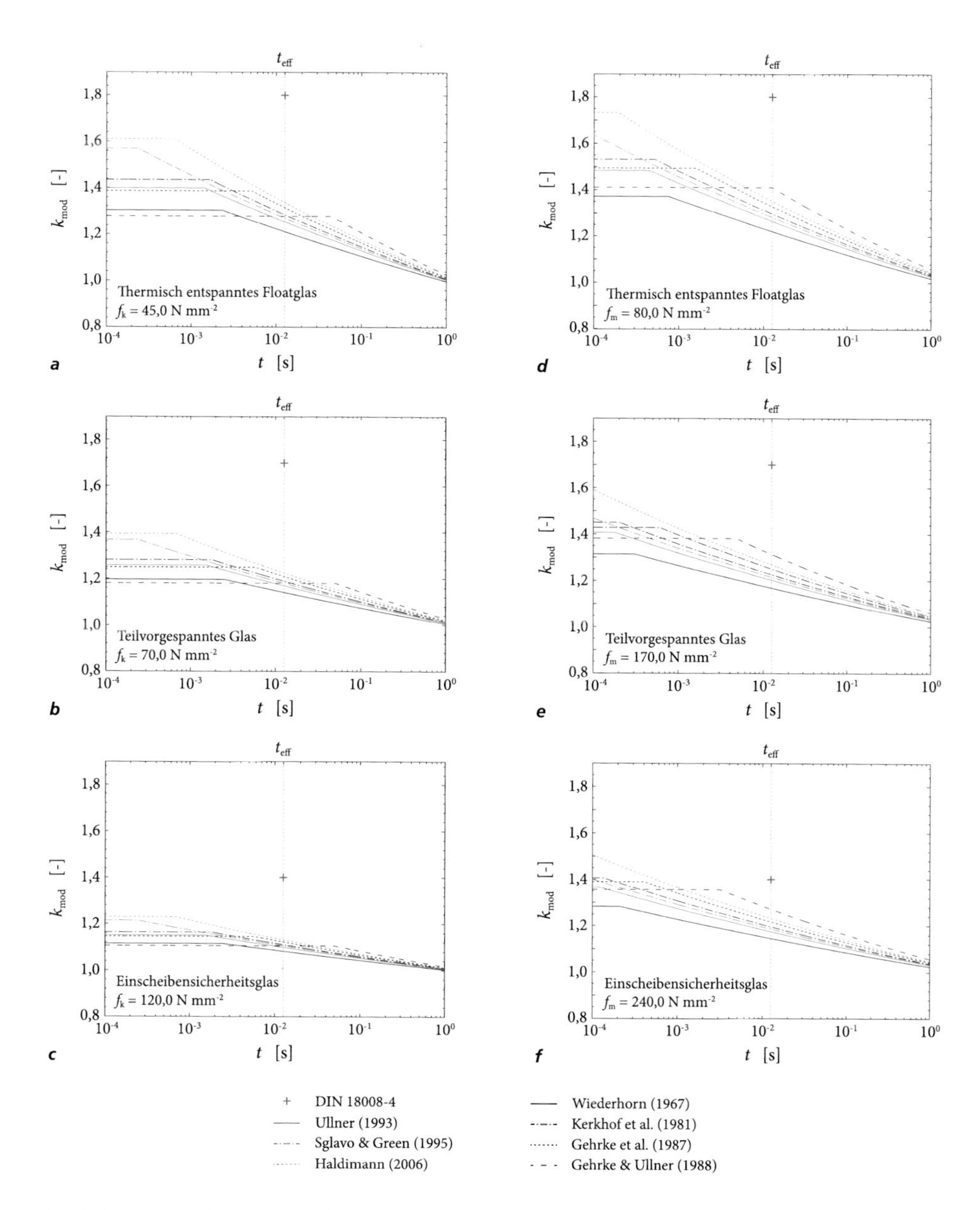

Abbildung 6.5 Für stoßartige Beanspruchungen auf Grundlage von Risswachstumsparametern (vgl. Tab. 5.1) in Abhängigkeit der Glasart berechnete Modifikationsbeiwerte k_{mod}: Bezogen auf charakteristische f_k *(a)-(c)* und auf mittlere Biegefestigkeiten f_m *(d)-(f)*.

7 Härte von Glas

7.1 Allgemeines

Der Begriff der *Härte* ist definiert als der materialspezifische Widerstand eines Werkstoffes gegenüber dem Eindringen eines härteren Körpers (vgl. Martens, 1898). Die Härte ist eine materialspezifische Kenngröße zur Beschreibung eines Werkstoffes bzw. Werkstoffzustandes (VDI/VDE 2616-2; Tabor, 1956). In Bezug auf den Werkstoff Glas verstehen Rouxel et al. (2010) den Begriff der Härte für Gläser mit geringen Querkontraktionseigenschaften als Widerstand gegenüber einer *Verdichtung*, bzw. als Widerstand gegenüber volumenkonstanten *plastischem Fließen* für Gläser mit hohen Querkontraktionseigenschaften, bzw. im Übergangsbereich als Kombination beider Verhaltensarten. Härteprüfungen beruhen auf der plastischen und/oder elastischen Verformung des zu prüfenden Werkstoffes durch einen Eindringkörper und der Messung des erzeugten Prüfeindrucks oder der Eindringtiefe. Die Härte hat die Dimension eines Druckes und ergibt sich aus dem Quotienten von Eindringkraft und Fläche. Verfahren zur Bestimmung von Härtewerten können grundsätzlich in drei verschiedene Verfahrenstechniken eingeordnet werden:

- Eindringhärteprüfung (statische Härtemessung),
- Rückprallhärteprüfung (dynamische Härtemessung),
- Kratzhärteprüfung.

Während bei der statischen Härtemessung die Aufbringung der Prüflast allmählich erfolgt und teilweise auch konstant gehalten wird, erfolgt die Lastaufbringung auf den Prüfkörper bei der dynamischen Härtemessung schlagartig. Zusätzlich zu diesen lokal begrenzten Messmethoden, existiert eine Vielzahl von Verfahren zur Bestimmung der Kratzhärte. Diese Verfahren lassen sich in Methoden differenzieren, welche die Bestimmung eines quantitativen Härtewertes zulassen und solchen, die ausschließlich eine Beurteilung hinsichtlich der Kratzbeständigkeit (= Verschleiß) zulassen. Im Vergleich zur herkömmlichen Härtemessung, wird diesen Verfahren, bedingt durch die fehlende Möglichkeit der quantitativen Ermittlung von Werkstoffkennwerten, eine geringere Bedeutung zugesprochen.

Der durch eine Vielzahl von Härteverfahren bestimmbare quantitative Wert stellt einen wichtigen Kennwert zur Beurteilung von Materialeigenschaften dar. Dabei ist die Härte eine sehr vielschichtige Größe, der in Abhängigkeit der Geometrie des Eindringkörpers eine spezifische Kontaktspannungsverteilung zugrunde liegt. Dennoch ist die Härteprüfung eine weit verbreitete Methode zur Charakterisierung von Materialien, da sich, sofern während der Prüfungen vergleichbare Bedingungen vorliegen, Eigenschaften schnell und kostengünstig gegenüberstellen lassen. Für homogene und duktile Materialien lassen sich Härtewerte über Umrechnungen ineinander überführen. Für spröde Materialien ist dies aufgrund der Rissbildung nicht ohne Weiteres möglich. Insbesondere für Glas bietet die Härteprüfung gegenüber den herkömmlichen Prüfverfahren (Zug-, Druck- und Biegeversuche) eine Alternative zur Bestimmung lokaler Materialkennwerte, da aufgrund der spröden Materialeigenschaften, Kennwerte oberhalb der Biegezugfestigkeit üblicherweise nicht messbar sind. Die Härte kann nicht direkt gemessen werden und muss somit aus primären Messgrößen (z. B. Prüfkraft, Eindringtiefe oder Ritzbarkeit) abgeleitet werden. Quantitativ kann die Härte H als mittlere, aufnehmbare Kontaktspannung p_m verstanden werden:

$$H = p_\mathrm{m} = \frac{F_\mathrm{n}}{A(h)} \tag{7.1}$$

Dabei ist F_n die Prüfkraft und $A(h)$ die Kontaktfläche. Da die Kontaktfläche während der Prüfung nicht eindeutig messtechnisch zugänglich ist, muss sie bei klassischen Verfahren zur Härtebestimmung (z. B. bei den Härteprüfverfahren nach Vickers, Rockwell oder Brinell) über einen geeigneten Ansatz ermittelt werden. Häufig wird dazu die verbleibende Fläche des Eindruckes zugrunde gelegt, sodass die Berücksichtigung der materialspezifischen elastischen Verformung dabei vernachlässigt wird. Moderne Messverfahren ermöglichen eine kontinuierliche Aufzeichnung der Eindringtiefe h und Prüfkraft F_n während der Versuchsdurchführung. Auf Grundlage dieser Messwerte kann nachträglich eine Vielzahl von Materialparametern bestimmt werden. Üblicherweise werden Härtemessverfahren in drei verschiedene Anwendungsbereiche unterteilt (s. Tab. 7.1): Makro, Mikro- und Nanobereich. Erstgenannte unterscheiden sich durch die Eindringtiefe und die wirkenden Prüfkräfte. Bei hohem Kontaktdruck sind Beschädigungen des Eindringkörpers möglich, sodass im Makrobereich üblicherweise Eindringkörper aus Hartmetall gewählt

Tabelle 7.1 Anwendungsbereiche moderner Härtemessverfahren (nach E DIN EN ISO 14577-1).

Anwendungsbereich	**Kriterium**
Makrobereich	$2\,\mathrm{N} \leq F_\mathrm{n} \leq 30\,\mathrm{kN}$
Mikrobereich	$2\,\mathrm{N} > F_\mathrm{n}; h > 0{,}2\,\mu\mathrm{m}$
Nanobereich	$h \leq 0{,}2\,\mu\mathrm{m}$

werden. Bei sehr hoher Härte und großem Elastizitätsmodul des Prüfkörpers können hierbei gegenüber der Verwendung von Diamanten als Eindringkörper irreversible Verformungen des Eindringkörpers hervorgerufen werden, welche mit Hilfe geeigneter Referenzwerkstoffe nachgewiesen werden sollten. Aufgrund der geringen Eindringtiefe im Nanobereich hängt die mechanische Verformung stark von der realen Geometrie der Eindringkörperspitze ab, sodass die berechneten Werkstoffparameter im Wesentlichen durch die charakteristische Flächenfunktion des Eindringkörpers beeinflusst werden. Deshalb ist in diesem Anwendungsbereich die Kalibrierung der Prüfmaschine und der Eindringkörpergeometrie von essentieller Bedeutung (E DIN EN ISO 14577-1).

7.2 Historische Entwicklung der Härteprüfung

Die statische Härtemessung ist ein klassisches Messverfahren, das sich bereits im 19. Jahrhundert im Zuge der Industrialisierung in vielfältiger Form etabliert hat. Insbesondere zu Beginn des 20. Jahrhunderts wurde die Entwicklung und Anwendung industrieller Härtemessmethoden stark vorangetrieben. Einige dieser Verfahren finden auch heute noch Anwendung. Tatsächlich reicht die Entwicklung der Härteprüfung bis in das 18. Jahruhndert zurück (vgl. Herrmann, 2007; Walley, 2012; Häse, 2006). Bereits 1722 ritzte *René-Antoine Ferchault de Réaumur* Stahl mit Mineralien und beurteilte Metalle mit zwei gekreuzten Prismen, deren Kanten er gegeneinander presste. Genau ein Jahrhundert später, 1822, veröffentlichte *Carl Friedrich Christian Mohs* eine 10-stufige Ritzhärteskala für Mineralien (vgl. Abs. 7.6), welche auch heute noch Anwendung findet. Im Jahr 1898 präsentierte *Adolf Karl Gottfried Martens* ein Gerät für instrumentierte Eindringversuche mit mechanisch-hydraulischer Tiefenmessung. Zwei Jahre später entwickelte der schwedische Ingenieur *Johan August Brinell* den nach ihm benannten Kugeleindruckversuch (vgl. Abs. 7.4.1) auf der Pariser Weltausstellung. Bedingt durch die zerstörungsarmen Resultate blieb die Härteprüfung nach Brinell für die nächsten 20 Jahre das wichtigste Prüfverfahren zur Bestimmung der Härte. Das Verfahren etablierte sich zu einem Werkzeug der Materialforschung und fand aufgrund automatischer Härteprüfmaschinen große Anwendung in der industriellen Produktion. Zudem existierten ab dem späten 19. Jahrhundert analytische Lösungsansätze von Hertz (1881) zur Berechnung des elastischen Kontaktes zweier sphärischer Körper mit unterschiedlichen elastischen Eigenschaften und von Boussinesq (1885) zur Berechnung der Spannungsverteilung und Verformungen eines elastischen Halbraums (Kap. 8). Insbesondere zur Zeit des Ersten Weltkrieges wurden beinahe alle Härtemessungen mit dem Verfahren nach Brinell durchgeführt. Da das Verfahren nach Brinell sehr zeitaufwendig ist, nicht an gehärtetem Stahl verwendet werden konnte und aufgrund der makroskopisch sichtbaren Eindrücke nicht an fertigen Produktionserzeugnissen anwendbar war, entwickelte der Metallurge *Stanley Rockwell* 1920 ein weiteres Verfahren zur Härteprüfung. Da er für sein Verfahren mehrere Prüfspitzen aus unterschiedlichen Materialien und verschiedenen Spitzenausrundungen verwendete, konnten erstmals mit einem Verfahren weiche als auch harte Materialien getestet werden. Das bekannte Verfahren zur Prüfung der Härte nach *Vickers* (benannt nach der britischen Flugzeugbaufirma *Vickers Ltd.*) wurde 1925 von *Robert Smith* und *George Sandland* zur Härteprüfung homogener, dünnwandiger oder oberflächengehärteter Werkstoffe entwickelt, welches 1939 von dem Physiker und Ingenieur *Frederick Knoop* durch eine rhombische Eindringkörpergeometrie leicht abgewandelt wurde.

Seit 1937 werden in Deutschland Härtevergleichsplatten hergestellt. Die moderne Härteprüfung beruht auf einer Weiterentwicklung der oben genannten Verfahren und dringt in immer kleinere Maßstäbe vor. Immer mehr Anwendung findet daher das seit den 1970er Jahren bekannte Verfahren der *instrumentierten Eindringprüfung* (vgl. Abs. 7.4.2).

7.3 Einflüsse auf die Härtemessung

Bei Härteprüfungen mit kleinen Prüfkräften werden Einflussfaktoren wirksam, deren Nichtbeachtung zu ernsten Fehlmessungen führen können (Dengel, 1973). Im Wesentlichen sind hiervon die Geometrie des Eindringkörpers und das lokale Materialverhalten im Eindruckbereich betroffen (Abb. 7.2).

Die ideale Spitzengeometrie sieht eine punktförmige Spitze vor. Modernste Herstellmethoden ermöglichen es, diese mit Ausrundungen im Nanometerbereich (üblicherweise etwa $r_s > 100\,\mathrm{nm}$; Abb. 7.1) herzustellen, doch wird sich auch mit größtem Aufwand nie eine ideale Eindringkörpergeometrie herstellen lassen. Produktionstechnische Abweichungen der Winkel und das Auftreten von Oberflächendefekten sowie während der Nutzungsdauer eintretende Spitzenausrundungen sind nicht vermeidbar. Speziell dreiseitige Prüfspitzengeometrien, wie sie beispielsweise von Khrushchov & Berkovich (1951) vorgeschlagen werden, können mit einem geringen systhematischen Fehlermaß produziert werden. Anders hingegen verhält es sich mit vierseitigen Prüfspitzengeometrien wie dem *Vickers*-Eindringkörper. Produktionstechnisch ist die Herstellung einer optimalen Prüfspitzengeometrie durch den vierseitigen Schleifvorgang anspruchsvoll, da ein zu einseitiger Abtrag unweigerlich zu einer *Dachkante* führt. Ein Fehler, den Dengel (1973) schwerwiegender als eine Spitzenverrundung einschätzt. Allgemeine Angaben und Toleranzen von Eindringkörpern und Prüfmaschinen (Kraftaufbringung, Wegemessung, etc.) sind in E DIN EN ISO 14577-2 (2012) geregelt. Insbesondere im Nanometerbereich, in welchem nur sehr kleine Eindringtiefen erreicht werden und Abweichungen vom idealen Eindringkörper im Bereich der Spitze schnell ins Gewicht fallen, ist eine Kalibrierung des Eindringkörpers unumgänglich. Dabei gilt zu beachten, dass eine derartige Kalibrierung nur bei konstanten klimatischen Bedingungen effektiv ist.

Abbildung 7.1 REM-Aufnahme eines modifizierten *Berkovich* Eindringkörpers für Härtemessungen im Nanobereich: Großflächige Aufnahme der dreiseitig geschliffenen Diamantspitze *(a)* und Detailaufnahme der Spitze ohne erkennbare Spitzenausrundung *(b)*. Bei den in *(b)* sichtbaren Partikeln auf der Diamantoberfläche handelt es sich um organische Verunreinigungen.

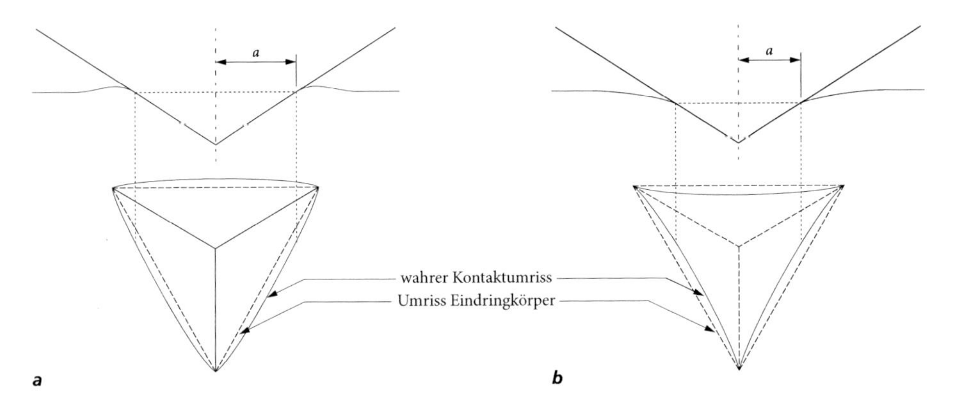

Abbildung 7.2 Schematische Darstellung der *piling-up (a)* und *sinking-in*-Effekte *(b)*.

Seitens des Probekörpers ist für die Messgenauigkeit der Zustand der Oberfläche essentiell, weshalb jedem Versuch eine gründliche Reinigung vorausgehen sollte. Die Vorbereitung der Prüffläche muss dabei so erfolgen, dass die Härte und/oder die Eigenspannungen an der Oberfläche möglichst wenig verändert werden (E DIN EN ISO 14577-1, 2012). In der theoretischen Betrachtung wird von einem homogenen und isotropen Materialverhalten im Bereich der Oberfläche ausgegangen. Diese Annahmen können für den Werkstoff Glas als zutreffend betrachtet werden. Weiterhin ist das lokale Materialverhalten in unmittelbarer Umgebung des Härteeindrucks zu beachten. Hier kann es an den Rändern des Eindrucks zu Aufwölbungs- bzw. Einsinkerscheinungen kommen, die gemeinhin auch als *piling-up* oder *sinking-in*-Effekte bezeichnet werden (Tabor, 1951; Abb. 7.2). Das heißt, der Bereich des wahren Kontaktes zwischen Eindringkörper und Werkstoffoberfläche des Probekörpers liegt im Vergleich zu einer idealen Eindringkörpergeometrie oberhalb bzw. unterhalb der anfänglichen Probenoberfläche. Für nicht rotationssymmetrische Eindringkörper, wie beispielsweise den Prüfspitzen nach *Vickers* oder *Berkovich*, sind die Ränder des Eindrucks in der Projektion nicht gerade (direkte Verbindung zwischen den Kanten der Eindringkörper), sondern weisen eine Ausformung im Falle von *piling-up* (Abb. 7.2a) bzw. eine Einwölbung bei einem *sinking-in* (Abb. 7.2b)Verhalten auf.

7.4 Verfahren zur Bestimmung der Härte

7.4.1 Herkömmliche Verfahren zur Bestimmung der Härte

Es existieren zahlreiche Verfahren zur Messung der Härte. Aufgrund der unterschiedlichen Versuchsdurchführungen und der untereinander variierenden Eindringkörpergeometrien sowie der verschiedenen Definitionen des Begriffs *Härte* sind die Ergebnisse nicht ohne Weiteres in eine andere Härteskala übertragbar. Zudem sind diese Verfahren oftmals auf einen bestimmten Prüfwerkstoff ausgerichtet, sodass ein materialübergreifender Vergleich der Härte nicht möglich ist. Die bekanntesten Messmethoden sollen im Folgenden vorgestellt werden. Eine Gegenüberstellung der Eindringkörpergeometrien üblicher Härtemessverfahren ist in Tab. 7.2 zusammengefasst.

- **Härteprüfung nach *Brinell***
  Für weiche bis mittelharte metallische Werkstoffe ist das Verfahren der *Brinellhärte* nach DIN EN ISO 6506-1 anwendbar. Bei dieser Härteprüfung wird ein Eindringkörper, bestehend aus einer Hartmetallkugel mit einem definierten Durchmesser (1 mm, 2,5 mm, 5 mm und 10 mm), mit einer Prüfkraft im Bereich von $F_n = 9{,}81$ N bis $F_n = 29{,}42$ kN senkrecht auf die Oberfläche des Probekörpers gedrückt. Dabei muss die Härte der Hartmetallkugel größer 1.500 HV sein und die Dicke der Probe mindestens das Achtfache der Eindrucktiefe betragen. Der nach der Prüfkraftrücknahme verbleibende Durchmesser des Eindrucks wird gemessen. Die Brinellhärte ist proportional zu dem Quotienten aus der Prüfkraft F_n und der gekrümmten Oberfläche des Eindruckes, solange das Verhältnis von Kraft zu Kugeldurchmesser multipliziert mit der Eindringtiefe gleich bleibt. Damit unterliegt die Brinellhärte einer Restriktion, wodurch das Verfahren anfällig für Messfehler ist. Der Eindruck wird dabei als kalottenförmig angenommen. Es exsistiert kein allgemein gültiges Verfahren zur Überführung der Brinellhärte in die Skalen anderer Härteprüfverfahren.
- **Härteprüfung nach *Rockwell***
  Das Verfahren zur Prüfung der *Rockwellhärte* ist in DIN EN ISO 6508-1 geregelt. Um weiche als auch harte Materialien testen zu können, stehen für das Verfahren

Tabelle 7.2 Übliche Härteprüfverfahren und deren Eindringkörpergeometrien.

Prüfverfahren	Geometrie des Eindringkörpers
Härteprüfung nach *Brinell*	Stahl- bzw. Hartmetallkugel unterschiedlicher Durchmesser
Härteprüfung nach *Rockwell*	Je nach Härteskala konischer Diamanteindringkörper (α=120°) mit einer Spitzenausrundung $r_s = 200\,\mu$m oder Hartmetallkugeln
Härteprüfung nach *Vickers*	Diamantpyramide mit quadratischer Grundfläche
Härteprüfung nach *Knoop*	Diamantpyramide mit rhombischer Grundfläche
Instrumentierte Eindringprüfung	Diamantpyramide nach *Vickers* oder *Berkovich*, Hartmetallkugel oder kugeliger Diamanteindringkörper

nach *Rockwell* mehrere Prüfspitzen zur Verfügung, die wiederum mit verschiedenen Prüflasten F_n belastet werden können. Daher wird die Rockwellhärte in insgesamt 11 Härteskalen *(A, B, C, D, E, F, G, H, K, N, T)* unterteilt. Zu den bekanntesten gehören die *Rockwell C Härte (HRC)* für harte Materialien, bei der ein konischer Prüfkörper aus Diamant mit einem Spitzenwinkel von $\alpha = 120°$ und einer Spitzenausrundung von $r_s = 200\,\mu$m genutzt wird. Ebenfalls vermehrt für weiche Materialien verwendet wird die *Rockwell B Härte (HRB)*, bei der eine Hartmetallkugel (Kugeldurchmesser: 1,59 mm) als Prüfkörper verwendet wird. Im Gegensatz zur Härte nach *Brinell* wird beim Verfahren nach *Rockwell* vor der eigentlichen Härteprüfung eine Prüfvorkraft aufgebracht. Die Härteprüfung erfolgt durch Steigerung der Kraft auf den Eindringkörper vom Vorkraftniveau auf die Prüfkraft (Hauptlast). Diese beträgt je nach Härteskala 117,7 N bis 1,373 kN. Nach einer Belastungszeit von zwei bis sechs Sekunden wird die Prüfkraft wieder auf das Vorkraftniveau reduziert. Die Differenz der Eindringtiefen vor und nach Auflagen der Hauptlast dient als Maß für die Rockwellhärte. Aufgrund der Vorkraft entfällt eine aufwendige Oberflächenpräparation, da die Eindringtiefe infolge Vorlast als Bezugsebene dient. Jeweils 0,002 mm Eindringtiefe entsprechen einer Rockwellhärteeinheit. Der Wertebreich ist je nach angewendeter Rockwell-Härteskala unterschiedlich.

- **Härteprüfung nach *Knoop***
  Die Härteprüfung nach *Vickers* (nach DIN EN ISO 6507-1) ist der Härteprüfung nach *Brinell* sehr ähnlich. Wesentlicher Unterschied ist, dass sie auch für dünnwandige oder oberflächengehärtete Bauteile geeignet ist. Für die Prüfung wird ein pyramidenförmiger Eindringkörper aus Diamant mit quadratischer Grundfläche und einem Spitzenwinkel von $\alpha_1 = 136°$ zwischen den gegenüberliegenden Flächen sowie $\alpha_2 = 148{,}112°$ zwischen den gegenüberliegenden Kanten (Abb. 7.3a) verwendet. Während der Prüfung wird der Eindringkörper mit einer definierten Prüflast F_n belastet. Die Diagonalen d_1 und d_2 des in der Werkstoffoberfläche verbleibenden Eindruckes, werden nach Rücknahme der Prüfkraft F_n mit einem Mikroskop vermessen und der arithmetische Mittelwert d_{HV} gebildet. Die Härte nach *Vickers* (HV) entspricht dem Quotienten aus der Prüfkraft F_n und der verbleibenden, tatsächlichen Kontaktfläche. Es gilt

$$HV = \frac{F_n}{A(d_{HV})} \,. \qquad (7.2)$$

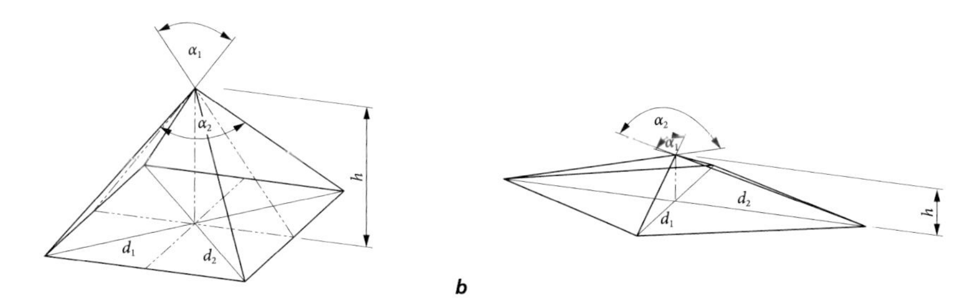

Abbildung 7.3 Geometrie des pyramidenförmigen *Vickers- (a)* und des rhombischen *Knoop*-Eindringkörpers *(b)*.

Die permanente Eindruckoberfläche $A(d_{HV})$ wird durch optische Vermessung der Eindruckdiagonalen d_{HV} und aus der Form der Pyramide gewonnen. Es gilt

$$A(d_{HV}) = \frac{d_{HV}^2}{2\,\sin 68^\circ}\,, \tag{7.3}$$

wobei d_{HV} der Mittelwert der beiden Eindruckdiagonalen ist. Das Verhältnis zwischen der Eindruckdiagonalen und der Eindringtiefe beträgt $d_{\mathrm{HV}}/h = 7{,}006$. Daraus folgt, dass die projizierte Oberfläche $A_{\mathrm{p},HV}$ in Abhängigkeit der Eindringtiefe

$$A_{\mathrm{p},HV} = 24{,}504\,h^2 \tag{7.4}$$

lautet. Insbesondere Spezialfälle der Härtemessung, wie beispielsweise sehr kleine Probenabmessungen oder dünne Oberfächenschichten erforderten ab den 1940er Jahren eine Weiterentwicklung von Härteprüfgeräten, welche auch die Verwendung kleiner Prüfkräfte erlaubten. Moderne Geräte ermöglichen Messungen im Nanobereich (vgl. Tab. 7.1). Neben der Kraftaufbringung im mN-Bereich werden hierbei hohe Anforderungen an die Wegmessung gestellt. Voraussetzung der Vergleichbarkeit von Härtewerten verschiedener Prüfkräfte ist die geometrische Ähnlichkeit des Eindringkörpers. Grundlage hierfür bietet das bereits Ende des 19. Jahrhunderts entwickelte *Kick*'sche Ähnlichkeitsgesetz (Kick, 1885). Demnach ändern sich die Diagonalen des Eindrucks proportional zur Eindringtiefe. Aus Gl. 7.3 folgt, dass sich die tatsächliche Kontaktfläche im Quadrat mit der Eindringtiefe ändert. Es gilt

$$A \propto h^2\,. \tag{7.5}$$

Für homogene und isotrope Materialien folgt daraus, dass

$$F_n \propto d_{HV}^2 \propto h^2 \,. \tag{7.6}$$

Somit hängt die Vickershärte (Gl. 7.2) für homogene und isotrope Werkstoffe[19] nicht von der Eindringtiefe ab, sondern kann als kraftunabhängiges Verfahren betrachtet werden. Aufgrund dieser Kraftunabhängigkeit erwies sich die Härteprüfung nach *Vickers* in der Praxis als vorteilhaft und die Entwicklung präziser Härteprüfgeräte wurde ab den 1940er Jahren vorangetrieben, sodass fortan Messungen auch mit kleinen Prüfkräften möglich waren und sich die Terminologie der technischen Härteprüfung um den Begriff der *Mikrohärte* erweiterte (Dengel, 1973).

Bedingt durch die Verwendung der tatsächlichen Kontaktfläche und nicht etwa der projizierten Fläche (auf Höhe der Probenoberfläche) lässt der Härtewert nach *Vickers* keine unmittelbare Folgerung auf mechanische Kontaktspannung zu (vgl. Gl. 8.1). Aus Gl. 7.2 und Gl. 7.3 folgt, dass für den Eindringkörper nach *Vickers* die projizierte Fläche das 0,927-fache der tatsächlichen Kontaktfläche ist. Demzufolge ist der Härtewert nach *Vickers* um etwa 8 % geringer als die mittlere Kontaktspannung p_m.

Eine Variation der Härte nach *Vickers* ist die Härteprüfung nach *Knoop* (HK, DIN EN ISO 4545-1). Diese Methode verwendet statt der gleichseitigen, pyramidenförmigen Diamantspitze einen rhombischen Eindringkörper. Der Spitzenwinkel beträgt $\alpha_1 = 130°$ für die kurze und $\alpha_2 = 172{,}5°$ für die lange Seite (Abb. 7.3b). Zur Bestimmung der Härte wird ausschließlich die lange Diagonale des Eindrucks gemessen. Die Berechnung erfolgt analog Gl. 7.2, allerdings unter Berücksichtigung der projizierten Eindruckfläche A_p.

7.4.2 Instrumentierte Eindringprüfung

7.4.2.1 Allgemeines

Die *instrumentierte Eindringprüfung* nach E DIN EN ISO 14577-1 dient der Bestimmung der Härte nach *Martens (HM)* und der Eindringhärte *(H_{IT})*. Die Härte nach *Martens* ist auch unter dem veralteten Begriff der *Universalhärte* bekannt. Für gewöhnlich wird dieses Verfahren für Eindringtiefen im Sub-Mikrometer Bereich verwendet (Tab. 7.1: Nanobereich). Im Gegensatz zu Härteprüfgeräten für die Verwendung im Makro- oder Mikrobereich

[19] Für Werkstoffe mit eindeutiger Gefügestruktur gilt zu beachten, dass die mit verminderter Prüfkraft erzeugten Eindrücke so klein werden, dass die Annahme eines quasiisotropen Werkstoffverhaltens ab einem gewissen Verhältnis der Messgröße (Diagonale) zu Gefügestruktur nicht mehr erfüllt ist.

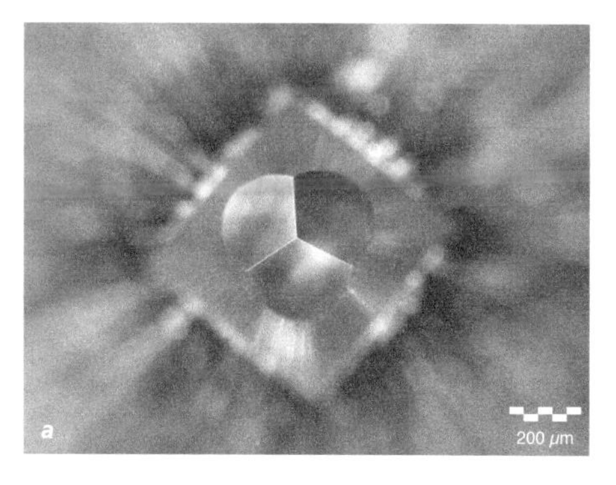

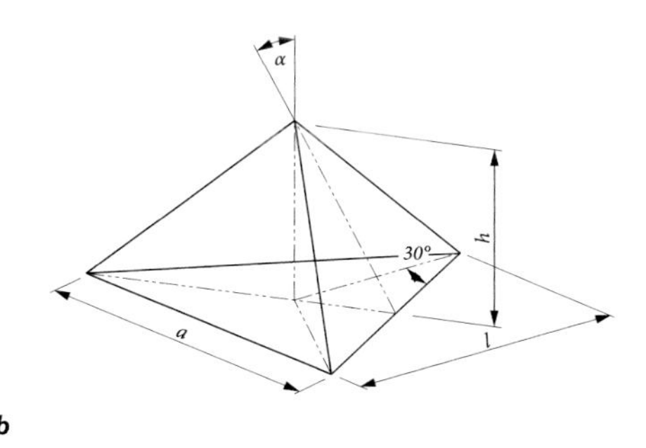

Abbildung 7.4 Geometrie des *Berkovich*-Eindringkörpers: Mikroskopische Aufsicht *(a)* und schematische Darstellung *(b)*.

müssen Prüfmaschinen in dieser Größenordnung eine sehr genaue Kraft- und Wegmessung aufweisen. Gegenüber den zuvor vorgestellten Härteprüfverfahren, bei welchen neben der Prüfkraft ausschließlich der verbleibende Härteeindruck als Messgröße bewertet wird, wird bei diesem Verfahren während der Belastungs- und Entlastungsphase kontinuierlich die Prüfkraft F_n und Eindringtiefe h gemessen. Ein wesentlicher Vorteil dieses Verfahrens ist, dass weitere Werkstoffeigenschaften wie der Eindringmodul und die elastisch-plastische Härte bestimmt werden können. Alle Werte können ohne eine optische Auswertung ermittelt werden. Für gewöhnlich erfolgt die Durchführung der Prüfung kraftgesteuert. Bei linearer Steigerung der Belastung dringt die Prüfspitze in die Probenoberfläche ein. Bei Erreichen der maximalen Prüfkraft $F_{n,max}$ kann die wirkende Beanspruchung optional über einen definierten Zeitraum gehalten werden, sodass zeitabhängige Effekte (z. B. Kriechen) gemessen werden können. Bei Rücknahme der Belastung sinkt die Eindringtiefe um den elastischen Anteil. Aufgrund der plastischen Verformungsarbeit erreicht die Prüfspitze (bei $F_n = 0\,\text{mN}$) nicht mehr ihre Ausgangslage.

Als Eindringkörper werden neben dem in Abs. 7.4.1 genannten *Vickers*-Eindringkörper vor allem der dreiseitige *Berkovich*-Eindringkörper verwendet (Abb. 7.1 und Abb. 7.4). In E DIN EN ISO 14577-2 wird zwischen dem *Berkovich*-Eindringkörper nach Khrushchov & Berkovich (1951) und dem modifizierten *Berkovich*-Eindringkörper differenziert. Die Geometrie des gewöhnlichen *Berkovich*-Eindringkörpers ist so gewählt, dass die tatsächliche Kontaktfläche bei jeder Eindringtiefe den gleichen Betrag wie mit einem *Vickers*-Eindringkörper erreicht. Die modifizierte Variante der Prüfspitze ist so ausgebildet, dass bei jeder Eindringtiefe die gleiche projizierte Kontaktfläche wie bei einem *Vickers*-Eindringkörper erreicht wird (vgl. Oliver & Pharr, 1992). Die Geometrie des *Berkovich*-Eindringkörpers ist in Abb. 7.4 dargestellt. Der Spitzenwinkel wird zwischen der Achse der Diamantpyramide sowie den drei Facetten definiert und beträgt für den gewöhnlichen *Berkovich*-Eindringkörper $\alpha = 65{,}03^\circ$ und für den modifizierten *Berkovich*-Eindringkörper

$\alpha = 65,27°$ (vgl. Abb. 7.4b). In den folgenden theoretischen Betrachtungen wird der *Berkovich*-Eindringkörper aufgrund der analytisch erfassbaren Axialsymmetrie in einen konischen Eindringkörper überführt. Die Kontaktoberfläche beider Geometrien ist dabei für einen Spitzenwinkel von $\alpha = 140,6°$ identisch.

7.4.2.2 Bestimmung der Härte nach Martens

Die Härte nach *Martens* HM berechnet sich aus dem Quotienten der maximalen Prüfkraft $F_{n,max}$ und der tatsächlichen Kontaktfläche $A(h)$ bei maximaler Eindringtiefe h_{max} und ist entsprechend E DIN EN ISO 14577-1 definiert als

$$HM = \frac{F_n}{A(h_{max})} . \tag{7.7}$$

Die Berechnung der Kontaktfläche ist abhängig von der verwendeten Diamantgeometrie. Für den *Vickers*-Eindringkörper wird die tatsächliche Kontaktfläche $A_V(h)$ berechnet nach

$$A_V(h_{max}) = \frac{4\,\sin\left(\frac{\alpha}{2}\right)}{\cos^2\frac{\alpha}{2}} \cdot h^2 . \tag{7.8}$$

Für den *Berkovich*-Eindringkörper folgt die tatsächliche Kontaktfläche $A_{BV}(h)$ aus

$$A_{BV}(h_{max}) = \frac{3\sqrt{3}\tan\alpha}{\cos\alpha} \cdot h^2 . \tag{7.9}$$

Gl. 7.8 und Gl. 7.9 sind ausschließlich gültig für Eindringtiefen $h \geq 6\,\mu$m. Bei kleineren Eindringtiefen entspricht die Geometrie der Prüfspitze aufgrund von Fertigungstoleranzen nicht mehr der Idealen, sodass die tatsächliche Flächenfunktion des Eindringkörpers heranzuziehen ist.

7.4.2.3 Bestimmung der Eindringhärte

Im Gegensatz zur Härte nach *Martens* bezieht sich die Eindringhärte H_{IT} auf die projizierte Kontaktfläche A_{p}. Sie ist ein Maß für den Widerstand gegenüber einer bleibenden Verformung. Entsprechend E DIN EN ISO 14577-1 gilt

$$H_{\mathrm{IT}} = \frac{F_{\mathrm{n,max}}}{A_{\mathrm{p}}} \,. \tag{7.10}$$

Die Berechnung der projizierten Kontaktfläche A_{p} ist für Eindringtiefen $h \geq 6\,\mu\mathrm{m}$ durch die theoretische Form des Eindringkörpers gegeben. Für einen *Vickers*-Eindringkörper gilt

$$A_{\mathrm{p}} = 24,50 h_{\mathrm{c}}^2 \,. \tag{7.11}$$

Bei originalen *Berkovich*-Eindringkörpern gilt

$$A_{\mathrm{p}} = 23,97 h_{\mathrm{c}}^2 \,, \tag{7.12}$$

bzw. für die modifizierte Ausführung des *Berkovich*-Eindringkörpers

$$A_{\mathrm{p}} = 24,49 h_{\mathrm{c}}^2 \,. \tag{7.13}$$

Dabei ist h_{c} die Tiefe des Kontaktes des Eindringkörpers mit der Probe. Sie ist in Gl. 7.23 definiert. Für Eindringtiefen $h \leq 6\,\mu\mathrm{m}$ ist auch hier die tatsächliche Flächenfunktion des Eindringkörpers heranzuziehen.

7.4.2.4 Last-Eindringtiefen-Kurve (*P-h*-Kurve)

Das wesentliche Merkmal der instrumentierten Eindringprüfung ist die *Last-Eindringtiefen-Kurve (P-h-Kurve)* (Abb. 7.5a). Sie besteht aus einer Belastungskurve und einer Entlastungskurve. Während die Belastungskurve elastische und plastische Verformungsanteile beinhaltet, ist die Entlastungskurve ausschließlich durch elastische Verformungsanteile geprägt. In Abb. 7.5b ist der Eindruckquerschnitt im Falle des »Einsinkens« (vgl. Abs. 7.3) des Werkstoffes schematisch dargestellt. Im anfänglichen Bereich der Belastungskurve kommt es aufgrund der Spitzenausrundung r_{s} des Eindringkörpers zu einem rein elastischen

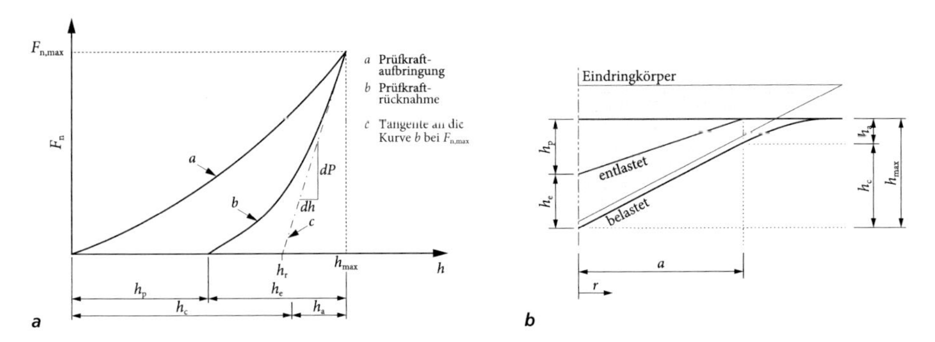

Abbildung 7.5 Last-Eindringtiefen-Kurve (*P*-*h*-Kurve) für ein elastisch-plastisches Werkstoffverhalten mit elastischer Rückverfomung während der Entlastung *(a)*: h_{max} ist die Eindringtiefe unter der maximalen Prüflast $F_{n,max}$, h_p ist die bleibende Eindringtiefe nach Rücknahme der Prüfkraft, h_e ist der elastische Anteil der Eindringtiefe, h_c beschreibt die Eindringtiefe der tatsächlichen Kontaktfläche, h_a ist die elastische Wegstrecke zwischen der Probenoberfläche und dem Rand des Kontaktes und h_r ist die aus der Kraftrücknahmekurve abgeleitete Tangententiefe. Schematische Darstellung des Eindruckquerschnitts im Falle des »Einsinkens« des Werkstoffs *(b)*.

Kontakt. Mit steigender Eindringtiefe wird der konische Bereich gegenüber der Spitzenausrundung des Eindringkörpers maßgebend, sodass es zu einem Übergang von einem rein elastischen zu einem elastisch-plastischen Kontakt kommt. Für den rein elastischen Kontakt resultiert unmittelbar unterhalb des Eindringkörpers die mittlere Kontaktspannung p_m entsprechend der *Hertz*'schen Kontaktformulierung (Gl. 8.5). Unter Ausbildung einer plastischen Zone bei weiterer Kraftzunahme erreicht die mittlere Kontaktspannung einen konstanten Wert, der auch als Eindringhärte H_{IT} (Abs. 7.4.2.3) bekannt ist (Fischer-Cripps, 2007).

7.4.2.5 Auswertung der Entlastungskurve

Für die Bestimmung der Eindringhärte H_{IT} ist die projizierte Kontaktfläche A_p zu bestimmen, also die Oberfläche des Eindringkörpers, die bei maximal wirkender Prüfkraft $F_{n,max}$ auch tatsächlich mit der Probe in Kontakt steht. Anhand Abb. 7.5 ist ersichtlich, dass die Berechnung der Härte maßgeblich von der Ermittlung der Eindringtiefe abhängt. So führt die Verwendung der maximalen Eindringtiefe h aufgrund des Vorhandenseins elastischer Verformungsanteile zu einem zu geringen Härtewert. Wird ausschließlich die verbleibende Eindrucktiefe h_p verwendet, wird die Härte überschätzt. Die Eindringhärte kann also nur über die tatsächliche Kontakttiefe h_c berechnet werden. Diese kann anhand der Eindringkörpergeometrie ermittelt werden. Es gilt der Zusammenhang

$$A_p = f(h_c) \,. \tag{7.14}$$

Die gemessene Eindringtiefe h setzt sich aus einem elastischen und einem plastischen Anteil zusammen. Daher gilt nach Abb. 7.5

$$h_{\mathrm{c}} = h_{\max} - h_{\mathrm{a}} \,. \tag{7.15}$$

Die bislang unbekannte elastische Größe h_{a} kann nicht experimentell gemessen werden, sodass auf Informationen aus der Last-Eindringtiefen-Kurve und analytische oder numerische Berechnungsansätze zurückgegriffen werden muss. Die ersten Untersuchungen zur Nutzung von Informationen aus Last-Eindring-Kurven gehen auf Tabor (1951) zurück. Er konnte anhand von Eindringversuchen mit sphärischen Eindringkörpern aus Hartmetall an metallischen Werkstoffen zeigen, dass die verbleibenden Eindrücke einen leicht größeren Kontaktradius aufweisen als der Radius des Eindringkörpers. Selbiges Phänomen konnte er auch für konische Eindringkörper nachweisen. Hierdurch konnte Tabor die Gültigkeit der elastischen Kontaktlösung nach *Hertz* demonstrieren und somit belegen, dass die Verformung durch Entlastung des Eindringkörpers nur durch den Eindringmodul E_{r} beschrieben werden kann. Entsprechend Oliver & Pharr (1992) gilt

$$\frac{1}{E_{\mathrm{r}}} = \frac{1-\nu^2}{E} + \frac{1-\nu_{\mathrm{i}}^2}{E_{\mathrm{i}}} \,. \tag{7.16}$$

Hierin sind ν die Querkontraktionszahl sowie E der Elastizitätsmodul des Probenmaterials. Hingegen bedeuten ν_{i} und E_{i} die äquivalenten Materialparameter des Eindringkörpers. Erste systematische Analysen von P-h-Kurven wurden ab den frühen 1970er Jahren durchgeführt (vgl. Bulychev, 1999). Diese Verfahren wurde durch Oliver & Pharr (1992) auf die Verwendung eines konischen Eindringkörpers erweitert. Gleichzeitig wurde die Eignung des Verfahrens für verschiedene Materialien mit variierender Härte und Elastiziätsmodul (darunter auch Kalk-Natronsilikatglas und Quarzglas) nachgewiesen.

Unter der Annahme, dass die Entlastung durch ein rein elastisches Materialverhalten beschrieben wird, betrachten Oliver & Pharr (1992) den Kontakt zu Beginn der Entlastungskurve ($F_{\mathrm{n}} = F_{\mathrm{n,max}}$) als ein rein elastisches Problem und nutzen elastische Kontaktgleichungen zur Berechnung der tatsächichen Kontaktfläche und des reduzierten Elastizitätsmoduls. Dabei greifen Sie auf die axialsymmetrische Lösung eines konischen Eindringkörpers auf elastischem Halbraum nach Sneddon (1948) zurück. Die Kraft auf den Eindringkörper berechnet sich hierbei zu

$$F_{\mathrm{n}} = \frac{2\,E_{\mathrm{r}}}{\pi\,(1-\nu^2)} \tan\left(\frac{\alpha}{2}\right) h^2 \,. \tag{7.17}$$

Der Winkel α ist dabei der Spitzenwinkel eines äquivalenten rotationssymmetrischen konischen Eindringkörpers. Zur Bestimmung der wahren Kontakttiefe h_c ist es notwendig, die Kontaktsteifigkeit S zwischen Probe und Eindringkörper/Prüfmaschine unter Annahme einer rein elastischen Entlastung der gesamten Kontaktfläche bei maximaler Eindringtiefe h_{max} zu bestimmen. Nach Oliver & Pharr (1992), respektive Fischer-Cripps (2007) erfolgt dies anhand einer linearen Regression der Entlastungskurve im Bereich von $F_{n,max}$ (Abb. 7.5a). Anschließende Ableitung der Geradengleichung liefert die Steigung der Regressionsgeraden, welche der Kontaktsteifigkeit S entspricht. Es gilt

$$S = \left. \frac{\mathrm{d}F_n}{\mathrm{d}h} \right|_{h_{max}} . \tag{7.18}$$

Durch Ableitung der Gl. 7.17 nach h folgt somit

$$S = \frac{\mathrm{d}F_n}{\mathrm{d}h} = \frac{4E}{\pi\,(1-\nu^2)} \tan\left(\frac{\alpha}{2}\right) h . \tag{7.19}$$

Anschließende Substitution in Gl. 7.17 liefert

$$F_n = \frac{1}{2}\frac{\mathrm{d}F_n}{\mathrm{d}h} h . \tag{7.20}$$

Entsprechend Abb. 7.5b ist h_c bei einem konischen Eindringkörper geometrisch definiert als

$$h_c = a \cdot \cot\left(\frac{\alpha}{2}\right) . \tag{7.21}$$

Hierbei ist a der Radius des tatsächlichen Kontaktes. Nach Gl. 7.15 kann h_c durch h_{max} und h_a berechnet werden. Die elastische Eindringtiefe h_a am Rand des Kontaktes ($r = a$) folgt nach Sneddon (1965) zu

$$h_{a(r=a)} = \frac{\pi - 2}{\pi} \cdot h_e . \tag{7.22}$$

Für einen rein elastischen Kontakt bei $F_n = F_{n,max}$ entspricht die maximale Eindringtiefe $h_{r=0}$ der elastischen Eindringtiefe ($h_{max} = h_e$). Gleichzeitig gilt somit $h_{r=a} = h_a$. Die Kontakttiefe h_c folgt aus Gl. 7.15 unter Substitution von h_e (Gl. 7.22) in Gl. 7.20 zu

$$h_c = h_{max} - \left[\frac{2(\pi - 2)}{\pi}\right] \cdot \frac{F_{n,max}}{dF_n / dh_e} = h_{max} - \varepsilon \cdot \frac{F_{n,max}}{dF_n / dh_e}\,, \tag{7.23}$$

wobei ε ein Geometriefaktor zur Berücksichtigung unterschiedlicher Eindringkörpergeometrien ist. Für einen Berkovich-Eindringkörper, bzw. eine konische Spitze beträgt $\varepsilon = 0{,}72$. Äquivalent zu E DIN EN ISO 14577-1, empfehlen Oliver & Pharr (1992) sowie Fischer-Cripps (2004) auf Grundlage von Vergleichsmessungen die Verwendung von $\varepsilon = 0{,}75$. Die Anpassung wird hierbei mit Inhomogenitäten im Material während der Lastrücknahme begründet. Für einen Eindringkörper in Form eines flachen Stempels beträgt $\varepsilon = 1{,}0$. In E DIN EN ISO 14577-1 erfolgt die Bestimmung der Kontakttiefe entsprechend

$$h_c = h_{max} - \varepsilon\,(h_{max} - h_r)\;. \tag{7.24}$$

Die Tangententiefe h_r ist dabei die Nullstelle der Regressionsgeraden der Kraftrücknahmekurve.

Für einen konischen Eindringkörper mit dem Spitzenwinkel α berechnet sich die Kontaktfläche A_p zu

$$A_p = \pi \cdot h_c^2 \cdot \tan^2\left(\frac{\alpha}{2}\right)\;. \tag{7.25}$$

Für den dem Berkovich-Eindringkörper äquivalenten konischen Eindringkörper mit einem Spitzenwinkel von $\alpha = 140{,}6°$ (vgl. Abs. 7.4.2.1) folgt für eine ideale Eindringkörpergeometrie

$$A_p = 24{,}51 \cdot h_c^2\;. \tag{7.26}$$

7.5 Experimentelle Bestimmung der Eindringhärte von Glas

7.5.1 Allgemeines

Für sämtliche bruchmechanische Betrachtungen in Kap. 8 zählt die Härte neben der Querkontraktionszahl ν zu den wichtigsten Materialeigenschaften. Zudem gelten Härteeindrücke in der Materialwissenschaft als probate Methode zur kontrollierten Vorschädigung von Gläsern. In Tab. 7.3 sind einige auf Kalk-Natronsilikatglas gemessene Härtewerte aufgeführt. Im Wesentlichen handelt es sich dabei um thermisch entspanntes Floatglas; thermisch vorgespannte Gläser scheinen hierbei nicht im Interesse der Forschung zu sein. Entsprechend Abs. 2.3.1, bzw. Abb. 2.5 ist jedoch die atomare Struktur des Glasnetzwerks im Gegensatz zu thermisch entspanntem Glas nicht so dicht angeordnet, weshalb bei vorgespannten Gläsern davon ausgegangen wird, dass die Härte im oberflächennahen Bereich geringer ist. Vereinzelt durchgeführte Härtemessungen an thermisch vorgespannten Gläsern (vgl. Tab. 7.3) unterstützen diese Hypothese. Hingegen konnten Tandon & Cook (1993), Beer (1996) und Untersuchungen am Werkstoffzentrum Rheinbach GmbH (2001) keine signifikanten Unterschiede der Vickershärte zwischen thermisch entspannten und vorgespannten Gläsern aufzeigen. Für chemisch vorgespanntes Glas wird aufgrund des in Abs. 2.5.2 beschriebenen Ionenaustauschs eine höhere Härte im oberflächennahen Bereich erwartet. Diesbezügliche Untersuchungen gehen auf Bousbaa et al. (2003) zurück, die für chemisch vorgespannte Gläser eine um etwa 13 % höhere Vickershärte gemessen haben.

7.5.2 Versuchsdurchführung

Um die Eindringhärte von Glas in Abhängigkeit der Art und dem Betrag der Vorspannung quantifizieren zu können, wurden Härtemessung mit einem Nanoindenter an der *Staatlichen Materialprüfungsanstalt Darmstadt* (Kompetenzbereich Oberflächentechnik) beauftragt. Die Versuchsdurchführung erfolgte mit einem *Universal Nanomechanical Tester – UNAT* (Asmec GmbH (2012), Abb. 7.6a) der Firma Asmec GmbH, Radeberg. Durch eine maximale Kraft von $F_n = 2\,\text{N}$ eignet sich das Gerät zur Charakterisierung mechanischer Oberflächeneigenschaften im Mikro- und Nanobereich. Dies beinhaltet die Messung von Eindringhärte, Eindringmodul und Martenshärte gemäß E DIN EN ISO 14577-1. Die Kraftauflösung des Nanoindenters beträgt $\leq 0{,}02\,\mu\text{N}$; die Auflösung der vertikalen Verschiebung beträgt $\leq 0{,}002\,\text{nm}$.

Für die Bestimmung der Eindringhärte von Gläsern im Bauwesen wurden insgesamt 10 Probekörper aus kommerziellem Kalk-Natronsilikatglas untersucht. Eine Übersicht ist in Tab. 7.4 dargestellt. Die thermisch entspannten Floatgläser (FG) sowie die Einscheibensicherheitsgläser (ESG) wurden von der Firma *Semcoglas Holding GmbH*, Westerstede, und

Tabelle 7.3 Härte von Glas.

Literaturquelle	**Härte** therm. entspanntes Floatglas $[\mathrm{N\,mm^{-2}}]$	vorgespanntes Floatglas $[\mathrm{N\,mm^{-2}}]$
Peter (1970)[a]	6.500	-
Lawn & Swain (1975)[a]	6.500	-
Kranich & Scholze (1976)[c]	4.160	-
Fröhlich et al. (1977)[b]	5.300	-
Arora et al. (1979)[a]	5.600	-
Lawn et al. (1979)[a]	5.700	5.500[d]
Lawn et al. (1980)[a]	5.500	-
Anstis et al. (1981)[a]	5.500	-
Marshall et al. (1982)[a]	5.500	-
Chaudhri & Phillips (1990)[b]	6.280	5.880[e]
Cook & Pharr (1990)[a]	5.900	-
Bulychev (1999)[b]	6.250	-
Bousbaa et al. (2003)[b]	5.910	6.610[f]
Rouxel et al. (2010)[b]	6.250	-

[a] Messverfahren nicht spezifiziert.
[b] Härte nach *Vickers (HV)*.
[c] Härte nach *Knoop (HK)*.
[d] Thermische Vorspannung: $\sigma_e = -128{,}0 \pm 15{,}0\,\mathrm{N\,mm^{-2}}$.
[e] Thermische Vorspannung: $\sigma_e = -280{,}0 \pm 180{,}0\,\mathrm{N\,mm^{-2}}$.
[f] Betrag der chemischen Vorspannung nicht definiert.

die chemisch vorgespannten Gläser (CVG) von der Firma *Yachtglass GmbH & Co. KG*, Dersum, zur Verfügung gestellt. Die Abmessungen der erstgenannten Probekörper betragen $(b \times h \times d)$ $200 \times 250 \times 8\,\mathrm{mm^3}$, die der chemisch vorgespannten Gläser $100 \times 100 \times 8\,\mathrm{mm^3}$. Bei den folgenden Betrachtungen wurde neben der Art und dem Betrag der Vorspannung zusätzlich die Orientierung der Glasoberflächen während des Floatprozesses (Zinnbad- und Atmosphärenseite; vgl. Abs. 2.4.3) sowie des thermischen Vorspannprozesses (Rollen- und Luftseite; vgl. Abs. 2.5.1) unterschieden. Bei den chemisch vorgespannten Gläsern wurde neben dem konventionellen Vorspannen im Salzbad (KNO_3), auch der Einfluss des zweimaligen Vorspannens untersucht. Entsprechend den Herstellerangaben beträgt die Druckzonenhöhe für einmalig vorgespanntes Glas etwa 32 μm und für zweimalig vorgespanntes Glas 45 μm. Der Betrag der chemischen Vorspannung wurde herstellerseitig durch ein spannungsoptisches Verfahren bestimmt. Der Betrag der Vorspannung der restlichen Probekörper wurde mit dem in Abs. 9.2.1 erläuterten Streulichtverfahren ermittelt.

Die Versuchsdurchführung erfolgte kraftgeregelt entsprechend Abb. B.1 in E DIN EN ISO 14577-1 bei einer Temperatur von $T = 23 \pm 2\,^\circ C$ und einer relativen Luftfeuchtigkeit von $45 \pm 10\,\%$ rF. Damit Luftbewegungen oder Bauwerksschwingungen die Messungen nicht beeinflussen, erfolgte die Durchführung in einem vom Gebäude durch Dämpfungselemente entkoppelten Versuchsschrank. Die Härtemessungen erfolgten mit einem (modifizierten) *Berkovich*-Eindringkörper der Firma *Synton-MDP AG*, Nidau/CH, welcher identisch zu den in Abb. 7.1 und Abb. 7.4 dargestellten Prüfspitzen ist. Neben einer maschinenseitigen Kalibrierung[20] der Prüfspitze an Referenzmaterialien, bei der eine Spitzenausrundung des Diamanten von $r_s = 215$ nm ermittelt wurde, wurde eine zusätzliche Kalibrierung an einer durch den *Deutschen Kalibrierdienst (DKD)* kalibrierten Härtevergleichsplatte aus BK7[21] durchgeführt (Abb. 7.7a). Auf Grundlage von 15 Einzelmesswerten ($F_n = 300$ mN; vgl. Abb. 7.7a) beträgt die Eindringhärte gemäß MPA NRW (2011) $H_{IT} = 7.981 \pm 30\,\text{N mm}^{-2}$. Durch Referenzmessungen am *UNAT* wurde auf Grundlage von 10 Einzelmesswerten eine

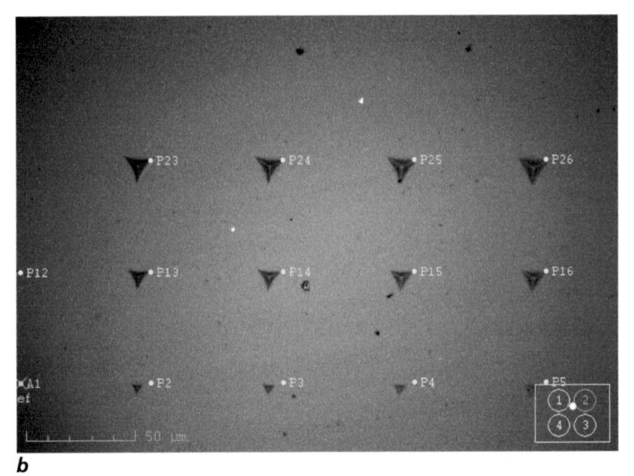

Abbildung 7.6 Nanoindenter *Universal Nanomechanical Tester – UNAT (a)* und exemplarische Darstellung erzeugter Härteeindrücke (P2-P5: $F_n = 100$ mN; P13-P16: $F_n = 300$ mN; P23-P26: $F_n = 500$ mN) auf thermisch entspanntem Floatglas *(b)*. (Bildnachweis: Asmec GmbH *(a)*; Staatliche Materialprüfungsanstalt Darmstadt *(b)*)

[20] Die maschinenseitige Kalibrierung (Ermittlung der wahren Eindringkörpergeometrie und der Nachgiebigkeit der Prüfmaschine) erfolgt an zwei Referenzmaterialien: Saphir (Al_2O_3) mit einer Eindringhärte $H_{IT} \approx 20.000\,\text{N mm}^{-2}$ und Quarzglas mit einer Eindringhärte von $H_{IT} \approx 9.000\,\text{N mm}^{-2}$. Für verschiedene Kraftniveaus ($F_n = 0{,}5$-1000 mN) wird aus einer Gegenüberstellung (bei $F_{n,max}$) der Wurzel der Kontaktfläche $(A(h))^{1/2}$ vs. Kontakttiefe h_c die Flächenfunktion der Prüfspitze aufgetragen und durch eine Potenzfunktion (Gl. 7.27) gefittet. Die ermittelte Flächenfunktion wird durch Härtemessungen bei einem kleinen Kraftniveau ($F_n = 50$ mN) mit Sollwerten verglichen.

[21] BK7 ist ein optisches Glas aus Borosilikat-Kronglas.

Tabelle 7.4 Umfang der Versuchsserie zur Bestimmung der Eindringhärte H_{IT} von thermisch entspannten sowie thermisch und chemisch vorgespannten Gläsern im Bauwesen.

Nr.	Bezeichnung	Glassorte	Oberfläche Floatprozess	Oberfläche Vorspannprozess	therm./chem. Vorspannung σ_e
[–]	[–]	[–]	[–]	[–]	[N mm^{-2}]
1	B-31	FG	Zinnbadseite	-	-6
2	B-32	FG	Atmosphärenseite	-	-7
3	B-45	ESG	Zinnbadseite	Rollenseite	-107
4	B-46	ESG	Zinnbadseite	Luftseite	-112
5	B-47	ESG	Atmosphärenseite	Rollenseite	-105
6	B-48	ESG	Atmosphärenseite	Luftseite	-110
7	CH-1	CVG[a]	Zinnbadseite	-	ca. -150[c]
8	CH-2	CVG[b]	Zinnbadseite	-	ca. -200[c]
9	CH-3	CVG[a]	Atmosphärenseite	-	ca. -150[c]
10	CH-4	CVG[b]	Atmosphärenseite	-	ca. -200[c]

[a] Chemischer Vorspannprozess wurde einmal durchgeführt.
[b] Chemischer Vorspannprozess wurde zweimal durchgeführt.
[c] Angaben entsprechend privater Kommunikation mit dem Glashersteller.

Eindringhärte $H_{IT} = 7.940 \pm 140\,\text{N mm}^{-2}$ bestimmt, sodass die Abweichung in einem akzeptablen Bereich von etwa 0,5 % liegt.

Die Versuchsdurchführung wurde erst nach vollständigem Erreichen eines konstanten Klimaniveaus gestartet. Die Probekörper wurden kraftschlüssig auf den Probenhalter des Nanoindenters geklebt und die zu prüfenden Oberflächen anschließend rückstandsfrei mit Isopropanol von Verunreinigungen gereinigt. Für jeden Probekörper wurden drei Kraftniveaus ($F_n = 100\,\text{mN}$, $F_n = 300\,\text{mN}$ und $F_n = 500\,\text{mN}$) untersucht. Die Kraftrate der Lastaufbringung auf den Eindringkörper wurde zu $\dot{F}_n = 20\,\text{N s}^{-1}$ gewählt. Nach Erreichen der maximalen Auflast $F_{n,max}$ wurde das Kraftniveau für $t = 30\,\text{s}$ gehalten, um dann mit identischer Kraftrate wieder entlastet zu werden. Der komplette Prüfzyklus dauerte somit $t = 40\,\text{s}$ ($F_n = 100\,\text{mN}$) bis $t = 80\,\text{s}$ ($F_n = 500\,\text{mN}$). Vor Prüfbeginn eines jeden Prüfzyklus wurde maschinenintern der Nullpunkt, die erste Berührung des Eindringkörpers mit der Probenoberfläche, für die Messung der Kraft-Eindring-Kurve vollautomatisch bestimmt. Um etwaige Materialinhomogenitäten zu erfassen, wurde jedes Kraftniveau je Probe mindestens siebenmal geprüft. Der Abstand der Härteeindrücke untereinander wurde dabei zu $\geq 50\,\mu\text{m}$ vorgegeben (Abb. 7.6b), sodass der von E DIN EN ISO 14577-1 geforderte Mindestabstand in Höhe des fünffachen größten Eindruckdurchmessers eingehalten ist.

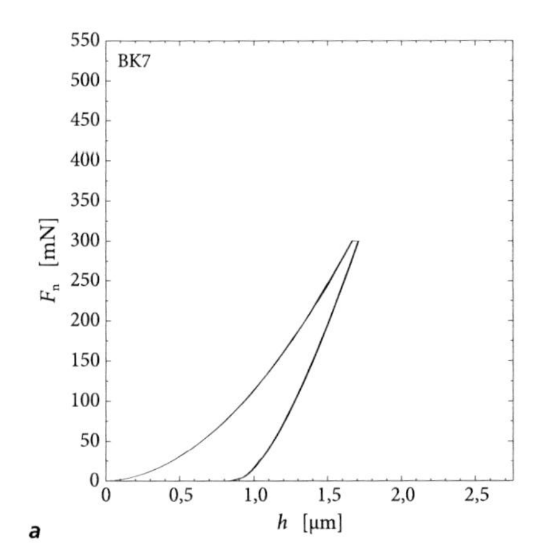

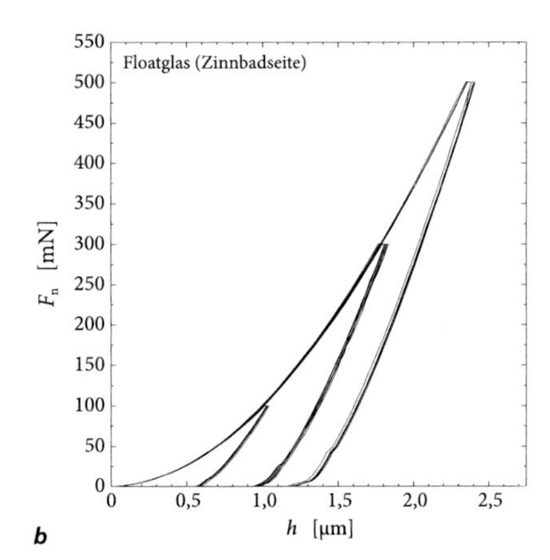

Abbildung 7.7 Für die kalibrierte Härtevergleichsplatte aus BK7 *(a)* und thermisch entspanntes Floatglas auf der Zinnbadseite (Probekörper B-31) *(b)* bestimmte *P*-*h*-Kurve.

7.5.3 Auswertung von Eindringversuchen

Die folgende Ermittlung der Eindringhärte H_{IT} für thermisch entspanntes Floatglas, Einscheibensicherheitsglas und chemisch vorgespanntes Floatglas basieren auf insgesamt 336 Härtemessungen. In Anh. A.2 sind die Einzelmesswerte und *P*-*h*-Kurven der Härtemessungen genannt bzw. dargestellt. In Abb. 7.7b sind exemplarisch die *P*-*h*-Kurven des Probekörpers B-31 für alle drei untersuchten Lastbereiche dargestellt. Die Kurvenverläufe sind in einem hohen Maß koinzident, was auf ein isotropes und homogenes Materialgefüge hinweist. Mikroskopaufnahmen der Härteeindrücke (Abb. 7.6b) zeigen, dass die Ränder der Härteeindrücke auf Glas durch einen sinking-in Effekt beeinflusst sind und somit eine Auswertung der Härteversuche ohne weitere Anpassungen entsprechend Abs. 7.4.2.5 erfolgen kann.

Alle Messungen wurden mit demselben Eindringkörper durchgeführt. Eine Überprüfung der Messgenauigkeit mittels Referenzmessungen an BK7 wurden vor und nach der Versuchsreihe durchgeführt. Die Berechnung der projizierten Kontaktfläche A_p erfolgt auf Grundlage der wahren und für den verwendeten Eindringkörper spezifischen Flächenfunktion. Die Anpassung der Eindringkörpergeometrie erfolgte an folgende Potenzfunktion

$$A_p^{1/2} = C_1 + C_2\, h_c^{1/4} + C_3\, h_c^{1/2} + C_4\, h_c + C_5\, h_c^{3/2}\,. \tag{7.27}$$

Hierbei wurden die Koeffizienten[22] auf Grundlage der maschinenseitigen Kalibrierung ermittelt. In Asmec GmbH (2012) wird empfohlen, bei der Ermittlung der Flächenfunktion

[22] C_1 = -0,4108947, C_2 = 2,71409, C_3 = -4,095027, C_4 = 8,182968, C_5 = -1,434717

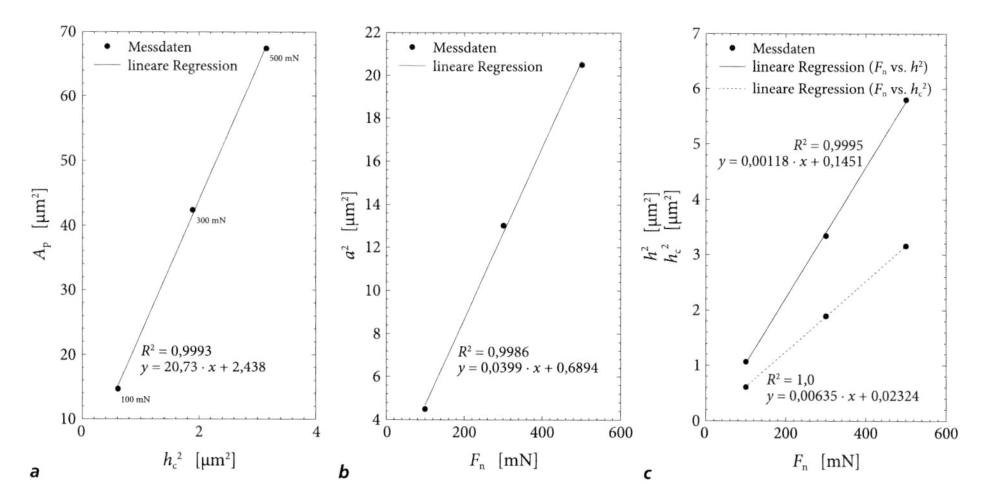

Abbildung 7.8 Proportionalität gemessener Eindringparameter für die Laststufen $F_n = 100$ mN, $F_n = 300$ mN und $F_n = 500$ mN am Beispiel des Probekörpers B-31: $A_p \propto {h_c}^2$ gemäß Gl. 7.5 *(a)*; $F_n \propto a^2$ *(b)* und $F_n \propto h^2$, bzw. $F_n \propto {h_c}^2$ gemäß Gl. 7.6 *(c)*.

A_p elastische Radialverschiebungen an der Probenoberfläche zu berücksichtigen. Unter Verwendung der als *radial displacement correction* bezeichneten Maßnahme, wird die nach Gl. 7.27 berechnete Flächenfunktion um einen vom Referenzmaterial abhängigen Faktor η_{A_p} reduziert. Diese Korrekturmaßnahme ist in der aktuellen Ausgabe der E DIN EN ISO 14577-1 nicht berücksichtigt, wird aber im Normenausschuss derzeit untersucht. Asmec GmbH (2012) empfiehlt bei der Verwendung von Quarzglas als Referenzmaterial einen Reduktionsfaktor von $\eta_{A_p} = 4{,}5\,\%$, der auch in den folgenden Betrachtungen berücksichtigt wurde.

In Abb. 7.8 wurde die Proportionalität der gemessenen Eindringparameter in Abhängigkeit der untersuchten Lastniveaus entsprechend dem *Kick*'schen Ähnlichkeitsgesetz (vgl. Gl. 7.6 und Gl. 7.5) gegenübergestellt. Die Messwerte können mit sehr hoher Genauigkeit durch eine lineare Regression angepasst werden, sodass die im Folgenden berechnete Eindringhärte H_{IT} als ein von der Beanspruchung F_n und der Eindringtiefe h unabhängiger Materialkennwert verstanden werden kann. Da die Materialcharakteristik der untersuchten Probekörper unmittelbar an der Oberfläche erfasst werden soll, werden im Folgenden die Messungen mit dem Lastniveau von $F_n = 100$ mN betrachtet. Die Messungen mit den beiden höheren Lastniveaus liefern vergleichbare Eindringhärten.

In Tab. 7.5 sind die empirischen Eindringparameter aufgelistet. Entsprechend dem in Abs. 7.4.2.5 geschilderten Vorgehen zur Bestimmung der Eindringhärte wurde unter Verwendung der wahren Flächenfunktion des Eindringkörpers (Gl. 7.27) die projizierte Kontaktfläche (A_p), die Kontakttiefe bei maximaler Prüfkraft h_c (Gl. 7.23), der Kontaktradius a (Gl. 7.21) und schließlich die Eindringhärte H_{IT} berechnet.

Tabelle 7.5 Empirische und berechnete Parameter (Mittelwerte und Standardabweichungen) der Härtemessungen auf Glas.

PK	**Empirische Parameter**		**Berechnete Parameter**			
	F_n	h	h_c	a	A_p	H_{IT}
[−]	[mN]	[μm]	[μm]	[μm]	[μm^2]	[N mm^{-2}]
B-31	99,886 ± 0,022	1,031 ± 0,005	0,780 ± 0,009	2,179 ± 0,026	14,666 ± 0,336	6.814 ± 153
B-32	99,908 ± 0,020	1,058 ± 0,005	0,790 ± 0,007	2,207 ± 0,021	15,024 ± 0,268	6.652 ± 121
B-45	99,884 ± 0,030	1,048 ± 0,003	0,793 ± 0,005	2,213 ± 0,014	15,108 ± 0,187	6.612 ± 83
B-46	99,894 ± 0,021	1,044 ± 0,004	0,793 ± 0,006	2,215 ± 0,017	15,126 ± 0,217	6.605 ± 96
B-47	99,879 ± 0,020	1,043 ± 0,004	0,797 ± 0,006	2,225 ± 0,016	15,254 ± 0,203	6.549 ± 88
B-48	99,897 ± 0,022	1,081 ± 0,004	0,808 ± 0,006	2,256 ± 0,015	15,668 ± 0,204	6.377 ± 82
CH-1	99,889 ± 0,028	0,982 ± 0,004	0,748 ± 0,006	2,088 ± 0,017	13,523 ± 0,210	7.388 ± 115
CH-2	99,896 ± 0,019	0,980 ± 0,004	0,745 ± 0,007	2,081 ± 0,018	13,438 5 ± 0,22	7.436 ± 125
CH-3	99,890 ± 0,019	0,982 ± 0,002	0,744 ± 0,004	2,077 ± 0,011	13,381 ± 0,129	7.466 ± 72
CH-4	99,886 ± 0,021	0,982 ± 0,002	0,744 ± 0,004	2,078 ± 0,010	13,391 ± 0,126	7.460 ± 69

Die Experimente zeigen, dass die Eindringhärte von thermisch entspanntem Floatglas (B-31 bis B-32) im Bereich von $H_{IT} = 6.650\text{-}6.800\,\mathrm{N\,mm^{-2}}$ liegt (Abb. 7.9). Die Zinnbadseite weist dabei die größere Eindringhärte auf, was durch die während des Floatprozesses in die Glasoberfläche diffundierten Zinnionen (vgl. Abs. 2.4.3) begründet sein kann. Grundsätzlich bestätigen die Versuche die in Tab. 7.3 anhand von Literaturangaben zusammengestellten Härtewerte von kommerziellem Kalk-Natronsilikatglas. Unabhängig von der Oberfläche sind die gemessenen Eindringhärten von thermisch vorgespanntem Kalk-Natronsilikatglas (Einscheibensicherheitsglas B-45 bis B-48; Abb. 7.9) im Mittel um etwa -2,9 % niedriger. Dies kann durch die in Abs. 2.3.1 und Abb. 2.4 erläuterte geringere Dichte des Glasnetzwerks im oberflächennahen Bereich begründet werden. Zwar zeigen die Messungen auf den Zinnbadseiten der vorgespannten Gläser (B-45 und B-46) eine geringfü-

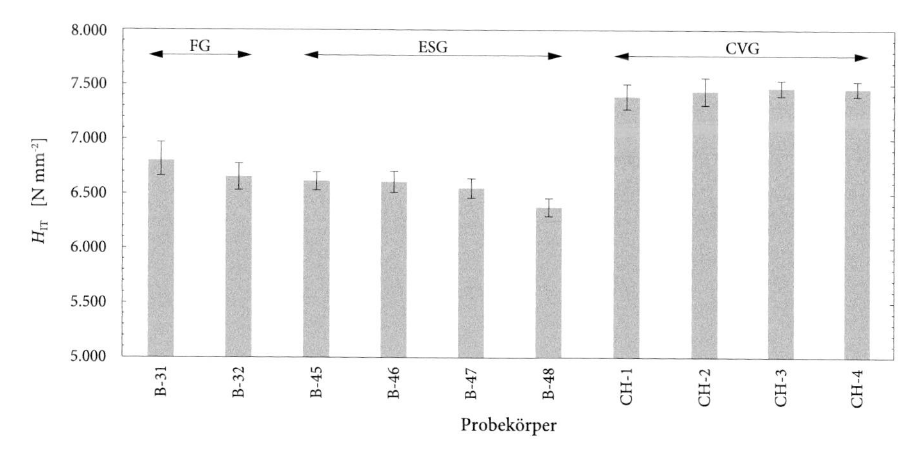

Abbildung 7.9 Ermittelte Eindringhärten für thermisch entspanntes Floatglas, Einscheibensicherheitsglas und chemisch vorgespanntes Glas.

gig höhere Eindringhärte (+2,2 %), jedoch ist die Eindringhärte von Probekörper B-48 mit etwa $H_{IT} = 6.377\,\text{N mm}^{-2}$ markant niedriger als der Durchschnitt $H_{IT} = 6.589\,\text{N mm}^{-2}$ der restlichen Probekörper aus Einscheibensicherheitsglas. Eine Begründung für diese Differenz liegt nicht vor. Unter Vernachlässigung des Probekörpers B-48 reduziert sich die Differenz der Eindringhärte zwischen Zinnbad- und Atmosphärenseite auf nur 0,9 %. Ein unmittelbarer Unterschied zwischen produktionstechnisch bedingten Oberflächenunterschieden während des Vorspannprozesses kann von den Messdaten (B-45 und B-46) nicht abgeleitet werden. Die ermittelten Eindringhärten von chemisch vorgespanntem Kalk-Natronsilikatglas (CH-1 bis CH-4; Abb. 7.9) sind mit durchschnittlich $H_{IT} = 7.438\,\text{N mm}^{-2}$ deutlich höher (+10,5 %) als solche von thermisch entspanntem Floatglas. Dies ist auf den während des chemischen Vorspannprozesses im oberflächennahen Bereich durchgeführten Ionenaustausch zurückzuführen (Abs. 2.5.2 und Abb. 2.11). Aufgrund der Tatsache, dass hier die Atmosphärenseite durchschnittlich eine geringfügig höhere Eindringhärte (+0,7 %) aufweist, liegt die Vermutung nahe, dass der Effekt der Zinnionen aus dem Floatprozess im Gegensatz zu dem Ionenaustausch während des Vorspannprozesses nicht mehr maßgeblich ist. Die höhere Eindringhärte könnte auch darauf hinweisen, dass der Ionenaustausch aufgrund der nicht vorhandenen Zinnionen im Glasnetzwerk auf der Atmosphärenseite des Glases uneingeschränkter stattfinden kann. Ein Unterschied zwischen einfach und zweifach chemisch vorgespannten Gläsern kann nicht abgeleitet werden. Die Streuung aller Messwerte beträgt maximal $\pm 2{,}25\,\%$.

7.6 Verfahren zur Bestimmung der Kratzbeständigkeit und Kratzhärte

Methoden zur Bestimmung der *Kratzbeständigkeit* und *Kratzhärte* (auch bekannt als *Ritzhärte*) gelten als Sonderverfahren der Härteprüfung. Sie existieren in einer Vielzahl von Methoden und dienen in der Regel als Qualitätskriterium von Kunststoffen, Beschichtungen, Lack- und Farbschichten sowie anspruchsvollen Oberflächen in der Automobil- und Flugzeugindustrie. Aber auch im Bereich der Hausgerätetechnik und für Möbelflächen wird sie als bewertende Eigenschaft herangezogen. Bekantestes Verfahren zur Bestimmung der Kratzhärte ist das 1822 von *Friedrich Mohs* entwickelte Ritzverfahren. Es beruht auf dem seither verbreiteten Prinzip aller Härteverfahren »Harte Stoffe ritzen weiche« (Mohs, 1822). Durch das exemplarische Zuordnen von Zahlenwerten für weit verbreitete und somit leicht zugängliche Minerale entstand die qualitative und einheitenlose Härteskala nach *Mohs*, die in der Mineralogie und Geologie bis heute Anwendung findet. Hierzu ordnete *Mohs* verschiedene Minerale entsprechend ihrer Härte nach in einer zehnstufigen Ritzhärteskala (Tab. 7.6), von Talk (1) als weichstes und Diamant (10) als härtestes Material. Dabei ist jedes Material der Skala in der Lage, numerisch Untergeordnete (z. B. Gips ritzt Talk, etc.) zu kratzen.

Im Gegensatz zu Eindringhärteprüfungen kann das Kratzhärteverfahren nach *Mohs* nur in einer vergleichenden Prüfung angewendet werden. Eine quantitative Ermittlung eines Kratzhärtewertes ist hiermit nicht möglich. Eine Umwertung/Korrelation der Ritzhärte in eine statische Eindringhärte ist qualitativ in Abb. 7.10 gezeigt. Hierzu wurden in Winchell (1945) (Eindringhärte nach *Knoop (HK)*) und Taylor (1949a) (Eindringhärte nach *Vickers (HV)* und *Knoop (HK)*) dokumentierte Eindringhärten gegenüber den Referenzmaterialien

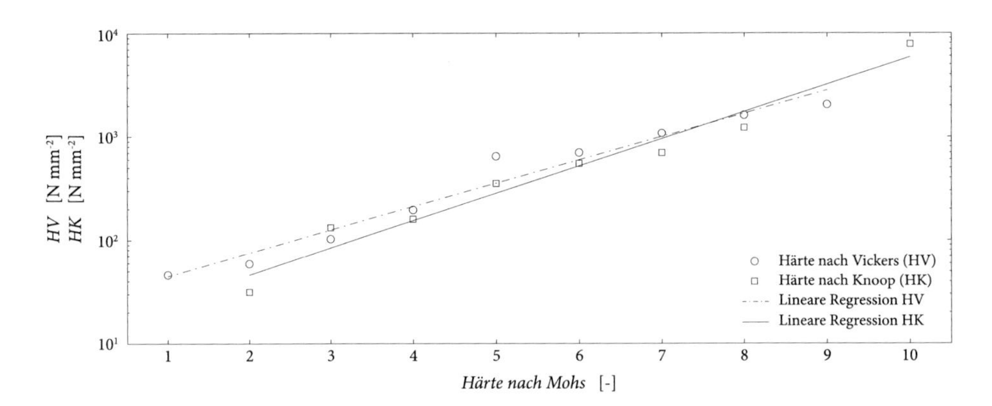

Abbildung 7.10 Gegenüberstellung der Härteskala nach *Mohs* und den statischen Härtewerten nach *Vickers* (aus Taylor, 1949a) und *Knoop* (aus Winchell, 1945).

Tabelle 7.6 Härteskala nach *Mohs* und Korrelation mit den statischen Härten nach *Vickers (HV)* und *Knoop (HK)*. Einheiten wurden in $\left[\mathrm{N\,mm^{-2}}\right]$ konvertiert.

Mohs-Härte	Mineral	Härte nach Vickers[a] HV $\left[\mathrm{N\,mm^{-2}}\right]$	Härte nach Knoop[b] HK $\left[\mathrm{N\,mm^{-2}}\right]$
1	Talk	461	*keine Angabe*
2	Gips	588	314
3	Kalkspat	1.030 - 1.422	1.324
4	Flussspat	1.716 - 1.961	1.598
5	Apatit	6.463	3.530 - 4.835
6	Feldspat (Orthoklas)	7.002	5.492
7	Quarz	4.707 - 12.356	6.963 - 7.747
8	Topas	16.161	12.258
9	Korund	20.447 (syn. Saphir: 26.674)	*keine Angabe*
10	Diamant	*keine Angabe*	78.453 - 83.357

[a] aus Taylor (1949a).
[b] aus Winchell (1945): Angaben nach Knoop, F., Peters, C. G., Emerson, W. B. (1939), Sensitive pyramidal-diamond tool for indentation measurements. In: *U.S. National Bureau of Standards, Research Paper No RP1220; the Bureaus's Journal of Research,* **23**: 39-61.

der Ritzhärte nach *Mohs* logarithmisch aufgetragen. Anhand der Steigung der Regressionsgeraden ist ersichtlich, dass für eine Härte nach *Mohs* von 1 bis 9 je Einheit der Wert der Eindringtiefe um das 1,7-fache *(HV)* bis 1,8-fache *(HK)* steigt. Die Härteskala nach *Mohs* sieht Diamant als härtestes Material vor. Im Gegensatz zu Winchell (1945) (Abb. 7.10) wird die Härte dieses Werkstoffes in Chacham & Kleinman (2000) und Eremets et al. (2005) mit 90 – 100 GPa angegeben; dies deckt sich mit Untersuchungen von Khrushchov & Berkovich (1951), die die Härte von Diamant zu 98.690,0 $\mathrm{N\,mm^{-2}}$ bestimmten.

Eine Korrelation der in Abs. 7.5 experimentell bestimmten Eindringhärten mit den in Tab. 7.6 dargestellten lässt für kommerzielles Floatglas auf der Härteskala nach *Mohs* eine Härte von 6-7 erwarten. Am ift Rosenheim (2005) wurde im Auftrag des *Bundesverband Flachglas e. V.* die Kratzbeständigkeit von thermisch entspanntem Floatglas und Einscheibensicherheitsglas mit dem Kratzhärteverfahren nach *Mohs* untersucht. Betrachtet wurden hierbei die Härteeinheiten 4 bis 6. Die Untersuchungen haben ergeben, dass bereits bei *Mohs*-Härte 4 Kratzspuren auf Glas zu sehen waren. In den dargestellten Mikroskopaufnahmen ist jedoch ersichtlich, dass es sich hierbei um Reibspuren ohne definierte Kratzspur handelt. Erst ab einer *Mohs*-Härte von 5 ist die Ausbildung einer solchen ersichtlich. Ab einer *Mohs*-Härte von 6 konnten Ausmuschelungen entlang der Kratzspur beobachtet werden.

Eine einheitliche Regelung zu Kratzversuchen auf Glas im Bauwesen existiert bislang nicht. Auf nationaler und europäischer Normungsebene existieren verschiedene Normen zur Ermittlung der Kratzbeständigkeit. Zur Prüfung einer einzelnen Schicht, einem Beschichtungsstoff oder der obersten Schicht eines Mehrschichtsystems wird in DIN EN ISO 1518-1 ein Verfahren zur Bestimmung der Kratzbeständigkeit unter konstanter Last und in DIN EN ISO 1518-2 unter kontinuierlich ansteigender Last definiert. Mit dieser qualitativen Prüfung kann eine Aussage getroffen werden, ob unter einer definierten Belastung eine Beschichtung durchdrungen wird, oder ab welcher Mindestlast eine Beschichtung beschädigt wird. Als Eindringkörper werden halbkugelförmige Prüfspitzen aus Hartmetall oder synthetischem Rubin verwendet. Die Spitzenausrundung beträgt entweder $r_s = 0{,}50 \pm 0{,}01$ mm oder $r_s = 0{,}25 \pm 0{,}01$ mm. Die Prüflast F_n liegt je nach Verfahren im Bereich von 1,0 N bis 30,0 N. Die Kratzerlänge beträgt $l_k = 40{,}0$ mm. Die Auswertung erfolgt optisch mit einer Lupe (min. vierfache Vergrößerung). In DIN EN 14323, DIN EN 15186 und DIN EN 438-2 wird ein Verfahren zur Bestimmung der Kratzbeständigkeit als Zahlenwert der höchsten angewendeten Kraft verwendet, die keinen durchgehenden Oberflächenkratzer hinterlässt. Als Eindringkörper wird eine halbkugelförmige Diamantspitze mit einem Spitzenradius von $r_s = 0{,}090 \pm 0{,}003$ mm und einem Spitzenwinkel $\alpha = 90°$ verwendet. Die Kratzprüfung erfolgt unter konstanter Last, wobei sich der Prüfkörper auf einem Drehteller mit 5 ± 1 Umdrehungen pro Minute dreht. Die Auswertung der Kratzversuche erfolgt aus einer Sichtentfernung von ungefähr 400 mm. Des Weiteren wird in DIN EN 15186 ein weiteres (lineares) Verfahren analog dem in DIN EN ISO 1518-1 und DIN EN ISO 1518-2 genannten Verfahren geregelt. Als Eindringkörper wird hierbei eine konische Diamantspitze mit einem Spitzenradius von $r_s = 0{,}30 \pm 0{,}01$ mm und einem Spitzenwinkel $\alpha = 60° \pm 1{,}0°$ verwendet. Die Auswertung erfolgt anhand einer optischen Messeinrichtung (z. B. Mikroskop) durch Messung der Kratzerbreite mit einer zulässigen Fehlergrenze von 0,05 mm. Speziell für Polymere enthält die Richtlinie VDI/VDE 2616-2 etwa 30 Sonderverfahren (außerhalb der üblichen Verfahren; vgl. Abb. 7.4.1), von denen 13 Stück in die Kategorie Ritzverfahren (Härteprüfung mit Translationsbewegung) eingeordnet wurden. Dabei handelt es sich in der Regel um Verfahren, bei denen ein sehr weicher Eindringkörper (z. B. Daumennagel (Kratzhärte nach *Peters*), Bleistift-Ritzmethode (Kratzhärte nach *Wolff-Wilborn*) oder härtere Prüfsspitzen aus Hartmetall, allerdings mit großen Kontaktflächen (z. B. Ritzhärteprüfung nach *Clemen*, *van Laar* oder *Bosch*), verwendet werden. Zwar werden diese Verfahren stets als Methoden zur Bestimmung der Kratzhärte definiert, es sei jedoch angemerkt, dass diese Sonderverfahren ausschließlich eine qualitative Prüfung zulassen, sodass durch eine Prüfung die Kratzbeständigkeit ermittelt wird.

Neben diesen Verfahren existiert eine Vielzahl an Messmethoden im Bereich der industriellen und firmenspezifischen Qualitätssicherung. Vor allem in der Automobilindustrie werden in der Regel firmenspezifische Verfahren zur Überprüfung von Lackschichten und Interieurbeschaffenheiten verwendet: So werden beispielsweise beim *Ford Scratch-Test* (FLTM BN 108-13), dem *General Motors Scratch-Test* (GMN3943) und dem *Daimler-Chrysler Scratch-Test* (LP-463DD-18-01) die Prüfwerkstoffe bei einem Kratztest mit Wolframcarbid-Spitzen und unterschiedlichen Auflasten geprüft. Aufgrund der simultanen Durchführung mit mehreren parallel geführten Prüfspitzen (jeweils unterschiedlich belastet), ist dieses Prüfverfahren auch als *Multi-Finger Scratch-Test* bekannt.

Zur Bestimmung der Kratzhärte unter Verwendung einer Diamantspitze findet sich innerhalb der amerikanischen Normung der Standard ASTM G171, der auch von der *National Aeronautics and Space Administration (NASA)* für die Charaktersierung von unterschiedlichen Materialoberflächen für Raumfahrtanwendungen genutzt wird (vgl. Kobrick et al., 2010, 2011). Die Kratzhärte kann hierbei für verschiedene Materialien (Metalle, Keramiken, Polymere, etc.) und beschichtete Werkstoffe bestimmt werden. Die Prüfung erfolgt unter konstanter Normalkraft F_{n} und Geschwindigkeit v_{k}. Als Eindringkörper wird ein konischer Diamant mit einem Spitzenwinkel von $\alpha = 120 \pm 5\,^{\circ}$ und einer Spitzenausrundung von $200 \pm 10\,\mu$m verwendet. Während der Messung wird die Normalkraft F_{n} auf den Eindringkörper gemessen; die Aufzeichnung der Tangentialkraft F_{t} auf den Eindringkörper kann optional erfolgen. Nach der Induzierung des Kratzers erfolgt die Vermessung der mittleren Kratzerbreite. Dabei ist darauf zu achten, dass ausschließlich die Breite der eigentlichen Kratzfurche bei der Ermittlung zu berücksichtigen ist. Seitliche Verwerfungen/Verdrängungen dürfen zur Bestimmung der Kratzerbreite nicht berücksichtigt werden. Hierzu wird der Kratzer durch mikroskopische (vgl. Abs. 3.4.4.4) oder profilometrische Verfahren (vgl. Abs. 3.4.4.6) dokumentiert. Die Kratzhärte (engl.: *scratch hardness number*) HS_{P} ist ähnlich der gewöhnlichen Härte (vgl. Abs. 7.1) definiert

$$HS_{\mathrm{P}} = \frac{k\,F_{\mathrm{n}}}{w_{\mathrm{k}}^2}\,. \tag{7.28}$$

Hierin ist k eine geometrische Konstante zur Berücksichtigung der Eindringkörpergeometrie und w_{k} die mittlere Breite der Kratzfurche. Bei der Berechnung wird vorausgesetzt, dass die Kontaktfläche die Form einer Halbkugel mit Krümungsradius r_{s} aufweist. Die projizierte Fläche ist daher ein Halbkreis, dessen Durchmesser der gemessenen mittleren Breite der Kratzfurche w_{k} entspricht. Obwohl die Tangentialkraft F_{t} optional während der Messung aufgezeichnet werden kann, wird diese nicht bei der Berechnung der Kratzhärte berücksichtigt. Sie dient in diesem Zusammenhang ausschließlich der Bestimmung des Reibungskoeffizienten

$$\mu = \frac{F_{\mathrm{t}}}{F_{\mathrm{n}}}\,. \tag{7.29}$$

Bedingt durch die oft weichen Spitzenmaterialien, die großen Kontaktflächen und gleichzeitig oftmals geringen Prüflasten sind die genannten Prüfungen zur Bestimmung der Kratzhärte von Glas durch eine Simulation realer Schadensmuster nicht geeignet. Insbesondere für thermisch und chemisch vorgespannte Gläser ist aufgrund der hohen lateralen Rissgeschwindigkeit eine hierdurch bedingte Anhebung der Glasoberfläche und darauf folgendes *Chipping*, teilweise unmittelbar nach dem Kratzvorgang, eine nachträgliche Bestimmung der Breite der Kratzfurche w_k nicht möglich. Folglich ist auch das Verfahren nach ASTM G171 für Glas nicht geeignet.

8 Kontaktspannungen und Rissinitiierung

8.1 Allgemeines

Bedingt durch elastische und inelastische Verformungen ist das Vorhandensein von Tiefen-, Radial- und Lateralrissen charakteristisch für Kratzspuren und Härteeindrücke auf Glas (Abs. 3.3.1). Neben den in Abs. 3.3.2 genannten frühen Arbeiten zum lokalen inelastischen Materialverhalten von Gläsern, wurden auch mechanische Ansätze zur Beschreibung des Spannungsfeldes unterhalb von singulären Eindringkörpern Bestandteil der Forschung. Erste Grundlagenuntersuchungen zur Rissinitiierung im Kontaktbereich gehen auf Lawn & Wilshaw (1975), Lawn & Swain (1975), Swain & Hagan (1976), Hagan & Swain (1978), Swain (1978), Swain (1979) und Conway & Kirchner (1980) zurück. Im Folgenden werden analytische Kontaktspannungsfunktionen genutzt, um die Rissinitiierung von Tiefen- und Lateralrissen bruchmechanisch zu beschreiben. Hierfür wird thermisch entspanntes und vorgespanntes Glas betrachtet.

Für gewöhnlich wird dem spröden Werkstoff Glas bei makroskopischer Betrachtung ein rein elastisches Materialverhalten unterstellt. Dies ist im mikroskopischen Maßstab bei lokalen Kontaktvorgängen nicht zutreffend. Während bei kristallinen Festkörpern (z. B. Metalle) plastische Verformungen anhand von atomaren Versetzungen beschrieben werden können und derartiges Materialverhalten bei Überschreiten einer Fließgrenze, respektive einer Fließspannung eintritt, ist diese Erklärung aufgrund der irregulären atomaren Struktur nicht ohne Weiteres auf den Werkstoff Glas übertragbar. Bislang existiert keine eindeutige Materialdefinition, die das inelastische Verformungsverhalten von Glas hinreichend genau beschreibt, weshalb in den folgenden Betrachtungen für unterhalb des Eindringkörpers auftretende inelastische Verformungen (Verdichtungszone) ein ideal plastisches Materialverhalten angenommen wird.

8.2 Zeitabhängigkeit von Rissinitiierung und -wachstum

Bedingt durch die Ausbildung elastischer und plastischer Verformungen im Kontaktbereich *scharfer* Eindringkörper (Abs. 3.3) erfolgt die Initiierung sowie das Wachstum der Tiefen-, Radial- und Lateralrisse zeitlich versetzt (Hagan & Swain, 1978; Lawn, 1993). Während des initialen Kontaktes und steigender Belastung kommt es durch den Eindringkörper zunächst zur Ausbildung einer inelastischen, irreversiblen Deformation bzw. einer *Verdichtungszone* (Abs. 3.3.2, Abb. 8.1a), welche durch ein elastisches Spannungsfeld umgeben ist. Bedingt durch dieses elastische Kontaktspannungsfeld kommt es mit Zunahme der Beanspruchung ($F_n \rightarrow F_{n,max}$) zunächst zur Initiierung des Tiefenrisses (Abb. 8.1b). Bis zum Erreichen der maximalen Auflast ($F_n = F_{n,max}$, Abb. 8.1c) unterliegt dieser einem stetigen Risswachstum. Durch Entlastung des Eindringkörpers ($F_n \rightarrow 0$; Abb. 8.1d) nimmt das elastische Spannungsfeld unterhalb der Verdichtungszone ab, sodass es zu keinem weiteren Risswachstum des Tiefenrisses kommt. Mit zunehmender Entlastung des Eindringkörpers werden entsprechend Cook & Pharr (1990) in Kalk-Natronsilikatglas ab etwa 60-70 % der maximalen Auflast F_n Radialrisse (Abs. 3.3.4) an der Glasoberfläche initiiert. Bei nahezu vollständiger Entlastung ($\leq 2\,\%\ F_{n,max}$) kommt es unterhalb der Verdichtungszone zur Ausbildung des lateralen Risssystems (Abb. 8.1e, Abs. 3.3.3).

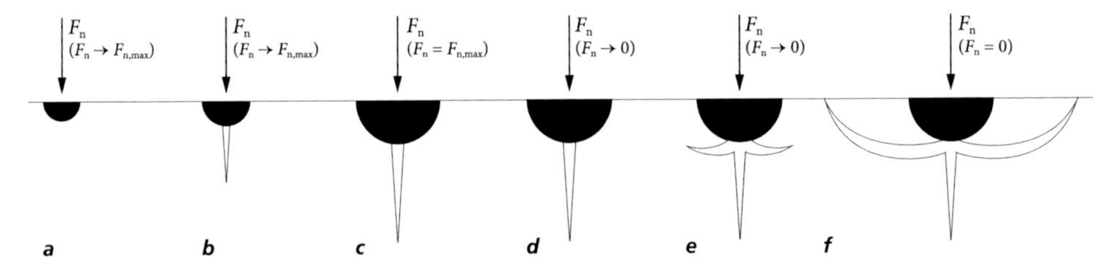

Abbildung 8.1 Schematische Darstellung der Rissinitiierung bei einem elastisch-plastischem Kontakt auf der Glasoberfläche. (nach Lawn, 1993)

8.3 Analytische Beschreibung des Kontaktvorganges

8.3.1 Allgemeines

Die Art des Spannungsfeldes im lokalen Kontaktbereich ist wesentlich von der Geometrie des Eindringkörpers abhängig. Während Kratzer auf Glasoberflächen für gewöhnlich durch unregelmäßig geformte Eindringkörper erzeugt werden (Abs. 3.6), sind für analytische

Betrachtungen ausschließlich rotationssymmetrische Geometrien verwendbar. Dabei ist elementar, dass die Kontaktzone durch die wirkende Kontaktspannung p_{m} wesentlich beeinflusst wird. Sie ist definiert als

$$p_{\mathrm{m}} = \frac{F_{\mathrm{n}}}{\pi a^2 \omega} \, . \tag{8.1}$$

Hierin ist F_{n} die auf den Eindringkörper normal wirkende Kraft, a der Kontaktradius und ω ein dimensionsloser Anpassungsfaktor zur Berücksichtigung der Geometrie des Eindringkörpers. Für einen axialsymmetrischen Eindringkörper lautet $\omega = 1$; für einen *Vickers*-Eindringkörper verwenden Lawn & Swain (1975) $\omega = 2/\pi$. Während die Kontaktspannung bei einem rein elastischen Kontakt wesentlich vom Kontaktradius abhängt, ist sie bei elastisch-plastischem Materialverhalten unter Annahme ideal isotroper Materialeigenschaften äquivalent zur Eindringhärte H_{IT} (Abs. 7.4.2.3) und somit eine Materialkenngröße. Für den Kontaktvorgang eines singulären Eindringkörpers auf Glas gilt daher

$$p_{\mathrm{m}} = H_{\mathrm{IT}} \, . \tag{8.2}$$

Zur Beschreibung des Spannungsfeldes ist zwischen elastischen Verformungen, die ausschließlich während der Belastung und Entlastung vorhanden sind, und inelastischen Verformungen, die auch noch nach abgeschlossener Entlastung vorliegen, zu unterscheiden. Insbesondere aus letzteren resultierende Spannungen, im Folgenden auch als induzierte Eigenspannungen bezeichnet, können durch spannungsoptische Mikroskopaufnahmen qualitativ sichtbar gemacht werden (Abb. 8.2). Sie bewirken ein Risswachstum der Lateralrisse auch nach Abschluss des Entlastungsvorgangs. Bedingt durch das Risswachstum kommt es zu einer Umlagerung bzw. einem Abbau der induzierten Eigenspannungen.

Alle im Folgenden verwendeten analytischen Lösungen vereint, dass der Grundkörper als gewichtsloser Halbraum mit homogenen und isotropen Eigenschaften angenommen wird. Eine Eigenschaft die auf das Materialgefüge von Glas im Mikroskopischen sehr gut zutrifft. Somit gilt das *Hook*'sche Gesetz ohne Einschränkung, sodass auch das Superpositionsprinzip ohne Einschränkungen angewendet werden kann. Dementsprechend können die außerhalb der Verdichtungszone wirkenden elastischen Spannungen und die induzierten Eigenspannungen superponiert werden. Unabhängig von dem Eigenspannungszustand aus thermischer oder chemischer Vorspannung, können die Spannungen zu jedem Belastungs- und Entlastungszeitpunkt nach folgendem Superpositionsprinzip ermittelt werden:

$$\sigma_{ij} = A \left(\sigma_{ij}^{\mathrm{n}} + \mu \, \sigma_{ij}^{\mathrm{t}} \right) + B \, \sigma_{ij}^{\mathrm{r}} \, , \tag{8.3}$$

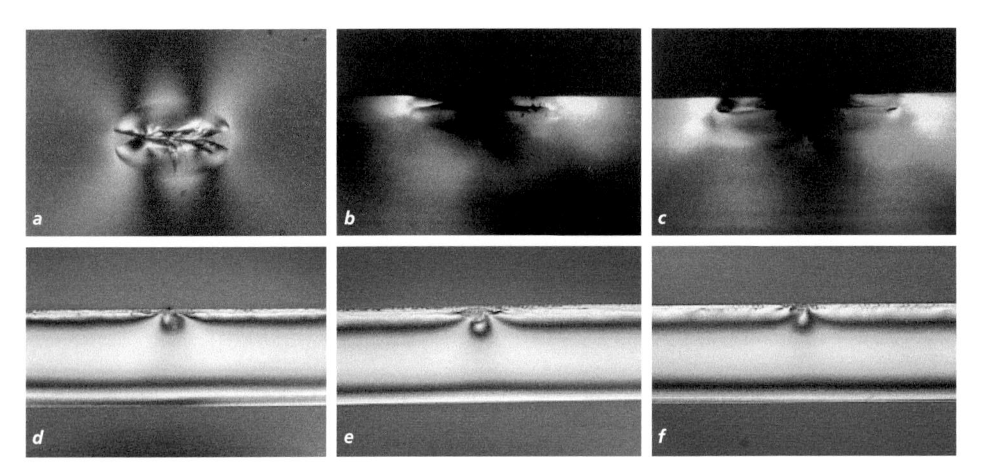

Abbildung 8.2 Spannungsoptische Aufnahmen von induzierten Eigenspannungsfeldern im Bereich von Kratzspuren auf Glas: Aufsicht eines Scheidradeindrucks unmittelbar nach Schädigung *(a)*; Querschnitt einer Kratzspur bevor *(b)* und nachdem *(c)* Lateralrisse an die Glasoberfläche vorgedrungen sind; Querschnitt durch eine Kratzspur direkt nach Induzierung *(d)*, nach 15 Minuten *(e)* und nach 30 Minuten. (Bildnachweis: Günther Mattes *(a-c)*; Aachener Chemische Werke GmbH *(d-f)*)

$$\tau_{ij} = A\left(\tau_{ij}^{\mathrm{n}} + \mu\,\tau_{ij}^{\mathrm{t}}\right) + B\,\tau_{ij}^{\mathrm{r}}\,. \tag{8.4}$$

Hierin ist A ein Anpassungsfaktor, der für einen maximal belasteten Eindringkörper ($F_{\mathrm{n}} = F_{\mathrm{n,max}}$) $A = 1$ und für einen entlasteten Eindringkörper ($F_{\mathrm{n}} = 0$) $A = 0$ annimmt, μ ist der Reibungskoeffizient, welcher das Verhältnis der tangentialen zur normalen Belastung ($F_{\mathrm{n}}/F_{\mathrm{t}}$) berücksichtigt. B ist ein weiterer Anpassungsfaktor (Abs. 8.3.3; Gl. 8.14 und Gl. 8.15), um die Ausprägung der Verdichtungszone und das hierdurch bedingte Eigenspannungsfeld zu berücksichtigen. Spannungen mit Index n verweisen auf eine zur Glasoberfläche normale Beanspruchungsrichtung des Eindringkörper, Index t auf eine tangentiale Beanspruchung durch den Eindringkörper und Index r auf das durch die Verdichtungszone eingeprägte Eigenspannungsfeld. Während neben dem lokalen Eigenspannungsfeld bei einem stationären Kontakt (z. B. einem Härteeindruck) eine ausschließlich normal zur Glasoberfläche wirkende Belastung auftritt, wirken bei Kratzern aufgrund von Reibeffekten zusätzlich noch tangentiale Beanspruchungen. Für die elastischen Spannungen, als auch die induzierten Eigenspannungen existieren verschiedene analytische Lösungsansätze, die im Folgenden vorgestellt werden sollen. Den Betrachtungen werden die in Abb. 8.3 dargestellten Koordinatensysteme zugrunde gelegt.

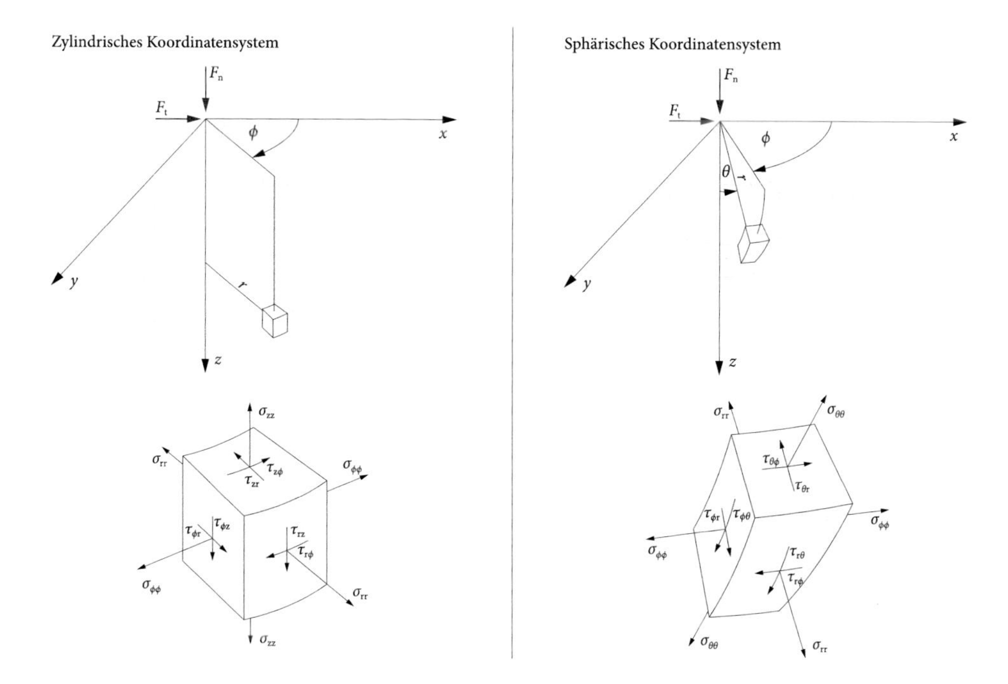

Abbildung 8.3 Zylindrisches und sphärisches Koordinatensystem.

8.3.2 Elastische Kontaktspannungen

Zu den bekanntesten elastischen Kontaktspannungsfeldern gehört die *Hertz'sche* Lösung (Hertz, 1881), auch bekannt als *Hertz'sche Pressung*, zur Beschreibung der Kontaktspannungen sphärisch gekrümmter Oberflächen. Unter der Annahme eines reibungslosen Kontaktes war es *Hertz* möglich, die Kontaktnormalspannung unmittelbar unterhalb des Eindringkörpers anhand der folgenden elliptischen Spannungsverteilung

$$\frac{\sigma_{zz}}{p_m} = -\frac{3}{2}\left(1 - \frac{r^2}{a^2}\right)^{1/2} \qquad r \leq a \tag{8.5}$$

zu beschreiben (Abb. 8.4). *Hertz* berechnete nicht die Spannungsverteilung im Inneren des Grundkörpers[23]. Wenige Jahre nach *Hertz* begann mit *Boussinesq's* Betrachtung einer auf einen elastischen Halbraum vertikal wirkenden Einzelkraft die Untersuchung der

[23] Detaillierte Betrachtungen des Spannungsfeldes im Inneren des kontaktierten, flachen Grundkörpers, belastet durch einen sphärischen Eindringkörper, wurden auf Grundlage der Überlegungen von Hertz (1881) unter anderem von Huber (1904) durchgeführt und können beispielsweise Timoshenko & Goodier (1970) oder Johnson (2003) entnommen werden.

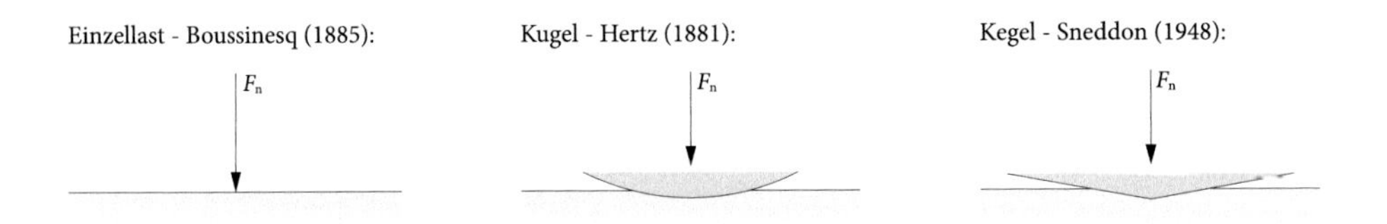

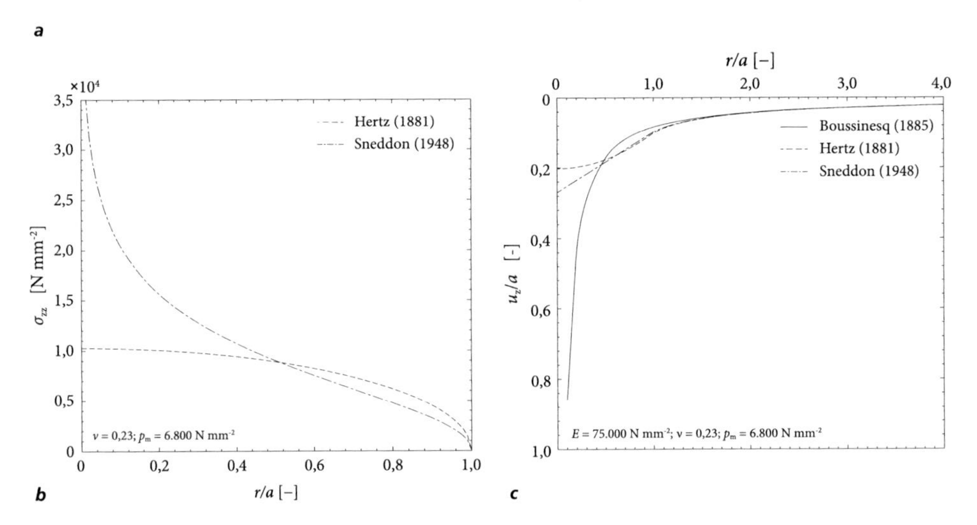

Abbildung 8.4 Eindringkörpergeometrien *(a)*, elastische Kontaktspannungen *(b)* und elastische Verschiebungen im Kontaktbereich *(c)*.

Spannungsverteilung auch im Inneren eines Grundkörpers. Entsprechend Boussinesq (1885) kann das Spannungsfeld in zylindrischen Koordinaten als

$$\sigma_{ij} = \frac{F_\mathrm{n}}{\pi r^2} \left[f_{ij}(\nu, r, z) \right] \tag{8.6}$$

dargestellt werden. Hierin ist f_{ij} die allgemeine Darstellung der Spannungsfunktion (s. Gl. A.1-A.5). Die im Inneren des Grundkörpers erzeugten Spannungen sind proportional zu der auf die Oberfläche vertikal wirkenden Einzelkraft F_n und klingen proportional mit der Inversen der quadratischen Entfernung zum Lasteinleitungspunkt in Abhängigkeit zum Winkel θ ab. Aus Gl. 8.6 geht hervor, dass das Spannungsfeld seitens der Materialparameter neben der Härte ausschließlich durch die Querkontraktionszahl ν beeinflusst wird. Eine in Gl. 8.6 vernachlässigte Kontaktfläche ($a = 0$), impliziert bei $r \to 0$ eine Spannungssingularität. Mindlin (1936) modifizierte den Lösungsansatz nach Boussinesq (1885). Im Gegensatz zu Gl. 8.6 befindet sich der Lastangriffspunkt der Einzellast um den Betrag s

variabel unterhalb der Oberfläche. Die Einzellast kann dabei in zur Oberfläche normaler und tangentialer Richtung angreifen, sodass das Spannungsfeld nach Mindlin (1936) in allgemeiner Darstellung und kartesischen Koordinaten

$$\sigma_{ij} = \frac{F_\mathrm{n}}{\pi r^2}\left[f_{ij}^\mathrm{n}(\nu,r,s,z) + \mu f_{ij}^\mathrm{t}(\nu,r,s,z)\right] = \frac{F_\mathrm{n}}{\pi r^2} f_{ij}^\mathrm{r}(\nu,r,s,z) \tag{8.7}$$

lautet (s. Gl. A.7 bis Gl. A.18). Hierin sind f_{ij}^n die normale und f_{ij}^t die tangentiale Spannungsfunktion, respektive f_{ij}^r deren Resultierende. Entsprechend Gl. 8.4 ist μ der Reibungskoeffizient und s der vertikale Abstand des Lastangriffspunktes zur Oberfläche des elastischen Halbraums. Für einen rein stationären Kontakt gilt dementsprechend $\mu = 0$ und mit $s = 0$ liefert Gl. 8.7 eine zu dem Ansatz von *Boussinesq* (Gl. 8.6) identische Lösung, sodass auch die Lösung nach Mindlin (1936) ein ausgeprägtes singuläres Verhalten für $r \to 0$ aufzeigt. In Abb. 8.5b-c ist die Spannungsverteilung σ_1 für einen mit einer Reibungskraft behafteten Kontakt dargestellt. Dabei wurde der Reibungskoeffizient zu $\mu = 0{,}5$ gewählt. Der Lastangriffspunkt der tangentialen und der normalen Einzelkraft wurde mit $s = 0$ an der Oberfläche gewählt. Der Einfluss der tangentialen Kraftkomponente ist in Abb. 8.5a dargestellt. Die Lage des Angriffspunktes variiert dabei im Bereich $0 < s \leq 1/2a$. Es ist auffällig, dass im Gegensatz zur normalen Kraftkomponente F_n, die tangentiale Beanspruchung F_t unabhängig vom Lastangriffspunkt s für einen Tiefenriss eine um den Faktor 10^{-3} (vgl. Abb. 8.5a und Abb. 8.7a) wesentlich geringere risswirksame Spannungsverteilung bewirkt. Dementsprechend ist die Ausbildung der Risssysteme für stationäre und reibende Kontakte rechnerisch als identisch anzunehmen. Der wesentliche Unterschied zwischen einer stationären Beanspruchung (F_n) und einer tangentialen Beanspruchung ($F_\mathrm{n} + F_\mathrm{t}$) besteht in einem parallel zur Bewegungsrichtung asymmetrisch ausgebildeten Hauptspannungsverlauf σ_1 (Abb. 8.5b), während orthogonal zur Bewegungsrichtung kein Unterschied zu erkennen ist (vgl. Abb. 8.5c und Abb. 8.6a (*Boussinesq*)). Dies wird durch ähnliche analytische Untersuchungen von Conway & Kirchner (1980) bestätigt. Bedingt durch die asymmetrische Spannungsverteilung wirkt bei einem mit einer Reibungskraft behafteten Kontakt auf den Halbraum hinter dem Eindringkörper eine auf die Rissufer des Tiefenrisses länger wirksame Zugbeanspruchung. In Kombination mit subkritischen Risswachstumseffekten (Kap. 5) könnte dies, im Gegensatz zu einem stationären Kontakt, bei einem Kontakt mit tangentialer Kraftkomponente zu größeren Risstiefen des Tiefenrisses führen. Über einen derartigen Effekt (subkritische Risswachstumseffekte von Radialrissen bei Härteeindrücken) berichten beispielsweise Lawn et al. (1983).

Aufbauend auf der Betrachtung der *Hertz'schen* Kontaktspannung entwickelte Sneddon (1948, 1965) eine komplexe analytische Lösung zur Bestimmung der Kontaktspannungen und des Spannungsfeldes im Inneren eines Grundkörpers infolge eines konischen (rotationssymmetrischen) Eindringkörpers (vgl. Abb.8.6). Wie auch bei den Betrachtungen von Hertz

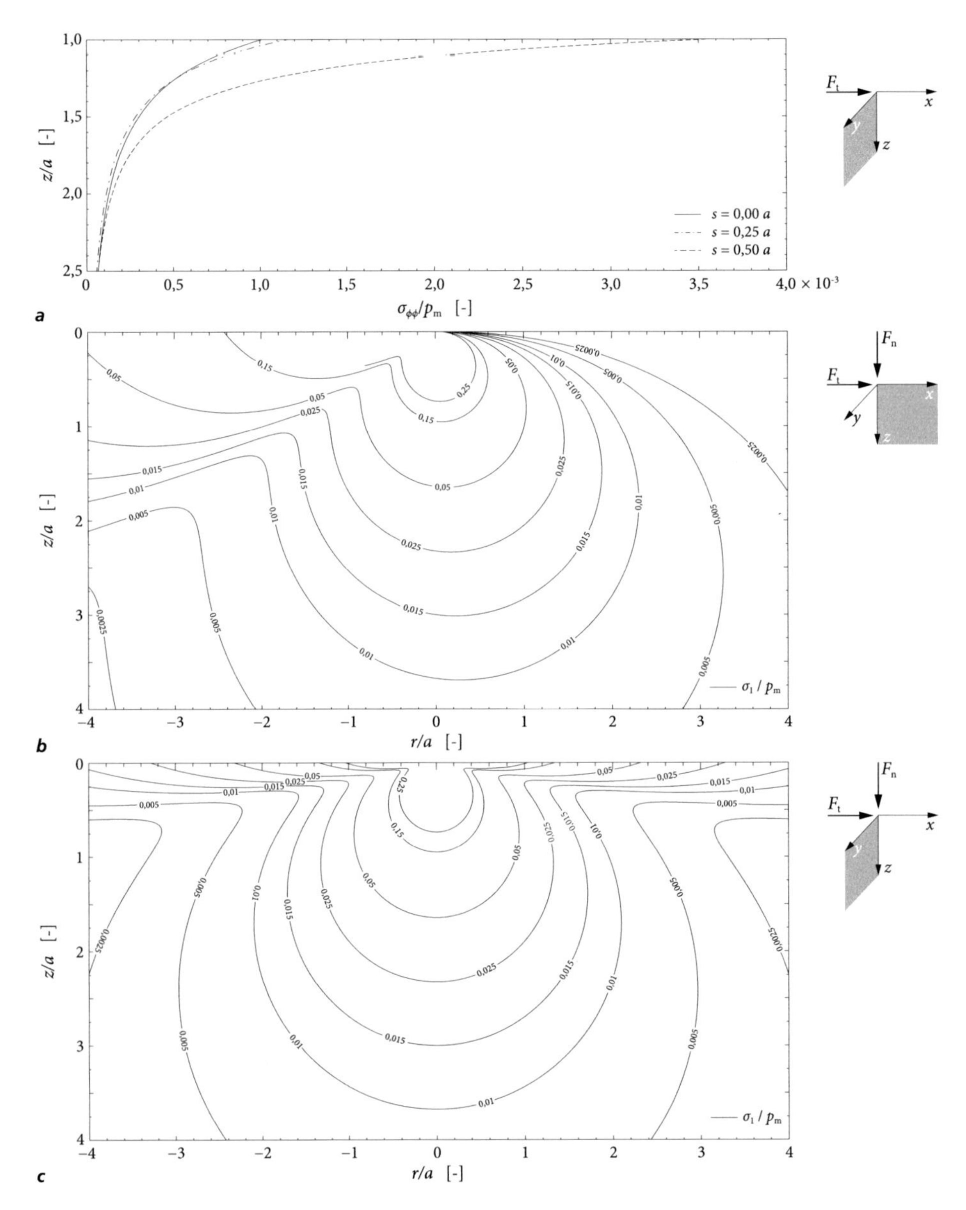

Abbildung 8.5 Infolge einer tangentialen Einzelkraft F_t entlang der z–Achse senkrecht auf die Rissufer wirkende Spannung $\sigma_{\phi\phi}$ in Abhängigkeit des Lastangriffspunkts s *(a)*. Hauptspannungsverteilung σ_I für einen mit einer Reibungskraft behaftetem Kontakt ($\mu = 0{,}5$, $\nu = 0{,}23$, F_n und F_t): In *(b)* ist die Spannungsverteilung in $x-z-$ und in *(c)* in $y-z-$Ebene dargestellt. Die Dimensionen r und z wurden auf den Kontaktradius a normiert; Spannungen sind entsprechend Gl. 8.1 mit $\omega = 1$ auf die Kontaktspannung p_m normiert.

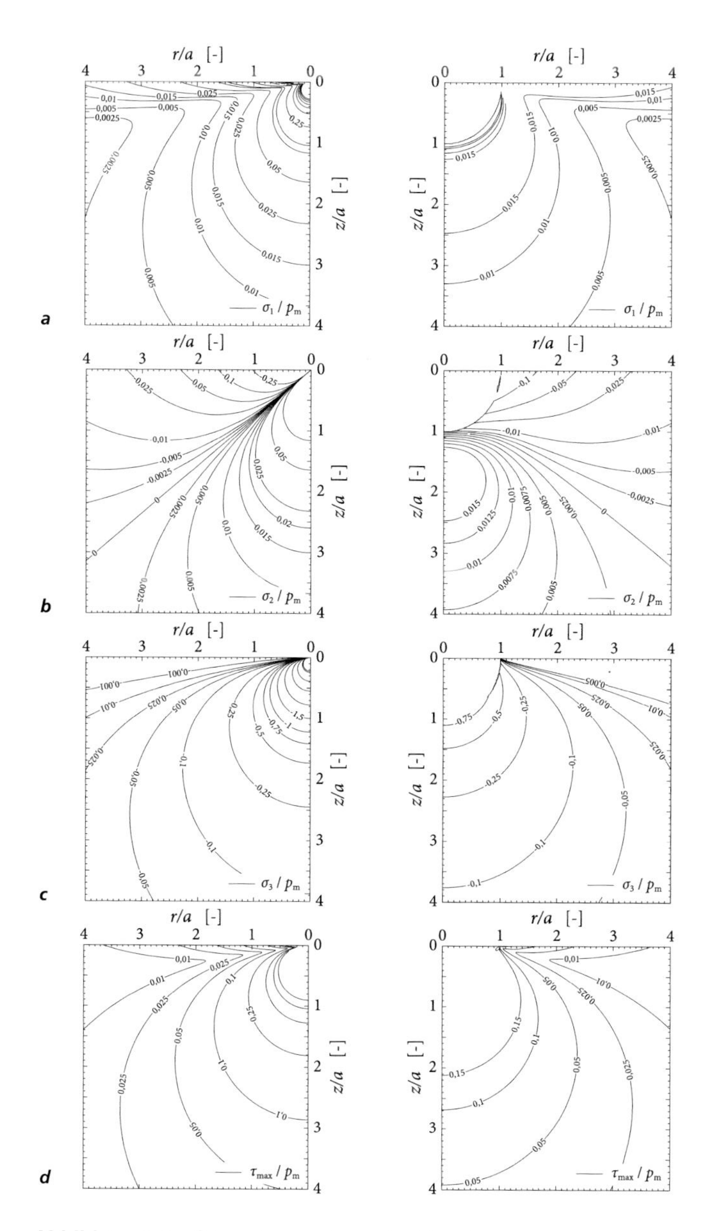

Abbildung 8.6 Gegenüberstellung der Hauptspannungsverteilungen infolge einer Einzellast nach Boussinesq (1885) und eines konischen Eindringkörpers nach Sneddon (1948) für $\nu = 0{,}23$: σ_1 *(a)*, σ_2 *(b)*, σ_3 *(c)* und $\tau_{\max}$ *(d)*. Die Dimensionen r und z wurden auf den Kontaktradius a normiert; Spannungen sind für die Lösung nach Boussinesq (1885) auf die Kontaktspannung p_{m} normiert (hierzu wurde Gl. 8.1 mit $\omega = 1$ verwendet).

(1881) und Boussinesq (1885) wirkt der Eindringkörper orthogonal zur Oberfläche des elastischen, isotropen und homogenen Halbraums. Die Oberfläche des Halbraums bildet im Lastangriffspunkt den Ursprung des Koordinatensystems. Die Kontaktspannungsverteilung ist in Abb. 8.4b dargestellt und lautet entsprechend Johnson (1970)

$$\frac{\sigma_{zz}}{p_m} = -\cosh^{-1}\frac{a}{r} \qquad r \leq a\,. \tag{8.8}$$

Die mittlere Kontaktspannung p_m wird bei einem sehr harten konischen Eindringkörper und rein elastischem Materialverhalten ausschließlich durch den Öffnungswinkel des Eindringkörpers und den Elastizitätsmodul E sowie die Querkontraktionszahl ν des Grundkörpers beeinflusst und lautet nach Johnson (1970), respektive Fischer-Cripps (2007)

$$p_m = \frac{\cot\alpha\, E}{2\,(1-\nu^2)}\,. \tag{8.9}$$

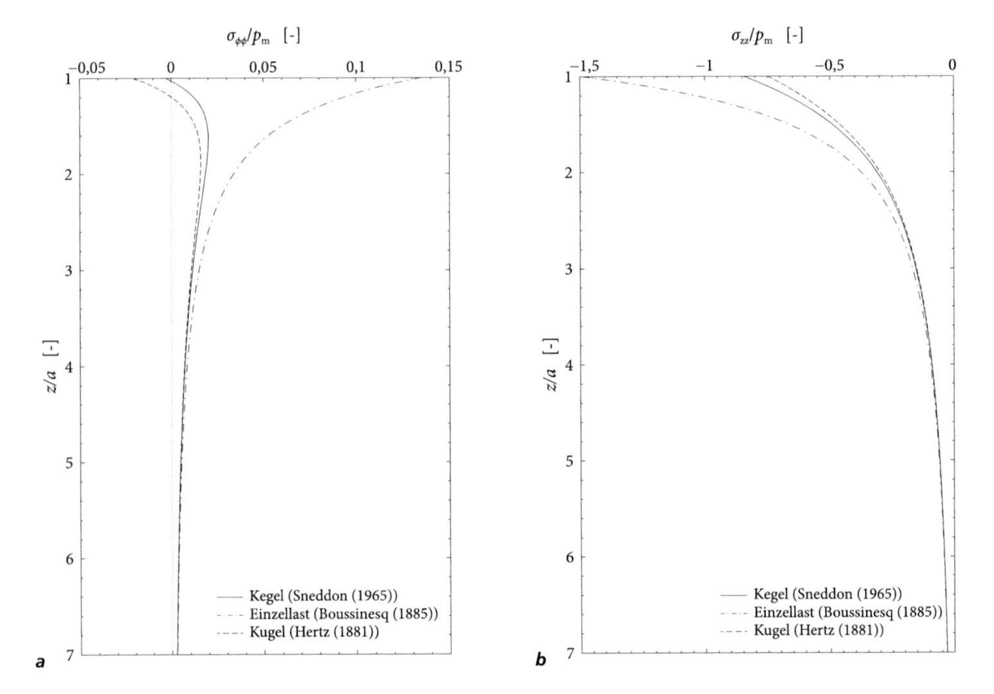

Abbildung 8.7 Gegenüberstellung der Spannungsverteilungen ($\nu = 0{,}23$) entlang der z-Achse infolge unterschiedlicher Eindringkörpergeometrien: $\sigma_{\phi\phi}$ *(a)* und σ_{zz} *(b)*, jeweils normiert auf die Kontaktspannung p_m. Hierzu wurde Gl. 8.1 mit $\omega = 1$ verwendet.

Hierin ist α der halbe Öffnungswinkel des Eindringkörpers. Die mittlere Kontaktspannung ist somit für einen konischen Eindringkörper unabhängig von der Beanspruchung F_n. Für die Spannungen innerhalb des elastischen Halbraums gilt nach Sneddon (1948) (s. Gl. A.27 bis Gl. A.31) unter Berücksichtigung eines zylindrischen Koordinatensystems

$$\sigma_{ij} = f_{ij}^{n}(\alpha, \phi, \nu, r, z, a) . \tag{8.10}$$

In Abb. 8.7 sind die Spannungsverteilungen $\sigma_{\phi\phi}$ und σ_{zz} (normiert auf die Kontaktspannung p_m) entlang der z-Achse (für $z/a > 1$) entsprechend der *Hertz'schen* Spannungsverteilung[24], *Boussinesq's* Betrachtungen einer Einzellast nach Gl. 8.6 und *Sneddon's* Erweiterung zu einer konischen Eindringkörpergeometrie nach Gl. 8.10 dargestellt. Während speziell für die $\sigma_{\phi\phi}$-Spannungsverteilung *Boussinesq's* Lösung ein singuläres Verhalten für $z/a \to 0$ aufzeigt, sind die Lösungen nach Hertz (1881) und Sneddon (1948) qualitativ sehr ähnlich. Entsprechend dem Prinzip von *St. Venant* klingen die Spannungen mit zunehmender Entfernung zum lokalen Kontaktbereich bei allen drei Berechnungsmethoden mit r^{-2} schnell ab. Auch bei dem in Gl. 8.10 genannten Lösungsansatz ist ersichtlich, dass neben der Härte als Materialparameter nur die Querkontraktionszahl ν relevant ist. Die in Abb. 8.8 dargestellte Abhängigkeit der Spannung $\sigma_{\phi\phi}$ entlang der $z-$Achse deckt sich mit den Beobachtungen von Rouxel (2013) zum Verdichtungsverhalten (vgl. Abs. 3.3.2). Im Gegensatz zur Lösung nach Boussinesq (1885) ist bei der Diskretisierung durch Sneddon (1948) die Position der maximalen Spannung $\sigma_{\phi\phi}$ von der Querkontraktion ν beeinflusst. Auf Grundlage von numerischen Berechnungen, bei denen Grundkörper und Eindringkörper als Kontaktpartner abgebildet wurden, konnten Poon et al. (2008) gegenüber der Lösung von Sneddon (1948) eine sehr hohe Übereinstimmung feststellen.

8.3.3 Infolge Materialverdichtung induzierte Eigenspannungen

Bei einem realen Kontaktereignis eines Eindringkörpers mit einer Glasoberfläche liegt aufgrund der infinitesimalen Spitzenausrundung des Eindringkörpers zunächst eine elastische Kontaktdefinition vor. Mit steigender Last, zunehmender Eindringtiefe und wachsendem Kontaktradius a wird der Einfluss der Spitzenausrundung des Eindringkörpers r_s aufgrund des abnehmenden Verhältnisses von r_s/a vernachlässigbar und es kommt zu einer zum Kontaktradius proportionalen Ausbildung der Verdichtungszone, sodass abschließend ein elastisch-plastisches Materialverhalten vorliegt. Unter der vereinfachenden Annahme, dass die komplexe Geometrie eines realen Eindringkörper durch einen rotationssymmetrischen, analytischen Ansatz beschrieben wird, gelten die in Abs. 8.3.2 beschriebenen Spannungsansätze außerhalb der Verdichtungszone. Daher wird dieser Bereich auch als elastische

[24]siehe Timoshenko & Goodier (1970)

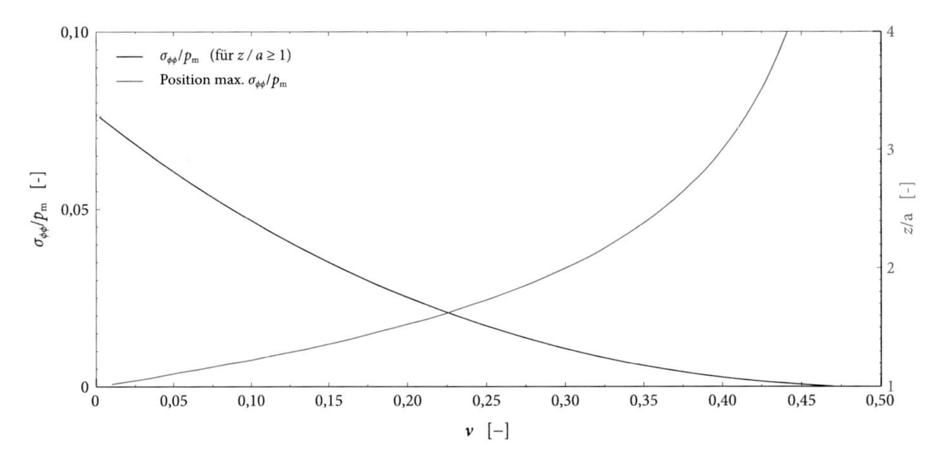

Abbildung 8.8 Einfluss der Querkontraktion ν auf die Ausprägung der maximalen Spannung $\sigma_{\phi\phi}$ nach Sneddon (1948) und die Position des Spannungsmaximums auf der z–Achse.

Zone bezeichnet. Entsprechend Abb. 8.6 sind die Hauptspannungen σ_1 positiv. Maximale Werte stellen sich für die singuläre Lösung nach Boussinesq direkt an der Oberfläche des Halbraums ein ($z \to 0$), für die Lösung nach Sneddon befinden sich die maximalen Hauptzugspannungen dicht unterhalb der Verdichtungszone bei $z \approx 1{,}5a$ ($\nu = 0{,}23$; vgl. Abb. 8.8).

Bei spröden Materialien ist ein inelastisches Materialverhalten erst bei sehr hohen Spannungsniveaus zu beobachten. Da jedoch das Festigkeitsverhalten von Glas wesentlich durch den Oberflächenzustand bestimmt wird und sprödes Versagen entsprechend der Hauptspannungshypothese bereits bei vergleichsweise geringen Zugspannungen eintritt, können inelastische Materialparameter nicht mit gewöhnlichen Prüfmethoden (z. B. Zug- und Biegeversuche) bestimmt werden. Entsprechend der in Abs. 3.3.2 geschilderten Ausbildung einer irreversiblen Verdichtungszone und/oder Scherbändern ist nach Menčík (1992) ein lokales Versagen nach der Hauptschubspannungshypothese nach *Tresca* wahrscheinlich. Hierbei tritt Versagen eines Werkstoffs unter mehrachsiger Beanspruchung ein, wenn die größte mögliche Schubspannung (Hauptschubspannung) einen kritischen Wert erreicht. Versagen tritt demnach ein, wenn die Bedingung

$$\tau_{\max} = \frac{1}{2}(\sigma_1 - \sigma_3) = \frac{\sigma_y}{2} \tag{8.11}$$

erfüllt ist. Härteeindringversuche eignen sind aufgrund des sehr lokalen Wirkungsbereichs und der lokal wirkenden sehr hohen Spannungsniveaus gut zur Bestimmung der Fließspannung σ_y. Für duktile Materialien konnte Tabor (1951) zeigen, dass die Härte mit

$$p_m = C_H \, \sigma_y \tag{8.12}$$

proportional zur Fließspannung ist. Der Proportionalitätsfaktor (engl.: *constraint factor*) beträgt dabei $C_H \approx 3$. Eine direkte Übertragung dieses Faktors auf Glas ist aufgrund der zuvor geschilderten Materialeigenschaften nicht ohne weitere Überlegungen möglich. Entsprechend des in Abb. 8.9 dargestellten, repräsentativen Querschnitts durch einen Härteeindruck ist ersichtlich, dass die durch den Radius r definierte Größe der Verdichtungszone in Kalk-Natronsilikatglas proportional zum Kontaktradius a ist. Wie anhand Abb. 3.5b_2-c_2 (exemplarisch) ersichtlich ist, gilt Gleiches auch für Kratzspuren. Der Ursprung des Risssystems liegt bei etwa $z \approx 1{,}5a$ und stimmt somit sehr gut mit dem Hauptspannungsmaximum der Lösung nach Sneddon (1948) (Abs. 8.3.2) überein. Für einen stationären Kontakt kann eine derartige Verdichtungszone mechanisch als ein hemisphärischer Einschluss aus

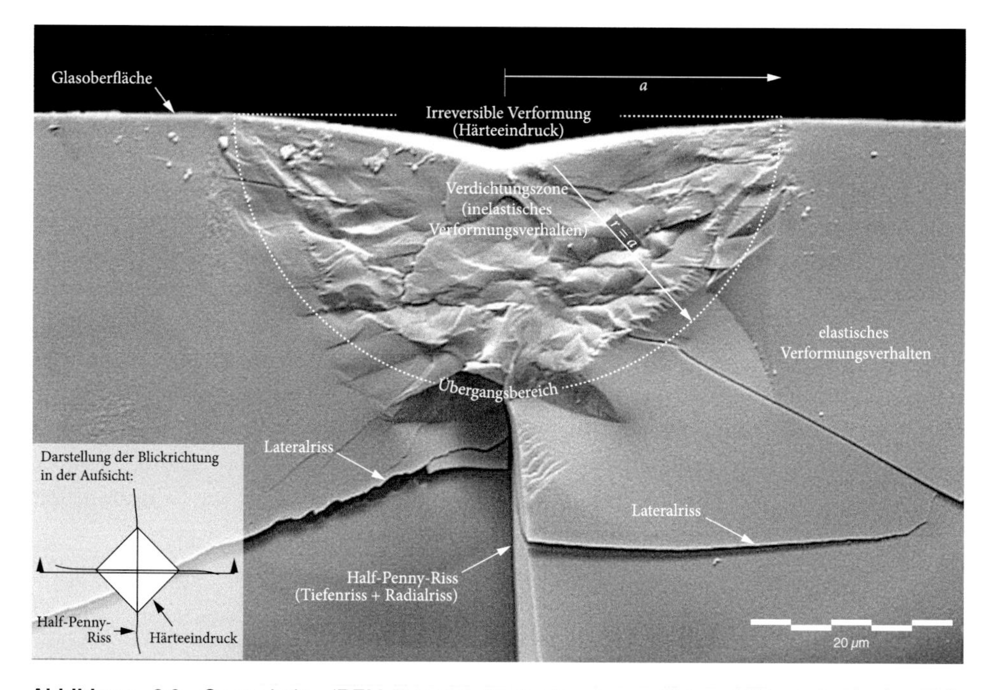

Abbildung 8.9 Querschnitt (REM-Aufnahme) durch einen *Vickers*-Härteeindruck in Kalk-Natronsilikatglas: Die elastisch-plastische Grenze $(r = a)$ limitiert die hemisphärische Verdichtungszone. Der Ursprung des Risssystems liegt dicht unterhalb der Verdichtungszone.

einem inkompressiblen Material idealisiert werden. Der elastische Halbraum ist an der *elastisch-inelastischen Grenze (Übergangsbereich)* fest mit dem Einschluss verbunden. Während der Belastungsphase durch den Eindringkörper breitet sich der Einschluss mit dem Verhältnis $r = a$ radial aus, sodass der elastische Halbraum um die Verdichtungszone gedehnt wird. Die Ausbreitung der Spannungen im elastischen Halbraum sind dabei proportional zu r^{-3}. Aufgrund der irreversiblen Verformung der Verdichtungszone kann während der Entlastung diese Dehnung nicht komplett abgebaut werden, sodass dauerhaft ein Eigenspannungsfeld im elastischen Halbraum rund um die Verdichtungszone induziert wird. Auf Grundlage der von Hill (1950) analytisch hergeleiteten Lösung eines kreisförmigen Einschlusses *(Spherical-Cavity-Solution)*, leitete Marsh (1964a) semi-empirisch einen Zusammenhang zwischen der Eindringhärte (H_{IT}) und dem Verhältnis des Elastizitätsmoduls zur Fließspannung (E/σ_{y}) her und konnte so zeigen, dass der Proportionalitätsfaktor für Kalk-Natronsilikatglas im Bereich von $C_{\text{H}} \approx 1{,}5$-$1{,}7$ liegt. Bei einer durchschnittlichen Eindringhärte von etwa $H_{\text{IT}} = 6.800\,\text{N mm}^{-2}$ (Abs. 7.5.3) beträgt die Fließspannung für Kalk-Natronsilikatglas somit $\sigma_{\text{y}} \approx 4.000 - 4.500\,\text{N mm}^{-2}$. Auch Johnson (1970) betrachtete die durch eine Materialverdichtung induzierten Eigenspannungen. Er modifizierte die Lösung nach Hill (1950), indem er das System halbierte und folglich eine freie Oberfläche (elastischer Halbraum) mit einem hemisphärischen Einschluss aus einem inkompressiblen Material vorsah. Ähnlich der Beschreibung durch Hill (1950) wird die Ausbreitung des Einschlusses in der als *Expanding-Cavity-Model (ECM)* bezeichneten Lösung durch einen hydrostatischen Innendruck simuliert und dabei die tatsächlich Kontaktspannungsverteilung unterschiedlicher Eindringkörper berücksichtigt. Bedingt durch die vereinfachende Halbierung des elastischen Raums kommt es entgegen den gültigen Randbedingungen ($\sigma_{\theta\theta} \stackrel{!}{=} 0$ und $\sigma_{\text{rr}} = \sigma_{\phi\phi} \neq 0$) an einem freien Rand zu Umfangsspannungen $\sigma_{\theta\theta}$ normal zur freien Oberfläche. Chiang et al. (1982) versuchten die Problematik dieser fehlerhaften Spannungsverteilung durch eine Überlagerung der Lösung nach Hill (1950) mit einer vertikalen Einzellast am elastischen Halbraum nach Mindlin (1936) zu kompensieren. Ghosal & Biswas (1993) merken jedoch an, dass alle auf der Spherical-Cavity-Solution nach Hill basierenden Betrachtungen bei Entlastung durch den Eindringkörper negative radiale Dehnungen (in Richtung des Eindrucks) an der Oberfläche des Halbraums aufweisen. Demgegenüber konnten Ghosal & Biswas anhand von Härteeindrücken auf Kupfer mit einem konischen 120°-Diamanten und Dehnungsmessungen in radialer Richtung auf der Probenoberfläche experimentell nachweisen, dass bei Entlastung durch den Eindringkörper minimale positive Dehnungen (Stauchung des elastischen Halbraums) auf der Probenoberfläche auftreten. Die Eignung des *ECM* zur Betrachtung der Spannungsverteilung während und nach einem Kontaktvorgang erscheint daher fragwürdig.

Einen alternativen Ansatz zur Betrachtung der induzierten Eigenspannungen rund um eine Verdichtungszone liefert Yoffe (1982). Zwar werden hierbei die geometrischen Randbedingungen vernachlässigt (sphärischer Einschluss), aber die zuvor genannten Randbedingungen an einem freien Rand sind jedoch erfüllt. Yoffe (1982) zufolge erfüllt das

Verschiebungsfeld zwei gegenläufiger, um 90° zueinander gedrehter und parallel zur Oberfläche verlaufender Kräftepaare (Abb. 8.10a) nach Love (1920) diese Forderung und bildet zudem auch die von Ghosal & Biswas (1993) beobachteten radialen Dehnungen an der Probenoberfläche hinreichend genau ab (Abb. 8.10b). Zwar ist eine Idealisierung durch die Verwendung von insgesamt vier Einzelkräften nicht rotationssymmetrisch, jedoch kann sie aufgrund der vorliegenden Axialsymmetrie entlang der Achsen des Koordinatensystems als ausreichend betrachtet werden. Wie auch die oben genannten Lösungen, zeigt das von Yoffe abgeleitete Spannungsfeld mit einer Proportionalität von r^{-3} eine hohe lokale Konzentration im Bereich der Verdichtungszone. Terminologisch bezeichnet Yoffe das Eigenspannungsfeld als *blister field*. Die Ausprägung dieses Spannungsfeldes wird von der Konstanten B bestimmt, sodass die Spannungsverteilung in allgemeiner Form

$$\sigma_{ij} = \frac{B}{r^3} f_{ij}(\theta, \phi, \nu) \tag{8.13}$$

lautet (Gl. A.42 bis Gl. A.46). Der Übergangsbereich von inelastischer zu elastischer Verformung befindet sich bei $r = a$. Die durch die Verdichtungszone bedingte lokale Spannungsverteilung rund um einen elastisch komplett entlasteten ($A = 0$) Kontaktbereich ist in Abb. 8.11 dargestellt. Die Verdichtungszone ist hierbei idealisiert dargestellt. Durch eine Superposition des Spannungsfeldes nach Boussinesq (1885) (Gl. 8.6) und dem *blister*

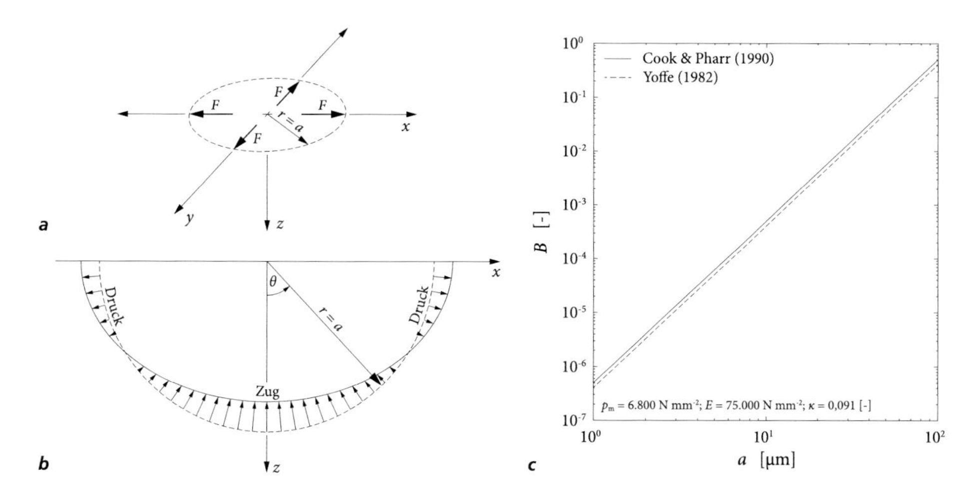

Abbildung 8.10 Grundlagen des inelastischen Spannungsfeldes im Kontaktbereich: Dem *blister field* zugrunde liegende Beanspruchung nach Love (1920) *(a)* und hieraus am elastisch-inelastischen Übergangsbereich resultierende Spannungsverteilung (schematisch) nach Yoffe (1982) *(b)*; Parameter B in Abhängigkeit des Kontaktradius a entsprechend Gl. 8.14 nach Yoffe (1982) und Gl. 8.15 nach Cook & Pharr (1990).

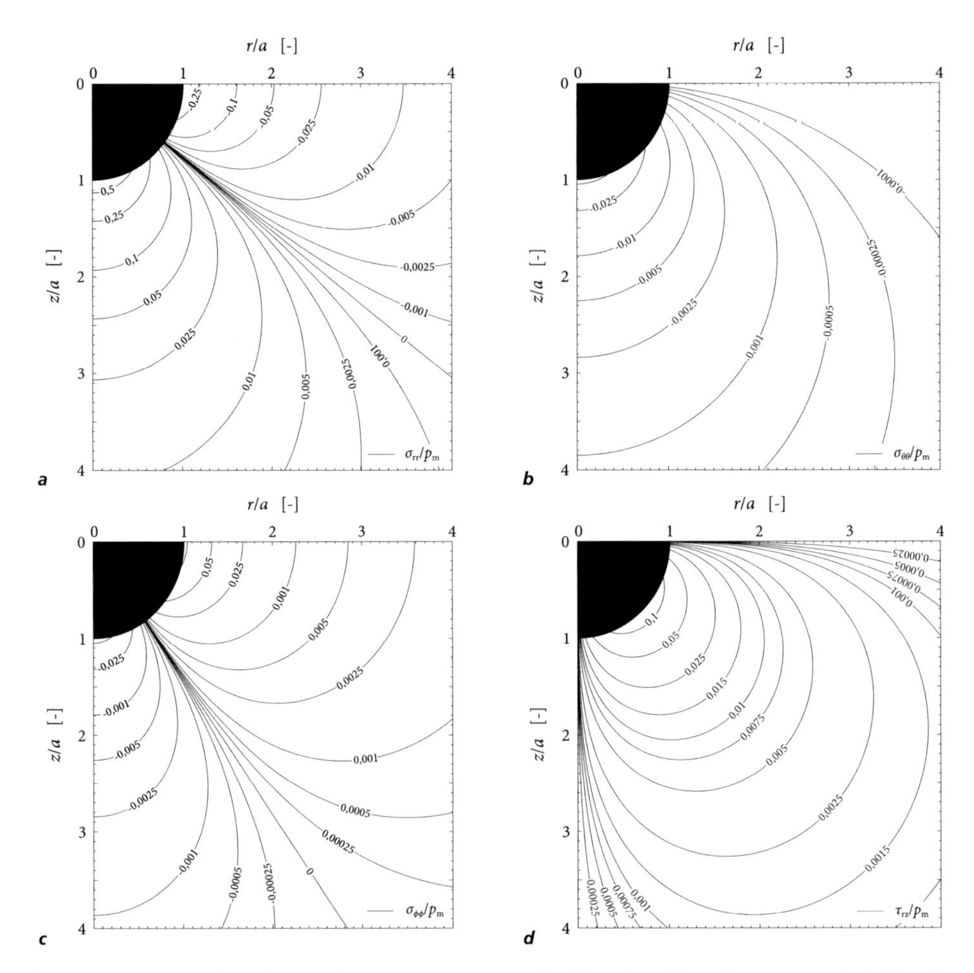

Abbildung 8.11 Normalisierte Spannungsverteilung (sphärisches Koordinatensystem) infolge des inelastischen Spannungsfeldes im Kontaktbereich entsprechend Gl. 8.13, bzw. Gl. A.42-A.46, unter Verwendung der Konstanten B nach Gl. 8.14 und $\nu = 0,23$: $\sigma_{\mathrm{rr}}/p_{\mathrm{m}}$ *(a)*; $\sigma_{\theta\theta}/p_{\mathrm{m}}$ *(b)*; $\sigma_{\phi\phi}/p_{\mathrm{m}}$ *(c)*; $\tau_{\mathrm{rz}}/p_{\mathrm{m}}$ *(d)*.

field entsprechend Gl. 8.13, konnte Yoffe den in Abs. 8.2 geschilderten zeitabhängigen Ablauf der Rissinitiierung und des -wachstums in Kalk-Natronsilikatglas qualitativ beschreiben. Möglich ist dies durch einen zeitabhängigen Vorzeichenwechsel der Spannungen der in Abb. 8.12 dargestellt ist: Die für die Entwicklung des Tiefenrisses verantwortlichen Spannungen $\sigma_{\phi\phi}$ entlang der $z-$Achse (sphärisches Koordinatensystem) sind während der Belastungsphase positiv (Zugspannungen) und werden während der Entlastungsphase negativ (Druckspannungen), sodass der Tiefenriss nach Abschluss des Kontaktvorganges überdrückt ist und ein weiteres Risswachstum ausgeschlossen werden kann (Abb. 8.12a). In

Bezug auf die Lateralrisse, welche durch eine Mixed-Mode Beanspruchung entstehen, sind die verantwortlichen Spannungen σ_{zz} (Abb. 8.12b, Modus I Anteil) und τ_{rz} (Abb. 8.12c, Modus II Anteil) während der Belastungsphase negativ, sodass keine Rissinitiierung stattfindet. Erst nach deutlicher Entlastung ($A < 0,5$) durch den Eindringkörper werden diese positiv, sodass eine Rissinitiierung und ein Risswachstum erklärt werden können. Auch Cook & Pharr (1990) und Tabor (1986) attestieren dem Modell von Yoffe (1982) eine sehr gute Eignung zur Beschreibung der Risssinitiierung bei Härteeindrücken in Glas. Die Problematik des Modells ist die Bestimmung der Konstanten B zur Ermittlung der Ausprägung des verbleibenden Eigenspannungsfelds. Unter Verwendung einer Querkontraktionszahl von $\nu = 0{,}26$ und einem konischen Eindringkörper (Spitzenwinkel $\alpha = 140°$) beziffert Yoffe (1982) diese explizit für Kalk-Natronsilikatglas zu

$$B = 0{,}06 p_{\mathrm{m}} a^3 . \tag{8.14}$$

Cook & Pharr (1990)[25] bestimmen den Parameter B auf Grundlage eines Verdichtungsparameters κ, den sie anhand von Härteeindringversuchen mit einem *Vickers*-Diamanten ermittelten. Der Verdichtungsparameter κ beschreibt das Materialverhalten innerhalb der Verdichtungszone. Er variiert dabei zwischen den Grenzwerten $\kappa = 0$ (Volumenkompensation komplett durch Verdichtung) und $\kappa = 1$ (Volumenkompensation komplett durch Verdrängung/Fließen; keine Verdichtung). Entsprechend den Angaben von Cook & Pharr (1990) lautet der dimensionslose Verdichtungsparameter für Kalk-Natronsilikatglas $\kappa = 0,091$. Es gilt

$$B = 0{,}2308\, \kappa \frac{E a^3}{\pi} . \tag{8.15}$$

Eine Gegenüberstellung des auf Grundlage von Gl. 8.14 und Gl. 8.15 berechneten Parameters B ist in Abb. 8.10c dargestellt. Cook & Pharr (1990) merken zudem an, dass der Maximalwert des Parameters B entsprechend Gl. 8.14 bzw. Gl. 8.15 bei Entlastung mit dem Maximalwert der Belastung durch den Eindringkörper $F_{\mathrm{n,max}}$ korreliert.

An Radialrissen von Härteeindrücken untersuchten Burghard et al. (2004) auf der Glasoberfläche die Rissöffnungsverschiebung mit einem Rasterkraftmikroskop. Anhand dieser Daten konnten die Autoren über in der Literatur verfügbare mechanische Beziehungen die risswirksame Spannung σ_{n} entlang der Rissufer der Radialrisse bestimmen. Die Ergebnisse für kommerzielles Kalk-Natronsilikatglas sind in Abb. 8.13 dargestellt. Für die gemessene

[25] Die Autoren beziffern nicht die Querkontraktion für das verwendete Probenmaterial. Allerdings lässt die chemische Probenzusammensetzung auf konventionelles Kalk-Natronsilikatglas ähnlich solchem gemäß DIN EN 572-1 (vgl. Tab. 2.1) schließen.

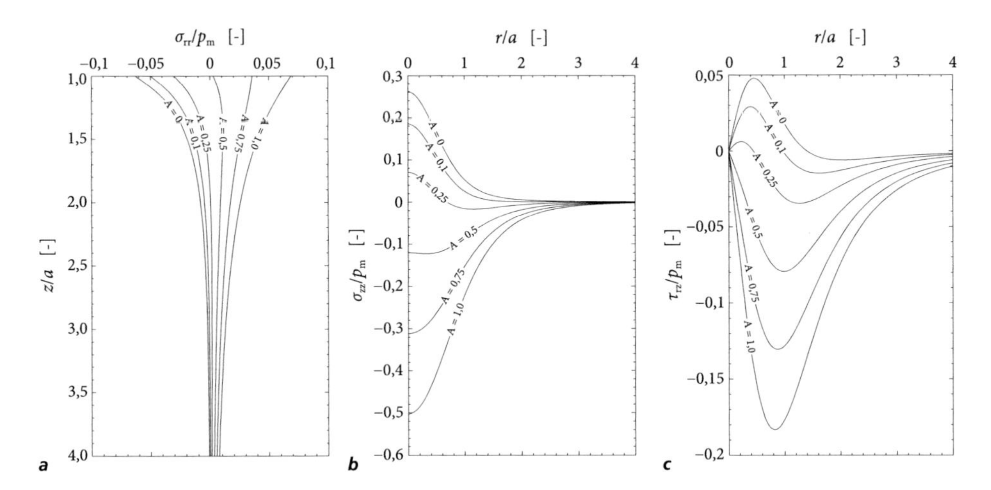

Abbildung 8.12 Normalisierte Darstellung der zeitlichen Änderung rissrelevanter Kontaktspannungen durch Superposition elastischer (Boussinesq, 1885) und inelastischer (Yoffe, 1982) Spannungsanteile entsprechend Gl. 8.3 und Gl. 8.4 mit $A = \{0, \ldots, 1\}$, B entsprechend Gl. 8.14 und $\nu = 0,23$: σ_{rr}/p_m entlang der z–Achse *(a)*; σ_{zz}/p_m *(b)* und τ_{rz}/p_m *(c)* parallel zur Oberfläche bei $z/a = 1,5$.

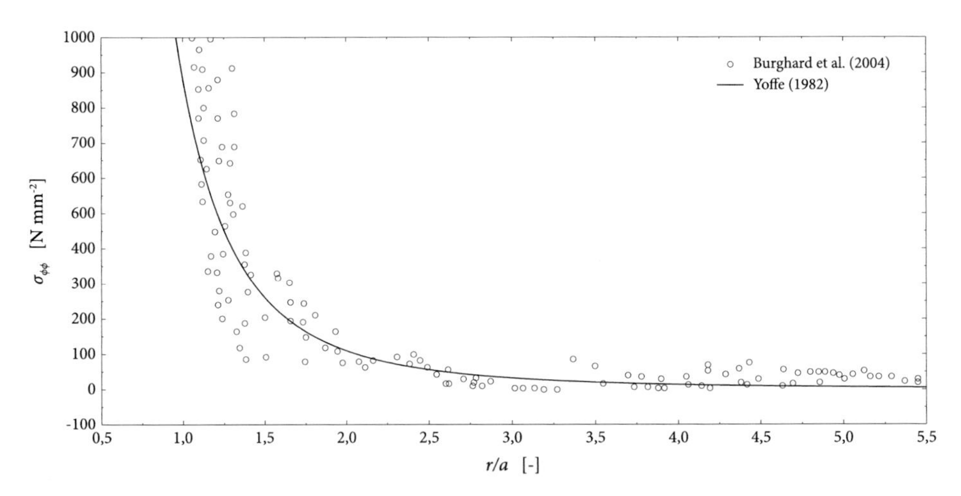

Abbildung 8.13 Vergleich empirisch bestimmter Spannungen entlang der Rissufer von Radialrissen bei Härteeindrücken mit solchen der analytischen Lösung von Yoffe (1982) ($\nu = 0{,}23$; B nach Gl. 8.14).

Spannungsverteilung entlang der Risslänge c postulierten sie mit $\sigma(r) = \sigma_n(a/r)^3$ ein mit Yoffe (1982) identisches Abklingverhalten der Spannungen. Anhand ihrer Lösung (Gl. 8.13) berechnete Spannungen $\sigma_{\phi\phi}$ sind unter Berücksichtigung eines Faktors B nach Gl. 8.14 den Ergebnissen von Burghard et al. (2004) gegenübergestellt. Der berechnete Spannungsverlauf ist koinzident zu den Messwerten von Burghard et al. (2004).

8.4 Bruchmechanische Betrachtung der Rissinitiierung

8.4.1 Entwicklung von Tiefenrissen

Tiefenrisse entstehen dicht unterhalb der Verdichtungszone (Abs. 3.3.2) und schreiten infolge steigender Beanspruchung durch den Eindringkörper orthogonal zur Glasoberfläche in den Grundkörper ein. Wesentliche Voraussetzung für die Entstehung eines Tiefenrisses ist das Vorhandensein von kleinen Initialrissen. Sind diese nicht vorhanden, vertreten Lawn & Evans (1977) die Theorie, dass Initialrisse entstehen, sobald infolge steigender Beanspruchung auf den Eindringkörper und hiermit einhergehender Ausdehnung der Verdichtungszone eine kritische Materialinhomogenität erreicht wird und an dieser Stelle schließlich eine Rissinitiierung stattfinden kann.

Eine bruchmechanische Beschreibung der Entwicklung eines Tiefenrisses kann aufgrund der ungleichmäßigen Beanspruchung der Rissufer nur auf Grundlage der in Abs. 4.5.3 erläuterten Wichtung der Spannungen im Bereich der Rissspitze erfolgen. Entlang der $z-$Achse werden die Rissufer eines Tiefenrisses je nach Orientierung des Koordinatensystems durch σ_{rr}- bzw. $\sigma_{\phi\phi}-$Spannungen in zylindrischen Koordinaten, bzw. $\sigma_{\theta\theta}$- bzw. $\sigma_{\phi\phi}$-Spannungen in sphärischen Koordinaten beansprucht (Abb. 8.7a und Abb. 8.14a[26]). Bedingt durch die Symmetrie des betrachteten Systems, gilt für die Schubspannungen entlang der $z-$Achse $\tau_{\mathrm{rz}} = \tau_{\phi\mathrm{z}} = \tau_{\theta\phi} = 0$, sodass eine reine Modus I Beanspruchung vorliegt und eine symmetrische Separation der Rissufer stattfindet. Lawn & Wilshaw (1975), bzw. Lawn & Swain (1975) beobachteten in ihren fundamentalen bruchmechanischen Betrachtungen von Kontaktvorgängen mit elastisch-inelastischem Materialverhalten von Glas ausschließlich die Entwicklung von Tiefenrissen mit halbelliptischer Rissgeometrie. Die Spannungsverteilung entlang des Tiefenrisses idealisierten die Autoren durch *Boussinesq's* Lösungsansatz (Gl. 8.6; vgl. Abb. 8.14a). Durch die Verdichtungszone hervorgerufene Eigenspannungen und eine hierdurch bedingte Reduzierung der risswirksamen Spannungen (Abb. 8.14b) wurde in diesen Betrachtungen vernachlässigt. Bedingt durch die für die Lösung nach Boussinesq typische Spannungssingularität für $z \to 0$ konvergiert auch die Spannungsintensität K_{I} im Bereich der Oberfläche des Halbraums für kleine Risslängen $c \to 0$ gegen unendlich. Dieser physikalischen Unstimmigkeit begegneten die Autoren, indem sie die untere Integrationsgrenze in Gl. 4.26 dem Radius der Verdichtungszone a gleichsetzten. Durch die vereinfachende Annahme $c \gg a$ konnten Lawn & Swain (1975) die Spannungsintensität für einen halbelliptischen Tiefenriss *(Half-Penny-Crack)* (Abb. 8.15a) durch

[26] Da die mehraxialen Spannungsverteilungen teilweise in unterschiedlichen Koordinatensystemen definiert sind, ist zur Superposition der Funktionen eine Transformation notwendig. Das hierfür verwendete Verfahren ist in Anh. A.2 erläutert.

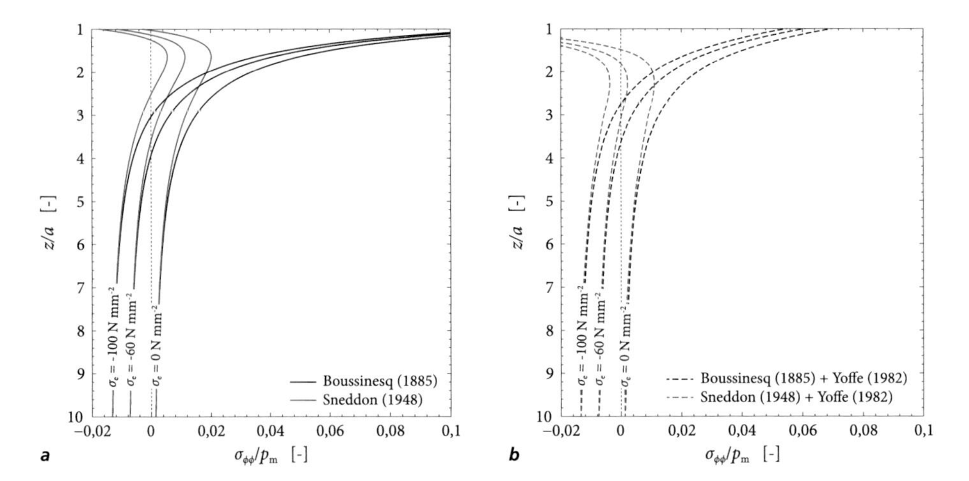

Abbildung 8.14 Normalisierte Darstellung der $\sigma_{\phi\phi}$–Spannungsverteilung ($\nu = 0{,}23$) unterhalb der Verdichtungszone nach Boussinesq (1885) (Gl. A.2) und Sneddon (1948) (Gl. A.28) *(a)* sowie entsprechend Gl. 8.4 erfolgter Superposition mit dem inelastischen Lösungsansatz nach Yoffe (1982) für $F_\mathrm{n} = F_\mathrm{n,max}$ *(b)*.

$$K_\mathrm{I} = \frac{(1-2\nu)\sqrt{\varpi p_\mathrm{m}}}{\sqrt{2}\pi^2\beta}\left(\frac{F_\mathrm{n}}{c}\right)^{1/2} \tag{8.16}$$

beschreiben. Der Faktor β beschreibt hierin das Verhältnis der Tiefe der Verdichtungszone zum Kontaktradius a. Auf Grundlage einer nicht hochauflösenden REM-Aufnahme eines Härteeindrucks auf Quarz[27] ermittelten die Autoren diesen Geometriefaktor empirisch zu $\beta = 2$ und verwendeten ihn auch für ihre Betrachtungen von Kontaktvorgängen auf Kalk-Natronsilikatglas. Allerdings ist anhand Abb. 8.9 und Abb. 3.5c$_2$ deutlich ersichtlich, dass die Verdichtungszone bei Kalk-Natronsilikatglas hemisphärisch ausgebildet ist und der Geometriefaktor demnach $\beta = 1$ lauten muss. Trotzdem konnten Lawn & Swain (1975) anhand von in-situ Messungen der Risstiefen bei Härteeindrücken auf Kalk-Natronsilikatglas eine vertretbare Abweichung zwischen analytischem Modell und Experiment feststellen.

In Abb. 8.15 sind unterschiedliche Rissgeometrien und Spannungsverläufe zur bruchmechanischen Beschreibung von Tiefenrissen dargestellt. Während Abb. 8.15a die Rissentstehung eines halbelliptischen Risses infolge eines stationären Kontaktes durch einen Eindringkörper beschreibt, ist in Abb. 8.15b die Rissentwicklung für einen langen Oberflächenriss dargestellt. Voraussetzung für diese Betrachtung ist, dass die Spannungsverteilung parallel zur Rissfront verläuft. Diese Bedingung trifft bei geeigneter Orientierung des

[27] Quarz ist ein Mineral mit kristalliner Struktur und der chemischen Zusammensetzung SiO_2. Es dient der Glasindustrie als wichtigster Rohstoff.

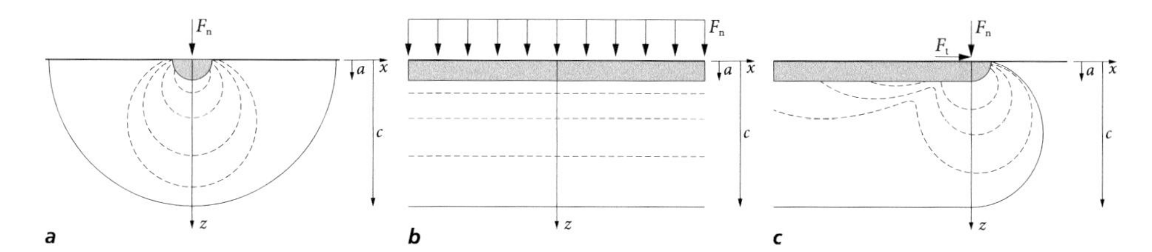

Abbildung 8.15 Rissgeometrien (kontinuierliche Linien) und qualitative Spannungsverläufe (unterbrochene Linien) infolge eines Kontaktvorganges zur bruchmechanischen Beschreibung von Tiefenrissen (Modus I Beanspruchung): halbelliptischer Riss *(Half-Penny-Crack)* mit sphärischer Spannungsverteilung *(a)*; idealisierter langer Oberflächenriss mit über die Rissbreite konstantem risswirksamen Spannungsverlauf *(b)*; bei einem Kratzvorgang vorherrschende tatsächliche Rissgeometrie (Kombination aus langem Oberflächenriss und halbelliptischem Riss) mit einem Spannungsverlauf entsprechend Abb. 8.5b *(c)*.

Risses während einer Biegebeanspruchung zu. Für einen Kontaktvorgang ist diese nur bedingt geeignet, da zur Gewährleistung eines über die Rissbreite konstanten risswirksamen Spannungsverlaufs eine konstante Gleichstreckenlast F_n notwendig ist. Die Initiierung des Tiefenrisses bei Kratzspuren ist schematisch in Abb. 8.15c dargestellt. Entsprechend Abb. 8.5b ähnelt die Spannungsverteilung und auch die Rissfront für $x \geq 0$ unterhalb und vor dem Eindringkörper dem eines halbelliptischen Risses. Für den Bereich $x < 0$ entspricht der Rissverlauf bei einem Kratzer dem eines langen Oberflächenrisses. Bedingt durch die tangentiale Kraftkomponente, ist der Spannungsverlauf hinter dem Eindringkörper nicht zur Rissfront parallel, sodass für $x < 0$ die Definition eines langen Oberflächenrisses nicht gänzlich zutreffend ist. Durch die inhomogene Spannungsverteilung parallel der Bewegungsrichtung des Eindringkörpers (Abb. 8.15c) ist eine genaue bruchmechanische Betrachtung analytisch nicht abbildbar. Die bruchmechanischen Betrachtungsfälle eines halbelliptischen Risses und dem eines langen Oberflächenrisses können für den Tiefenriss einer Kratzspur somit nur als Grenzfälle angesehen werden.

In Abb. 8.16 ist die Spannungsintensitität K_I entsprechend Gl. 8.16 unter Berücksichtigung einer hemisphärischen Verdichtungszone in Abhängigkeit des Verhältnisses c/a in normierter Darstellung abgebildet. Die Lösung zeigt für kleine Risslängen $(c \to 0)$ ein singuläres Verhalten. Durch exakte Integration lässt sich dieser Fehler für kleine Risslängen c vermeiden. Mit angepasster unterer Integrationsgrenze lautet die Spannungsintensität gemäß Gl. 4.26 für einen langen Oberflächenriss (Abb. 8.15b)

$$K_\mathrm{I} = 2\left(\frac{c}{\pi}\right)^{1/2} \int\limits_a^c \frac{\sigma_{\phi\phi}(z)}{\left(c^2 - z^2\right)^{1/2}}\,\mathrm{d}z\,. \tag{8.17}$$

Unter Berücksichtigung einer halbelliptischen Rissgeometrie folgt für einen stationären Kontakt (Abb. 8.15a) entsprechend Gl. 8.17 durch Multiplikation mit dem Faktor $\sqrt{2}/\pi$ (Lawn & Swain, 1975)

$$K_{\mathrm{I}} = \left(\frac{2}{\pi}\right)^{3/2} c^{1/2} \int_{a}^{c} \frac{\sigma_{\phi\phi}(z)}{\left(c^2 - z^2\right)^{1/2}}\, \mathrm{d}z\,. \tag{8.18}$$

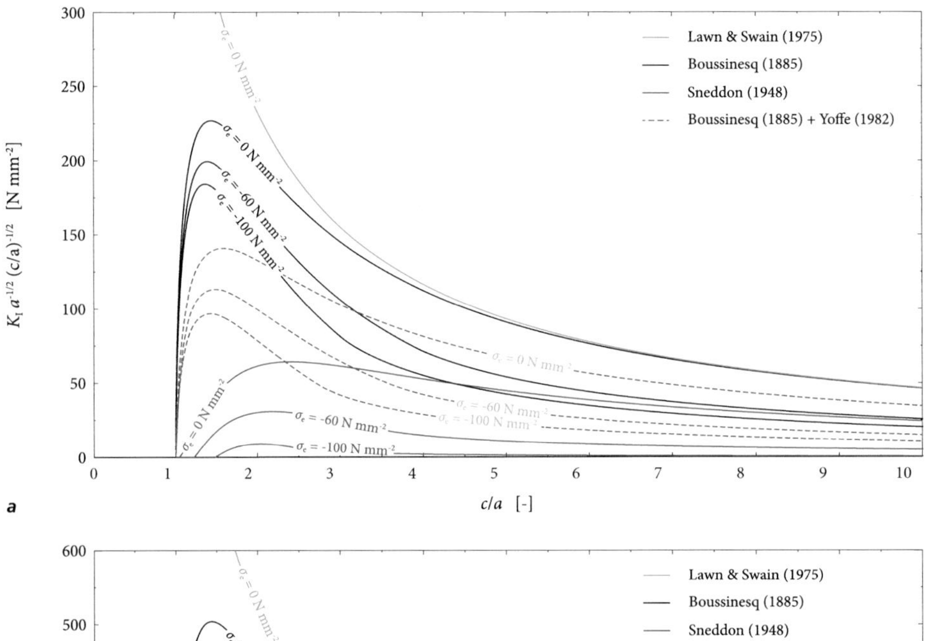

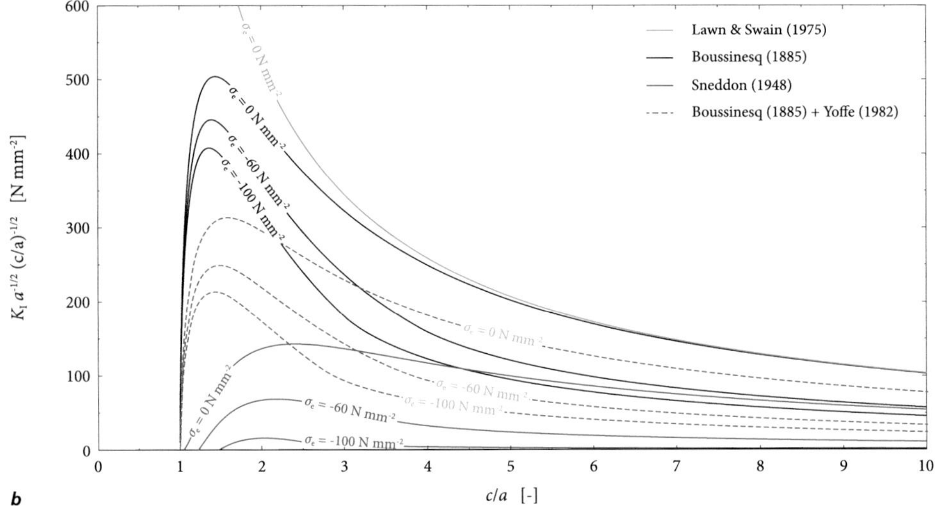

Abbildung 8.16 Normalisierte Darstellung des Spannungsinentsitätsfaktors K_{I} eines Tiefenrisses entsprechend Gl. 8.16, Gl. 8.17 sowie Gl. 8.20 in Abhängigkeit der Risstiefe und der thermischen Eigenspannung σ_{e} an der Glasoberfläche: Halbelliptische Rissgeometrie *(a)* und lange Oberflächenrissgeometrie *(b)* zum Zeitpunkt der maximalen Beanspruchung durch den Eindringkörper ($F_{\mathrm{n}} = F_{\mathrm{n,max}}$).

Entlang der $z-$Achse können für $\sigma_{\phi\phi}$ die elastischen Spannungsfunktionen nach Boussinesq (1885) entsprechend Gl. A.1 oder Gl. A.2 bzw. nach Sneddon (1948) entsprechend Gl. A.28 oder Gl. A.29 verwendet werden. Der Einfluss des inelastischen Spannungsfeldes wird in den folgenden Betrachtungen berücksichtigt. Durch eine Änderung der Variablen in Gl. 8.17 ist eine Normierung auf den Kontaktradius a und das Verhältnis c/a möglich (Puttick, 1978). Durch Verwendung von $\zeta = c/a$ und $\chi = z/a$ gilt für die normierte Spannungsintensität eines Tiefenrisses mit einer langen Oberflächenrissgeometrie in Kalk-Natronsilikatglas nach Gl. 8.17

$$K_{\mathrm{I}} = 2\pi^{-1/2}\zeta^{1/2}a^{1/2}\int\limits_{a/c}^{\zeta}\frac{\sigma_{\phi\phi}(\chi)}{(\zeta^2-\chi^2)^{1/2}}\,\mathrm{d}\chi\,, \tag{8.19}$$

bzw. für eine halbelliptische Rissgeometrie nach Gl. 8.18

$$K_{\mathrm{I}} = \left(\frac{2}{\pi}\right)^{3/2}\zeta^{1/2}a^{1/2}\int\limits_{a/c}^{\zeta}\frac{\sigma_{\phi\phi}(\chi)}{(\zeta^2-\chi^2)^{1/2}}\,\mathrm{d}\chi\,. \tag{8.20}$$

In Abb. 8.16 sind die Spannungsintensitäten K_{I} entsprechend Gl. 8.19 für einen langen Oberflächenriss (Abb. 8.16a), bzw. nach Gl. 8.20 für einen halbelliptischen Riss (Abb. 8.16b) unter Verwendung der Spanunngsverteilungen entsprechend Gl. A.2 und Gl. A.28 (Abb. 8.14a) in normierter Darstellung ausgewertet. Um den Einfluss der Vorspannung auf die Entwicklung eines Tiefenrisses zu berücksichtigen, wurden für die Berechnung der Spannungsintensität K_{I} die risswirksamen Spannungen $\sigma_{\phi\phi}$ um für thermisch vorgespannte Gläser übliche Oberflächendruckspannungen σ_{e} reduziert (Abb. 8.14a). Aufgrund der üblicherweise geringen Risstiefen und des in diesen Tiefenbereichen unwesentlichen Gradienten der Eigenspannung (vgl. Abs. 2.5.1) wurde diese als konstant angenommen. Für die auf Grundlage von Boussinesq berechneten Spannungsintensitäten wurde zusätzlich die in Abb. 8.14b dargestellte Reduzierung der risswirksamen Spannungen infolge der lokalen Eigenspannungen der Verdichtungszone berücksichtigt. Bedingt durch die verwendeten komplexen Spannungsfunktionen erfolgte die Integration der Funktionen in Gl. 8.19 und Gl. 8.20 hierfür numerisch. Den Berechnungen sind folgende Parameter zugrunde gelegt: $\omega = 1$ (axialsymmetrischer Eindringkörper), $\beta = 1$ (hemisphärische Verdichtungszone), $\nu = 0{,}23$, $p_{\mathrm{m}} = 6.800{,}0\ \mathrm{N\ mm^{-2}}$ (thermisch entspanntes Floatglas) und $p_{\mathrm{m}} = 6.600{,}0\ \mathrm{N\ mm^{-2}}$ (thermisch vorgespanntes Floatglas) (vgl. Abs. 7.5). Während für thermisch entspanntes, äußerlich unbeanspruchtes Floatglas ein eigenspannungsfreier Zustand ($\sigma_{\mathrm{e}} = 0\,\mathrm{N\ mm^{-2}}$) angenommen wurde, wurde entsprechend Abs. 2.5.1 für Teilvorgespanntes Glas $\sigma_e = -60\,\mathrm{N\,mm^{-2}}$ und für Einscheibensicherheitsglas $\sigma_e = -100\,\mathrm{N\,mm^{-2}}$ berücksichtigt.

Aus Abb. 8.16 ist ersichtlich, dass die hier vorgestellte Methodik das zuvor genannte singuläre Verhalten der Spannungsintensität K_I für $c/a \to 0$ entsprechend der Berechnungsmethode nach Lawn & Swain (1975) nicht aufweist. Im weiteren Verlauf ($c/a \geq 1$) zeigen beide Ansätze einen konvergenten bzw. koinzidenten Verlauf. Im Gegensatz zu den auf Grundlage von Boussinesq (1885) berechneten Spannungsintensitäten K_I zeigen die anhand der Spannungsverteilung von Sneddon (1948) ermittelten Spannungsintensitäten deutlich kleinere Resultate. Während erstere für thermisch entspanntes Floatglas ein Maximum bei etwa $c/a = 1{,}5$ erreichen, liegt das Maximum der berechneten Spannungsintensität bei letztgenanntem bei etwa $c/a = 2{,}5$. Die geringere Spannungsintensität und die verschobene Position des Maximums sind zum einen durch die betragsmäßig kleineren Spannungen und zum anderen durch den bei $z/a \approx 1{,}0$ vorhandenen Nulldurchgang der risswirksamen Spannungen (vgl. Abb. 8.14a) zu begründen.

In Abb. 8.17 sind Spannungsintensitäten K_I exemplarisch für unterschiedliche Kontaktradien a ausgewertet, bzw. ist in Abb. 8.18a-b die Abhängigkeit der Risstiefe c vom Kontaktradius a dargestellt. Entsprechend Abs. 4.5.2 folgt aus Gl. 4.17 unter Ansatz einer Bruchzähigkeit von $K_\mathrm{Ic} = 0{,}75\,\mathrm{N\,mm^{-2}m^{1/2}}$ (vgl. Abs. 4.3) und der Annahme eines 5 %-Fraktiles der Biegezugspannung ($f_\mathrm{k} = 45{,}0\,\mathrm{N\,mm^{-2}}$, Tab. 6.1) unter Vernachlässigung subkritischer Risswachstumseffekte während der Biegebeanspruchung eine kritische Risstiefe von $c_\mathrm{f} = 70\,\mu\mathrm{m}$. Aus Sternberg (2012) und Abs. 9.4.2.5 ist bekannt, dass die typische Breite der Kratzspur etwa $w_\mathrm{k} = 15 - 30\,\mu\mathrm{m}$ ($a = 7{,}5 - 15\,\mu\mathrm{m}$) beträgt. Hieraus resultiert ein Verhältnis $c/a = 4{,}7 - 9{,}3$. In Tab. 8.1 sind analog Abb. 8.17 berechnete Risstiefen c für verschiedene Kontaktradien a für elastisches (Boussinesq, 1885) sowie inelastisches Materialverhalten (Yoffe, 1982) dargestellt. Als Bruchkriterium wurde $K_\mathrm{I} = K_\mathrm{Ic}$ berücksichtigt. Während auf Grundlage rein elastischem Materialverhaltens für eine halbelliptische Rissgeometrie realistische Risstiefen resultieren, zeigt der Ansatz einer langen

Tabelle 8.1 Für ausgewählte Kontaktradien a berechnete Risslängen c von Tiefenrissen.

Kontaktradius *a*	**halbelliptischer Riss**		**langer Riss**	
	el[a]	**el + pl**[b]	**el**[a]	**el + pl**[b]
a [μm]	c [μm]	c [μm]	c [μm]	c [μm]
5,0	0,0	0,0	47,0	24,5
10,0	20,1	0,0	188,2	105,3
15,0	83,8	0,0	425,4	243,2

[a] Boussinesq (1885) für $K_\mathrm{Ic} = 0{,}75\,\mathrm{N\,mm^{-2}\,m^{1/2}}$.
[b] Boussinesq (1885) + Yoffe (1982) für $K_\mathrm{Ic} = 0{,}75\,\mathrm{N\,mm^{-2}\,m^{1/2}}$.

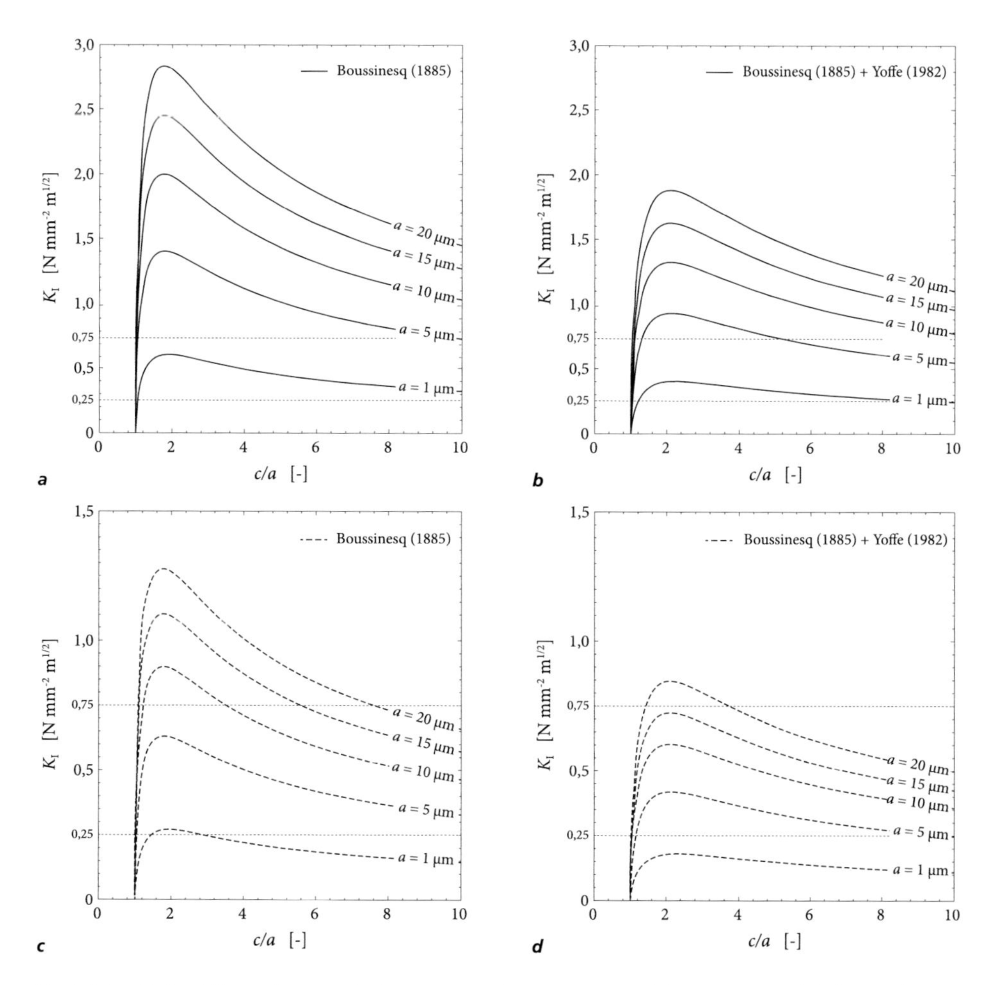

Abbildung 8.17 Für Tiefenrisse in thermisch entspanntem Floatglas in Abhängigkeit des Kontaktradius a berechnete Spannungsintensitäten K_I zum Zeitpunkt der maximalen Beanspruchung durch den Eindringkörper ($A = 1$): Lange Oberflächenrissgeometrie *(a)-(b)* halbelliptische Rissgeometrie *(c)-(d)*. Während bei *(a)* und *(c)* ausschließlich elastische Spannungsanteile entsprechend Boussinesq (1885) berücksichtigt sind, sind bei *(b)* und *(d)* neben den elastischen auch solche aus inelastischen Verformungen entsprechend Yoffe (1982) beachtet.

Rissgeometrie mit $c > 400\,\mu$m sehr große Risstiefen. Mit zusätzlicher Berücksichtigung inelastischem Materialverhaltens erfolgt rechnerisch keine Rissinitiierung bei einer halbellitpischen Rissgeometrie, während sich auch hier bei langen Rissgeometrien mit $c > 200\,\mu$m sehr große Risstiefen erschließen. Aufgrund der bei Tiefenrissen von Kratzspuren undefinierten Rissgeometrie ist davon auszugehen, dass die rechnerisch resultierenden Risstiefen bei Berücksichtigung von inelastischem Materialverhalten zwischen den berechneten Riss-

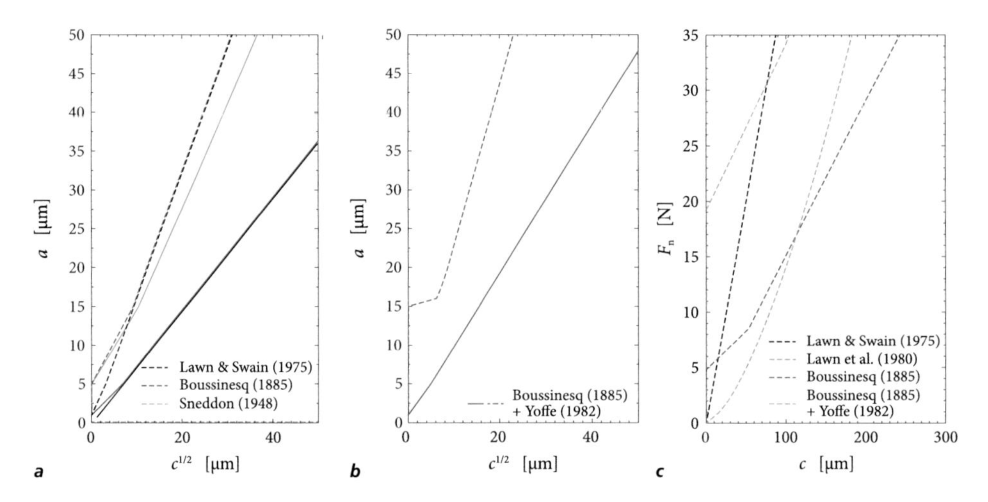

Abbildung 8.18 Berechnete Entwicklung der Risstiefe c von Tiefenrissen (für $K_{\mathrm{Ic}} = 0{,}75\,\mathrm{N\,mm^{-2}\,m^{1/2}}$; durchgängige Linien repräsentieren eine lange Rissgeometrie, gestrichelte Linien hingegen eine halbelliptische Rissgeometrie): Entwicklung von Tiefenrissen in Abhängigkeit der Risstiefe c und dem Kontaktradius a für die Spannungsfunktionen nach Boussinesq (1885) und Sneddon (1948) in Gegenüberstellung zum ähnlichen Berechnungsverfahren nach Lawn & Swain (1975) *(a)*; Entwicklung von Risstiefen identisch zu *(a)*, allerdings mit Berücksichtigung von inelastischem Materialverhalten entsprechend der Spannungsfunktion von Yoffe (1982) *(b)*; Entwicklung der Risstiefe c in Abhängigkeit der Beanspruchung F_{n} bei Härteeindrücken mit einem Vickers-Eindringkörper ($\omega = 2/\pi$) entsprechend dem vorgestellten Berechnungsverfahren und der empirischen Beziehung nach Gl. 8.21.

tiefen eines halbelliptischen und eines langen Risses liegen. Eine genaue Abgrenzung ist an dieser Stelle für Kratzspuren nicht möglich.

Um jedoch die Gültigkeit des Berechnungsverfahrens zu belegen, erfolgt eine Anwendung auf Tiefenrisse infolge von Härteeindrücken mit einem *Vickers*-Eindringkörper (halbelliptische Rissgeometrie). Hierzu ist entsprechend Abs. 8.3.1 der Anpassungsfaktor zur Berücksichtigung der Eindringkörpergeometrie in Gl. 8.1 mit $\omega = 2/\pi$ anzupassen. Berechnete Risstiefen sind diesbezüglich in Abhängigkeit der Beanspruchung F_{n} in Abb. 8.18c dargestellt. Dementsprechend tritt für eine rein elastische Betrachtung eine Rissinitiierung des Tiefenrisses bei etwa $F_{\mathrm{n}} = 5\,\mathrm{N}$ ein; hingegen kann eine Rissinitiierung für ein elastisch-inelastisches Materialverhalten erst ab $F_{\mathrm{n}} = 20\,\mathrm{N}$ verzeichnet werden. Lawn et al. (1980) formulierten eine empirische Beziehung, bei welcher die Ausbildung des Tiefenrisses konstant im Verhältnis von $F_{\mathrm{n}}/c^{3/2}$ erfolgt. In Abhängigkeit des Probenmaterials gilt dementsprechend

$$K_{\mathrm{Ic}} = k \left(\frac{E}{H_{\mathrm{IT}}} \right)^{1/2} \frac{F_{\mathrm{n}}}{c^{3/2}} \,. \tag{8.21}$$

Hierin ist k eine dimensionslose Kalibrierungskonstante. Für Kalk-Natronsilikatglas gilt entsprechend der Autoren $k = 0{,}016$. Neben den nach Gl. 8.18 unter Berücksichtigung von elastischem und inelastischem Materialverhalten berechneten Risstiefen, sind in Abb. 8.18c auch solche nach Gl. 8.16 und Gl. 8.21 dargestellt. Hierzu wurden folgende Materialparameter zugrunde gelegt: $E = 75.000\,\mathrm{N\,mm^{-2}}$; $H_{\mathrm{IT}} = 6.800\,\mathrm{N\,mm^{-2}}$; $K_{\mathrm{Ic}} = 0{,}75\,\mathrm{N\,mm^{-2}\,m^{1/2}}$. Grundsätzlich scheint es, dass die unter Berücksichtigung von inelastischem Materialverhalten berechneten Risstiefen zu gering sind. Marshall & Lawn (1979) erwähnen jedoch, dass in ihren Härteexperimenten die Initiierung von Tiefenrissen bei Beanspruchungen von $F_{\mathrm{n}} \leq 20\,\mathrm{N}$ nicht beobachtet werden konnte, was die hier vorgestellte Methode zur Berechnung der Risstiefe von Tiefenrissen unter zusätzlicher Beachtung inelastischem Materialverhaltens bestätigt. Hingegen konnten Tandon et al. (1990) unterhalb von $F_{\mathrm{n}} = 40\,\mathrm{N}$ keine Initiierung von Tiefenrissen feststellen. In beiden Veröffentlichungen ist die Spitzenausrundung r_{s} des Eindringkörpers nicht genannt. Grundsätzlich wird jedoch davon ausgegangen, dass die Kombination der Spannungsverteilungen nach Boussinesq (1885) und Yoffe (1982) eine realitätsnahe Berechnung der Risstiefen von Tiefenrissen zulässt.

Der Einfluss der Vorspannung auf die Rissinitiierung und -länge der festigkeitsreduzierenden Tiefenrisse wurde bereits in Abs. 3.5.2 diskutiert. In Abb. 8.19 sind berechnete Spannungsintensitäten dargestellt, bei denen die risswirksame Spannung um die zuvor genannten oberflächennahen Druckspannungen reduziert ist. Im direkten Vergleich zu thermisch entspanntem Glas ist ersichtlich, dass die berechneten Spannungsintensitäten K_{I} und die hieraus resultierenden Risslängen je nach betrachteter Rissgeometrie für thermisch vorgespannte Gläser deutlich geringer sind, bzw. eine Rissinitiierung gar nicht erst stattfindet.

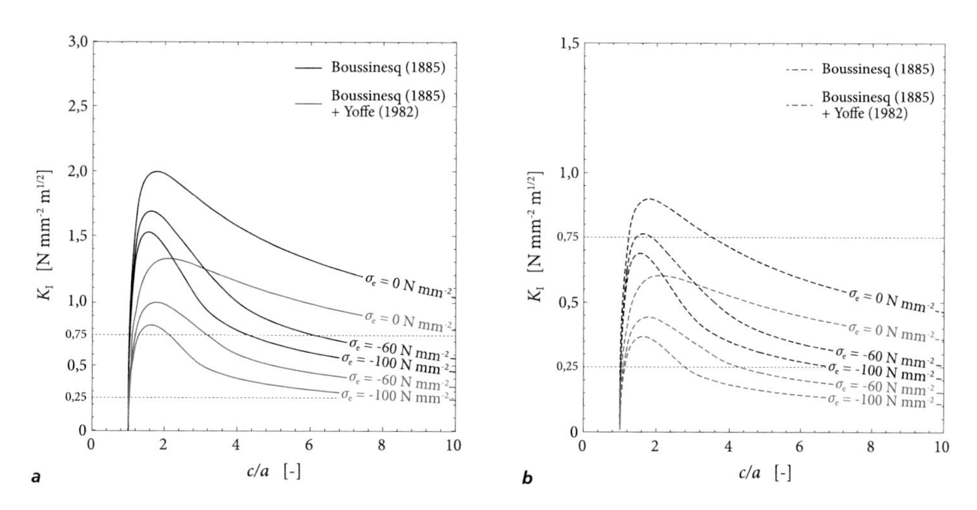

Abbildung 8.19 Einfluss der Oberflächendruckspannung infolge thermischer Vorspannung auf die Initiierung und das Risswachstum der Tiefenrisse für einen Kontaktradius $a = 10\,\mu\mathrm{m}$: lange Rissgeometrie *(a)* und halbelliptische Rissgeometrie *(b)*.

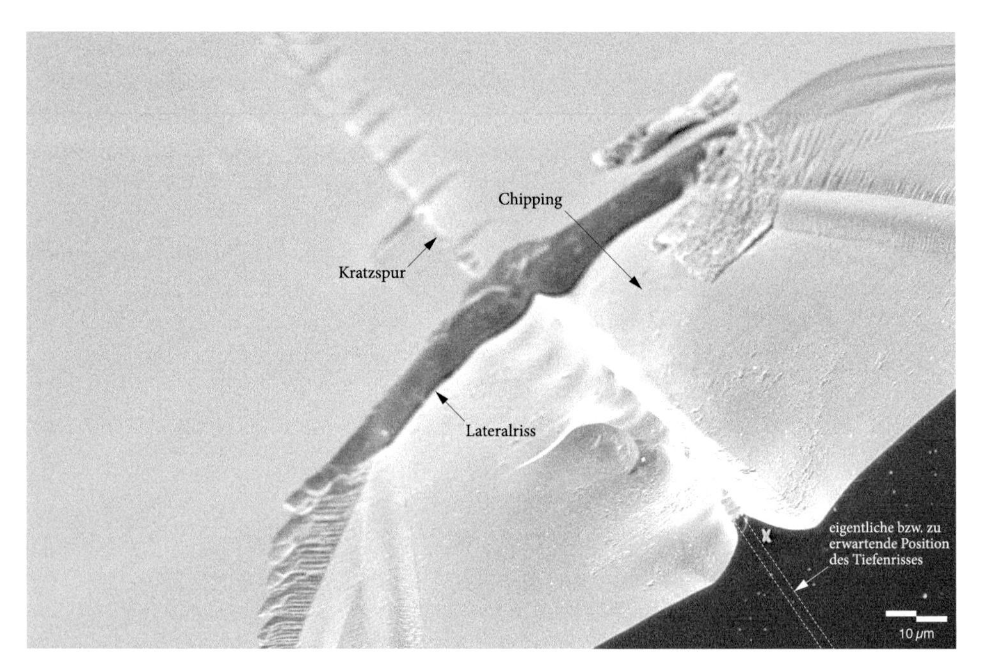

Abbildung 8.20 Rasterelektronenmikroskopaufnahme einer Kratzspur auf Einscheibensicherheitsglas: Während die Lateralrisse deutlich ausgeprägt sind, hat keine Rissinitiierung des Tiefenrisses stattgefunden.

Dies kann durch experimentelle Untersuchungen von Chaudhri & Phillips (1990) bestätigt werden. Tandon et al. (1990) untersuchten die Rissinitiierung von Tiefenrissen auf eigenspannungsfreien Glasoberflächen und solchen chemisch vorgespannter Gläser. Demnach erforderte die Initiierung von Tiefenrissen bei vorgespannten Gläsern ein etwa 2,5-fach höheres Lastniveau von F_n. Abb. 8.20 zeigt eine Kratzspur auf ESG, bei der es zwar zu ausgeprägten Lateralrissen mit Abplatzungen kommt, jedoch durch die Oberflächendruckspannung die risswirksame Spannung soweit reduziert wurde, dass eine Rissinitiierung des Tiefenrisses unterbunden wurde.

8.4.2 Entwicklung von Lateralrissen

Cook & Pharr (1990) konnten anhand von in-situ Mikroskopaufnahmen während Härtemessungen nachweisen, dass die laterale Rissinitiierung erst mit nahezu vollständiger Entlastung des Eindringkörpers erfolgt. In Abb. 8.21 und Abb. 8.22 ist die Entwicklung des lateralen Risssystems bis hin zur Ausbildung von lateralen Abplatzungen *(Chippings)* auf Grundlage einer 24-stündigen mikroskopischen Dokumentation dargestellt. Gegenübergestellt ist die laterale Rissausbildung für thermisch entspanntes Floatglas und Einscheibensicherheitsglas. Beide Kratzspuren wurden unter identischen Bedingungen erzeugt (konischer 120°-Diamant; $F_n = 600\,\text{mN}$; 50 ± 2,5 % rF). Es ist ersichtlich, dass die vollständige Ausbildung der lateralen Risse von einigen bis zu mehreren Stunden nach Entlastung des Eindringkörpers dauern kann und, dass die Risswachstumsgeschwindigkeit wesentlich vom Betrag der Eigenspannung σ_e im Bereich der Glasoberfläche abhängt (Abb. 8.22). Während thermisch vorgespannte Gläser eine deutlich schnellere Ausbildung von lateralen Abplatzungen aufweisen, ist die Ausprägung des lateralen Risswachstums auf thermisch entspanntem Floatglas deutlich geringer. Im Gegensatz zu thermisch vorgespannten Gläsern führen laterale Risse in derartigen Gläsern auf einem Großteil der Kratzspur nicht zu Abplatzungen.

Charakteristisches Merkmal des lateralen Risssystems ist, dass der Rissfortschritt durch eine Modus I- und eine Modus II Beanspruchung charakterisiert ist (vgl. Tu & Scattergood, 1990). Dies führt mit voranschreitender Rissfront zu einer Winkeländerung θ_0 an der Tangente der Rissspitze. Anhand von taktilen Profilmessungen und Rasterelektronenmikroskopaufnahmen (Abb. 3.8a-c) ist ersichtlich, dass Lateralrisse im Bereich des Rissursprungs zunächst parallel zur Glasoberfläche verlaufen, um dann ab etwa halber Breite der Kontaktzone ($a/2$) mit einem Winkel von ca. $\theta_0 = -30°$ in das Glasinnere einzutauchen (Abs. 3.3.3, Abb. 3.3.3c und Abb. 8.9). Der weitere Rissverlauf verläuft weitestgehend parallel zur Glasoberfläche, um schließlich (oftmals) eine abrupte Richtungsänderung hin zur Glasoberfläche zu vollziehen (Abb. 3.8d). Derartige *Mixed-Mode*-Beanspruchungen sind für den Werkstoff Glas noch weitestgehend unerforscht. Die bekanntesten Untersuchungen hierzu gehen auf Shetty et al. (1987) und Singh & Shelty (1990) zurück (vgl. Abs. 4.6).

Da die risswirksamen Spannungsverteilungen $\sigma_{zz}(x)$ und $\tau_{rz}(x)$ entlang der Rissufer der Lateralrisse nicht konstant sind, erfolgt eine bruchmechanische Beschreibung der lateralen Rissinitiierung analog Abs. 8.4.1 (vgl. Abs. 4.5.3). Durch Einsetzen von $\sigma_{zz}(x)$ in Gl. 4.26 gilt für den Modus I Anteil in normierter Darstellung (vgl. Gl. 8.19; $\zeta = c/a$ und $\chi = r/a$) für eine lange Rissgeometrie

$$K_{\mathrm{I}} = 2\pi^{-1/2}\zeta^{1/2}a^{1/2}\int\limits_{0}^{\zeta}\frac{\sigma_{zz}(\chi)}{\sqrt{\zeta^2-\chi^2}}\,\mathrm{d}\chi \tag{8.22}$$

und analog für den Modus II Anteil durch Einsetzen von $\tau_{rz}(x)$ in Gl. 4.28

$$K_{\mathrm{II}} = 2\pi^{-1/2}\zeta^{1/2}a^{1/2}\int\limits_{0}^{\zeta}\frac{\tau_{rz}(\chi)}{\sqrt{\zeta^2-\chi^2}}\,\mathrm{d}\chi\;. \tag{8.23}$$

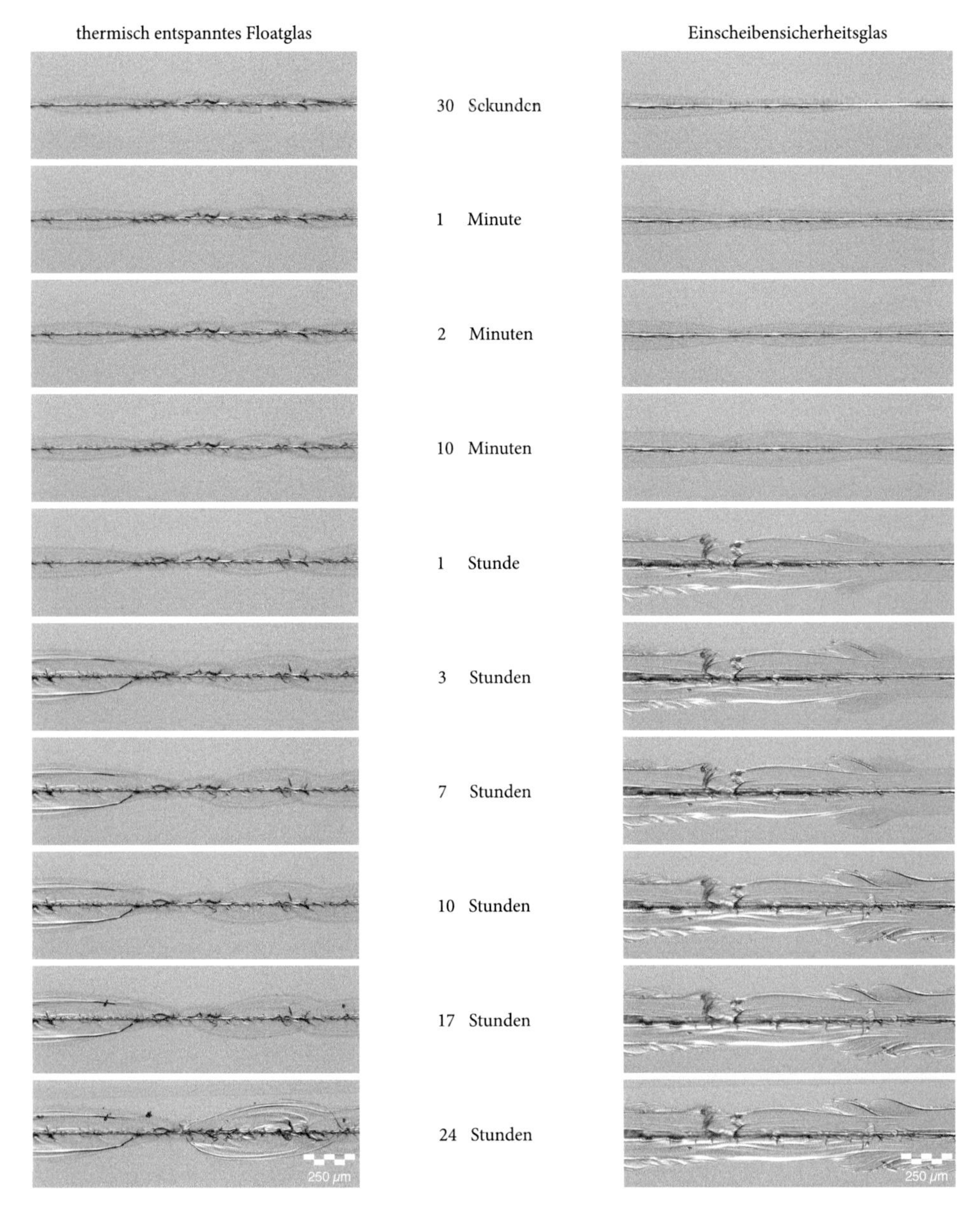

Abbildung 8.21 Risswachstum von Lateralrissen bei Kratzspuren auf thermisch entspanntem Floatglas (links) und Einscheibensicherheitsglas (rechts). Beide Kratzspuren wurden mit einem konischen 120°-Diamanten und einer Auflast von $F_n = 600$ mN erzeugt. Die mikroskopische Dokumentation erfolgte bei einer relativen Feuchtigkeit von 50 ± 2,5 % rF.

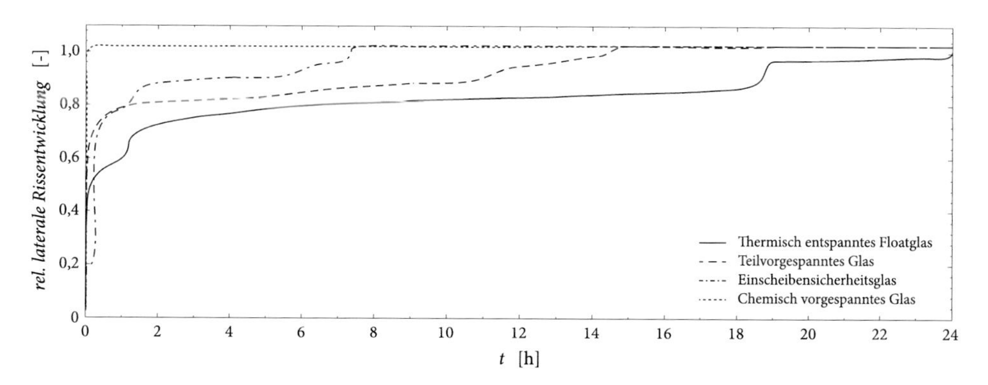

Abbildung 8.22 Relative laterale Rissentwicklung in Abhängigkeit der Eigenspannung σ_e aus thermischer und chemischer Vorspannung.

Für eine halbelliptische Rissgeometrie sind Gl. 8.22 und Gl. 8.22 mit dem bekannten Faktor $\sqrt{2}/\pi$ zu multiplizieren (vgl. Gl. 8.20), jedoch zeigt sich speziell für Kratzspuren auf Glas, dass die Lateralrisse in Kratzrichtung für gewöhnlich eine langezogene Rissgeometrie aufweisen.

Bedingt durch die Tatsache, dass die Rissinitiierung der Lateralrisse erst unmittelbar vor kompletter Entlastung des Eindringkörpers stattfindet (Lawn et al., 1975a; Cook & Pharr, 1990; Tandon et al., 1990), ist davon auszugehen, dass die risswirksamen Spannungen $\sigma_{zz}(x)$ und $\tau_{rz}(x)$ ausschließlich aus dem Einfluss der Verdichtungszone resultieren (vgl. auch Marshall et al., 1982; Cook & Roach, 1986). Anhand der exemplarischen Darstellung in Abb. 8.9 und Abb. 3.5c geht hervor, dass der Rissursprung der Lateralrisse

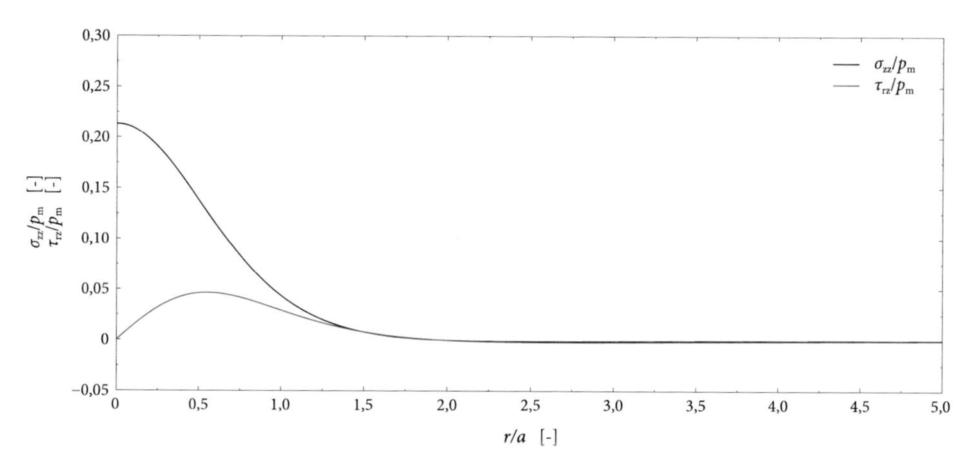

Abbildung 8.23 Aus dem Einfluss der Verdichtungszone (Gl. 8.13) auf Lateralrisse risswirksame Spannungen $\sigma_{zz}(x)$ und $\tau_{rz}(x)$ bei $z/a = 1{,}5$ ($A = 0$; B entsprechend Gl. 8.14; $\nu = 0{,}23$).

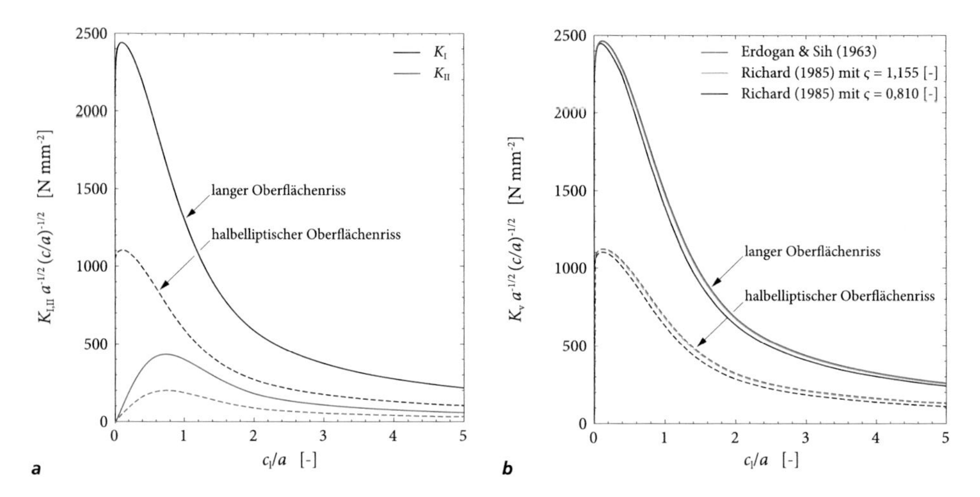

Abbildung 8.24 Entsprechend Gl. 8.22 und 8.23 berechnete Spannungsintensitäten K_I und K_II sowie daraus resultierende Vergleichsspannungsintensitäten K_v entsprechend der Mixed-Mode-Bruchkriterien nach Erdogan & Sih (1963) und Richard (1985).

unterhalb der Verdichtungszone bei etwa $z/a \approx 1{,}5$ liegt. Die aus der Spannungsfunktion nach Yoffe (1982) für dieses Tiefenverhältnis resultierenden Spannungen ($A = 0$; B entsprechend Gl. 8.14; $\nu = 0{,}23$) sind in Abb. 8.23 dargestellt. Die auf dieser Grundlage entsprechend Gl. 8.22 und Gl. 8.23 berechneten Spannungsintensitäten K_I und K_II sind in Abb. 8.24a in Abhängigkeit zum Verhältnis c_l/a dargestellt. Zur Berechnung der Vergleichsspannungsintensität K_v (Abb. 8.24b) werden die in Abs. 4.6.2 und Abs. 4.6.3 diskutierten Mixed-Mode-Bruchkriterien nach Erdogan & Sih (1963) und Richard (1985) verwendet. Analog Abs. 4.6.4 werden für das Bruchkriterium nach Richard (1985) zwei Anpassungsfaktoren ς untersucht: Einerseits wird $\varsigma = 0{,}81$ ($K_\mathrm{Ic} = 0{,}73$ N mm^{-2} m$^{1/2}$; $K_\mathrm{IIc} = 0{,}93$ N mm^{-2} m$^{1/2}$) gewählt, da hierbei die von Shetty et al. (1987) empirisch ermittelten Versuchsdaten erfasst werden. Zudem wird $\varsigma = 1{,}155$ verwendet ($K_\mathrm{Ic} = 0{,}75$ N mm^{-2} m$^{1/2}$; $K_\mathrm{IIc} = 0{,}65$ N mm^{-2} m$^{1/2}$), da hierbei die gewählte Bruchzähigkeit für eine Modus-I Beanspruchung entsprechend Lawn (1993) erfasst wird und diese Konfiguration gleichzeitig dem Bruchkriterium von Erdogan & Sih (1963) sehr ähnelt.

In Abb. 8.25 wurden die Spannungsintensitäten exemplarisch für unterschiedliche Kontaktradien a ausgewertet. Eine Prüfung des bruchmechanischen Modells auf Übereinstimmung mit realen Kratzspuren ist anhand von Abb. 8.21 möglich: Für den Zeitpunkt $t = 30$ Sekunden beträgt die laterale Risslänge etwa $c_\mathrm{l} = 20\,\mu$m (je Seite), der Kontaktradius misst dabei ca. $a = 5\,\mu$m. Hieraus resultiert ein Verhältnis von $c_\mathrm{l}/a = 10$. Entsprechend Abb. 8.25 beträgt das rechnerische Verhältnis für die initale Risslänge $c_\mathrm{l}/a = 13$-14. Der in Abb. 8.22 sichtbare weitere Rissverlauf für $t > 30$ Sekunden ist auf subkritische Risswachstumseffekte (Kap. 5) zurückzuführen. Das subkritische Risswachstum wird durch

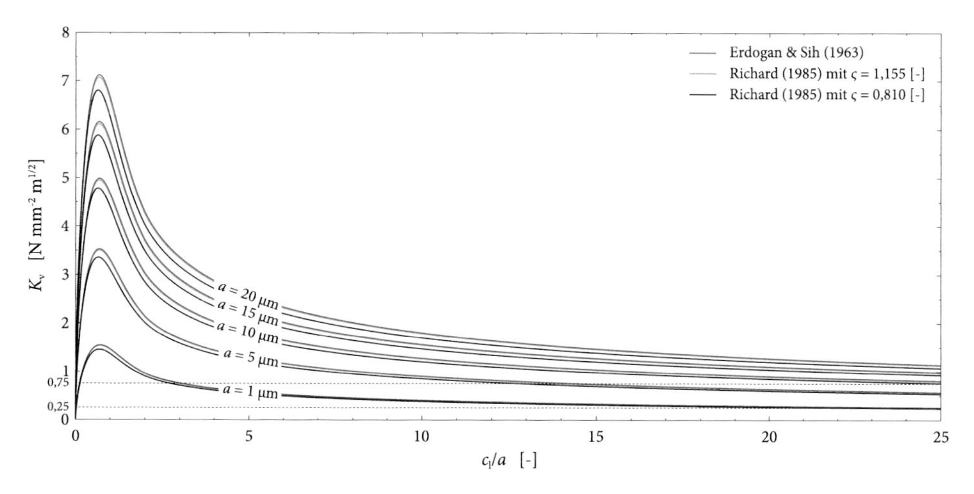

Abbildung 8.25 Für Lateralrisse in Abhängigkeit des Kontaktradiuses a nach Erdogan & Sih (1963) und Richard (1985) ausgewertete Spannungsinentsitäten K_v.

den für höhere Verhältnisse von c_l/a annährend konstanten Verlauf der Spannungsintensität K_v (nahe der kritischen Spannungsintensität für eine Modus I Beanspruchung) unterstützt.

Die berechneten Winkeländerungen θ_0 der Lateralrisse sind in Abb. 8.26 in Abhängigkeit des Verhältnisses r/a dargestellt. Beide Bruchkriterien bilden die oben beschriebene und in den Abb. 8.9 und Abb. 3.3.3c dargestellte Winkeländerung von etwa $\theta_0 =$ -30° zutreffend ab. Allerdings verläuft der berechnete Rissverlauf ab einem Verhältnis von $r/a = 1{,}5$

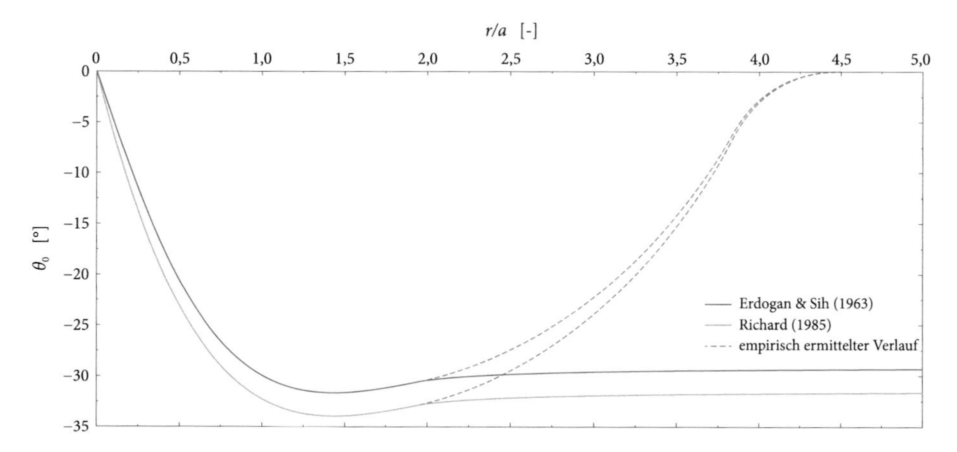

Abbildung 8.26 Auf Grundlage der Bruchkriterien von Erdogan & Sih (1963) und Richard (1985) berechnete Winkeländerungen θ_0 der Lateralrisse im Nahfeldbereich der Verdichtungszone. Zusätzlich sind die anhand Abb. 3.3.3c und Abb. 8.9 empirisch ermittelten Winkeländerungen dargestellt.

mit einem konstantem Winkel von $\theta_0 \approx$ -30° weiter in das Glasinnere. Entsprechend der empirischen Erkenntnisse müsste jedoch ein zur Glasoberfläche paralleler Verlauf bzw. eine Winkeländerung in Richtung der Glasoberfläche eintreten. Diese Inkonsistenz kann durch folgende Ursachen bedingt sein: Zum einen wird durch die Winkeländerung eine Veränderung des Verhältnisses z/a bewirkt, die durch die vereinfachende Annahme $z/a = 1{,}5$ vernachlässigt wurde, zum anderen liegt der analytisch berechneten Spannungsverteilung nach Yoffe (1982) nach Abs. 8.3.1 ein homogener und isotroper Halbraum zugrunde. Insbesondere letztere Annahme wird durch das Vorhandensein eines Risses verletzt.

8.4.3 Analogiemodelle zum Einfluss der thermischen und chemischen Eigenspannung

Warum für thermisch und chemisch vorgespannte Gläser das laterale Risswachstum schneller als für thermisch entspanntes Floatglas erfolgt, ist mit dem hier vorgestellten bruchmechanischen Modell nicht erklärbar. Nicht zuletzt, da durch den Vorspannprozess keine risswirksamen Eigenspannungen ($\sigma_{zz}(x)$ und $\tau_{rz}(x)$) erzeugt werden (vgl. Schneider, 2001; Nielsen, 2009). Nielsen (2013) untersuchte numerisch die Möglichkeit, nach dem thermischen Vorspannprozess Bohrungen in die Druckzone einzubringen und konnte zeigen, dass es durch die simulierte Entnahme von Elementen im Bohrungsbereich zu einer Spannungsumlagerung unmittelbar unterhalb derselben kommt. In Abb. 8.27a ist diese Erkenntnis auf Kratzer übertragen, sodass die Hauptspannungstrajektorien der Eigenspannungsverteilung σ_e im Bereich der Kratzspur und der Verdichtungszone umgelenkt werden. Hieraus wurde das in Abb. 8.27b dargestellte Fachwerkmodell abgeleitet. Druckstreben sind in blau und

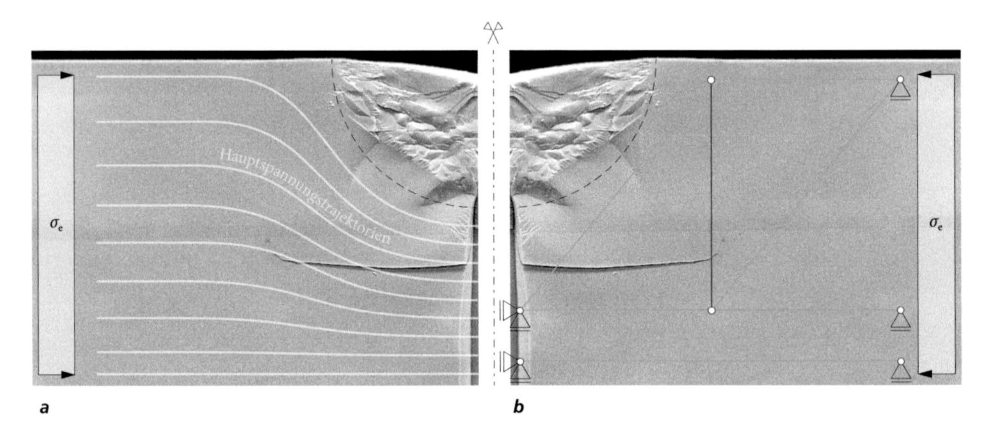

Abbildung 8.27 Analogiemodell zur Beschreibung des schnelleren Risswachstums von Lateralrissen in thermisch und chemisch vorgespannten Gläsern: Hauptspannungstrajektorien der Eigenspannungen im Bereich der Kratzspur *(a)* und idealisiertes Fachwerkmodell mit Druck- (blau) und Zugstreben (rot) *(b)*.

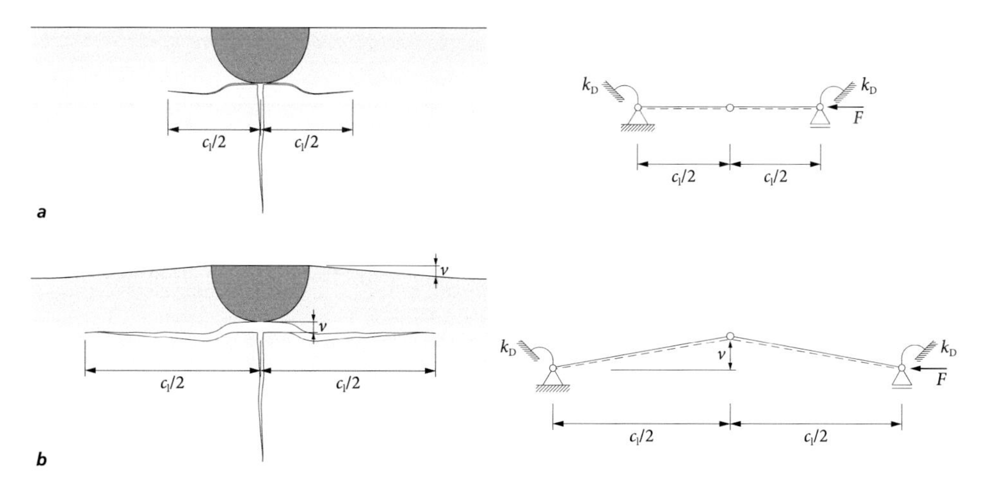

Abbildung 8.28 Beschreibung der abrupten Richtungsänderung von Lateralrissen in Analogie zu einem knickgefährdeten Stabsystem: Stabiles System infolge kurzer *(a)* und labiles System infolge langer Lateralrisse *(b)*.

Zugstreben in rot dargestellt. Bedingt durch die Umlenkung der Eigenspannungen (Druck) kommt es zu Zugspannungen im Bereich der lateralen Rissspitze (vertikale Zugstrebe). Dementsprechend ist anzunehmen, dass Lateralrisse in thermisch vorgespannten Gläsern einer höheren risswirksamen Spannung ausgesetzt sind, als dies bei thermisch entspannten Gläsern der Fall ist. Dabei wird angenommen, dass der Neigungswinkel der Druckstreben mit zunehmender Risslänge c_l der Lateralrisse flacher wird, sodass an der Rissspitze neben den durch die Verdichtungszone induzierten Eigenspannungen stets zusätzliche risswirksame Zugspannungen wirken.

Ebenso ist die in Abs. 3.3.3 beschriebene abrupte Änderung der Rissfortschrittsrichtung in Richtung Glasoberfläche mit dem hier beschriebenen Modell nicht zu erklären (vgl. Abb. 8.26). Jedoch kann das komplexe dreidimensionale System vereinfachend durch ein Analogiemodell eines stabilitätsgefährdeten Stabsystems (= Knickstab) idealisiert werden (Abb. 8.28). Hierzu werden die seitlich der Verdichtungszone mit fortschreitendem lateralem Rissfortschritt ausgebildeten flachen Schollen als Biegestäbe idealisiert, wobei die Verdichtungszone beide Stäbe über eine gelenkige Verbindung verbindet. Entsprechend Abb. 8.11a ist im oberflächennahen Bereich parallel zur Glasoberfläche eine Druckspannung ($\sigma_{rr} < 0$) vorhanden, die durch eine konstante Normalkraft F im Stabsystem erfasst werden kann. Im Bereich der Rissspitzen wird eine biegesteife Verbindung der Schollen zum Grundkörper angenommen. Die Biegesteifigkeit der Drehfeder k_D ist dabei proportional zur lateralen Risslänge c_l. Ferner wird angenommen, dass die Druckkraft F sowohl zeitlich als auch über die Stablänge konstant ist. Bedingt durch das laterale Risswachstum kommt es zu einer vertikalen Rissöffnungsverschiebung v, die eine Anhebung der Glasober-

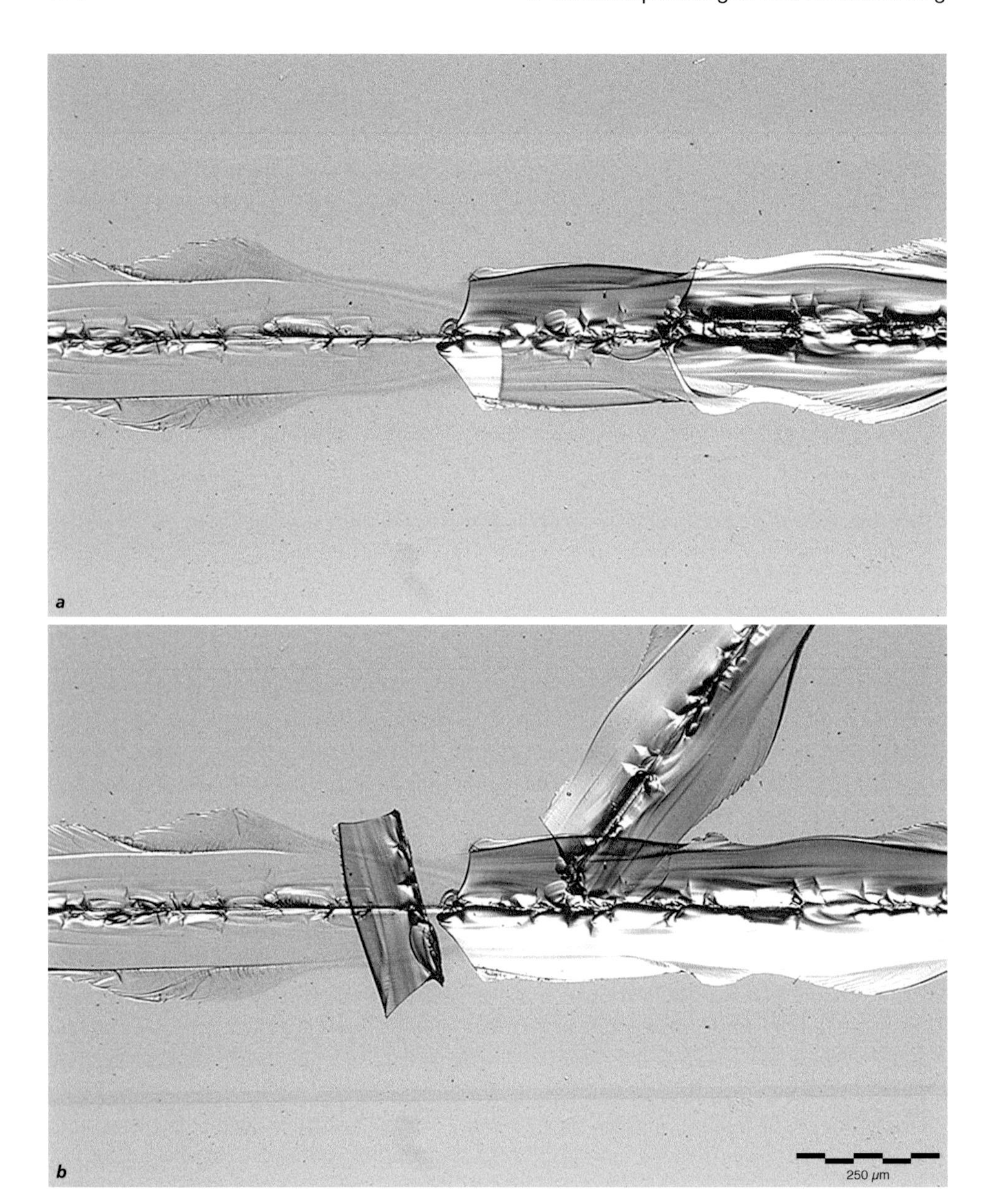

Abbildung 8.29 Durch Lateralrisse bewirktes, abruptes Abplatzen *Chipping* auf Einscheibensicherheitsglas: Beide Aufnahmen *(a)* und *(b)* zeigen den identischen Bildausschnitt einer Kratzspur in der Draufsicht. Der zeitliche Abstand zwischen beiden Aufnahmen beträgt 20 Minuten. Die Lageänderung der abgeplatzten Schollen erfolgte ohne äußere Einwirkung.

fläche verursacht (vgl. Abb. 3.8a-b). Diese Verschiebung kann im idealisierten System als Stabendverschiebungsanteil (Imperfektion) verstanden werden. Da bei kleiner Risslänge c_l die Drehfedersteifigkeit k_D groß und die Rissöffnungsverschiebung klein ist, befindet sich das System in einer stabilen Gleichgewichtslage. Mit zunehmender lateraler Risslänge und einer hierdurch resultierenden Reduktion der Drehfedersteifigkeit k_D bzw. zunehmender Rissöffnungsverschiebung v wechselt der Gleichgewichtszustand über ein indifferentes in ein labiles Gleichgewicht, bei dem es schließlich zu einem plötzlichen Stabilitätsversagen kommt und beide Schollen sowie die Verdichtungszone vom Grundkörper synchron *abplatzen*. Derartige Phänomene konnten während der experimentellen Untersuchungen beobachtet werden. Insbesondere das Risswachstum bei nahezu endgültiger Risslänge war durch eine sehr hohe Rissgeschwindigkeit geprägt. Unabhängig der Glasart konnte beobachtet werden, dass nachdem die Lateralrisse die Glasoberfläche durchdrungen haben, die Schollen *sprunghaft* die Lage gewechselt haben. Ein derartig plötzliches Versagen ist typisch für ein Stabilitätsversagen. Auffällig dabei war, dass das Versagen/Abplatzen zeitlich synchron auf beiden Seiten der Kratzspur erfolgte. In dem für alle Glasarten repräsentativen Mikroskopaufnahmen in Abb. 8.29 ist dieses plötzliche und schnelle Abplatzen dargestellt.

9 Experimentelle Untersuchungen zur Kratzanfälligkeit von Glas im Bauwesen

9.1 Allgemeines

Der Untersuchungsumfang der vorliegenden Arbeit sieht neben der in Kap. 7 beschriebenen Versuchsdurchführung zur Bestimmung der Eindringhärte von Kalk-Natronsilikatglas ein objektives Untersuchsungsprogramm zur Bewertung der optischen als auch statischen Kratzanfälligkeit vor. Hierzu wurden zunächst Oberflächendefekte an bis zu über 30 Jahre genutzten Verglasungen aus Einscheibensicherheitsglas mittels einer fluoreszierenden Eindringprüfung detektiert und durch mikroskopische Untersuchungen charakterisiert. Hierauf aufbauend wurden anhand systematischer Kratzversuche in Kombination mit einem numerischen Postprocessing die wesentlichen Einflüsse auf das laterale Risswachstum von Kratzspuren bestimmt (optische Kratzanfälligkeit). Anhand von planmäßig vorgeschädigten Probekörpern aus thermisch entspanntem Floatglas, Teilvorgespanntem Glas und Einscheibensicherheitsglas konnte durch vergleichende Materialprüfungen, welche in einem zu DIN EN 1288-1 modifizierten Doppelring-Biegeversuch durchgeführt wurden, wesentliche und im praktischen Einsatz von Glas im Bauwesen auftretende Einflüsse hinsichtlich der resultierenden Biegefestigkeit untersucht (statisch wirksame Kratzanfälligkeit). Darüber hinaus wurden die festigkeitsmindernden Einflüsse realer Schadensmuster in Biegeversuchen untersucht und diese mit den bislang weit verbreiteten Methoden zur planmäßigen Vorschädigung (Berieseln mit Korund und Schmirgeln mit Schleifpapier) verglichen.

9.2 Versuchseinrichtungen

9.2.1 Spannungsoptische Messungen an Glas

Zur Bestimmung der beim thermischen Vorspannprozess eingeprägten Eigenspannung stehen verschiedene spannungsoptische Messmethoden zur Verfügung, bei denen der Effekt der *Doppelbrechung* genutzt wird. Durch die Wirkung von Spannungen im Glas (z.B. thermische Eigenspannungen) bekommt der ursprünglich optisch isotrope Glaskörper anisotrope Eigenschaften mit ausgezeichneten Richtungen (Schneider, 2001). Die Doppelbrechung ist somit ein direktes Maß für die Art und die Größe der Spannungen. Das *Epibiaskop* nutzt neben dem Effekt der Doppelbrechung auch den *Mirage-Effekt*: Bei Floatglas existiert durch die Zinnionen im oberflächennahen Bereich zwischen Glasoberfläche und -innerem ein unterschiedlicher Brechungsindex. Hierdurch wird das unter einem von dieser Differenz abhängigen Winkel eingestrahlte Licht mehrfach gebrochen und reflektiert. Der reflektierte Anteil tritt wieder in das Glas ein, während der gebrochene Anteil mit einem zum Einfallswinkel identischen Ausfallswinkel austritt. Beim Epibiaskop wird ein polarisierter Laserstrahl über ein zweiteiliges Prisma und eine Kontaktflüssigkeit mit zum Glas identischem Brechungsindex in die Glasoberfläche der Zinnbadseite eingeleitet. Zwischen beiden Teilen des Prismas ist eine lichtundurchlässige Sperrschicht eingebracht. Bedingt durch den polarisierten Zustand des Laserstrahls hängt der Polarisationszustand bei Austritt aus der Glasscheibe von der oberflächennahen Eigenspannung ab. Nach dem Austritt passieren die Lichtstrahlen einen *Babinetkompensator*, der eine Phasenverschiebung bewirkt. Diese kann in Form eines Interferenzmusters in einer Sammellinse betrachtet werden. Mit zunehmender Eigenspannung steigt die Neigung des Interferenzmusters. Über diese Neigung kann über eine Skala auf den Eigenspannungszustand geschlossen werden. Die Messmethode mit dem Epibiaskop beinhaltet einige Nachteile. Zum einen ist dieses Verfahren nur auf der Zinnbadseite einer Glasscheibe anwendbar und zum anderen sinkt die Messgenauigkeit mit steigender Eigenspannung, da im Bereich hoher Oberflächendruckspannungen eine Winkeländerung von einem Grad einer Spannungsänderung von bis zu $10\,\text{N mm}^{-2}$ entsprechen kann. Schneider (2001) geht hierbei von Messungenauigkeiten von $\sigma_e > \pm 6\,\text{N mm}^{-2}$ aus. Des Weiteren können mit diesem Verfahren ausschließlich die beim thermischen Vorspannprozess eingeprägten Eigenspannung an der Probenoberfläche gemessen werden.

Ein weiteres spannungsoptisches Verfahren zur Messung eingeprägter Spannungen ist das *Streulichtverfahren* (engl.: *scattered-light-method*). Dieses Verfahren kommt beim *Scalp* (Scattered Light Polariscope) der Firma *GlasStress Ltd.* (Tallinn/Estland; GlasStress Ltd., 2010) zur Anwendung und wurde im Rahmen dieser Arbeit zur Bestimmung der eingeprägten Eigenspannungen verwendet (Abb. 9.1a). Im Gegensatz zu Messungen mit dem Epibiaskop kann dieses Verfahren sowohl auf der Zinnbadseite als auch auf der Atmosphärenseite eines Glases angewendet werden. Das Messgerät arbeitet nach dem Prinzip der *schrägen Inzidenz*, bei welcher ein polarisierter Laserstrahl über ein Prisma in die Probenoberfläche eingekoppelt wird. Zwischen dem Prisma und der Glasoberfläche wird zur Vermeidung einer Lichtbrechung eine Immersionsflüssigkeit mit einem Brechungsindex ähnlich dem des Glases verwendet. Im Gegensatz hierzu wird bei der *geraden Inzidenz* der polarisierte Laserstrahl über die Glaskante eingekoppelt. Bei der Durchstrahlung von Glas sendet der Laserstrahl Streulicht aus. Die Verteilung des Streulichtes weist je Punkt ein Intensitätsmaximum und ein -minimum auf. Über die Intensität des abgestrahlten

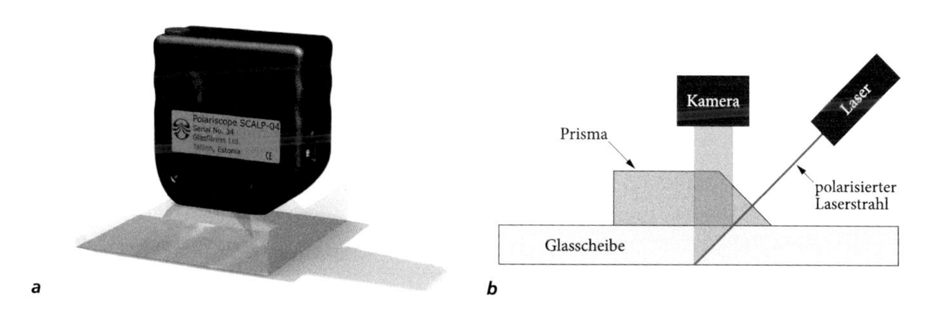

Abbildung 9.1 Messgerät *Scalp* zur Bestimmung der beim thermischen Vorspannprozess eingeprägten Eigenspannung *(a)* und Funktionsprinzip des Messgerätes bei Anwendung des Streulichtverfahrens *(b)*. (Bildnachweis: GlasStress Ltd., 2010)

Streulichts kann für zwei sehr nah beieinander liegende Punkte auf dem Laserstrahl auf die Hauptspannungsdifferenz geschlossen werden. Für dieses Verfahren ist eine Dominanz des Streulichtes erforderlich, weshalb in Störbereichen (z. B. Glaskante, Bohrung, etc.), in denen das Licht im Gegensatz zum ungestörten Bereich zusätzlich gestreut wird, eine Messung nur eingeschränkt möglich ist. Beim *Scalp* wird das vom Laserstrahl ausgehende Streulicht über eine interne Kamera erfasst.

Das Funktionsprinzip des *Scalp* ist in Abb. 9.1b dargestellt. Für die Messungen wurden in dieser Arbeit die Ausführungen der dritten und vierten Generation verwendet. Entsprechend den Herstellerangaben liegt der messbare Glasdickenbereich zwischen 3 mm bis 19 mm. Die Messgenauigkeit wird für gemessene Spannungen von $\sigma_e \leq 20\,\mathrm{N\,mm^{-2}}$ mit $\pm 2\,\mathrm{N\,mm^{-2}}$ und für Spannungen $\sigma_e > 20\,\mathrm{N\,mm^{-2}}$ mit $\pm 5\,\mathrm{N\,mm^{-2}}$ angegeben. Während der Messbereich nach oben hin unbegrenzt ist, limitiert der Hersteller die untere Messgrenze auf $\sigma_e = 4{,}0\,\mathrm{N\,mm^{-2}}$. Für die Messung der Spannungen in Kalk-Natronsilikatglas wird seitens des Herstellers eine spannungsoptische Konstante[28] von $C_B \approx 2{,}7\,\mathrm{TPa^{-1}}$ empfohlen. Mattes (2003) beziffert die spannungsoptische Konstante von Kalk-Natronsilikatglas übereinstimmend zu $C_B = 2{,}69\,\mathrm{TPa^{-1}}$.

9.2.2 Fluoreszierende Eindringprüfung

9.2.2.1 Allgemeines

Ausgenommen von Online-Verfahren in der Glasherstellung, existieren bislang keine automatisierten Verfahren zur Detektion von Oberflächenschäden auf Glas (vgl. Abs. 3.4.4). Daher erfolgt die Bestimmung des Schädigungsgrades vor Ort bislang durch eine rein subjektive und makroskopische Sichtkontrolle (vgl. Abs. 3.4.2). Dabei ist es oftmals nicht

[28] Die Einheit der spannungsoptischen Konstanten wird nach ihrem Entdecker *Sir David Brewster* auch als *Brewster*'sche Zahl genannt. Es gilt: 1 $\mathrm{TPa^{-1}}$ = 1 Brewster = $10^{-6}\,\mathrm{mm^2\,N^{-1}}$.

möglich, das komplette Schadensbild zu erfassen, zumal der Betrachtung und Bewertung eine Reinigung des Bauteils vorangehen sollte und spezielle Beleuchtungssituationen vorliegen müssen. Im Bereich der Material- und Ingenieurwissenschaften stehen verschiedene Verfahren zur Detektion von Oberflächenschäden zur Verfügung. Zu den wesentlichen Verfahren zählen die Magnetpulverprüfung, die Ultraschallprüfung, die Computer-Tomografie (Abs. 3.4.4.3) und die Eindringprüfung. Insbesondere letzteres Verfahren bietet sich aufgrund seiner schnellen und kostengünstigen Durchführung für die Prüfung auf Glasflächen an, da eine Überprüfung ohne Ausbau des Probekörpers erfolgen kann.

Die *fluoreszierende Eindringprüfung* (DIN EN 571-1) ist neben der Farbeindringprüfung ein spezielles Verfahren aus dem Anwendungsgebiet der *Eindringprüfung*. Sie ist ein schnelles, kostengünstiges und zerstörungsfreies Prüfverfahren. Es eignet sich aufgrund der Materialunabhängigkeit zur zuverlässigen Untersuchung hinsichtlich Unregelmäßigkeiten von Werkstoffoberflächen jeglicher Größe. Es ermöglicht das Auffinden sehr kleiner Fehler, wie z. B. Rissen, Kratzern oder Eindrücken, die zur Probenoberfläche hin geöffnet sind. Der Ursprung der Eindringprüfung liegt im frühen 19. Jahrhundert, als Metallverarbeiter entdeckten, dass Flüssigkeiten, die zum Abschrecken von Metall verwendet wurden, in feine, für das Auge nicht sichtbare Rissstrukturen sickerten. Die erste industrielle Anwendung des Verfahrens fand im Bereich der Inspektion sensibler Eisenbahnbauteile statt. Hierzu wurden die Komponenten mit einem dunklen Schmieröl benetzt und nach einer definierten Einwirkzeit gereinigt. Um Risstrukturen sichtbar zu machen, wurden die Bauteile mit einem *Entwickler* (bestehend aus Kalk und Alkohol) beschichtet. Unter mechanischer Stoßeinwirkung wurde das in den Rissstrukturen enthaltene Öl herausgepresst und hinterließ schwärzliche Markierungen auf der Kalkbeschichtung. Im Zweiten Weltkrieg verlangten die Ingenieure der Flugzeugindustrie nach besseren Eindringverfahren für nicht-ferromagnetische Werkstoffe. 1941 wurden die ersten fluoreszierenden und farbigen Eindringmittel entwickelt. Sie bilden die Grundlage der auch heute noch angewendeten *fluoreszierenden Eindringprüfung* und *Farbeindringprüfung*. Farbstoffe, die entweder eine fluoreszierende oder eine kräftige Pigmentierung besitzen, werden mit speziellen Ölen niedriger Viskosität gemischt. Für die fluoreszierende Eindringprüfung erscheinen Fehlstellen unter UV-Licht in einem deutlich wahrnehmbaren hellen gelben/grünen Farbton. Im Gegensatz dazu verhilft bei der Farbeindringprüfung eine kräftig rote Pigmentierung und ein aufzubringender weißer Entwickler zu einem hohen Kontrast (Schull, 2002; Steeb, 2005).

9.2.2.2 Beschreibung des Verfahrens

Die fluoreszierende Eindringprüfung gliedert sich entsprechend DIN EN 571-1 in fünf wesentliche Arbeitsschritte (Abb. 9.2): Vorreinigung und Trocknung der Probenoberfläche (Abb. 9.2a-b), Benetzung der Probenoberfläche mit dem fluoreszierenden Eindringmittel (Abb. 9.2c), Zwischenreinigung bzw. Entfernung des überschüssigen Eindringmittels (Abb. 9.2d) und Inspektion der Probenoberfläche unter UV-Licht (320 nm bis 400 nm) in einer Dunkelkammer mit optionaler Verwendung eines Entwicklers (Abb. 9.2e). Die Einwirkdauer des Eindringmittels ist von der Viskosität abhängig. Entsprechend DIN EN 571-1 beträgt sie mindestens fünf bis 60 Minuten. Die Grundsubstanz des Eindringmittels ist meist ein Mineralöl, dem fluoreszierende und grenzflächenaktivierende Additive beigefügt sind. Letztere bewirken eine hohe Kapilarität und eine gute Benetzbarkeit der Probenoberfläche. Durch das Aufbringen des Entwicklers werden Fehlstellen besser sichtbar. Für sie werden feinkörnige Pulver aus Karbonaten oder Silikaten verwendet. Verwendete Materialien zur Zwischenreinigung müssen auf das jeweilige Eindringmittel abgestimmt sein. Üblich sind Lösemittel, Kombinationen aus Wasser und Lösemittel sowie reines Wasser und Emulgatoren. Bei den Reinigungsvorgängen gilt es zu beachten, dass die Prüfkörper vollständig trocknen und kein Wasser oder Reinigungsmittel in den Oberflächendefekten verbleibt. In DIN EN 571-1 sind die verschiedenen Prüfsysteme hinsichtlich dem verwendeten Eindringmittel (Typ I-III), dem Verfahren der Zwischenreinigung (Verfahren A-E) und der Art des Entwicklers (Art a-e) klassifiziert, sodass die verwendete Kombination der Prüfmittel eindeutig anhand dieser Bezeichnungen unter zusätzlicher Nennung der Empfindlichkeitsklasse des Eindringmittels zugeordnet werden kann.

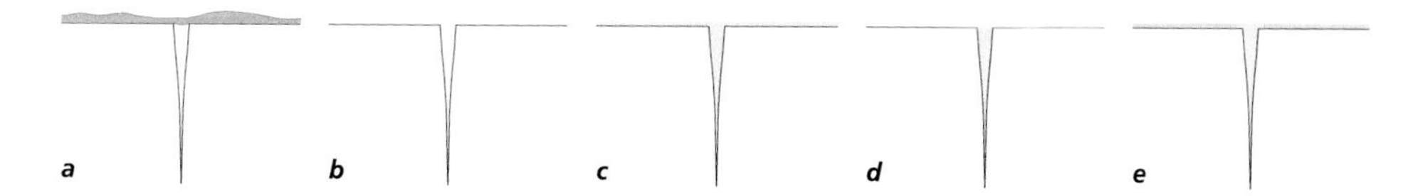

Abbildung 9.2 Arbeitsschritte der fluoreszierenden Eindringprüfung: Reinigung und Trocknung der Probenoberfläche *(a)-(b)*, Aufbringen des Eindringmittels *(c)*, Entfernen des Eindringmittels nach ausreichender Einwirkdauer der Benetzung *(d)*, optionales Aufbringen eines Entwicklers *(e)* und anschließende Betrachtung der Probenoberfläche unter UV-Licht.

9.2.3 Kratzversuche

9.2.3.1 Allgemeines

Kratzversuche zur Charakterisierung der optischen und der statischen Kratzanfälligkeit wurden mit dem *Universal Surface Tester (UST)* der Firma *Innowep GmbH - Mess- und Prüftechnik*, Würzburg, durchgeführt (Abb. 9.3 und Abb. 9.4). Hierbei handelt es sich um ein Prüfgerät zur in-situ Bestimmung mikromechanischer Material- und Oberflächeneigenschaften. Die Versuchseinrichtung ermöglicht Analysen von mikromechanischen, mikrotribologischen und funktionalen Eigenschaften von Materialien mit einer Genauigkeit im Sub-Mikrometer-Bereich. Das *UST* verbindet mehrere bekannte Technologien in einem Messaufbau, sodass Messungen von Abrieb, Verschleiß, Kratzfestigkeit (Abb. 9.4a), Mikroreibung, Struktur und taktiler Profilometrie (Abb. 9.4b) möglich sind. Dabei ist eine Anwendung auf sämtlichen Werkstoffen und Schichtsystemen möglich.

Abbildung 9.3 Prüfgerät *Universal Surface Tester (UST)*.

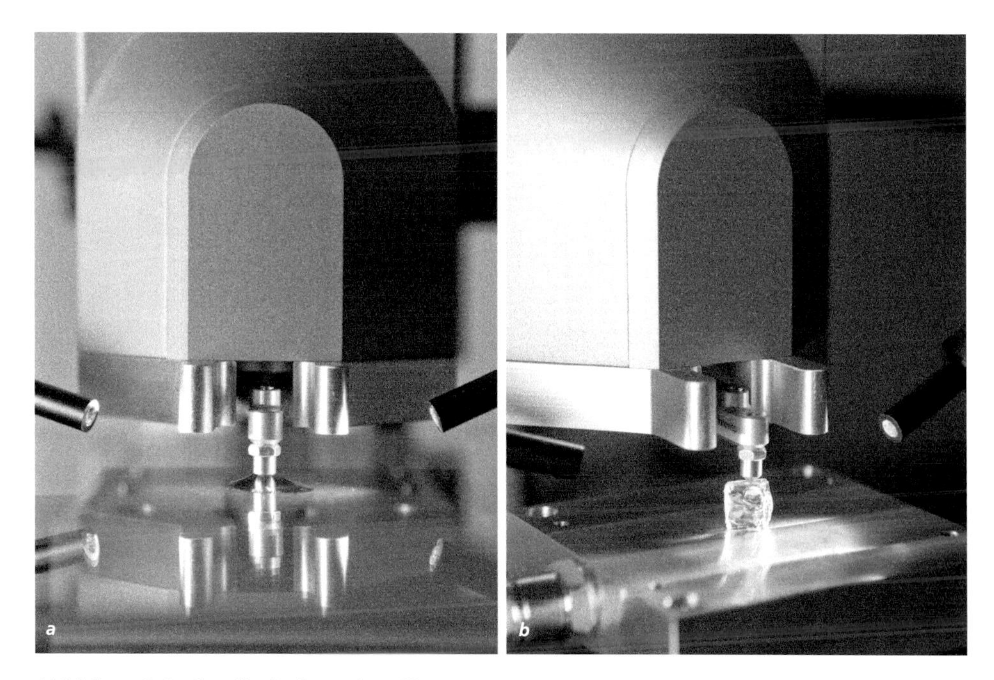

Abbildung 9.4 Detailaufnahme eines Kratzversuches unter Wasser *(a)* und taktiler Profilometrie *(b)* eines Kratzers auf Einscheibensicherheitsglas (Bruchstück).

Zu den in der vorliegenden Arbeit genutzten Grundfunktionen des *UST* zählt das Modul *Kratztest* zur Bestimmung der Kratzanfälligkeit bei stufenweiser, linearer Lastzunahme oder konstanter Eindringkraft F_n und gleichzeitiger Aufzeichnung der Eindringtiefe sowie der auf die Prüfspitze wirkenden Tangentialkraft F_t (vgl. Abs. 9.2.3.4). Das Modul *3D Topografie*, zur Bestimmung der Oberflächentopografie eines Prüfkörpers unter von Null verschiedener Minimallast F_n (vgl. Abs. 9.2.3.5), sowie das Modul *TipCheck* zur Bestimmung der Spitzenausrundung r_s, welche als direkter Indikator für den Verschleiß der Prüfspitze verwendet wurde (vgl. Abs. 9.2.3.6).

9.2.3.2 Messverfahren

Das patentierte Messverfahren *MISTAN* (Mikrostruktur Analyse) des *UST* (Abb. 9.5) ermöglicht eine in-situ Bestimmung der reversiblen und irreversiblen Deformationsanteile. Unter Verwendung von nur einer Prüfspitze, erfolgt die Messung des Höhenprofils und Aufbringung der Prüfkraft in drei Schritten (Innowep GmbH, 2011):

(1) Messung der Topografie der Messstrecke unter von Null verschiedener Minimallast (üblicherweise $F_n = 10\,\text{mN}$) und Aufzeichnung des vertikalen Höhensignals u_z.

(2) Messung der Topografie der Messstrecke aus Messung 1 unter der von Null verschiedenen Prüflast F_n (üblicherweise im Bereich von $F_n = 100$ bis 1.000 mN) und Aufzeichnung des vertikalen Höhensignals u_z.

(3) Identisch zu Messung 1 wird das Höhenprofil der in Messung 2 erzeugten Kratzspur vermessen.

Da die Prüfspitze während aller Messschritte nicht gewechselt wird, ist gewährleistet, dass die Messstrecken aller Messungen koinzident sind und somit auch die resultierenden Höhenprofile von äquiparabler Qualität sind. Die Bestimmung der reversiblen und irreversiblen Verformungsanteile der Oberfläche erfolgt durch einen Vergleich der gemessenen Höhenprofile. Die Gesamtverformung resultiert aus

$$u_{z,ges} = u_{z,1} - u_{z,2} , \tag{9.1}$$

die elastischen Verformungsanteile folgen aus

$$u_{z,el} = u_{z,3} - u_{z,2} \tag{9.2}$$

und die plastischen/irreversiblen Verformungsanteile folgen schließlich aus

$$u_{z,pl} = u_{z,1} - u_{z,3} . \tag{9.3}$$

Um exakte Messergebnisse zu erhalten, empfiehlt Weinhold (2008), die Normalkraft F_n der Prüfspitze während der Aufnahme des ersten und des dritten Höhenprofils hinreichend gering zu halten, da sonst eine Verformung des Prüfkörpers und somit eine Verfälschung der Messwerte resultieren kann.

Das *UST* setzt sich aus einer Steuereinheit und der eigentlichen Messeinheit zusammen (Abb. 9.3). Die Messeinheit besteht aus einer massiven, auf Schwingungsdämpfern gelagerten Grundplatte, der Verfahreinheit in x- und y-Richtung und dem an einem höhenverstellbaren Stativ befestigten Messkopf (Abb. 9.3). Die Steuereinheit ist die Schnittstelle zwischen Steuersoftware und Messeinheit.

Die Verfahreinheiten des *UST* bestehen aus einem prozessorgesteuerten Tisch zum Verfahren des Prüfkörpers in x-Richtung (Abb. 9.3). Hierbei wird eine Positionsgenauigkeit von $< 1,0\,\mu$m gewährleistet (Weinhold, 2008; Innowep GmbH, 2011). Die auf dem x-Tisch befestigte Verfahreinheit in y-Richtung ist ebenfalls prozessorgesteuert und kann mit einer

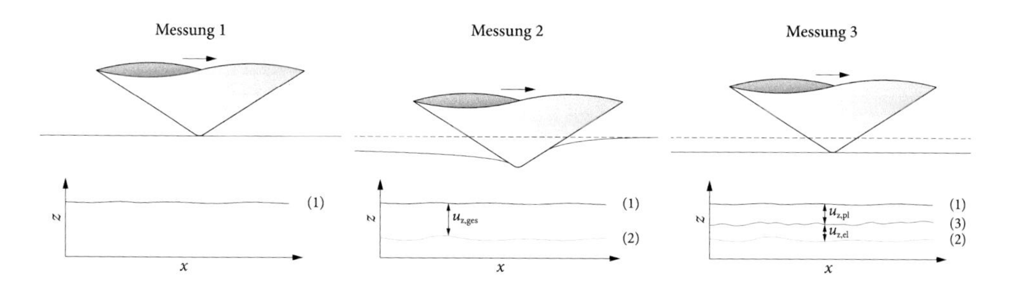

Abbildung 9.5 Funktionsweise des *MISTAN*-Messverfahrens.

Schrittweite von $1,0\,\mu$m verfahren werden. Der maximale Verfahrweg im Messmodus beträgt in x-Richtung etwa 50,0 mm und in y-Richtung 20,0 mm.

Der Messkopf des *UST* dient als Profilometereinheit zur Messung des vertikalen Höhensignals u_z und als Lasterzeugungseinheit zum Aufbringen der Normalkraft F_n auf die Prüfspitze. An der unteren Front des Messkopfes wird die, je nach Prüfaufgabe frei wählbare, Prüfspitze montiert. Dabei ist die Halterung der eigentlichen Prüfspitze so gestaltet, dass diese in einen Tastspitzenhalter eingeschraubt werden kann und mit diesem fest verbunden ist. Die Führung und Lagerung des Tastspitzenhalters innerhalb des Messkopfes ist so konstruiert, dass einerseits die Prüfpitze in z-Richtung völlig verlustfrei geführt ist und andererseits kein Spiel derselben in der x-y-Messebene auftritt. Die Höhenmessung erfolgt über einen induktiven Wegaufnehmer mit einer Genauigkeit von 60 nm und einem Messbereich von $\pm 250\,\mu$m. Die Lasterzeugung der Normalkraft F_n erfolgt durch einen Servomotor. Die mögliche Kraftauflösung liegt im Bereich von $F_n = 1$-1.000 mN. Hierzu stehen zwei verschiedene Messköpfe zur Verfügung: Mit dem *UST* 100 wird ein Lastbereich von $F_n = 1$-100 mN, mit dem *UST* 1.000 ein Lastbereich von $F_n = 10$-1.000 mN abgedeckt.

Die Probenbefestigung auf dem Verfahrtisch erfolgt über einen Vakuumhalter. Soll neben dem vertikalen Höhensignal u_z und der Normalkraft F_n zusätzlich noch die auf die Prüfspitze wirkende Tangentialkraft F_t gemessen werden, ist zwischen Verfahrtisch und Probenhalter zusätzlich ein Mikro-Krafttisch mit integriertem Piezo-Kraftsensor zu montieren.

Die lasterzeugende Einheit des *UST* muss für jede Prüfspitze kalibriert werden. Hierzu wird mit Hilfe einer Präzisionswaage[29] unterhalb der zu kalibrierenden Prüfspitze für verschiedene Positionsstellungen des Servormotors das gemessene Gewicht in eine Lastskala überführt und über eine Regression gefittet. Eine Überprüfung der Lastaufbringung auf unterschiedlich steifen Werkstoffen (Stahl, Glas und Kunsstoff) am *UST* 1.000 hat gezeigt, dass die Toleranzen der Lastaufbringung im mittleren Lastbereich bei etwa ± 3 mN und

[29] In der vorliegenden Arbeit wurde eine Präzisionswaage des Typs *Kern EG 220-3NM* verwendet.

in den oberen und unteren Grenzlastbereichen bei ca. ±0,5 mN liegt. Dabei ist die höhere Genauigkeit in den Randbereichen durch eine detailliertere Kalibrierung begründet.

Während den Vorversuchen zu dieser Arbeit (Schneider et al., 2012) konnte beobachtet werden, dass ein unkontrolliertes und ungedämpftes Absenken der Prüfspitze auf die Probenoberfläche sehr hohe Verschleißerscheinungen an der Prüfspitze als auch im Aufsetzbereich auf der Probenoberfläche (Abplatzungen, Mikrorissbildung, etc.) hervorruft. Um eine unkontrollierte Vorschädigung im Aufsetzbereich zu vermeiden, wurde die Prüfspitze zunächst auf einem Streifen Isolierklebeband abgesetzt und anschließend sanft auf die Glasoberfläche überführt. Hierdurch konnte eine Abnutzung der Prüfspitze (Spitzenausrundungen und Rissbildungen bzw. Abplatzungen an der Prüfspitze) effektiv unterbunden werden.

9.2.3.3 Eindringkörper

Prüfwerkzeuge mit Diamantspitzen werden aus kleinen industriell hergestellten Diamanten produziert. Der Rohdiamant wird hierzu zunächst durch einen Hochvakuum-Lötprozess mit der metallischen Diamanthalterung fest verbunden. In einem anschließenden mehrstufigen, hochgenauen Schleifprozess wird die Spitzengeometrie des Werkzeuges hergestellt. Am *UST* können Prüfspitzen jeglicher Art befestigt werden. Zur Erzeugung von Kratzern auf Glasoberflächen haben sich Diamantspitzen mit kleinen Spitzenradien r_s bewährt. Cheng et al. (1990), Beer (1996), Le Houérou et al. (2003), Le Houérou et al. (2005), Yoshida et al. (2005), Kašiarová et al. (2005), Tartivel et al. (2007), Roy et al. (2010) und nicht zuletzt Gu & Yao (2011) haben in Kratzversuchen nicht rotationssymmetrische Prüfspitzen, wie *Vickers-*, *Berkovich-* oder *Knoop*-Diamanten verwendet. Diamanten dieser Geometrie weisen einen facettenförmigen Schliff auf (vgl. Abb. 7.3 und Abb. 7.4). Der ursprüngliche Verwendungszweck dieser Spitzengeometrien stammt aus der statischen Härtemessung (Abs. 7.4.1). In Kratzversuchen ist die Verwendung facettenförmiger Geomtrien aufgrund der erschwerten Ausrichtung der Facetten und Kanten zur Kratzrichtung nicht gänzlich definierbar. Deshalb wurde ähnlich wie in Li et al. (1998), Schneider et al. (2008), Petit et al. (2009) oder Borrero-López et al. (2010) in der vorliegenden Arbeit für die Kratzversuche eine rotationssymmetrische, konische Spitzengeomtrie mit einem Spitzenwinkel von 120° verwendet (Abb. 9.6). In Voruntersuchungen (Schneider et al., 2012) konnte gezeigt werden, dass mit dieser Spitzengeometrie und unter dem möglichen Lastspektrum des *UST* die Erzeugung realitätsnaher Oberflächendefekte möglich ist. Für die taktilen Profilometriemessungen wurde aufgrund der zu erfassenden sehr feinen Strukturen eine konische Diamantgeometrie mit einem Spitzenwinkel von 60° verwendet. Die Spitzenausrundung beider Diamanttypen lag bei 7-9 μm. Um eine Reproduzierbarkeit und Vergleichbarkeit der Kratzversuche zu gewährleisten, ist bei der Prüfung mit Diamantspitzen der Verschleiß infolge Festkörperreibung zu berücksichtigen. In vielen der oben genannten Quellen wurde

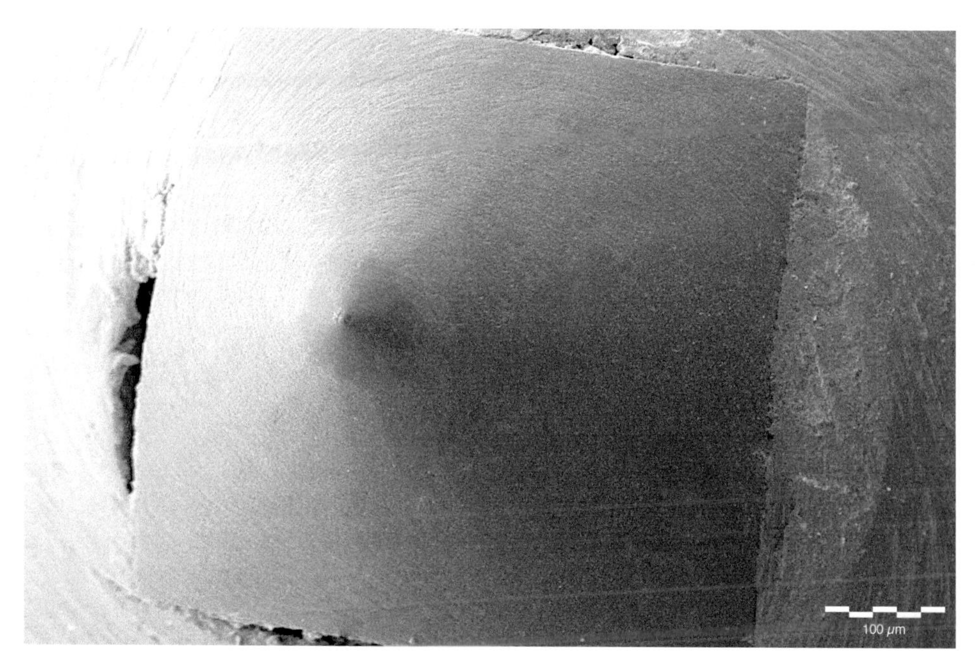

Abbildung 9.6 Rasterelektronenmikroskopaufnahme eines für Kratzversuche verwendeten Eindringkörpers mit einer konischen 120°-Diamantspitze (interne Prüfmittelbezeichnung: *C010*).

dieser Aspekt vernachlässigt. In der vorliegenden Arbeit wurde die Spitzenverrundung in regelmäßigen Abständen überprüft (vgl. Abs. 9.2.3.6).

9.2.3.4 Kratzversuche

Kratzversuche zur Bewertung der optischen Kratzanfälligkeit von Gläsern im Bauwesen wurden am *UST* nach dem in Abs. 9.2.3.2 beschriebenen Messverfahren durchgeführt. In Messung 2 (Abs. 9.2.3.2) wird hierbei die Last entweder konstant gehalten oder linear, bzw. stufenförmig erhöht. Die Messung der Tangentialkraft F_t erfolgt ausschließlich während Messung 2. Für den Kratzversuch sind die Parameter *Startposition* (x-Position des Tisches), die Länge der *Messstrecke* und des *Vor-* sowie *Nachspannes*, die *Prüfgeschwindigkeit* (Verfahrgeschwindigkeit des x-Tisches), die *Nulllast* (Minimallast F_n für Messung 1 und 3), die *Start-* und *Endlast* (Prüflast F_n) sowie die Anzahl der *Prüfschritte* zu definieren. Entsprechend den Herstellerangaben ist insbesondere der Vorspann wichtig, um Trägheitseffekte während des Anfahrens zu vermeiden. Zur Bewertung der statischen Kratzanfälligkeit wurden Kratzer ausschließlich durch Anwendung von Messung 2 durchgeführt. Da einige Probekörper unmittelbar nach der Kratzerzeugung im Doppelring-Biegeversuch geprüft werden sollten, war eine Kratzererzeugung nach dem *MISTAN*-Verfahren zu zeitintensiv.

Auf die Verwendung eines Vor- und Nachspanns wurde dann verzichtet. Durch das großflächige Aufbringen von Wassertropfen war eine Durchführung der Kratzversuche auch unter Wasserlagerung möglich (Abb. 9.4a).

9.2.3.5 Taktile Profilometrie

Die Verwendung des *UST* entspricht auf mikroskopischer Ebene der Anwendung eines Rasterkraftmikroskopes (engl.: *Atomic Force Microscope (AFM)*), welches für den Einsatz im Nanobereich vorgesehen ist. Aufgrund der hohen Auflösung eines AFM und der damit verbundenen kleinen Prüffläche ist für die Untersuchung von Oberflächenschäden auf Glas im Bauwesen ein Verfahren im Mikrobereich vorzuziehen. Die Prüfspitze des *UST* liegt in diesem Untersuchungsmodus mit einer von Null verschiedenen, minimalen Normalkraft im Bereich von $F_n = 5\text{-}30\,\text{mN}$ auf der Oberfläche des Probekörpers auf (Abb. 9.4b). Die Ortsauflösung der Messung ist direkt proportional mit der Spitzenausrundung der Prüfspitze. Der Rasterbereich liegt in x und y-Richtung bei $\geq 1{,}0\,\mu$m und in z-Richtung bei ≥ 60 nm. Der Kontakt der Prüfspitze mit der Probenoberfläche stellt aufgrund der taktilen Messmethode ein Reibsystem dar, sodass trotz der geringen Normalkräfte die Oberfläche lokal durch dünne Kratzspuren verändert wird.

9.2.3.6 Überprüfung der Spitzenverrundung

Busch (1968) untersuchte das Verschleißverhalten von einzelkornbestückten Hartstoffwerkzeugen und konnte nach intensiver mechanischer und thermischer Beanspruchungen Verschleißerscheinungen im Bereich der Kugelkalotte konischer Eindringkörper beobachten. Zwar erfolgten die in dieser Arbeit durchgeführten Kratzversuche mit deutlich geringeren Kratzgeschwindigkeiten, sodass thermische Verschleißerscheinungen zu vernachlässigen

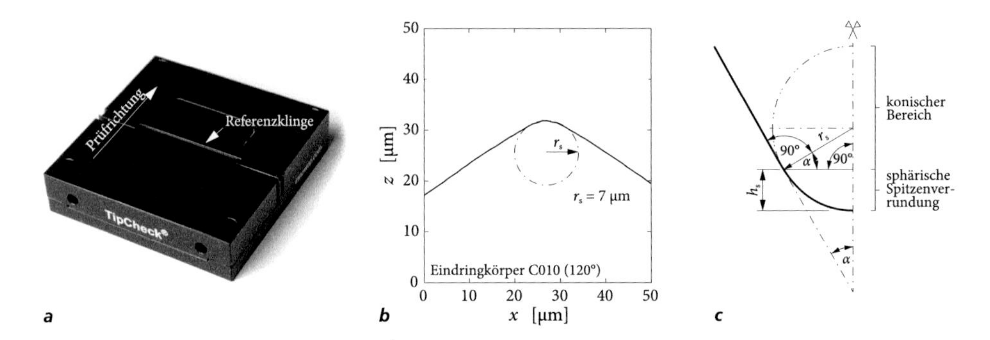

Abbildung 9.7 Überprüfung der Spitzenausrundung von Prüfspitzen: Messvorrichtung mit Referenzklinge *(a)*, gemessenes Höhenprofil einer Tastspitze *(b)* und charakterisitische Geometrie der Spitzenverrundung *(c)* nach E DIN EN ISO 14577-2.

sind, jedoch konnte aufgrund der hohen Kontaktspannungen zwischen Eindringkörper und Glasoberfläche ein Materialabrieb im Bereich der sphärischen Spitzenausrundung beobachtet werden. Die Ermittlung des Verschleißes erfolgte mit dem Modul *TipCheck*. Hierzu wird die Prüfspitze über eine Referenzklinge (Abb. 9.7a) als Gegenkörper gefahren und das Höhensignal aufgezeichnet. Diese Messung erfolgt mit einer Messgeschwindigkeit von $v_k = 100\,\mu\mathrm{m\,s^{-1}}$ und einer Minimallast von $F_n = 10\,\mathrm{mN}$. Die Bestimmung der Spitzenausrundung erfolgt durch eine grafische Anpassung an das Höhenprofil (Abb. 9.7b). In E DIN EN ISO 14577-2 ist der geometrische Übergang zwischen Ausrundung und konischem Bereich definiert als

$$h_s = r_s\,(1 - \sin(\alpha))\ . \tag{9.4}$$

Dabei ist h_s die Distanz zwischen dem Scheitelpunkt der Ausrundung und dem Übergangsbereich (Abb. 9.7c). Der Radius r_s entspricht dem aus dem *TipCheck* gemessenen Spitzenradius. Bei konischen Eindringkörpern ist die Bestimmung von h_s möglich. Bei Eindringkörpern mit einem Facettenschliff (z. B. Vickers- oder Berkovich-Diamanten) erfolgt der Übergang allmählich und ist somit nur schwer zu spezifizieren.

9.2.4 Doppelring-Biegeversuche

Doppelring-Biegeversuche (vgl. DIN EN 1288-1) eignen sich zur Ermittlung der Biegefestigkeit unter Ausschluss des Einflusses der Glaskanten. Die aktuelle europäische Normung sieht zwei Versuchsaufbauten für Doppelring-Biegeversuche vor (Tab. 9.1). Während das Verfahren nach DIN EN 1288-2 sehr große Probekörper erfordert und aufgrund der zusätzlich notwendigen, atmosphärischen Druckregilierung innerhalb des Versuchsaufbaus sehr anspruchsvoll in der Durchführung ist, sind die in DIN EN 1288-5 betrachteten Prüfflächen für übliche Anwendungen im Bauwesen hinsichtlich der statistischen Aussagefähigkeit zu klein. Zudem sind die in DIN EN 1288-5 genannten Probenabmessungen zu klein, als dass Gläser mit diesen Abmessungen in konventionellen Vorspannöfen thermisch vorgespannt werden könnten. Daher wurde für die in dieser Arbeit durchgeführten Untersuchungen ein modifiziertes Doppelring-Biegeverfahren verwendet. Die Abmessungen wurden im Vergleich zu DIN EN 1288-2 deutlich vergrößert (Tab. 9.1), sodass zwar eine größere Prüffläche untersucht wird, jedoch das umständliche Handling während der Versuchsdurchführung nach DIN EN 1288-2 vermieden wird.

Die Kantenlängen der Probekörper wurden einheitlich zu 250 mm gewählt. Ausgenommen hiervon sind die Untersuchungen an chemisch vorgespannten Gläsern. Hier betrug die Kantenlänge der Probekörper 100 mm. Der Versuchsaufbau ist in Abb. 9.8, Abb. 9.9 und Abb. 9.10 ersichtlich. Die Prüfungen wurden in einer statischen 50 kN Universalprüfma-

Abbildung 9.8 Übersicht des in dieser Arbeit verwendeten Doppelring-Biegeversuches (eingebaut in der Prüfmaschine).

Abbildung 9.9 Detail des in dieser Arbeit verwendeten Doppelring-Biegeversuches (eingebaut in der Prüfmaschine), mit Darstellung des gelenkig angeschlossenen Lastrings, welcher auf dem Probekörper aufliegt. Der Probekörper ist wiederum auf dem Stützring gelagert.

Tabelle 9.1 Gegenüberstellung der Doppelring-Biegeversuchseinrichtung nach DIN EN 1288-2, DIN EN 1288-5 sowie den in dieser Arbeit verwendeten Geometrien.

Referenz	**Belastungs-einrichtung**	**Radius Lastring**	**Radius Stützring**	**Prüffläche**[a]	**Halbe Kantenlänge PK**
		r_1	r_2	A	r'_3 [b]
[–]	[–]	[mm]	[mm]	[mm²]	[mm]
DIN EN 1288-2	-	300±1	400±1	240.000	500±2
DIN EN 1288-5	R6	6	30	113	33±0,5
	R9	9	45	254	50±1
in dieser Arbeit	R30[c]	30	60	2.827	125
verwendete	R40[d]	40	80	5.027	125
Aufbauten	R5,5	5,5	45	95	50

[a] Fläche unter quasi-gleichförmiger Spannungsverteilung ($\sigma_{\text{rad}} = \sigma_{\tan} =$ konstant).
[b] Die halbe Kantenlänge r'_3 eines quadratischen Probekörpers ist vereinfachend dem Radius r_3 eines rotationssymmetrischen (kreisförmigen) Probekörpers gleichzusetzen.
[c] Vgl. Abb. 9.10a.
[d] Vgl. Abb. 9.10b.

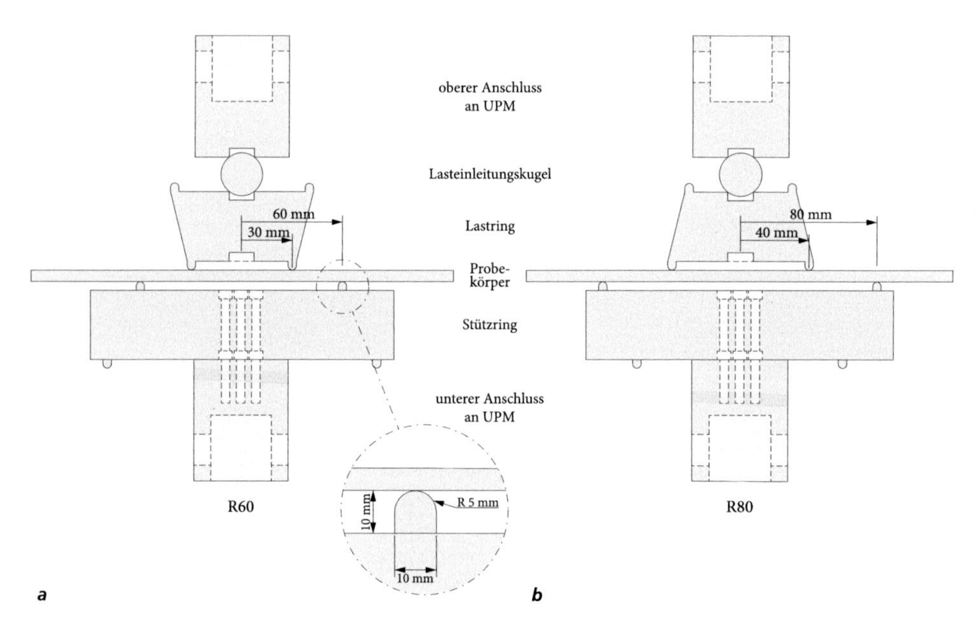

Abbildung 9.10 Versuchsaufbau (schematisch) des Doppelring-Biegeversuches: Konfigurationen R30 *(a)* und R40 *(b)* entsprechend Tab. 9.1.

schine (*Zwick Z050 THW Allround-Line*) durchgeführt. Atmosphärische Umgebungsbedingungen, insbesondere die relative Luftfeuchtigkeit, wurden für die Versuchsdurchführung, sofern nicht anders angegeben, konstant auf $50 \pm 5\,\%$ rF und $22 \pm 2\,°C$ gehalten. Um den Bruchursprung im Nachhinein eindeutig bestimmen zu können, wurden die Probekörper auf der Druckseite (zwischen Probekörper und Lastring) mit einer selbstklebenden Folie (Dicke ca. $150\,\mu$m) abgeklebt.

Für den zweiachsigen Spannungszustand lautet der Zusammenhang zwischen Dehnung und Spannung in Polarkoordinaten

$$\varepsilon_{\mathrm{rad}} = \frac{1}{E}\left(\sigma_{\mathrm{rad}} - \nu\sigma_{\mathrm{tan}}\right), \tag{9.5}$$

wobei σ_{rad} die Radialspannungen, σ_{tan} die Tangentialspannungen sowie E der Elastizitätsmodul und ν die Querkontraktion sind. Sofern die Durchbiegungen während des Doppelring-Biegeversuches relativ gering sind, d. h. etwa kleiner als die halbe Scheibendicke, unterliegt der Probenbereich innerhalb des Lastrings einer rotationssymmetrischen Spannungsverteilung, wobei die Radial- und Tangentialspannungen entsprechend Gl. 9.7 gleich groß sind. Bei quadratischen Probenabmessungen besteht eine geringe Richtungsabhängigkeit der Spannungsverteilung, sodass sich die Spannungen entlang der Seitenhalbierenden und entlang der Diagonalen geringfügig bis zu 5 % unterscheiden können. Unter Vernachlässigung dieses Effektes, kann durch Gl. 9.5 von der gemessenen Dehnung auf die Spannungen (σ_{rad} und σ_{tan}) innerhalb des Lastrings geschlossen werden:

$$\sigma_{\mathrm{rad}} = \sigma_{\mathrm{tan}} = \frac{E \cdot \varepsilon_{\mathrm{rad}}}{1-\nu}. \tag{9.6}$$

Für den Doppelring-Biegeversuch können die Biegespannungen σ_{rad} und σ_{tan} in der vom Lastring begrenzten Oberfläche entsprechend DIN EN 1288-1 nach

$$\sigma_{\mathrm{rad}} = \sigma_{\mathrm{tan}} = \frac{3(1+\nu)}{2\pi}\left[\ln\frac{r_2}{r_1} + \frac{1-\nu}{1+\nu}\,\frac{r_2^2 - r_1^2}{2r_3^2}\right]\frac{F}{d^2} \tag{9.7}$$

berechnet werden. Hierin sind r_1 der Radius des Lastringes, r_2 der Radius des Stützringes, r_3 der Radius des kreisförmigen Probekörpers, F die Prüfkraft und d die Dicke des Probekörpers. Aufgrund des rotationssymmetrischen Spannungszustandes gilt für die Hauptspannung im Bereich des Lastringes $\sigma_1 = \sigma_{\mathrm{rad}} = \sigma_{\mathrm{tan}}$. Da Gl. 9.7 auf einer analytischen Plattenlösung basiert, ist die Lösung streng genommen nur für rotationssymmetrische Probekörper anwendbar. Außerdem werden hierbei bei dünnen Probekörpern bzw. großen

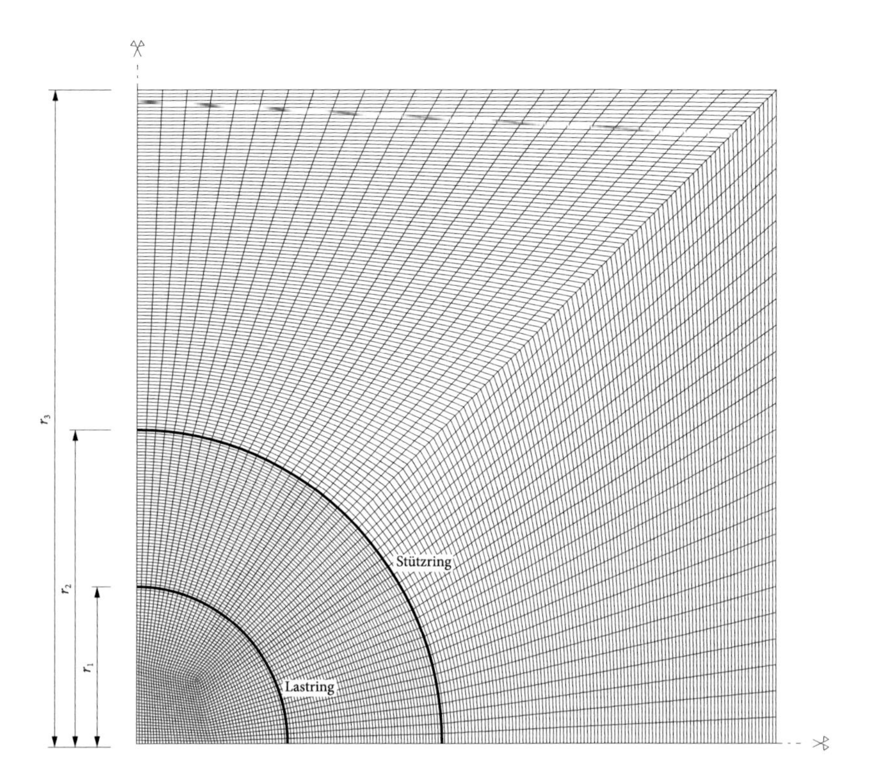

Abbildung 9.11 Geometrie und Vernetzung des FE-Modells zur Abbildung des Doppelring-Biegeversuchs. Für die Diskretisierung wurde zweifache Symmetrie ausgenutzt.

Verformungen Membranspannungen aus geometrisch nicht-linearem Verhalten vernachlässigt. Daher wurde zur Ermittlung der Biegespannungen ein numerisches Modell mit dem FE-Programm Ansys APDL 14.0 programmiert (Abb. 9.11 und Abb. 9.12).

Da der Elastizitätsmodul E von Glas erfahrungsgemäß um die in Tab. 2.2 angegebenen Werte schwankt, konnte dieser für die verwendeten Glassorten anhand von Dehnungsmessungen[30] an thermisch entspanntem Floatglas, Teilvorgespanntem Glas und Einscheibensicherheitsglas und einer vergleichenden numerischen Berechnung bestimmt werden. Hierzu wurde der Elastizitätsmodul iterativ ermittelt, bis die gemessenen mit den numerisch berechneten Dehnungen übereinstimmten. Ein durch die thermische Vorspannung bedingter Unterschied des Elastizitätsmoduls konnte für alle Glassorten nicht festgestellt werden, sodass unter Annahme einer Querkontraktionszahl von $\nu = 0{,}23$ der Elastizitätsmodul für Kalk-Natronsilikatglas einheitlich zu $E = 75.000\,\mathrm{N\,mm^{-2}}$ bestimmt wurde. In

[30]DMS-Typ: *HBM 1-LY17-3*, Messverstärker Typ: *HBM Spider8*.

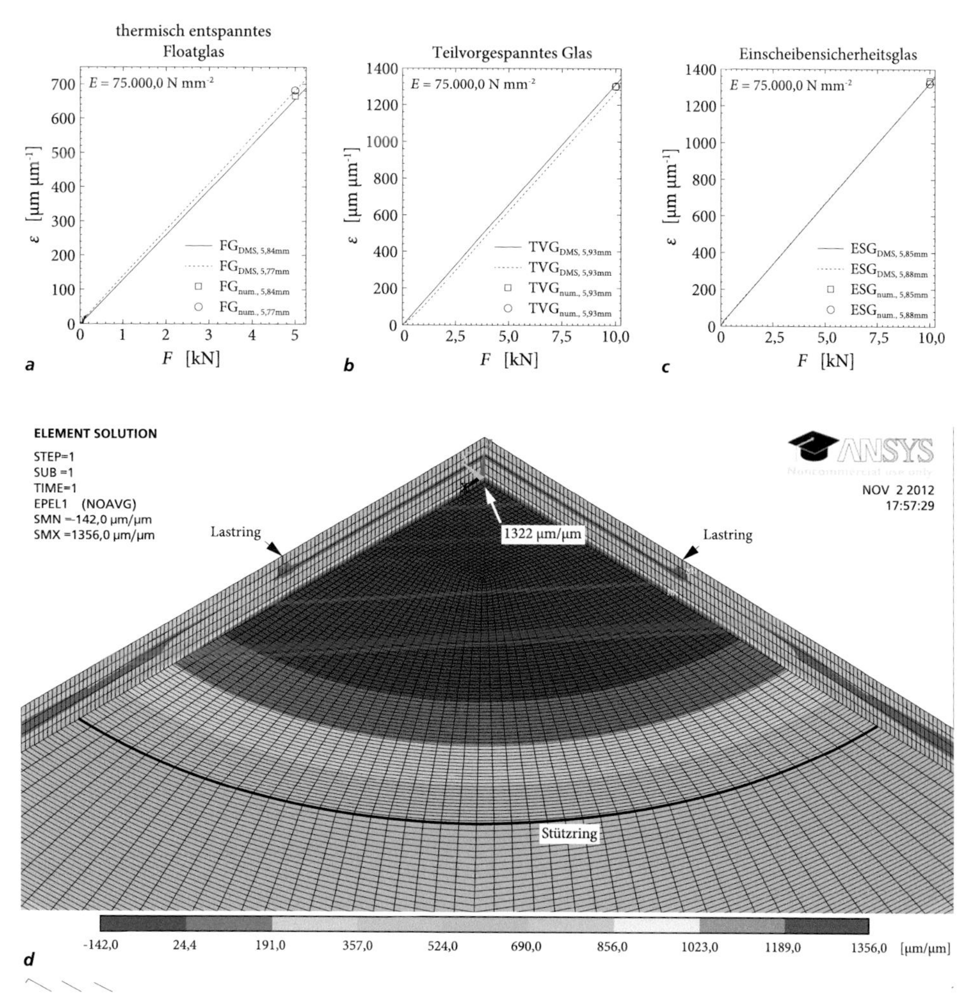

Abbildung 9.12 Doppelring-Biegeversuch: Verifizierung der FE-Berechnung und Ermittlung des Elastizitätsmoduls anhand von Dehnungsmessungen auf thermisch entspanntem Floatglas *(a)*, Teilvorgespanntem Glas *(b)* und Einscheibensicherheitsglas *(c)*. Verlauf der elastischen Hauptdehnungen im Bereich des Lastrings (Zugseite; R30; $F = 7{,}5$ kN; $d = 5{,}90$ mm) *(d)*.

Abb. 9.12a-c sind die gemessenen und berechneten Dehnungen für Kalk-Natronsilkatglas in der Scheibenmitte dargestellt.

Da die Nenndicke von Flachglas aufgrund der zulässigen Toleranzen Schwankungen aufweist (vgl. Abs. 2.4.3), wurde für die Ermittlung der Bruchspannung die tatsächlich gemessene Dicke des jeweiligen Probekörpers verwendet. In Abb. 9.13 sind die aus numerischer Berechnung für verschiedene Prüflasten und Scheibendicken resultierenden radialen und tangentialen Spannungs- sowie Dehnungsverläufe dargestellt. Radialspannungen σ_r führen

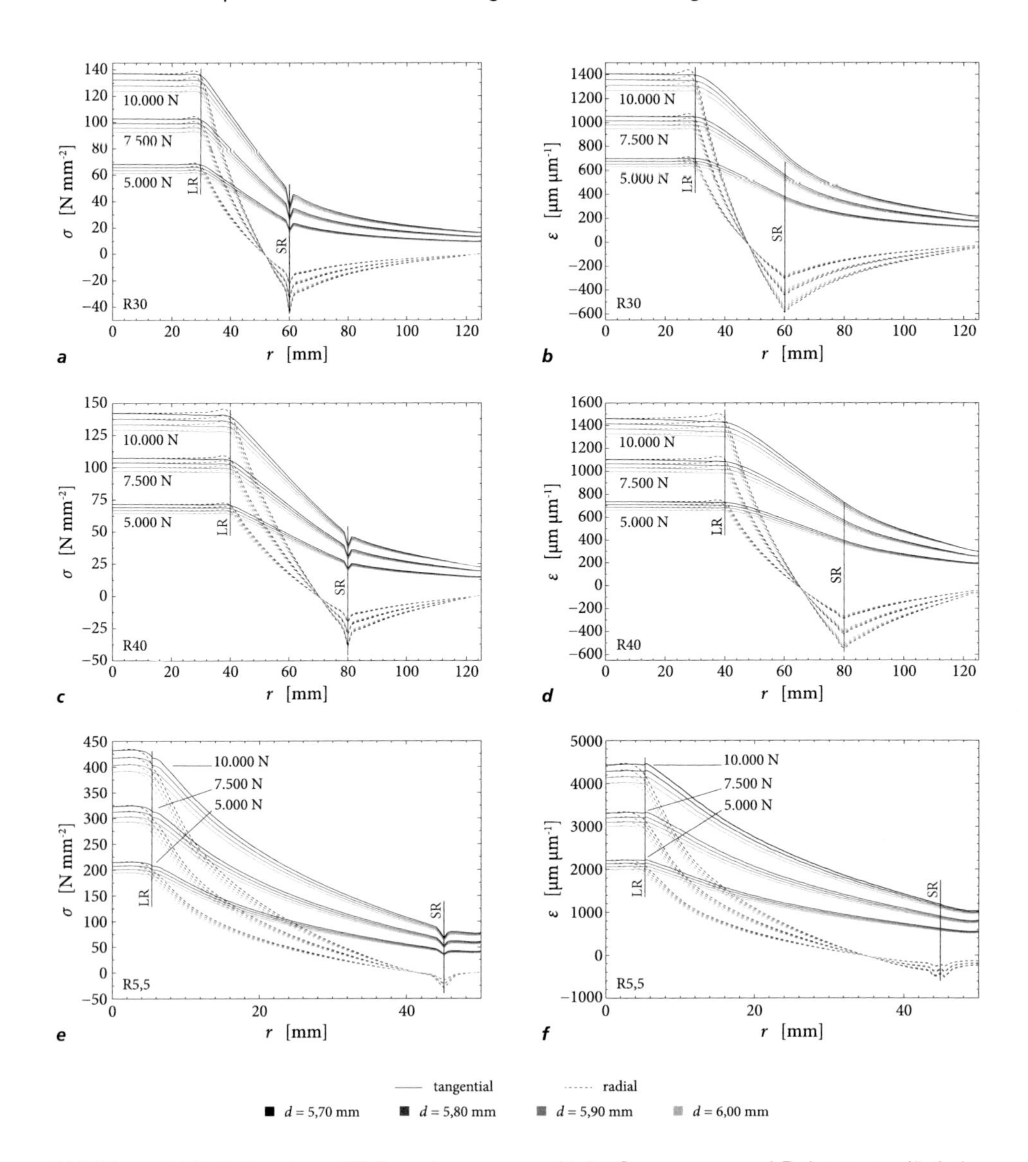

Abbildung 9.13 Anhand von FE-Berechnungen ermittelte Spannungs- und Dehnungsverläufe im Doppelring-Biegeversuch für übliche Dickentoleranzen am Beispiel eines Glases mit einer Nenndicke von d = 6 mm: Radiale und tangentiale Spannungsverläufe für die Aufbauten R30 *(a)*, R40 *(c)* und R5,5 *(e)* sowie Dehnungsverläufe für die Aufbauten R30 *(b)*, R40 *(d)* und R5,5 *(f)* (vgl. Tab. 9.1; LR = Lastring; SR = Stützring; $E = 75.000$ N mm^{-2} und $\nu = 0{,}23$; geometrische Nichtlinearität wurde berücksichtigt).

im Bereich des Lastrings zu einer Überhöhung (ca. +2,5 %) der Hauptspannung σ_1, sodass die Annahme einer konstanten Spannungsverteilung im lokalen Bereich der Lastschneiden nicht gänzlich zutreffend ist. Diese Überhöhung wurde in den experimentellen Untersuchungen bei einem Bruchursprung unterhalb der Schneiden des Lastrings berücksichtigt. Die verwendete Spannungsrate für die Durchführung der Doppelring-Biegeversuche wurde entsprechend DIN EN 1288-3 zu $\dot{\sigma} = 2{,}0 \pm 0{,}4\,\mathrm{N\,mm^{-2}\,s^{-1}}$ gewählt. Der in Abb. 9.13 dargestellte singuläre Spannungsverlauf im Bereich des Stützringes resultiert aus der vereinfachten Diskretisierung des Ringes durch eine Linienlagerung in den Elementknoten.

9.2.5 Optische Dokumentation und numerisches Prostprocessing

9.2.5.1 Lichtmikroskop (LM)

Bei Oberflächenanalysen transparenter Materialien liefert die Durchlichtmikroskopie (vgl. Abs. 3.4.4.4) sehr gute Resultate, da Strukturen und Oberflächenschäden bis in den Submikrometerbereich hinreichend genau und schnell aufgezeigt werden können. In der vorliegenden Arbeit wurden alle lichtmikroskopischen Aufnahmen mit einem Digitalmikroskop des Typs *Keyence VHX600* durchgeführt. Als Objektive wurden Zoomobjektive im Bereich der Vergrößerung 20 bis 200-fach (Typ: VH-Z20R/Z20W) und 500 bis 5k-fach (Typ: VH-Z500R/Z500W)[31] verwendet. Üblicherweise wurde für die Betrachtung von Kratzspuren eine 200-fache optische Vergrößerung gewählt.

9.2.5.2 Rasterelektronenmikroskop (REM)

Für die in dieser Arbeit durchgeführten REM-Untersuchungen (vgl. Abs. 3.4.4.5) an mechanischen Oberflächendefekten auf Glas wurde ein *Leo 1450 VP* der Firma *Zeiss* an der *Technischen Hochschule Mittelhessen (THM)*, Fachbereich Maschinenbau und Energietechnik, verwendet. Die Aufnahmen der Querschnitte von Eindringversuchen wurden mit einem DSM 962 der Firma *Zeiss* an der *Staatlichen Materialprüfungsanstalt Darmstadt* durchgeführt. Da Glas ein elektrisch isolierendes Material ist, wurden die Oberflächen der Probekörper vor der Untersuchung im REM mit einer dünnen Goldschicht besputtert und hierdurch gewährleistet, dass sich die Probenoberfläche durch den Elektronenstrahl nicht elektrisch auflädt. Die Beschleunigungsspannung des Elektronenstrahls betrug 15,0 kV. Die verwendeten optischen Vergrößerungen lagen zwischen 100-fach bis 10.000-fach. Die Probengröße betrug maximal einige Quadratzentimeter; die Befestigung auf den Probenhaltern erfolgte durch eine speziell für REM-Anwendungen erhältliche elektrisch leitende Knetmasse. Um Verunreinigungen von der Probenoberfläche zu entfernen, wurden alle Probekörper vor dem Sputtern in einem Ultraschallbad mit Isopropanol für jeweils zwei Minuten gereinigt.

[31] Entsprechend Quinn (2007) kann bestätigt werden, dass ab einer 1.000-fachen optischen Vergrößerung auf Glas aufgrund fehlender Tiefenschärfe und mangelnder Lichtstärke keine aussagekräftigen Ergebnisse erzielt werden können.

9.2.5.3 Numerisches Postprocessing

Für die Bestimmung der optischen Kratzanfälligkeit von Gläsern im Bauwesen soll eine quantitative Aussage zu den beobachteten lateralen Rissbreiten gemacht werden. Aufgrund der Vielzahl an Versuchen, schien eine händische Auswertung der Kratzspuren nicht sachgemäß, weshalb in *Matlab* (MathWorks, Inc., 2014) eine Routine zur automatisierten Bestimmung der lateralen Rissbreiten programmiert wurde. Der Quellcode ist in Anhang A.2 dargestellt. Das Verfahren wurde speziell für mit dem *UST* erzeugte Kratzspuren programmiert und ist ausschließlich auf Kratzspuren anwendbar, die einen geraden Kratzspurverlauf aufweisen. Insbesondere in direkter Nähe zur Kratzspur sollten dabei keine Verunreinigungen auf den Bildern erkennbar sein. Nach Erzeugung der Kratzspuren werden diese mit dem in Abs. 9.2.5.1 genannten Lichtmikroskop digital dokumentiert. Ist die Kratzspur länger als der mit dem Mikroskop erfassbare Bereich, ist es möglich mehrere Aufnahmen zu einem Bild zusammenzuführen. Mit Hilfe des numerischen Postprocessing ist es möglich, laterale Rissbreiten mit einer hohen Genauigkeit von bis zu $\pm 2\,\mu$m zielsicher zu bestimmen. Über die gesamte Risslänge wurden so die minimale, die maximale und die durchschnittliche Rissbreite sowie der projizierte Flächeninhalt der Kratzspur erfasst.

9.3 Versuchskonzept und -durchführung

9.3.1 Vorbemerkungen

In den folgenden Untersuchungen wurden unterschiedlichste Einflüsse auf die optische und statisch wirksame Kratzanfälligkeit untersucht. Für alle Probekörper wurde vorab die aus dem Abkühlvorgang nach dem Floatprozess oder infolge des thermischen Vorspannprozesses resultierende Eigenspannung an der Glasoberfläche gemessen (Abs. 9.3.2). Um den wahren Schädigungszustand von Gläsern im Bauwesen realitätsnah im Labormaßstab zu erfassen, wurden tatsächliche Oberflächenschäden auf Einscheibensicherheitsglas, ursprünglich als Fassaden- und betretbare Verglasungen genutzt, durch eine fluoreszierende Eindringprüfung detektiert und anschließend mikroskopisch charakterisiert (Abs. 9.3.3). Hierauf aufbauend konnte eine Analyse der optischen (Abs. 9.3.4) und der statischen Kratzanfälligkeit (Abs. 9.3.5) im Labormaßstab durch systematische Kratz- und Biegeversuche mit den in Abs. 9.2 genannten Versuchseinrichtungen durchgeführt werden.

9.3.2 Spannungsoptische Voruntersuchungen

Bei genauer Kenntnis der infolge des thermischen Vorspannprozesses induzierten Eigenspannung, beispielsweise aus spannungsoptischen Messungen, und dem wahren Schädigungsgrad der Probenoberfläche (Risstiefe) könnte die Festigkeit thermisch vorgespannter

Gläser entsprechend den in den vorangegangenen Kapiteln erläuterten bruchmechanischen Zusammenhängen berechnet werden. Wie bereits Schneider (2001) anmerkte, weichen die Eigenschaften solcher Gläser aufgrund der technischen Produktionsbedingungen maßgeblich von der Modellvorstellung ab. Hierzu zählen neben den unregelmäßig über die Glasoberfläche verteilten Defekten auch Inhomogenitäten des Vorspannungszustandes innerhalb eines Glases. So konnte Schneider (2001) anhand von detaillierten spannungsoptischen Messungen auf thermisch vorgespannten Gläsern zeigen, dass die Oberflächendruckspannung innerhalb weniger Zentimeter starken Streuungen unterliegt. Demnach weisen die Oberflächendruckspannungen auf Teilvorgespanntem Glas einen Variationskoeffizient von bis zu $v = 0{,}21$ und auf Einscheibensicherheitsglas von bis $v = 0{,}17$ auf. Insbesondere die während des Vorspannprozesses den Rollen zugewandte Glasoberfläche unterliegt dabei hohen Streuungen.

Für die folgenden Untersuchungen ist die Kenntnis des Eigenspannungszustandes an der Probenoberfläche von essentiellem Interesse. Daher wurde die Eigenspannung mit der in Abs. 9.2.1 erläuterten Methode des Streulichtverfahrens gemessen. Die Eigenspannungen wurden unabhängig der Glasart auf allen Probekörpern gemessen. Hiervon ausgenommen sind chemisch vorgespannte Gläser, da bedingt durch die geringe Durckzonenhöhe mit den zur Verfügung stehenden Messgeräten eine Messung nicht möglich ist. Die Messungen wurden jeweils in Scheibenmitte durchgeführt. Da auch die Messwerte des *Scalp* gewissen Streuungen unterliegen, wurde die Eigenspannung jeweils aus drei Einzelmesswerten gemittelt. Das Messgerät wurde zwischen den Einzelmessungen nicht bewegt. Um eine möglichst genaue Auflösung zu erreichen, wurden Probekörper und Messgerät während der Messung mit einem Karton vor äußerer Lichteinstrahlung geschützt. Als Immersionsflüssigkeit wurde Isopropanol verwendet. In regelmäßigen Abständen wurde die Messgenauigkeit des *Scalp* anhand einer dem Gerät beigefügten Referenzscheibe mit bekannter Oberflächendruckspannung aus Einscheibensicherheitsglas überprüft. Zudem wurden vergleichende Messungen mit dem Epibiaskop *LaserGasp* der Firma *Strainoptics Inc.* (North Wales/USA) durchgeführt. Identisches Gerät wurde bereits von Schneider (2001) verwendet. Die vergleichenden Messungen konnten die mit dem *Scalp* ermittelten Messwerte zufriedenstellend bestätigen.

Tabelle 9.2 Übersicht der mittels einer fluoreszierenden Eindringprüfung untersuchten Probekörper.

Gebäude	**Anz. PK**	**Nutzungs-art**	**Nutzungs-dauer**	**Abmessung**	**Eigen-spannung**
				$b/h/d$	σ_e
[–]	[–]	[–]	[–]	[–]	[N mm^{-2}]
Silver Tower Frankfurt a. M.	1	FV[a]	ca. 35 Jahre	1.530 mm / 1.820 mm / 8 mm	~ -118
Privatgebäude Wiesbaden	1	FV[a]	< 0,5 Jahre	1.270 mm / 460 mm / 5 mm	~ -127
Amtsgericht Würzburg	4	BV[b]	ca. 6 Jahre	1.350 mm / 1.130 mm / 8 mm	~ -108
Einkaufszentrum Sofia/Bulgarien	2	FV[a]	ca. 3 Jahre	2.680 mm / 1.710 mm / 10 mm	~ -110

[a] FV: Fassadenverglasung (Vertikalverglasung)
[b] BV: betretbare Verglasung (Horizontalverglasung)

9.3.3 Optische Charakterisierung von Oberflächendefekten real genutzter Verglasungen

Um Oberflächendefekte auf Glas, wie beispielsweise Kratzspuren, im Labormaßstab erfolgreich zu simulieren, ist zunächst das aus der alltäglichen Nutzung resultierende reale Schadensbild zu bestimmen. Besondere Aufmerksamkeit gilt hierbei der Ausbildung des lateralen Risssystems von Kratzspuren. Untersuchungen zum Festigkeitsverhalten von real genutzten Glasscheiben finden sich z. B. in Fink (2000). Als Grundlage der in dieser Arbeit durchgeführten Untersuchungen dienten real genutzte Fassadenverglasungen und betretbare Verglasungen aus Einscheibensicherheitsglas aus Kalk-Natronsilikatglas. Die Scheiben stammen aus dem *Silver Tower* (ehemals Hochhaus der Dresdner Bank) in Frankfurt am Main, einem privaten Wohngebäude in Wiesbaden, dem Neubau des Amtsgerichts in Würzburg und einem Einkaufszentrum *(Serdika Center)* in Sofia/Bulgarien (Tab. 9.2). Die Detektion der Oberflächenschäden erfolgte durch eine fluoreszierende Eindringprüfung nach DIN EN 571-1 (Abs. 9.2.2). Die Glasscheibe des Silver Towers war ursprünglich Bestandteil eines Zweifach-Isolierglases und wurde im Rahmen der Revitalisierung des Gebäudes planmäßig ausgebaut. Der Randverbund wurde zwischen Position 2 (dem Scheibenzwischenraum zugewandte Oberfläche der außenliegenden Glasscheibe) und dem Abstandshalter aufgeschnitten. Markantes Merkmal der Verglasung waren »Hängemarken« im

Bereich des Scheibenrandes. Ein Indiz dafür, dass die Glasscheibe nicht wie in Abs. 2.5.1 beschrieben liegend in einem Vorspannofen vorgespannt wurde, sondern hängend. Bis auf die Hängemarken war kein Unterschied zu liegend vorgespannten Scheiben zu erkennen. Die Scheibe zeigte keine makroskopischen Auffälligkeiten und war bis auf einen staubigen Belag nur geringfügig verschmutzt. Die Glasscheibe des Privatgebäudes in Wiesbaden war ebenfalls Bestandteil eines Zweifach-Isolierglases, bzw. einer Alarmverglasung. Im Rahmen einer gutachterlichen Bewertung zu reinigungsbedingten Verkratzungen wurde sie ausgebaut. Bis auf die mit keramischen Farben aufgedruckte *Alarmspinne* waren auf dieser Glasscheibe keine makroskopischen Auffälligkeiten zu verzeichnen. Die Probekörper vom neuen Amtsgericht in Würzburg wurden ursprünglich als betretbare Überkopfverglasung verwendet. Da die Unterkonstruktion der Verglasung die Anforderungen an die Gebrauchstauglichkeit nicht erfüllt hat, musste das komplette Dachtragwerk samt Verglasung bereits nach einer nur sechsjährigen Nutzungsdauer komplett ersetzt werden. Auch diese Probekörper waren Bestandteil von Zweifach-Isolierverglasungen. Auf den Probekörpern waren keine makroskopischen Auffälligkeiten ersichtlich, allerdings waren sie mäßig mit Sand und organischen Anhaftungen verschmutzt. Die Probekörper des Einkaufszentrums in Sofia stammen ebenfalls aus einer gutachterlichen Stellungnahme zu Verkratzungen. Die Gläser waren Bestandteil einer Kaltfassade und auf Position 2 mit einem zweifarbigen Siebdruck versehen. Auch hier konnten keine makroskopischen Auffälligkeiten verzeichnet werden. Bei allen Probekörpern wurde in den im Folgenden beschriebenen Untersuchungen Position 1 (Außenseite) betrachtet. Die Eigenspannungen wurden an mehreren über die gesamte Scheibenoberfläche verteilte Messstellen[32] durch das Streulichtverfahren (Abs. 9.2.1) bestimmt.

Der fluoreszierenden Eindringprüfung ging eine Vorreinigung entsprechend einer professionellen Glasreinigung mit Wasser und Reinigungsmittel voran. Die Scheiben trockneten anschließend über eine Woche unter gegen äußeren Einflüssen geschützten Bedingungen. Die Detektion der Kratzspuren erfolgte mit dem wasserlöslichen Eindringmittel *Magnaflux ZL-60C* (Magnaflux, 2014). Dieses fluoreszierende Eindringmittel besitzt eine mittlere Sensitivität (Viskosität bei $38°C$: $7{,}0\,\mathrm{mm^2 s^{-1}}$) und weist im Bereich einer UV-A Strahlung von 365 nm eine ausgeprägte grün-gelbe Fluoreszenz auf. Gemäß DIN EN 571-1 ist das verwendete Eindringsystem als EN 571-1-IA zu klassifizieren. In einer Voruntersuchung konnte mit diesem Eindringmittel eine sehr gute Abbildung schwach als auch stark ausgeprägter Defekte auf Glasoberflächen erzielt werden. Das Eindringmittel wurde homogen, flächig und fein zerstäubt auf den Oberflächen der Probekörper aufgetragen. Die Einwirkdauer wurde entsprechend DIN EN 571-1 zwischen fünf und 60 Minuten gewählt. Die Umgebungstemperatur betrug im Mittel $24°C$. Nach Ablauf der Eindringdauer wurde das auf der Oberfläche überschüssige Eindringmittel durch Abziehen mit einer Gummilippe (Abzieher) entfernt und durch Abwischen mit leicht angefeuchteten Papiertüchern zusätzlich nachbehandelt (Zwischenreinigung). In den Vorversuchen konnte gezeigt werden, dass

[32] Scheibenmitte, sowie zwei diagonal gegenüber liegenden Scheibenecken.

Abbildung 9.14 Durchführung der fluoreszierenden Eindringprüfung auf real genutzten Glasscheiben: Dunkelkammer *(a)*, mit fluoreszierendem Eindringmittel komplett benetzter Probekörper in (geöffneter) Dunkelkammer *(b)*, makroskopische Darstellung einer einer unter UV-Licht detektierten Kratzspur *(c)* und Probekörper nach Markierung der Fehlstellen *(d)*.

bei optimalen Betrachtungsverhältnissen die Verwendung eines zusätzlichen Entwicklers zur Optimierung der Sichtbarkeit von Fehlstellen nicht erforderlich ist, weshalb dieser Bearbeitungsschritt in den Untersuchungen unterlassen wurde. Die Detektion und Markierung der Fehlstellen erfolgte in einer eigens errichteten Dunkelkammer unter UV-Licht (Abb. 9.14a-c). Bei der Betrachtung wurde darauf geachtet, dass sich die Augen des Prüfers zunächst an die Dunkelheit gewöhnt haben.

Aufgrund der Vielzahl von detektierten Oberflächenfehlern wurde die Auswahl auf makroskopisch sichtbare und eindeutig durch die fluoreszierende Eindringprüfung markierte Kratzspuren beschränkt (Abb. 9.14d). Entsprechend Abs. 3.4.2 bzw. Tab. 3.2 zählen hierzu schwache und starke Kratzer. Eine anschließende Charakterisierung der Kratzspuren wurde durch mikroskopische Untersuchungen mit einem Lichtmikroskop (Abs. 9.2.5.1), einem Rasterelektronenmikroskop (Abs. 9.2.5.2) sowie taktiler Profilometrie (Abs. 9.2.3.5) durchgeführt. Um eine Charakterisierung der einzelnen Kratzspuren im Mikroskop durchführen zu können, wurden die Probekörper rückseitig im Bereich der markierten Defekte abgeklebt. Die Glasscheiben wurden dann anschließend durch Anschlagen gebrochen. Durch das Klebeband wurde gewährleistet, dass die markierten Bereiche der Glasscheibe isoliert werden konnten (Abb. 9.18b). Die Bruchkanten der Glaskrümel sind dabei nicht entlang der Kratzspuren verlaufen und die Ausbildung der Lateralrisse wurde hierdurch nicht beeinflusst. Die taktilen profilometrischen Untersuchungen wurden mit einer konischen 60° Diamantspitze (Spitzenausrundung: $r_s = 8{,}0\,\mu$m) gemäß Abs. 9.2.3.5 durchgeführt. Um die Messdaten nicht zu verfälschen, wurden die Messungen mit einer minimalen Auflast von F_n=1 mN durchgeführt.

9.3.4 Untersuchungen zur optischen Kratzanfälligkeit

9.3.4.1 Vorbemerkungen

Die Untersuchungen zur optischen Kratzanfälligkeit bzw. Kratzersichtbarkeit erfolgten unter Durchführung systematischer Kratzversuche mit dem *UST* (Abs. 9.2.3). Die horizontale Verschiebungsrate betrug einheitlich $v_k = 200\,\mu\text{m s}^{-1}$. Die Versuchsdurchführung sowie die anschließende Lagerung der Probekörper erfolgte unter konditionierten atmosphärischen Bedingungen (Wasserlagerung und $50{,}0 \pm 5{,}0\,\%$ rF). Für Kratzversuche bei 50,0 % rF wurde das Raumklima permanent überwacht. Die anschließende Lagerung erfolgte in Kisten, in denen mit einer gesättigten Salzlösung aus Calciumnitrat für eine Raumtemperatur von 20-25 °*C* eine konstante relative Luftfeuchtigkeit im angestrebten Bereich eingehalten werden konnte. Für Kratzversuche mit Wasserlagerung wurde der Bereich rund um den Eindringkörper während der Versuchsdurchführung mit destilliertem Wasser benetzt (Abb. 9.4a). Die Lagerung erfolgte in Bädern mit destilliertem Wasser. Der berücksichtigte Lagerungszeitraum von 14 Tagen wurde großzügig bemessen, damit die mikroskopische Dokumentation der Kratzspuren nach abgeschlossenem (lateralem) subkritschem Risswachstum erfolgte. Untersuchungen zur zeitabhängigen Ausbildung von Lateralrissen wurden bereits in Abs. 8.4.2 bzw. in Abb. 8.21 und Abb. 8.22 vorgestellt.

Die mikroskopische Dokumentation wurde entsprechend Abs. 9.2.5.1 mit Durchlicht und einer 200-fachen optischen Vergrößerung durchgeführt. Die Erfassung der lateralen Rissbreiten erfolgte anschließend mit dem in Abs. 9.2.5.3 beschriebenen numerischen Verfahren.

Alle Kratzversuche wurden mit einem konischen 120° Eindringkörper durchgeführt, da im Gegensatz zu kleineren Spitzenwinkeln (60° und 90°) mit dieser Prüfspitzengeometrie erzeugte Kratzspuren in Vorversuchen (Schneider et al., 2012) eine sehr gute Übereinstimmung mit realen Kratzspuren auf Glas im Bauwesen (vgl. Abs. 9.3.3) zeigten. Die Versuchsdurchführung erfolgte mit dem in Abs. 9.2.3.4 beschriebenen *Mistan*-Verfahren unter permanenter Aufzeichnung der vertikalen Verformung h ($= u_z$). Die Nulllast wurde hierbei zu $F_\text{n} = 10\,\text{mN}$ gewählt. Der Verschleiß des Eindringkörpers wurde anhand von Profilmessungen in regelmäßigen Abständen kontrolliert.

Vor den Versuchen wurde die Eigenspannung infolge thermischer Vorspannung in den Bereichen der planmäßigen Vorschädigung durch spannungsoptische Messungen (Abs. 9.3.2) bestimmt.

9.3.4.2 Versuchsreihe OK.1 – Auflast auf den Eindringkörper

In Versuchsreihe OK.1 wurde für thermisch entspanntes Floatglas und Einscheibensicherheitsglas der Einfluss der Prüflast F_n auf den Eindringkörper für zwei atmosphärische Umgebungsbedingungen (50,0 % rF und Wasserlagerung) untersucht. Die untersuchten Probekörper stammen von der Firma *Eckelt Glas GmbH*, Steyr/AT. Die Messungen wurden auf insgesamt 16 Probekörpern durchgeführt. Der untersuchte Lastbereich betrug $F_\text{n} = 100\,\text{mN}$ bis $F_\text{n} = 1.000\,\text{mN}$; die Auflast wurde stufenweise in zehn Schritten auf den Eindringkörper aufgebracht. Für jedes Lastinkrement sollte eine Kratzerlänge von sechs Millimetern untersucht werden, sodass pro Messung eine Kratzspurlänge von 60 mm betrachtet wurde. Da der maximale Verfahrweg in $x-$Richtung auf etwa 50,0 mm begrenzt ist, wurden die Messungen auf jeweils zwei Kratzspuren ($F_\text{n} = 100$-$500\,\text{mN}$ und $F_\text{n} = 600$-$1.000\,\text{mN}$) aufgeteilt.

9.3.4.3 Versuchsreihe OK.2 – Produktionsbedingte Oberflächenunterschiede

In Versuchsreihe OK.2 wurde für eine ausgewählte Auflast von $F_\text{n} = 700\,\text{mN}$ die Fragestellung untersucht, ob produktionsbedingte Oberflächenunterschiede die optische Kratzanfälligkeit von thermisch entspannten Floatgläsern und Einscheibensicherheitsglas aus Kalk-Natronsilikatglas beeinflussen. Jede Kratzspur wurde mit einer Länge von $l_\text{k} = 4\,\text{mm}$ erzeugt. Es wurden zwei atmosphärische Umgebungsbedingungen (50,0 % rF und Wasserlagerung) untersucht. Insgesamt wurden 96 Probekörper von den Herstellern *BGT Bischoff Glastechnik AG*, Bretten, *Semcoglas Holding GmbH*, Westerstede, *Eckelt Glas GmbH*, Steyr/AT und *Hunsrücker Glasveredelung Wagener GmbH & Co. KG*, Kirchberg, betrachtet. Je Probekörper wurde eine Kratzspur untersucht.

9.3.4.4 Versuchsreihe OK.3 – Chemische Zusammensetzung der Gläser und Art der Vorspannung

In Versuchsreihe OK.3 wurde der Einfluss der Art der Oberflächendruckspannung infolge thermischer und chemischer Vorspannung sowie die chemische Zusammensetzung des Glases betrachtet. Auf Grundlage dieser Untersuchung sollte die optische Kratzanfälligkeit von Kalk-Natronsilikatglas mit der anderer transparenter Materialien gegenübergestellt werden.

Für Probekörper aus Kalk-Natronsilkatglas wurde thermisch entspanntes Floatglas, Teilvorgespanntes Glas, Einscheibensicherheitsglas des Herstellers *Interpane Glas Industrie AG*, Lauenförde, sowie chemisch vorgespanntes Floatglas des Herstellers *Yachtglass GmbH & Co. KG*, Dersum, berücksichtigt. Zusätzlich wurde das kommerzielle chemisch vorgespannte Aluminosilikatglas *Xensation Cover* des Herstellers *Schott AG*, Mainz, sowie ein geschliffener Saphir Kristall (Al_2O_3) betrachtet. Insgesamt wurden 28 Probekörper mit jeweils einer Kratzspur der Länge von $l_k = 2\,\text{mm}$ untersucht. Die Auflast auf den Eindringkörper betrug $F_n = 700\,\text{mN}$.

9.3.5 Untersuchungen zur statisch wirksamen Kratzanfälligkeit

9.3.5.1 Vorbemerkungen

Während durch einen Schleifvorgang mit Schleifpapier oder durch das Berieseln mit Korund die Vielzahl der Schädigungen die Reproduzierbarkeit der einzelnen Versuche erschwert, erfolgte die planmäßige Vorschädigung durch ein definiertes Erzeugen von Kratzern mit dem *UST* (Abs. 9.2.3). Des Weiteren wurden reale Schadensmuster, wie sie beispielsweise durch eine gewöhnliche Glasreinigung erzeugt werden, untersucht. Die Biegeprüfungen wurden im Doppelring-Biegeversuch (Abs. 9.2.4) durchgeführt. Für alle Proben wurde der Bruchursprung einzeln bewertet und die Bruchspannung auf Grundlage des in Abs. 9.2.4 vorgestellten FE-Modells berechnet. Sollte bei den großflächig planmäßig vorgeschädigten Proben der Bruchursprung nicht im konstanten Spannungsbereich des Lastrings liegen, wurde für einen Ursprung unterhalb der Lastschneide des Lastrings eine prozentuale Erhöhung der Bruchspannung (vgl. Abb. 9.13) vorgenommen. Lag der Bruchursprung außerhalb des Lastrings, wurde der Messwert in der folgenden statistischen Auswertung nicht berücksichtigt.

Die im Kratzversuch auszuführende Kratzerlänge wurde in Vorversuchen zu $l_k = 2\,\text{mm}$ bestimmt. Während kürzere, mit dem *UST* erzeugte Kratzspuren einen steilen Anstieg der Bruchspannung aufzeigen, konnte entsprechend Abb. 9.15 für längere Kratzspuren kein Einfluss auf die Biegefestigkeit beobachtet werden. Sofern nicht anders angegeben, wurden die Kratzer am UST mit einer Kratzgeschwindigkeit von $v_k = 1\,\text{mm}\,\text{s}^{-1}$ und einem konischen 120° Eindringkörper erzeugt. Engel (2011) konnte für die planmäßige Vorschädigung mit dem *UST* im Vergleich zu anderen Verfahren eine nur sehr geringe Streuung der Biegefestigkeiten ermitteln. Trotz allem sollte die Reproduzierbarkeit der planmäßigen Vorschädigung durch eine regelmäßige Vermessung der Prüfspitze (vgl. 9.2.3.6) sowie der Überprüfung der Bruchspannung an Vergleichsprobekörpern gewährleistet werden. Vorversuche in Schneider et al. (2012) haben gezeigt, dass mit dieser Geometrie erzeugte Kratzspuren eine sehr gute optische Übereinstimmung mit realen Schadensmustern auf Gläsern im Bauwesen aufzeigen. Die Auflast auf den Eindringkörper wurde mit $F_n = 750\,\text{mN}$ so hoch gewählt, dass aus dieser Vorschädigung für thermisch entspanntes Floatglas eine Biegefestigkeit im Bereich der charakteristischen Festigkeit $f_k = 45\,\text{N mm}^{-2}$ gemäß DIN EN 572-1 resultiert.

Bis auf einige Ausnahmen betrugen die quadratischen Abmessungen der Probekörper $250 \times 250\,\text{mm}^2$. Die Nenndicke der Probekörper betrug einheitlich $d = 6\,\text{mm}$. Wie Schneider (2001) bereits beobachtete, lag die effektive Dicke aller Probekörper deutlich an der entsprechend DIN EN 572-2 zulässigen Untergrenze. Die Prüfungen an den chemisch vorgespannten Gläsern wurden mit reduzierten Abmessungen von $100 \times 100\,\text{mm}^2$ bei einer zu den anderen Gläsern identischen Nenndicke geprüft. Alle Prüfungen wurden unter kontrollierten klimatischen Bedingungen durchgeführt. Durch eine gezielte Raumklimatisierung konnte die relative Luftfeuchtigkeit zwischen 20 % rF und 80 % rF variiert werden. Um den Einfluss des subkritischen Risswachstums (Kap. 5) zu reduzieren, ist eine Verminderung der relativen Luftfeuchtigkeit auf deutlich unter 1 % rF notwendig. Entsprechend den Empfehlungen von Kurkjian et al. (2003) zur Versuchsdurchführung in chemisch inerter Umgebung,

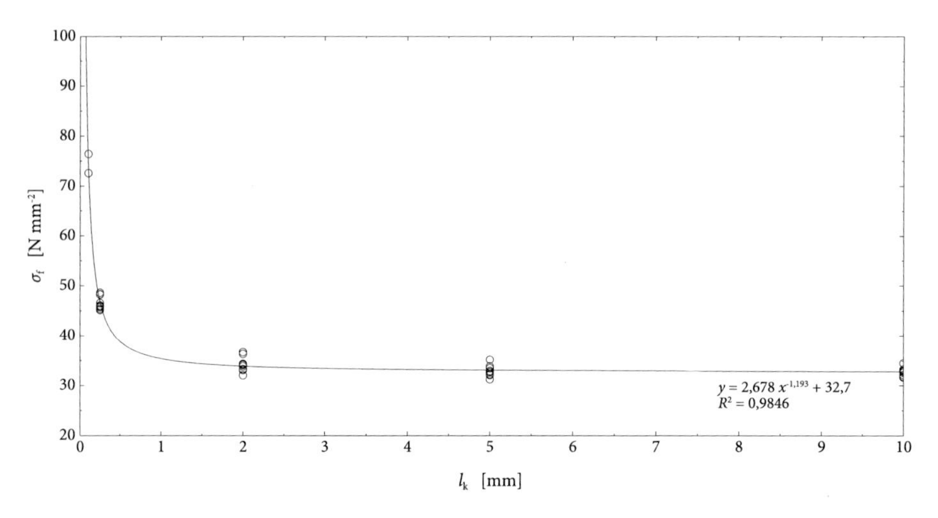

Abbildung 9.15 Einfluss der mit dem UST im Kratzversuch erzeugten Kratzerlänge l_k auf die Biegefestigkeit σ_f.

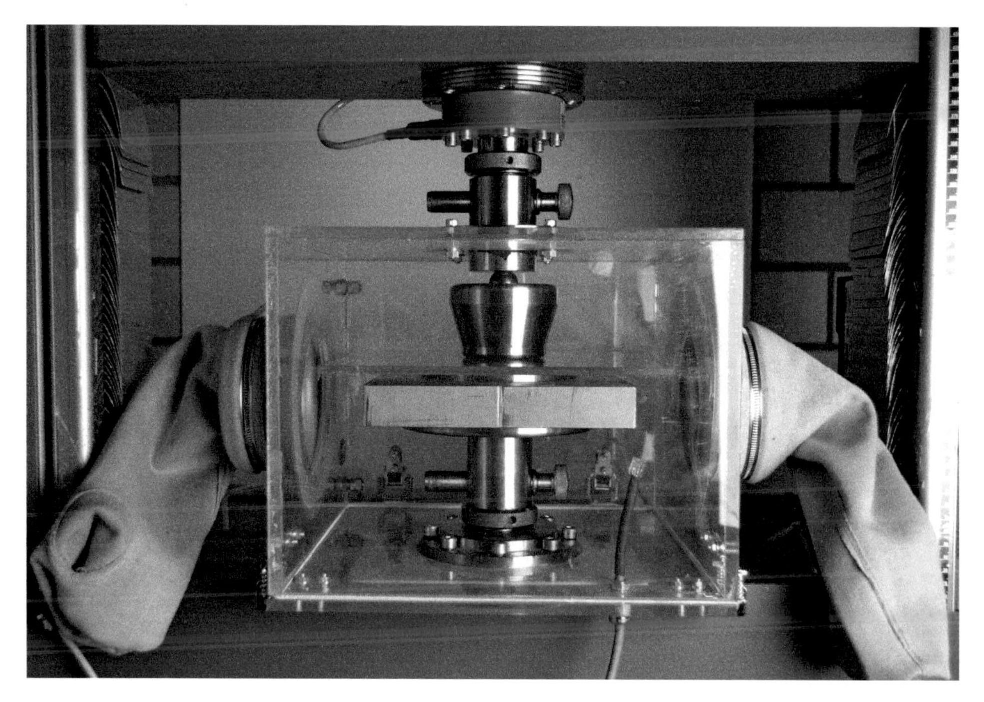

Abbildung 9.16 In der Prüfmaschine montierter, hermetisch dichter Prüfraum, zur Biegeprüfung unter Stickstoffatmosphäre. Die Stickstoffzufuhr in die Prüfkammer wurde durch zwei Durchdringungen (blaue Elemente an der linken Seitenwand) ermöglicht; während der Versuchsdurchführung wurde in der Prüfkammer ein Überdruck erzeugt. Das Kabel im vorderen Bildbereich diente dem Anschluss von Messtechnik (Überwachung der relativen Luftfeuchtigkeit; im Bild nicht angeschlossen). Über die Durchgriffe konnten Probekörper und Lastring bei geschlossener Kammer positioniert werden.

wurden für den Prüfraum der Prüfmaschine und des *UST* eigens hermetisch dichte Prüfräume errichtet, die vor und während der Versuchsdurchführung mit gasförmigem Stickstoff (Reinheit: >99,999 %, $H_2O \leq 5$ ppm) gefüllt wurden (Abb. 9.16). So konnte während der Prüfung eine nahezu trockene Umgebung erzeugt werden. Durch den Stickstoff wurde die feuchte Raumluft verdrängt. Dieser Prozess wurde permanent mit Feuchtesensoren überwacht. Außerdem erfolgten Kratzvorgänge und die Prüfung der Biegefestigkeit auch in *Wasserlagerung*. Für den Kratzvorgang reichte es aus, den Bereich der Probenoberfläche um den Eindringkörper großzügig mit destilliertem Wasser zu benetzen (Abb. 9.4a). Da in dem in Abs. 9.2.4 vorgestellten Doppelring-Biegeversuch die geprüfte Glasoberfläche (Zugseite) nach unten zeigt, wurde der Versuchsaufbau für Versuche mit Prüfung in Wasserlagerung umgedreht, sodass der Stützring an der oberen Maschinentraverse und der Lastring an der unteren befestigt wurde. Das Prinzip der Wasserlagerung aus dem Kratzversuch wurde beibehalten. Damit das Wasser nicht seitlich abfließt, wurde in einem ausreichenden Abstand eine Silikonfuge um den Oberflächendefekt angeordnet und der hierdurch entstehende Zwischenraum mit destilliertem Wasser aufgefüllt.

Rissheilungseffekte in Glas wurden bereits in Abs. 5.5 erörtert. In DIN EN 1288-1 wird eine Beanspruchung bis zum Bruch eines Glases direkt nach einer Vorschädigung als unwahrscheinlich betrachtet, weshalb für Prüfungen von Glas mit *veränderter Glasoberfläche* eine Rissheilung von über 24 Stunden vorgeschrieben ist. Da dies erheblich die Messergebnisse beeinflussen kann, wird in dieser Arbeit der genannte Zeitraum auf 60 Minuten reduziert.

Insgesamt wurden zur Untersuchung der statisch wirksamen Kratzanfälligkeit 889 Biegeprüfungen durchgeführt. Die planmäßigen Vorschädigungen sowie die Biegeprüfungen wurden einheitlich auf der Zinnbadseite der Gläser vorgenommen. Sowohl die thermisch entspannten, als auch die thermisch vorgespannten Gläser wurden von den Firmen *Interpane Glas Industrie AG* und *SGT GmbH – Sicherheits- und Glastechnik* zur Verfügung gestellt. Die chemisch vorgespannten Probekörper wurden aus den thermisch entspannten Floatgläsern geschnitten und in einer Forschungsanlage über 24 h in einem Kaliumnitratbad (KNO_3) chemisch vorgespannt.

9.3.5.2 Versuchsreihe SK.1 – Referenzreihe

Als Referenzgröße wurde in dieser Versuchsreihe die Biegefestigkeit nicht vorgeschädigter Gläser bestimmt. Untersucht wurden je 15 Probekörper aus thermisch entspanntem Floatglas, Teilvorgespanntem Glas, Einscheibensicherheitsglas und 20 Probekörper aus chemisch vorgespanntem Glas. Die Prüfung erfolgte bei Raumtemperatur ($22 \pm 1°C$) und $50 \pm 5{,}0\,\%$ rF. Für erstgenannte Glasarten betrug die vom Lastring erfasste Prüffläche $5.027\,\text{mm}^2$ (Belastungseinrichtung R40, Tab. 9.1). Für die Probekörper aus chemisch vorgespanntem Glas wurde aufgrund der kleineren Abmessungen der Stützring mit einem Radius von $r_2 = 45\,\text{mm}$ und der Lastring mit einem Radius von $r_1 = 30\,\text{mm}$ (Prüffläche: $2.827\,\text{mm}^2$) gewählt (Belastungseinrichtung R5,5, Tab. 9.1). Die Spannungsrate betrug einheitlich $\dot{\sigma} = 2{,}0\,\text{N mm}^{-2}\,\text{s}^{-1}$. Die Festigkeit aller Gläser wurde auf der Zinnbadseite bei $50{,}0 \pm 5{,}0\,\%$ rF geprüft. Eine weitere Differenzierung für die aus dem thermischen Vorspannprozess resultierenden Oberflächenunterschiede wurde nicht durchgeführt. Umfang der Versuchsreihe: 65 Probekörper.

9.3.5.3 Versuchsreihe SK.2 – Spannungsrate

Der Einfluss der Belastungsgeschwindigkeit auf die Biegefestigkeit von Kalk-Natronsilikatglas wurde für unterschiedlich feuchte Umgebungsbedingungen mit den Spannungsraten $\dot{\sigma} = 0{,}2\,\text{N mm}^{-2}\,\text{s}^{-1}$, $\dot{\sigma} = 2{,}0\,\text{N mm}^{-2}\,\text{s}^{-1}$ und $\dot{\sigma} = 10{,}0\,\text{N mm}^{-2}\,\text{s}^{-1}$ untersucht. Hieraus wurde der Risswachstumsparameter N abgeleitet. Die Biegeprüfung erfolgte mit dem *UST* bei $50{,}0 \pm 5{,}0\,\%$ rF an planmäßig vorgeschädigten Probekörpern (F_n=750 mN) unter einer Stickstoffatmosphäre bei etwa $0{,}5 \pm 0{,}1\,\%$ rF sowie in Raumluft bei $50{,}0 \pm 5{,}0\,\%$ rF und in

Wasserlagerung. Die Lagerungsdauer zwischen planmäßiger Vorschädigung und Prüfung der Biegefestigkeit betrug 60 Minuten. Umfang der Versuchsreihe: 34 Probekörper.

9.3.5.4 Versuchsreihe SK.3 – Atmosphärische Umgebungsbedingungen

Die Umgebungsbedingungen haben einen maßgeblichen Einfluss auf die Biegefestigkeit. Inwieweit diese auch schon während des Kratzvorgangs die Biegefestigkeit beeinflussen, wurde anhand einer Parameterstudie untersucht. Der Umfang ist in Tab. 9.3 dargestellt. Problematisch erwies sich die gleichzeitige Durchführung der Kratz- und Biegeversuche unter Stickstoffatmosphäre, da die Probekörper ohne Kontakt mit der atmosphärischen Raumluft von dem einen in den anderen hermetisch dichten Prüfraum überführt werden mussten. Als praktikabel und wirksam hat sich die Verwendung stabiler und dicht schließender Beutel aus Kunststoff erwiesen. Des Weiteren sollte der Einfluss von fluoreszierendem Eindringmittel auf die Biegefestigkeit untersucht werden. Hierzu wurde das in Abs. 9.3.3 genannte Eindringmittel direkt nach der Kratzererzeugung auf die Kratzspur großzügig mit Überschuss aufgetragen. Die planmäßige Vorschädigung erfolgte einheitlich mit einer Kraft von F_n=750 mN. Die anschließende Lagerungsdauer bis zur Biegeprüfung betrug 60 Minuten. Umfang der Versuchsreihe: 80 Probekörper.

Tabelle 9.3 Versuchsreihe SK.3 – Umfang der Versuchsreihe zur Untersuchung des Einflusses von Umgebungsbedingungen.

		Biegeprüfung	
	50 % rF	**Wasserlagerung**	**0,2 % rF**
Vorschädigung: 50 % rF	FG TVG ESG	FG[a]	FG TVG ESG
Vorschädigung: Wasserlagerung	FG[b]	FG TVG ESG	FG
Vorschädigung: 0,2 % rF	FG	-	FG

[a] Hierbei wurde zusätzlich der Einfluss des Zeitpunktes der Wasserlagerung (unmittelbar nach der Vorschädigung und direkt vor der Biegeprüfung) untersucht.
[b] Das Wasser wurde direkt nach der der Erzeugung der Kratzspur entfernt.

9.3.5.5 Versuchsreihe SK.4 – Rissheilungseffekte

Rissheilungseffekte haben insbesondere in den ersten Stunden nach der Schädigung einen festigkeitssteigernden Einfluss. Dies wurde bereits durch Ullner (1993) an Probekörpern aus Kalk-Natronsilikatglas, die nach der Schädigung längere Zeit gelagert und anschließend geprüft wurden, bestätigt. Eine quantitative Erfassung dieser Effekte erfolgte in dieser Arbeit für thermisch entspanntes Floatglas für die Umgebungsbedingungen 50 % rF und Wasserlagerung. Die betrachtete Lagerungsdauer beträgt 30 Sekunden bis 33 Tage. Die Vorschädigung erfolgte mit einer Auflast von $F_n = 750$ mN. Die Lagerung zwischen Vorschädigung und Biegeprüfung erfolgte analog zu dem in Abs. 9.3.4.1 beschriebenen Verfahren unter konditionierten Umgebungsbedingungen. Die Biegeprüfung wurde bei $50{,}0 \pm 5{,}0$ % rF durchgeführt. Umfang der Versuchsreihe: 60 Probekörper.

9.3.5.6 Versuchsreihe SK.5 – Produktionsbedingte Oberflächenunterschiede

Aus Abs. 6.2 ist bekannt, dass unmittelbar nach dem Floatprozess der Kontakt von Glas und Förderrollen kleine Oberflächendefekte auf der Zinnbadseite erzeugt und so die Biegefestigkeit gegenüber der Atmosphärenseite des Glases herabgesetzt wird. Ob jedoch die aus dem Herstellungsprozess von Floatglas bedingten Oberflächenunterschiede (Zinnbad- und Atmosphärenseite) bzw. gleichermaßen solche aus dem thermischen Vorspannprozess (Luft- und Rollenseite) Einfluss auf die Rissbildung haben, wurde anhand von planmäßig vorgeschädigten Probekörpern aus thermisch entspanntem Floatglas, Teilvorgespanntem Glas und Einscheibensicherheitsglas geprüft. Die planmäßige Vorschädigung erfolgte mit einer Kraft von F_n=750 mN. Die anschließende Lagerungsdauer betrug 60 Minuten. Die Prüfungen erfolgten bei $50{,}0 \pm 5{,}0$ % rF. Umfang der Versuchsreihe: 73 Probekörper.

9.3.5.7 Versuchsreihe SK.6 – Auflast während der Vorschädigung

Inwiefern die Auflast auf den Eindringkörper während der Vorschädigung Einfluss auf die Biegefestigkeit hat, wurde für thermisch entspanntes Floatglas, Teilvorgespanntes Glas, Einscheibensicherheitsglas sowie chemisch vorgespanntes Glas untersucht. Der betrachtete Lastbereich für die planmäßige Vorschädigung erstreckte sich von $F_n = 200$ mN bis $F_n =$ 1.000 mN. Die anschließende Lagerungsdauer betrug 60 Minuten. Die Prüfungen erfolgten bei $50{,}0 \pm 5{,}0$ % rF. Umfang der Versuchsreihe: 134 Probekörper.

9.3.5.8 Versuchsreihe SK.7 – Kratzgeschwindigkeit

Der Einfluss der Kratzgeschwindigkeit wurde an thermisch entspanntem Floatglas für Kratzgeschwindigkeiten von $v_k = 0,2\,\text{mm s}^{-1}$ bis $v_k = 1,0\,\text{mm s}^{-1}$ mit einer Schrittweite von

$v_k = 0,2\,\text{mm s}^{-1}$ durchgeführt. Die planmäßige Vorschädigung erfolgte mit einer Auflast von $F_n = 750\,\text{mN}$. Die Prüfungen erfolgten bei $50 \pm 5,0\,\%$ rF. Umfang der Versuchsreihe: 25 Probekörper.

9.3.5.9 Versuchsreihe SK.8 – pH-Wert

Der Einfluss des pH-Wertes auf die Biegefestigkeit wurde in Abs. 5.4 erwähnt. Für die Glasreinigung im Waschwasser verwendete Reinigungszusätze verändern teilweise maßgeblich den pH-Wert. Für thermisch entspanntes Glas wurde der Effekt des veränderten pH-Wertes für elf unterschiedliche Waschwasserzusammensetzungen bzw. Glasreiniger untersucht. Hierzu wurden die Zusätze mit destilliertem Wasser gemischt. Dabei wurden einerseits die Dosierempfehlungen der Hersteller befolgt und andererseits auch eine sehr stark konzentrierte Zusammensetzung im Verhältnis 1:10 untersucht. Die Vorschädigung erfolgte unter Einfluss der Reinigungsmittel mit einer Auflast von $F_n = 750\,\text{mN}$. Exakt vier Minuten nach der Vorschädigung wurden die Reinigungsmittel durch Abwischen entfernt. Der pH-Wert wurde durch Universalindikatoren bestimmt. Nach Vollendung einer Lagerungsdauer von 60 Minuten wurden die Probekörper bei $50 \pm 5,0\,\%$ rF geprüft. Umfang der Versuchsreihe: 55 Probekörper.

9.3.5.10 Versuchsreihe SK.9 – Reale Schadensmuster

Charakteristische Bemessungswerte der Biegefestigkeit von Gläsern im Bauwesen wurden anhand planmäßig vorgeschädigter Probekörper durch Schmirgeln mit Schleifpapier und Berieseln mit Korund bestimmt (vgl. Abs. 6.2). Eine Korrelation mit realen Schadensmustern wurde dabei nicht untersucht. Neben den zuvor genannten Schädigungsmethoden[33] wurden Probekörper aus thermisch entspanntem Floatglas, Teilvorgespanntem Glas und Einscheibensicherheitsglas daher durch Simulation realer Schadensmuster im Bereich des Lastrings vorgeschädigt. Es wurden folgende Mechanismen betrachtet:

- Reinigung einer mit Wasser benetzten Scheibe durch einen Abzieher und im Waschwasser vereinzelt vorhandenen Sandkörnern der Korngrößen 0,063 mm bis 1,0 mm,
- Reinigung einer Glasscheibe mit fest anhaftenden mineralischen Anhaftungen (Zementmörtel[34], Baugips[35], Estrichbeton[36] und Mineralputz[37]) durch einen Glashobel,

[33] In den in dieser Arbeit durchgeführten Untersuchungen wurde eine Auswahl der Probekörper mit 1 kg Korund P 16 aus einem Meter Höhe berieselt und durch Schmirgeln mit Schleifpapier der Körnungen 80, 120 und 240 vorgeschädigt.

[34] Typ: Quick-Mix Portlandzement CEM I 42,5R (w/z = 0,5). Der Zementmörtel wurde mit Quarzsand der Korngröße 0,1-0,4 mm angemischt

[35] Typ: ProBau Baugips.

[36] Typ: Quick-Mix C25/30 Estrichbeton.

[37] Typ: Knauf Mineralputz Diamant 1 mm.

- Reinigung einer Glasscheibe mit handelsüblicher Stahlwolle,
- Reinigung einer Glasscheibe mit handelsüblichen Scheuerschwämmen,
- Reinigung einer Glasscheibe mit Scheuermilch,
- Verbrennungen der Glasoberfläche durch Funkenflug bei Arbeiten mit einem Winkelschleifer,
- Vandalismus bzw. mutwilliges Zerkratzen der Glasoberfläche mit einem Quarzstein,
- Sandstrahlen (ausschließlich für thermisch entspanntes Floatglas betrachtet).

Für die Simulation der Glasreinigung mit einem Glashobel wurden die Probekörper 30 Tage vor Durchführung der Reinigung mit den mineralischen Verschmutzungen/Anhaftungen (Durchmesser etwa 4-5 cm) versehen. Das Abklingen mit dem Glashobel erfolgte dabei entweder nur während der Vorwärtsbewegung oder während der Vorwärtsbewegung und dem Rückziehen der Klinge. Für jede mineralische Verschmutzungsart wurde die Klinge des Glashobels ersetzt. Es wurde stets auf gleichbleibende Führung der Klinge geachtet. Die Simulation der Reinigung mit Stahlwolle, Scheuerschwämmen und Scheuermilch erfolgte an vorgereinigten Probekörpern. D. h., es wurde zuvor keine zusätzliche Verschmutzung auf die Glasoberfläche aufgetragen, sodass ausschließlich der Einfluss der Reinigungsutensilien betrachtet wurde. Hierzu wurden diese je Probekörper für 60 Sekunden mit unterschiedlichen Intensitäten auf der Glasoberfläche bewegt. Die Verbrennungen der Glasoberfläche durch Funkenflug wurden durch das Schneiden eines Stahlprofils mit einem Winkelschleifer in einer Entfernung zur Probenoberfläche von etwa 50 cm erzeugt. Der Funkenflug wurde hierzu direkt auf den Probekörper ausgerichtet. Die Simulation des mutwilligen Zerkratzens von Glasoberflächen, wie es im öffentlichen Personennahverkehr regelmäßig zu beobachten ist, wurde durch Reiben eines faustgroßen Quarzsteins auf der Glasoberfläche durchgeführt.

Die Biegeprüfung erfolgte 60 Minuten nach der planmäßigen Vorschädigung mit der Belastungseinrichtung R40 (Tab. 9.1) bei $50{,}0 \pm 5{,}0\,\%$ rF. Umfang der Versuchsreihe: 345 Probekörper.

9.4 Versuchsergebnisse

9.4.1 Ergebnisse der spannungsoptischen Messungen der Oberflächendruckspannung

In Abb. 9.17 sind die an statistische Verteilungsfunktionen angepassten Messwerte der Oberflächendruckspannungen für thermisch entspanntes Floatglas, Teilvorgespanntes Glas und Einscheibensicherheitsglas dargestellt. Jeder Glasart liegen 255 Einzelmesswerte[38] zugrunde. Die Nennglasdicke beträgt einheitlich $d = 6\,\mathrm{mm}$. Als statistische Verteilungsfunktionen wurden die Standard-Normalverteilung (Abb. 9.17a), die logarithmische Normalverteilung (Abb. 9.17b) und die Weibullverteilung (Abb. 9.17c) untersucht. Zwar erfassen alle Verteilungsfunktionen die Messreihen zutreffend, jedoch korreliert die Standard-Normalverteilung am ehesten mit den Messwerten, da sie neben einem hohen Korrelationskoeffizienten R^2 gleichzeitig die beste Anpassung der Versuchsdaten im unteren Bereich der Verteilung aufzeigt. Zum qualitativen Vergleich der Glasarten sind in Tab. 9.4 die 5 %-Fraktilwerte der Oberflächendruckspannung bei einer einseitigen 95 %-igen Aussagewahrscheinlichkeit unter Verwendung des Konfidenzintervalls bei Anpassung an eine Standard-Normalverteilung genannt.

Im Gegensatz zu Teilvorgespanntem Glas weisen die Eigenspannungen von Einscheibensicherheitsglas eine geringere Streuung auf. Dies ist durch verfahrenstechnische Gründe bedingt, da Teilvorgespanntes Glas beim Abkühlprozess während des Vorspannens deutlich kontrollierter und langsamer abgekühlt werden muss. Die in Tab. 9.4 genannten Werte können nicht als deterministische Größe, sondern ausschließlich als Richtwert verstanden werden. Wesentlichen Einfluss auf die Höhe der Vorspannung hat zudem die Glasdicke. Tendenziell wiesen die dickeren Glasscheiben der für diese Arbeit untersuchten Probekörper eine geringere Eigenspannungen auf als die dünneren. Die hohe Streuung der Oberflächendruckspannung bei thermisch entspanntem Floatglas ist sicherlich auch durch die Messgenauigkeit des *Scalp* und die technisch bedingte untere Messgrenze von σ_e = -4,0 N mm^{-2} begründet. Jedoch ist ersichtlich, dass auch thermisch entspanntes Floatglas mit Oberflächendruckspannungen $\sigma_e < -10\,\mathrm{N\,mm^{-2}}$ vereinzelt beachtliche Eigenspannungen aufweisen kann.

Tabelle 9.4 Statistische Auswertung der spannungsoptisch gemessenen Oberflächendruckspannungen auf Grundlage der Standard-Normalverteilung.

Glasart	**Minimalwert**	**Maximalwert**	**Mittelwert**	**Standardabweichung**	**Variationskoeffizient**	**5%-Fraktil**[a]
	$\sigma_{e,min}$	$\sigma_{e,max}$	$\bar{r}$	σ_x	v	$\sigma_{e,k}$
[–]	[N mm^{-2}]	[N mm^{-2}]	[N mm^{-2}]	[N mm^{-2}]	[–]	[N mm^{-2}]
FG	-0,75	-12,85	-6,39	1,80	0,28	-3,30
TVG	-44,80	-70,65	-59,27	4,58	0,08	-51,51
ESG	-89,75	-107,90	-107,21	4,95	0,05	-98,65

[a] Bezogen auf einen einseitigen Vertrauensbereich von 95 % (Konfidenzintervall).

[38] Alle Probekörper wurden von den Firmen *Interpane Glas Industrie AG* und *SGT GmbH – Sicherheits- und Glastechnik* zur Verfügung gestellt. Diese Gläser wurden in den Untersuchungen zur optischen und statisch wirksamen Kratzanfälligkeit weiter verwendet.

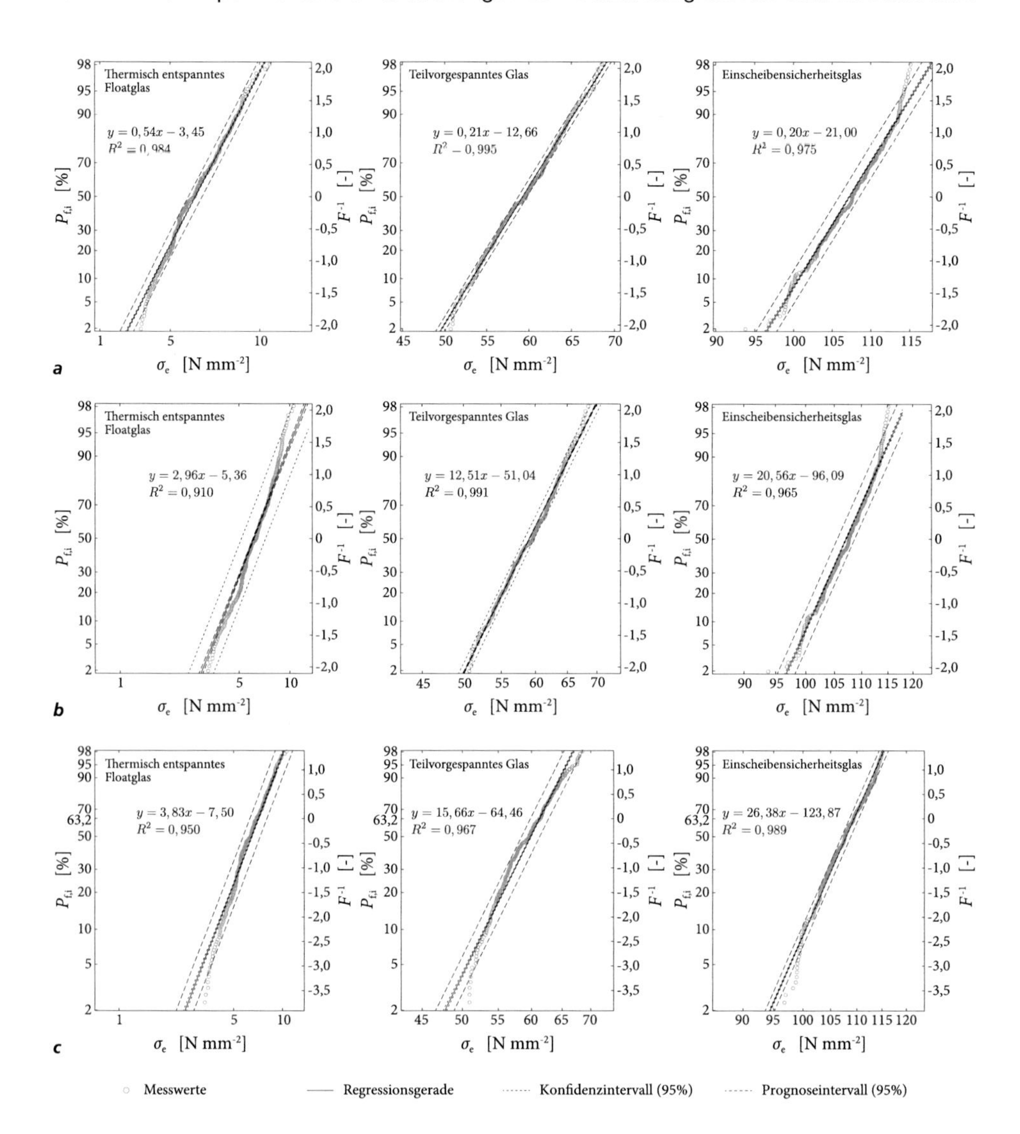

Abbildung 9.17 Statistische Auswertung gemessener Oberflächdruckspannungen mit Darstellung der Konfidenz- und Prognoseintervalle bei einer einseitigen Aussagewahrscheinlichkeit von 95 %: Standard-Normalverteilung *(a)*, logarithmische Normalverteilung *(b)* und Weibullverteilung *(c)*. Die Oberflächendruckspannungen sind auf der Abszissenachse als absolute Werte dargestellt. Die Nenndicke aller Probekörper beträgt $d = 6$ mm.

9.4.2 Ergebnisse der optischen Charakterisierung realer Oberflächendefekte auf Einscheibensicherheitsglas

9.4.2.1 Allgemeines

Für die lichtmikroskopischen Untersuchungen der in Abs. 9.3.3 detektierten Oberflächendefekte wurden insgesamt 86 Kratzspuren (Abb. 9.18) [39] ausgewählt und diese in ihrer gesamten Länge analysiert (Abb. 9.19). Hierzu wurde jede Kratzspur in ihrer kompletten Länge mit dem Lichtmikroskop dokumentiert und das einzelne Bildmaterial zu einem Gesamtbild zusammengesetzt. Da es sich bei den Probekörpern um Gläser aus Einscheibensicherheitsglas handelte, mussten die lokalisierten Kratzspuren rückseitig mit Klebeband abgeklebt werden, damit diese nach dem Brechen der Verglasung im Ganzen untersucht werden konnten (Abb. 9.18b). Anschließend wurde jede Kratzspur manuell vermessen. Die Anwendung des in Abs. 9.2.5.3 beschriebenen numerischen Verfahrens war durch die auf den Bildern deutlich erkennbare Bruchstruktur des Einscheibensicherheitsglases nicht anwendbar. Die erfassten Daten beinhalten neben der Länge und der Breite jeder Kratzspur, auch Informationen über die im Folgenden charakterisierte Ausbildung der lateralen Abplatzung. Für jede Kratzspur wurde die Ausbildung des lateralen Risssystems entsprechend ihrer Länge nach folgender Gliederung klassifiziert:

(1) Kratzspuren ohne laterale Abplatzungen,

(2) Kratzspuren mit lateralen Abplatzungen *(Chipping)*,

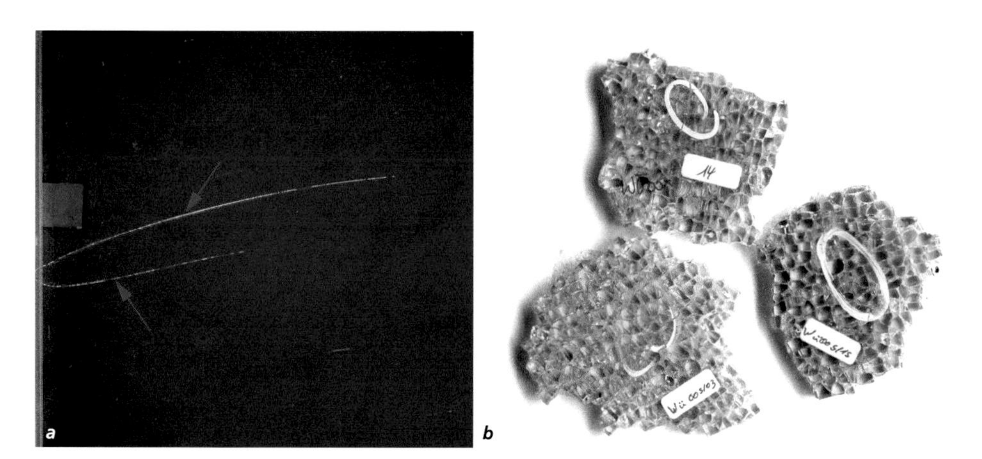

Abbildung 9.18 Typischer Verlauf einer durch Reinigung verursachten Kratzspur *(a)* und isolierte Miniaturproben zur lichtmikroskopischen Untersuchung *(b)*.

[39] Die optische Charakterisierung von Oberflächendefekten erfolgte in Sternberg (2012) im Rahmen einer Bachelor-Thesis. Die hier vorgestellten Ergebnisse wurden in dieser Studienarbeit erarbeitet und in Schula et al. (2013b) veröffentlicht.

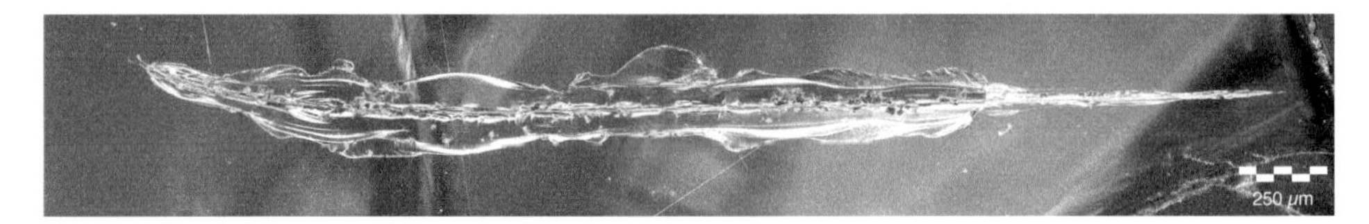

Abbildung 9.19 Lichtmikroskopische Aufnahme eines auf betretbarer Verglasung (Einscheibensicherheitsglas) detektierten Kratzers (Länge: 3,25 mm; maximale Breite: 250 μm).

(3) Kratzspuren mit lateralen, allerdings nicht struktierten Abplatzungen.

Nicht strukturierte Abplatzungen (3) sind hierbei als eine Verbreiterung der Kratzspur mit nicht klar erkennbaren einzelnen Lateralrissen, welche unregelmäßig ineinander übergehen, definiert. Bereiche, die klar definierte laterale Abplatzungen aufweisen (2), wurden im Folgenden weiter differenziert. Die Breite der Kratzspur wurde in engen Abständen mit einer Genauigkeit von $\leq 10\,\mu$m ermittelt. Zusätzlich wurde für jede regelmäßige laterale Abplatzung die Länge und maximale Breite senkrecht zur Kratzspur ermittelt. Für vereinzelte Bereiche von Kratzspuren wurden anhand taktiler profilometrischer Messungen (Abs. 9.2.3.5) dreidimensionale Oberflächenprofile (Abb. 3.13a-b) erzeugt.

9.4.2.2 Häufigkeit von Kratzspuren

Auf allen Probekörpern wurde die Anzahl der detektierten Kratzer ermittelt. Dabei wurde beobachtet, dass im Vergleich zu einer makroskopischen Betrachtung ohne Detektionsverfahren etwa die drei bis fünffache Anzahl an Oberflächendefekten aufgefunden werden konnte. Erwartungsgemäß weisen betretbare Verglasungen, wie die des Neubaus des Amtsgerichtes in Würzburg, aufgrund der stark verschleißenden Beanspruchungsart (Betretung) die höchste flächenbezogene Anzahl an Oberflächendefekten auf. Auf den vier untersuchten Probekörpern konnten jeweils zwischen 113 bis 156 Kratzspuren pro Quadratmeter aufgefunden werden. Auf den Fassadenverglasungen des Silver Towers in Frankfurt am Main konnten zwei Kratzer pro Quadratmeter detektiert werden. Hingegen wurden auf der Vertikalverglasungen des Privatgebäudes in Wiesbaden 44 Kratzspuren pro Quadratmeter detektiert. Beide Scheiben der Vertikalverglasung des Einkaufszentrums in Sofia/Bulgarien zeigten zueinander konträre Oberflächenzustände. Wurden bei einem der Probekörper 132 Kratzer pro Quadratmeter gezählt, konnten bei dem anderen nur drei Kratzer pro Quadratmeter festgestellt werden. Die beobachteten Schadensbilder lassen keine verallgemeinerte Aussage zur Häufigkeit von Kratzspuren auf Horizontal- und Vertikalverglasungen zu. Vielmehr scheint die Art der Nutzung bzw. die Ursache der Oberflächendefekte (insbesondere für Horizontalverglasungen) auch für die Häufigkeitsverteilung verantwortlich zu sein.

9.4.2.3 Ursachen für Kratzspuren

Anhand der Verläufe der Kratzspuren auf den Probekörpern konnte auf die Ursache der Beschädigung geschlossen werden. Während die Kratzspuren auf den Gläsern der betretbaren Verglasungen hauptsächlich einen geraden und kürzeren Verlauf aufwiesen, waren solche auf den Fassadenverglasungen neben geraden auch häufig durch geschwungene Verläufe geprägt. Zusätzlich konnten auf den Fassadenverglasungen lokale Stellen mit Anhäufungen mehrerer paralleler Kratzspuren aufgefunden werden. Die Verläufe der betretbaren Verglasungen wiesen eine sehr gute Übereinstimmung zur abrasiven Bewegung eines Sandkorns unterhalb eines Schuhs auf. Hingegen lassen die geschwungenen und deutlich längeren Verläufe auf den Fassadenverglasungen auf eine Induzierung durch den Reinigungsvorgang schließen. Insbesondere im Bereich der Scheibenkante weisen Kratzspuren mit einer plötzlichen Richtungsänderung von etwa 180° (Abb. 9.18a) auf eine typische Handführung mit einem Einwascher bzw. Abziehers während der Glasreinigung hin. Anhand kumulativer Kratzerscharen mit paralleler Ausrichtung konnte vereinzelt auch auf die Verwendung eines Glashobels (Abb. 3.11a) geschlossen werden.

9.4.2.4 Klassifizierung lateraler Abplatzungen

Um reale Kratzspuren auf Glas im Bauwesen im Labormaßstab simulieren zu können, erfolgte eine Klassifizierung der lateralen Abplatzungen. Hierzu wurden insgesamt fünf verschiedene Geometrien (A bis E; Abb. 9.20) typisiert, die bei mikroskopischer Betrachtung eindeutig voneinander abgegrenzt werden können. Unter makroskopischer Betrachtung sind diese verschiedenen Formen für gewöhnlich nicht voneinander zu unterscheiden.

Als *Typ A* werden Abplatzungen klassifiziert, die einer einheitlich geschwungenen, muschelförmigen Geometrie entsprechen. Hierbei handelt es sich um einzelne laterale Risse, die ohne seitliche Begrenzung von der Kratzspur ausgehen. Abplatzungen des *Typs B* ähneln dem Typ A, sind aber durch seitliche, oftmals gerade Begrenzungen infolge von Radialrissen charakterisiert. *Typ C* entspricht einer perlenkettenförmigen Aneinanderreihung von Abplatzungen des Typs A. *Typ D* ist gekennzeichnet durch eine in die Länge gezogene Form von Typ A, die zusätzlich an der Durchdringungsstelle der Lateralrisse mit der Glasoberfläche durch kleinere laterale Erweiterungen gekennzeichnet sind. *Typ E* entspricht Abplatzungen, die keine seitliche Begrenzung in ihrer zur Kratzspur parallelen Länge erfahren. Hingegen nicht klassifiziert wurden laterale Risse, die noch keine laterale Abplatzung bewirkt haben. Innerhalb einer Kratzspur wechselten sich die charakteristischen Schadensmuster ab.

In über 90 % der untersuchten Kratzspuren ist der Verlauf aller lateralen Rissgeometrien symmetrisch ausgebildet, sodass die Rissverläufe auf beiden Seiten der Kratzspur identisch

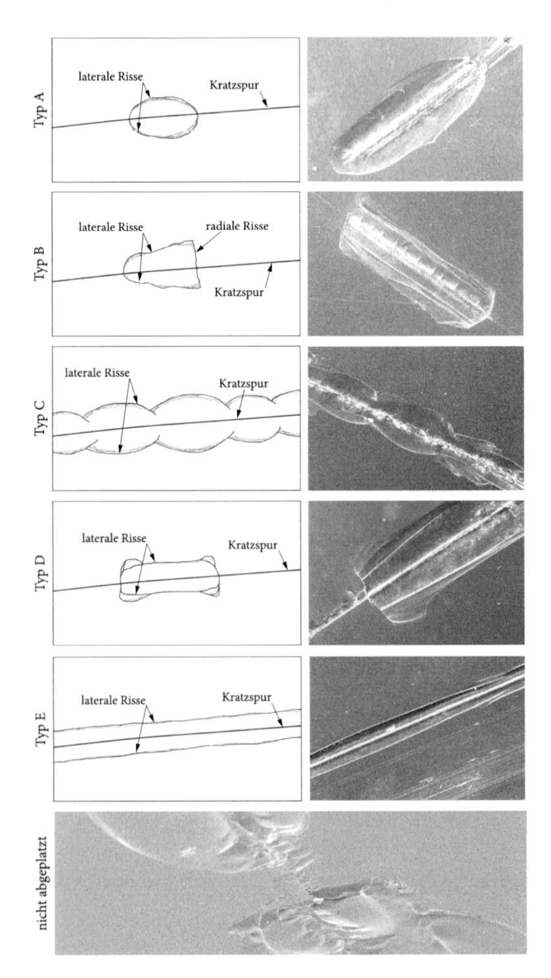

Abbildung 9.20 Klassifizierung lateraler Abplatzungen: Schematische Darstellung und Rasterelektronenmikroskopaufnahmen. (nach Sternberg, 2012)

sind (vgl. Abs. 8.4.3 und Abb. 8.29). Die Geometrie der Lateralrisse hat aufgrund dem zur Biegespannung parallelen Rissverlauf keinen Einfluss auf die Festigkeit.

9.4.2.5 Geometrie der Kratzspuren

Die detektierten Kratzspuren weisen durchschnittlich eine Länge von $l_k = 1{,}3 \pm 0{,}9$ cm (betretbare Verglasung) bzw. $l_k = 2{,}5 \pm 1{,}8$ cm (Fassadenverglasung) auf. Speziell bei letztgenannten Verglasungen können vereinzelt sehr lange Kratzspuren mit Längen $l_k > 30$ cm aufgefunden werden. Die mikroskopische Betrachtung zeigte, dass bei Fassadenverglasun-

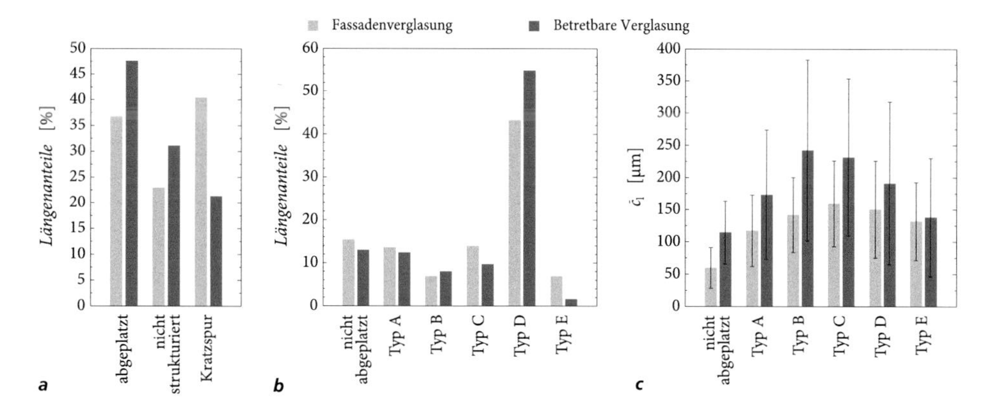

Abbildung 9.21 Prozentuale Verteilung der Schadensmuster *(a)*, prozentuale Verteilung der klassifizierten Schadensmuster *(b)* und durchschnittliche Breiten der lateralen Abplatzungen *(c)*. In *(c)* ist zusätzlich die Standardabweichung der mittleren lateralen Rissbreite dargestellt.

gen für die in Abs. 9.4.2.1 definierte Gliederung der Ausbildung des lateralen Risssystems über die Gesamtlänge eine nahezu ausgewogene Verteilung vorliegt (Abb. 9.21a). Hingegen neigen betretbare Verglasungen vermehrt zu Abplatzungen und nicht strukturierten Bereichen, während Kratzspuren ohne laterale Abplatzungen deutlich seltener beobachtet werden konnten. Dies deckt sich mit der subjektiven und rein makroskopischen Bewertung, dass Kratzer auf den Probekörpern horizontaler Verglasungen deutlich sichtbarer waren, als solche auf Vertikalverglasungen. Werden ausschließlich die abgeplatzten Bereiche betrachtet, überwiegt deutlich das Schadensmuster vom Typ D (Abb. 9.21b).

Die durchschnittliche Breite der reinen Kratzspur beträgt für betretbare Verglasungen von w_k = 15-30 μm und für Fassadenverglasungen w_k = 10-15 μm. Während die durchschnittliche Breite (Maximalwerte) der Abplatzungen (alle Typen entsprechend Abs. 9.4.2.4) für betretbare Verglasungen 138 μm bis 242 μm beträgt, sind diese für Fassadenverglasungen mit 117 μm bis 160 μm etwas geringer (Abb. 9.21c). Entsprechend der charakterisierten Schadensmuster und der Art der Verglasung sind in Tab. 9.5 die maximalen und minimalen Breiten sowie Längen genannt.

Insgesamt wurden an acht verschiedenen Kratzspuren mit dem in Abs. 9.2.3.5 beschriebenen taktilen Messverfahren Oberflächenprofile erstellt. Hierbei wurde jeweils eine Kratzspurlänge von 1,5 mm bis 4,2 mm vermessen. Die gemessene laterale Risstiefe beträgt dabei für Fassaden- und betretbare Verglasungen im Durchschnitt 11,0$\pm$4,0 μm. Die in Abs. 8.4.2 bruchmechanisch beschriebene Winkeländerung der Lateralrisse im Bereich von ca. θ_0 = -30° kann durch die taktilen Messungen bestätigt werden. Hier betragen die beobachteten Winkeländerungen zwischen θ_0 = -25° und θ_0 = -30° (siehe auch Abb. 3.8).

Tabelle 9.5 Maximale und minimale Breiten sowie Längen der typisierten lateralen Schadensmuster.

Typ	Fassadenverglasung				Betretbare Verglasung			
	Breite		Länge		Breite		Länge	
	von [μm]	bis [μm]	von [μm]	bis [μm]	von [μm]	bis [μm]	von [μm]	bis [μm]
nicht abgeplatzt	16,7	156,9	86,2	566,0	40,0	240,0	106,1	1.760,0
Typ A	44,4	254,9	88,9	965,5	40,0	551,7	66,7	1.377,8
Typ B	50,9	274,5	118,6	964,3	79,4	733,3	151,5	2.066,7
Typ C	50,0	370,4	283,3	5.896,6	90,9	551,7	272,7	7.672,4
Typ D	22,2	431,4	85,7	2.333,3	45,5	1.241,4	120,0	4.303,6
Typ E	50,9	283,0	525,4	9.553,6	83,3	344,8	1.438,6	5.655,2

9.4.3 Ergebnisse der Untersuchungen zur optischen Kratzanfälligkeit

9.4.3.1 Allgemeines

Die im Folgenden bezifferten lateralen Rissbreiten c_l bzw. mittleren lateralen Rissbreiten $\bar{c}_l$ beziehen sich stets auf die gesamte Breite eines Kratzers. Die mittels des numerischen Post-processing ermittelten Messwerte sind in Anh. A.2 aufgelistet. Während der Vermessung der Rissverläufe wurde nicht unterschieden, ob die Lateralrisse bereits zu Abplatzungen geführt haben oder noch unterhalb der Glasoberfläche verlaufen. Die Eigenspannungen infolge des Abkühlvorgangs während des Herstellungsprozesses und thermischer Vorspannung entspricht für alle Probekörper den in Abs. 9.4.1 genannten Werten. Die chemisch vorgespannten Gläser aus Kalk-Natronsilikatglas sind identisch mit den Probekörpern, die zur Bestimmung der Eindringhärte (Abs. 7.5) verwendet wurden. Seitens des Herstellers wird die Oberflächendruckspannung mit $\sigma_e \approx$ -150 N mm^{-2} angeben. Die Oberflächendruckspannung der chemisch vorgespannten Gläser aus Aluminosilikatglas wird seitens des Herstellers mit etwa $\sigma_e \approx$ -800 N mm^{-2} beziffert.

9.4.3.2 Versuchsreihe OK.1 – Auflast auf den Eindringkörper

Für thermisch entspanntes Floatglas (Probekörper C54) und Einscheibensicherheitsglas (Probekörper C69) während der Kratzversuche aufgezeichnete Messwerte des UST sind exemplarisch in Abb. 9.22 dargestellt. Diese sind für die jeweiligen Glasarten repräsentativ und in ihrer Erscheinung von den atmosphärischen Umgebungsbedingungen unabhängig. Beide Glasarten erfahren bei der Beanspruchung durch einen Eindringkörper im Vergleich

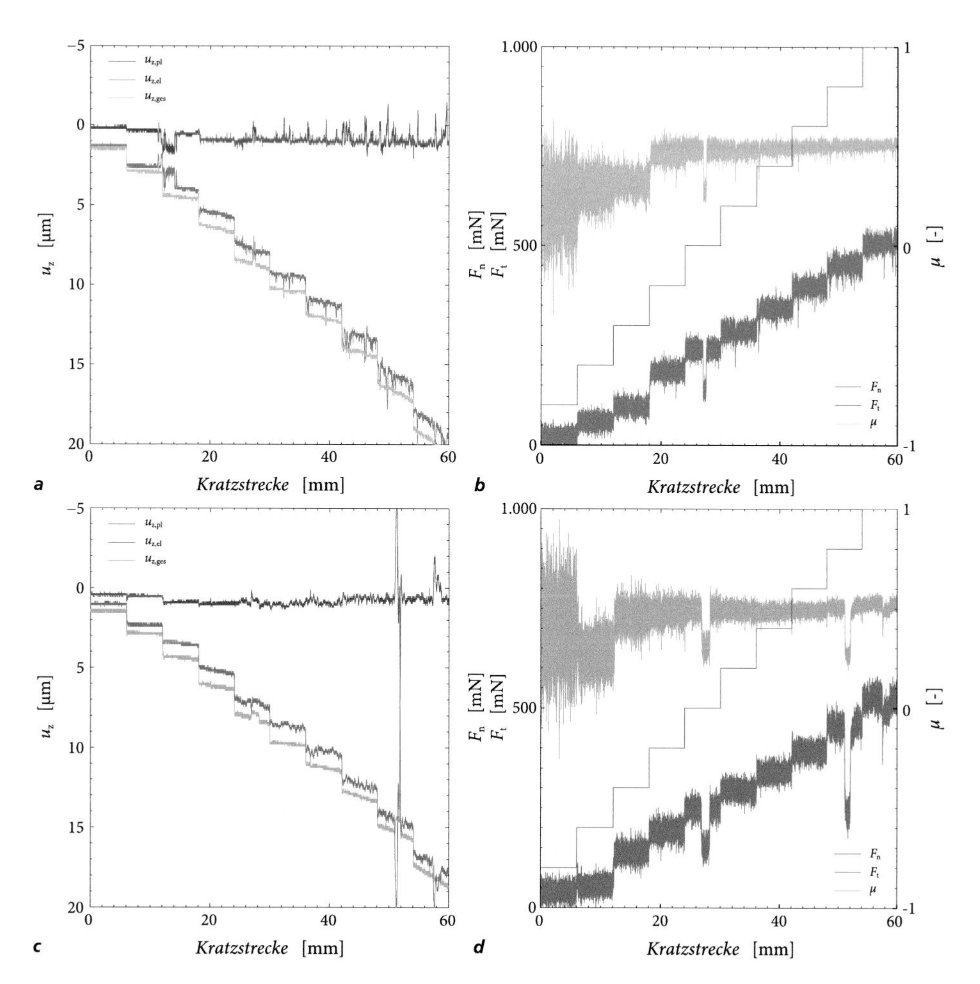

Abbildung 9.22 Versuchsreihe OK.1 – Messdaten (Verformungs- und Kraftwerte sowie Reibkoeffizient) des *UST* für Kratzversuche auf thermisch entspanntem Floatglas *((a)* und *(b))* sowie Einscheibensicherheitsglas *((c)* und *(d))*.

zu den irreversiblen ($u_{z,pl}$) erheblich größere elastische Verformungen ($u_{z,el}$). Dabei sind die elastischen als auch die plastischen Verformungen auf thermisch entspanntem Floatglas stets geringfügig größer als solche auf Einscheibensicherheitsglas. Während die Messungen von thermisch entspanntem Floatglas einheitlich durch einen nahezu homogenen Verlauf der Messwerte (Abb. 9.22a) geprägt sind, zeigen solche für Einscheibensicherheitsglas speziell im Bereich höherer Auflastniveaus markante Irregularitäten. Mikroskopische Untersuchungen, welche unmittelbar nach dem Kratzvorgang durchgeführt wurden, zeigten, dass in diesen Bereichen bereits laterale Ausbrüche stattgefunden haben. In Abb. 9.22b und Abb. 9.22d sind neben dem schematisch dargestellten, stufenförmigen Kraftverlauf F_n die

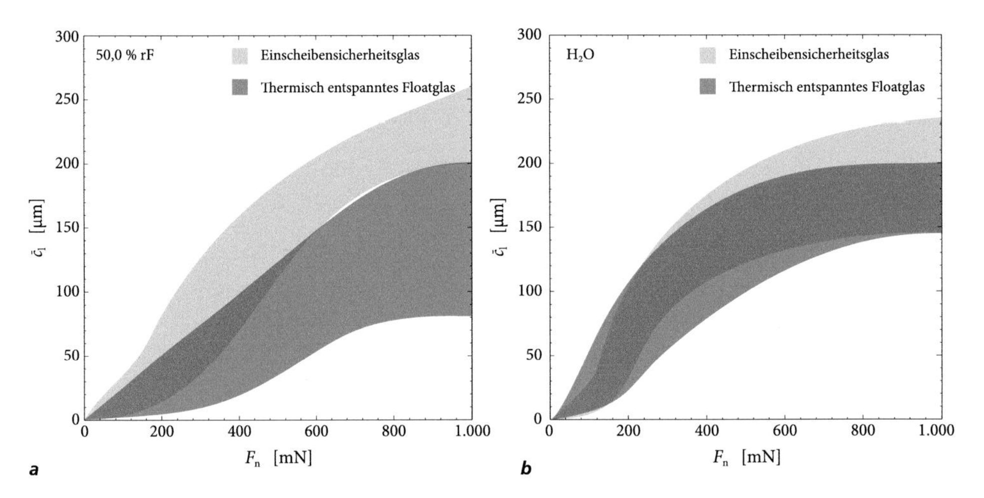

Abbildung 9.23 Versuchsreihe OK.1 – Größenbereiche der mittleren lateralen Rissbreiten $\bar{c}_l$ für thermisch entspanntes Floatglas und Einscheibensicherheitsglas bei 50,0 % rF *(a)* und Wasserlagerung *(b)*.

korrespondierenden Messwerte der tangentialen Kraftkomponente F_t dargestellt sowie der aus dem Quotienten von tangentialer und normaler Kraft berechnete Reibungskoeffizient μ. Wie die normale weist auch die tangentiale Kraftkomponente einen stufenförmigen Verlauf auf. Der resultierende Reibungskoeffizient ist bis zu einer Auflast von $F_n = 300\,\mathrm{mN}$ einheitlich durch einen stark streuenden Verlauf geprägt, der sich unabhängige des umgebenden Mediums für höhere Auflasten im Bereich von $\mu \approx 0,5$ konzentriert.

Für jede Glasart und Umgebungsbedingung wurden identische Kratzspuren auf je vier Probekörpern erzeugt, sodass insgesamt 16 Probekörper betrachtet wurden. Exemplarisch ist in Abb. 9.25 bis Abb. 9.28 hierzu jeweils eine komplette Kratzspur dargestellt. Aus dieser Messreihe wurden die Diagramme in Abb. 9.23 abgeleitet, welche in Abhängigkeit der Glasart, Umgebungsbedingung und Auflast den Bereich der durchschnittlichen lateralen Rissbreite $\bar{c}_l$ markieren. Für eine Umgebungsbedingung von 50,0 % rF sind die mittleren Rissbreiten von thermisch entspanntem Floatglas kleiner (max. $\bar{c}_l = 80 - 200\,\mu\mathrm{m}$) als solche auf den Probekörpern aus Einscheibensicherheitsglas (max. $\bar{c}_l = 200 - 260\,\mu\mathrm{m}$). Zudem weisen sie eine deutlich höhere Streuung auf. Erfolgen die Kratzversuche und die Lagerung in Wasser sinkt die Streuung bei thermisch entspanntem Floatglas (max. $\bar{c}_l = 145 - 200\,\mu\mathrm{m}$). Gleichzeitig ist für Einscheibensicherheitsglas ein leichte Erhöhung der Streuung zu verzeichnen, sodass maximal gemessene Werte im Bereich von max. $\bar{c}_l = 150 - 235\,\mu\mathrm{m}$ liegen. Die Unterschiede zwischen beiden Glasarten sind somit im Falle der Wasserlagerung deutlich geringer. Dies kann subjektiv auch anhand der in Abb. 9.25 bis Abb. 9.28 dargestellten Kratzspuren bestätigt werden. Während die bei 50,0 % rF erzeugte Kratzspur auf thermisch entspanntem Floatglas (Abb. 9.25) nahezu über die komplette

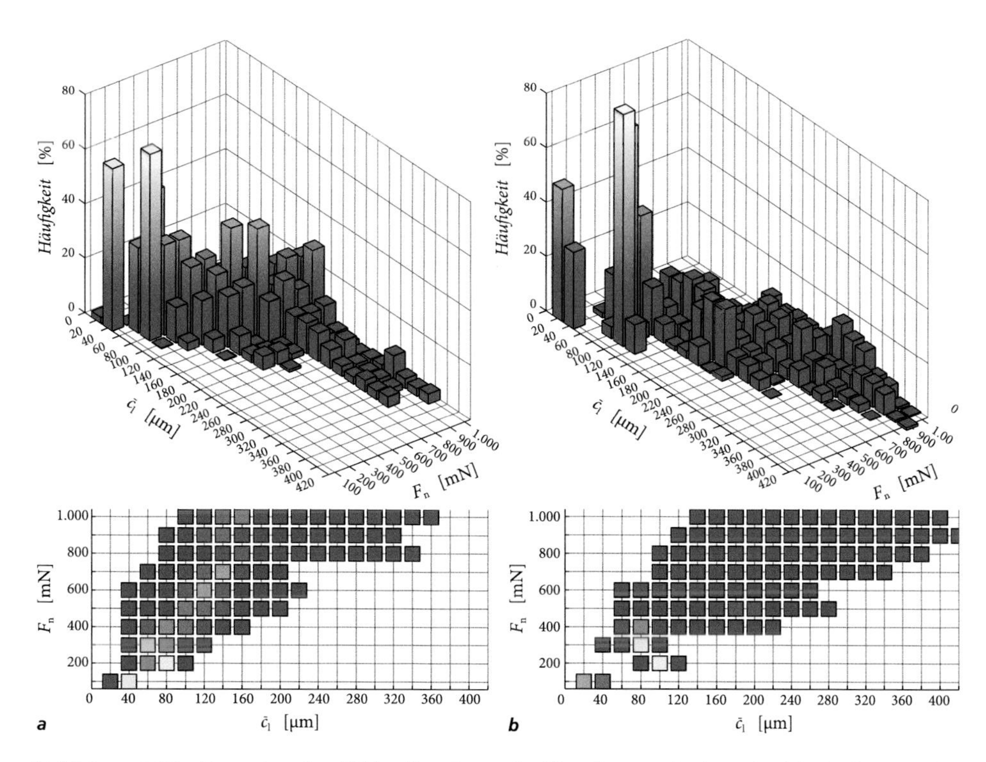

Abbildung 9.24 Versuchsreihe OK.1 – Repräsentative Verteilungen der lateralen Rissbreiten auf thermisch entspanntem Floatglas *(a)* und Einscheibensicherheitsglas *(b)* für den betrachteten Lastbereich von $F_n = 100$ mN bis $F_n = 1.000$ mN.

Kratzspurlänge unterhalb der Oberfläche verlaufende Lateralrisse aufweist, sind diese unter Einfluss von Wasser (Abb. 9.26) häufiger zu lateralen Abplatzungen ausgebildet. Ähnliches kann für Einscheibensicherheitsglas (Abb. 9.27 und Abb. 9.28) beobachtet werden. Dabei sind laterale Abplatzungen auf den Einscheibensicherheitsgläsern deutlich häufiger ausgebildet. Entsprechend der in Abs. 9.4.2.4 durchgeführten Charakterisierung von lateralen Abplatzungen kann beobachtet werden, dass auf thermisch entspanntem Floatglas im Wesentlichen Typ A und Typ C auftreten. Sehr selten sind Typ B, Typ D und Typ E ausgebildet. Auf Einscheibensicherheitsglas sind hingegen alle klassifizierten Typen in einem recht ausgewogenen Verhältnis aufzufinden. Dabei sind ähnlich Abb. 9.21b laterale Abplatzung vom Typ D am häufigsten vertreten. In Abb. 9.24 ist für thermisch entspanntes Floatglas (Probekörper C54) und Einscheibensicherheitsglas (Probekörper C69) die Verteilungsdichte der lateralen Rissbreite c_l aufgetragen. Während bei thermisch entspanntem Floatglas der Verteilungsbereich für kleinere bis mittlere Auflasten F_n durch ein geringes Maß an Streuung mit ausgewählten, jedoch häufiger auftretenden Rissbreiten geprägt ist, unterliegt die Verteilung für Einscheibensicherheitsglas bei identischem Lastbereich einer

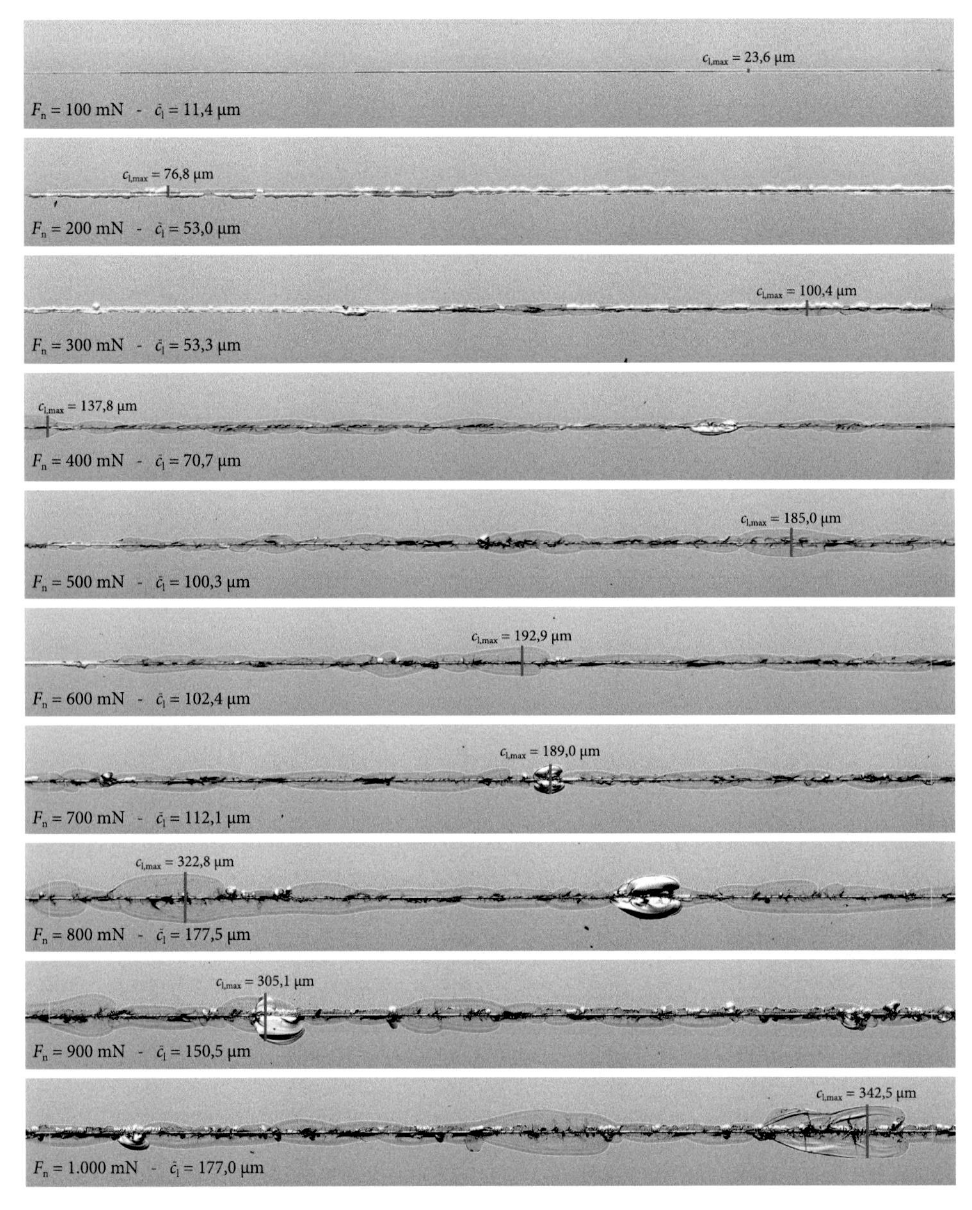

Abbildung 9.25 Versuchsreihe OK.1 – Repräsentative Kratzspurverläufe auf thermisch entspanntem Floatglas (Probekörper: C54) für eine Versuchsdurchführung und Lagerung bei 50,0 % rF.

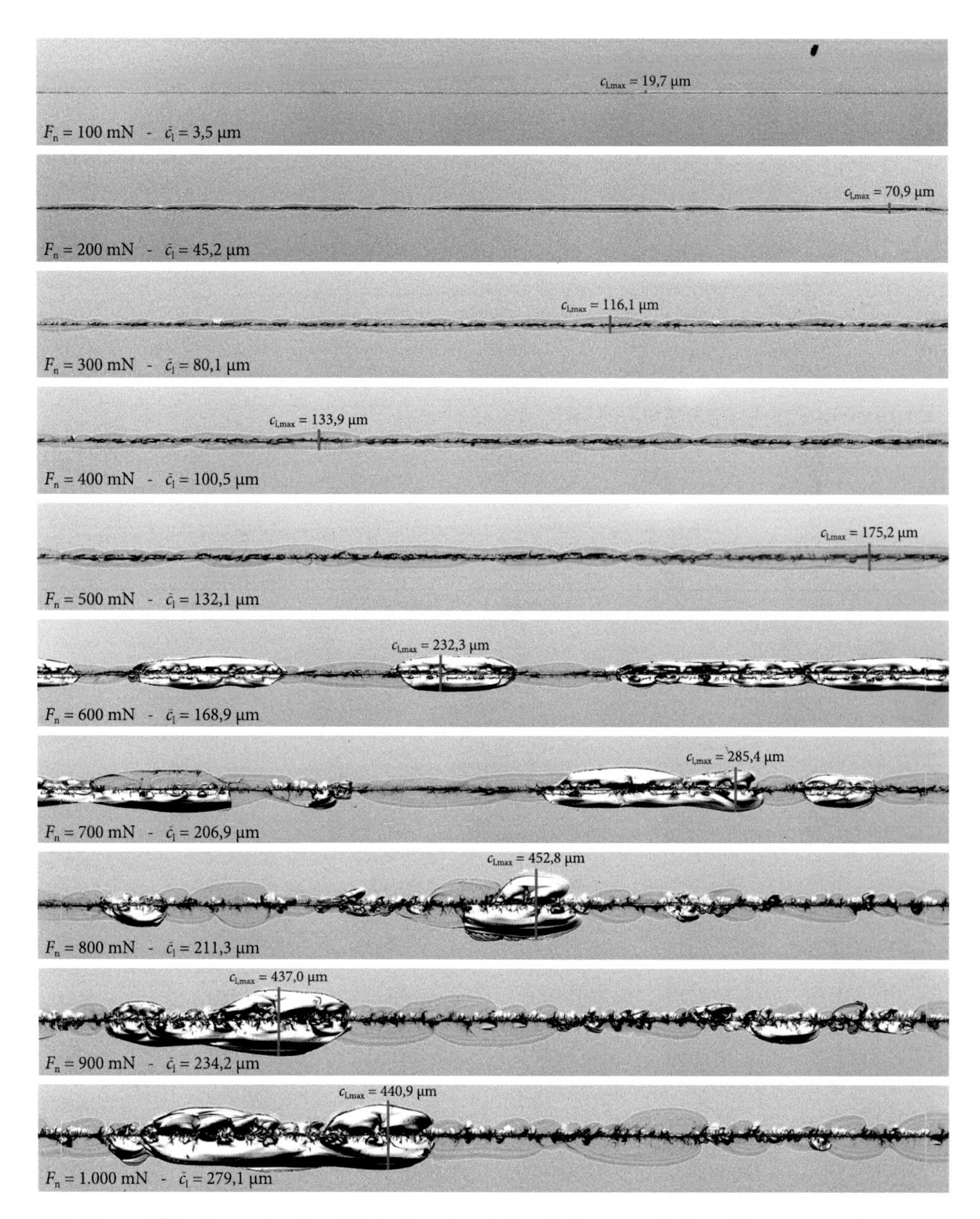

Abbildung 9.26 Versuchsreihe OK.1 – Repräsentative Kratzspurverläufe auf thermisch entspanntem Floatglas (Probekörper: C51) für eine Versuchsdurchführung und Lagerung in destilliertem Wasser.

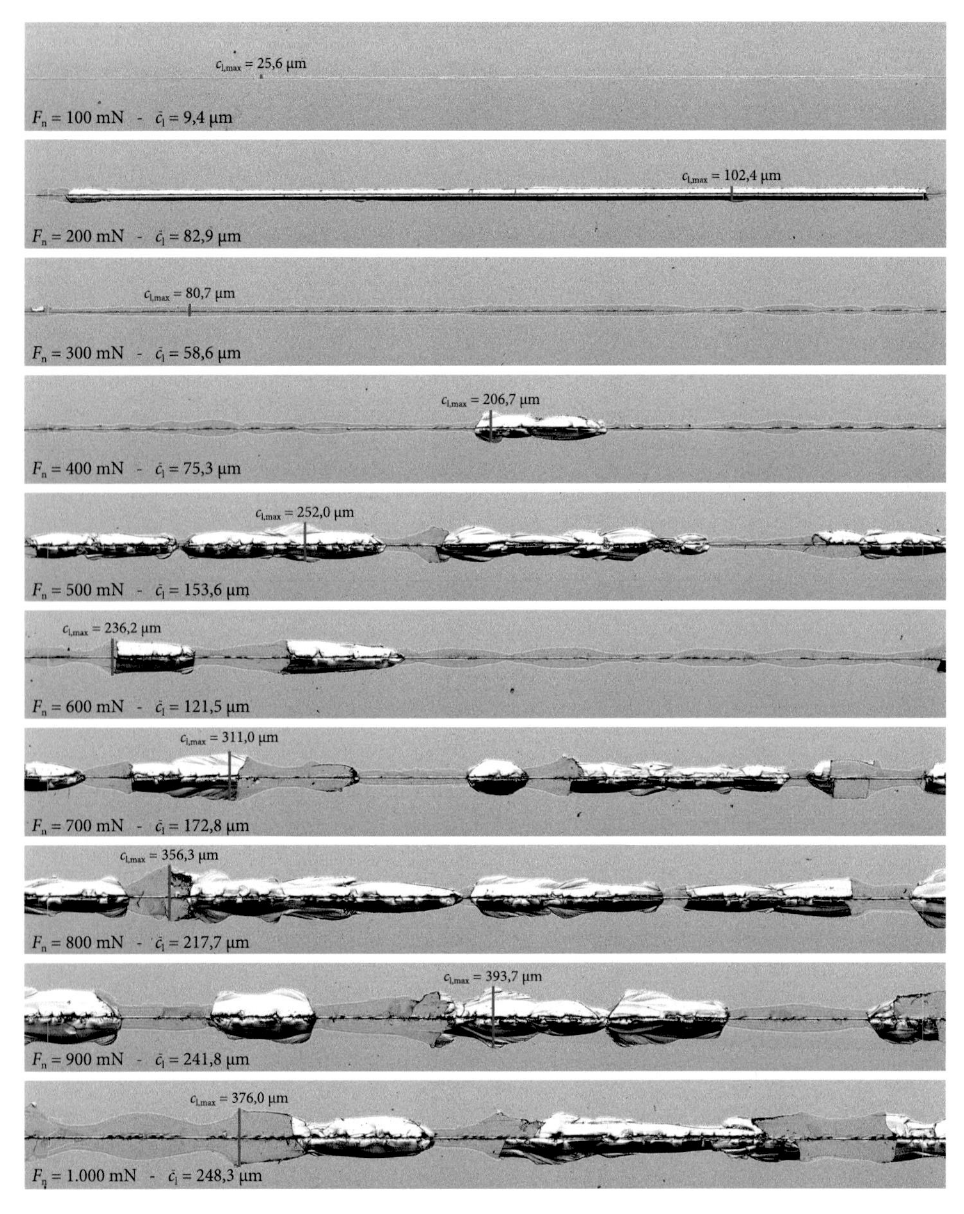

Abbildung 9.27 Versuchsreihe OK.1 – Repräsentative Kratzspurverläufe auf Einscheibensicherheitsglas (Probekörper: C69) für eine Versuchsdurchführung und Lagerung bei 50,0 % rF.

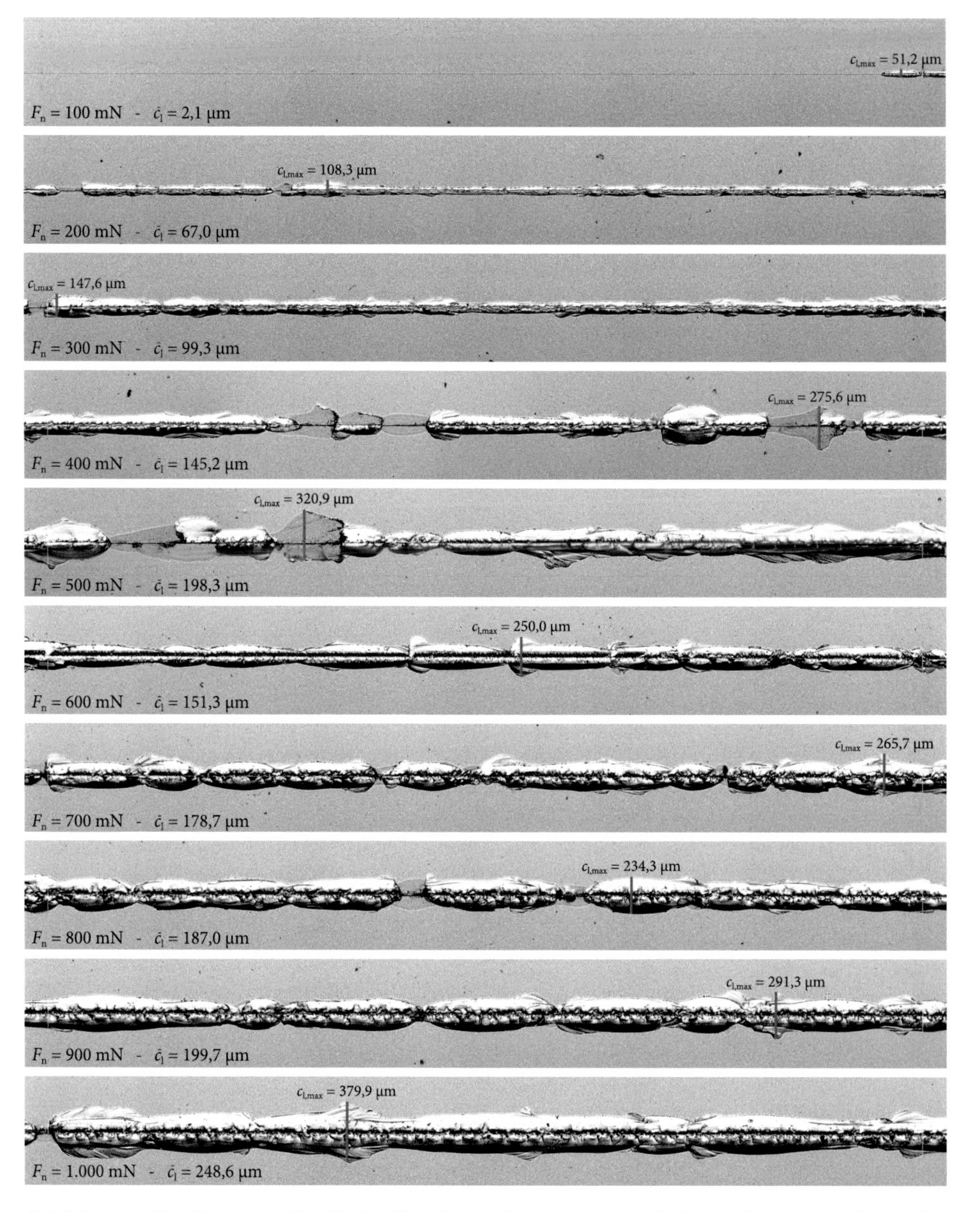

Abbildung 9.28 Versuchsreihe OK.1 – Repräsentative Kratzspurverläufe auf Einscheibensicherheitsglas (Probekörper: C63) für eine Versuchsdurchführung und Lagerung in destilliertem Wasser.

größeren Streuung. Allerdings ist die Häufigkeit des Auftretens aller Rissbreitenbereiche homogener ausgebildet, sodass neben dünneren Kratzspurbereichen auch gleichermaßen breitere Abschnitte auftreten.

9.4.3.3 Versuchsreihe OK.2 – Produktionsbedingte Oberflächenunterschiede

Die Ergebnisse der Versuchsreihe OK.2 sind in Abb. 9.29 gegenübergestellt. Gundsätzlich ist anzumerken, dass keine Herstellerabhängigkeit bzw. ein Einfluss unterschiedlicher Glasschmelzen identifiziert werden konnte. Somit ist die Ausbildung von Kratzspuren und die hierdurch bedingte makroskopische Sichtbarkeit einer Kratzspur für alle Hersteller als identisch zu betrachten. In Abb. 9.29a ist die mittlere laterale Rissbreite $\bar{c}_l$ in Abängigkeit der atmosphärischen Umgebungsbedingung dargestellt. Wie auch in Versuchreihe

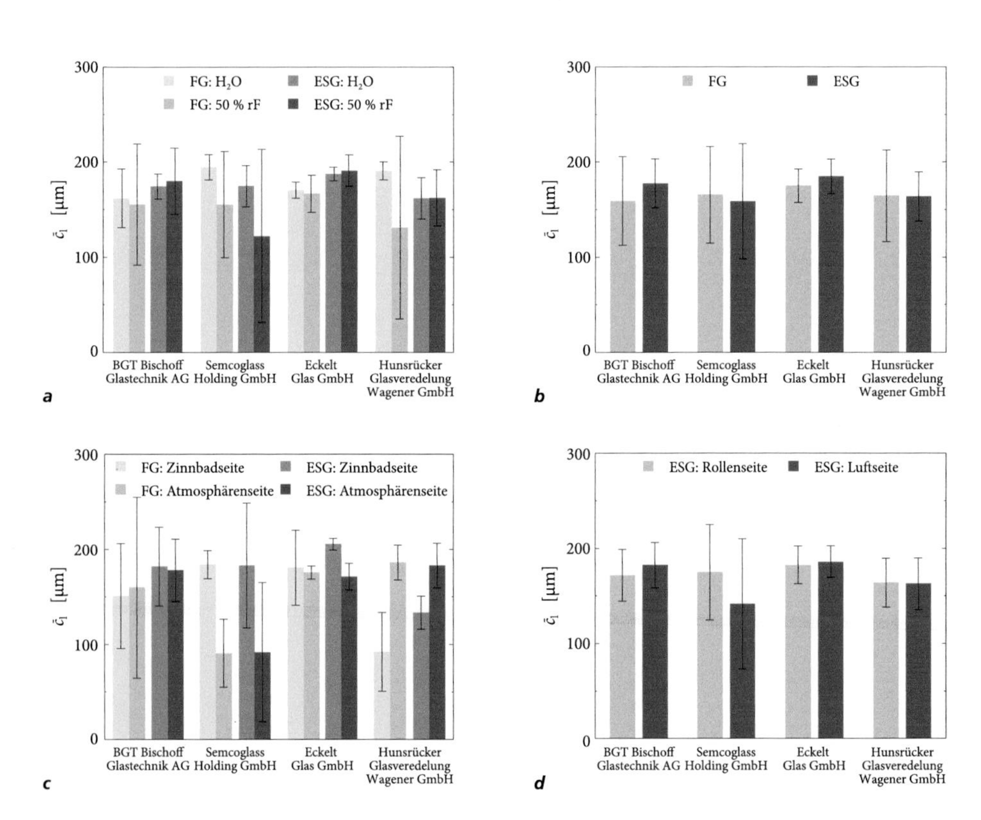

Abbildung 9.29 Versuchsreihe OK.2 – Gegenüberstellung der gemessenen mittleren lateralen Rissbreiten $\bar{c}_l$ in Abhängigkeit der atmosphärischen Umgebungsbedingung *(a)*, der Glasart *(b)* sowie den aus dem Floatprozess *(c)* und dem Vorspannprozess *(d)* produktionsbedingten Oberflächenunterschieden. Zusätzlich dargestellt ist die Standardabweichung der mittleren Rissbreiten $\bar{c}_l$.

OK.1 (Abs. 9.4.3.2) kann für Kratzspuren, die einer Wasserlagerung unterzogen wurden, herstellerübegreifend eine geringere Streuung gemessen werden. Dabei ist außerdem zu beobachten, dass Kratzspuren auf thermisch entspanntem Floatglas unter Einfluss von Wasser im Mittel größere Lateralrisse aufzeigen als unter 50,0 % rF. Dieser Effekt kann nicht eindeutig für Einscheibensicherheitsglas beobachtet werden. Der Einfluss der Oberflächendruckspannung infolge thermischer Vorspannung ist unabhängig der atmosphärischen Umgebungsbedingungen in Abb. 9.29b dargestellt. Im Gegensatz zu Kratzspuren auf thermisch entspanntem Floatglas tendieren solche auf Einscheibensicherheitsglas zu größeren mittleren lateralen Rissbreiten $\bar{c}_\text{l}$. Für den untersuchten Lastbereich von $F_\text{n} = 700\,\text{mN}$ beträgt der Unterschied etwa 10-15 μm. Bei Betrachtung der mittleren lateralen Rissbreite $\bar{c}_\text{l}$ in Abhängigkeit der aus dem Floatprozess resultierenden Oberflächenunterschiede (Zinnbad- und Atmosphärenseite; unabhängig von den atmosphärischen Umgebungsbedingungen) kann für thermisch entspanntes Floatglas und Einscheibensicherheitsglas keine eindeutige Tendenz bestimmt werden (Abb. 9.29c). Für den direkten Vergleich von Rollen- und Luftseite bei Einscheibensicherheitsglas (Abb. 9.29d) ist tendenziell keine Abhängigkeit zu beobachten.

9.4.3.4 Versuchsreihe OK.3 – Chemische Zusammensetzung der Gläser und Art der Vorspannung

Die Ergebnisse der Versuchsreihe OK.3 sind in Abb. 9.30 hinsichtlich der minimalen ($c_\text{l,min}$), der maximalen ($c_\text{l,max}$) und der mittleren lateralen Rissbreite ($\bar{c}_\text{l}$) dargestellt. In Abb. 9.31 sind die Ergebnisse anhand repräsentativer Mikroskopaufnahmen der Kratzspuren veranschaulicht. Die Kratzversuche und die anschließende Lagerung erfolgten in destilliertem Wasser. Wie aus den vorherigen Versuchsreihen (Abs. 9.4.3.2 und Abs. 9.4.3.3) bekannt, ist die Rissausbildung bei Kalk-Natronsilikatglas für unterschiedliche thermische Vorspanngrade etwa identisch. Laterale Abplatzungen sind in ihrer Erscheinung durch definierte muschelförmige Abplatzungen geprägt. Das laterale Rissverhalten der chemisch vorgespannten Gläser und des Saphir-Kristalls ist hierzu gegensätzlich, da die beobachteten Rissbreiten um den Faktor zwei bis drei kleiner und die Abplatzungen entsprechend Abs. 9.4.2.4 stets als nicht strukturiert einzustufen sind.

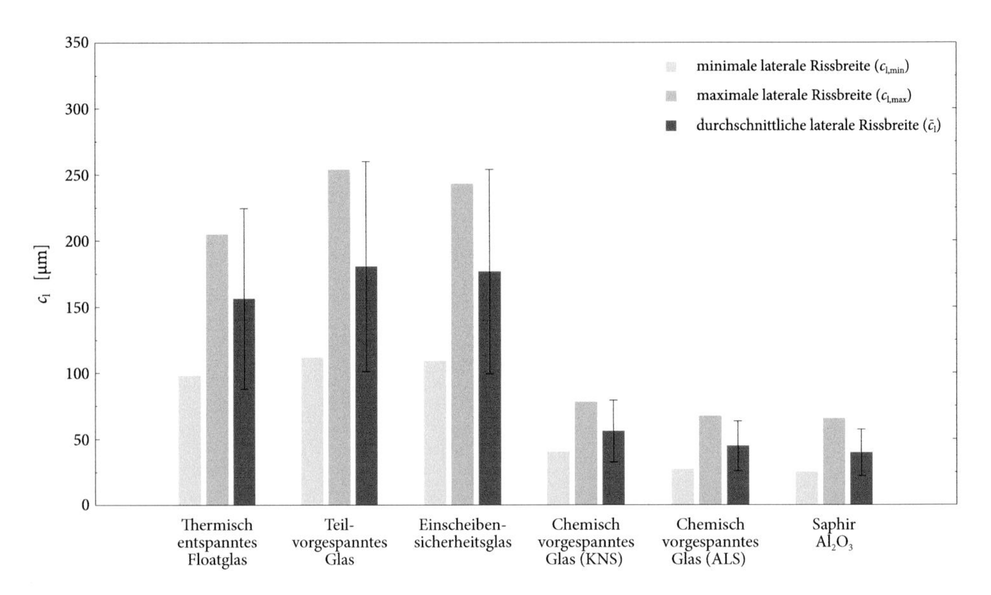

Abbildung 9.30 Versuchsreihe OK.3 – Minimale, maximale und mittlere laterale Rissbreite c_l in Abhängigkeit der chemischen Zusammensetzung. Für die durchschnittliche laterale Rissbreite $\bar{c}_l$ ist zusätzlich die Standardabweichung dargestellt. (KNS = Kalk-Natronsilikatglas; ALS = Aluminosilikatglas)

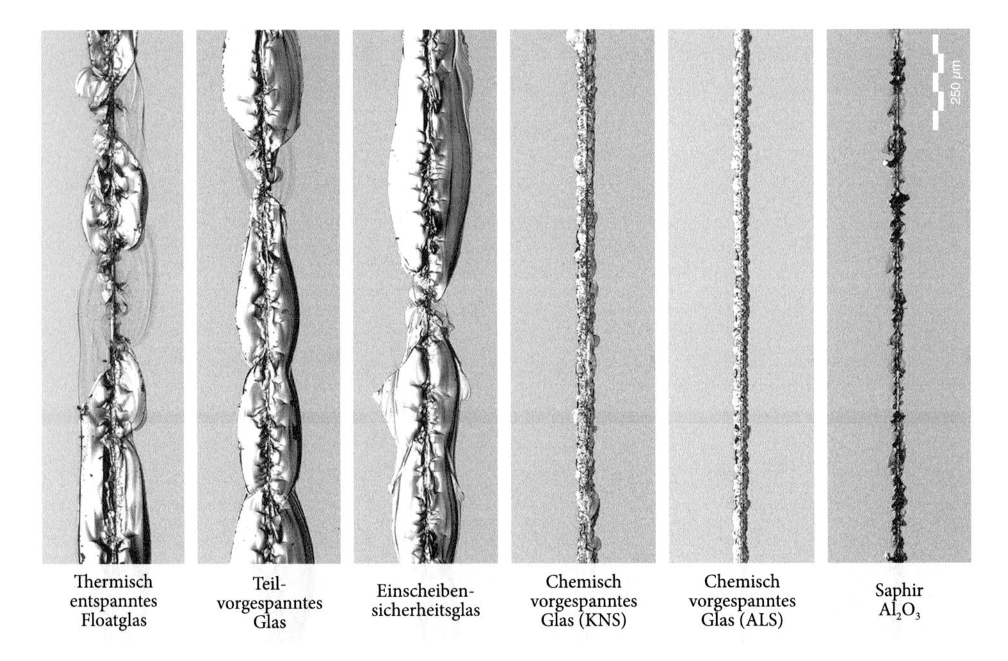

Abbildung 9.31 Versuchsreihe OK.3 – Lichtmikroskopische Aufnahmen von Kratzspuren auf verschiedenen, transparenten Materialien. (KNS = Kalk-Natronsilikatglas; ALS = Aluminosilikatglas)

9.4.4 Ergebnisse der Untersuchungen zur statisch wirksamen Kratzanfälligkeit

9.4.4.1 Allgemeines

Alle Biegefestigkeiten wurden anhand der tatsächlichen Glasdicke ermittelt und die empirischen Parameter der Biegefestigkeit σ_f (arithmetischer Mittelwert $\bar{r}$, Standardabweichung σ_x und Variationskoeffizient v) ausgewertet. Die Bruchwahrscheinlichkeit wurde unter dem Ansatz einer logarithmischen Normalverteilung (Abs. 6.1.2) und einer Weibullverteilung (Abs. 6.1.3) berechnet. Alle Einzelmesswerte können Anh. F.1 entnommen werden.

In Übereinstimmung zu Schneider (2001) und Fink (2000) wurde beobachtet, dass die Bruchwahrscheinlichkeiten für die durchgeführten Doppelring-Biegeversuche grundsätzlich besser durch den Ansatz einer Lognormalverteilung als unter Verwendung einer Weibull-Verteilung angepasst werden konnten. An dem zur Ermittlung des 5 %-Fraktilwertes relevanten unteren Ende der Verteilungsfunktion zeigten die Anpassungen an eine Weibullverteilung eine deutlich größere Abweichung an die Regressionsgerade.

Für alle Versuchsreihen, bei denen eine planmäßige Vorschädigung mit dem *UST* durchgeführt wurde, wurden vor und nach jeder Versuchsreihe jeweils drei Probekörper aus thermisch entspanntem Floatglas separat als Vergleichsprobekörper geprüft. Bei keiner Versuchsreihe konnte dabei ein Verschleiß des Eindringkörpers durch einen Anstieg der Biegefestigkeit identifiziert werden. Zusätzlich wurde in regelmäßigen Abständen die Eindringkörperspitze mittels taktiler Profilometrie (vgl. Abs. 9.2.3.6) vermessen. Hierbei konnte nur eine geringe Vergrößerung der Spitzenausrundung des Eindringkörpers von insgesamt etwa 1,0 μm beobachtet werden.

Für die Berechnung von Risstiefen c wurden subkritische Risswachstumseffekte (Kap. 5) berücksichtigt. Hierzu wurden die Parameter von Ullner (1993) (s. Tab. 5.1) den Berechnungen zugrunde gelegt.

9.4.4.2 Ergebnisse der Versuchsreihe SK.1 – Referenzreihe

In Abb. 9.32 sind typische Bruchbilder ungeschädigter Probekörper nach der Prüfung im Doppelring-Biegeversuch dargestellt. Der Bruchursprung befand sich bei allen Probekörpern im Bereich der maximalen Zugspannung, d. h. innerhalb oder direkt unterhalb der Lastschneiden des Lastringes. Empirische Parameter der Biegefestigkeiten sind in Tab. 9.6 genannt. Für die Anpassung an eine Lognormal- und Weibullverteilung (Abb. 9.33) sind die Parameter der Verteilungsfunktionen in Tab. 9.7 und Tab. 9.8 angegeben.

Die ermittelte charakteristische Biegefestigkeit für thermisch entspanntes Floatglas deckt sich sehr gut mit den in Mellmann & Maultzsch (1989), Blank (1993), Fink (2000) und Schneider (2001) genannten Werten. Hingegen ist die bestimmte charakteristische

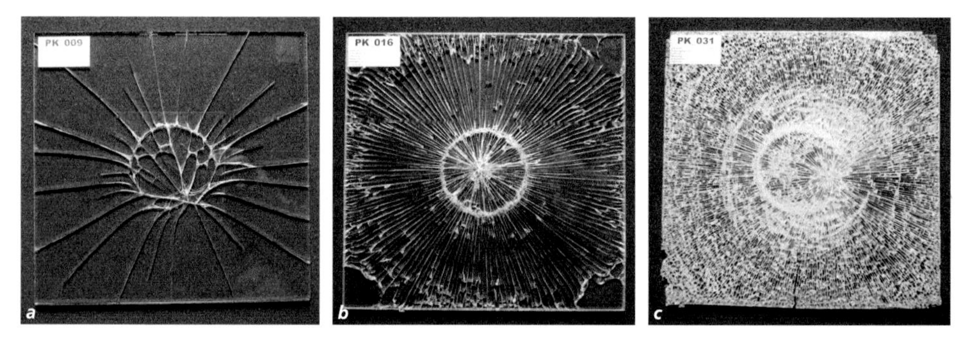

Abbildung 9.32 Versuchsreihe SK.1 – Typische Bruchbilder von thermisch entspanntem Glas *(a)*, Teilvorgespanntem Glas *(b)* und Einscheibensicherheitsglas *(c)* nach Prüfung im Doppelring-Biegeversuch.

Tabelle 9.6 Versuchsreihe SK.1 – Empirische Parameter der Biegefestigkeit ungeschädigter Probekörper.

Glasart	Minimal-wert	Maximal-wert	Mittel-wert	Standard-abweichung	Variations-koeffizient
	$\sigma_{\mathrm{f,min}}$	$\sigma_{\mathrm{f,max}}$	$\bar{r}$	σ_{x}	v
[–]	$[\mathrm{N\,mm^{-2}}]$	$[\mathrm{N\,mm^{-2}}]$	$[\mathrm{N\,mm^{-2}}]$	$[\mathrm{N\,mm^{-2}}]$	[–]
FG	50,84	102,12	81,55	± 13,35	0,16
TVG	124,14	217,25	172,80	± 27,93	0,16
ESG	199,10	298,04	242,41	± 25,15	0,10
CVG	64,44	137,33	99,83	± 20,90	0,21

Festigkeit von Einscheibensicherheitsglas etwas höher als in vorgenannten Arbeiten. Die charakteristische Festigkeit der chemisch vorgespannten Gläsern ist zwar höher als die von thermisch entspanntem Floatglas, doch mit nur $f_{\mathrm{k}} = 62,47\,\mathrm{N\ mm^{-2}}$ (Lognormalverteilung) ist die in DIN EN 12337-1 genannte charakteristische Biegefestigkeit von $f_{\mathrm{k}} = 150\,\mathrm{N\ mm^{-2}}$ deutlich unterschritten (vgl. auch Abs. 9.4.4.7). Gleichzeitig wurde für die chemisch vorgespannten Probekörper die in dieser Versuchsreihe höchste Streuung der Messwerte gemessen.

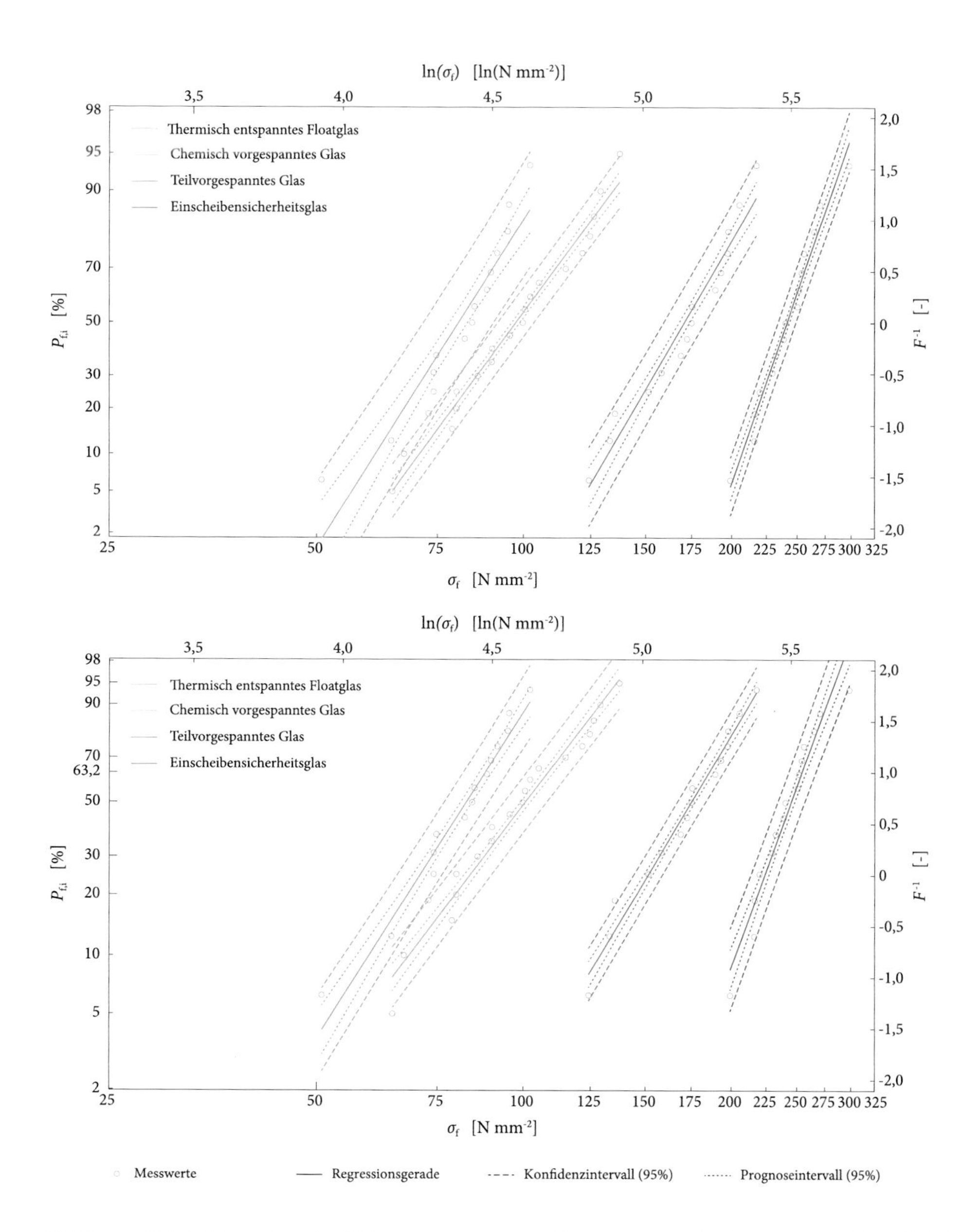

Abbildung 9.33 Versuchsreihe SK.1 – Anpassung der Messwerte an eine Lognormal- *(a)* und Weibullverteilung *(b)*: Darstellung im Verteilungsnetz mit Angabe der Konfidenz- und Prognoseintervalle für einen einseitigen Vertrauensbereich von 95 %.

Tabelle 9.7 Versuchsreihe SK.1 – Parameter der Anpassung an eine Lognormalverteilung.

Glasart	Verteilungsparameter			
	μ	σ^2	R^2	$f_{\mathrm{k,LN}}$[a]
[–]	[ln(N mm^{-2})]	[ln ((N mm^{-2})^2)]	[–]	[N mm^{-2}]
FG	4,39	0,02971	0,896	52,03
TVG	5,14	0,02650	0,956	117,97
ESG	5,49	0,00991	0,976	194,42
CVG	4,58	0,04598	0,978	62,47

[a] Bezogen auf einen einseitigen Vertrauensbereich von 95% (Konfidenzintervall).

Tabelle 9.8 Versuchsreihe SK.1 – Parameter der Anpassung an eine Weibullverteilung.

Glasart	Verteilungsparameter			
	β	λ	R^2	$f_{\mathrm{k,WB}}$[a]
[–]	[N mm^{-2}]	[–]	[–]	[N mm^{-2}]
FG	87,87	5,79	0,955	49,82
TVG	185,30	6,20	0,979	111,05
ESG	253,92	9,98	0,948	182,24
CVG	108,40	4,85	0,970	56,26

[a] Bezogen auf einen einseitigen Vertrauensbereich von 95% (Konfidenzintervall).

9.4.4.3 Ergebnisse der Versuchsreihe SK.2 – Spannungsrate

In Kap. 5 wurde das subkritische Risswachstumsverhalten in Glas ausführlich erläutert. Um die Literaturwerte in Tab. 5.1 für den Risswachstumsparameter N anhand eigener Versuche zu verifizieren, wurden Biegeversuche unter kontrollierten atmosphärischen Umgebungsbedingungen (0,5 % rF, 50 % rF und H_2O) und drei unterschiedlichen Spannungsraten ($\dot{\sigma} = 0{,}2\,\mathrm{N\,mm^{-2}\,s^{-1}}$, $\dot{\sigma} = 2{,}0\,\mathrm{N\,mm^{-2}\,s^{-1}}$ und $\dot{\sigma} = 10{,}0\,\mathrm{N\,mm^{-2}\,s^{-1}}$) durchgeführt. Empirische Parameter der Biegefestigkeiten sind in Tab. 9.10 dargestellt.

Werden entsprechend Abs. 5.6.1 die bei dynamischer Versuchsdurchführung ermittelten Biegefestigkeiten σ_{f} gegenüber der Spannungsrate $\dot{\sigma}$ doppelt logarithmisch aufgetragen und durch eine Gerade approximiert, kann der Risswachstumsparameter N über den in Gl. 5.3 genannten Zusammenhang berechnet werden. In Abb. 9.34 ist die Auswertung entsprechend Abs. 5.6.1 dargestellt. Für die Berechnung der Risswachstumsparameter N wurde die Approximation durch Geraden auf Grundlage der arithmetischen Mittelwerte der Biegefestigkeiten gleicher Umgebungsbedingungen durchgeführt. Aufgrund der Streuung

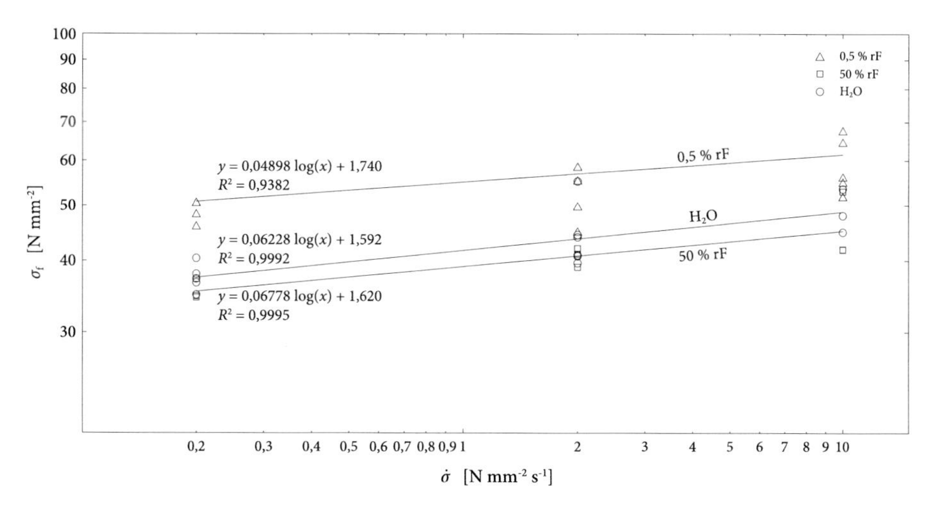

Abbildung 9.34 Versuchsreihe SK.2 – Ermittlung des Risswachstumsparameters N für unterschiedliche atmosphärische Umgebungsbedingungen (0,5 % rF, 50 % rF und H_2O) anhand planmäßig vorgeschädigter Probekörper aus thermisch entspanntem Floatglas und Biegeprüfung im Doppelring-Biegeversuch mit unterschiedlichen Spannungsraten $\dot{\sigma}$.

der Messwerte können die berechneten Risswachstumsparameter nicht als deterministische Größe verstanden werden. Vielmehr sind sie als Näherungswert zu betrachten. Die für thermisch entspanntes Floatglas ermittelten Risswachstumsparameter sind in Tab. 9.9 angegeben.

Für alle untersuchten Umgebungsbedingungen liegen die ermittelten Risswachstumsparameter N in dem aus Tab. 5.1 ersichtlichen Bereich von $N = 13 \sim 27$.

Tabelle 9.9 Versuchsreihe SK.2 – Risswachstumsparameter N für thermisch entspanntes Floatglas in Abhängigkeit atmosphärischer Umgebungsbedingung.

Atmosphärische Umgebungsbedingung[a] [–]	**Risswachstumsparameter** N [–]
0,5 % rF	19,416
50,0 % rF	13,754
H_2O	15,057

[a] Atmosphärische Bedingung während der Biegeprüfung.

Tabelle 9.10 Versuchsreihe SK.2 – Empirische Parameter der Biegefestigkeit in Abhängigkeit der Spannungsrate (thermisch entspanntes Floatglas).

Atmo. Beding.[a]	Spannungs-rate	Minimal-wert	Maximal-wert	Mittel-wert	Standard-abweichung	Variations-koeffizient
	$\dot{\sigma}$	$\sigma_{f,min}$	$\sigma_{f,max}$	$\bar{r}$	σ_x	ν
[–]	[N mm^{-2}s^{-1}]	[N mm^{-2}]	[N mm^{-2}]	[N mm^{-2}]	[N mm^{-2}]	[–]
	0,2	45,79	50,39	48,09	2,30	0,05
0,5 % rF	2,0	44,77	58,32	51,96	5,99	0,12
	10,0	51,67	67,40	58,81	6,72	0,11
	0,2	34,92	40,42	37,40	2,01	0,05
50,0 % rF	2,0	39,65	55,13	44,82	6,10	0,14
	10,0	44,89	53,46	48,77	4,34	0,09
	0,2	34,66	37,24	35,47	1,53	0,04
H_2O	2,0	38,98	41,98	40,69	1,54	0,04
	10,0	41,82	52,93	45,54	6,40	0,14

[a] Atmosphärische Bedingung während der Biegeprüfung.

9.4.4.4 Ergebnisse der Versuchsreihe SK.3 – Atmosphärische Umgebungsbedingungen

Empirische Parameter der ermittelten Biegefestigkeiten σ_f bei variierenden Umgebungsbedingungen während der planmäßigen Vorschädigung, Lagerung sowie der Biegeprüfung sind in Tab. 9.11 aufgeführt und in Abb. 9.35 grafisch gegenübergestellt. Die Messungen zeigen, dass bei beanspruchungsfrei gelagertem Glas, Feuchtigkeit im flüssigen Aggregatzustand an der Rissspitze zu einer Festigkeitssteigerung *(Rissheilung)* führt. Im Gegensatz zu Probekörpern, die während der Vorschädigung, Lagerung und der Biegeprüfung einer relativen Feuchtigkeit von 50,0 % rF ausgesetzt waren, zeigen solche, die über die Dauer des kompletten Prüfzyklus einer Wasserlagerung unterzogen wurden, eine auf den Mittelwert bezogene Festigkeitssteigerung von etwa +11,1 % (vgl. Abb. 9.35a). Ähnliche Versuche von Ullner (1993) bestätigen diese Tendenz. Ein noch höherer Festigkeitsanstieg (+18,1 %) kann für Probekörper beobachtet werden, die während des kompletten Prüfzyklus bei einer relativen Luftfeuchtigkeit von $\leq$0,2 % rF gelagert wurden. Für die festigkeitssteigernde Wirkung sehr trockener bzw. sehr feuchter Umgebungsbedingungen werden zwei Effekte verantwortlich gemacht: Während es im beanspruchungsfrei gelagerten Zustand in Anwesenheit von Wasser zu Rissheilungseffekten kommt, bewirkt eine sehr schwach korrosive Umgebung während der Biegeprüfung ein im Vergleich zu normalen Umgebungsbedingungen weniger ausgeprägtes subkritisches Risswachstum.

Probekörper, die während der planmäßigen Vorschädigung und der 60-minütigen Lagerung einer niedrigen relativen Feuchtigkeit ($\leq$0,2 % rF) ausgesetzt waren und anschließend bei 50,0 % rF geprüft wurden, zeigen keinen wesentlichen Unterschied zu solchen Probekörpern, die den gesamten Prüfzyklus einer relativen Feuchtigkeit von 50,0 % rF ausgesetzt waren (vgl. Abb. 9.35b). Hingegen kann für Probekörper, bei denen die planmäßige Vorschädigung sowie die Lagerung bei einer relativen Feuchtigkeit von 50,0 % rF erfolgte und die anschließende Biegeprüfung bei niedrigen relativen Feuchtigkeiten durchgeführt wurde, ein Festigkeitsanstieg von +19,0 % beobachtet werden. Dies ist identisch zu Probekörpern, die den kompletten Prüfzyklus über in trockener Umgebung gelagert wurden. Dies lässt darauf

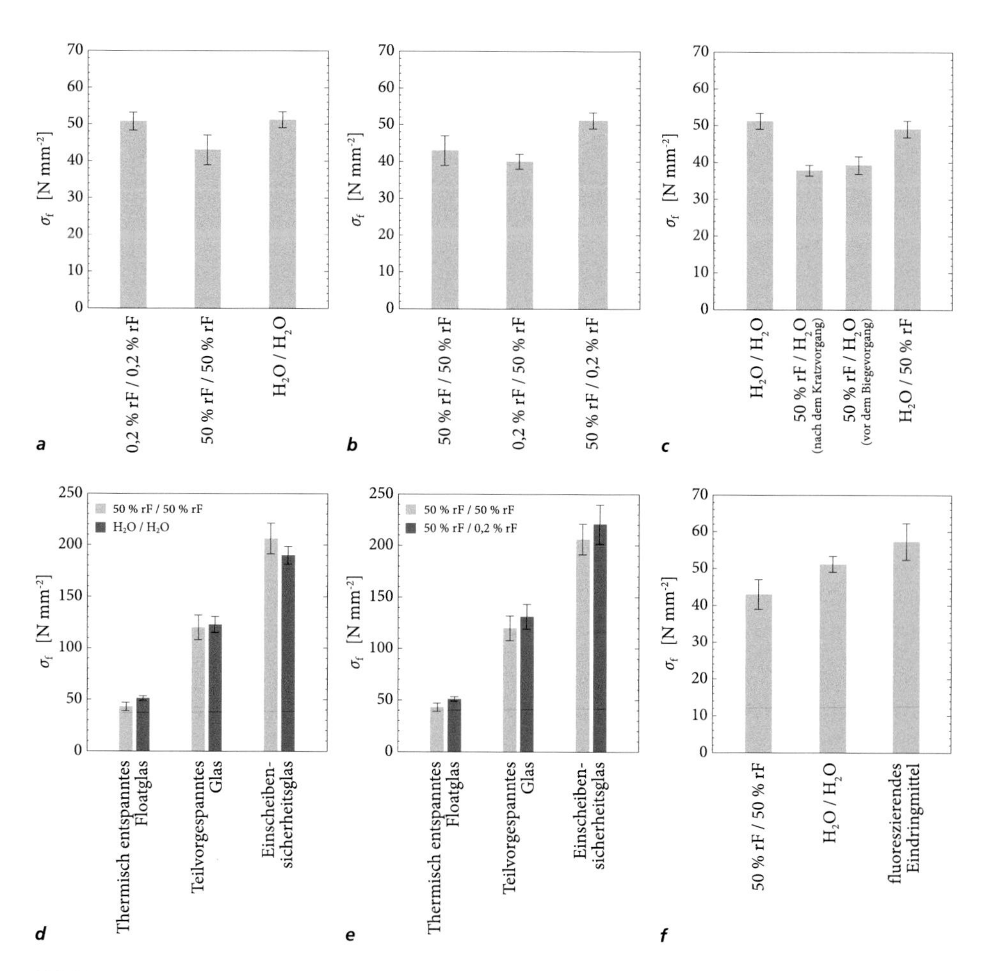

Abbildung 9.35 Versuchsreihe SK.3 – Einfluss atmosphärischer Umgebungsbedingungen während der planmäßigen Vorschädigung und der Biegeprüfung auf die Biegefestigkeit σ_f.

Tabelle 9.11 Versuchsreihe SK.3 – Empirische Parameter der Biegefestigkeit in Abhängigkeit atmosphärischer Umgebungsbedingungen während der planmäßigen Vorschädigung und der Biegeprüfung.

Glasart	**Atmo. Beding.**		**Minimal-wert**	**Maximal-wert**	**Mittel-wert**	**Standard-abw.**	**Variations-koefizient**
	PVS[a]	**BP**[b]	$\sigma_{f,min}$	$\sigma_{f,max}$	$\bar{r}$	σ_x	v
[–]	[–]	[–]	$[N\,mm^{-2}]$	$[N\,mm^{-2}]$	$[N\,mm^{-2}]$	$[N\,mm^{-2}]$	[–]
FG	0,2 % rF	0,2 % rF	48,45	54,09	50,77	2,42	0,05
FG	50,0 % rF	50,0 % rF	37,94	48,37	42,98	3,99	0,09
FG	H_2O	H_2O	47,80	53,75	51,18	2,18	0,04
TVG	50,0 % rF	50,0 % rF	107,14	131,61	120,10	11,93	0,10
TVG	H_2O	H_2O	115,34	133,40	122,85	7,67	0,06
ESG	50,0 % rF	50,0 % rF	189,30	225,37	206,10	14,78	0,07
ESG	H_2O	H_2O	180,09	203,24	189,91	8,52	0,04
FG	0,2 % rF	50,0 % rF	36,59	41,82	40,00	2,02	0,05
FG	50,0 % rF	0,2 % rF	47,84	54,87	51,14	2,15	0,04
TVG	50,0 % rF	0,2 % rF	116,14	141,97	131,28	11,92	0,09
ESG	50,0 % rF	0,2 % rF	188,02	235,34	220,76	19,13	0,09
FG	50,0 % rF	H_2O[c]	36,32	39,99	37,81	1,44	0,04
FG	50,0 % rF	H_2O[d]	36,31	41,06	39,23	2,38	0,06
FG	H_2O	50,0 % rF	47,06	52,68	49,04	2,26	0,05
FG	50,0 % rF	FE[e]	51,66	64,08	57,29	4,96	0,09

[a] Atmosphärische Bedingung während der planmäßigen Vorschädigung (PVS).
[b] Atmosphärische Bedingung während der Biegeprüfung (BP).
[c] Wasser direkt nach dem Kratzvorgang aufgetragen.
[d] Wasser unmittelbar vor der Biegeprüfung aufgetragen.
[e] Fluoreszierendes Eindringmittel (FE) Typ *Magnaflux ZL-60C*.

schließen, dass der Einfluss der Umgebungsbedingung für trockene Verhältnisse (Wasser im gasförmigen Aggregatzustand) im Wesentlichen nur für die Biegeprüfung relevant ist.

Die Betrachtung von feuchten Umgebungsbedingungen zeigt, dass unabhängig des Zeitpunktes der Wasserlagerung für unter 50,0 % rF planmäßig vorgeschädigter Probekörper kein Festigkeitsanstieg zu beobachten ist (vgl. Abb 9.35c). Hingegen zeigen Probekörper, die unter Wasserlagerung planmäßig vorgeschädigt und anschließend unter 50,0 % rF gelagert wurden, zu den Probekörpern, die den kompletten Prüfzyklus feuchten Bedingungen ausgesetzt wurden, einen identischen Festigkeitsanstieg. Dies lässt vermuten, dass Wasser in flüssigem Aggregatzustand während der planmäßigen Vorschädigung (bei maximaler Rissöffnung) uneingeschränkt an die Rissspitze vordringen kann. Hingegen scheint die Kapillarwirkung bei 50,0 % rF erzeugten Rissen als nicht ausreichend, damit Wassermoleküle innerhalb der untersuchten Lagerungsdauer bis an die Rissspitze vordringen können.

Während Wasser in flüssigem Aggregatzustand bei thermisch entspanntem Floatglas zu einer deutlichen Festigkeitssteigerung führt (vgl. Abb 9.35a), kann dies für Teilvorgespanntes Glas zwar bestätigt werden (+2,3 %), jedoch ist dieser Effekt nicht für Einscheibensicherheitsglas (-9,8 %) zu beobachten (vgl. Abb. 9.35d). Es ist anzunehmen, dass nach der Entfernung der Auflast auf den Eindringkörper die Rissufer des Tiefenrisses bei thermisch vorgespanntem Floatglas bedingt durch die Oberflächendruckspannung dichter zusammengepresst werden und im flüssigen Aggregatzustand vorliegendes Wasser von der Rissspitze verdrängt wird.

Hingegen können für thermisch vorgespanntes Glas bei Durchführung der planmäßigen Vorschädigung und Lagerung bei 50,0 % rF und einer Biegeprüfung bei niedriger relativer Feuchtigkeit ($\leq$0,2 % rF) die Erkenntnisse von thermisch entspanntem Floatglas bestätigt werden (vgl. Abb. 9.35e). Im Vergleich zu Biegeprüfungen unter 50,0 % rF ist auch für Teilvorgespanntes Glas und Einscheibensicherheitsglas eine deutliche Festigkeitssteigerung (+9,3 % und +7,1 %) bei niedrigen relativen Feuchtigkeiten zu beobachten.

Der Einfluss von fluoreszierendem Eindringmittel (Typ: *Magnaflux ZL-60C*; vgl. Abs. 9.3.3) ist in Abb. 9.35f dargestellt. Kratzspuren wurden hierzu unter 50,0 % rF erzeugt und anschließend mit fluoreszierendem Eindringmittel benetzt. Derartig behandelte Probekörper zeigten im Vergleich zu Probekörpern, die während des kompletten Prüfzyklus 50,0 % rF bzw. einer Wasserlagerung ausgesetzt waren, bezogen auf den Mittelwert, eine Festigkeitssteigerung in Höhe von +33,3 % bzw.+12,9 %. Das in dieser Arbeit verwendete fluoreszierende Eindringmittel hat somit keinen festigkeitsmindernden Einfluss auf Glas.

9.4.4.5 Ergebnisse der Versuchsreihe SK.4 – Rissheilungseffekte

Aufgrund von Rissheilungseffekten ist in DIN EN 1288-1 eine Lagerungsdauer zwischen planmäßiger Vorschädigung und Biegeprüfung von mindestens 24 Stunden vorgesehen. Für thermisch entspanntes Floatglas ist in Abb. 9.36 der Verlauf der Rissheilung für eine Lagerungsdauer im Bereich von $t = 30$ Sekunden bis $t = 33$ Tagen für eine normale Feuchtigkeit von 50,0 % rF und den Grenzfall der Wasserlagerung (doppelt-logarithmisch) dargestellt. Empirische Parameter der Biegefestigkeiten sind in Tab. 9.12 aufgeführt. Der Effekt der Rissheilung ist für beide Umgebungsbedingungen innerhalb der ersten 24 Stunden sehr ausgeprägt, sodass auf den Mittelwert bezogen eine Festigkeitssteigerung von +32,1 % (50,0 % rF) bzw. +42,1 % (H_2O) zu verzeichnen ist. Zu diesem Zeitpunkt ist der Rissheilungsfortschritt für den betrachteten Untersuchungszeitraum zu 70 % (50,0 % rF) bzw. zu 86 % (H_2O) abgeschlossen. Der weitere Anstieg der Biegefestigkeit ist durch ein asymptotisches Verhalten geprägt, sodass nach einer Lagerungsdauer von 33 Tagen eine gesamte Festigkeitssteigerung von +47,8 % (50,0 % rF) bzw. +49,0 % (H_2O) beobachtet werden kann. Die für 50,0 % rF beobachteten Festigkeitssteigerungen korrelieren dabei sehr gut mit den Ergebnissen von Fink (2000).

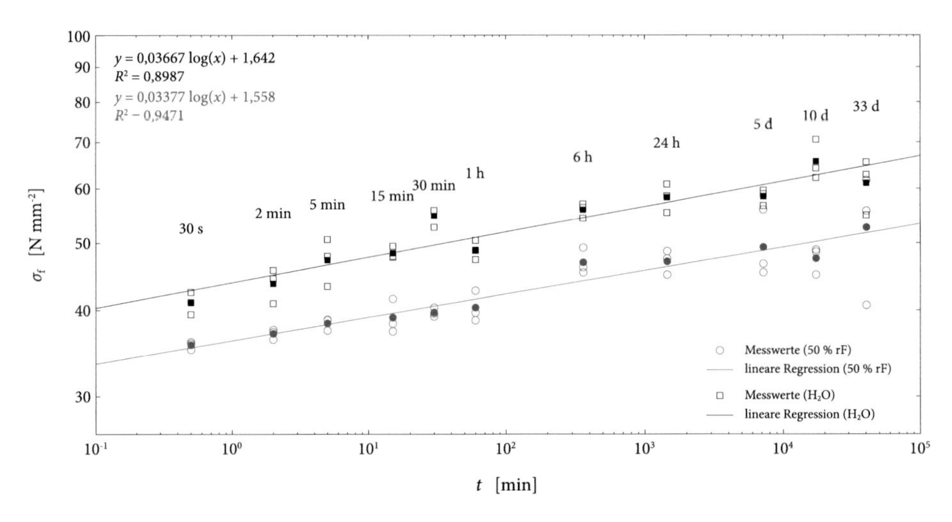

Abbildung 9.36 Versuchsreihe SK.4 – Einfluss der Lagerungsdauer zwischen planmäßiger Vorschädigung und Biegeprüfung auf die Biegefestigkeit σ_f von thermisch entspanntem Floatglas.

Obwohl alle Probekörper unter identischen Bedingungen vorgeschädigt wurden, variieren die auf Grundlage der Biegefestigkeiten berechneten Risstiefen erheblich: Beträgt die rechnerische Risstiefe bei Berücksichtigung von subkritischen Risswachstumseffekten bei einer Lagerungsdauer $t = 30\,\text{s}$ noch $c_f = 61{,}9\,\mu\text{m}$ (50,0 % rF) bzw. $c_f = 24{,}8\,\mu\text{m}$ (H_2O), resultiert für die nach $t = 33$ Tagen nahezu ausgeheilten Risse eine Tiefe von nur noch $c_f = 34{,}1\,\mu\text{m}$ (50,0 % rF) bzw. $c_f = 13{,}3\,\mu\text{m}$ (H_2O). Entsprechend den Ausführungen in Abs. 5.5 ist eine Rissheilung durch die Bildung einer ausgelaugten Alkalischicht entlang der Rissufer begründet und nicht etwa, wie es die berechneten Risstiefen vermuten lassen würden, durch eine Verkürzung der Risslänge.

Zwar werden Rissheilungseffekte in der Bemessung von Glas im Bauwesen bislang nicht berücksichtigt, jedoch sind die beobachteten Festigkeitssteigerungen beachtlich. Dies bedeutet, dass frische Oberflächendefekte in längeren spannungsfreien Intervallen *ausheilen* können, bzw. dass ein frischer Oberflächendefekt bei unter Dauerlast oder periodischer Beanspruchung stehenden Bauteilen für ein Rissalter von $t < 24$ Stunden zu einer erhöhten Bruchwahrscheinlichkeit führt.

Tabelle 9.12 Versuchsreihe SK.4 – Empirische Parameter der Biegefestigkeit in Abhängigkeit der Lagerungsdauer zwischen planmäßiger Vorschädigung und Biegeprüfung (thermisch entspanntes Floatglas).

Lagerungs-dauer t [–]	**Atmo. Beding.**[a] [–]	**Minimal-wert** $\sigma_{f,min}$ $[N\,mm^{-2}]$	**Maximal-wert** $\sigma_{f,max}$ $[N\,mm^{-2}]$	**Mittel-wert** $\bar{r}$ $[N\,mm^{-2}]$	**Standard-abweichung** σ_x $[N\,mm^{-2}]$	**Variations-koeffizient** v [–]
30 s	50,0 % rF	35,07	35,99	35,62	0,48	0,01
30 s	H_2O	39,44	42,47	40,99	1,52	0,04
2 min	50,0 % rF	36,30	37,49	36,99	0,62	0,02
2 min	H_2O	40,93	45,68	43,68	2,46	0,06
5 min	50,0 % rF	37,41	38,78	38,29	0,76	0,02
5 min	H_2O	43,32	50,63	47,27	3,69	0,08
15 min	50,0 % rF	37,28	41,54	39,03	2,23	0,06
15 min	H_2O	47,72	49,50	48,36	0,99	0,02
30 min	50,0 % rF	39,19	40,36	39,71	0,60	0,02
30 min	H_2O	52,74	55,80	54,78	1,76	0,03
1 h	50,0 % rF	38,67	42,68	40,34	2,09	0,05
1 h	H_2O	47,34	50,46	48,86	1,56	0,03
6 h	50,0 % rF	45,34	49,24	46,90	2,07	0,04
6 h	H_2O	54,34	56,98	55,87	1,37	0,02
24 h	50,0 % rF	44,97	48,66	47,04	1,88	0,04
24 h	H_2O	55,34	60,86	58,24	2,77	0,05
5 d	50,0 % rF	45,34	55,88	49,30	5,74	0,12
5 d	H_2O	56,65	59,63	58,40	1,56	0,03
10 d	50,0 % rF	44,98	48,91	47,49	2,18	0,05
10 d	H_2O	62,19	70,61	65,66	4,40	0,07
33 d	50,0 % rF	40,66	61,65	52,66	10,81	0,21
33 d	H_2O	54,87	65,52	61,07	5,54	0,09

[a] Atmosphärische Bedingung während der planmäßigen Vorschädigung, der gesamten Lagerungsdauer und der Biegeprüfung.

9.4.4.6 Ergebnisse der Versuchsreihe SK.5 – Produktionsbedingte Oberflächenunterschiede

Ein Vergleich von unter identischen Bedingungen planmäßig vorgeschädigten Probekörpern zeigt, dass die aus dem Herstellungsprozess von Floatglas bzw. gleichermaßen aus dem thermischen Vorspannprozess resultierenden Oberflächenunterschiede keinen Einfluss auf die Biegefestigkeit σ_f haben (Abb. 9.37). Die empirischen Parameter der Biegefestigkeiten sind in Tab. 9.13 aufgeführt.

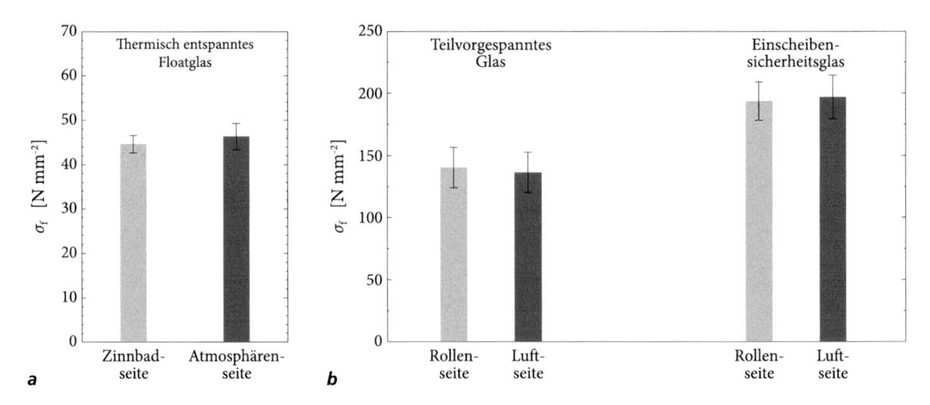

Abbildung 9.37 Versuchsreihe SK.5 – Einfluss von produktionsbedingten Oberflächenunterschieden auf die Biegefestigkeit σ_f.

Tabelle 9.13 Versuchsreihe SK.5 – Empirische Parameter der Biegefestigkeit in Abhängigkeit der aus dem Produktions- und Vorspannprozess von Glas resultierenden Oberflächenunterschiede.

Glasart	**Oberfläche**	**Minimalwert**	**Maximalwert**	**Mittelwert**	**Standardabweichung**	**Variationskoeffizient**
		$\sigma_{f,min}$	$\sigma_{f,max}$	$\bar{r}$	σ_x	v
[–]	[–]	[N mm^{-2}]	[N mm^{-2}]	[N mm^{-2}]	[N mm^{-2}]	[–]
FG	Zinnbad	42,43	49,28	44,63	1,96	0,04
FG	Atmosphäre	40,89	50,19	46,31	2,95	0,06
TVG	Rollen	115,73	168,45	140,29	16,28	0,12
TVG	Luft	107,40	174,20	136,88	17,11	0,13
ESG	Rollen	174,33	219,87	187,48	13,08	0,07
ESG	Luft	158,60	227,03	198,49	17,13	0,09

9.4.4.7 Ergebnisse der Versuchsreihe SK.6 – Auflast während der Vorschädigung

In Abb. 9.38 wurde auf Grundlage der Messdaten von Versuchsreihe SK.1 (Tab. F.1) die Biegefestigkeit σ_f in Abhängigkeit der Eigenspannung σ_e infolge thermischer Vorspannung aufgetragen. Gleichzeitig wurde für diesen Datensatz die effektive Biegefestigkeit $\sigma_\mathrm{f,eff}$ dargestellt. Hierzu wurde der Betrag der Eigenspannung σ_e von der Biegefestigkeit σ_f abgezogen. Es ist ersichtlich, dass die effektive Biegefestigkeit von thermisch vorgespannten Gläsern noch immer höher als die von thermisch entspanntem Floatglas ist. Dass die Risslänge der Tiefenrisse bei thermisch vorgespannten Gläsern geringer als bei thermisch entspanntem Floatglas ist, konnte anhand von bruchmechanischen Betrachtungen in Abs. 8.4 bestätigt werden. Für in dieser Versuchsreihe durchgeführte Betrachtungen an planmäßig vorgeschädigten Gläsern aus thermisch entspannten und vorgespannten Probekörpern sind die Ergebnisse in Abb. 9.39, bzw. für chemisch vorgespannte Gläser in Abb. 9.40 dargestellt. Die Untersuchungen liefern zu den Studien von Marshall & Lawn (1978) und Lawn et al. (1979) (vgl. Abb. 3.15a-b) deckungsgleiche Ergebnisse. In den vorliegenden Betrachtungen ist für kleine Lastniveaus ($F_\mathrm{n} \leq 400\,\mathrm{mN}$) bei zunehmender Auflast auf den Eindringkörper ein erheblicher Abfall der Biegefestigkeit zu beobachten. Hingegen ist bei höheren Beanspruchungen durch den Eindringkörper nur eine sehr geringe Reduzierung der Biegefestigkeit zu beobachten. Wie auch die an den Messdaten von SK.1 durchgeführten Betrachtungen zur effektiven Biegefestigkeit $\sigma_\mathrm{f,eff}$ (Abb. 9.39b), ist bei planmäßig vorgschädigten Probekörpern aus thermisch vorgespanntem Glas von einer geringeren Risstiefe auszugehen. Während die berechnete Risslänge für $F_\mathrm{n} = 500\,\mathrm{mN}$ bei thermisch entspanntem Floatglas etwa $c_\mathrm{f} = 31{,}3 \pm 1{,}9\,\mu\mathrm{m}$ beträgt, sind es bei Teilvorgespanntem Glas $c_\mathrm{f} = 11{,}7 \pm 2{,}0\,\mu\mathrm{m}$ und schließlich bei Einscheibensicherheitsglas nur noch $c_\mathrm{f} = 6{,}7 \pm 1{,}0\,\mu\mathrm{m}$. Diese geringen Risstiefen bestätigen die anhand von Rasterelektro-

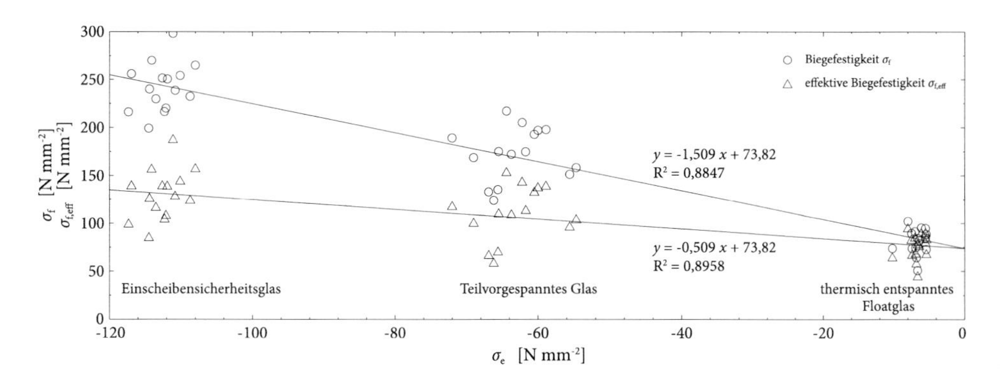

Abbildung 9.38 Versuchsreihe SK.6 – Einfluss der Eigenspannung σ_e infolge thermischer Vorspannung auf die Biegefestigkeit σ_f bzw. die effektive Biegefestigkeit $\sigma_\mathrm{f,eff}$.

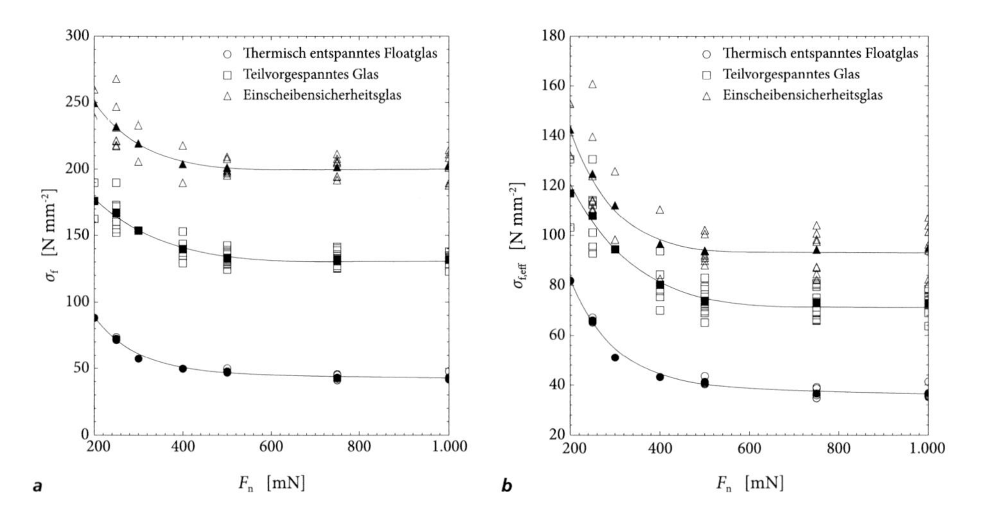

Abbildung 9.39 Versuchsreihe SK.6 – Abhängigkeit der Auflast F_n während der planmäßigen Vorschädigung auf die Biegefestigkeit σ_f: Für thermisch entspannte und vorgespannte Gläser in Bezug auf die Biegefestigkeit σ_f *(a)* und die effektive Biegefestigkeit $\sigma_{f,eff}$ *(b)*.

nenmikroskopuntersuchungen (Abb. 8.20) gewonnen Erkenntnisse, dass bei Kratzspuren auf Einscheibensicherheitsglas die typischen Lateralrisse zwar zu beobachten sind, die festigkeitsmindernden Tiefenrisse jedoch nicht ausgebildet sein können.

Während für thermisch vorgespannte Gläser ein zunehmender Betrag der Eigenspannung σ_e einen Anstieg der effektiven Biegefestigkeit $\sigma_{f,eff}$ bewirkt, war eine Auswertung für die chemisch vorgespannten Probekörper aufgrund der starken Streuung der Messwerte (vgl. Abs. 9.4.4.2) nicht möglich. Tendenziell sind die Biegefestigkeiten der chemisch

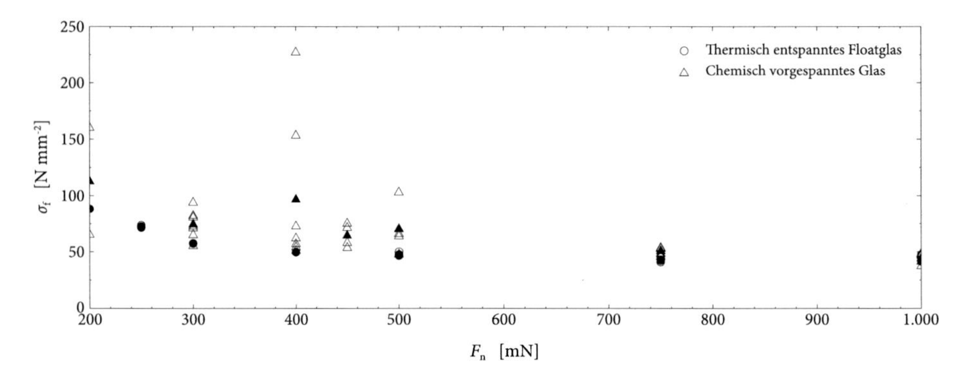

Abbildung 9.40 Versuchsreihe SK.6 – Abhängigkeit der Auflast F_n während der planmäßigen Vorschädigung auf die Biegefestigkeit σ_f von chemisch vorgespanntem Glas.

Tabelle 9.14 Versuchsreihe SK.6 – Empirische Parameter der Biegefestigkeit σ_f in Abhängigkeit der Auflast F_n während der planmäßigen Vorschädigung.

Glasart	**Auflast**	**Minimalwert**	**Maximalwert**	**Mittelwert**	**Standardabweichung**	**Variationskoeffizient**
	F_n	$\sigma_{f,min}$	$\sigma_{f,max}$	$\bar{r}$	σ_x	v
$[-]$	$[mN]$	$[N\,mm^{-2}]$	$[N\,mm^{-2}]$	$[N\,mm^{-2}]$	$[N\,mm^{-2}]$	$[-]$
FG	200		88,18		-	-
FG	250	71,46	73,50	72,13	0,84	0,01
FG	300		57,39		-	-
FG	400		49,55		-	-
FG	500	46,72	49,92	47,75	1,27	0,03
FG	750	41,09	45,46	43,00	2,09	0,05
FG	1.000	41,55	47,69	43,14	2,57	0,06
TVG	200	162,45	189,94	176,19	19,44	0,11
TVG	250	152,07	190,05	166,99	14,20	0,09
TVG	300		153,59		-	-
TVG	400	129,34	153,02	139,55	9,10	0,07
TVG	500	124,44	142,28	133,19	5,45	0,04
TVG	750	125,19	141,49	132,11	6,33	0,05
TVG	1.000	122,94	137,79	132,02	4,57	0,03
ESG	200	239,27	259,90	249,58	14,59	0,06
ESG	250	217,18	268,02	231,96	19,01	0,08
ESG	300	205,65	233,10	219,37	19,41	0,09
ESG	400	189,89	217,67	203,78	19,64	0,10
ESG	500	195,25	209,26	201,15	5,36	0,03
ESG	750	191,84	211,33	201,47	7,73	0,04
ESG	1.000	187,78	214,42	202,30	10,33	0,05

vorgspannten Probekörper denen der thermisch entspannten Probekörper sehr ähnlich. Aufgrund der in Abs. 9.4.4.2 ermittelten geringen Festigkeit und der in dieser Versuchsreihe beobachteten Ähnlichkeit zu thermisch entspanntem Floatglas ist davon auszugehen, dass die Druckzonenhöhe der untersuchten chemisch vorgespannten Gläser deutlich unterhalb der für kommerzielle Anwendungen üblicherweise vorhandenen 50 μm (vgl. Abs. 2.5.2) lag.

9.4.4.8 Ergebnisse der Versuchsreihe SK.7 – Kratzgeschwindigkeit

Für thermisch entspanntes Floatglas wurde der Einfluss der Kratzgeschwindigkeit auf die Biegefestigkeit untersucht. Die Ergebnisse sind in Abb. 9.41 und Tab. 9.15 dargestellt. Mit

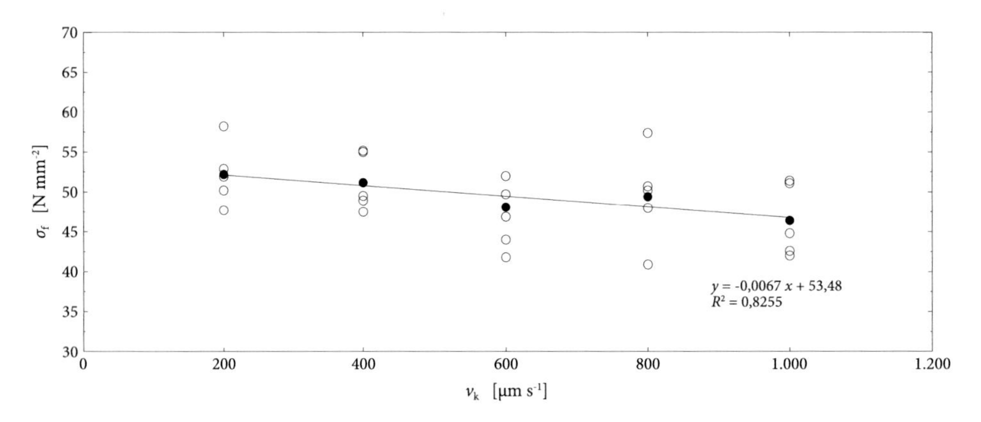

Abbildung 9.41 Versuchsreihe SK.7 – Einfluss der Kratzgeschwindigkeit v_k auf die Biegefestigkeit σ_f von thermisch entspanntem Floatglas.

zunehmender Kratzgeschwindigkeit konnte eine geringfügige Abnahme der Biegefestigkeit σ_f beobachtet werden. Allerdings ist dieser Effekt nur marginal und wird zusätzlich durch die Streuung der gemessenen Biegefestigkeiten mit Variationskoeffizienten von $v \approx 0,10$ wesentlich beeinflusst, sodass von einer Bestätigung der theoretischen Überlegungen in Abs. 8.3.2, dass Tangenitalkräfte keinen Einfluss auf die Entwicklung eines Tiefenrisses ausüben, auszugehen ist.

Tabelle 9.15 Versuchsreihe SK.7 – Empirische Parameter der Biegefestigkeit σ_f in Abhängigkeit der Kratzgeschwindigkeit v_k bei planmäßiger Vorschädigung mit dem UST (thermisch entspanntes Floatglas).

Kratz-geschwindigkeit v_k $[\mu m\ s^{-1}]$	**Minimal-wert** $\sigma_{f,min}$ $[N\ mm^{-2}]$	**Maximal-wert** $\sigma_{f,max}$ $[N\ mm^{-2}]$	**Mittel-wert** $\bar{r}$ $[N\ mm^{-2}]$	**Standard-abweichung** σ_x $[N\ mm^{-2}]$	**Variations-koeffizient** v $[-]$
200	47,71	58,23	52,20	3,91	0,07
400	47,49	55,20	51,21	3,61	0,07
600	41,79	51,98	48,12	4,13	0,09
800	40,90	57,39	49,43	5,92	0,12
1.000	41,97	51,40	46,38	4,57	0,10

9.4.4.9 Ergebnisse der Versuchsreihe SK.8 – pH-Wert

Für thermisch entspanntes Floatglas wurde eine Beeinflussung der Biegefestigkeit infolge der Zusammensetzung des Waschwassers bei der Glasreinigung untersucht. Die empirischen Parameter der Biegefestigkeit sind in Tab. 9.16 genannt. Die pH-Werte wurden unter Verwendung von Universalindikatoren bestimmt. Für die Referenzlösungen, bestehend aus Leitungswasser und destilliertem Wasser, konnte jeweils ein nahezu neutraler pH-Wert mit nur leicht alkalischer Tendenz gemessen werden. Bis auf eine Ausnahme haben die Reinigungszusätze den pH-Wert nicht maßgeblich beeinflusst (Abb. 9.42). Ausschließlich das Produkt der Firma *Dr. Schnell* hat den pH-Wert maßgeblich in den alkalischen Bereich angehoben.

Grundsätzlich zeigt die Zusammensetzung des Waschwassers keinen wesentlichen Einfluss auf die Biegefestigkeit. In Bezug auf die Referenzlösungen haben die mit deutlich alkalischem Waschwasser behandelten Probekörper eine im Mittel um 5,9 % höhere Biegefestigkeit ergeben. Dies ist allerdings zu den Erkenntnissen von Gehrke et al. (1990) widersprüchlich, da die Autoren für einen steigenden pH-Wert höhere Rissgeschwindigkeiten im Bereich der Spannungsrisskorrosionsgrenze K_{I0} (Abs. 5.3) gemessen haben.

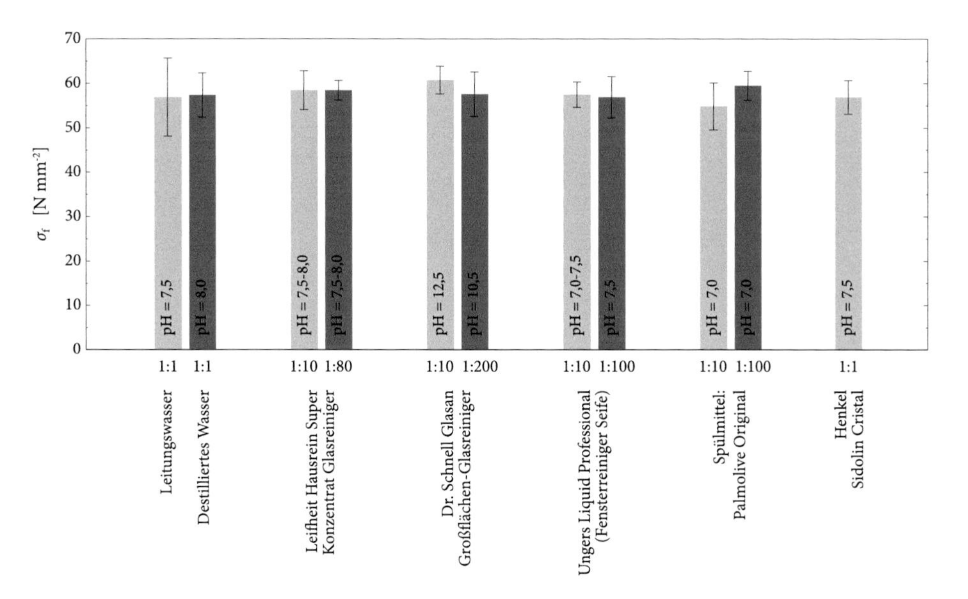

Abbildung 9.42 Versuchsreihe SK.8 – Einfluss von pH-Wert und für die Glasreinigung im Waschwasser üblicherweise verwendete Reinigungszusätze auf die Biegefestigkeit σ_f von thermisch entspanntem Floatglas. Dargestellt sind auch die Standardabweichungen der Biegefestigkeit σ_f.

Tabelle 9.16 Versuchsreihe SK.8 – Empirische Parameter der Biegefestigkeit σ_f in Abhängigkeit der Zusammensetzung des Waschwassers bei der Glasreinigung (thermisch entspanntes Floatglas).

Waschwasser Zusatz	Verhältnis/ pH-Wert	Minimal-wert	Maximal-wert	Mittel-wert	Standard-abweichung	Variations-koeffizient
		$\sigma_{f,min}$	$\sigma_{f,max}$	$\bar{r}$	σ_x	v
[–]	[–]	[N mm^{-2}]	[N mm^{-2}]	[N mm^{-2}]	[N mm^{-2}]	[–]
Leitungswasser	1:1/7,5	41,70	63,06	56,87	8,77	0,15
Dest. Wasser	1:1/8,0	52,18	64,46	57,35	4,96	0,09
Leifheit[a]	1:10/7,5-8,0	52,82	64,97	58,43	4,33	0,07
	1:80/7,5-8,0	55,38	61,52	58,43	2,20	0,04
Dr. Schnell[b]	1:10/12,5	58,58	64,59	60,73	3,12	0,05
	1:200/10,5	50,01	63,44	57,58	4,99	0,09
Ungers Liquid[c]	1:10/7,0-7,5	55,00	62,03	57,48	2,85	0,05
	1:100/7,5	49,11	60,37	56,87	4,63	0,08
Spülmittel[d]	1:10/7,0	48,99	62,54	54,84	5,26	0,10
	1:100/7,0	55,38	63,06	59,48	3,26	0,05
Glasreiniger[e]	1:1/7,5	51,67	61,78	56,87	3,78	0,07

[a] Leifheit Hausrein Super Konzentrat Glasreiniger.
[b] Dr. Schnell Glasan Großflächen-Glasreiniger.
[c] Ungers Liquid Professional (Fensterreiniger Seife).
[d] Palmolive Original.
[e] Henkel Sidolin Cristal.

9.4.4.10 Ergebnisse der Versuchsreihe SK.9 – Reale Schadensmuster

Für die in Abs. 9.3.5.10 genannten Schadensmuster sind die empirischen Parameter der Biegefestigkeiten σ_f in Tab. 9.18 aufgeführt. Die auf Grundlage einer Anpassung an eine Lognormalverteilung (Abb. 9.44) berechneten charakteristischen Festigkeiten f_k sind gemeinsam mit den Parametern der statistischen Anpassung in Tab. 9.17 genannt. Eine Gegenüberstellung der charakteristischen Festigkeiten entsprechend den Produktnormen für Glas im Bauwesen und den experimentell bestimmten Werten ist in Abb. 9.43 dargestellt. Die aus der Schädigung resultierenden Beanspruchungen der Glasoberfläche sind anhand von Rasterelektronenmikroskopaufnahmen in Abb. 9.45 gegenübergestellt.

Damit in den vorliegenden Betrachtungen die Biegefestigkeiten der vorgeschädigten Probekörper möglichst nicht durch Rissheilungseffekte beeinflusst werden, erfolgte die Biegeprüfung bereits 60 Minuten nach Vorschädigung. Da jedoch die in den Produktnormen für Glas im Bauwesen definierten charakteristischen Festigkeiten mit einer Lagerungsdauer von

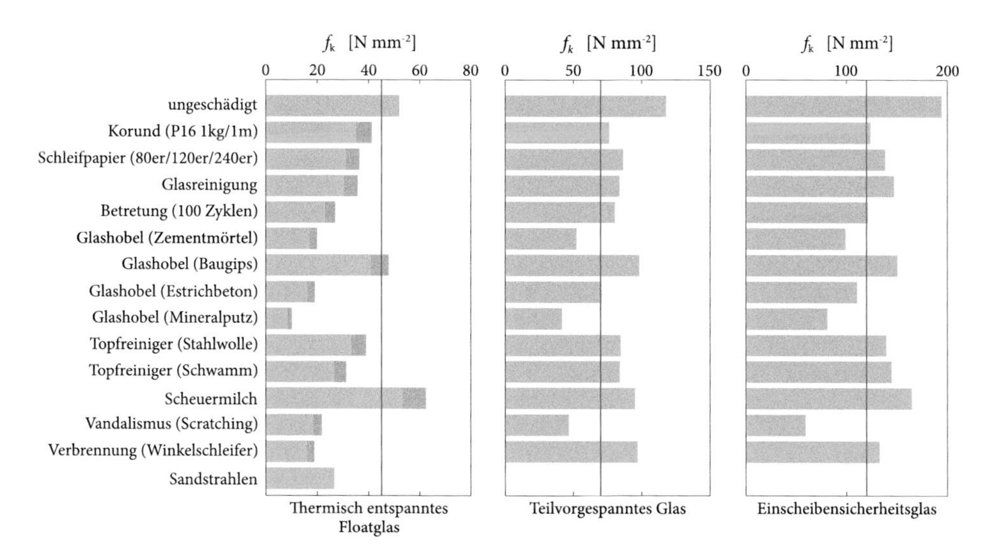

Abbildung 9.43 Versuchsreihe SK.9 – Gegenüberstellung der charakteristischen Festigkeiten f_k entsprechend den Produktnormen (rote Linie) mit den für reale Schadensmuster ermittelten charakteristischen Festigkeiten (Anpassung an eine Lognormalverteilung unter Berücksichtigung eines Konfidenzintervalls für einen einseitigen Vertrauensbereich von 95 %). Die grauen Balken (thermisch entspanntes Floatglas) repräsentieren erwartete charakteristische Biegefestigkeiten unter Berücksichtigung von Rissheilungseffekten bei einer Lagerungsdauer von 24 Stunden.

$t \geq 24$ Stunden ermittelt wurden, sind die im Folgenden vorgestellten Ergebnisse nicht ohne weiteres direkt mit den Normwerten vergleichbar. Für thermisch entspanntes Floatglas konnte in Abs. 9.4.4.5 und Tab. 9.12 für 50,0 % rF zwischen den Lagerungsdauern 60 Minuten und 24 Stunden ein Festigkeitsanstieg von +16,6 % beobachtet werden. Am Beispiel der Vorschädigung durch Berieseln mit Korund (thermisch entspanntes Floatglas) bedeutet dies, dass die berechnete charakteristische Festigkeit von $f_k = 35{,}33\,\mathrm{N\,mm^{-2}}$ angepasst auf eine Lagerungsdauer von 24 Stunden etwa $f_k = 41{,}20\,\mathrm{N\,mm^{-2}}$ beträgt. Dieser Wert harmonisiert sehr gut mit den in Abs. 6.2 und Abb. 6.2 auf Grundlage der Messwerte von Mellmann & Maultzsch (1989) berechneten charakteristischen Festigkeiten an mittels Korundberieselung planmäßig vorgeschädigter Probekörper aus Kalk-Natronsilikatglas. Eine derartige Korrektur wurde für alle ermittelten charakteristischen Festigkeiten f_k (thermisch entspanntes Floatglas) mit Korrekturfaktor von 1,166 vorgenommen. Die ursprünglich berechneten Werte sind in Abb. 9.43 durch farbige und die korrigierten durch graue Balken gekennzeichnet. Da für thermisch vorgespanntes Glas in Versuchsreihe SK.3 (Abs. 9.4.4.4) kein einheitlicher Festigkeitsanstieg beobachtet werden konnte, wurde an dieser Stelle für Teilvorgespanntes Glas und Einscheibensicherheitsglas auf eine Anpassung verzichtet.

Anhand der kleinen Variaktionskoeffizienten v (Tab. 9.18) bzw. der geringen Neigungen der linearen Regressionsgeraden im Wahrscheinlichkeitsnetz der Lognormalverteilung

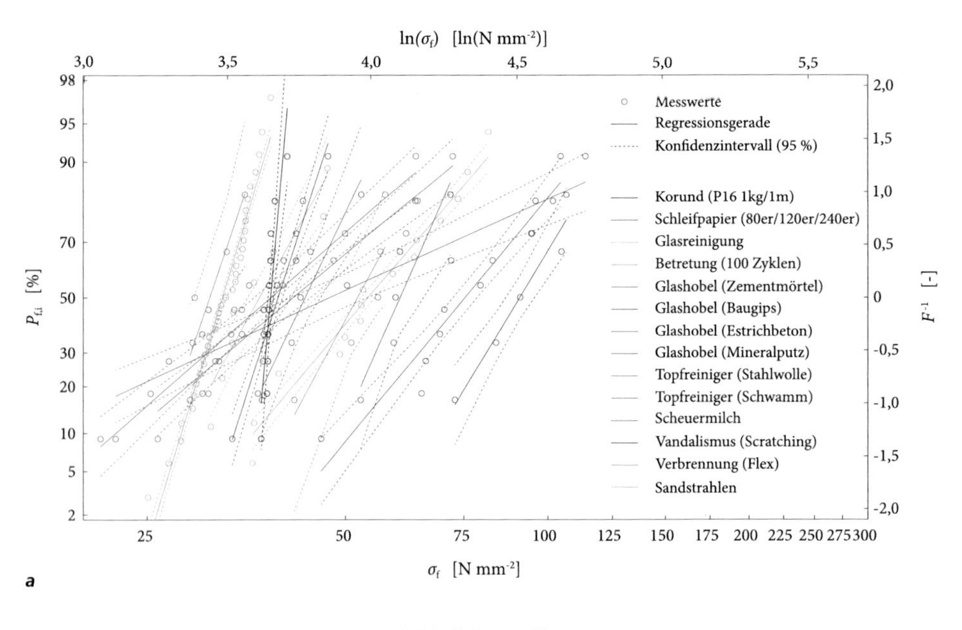

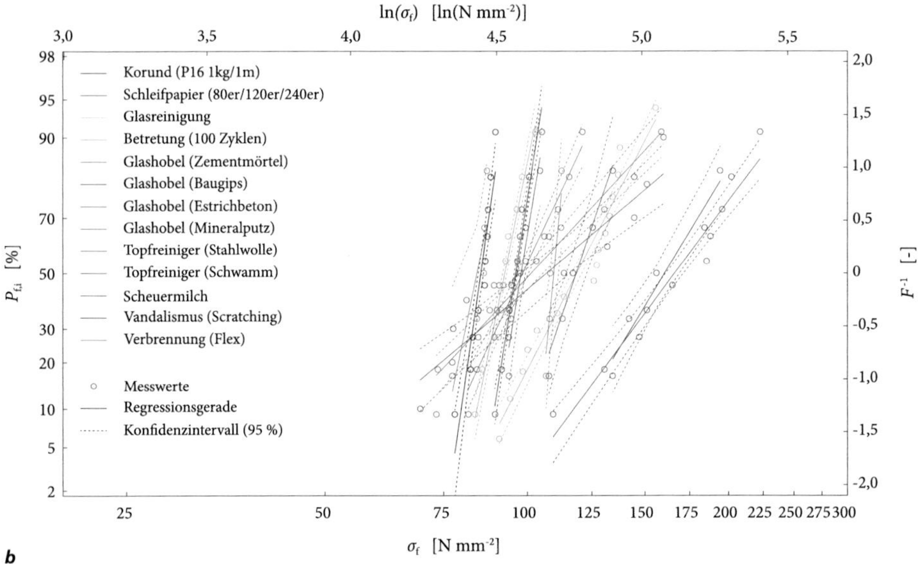

Abbildung 9.44 Versuchsreihe SK.9 – Anpassung der Messwerte an eine Lognormalverteilung: Darstellung im Verteilungsnetz mit Angabe des Konfidenzintervalls für einen einseitigen Vertrauensbereich von 95 %: Thermisch entspanntes Floatglas *(a)* und Teilvorgespanntes Glas *(b)*.

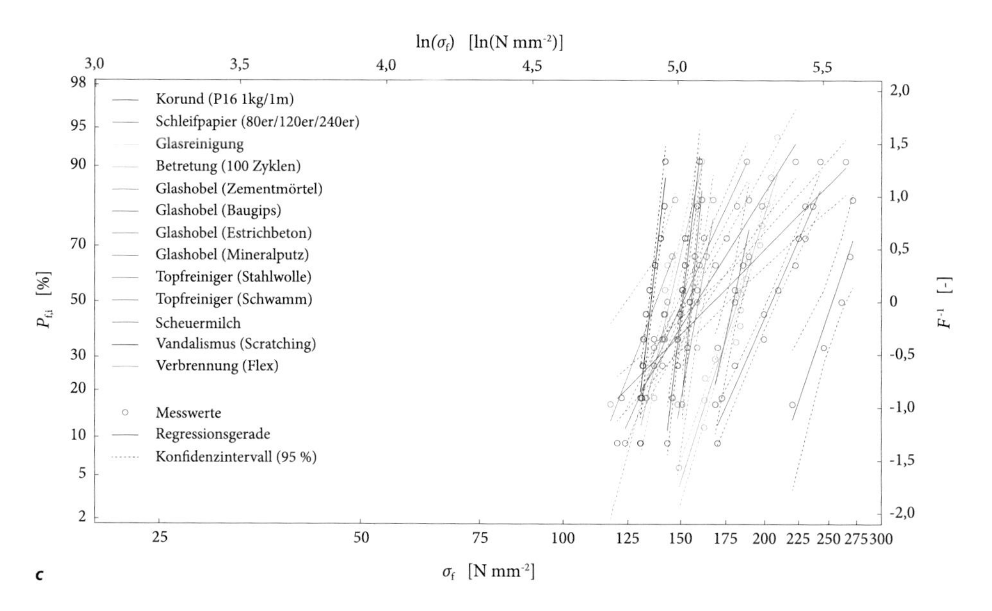

Abbildung 9.44 Versuchsreihe SK.9 – Anpassung der Messwerte an eine Lognormalverteilung: Darstellung im Verteilungsnetz mit Angabe des Konfidenzintervalls für einen einseitigen Vertrauensbereich von 95 %: Einscheibensicherheitsglas *(c)*. *(Fortsetzung)*

(Tab. 9.17) ist ersichtlich, dass eine planmäßige Vorschädigung durch Berieseln mit Korund oder Schleifpapier reproduzierbare Oberflächenschäden hervorruft. Hingegen zeigt eine Vielzahl der in dieser Arbeit untersuchten realen Schadensmuster deutlich höhere Streuungen der Biegefestigkeiten. Insbesondere die aus der Glasreinigung, der Betretung und der Verwendung eines Glashobels hervorgerufenen Schadensmuster bewirken eine hohe Streuung der Biegefestigkeiten. Für thermisch enstpanntes Floatglas wurde bei Verwendung des Glashobels (Mineralputz) ein für diese Versuchsreihe maximaler Variationskoeffizient von $v = 0{,}63$ ermittelt.

Während eine Vorschädigung durch Berieseln mit Korund ($c_f = 66{,}8 \pm 4{,}0\,\mu$m) bzw. Schmirgeln mit Schleifpapier ($c_f = 64{,}2 \pm 15{,}9\,\mu$m) auf thermisch vorgespanntem Floatglas etwa ähnliche Risstiefen hervorruft, sind für reale Schadensmuster teilweise deutlich größere Risstiefen bzw. Streuungen zu beobachten. Exemplarisch berechnete Risstiefen lauten: Glasreinigung $c_f = 34{,}9 \pm 24{,}0\,\mu$m, Betretung $c_f = 79{,}3 \pm 28{,}4\,\mu$m, Glashobel/Mineralputz $c_f = 97{,}8 \pm 101{,}30\,\mu$m, Vandalismus $c_f = 119{,}9 \pm 25{,}8\,\mu$m, lokale Verbrennungen $c_f = 32{,}2 \pm 12{,}5\,\mu$m. Identische Schadensmuster führten auf Einscheibensicherheitsglas zu deutlich geringeren Risstiefen (vgl. Abs. 9.4.4.7): Korund $c_f = 57{,}9 \pm 15{,}0\,\mu$m, Schmirgeln mit Schleifpapier $c_f = 25{,}4 \pm 5{,}6\,\mu$m, Glasreinigung $c_f = 9{,}8 \pm 5{,}8\,\mu$m, Betretung $c_f = 38{,}2 \pm 17{,}9\,\mu$m, Glashobel/Mineralputz $c_f = 51{,}7 \pm 65{,}4\,\mu$m, Vandalismus $c_f = 78{,}3 \pm 93{,}4\,\mu$m, lokale Verbrennungen $c_f = 18{,}2 \pm 5{,}6\,\mu$m.

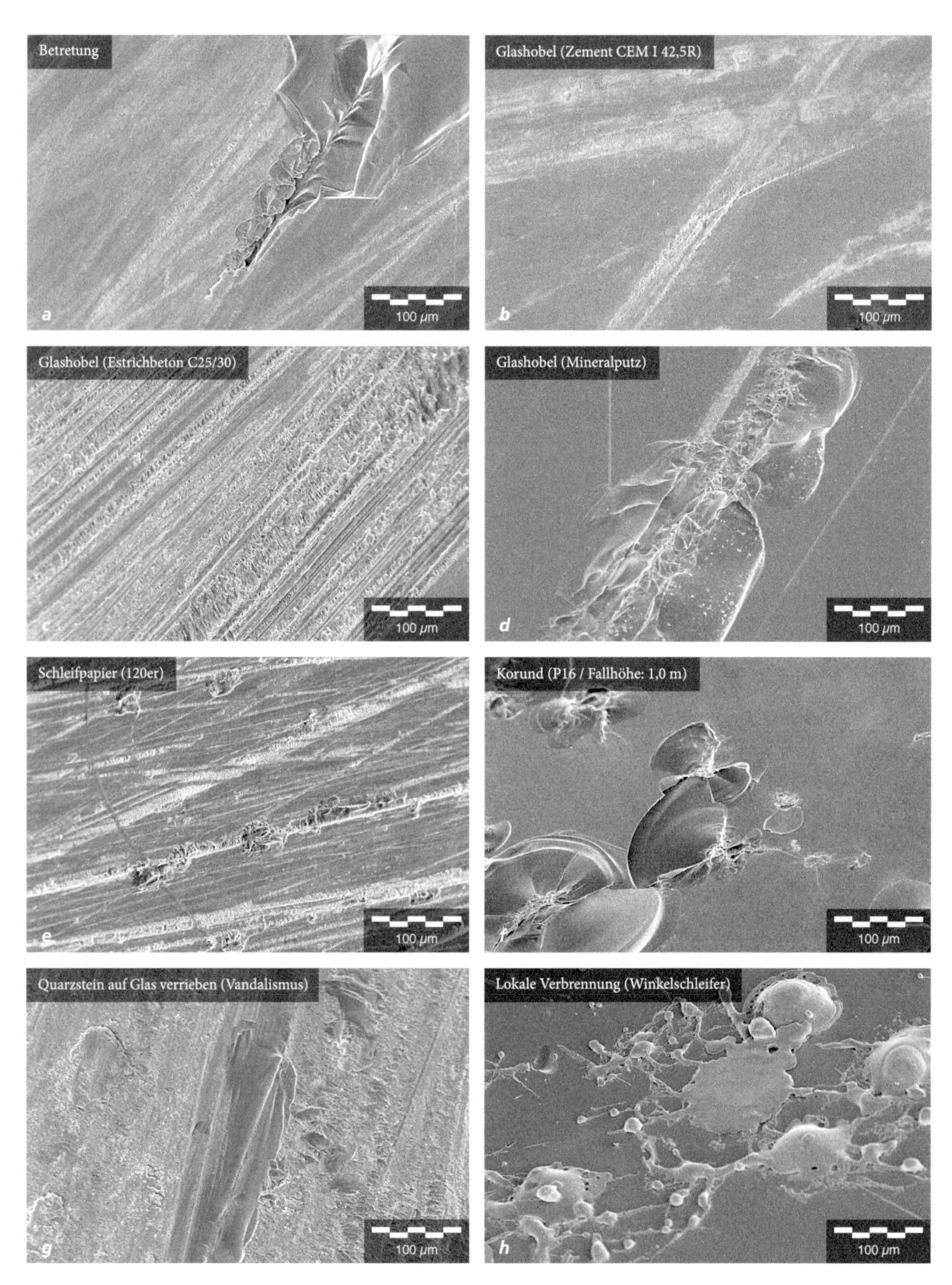

Abbildung 9.45 Versuchsreihe SK.9 – Rasterelektronenmikroskopaufnahmen realer Schadensmuster auf thermisch entspanntem Floatglas.

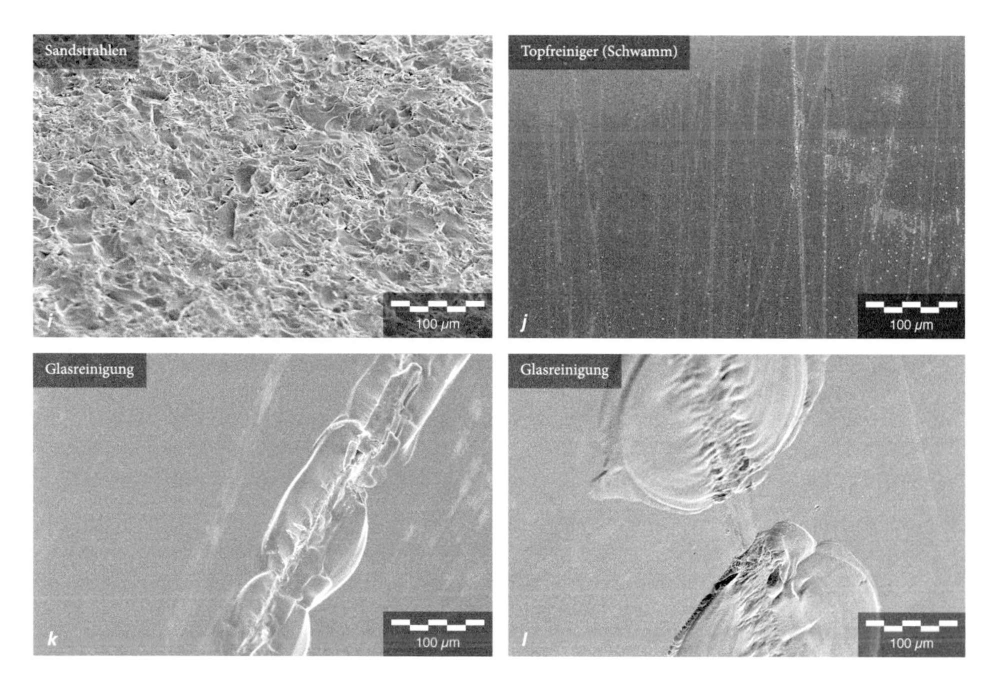

Abbildung 9.45 Versuchsreihe SK.9 – Rasterelektronenmikroskopaufnahmen realer Schadensmuster auf thermisch entspanntem Floatglas. *(Fortsetzung)*

Anhand Abb. 9.43 ist ersichtlich, dass für nahezu alle untersuchten Schädigungsmethoden die ermittelten charakteristischen Festigkeiten f_k von thermisch entspanntem Floatglas deutlich unterhalb des in DIN EN 572-1 definierten Wertes von $f_k = 45{,}0\,\mathrm{N\,mm^{-2}}$ liegen. Während die Entfernung von Baugips mit einem Glashobel mühelos möglich war, erwiesen sich Verschmutzungen aus Zementmörtel, Estrichbeton und Mineralputz als nahezu unlösbar. Hierdurch ist auch die deutliche Reduzierung der charakteristischen Festigkeit auf teilweise $f_k \leq 10{,}0\,\mathrm{N\,mm^{-2}}$ zu erklären. Weitere Schadensmuster, welche die Festigkeit erheblich herabsetzen sind die Betretung von Glasoberflächen, Vandalismus in Form von zerkratzten Glasoberflächen, lokale Verbrennungen durch Funkenflug bei Arbeiten mit einem Winkelschleifer und das Sandstrahlen von Glas. Auch eine intensive Behandlung mit Scheuermilch hat auf allen Probekörpern makroskopisch keine sichtbaren Oberflächenschäden hervorgerufen; ein Einfluss auf die Biegefestigkeit konnte ebenfalls nicht gemessen werden.

Hingegen wird für thermisch vorgespannte Gläser die in den Produktnormen definierte charakteristische Festigkeit f_k durch hier simulierte reale Schadensmuster seltener unterschritten. Zu erklären ist dies durch die Tatsache, dass bei der Ermittlung der Normfestigkeiten von thermisch vorgspannten Gläsern die Biegeprüfung im Vierschneiden-Verfahren nach DIN EN 1288-3 erfolgt. Hierbei besteht ein signifikanter Einfluss der reduzierten

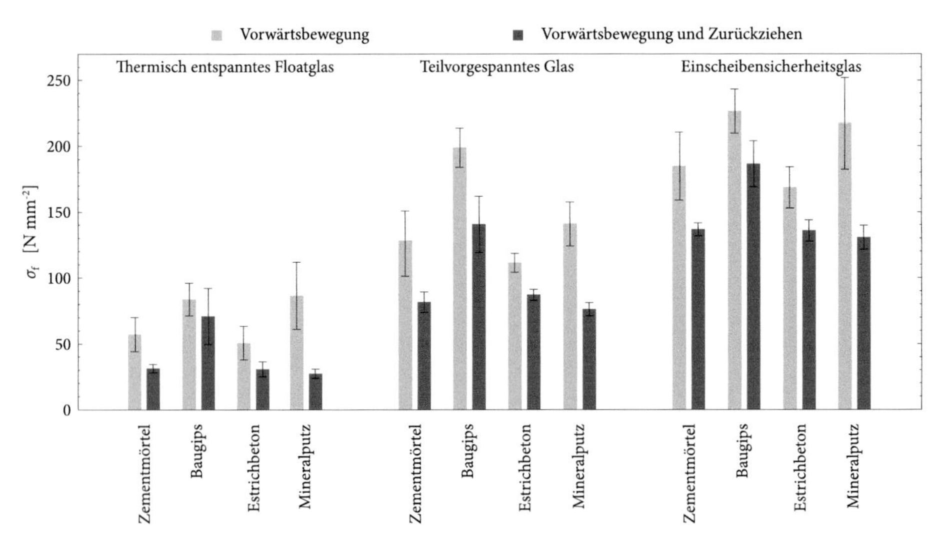

Abbildung 9.46 Versuchsreihe SK.9 – Einfluss der Bewegungsrichtung während des Abklingens mit einem Glashobel auf die Biegefestigkeit σ_f.

Kantenfestigkeit, die bei Verwendung des Doppelring-Biegeversuchs nicht berücksichtigt wird. Als kritische Schädigungsmethoden sind hier das Reinigen der Glasoberfläche mit einem Glashobel (im Speziellen für Zementmörtel und Mineralputz) sowie das mutwillige Zerkratzen (Vandalismus, bekannt als *Scratching*) von Glasoberflächen zu nennen.

In Abb. 9.46 wurde für die Reinigung der Glasoberfläche mit einem Glashobel der Einfluss der Bewegungsrichtung beim Abklingen unterschieden. Im Mittel erzeugt ein Abklingen im Arbeitstakt (mit der Vorwärtsbewegung) eine deutlich geringere Festigkeitsminderung als ein Abklingen während der Vorwärts- und der Rückwärtsbewegung des Glashobels. Es sei jedoch angemerkt, dass bei fest anhaftenden Verschmutzungen, wie Zementmörtel oder Mineralputz, aufgrund von feinstkörnigen Abplatzungen ein Abklingen ausschließlich im Arbeitstakt bei nur sehr gewissenhafter Anwendung des Glashobels möglich ist.

In Abb. 9.47 ist der Einfluss der Korngröße von Sandkörnern im Waschwasser bei der Glasreinigung dargestellt. Mit zunehmender Korngröße ist für alle Glasarten eine kontinuierliche Abnahme der Biegefestigkeit zu verzeichnen, sodass ein regelmäßiger Austausch des Waschwassers während der Glasreinigung zu empfehlen ist.

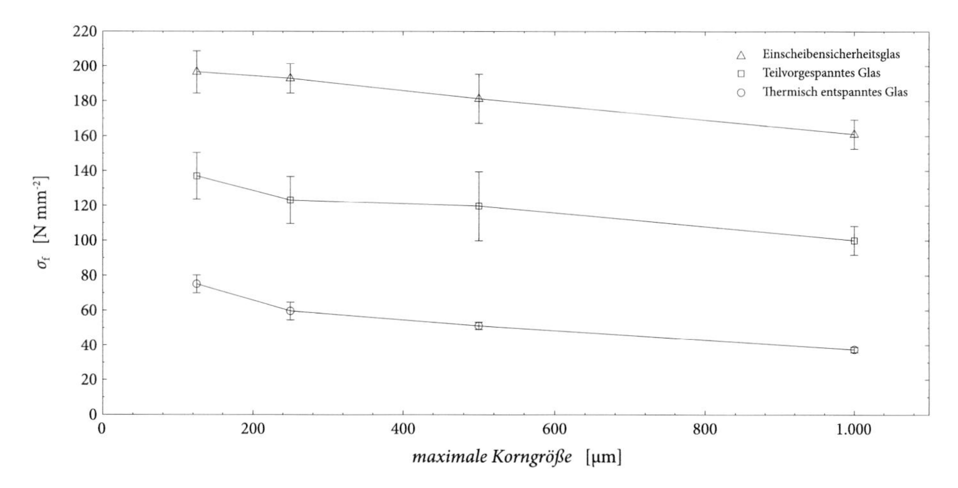

Abbildung 9.47 Versuchsreihe SK.9 – Einfluss der Korngröße von Sandkörnern im Waschwasser (Glasreinigung) auf die Biegefestigkeit σ_f.

Tabelle 9.17 Versuchsreihe SK.9 – Parameter der Anpassung an eine Lognormalverteilung.

Methode	**Glasart**	**Lognormalverteilung**			
		μ	σ^2	R^2	$f_{k,LN}$[a]
[–]	[–]	$[\ln(\text{N mm}^{-2})]$	$[\ln((\text{N mm}^{-2})^2)]$	[–]	$[\text{N mm}^{-2}]$
Korund (P16 1kg/1m)	FG	3,6509	$5{,}1339 \cdot 10^{-4}$	0,768	35,33
	TVG	4,4453	0,0394	0,900	76,14
	ESG	4,9079	0,0315	0,906	123,81
Schleifpapier (80er/120er/240er)	FG	3,6768	0,0920	0,9465	31,18
	TVG	4,5653	0,0445	0,971	86,30
	ESG	5,0162	0,0325	0,944	138,67
Glasreinigung	FG	3,9892	0,2581	0,964	30,62
	TVG	4,7756	0,1543	0,948	83,57
	ESG	5,2047	0,0940	0,952	147,36
Betretung (100 Zyklen)	FG	3,6117	0,1470	0,898	23,15
	TVG	4,5275	0,0580	0,966	80,28
	ESG	4,9722	0,0642	0,924	121,23
Glashobel (Zementmörtel)	FG	3,7302	0,3371	0,954	17,10
	TVG	4,6182	0,2595	0,949	52,11
	ESG	5,0639	0,1720	0,921	98,84

[a] Bezogen auf einen einseitigen Vertrauensbereich von 95% (Konfidenzintervall).

Tabelle 9.17 Versuchsreihe SK.9 – Parameter der Anpassung an eine Lognormalverteilung. *(Fortsetzung)*

Methode	**Glasart**	**Lognormalverteilung**			
		μ	σ^2	R^2	$f_{k,LN}$[a]
[−]	[−]	$[\ln(\mathrm{N\,mm^{-2}})]$	$[\ln((\mathrm{N\,mm^{-2}})^2)]$	[−]	$[\mathrm{N\,mm^{-2}}]$
Glashobel (Baugips)	FG	4,3224	0,2298	0,935	41,01
	TVG	5,1128	0,2089	0,956	98,21
	ESG	5,3222	0,1232	0,959	150,67
Glashobel (Estrichbeton)	FG	3,6518	0,3227	0,932	16,31
	TVG	4,5889	0,1320	0,956	70,58
	ESG	5,0168	0,1281	0,967	110,44
Glashobel (Mineralputz)	FG	3,8571	0,6054	0,910	8,68
	TVG	4,6709	0,3159	0,901	41,54
	ESG	5,1203	0,2735	0,933	80,87
Topfreiniger (Stahlwolle)	FG	4,0991	0,0985	0,8596	33,46
	TVG	4,7733	0,0802	0,927	84,49
	ESG	5,1894	0,0496	0,890	139,39
Topfreiniger (Schwamm)	FG	3,7712	0,1130	0,922	26,72
	TVG	4,5839	0,0387	0,935	83,80
	ESG	5,0465	0,0228	0,981	144,87
Scheuermilch	FG	4,5098	0,1429	0,950	53,47
	TVG	5,0783	0,1437	0,953	94,95
	ESG	5,5320	0,0770	0,873	164,83
Vandalismus (Scratching)	FG	3,4373	0,0772	0,841	18,62
	TVG	4,4316	0,0439	0,749	46,50
	ESG	4,9248	0,0817	0,778	59,33
Verbrennung (Winkelschleifer)	FG	3,9539	0,1174	0,781	16,10
	TVG	4,6957	0,0220	0,870	96,68
	ESG	5,0706	0,0411	0,916	132,73
Sandstrahlen	FG	3,4812	0,0999	0,968	26,71

[a] Bezogen auf einen einseitigen Vertrauensbereich von 95% (Konfidenzintervall).

Tabelle 9.18 Versuchsreihe SK.9 – Empirische Parameter der Biegefestigkeit in Abhängigkeit realer Schadensmuster.

Methode	**Glasart**	**Minimalwert**	**Maximalwert**	**Mittelwert**	**Standardabw.**	**Variationskoeffizient**
		$\sigma_{f,min}$	$\sigma_{f,max}$	$\bar{r}$	σ_x	ν
[–]	[–]	$[N\,mm^{-2}]$	$[N\,mm^{-2}]$	$[N\,mm^{-2}]$	$[N\,mm^{-2}]$	[–]
Korund (P16 1kg/1m)	FG	37,27	40,84	38,52	0,93	0,02
	TVG	77,93	89,66	85,30	3,48	0,04
	ESG	130,59	142,24	135,42	4,53	0,03
	TVG	89,41	105,14	96,18	4,55	0,05
	ESG	143,25	159,94	150,92	5,20	0,03
Glasreinigung	FG	36,12	81,54	55,81	14,51	0,26
	TVG	90,77	155,62	119,97	18,74	0,16
	ESG	149,26	208,97	182,92	17,37	0,09
Betretung (100 Zyklen)	FG	31,21	46,94	37,44	6,13	0,16
	TVG	83,51	102,71	92,68	5,66	0,06
	ESG	130,71	161,16	144,65	9,93	0,07
Glashobel (Zementmörtel)	FG	25,96	72,27	44,19	16,30	0,37
	TVG	73,16	158,60	104,88	29,99	0,29
	ESG	130,46	222,55	160,65	30,76	0,19
Glashobel (Baugips)	FG	45,92	104,62	77,30	17,70	0,23
	TVG	109,23	222,55	169,65	35,25	0,21
	ESG	170,11	242,54	206,39	26,43	0,13
Glashobel (Estrichbeton)	FG	21,23	63,58	40,61	14,07	0,35
	TVG	81,60	120,88	99,25	13,87	0,14
	ESG	123,81	188,02	152,18	20,91	0,14
Glashobel (Mineralputz)	FG	22,38	113,93	56,86	35,64	0,63
	TVG	69,20	159,88	112,13	36,17	0,32
	ESG	120,49	264,76	173,88	51,57	0,30
Topfreiniger (Stahlwolle)	FG	52,70	71,63	60,58	6,86	0,11
	TVG	107,69	134,30	118,69	10,83	0,09
	ESG	168,83	189,30	179,58	9,93	0,06
Topfreiniger (Schwamm)	FG	37,35	52,82	43,72	5,70	0,13
	TVG	93,87	104,49	97,97	4,28	0,04
	ESG	150,77	161,25	155,52	3,98	0,03
Scheuermilch	FG	72,78	106,67	91,82	14,31	0,16
	TVG	134,30	194,41	162,18	26,20	0,16
	ESG	220,25	271,38	253,38	21,07	0,08

Tabelle 9.18 Versuchsreihe SK.9 – Empirische Parameter der Biegefestigkeit in Abhängigkeit realer Schadensmuster. *(Fortsetzung)*

Methode	**Glasart**	**Minimal-wert**	**Maximal-wert**	**Mittel-wert**	**Standard-abw.**	**Variations-koeffizient**
		$\sigma_{f,min}$	$\sigma_{f,max}$	$\bar{r}$	σ_x	v
[–]	[–]	$[N\,mm^{-2}]$	$[N\,mm^{-2}]$	$[N\,mm^{-2}]$	$[N\,mm^{-2}]$	[–]
Vandalismus (Scratching)	FG	29,03	35,17	31,20	2,75	0,09
	TVG	77,25	87,05	84,15	4,02	0,05
	ESG	117,80	147,09	138,10	12,00	0,09
Verbrennung (Winkelschleifer)	FG	41,82	57,30	52,49	6,44	0,12
	TVG	106,59	112,43	109,50	2,71	0,02
	ESG	148,37	167,55	159,40	7,24	0,05
Sandstrahlen	FG	25,09	38,52	32,66	3,23	0,10

10 Ätzen und Sanierung von Glas

10.1 Allgemeines

Das Ätzen von Glas gehört zu den traditionellen Bearbeitungs- bzw. Veredelungsmethoden. Hierunter werden chemische Reaktionen verstanden, welche das Glasnetzwerk auflösen. Ursprünglich ist die Glasätzerei in der künstlerischen Bearbeitung von Glasoberflächen begründet. In vereinzelten Forschungsaktivitäten wurde auch ihre festigkeitssteigernde Wirkung untersucht. Im Folgenden werden die chemischen Grundlagen des Ätzens von Glas erläutert und im Anschluss hieran die Festigkeitssteigerung durch Ätzen anhand planmäßig vorgeschädigter Glasoberflächen untersucht und diese mit einem kommerziellem Polierverfahren verglichen. Für beide Verfahren wird außerdem die optische Wirkung der Oberflächendefekte nach der jeweiligen Behandlung beurteilt.

10.2 Grundlagen der Glasätzerei

Seit jeher sind die Anwendungsbereiche der Glasätzerei die Reinigung von Glasoberflächen, das Säurepolieren als Ersatz für eine aufwendige und kostenintensive mechanische Politur, die Mattierung von Glasoberflächen und die Verzierung von Glasoberflächen mit Dekors durch das Herausarbeiten von Strukturen. Detaillierte Beschreibungen hierzu finden sich in Miller (1910), Hesse (1928), Zschacke et al. (1950), Kitaigorodsky (1957), Springer (1963), Rech (1978) und Lohmeyer (1987). Das Wirkmedium des Ätzvorgangs bildet der im gasförmigen Aggregatzustand vorliegende Fluorwasserstoff. Der Fluorwasserstoff ist neben dem Stickstoff (N_2) und dem Kohlenstoffmonoxid (CO) das stabilste zweiatomige Molekül. Fluorwasserstoff besitzt eine hohe Neigung sich mit H_2O zu verbinden und wirkt deshalb auf viele Stoffe dehydratisierend. In Wasser eingeleitet entsteht hieraus Fluorwasserstoffsäure, auch als Flusssäure (HF) bezeichnet, eine farblose, wässrige Lösung die ab einem Gehalt von 70 % aufgrund der stark hygroskopischen Wirkung an feuchter Luft raucht. Als technische Lösung ist Flusssäure üblicherweise mit einer Konzentration von bis zu 48 % erhältlich. Sie weist eine akute Toxizität auf, sodass jeglicher Hautkontakt zu vermeiden ist (Hinweise zum Arbeitsschutz finden sich in Anh. F.2). Charakteristisch für Flusssäure ist, dass sie die Fähigkeit besitzt einen sofort merkbaren Angriff auf Glas auszuüben, indem sie das SiO_2-Netzwerk in Lösung bringt. Trockener, gasförmiger Fluorwasserstoff reagiert nicht mit der Glasoberfläche, da keine Hydratisierung und Hydrolyse eintritt. Der Angriff der Flusssäure auf das Glasnetzwerk erfolgt unter Bildung von *Hexafluoridokieselsäure,* einer stark sauren Lösung. Die chemische Reaktionsgleichung lautet (Liang & Readey, 1987; Monk et al., 1993; Spierings, 1993; Kolli et al., 2009)

$$SiO_2 + 6\,HF \quad \rightarrow \quad SiF_6H_2 + 2\,H_2O\,. \tag{10.1}$$

Zusätzlich kann es nach folgender Reaktionsgleichung zur Bildung von *Siliciumtetrafluorid,* einem farblosen und giftigem Gas, sowie der Abscheidung von Wasser (s. Abs. 10.4) kommen

$$SiO_2 + 4\,HF \quad \rightarrow \quad SiF_4 + 2\,H_2O\,. \tag{10.2}$$

Für Kalk-Natronsilkatglas gilt, dass es im Vergleich zu Quarzglas eine bessere Löslichkeit aufweist. Nach Rech (1978) gilt

$$Na_2O \cdot CaO \cdot 6\,SiO_2 + 28\,HF \quad \rightarrow \quad 6\,SiF_4 + CaF_2 + 2\,NaF + 14\,H_2O\,. \tag{10.3}$$

Das gasförmige Siliciumtetrafluorid reagiert mit der freien Flusssäure zu Hexafluorkieselsäure, die sich beim Ätzen als schlammartige Substanz absetzt. Es gilt

$$SiF_4 + 2\,HF \quad \rightarrow \quad SiF_6H_2\,. \tag{10.4}$$

Flusssäure besitzt aufgrund der hohen Bindungsstärke des HF-Moleküls in wässrigen Lösungen und der hohen Hydratationsenergie eine geringe Säurestärke, d. h. nach der Abspaltung des Protons (Wasserstoff) vom Fluoratom, kommt es vielfach zu einer Rückbildung von HF-Molekülen. Zur Verstärkung der Ätzwirkung von Flusssäure, werden Ätzbäder in industrieller Anwendung mit starken Säuren (Schwefelsäure, Salzsäure oder Salpetersäure) versetzt. Sie unterbinden die Rückbildung, sodass die Anzahl der freien Protonen steigt (Rech, 1978). Da der HF-Angriff auf das Glasnetzwerk durch abgelagerte Reaktionsprodukte auf der Glasoberfläche beeinflusst wird, muss die Lösung während des Angriffs bewegt werden, da sonst ein unregelmäßiger Angriff erfolgen kann (Lohmeyer, 1987). Damit ist der Verlauf des Ätzvorganges im Wesentlichen von der Kontaktdauer zwischen SiO_2 und der HF-Lösung sowie deren Konzentration, aber auch von der Glaszusammensetzung abhängig. Grundsätzlich ergeben stärker verdünnte HF-Lösungen geringere Auflösungsgeschwindigkeiten.

10.3 Ätzverfahren

Die Fähigkeit Silicate aufzulösen, führte mit der Glasätzerei zur ältesten Anwendung von Flusssäure. Es wird zwischen dem *Blankätzen (Säurepolitur)*, dem *Mattätzen* und dem *Tiefätzen* unterschieden. Je nach Verfahren, Konzentration der Reaktionspartner, Temperatur des Ätzbades und chemischer Zusammensetzung des Glases variiert die optische Erscheinung der Glasoberfläche nach der Behandlung. Detaillierte Beschreibungen der Verfahren finden sich in Hesse (1928), Springer (1963) und Rech (1978).

Das **Blankätzen**, auch als **Säurepolitur** bezeichnet, erfolgt in verdünnten Flusssäurebädern. Zur Beschleunigung des Ätzvorgangs kann die Zugabe einer starken Säure wie Schwefelsäure erfolgen (Abs. 10.2). Dieses Verfahren findet speziell in der Behälterglasindustrie häufig Anwendung, um mattgeschliffene Glasoberflächen zu polieren. Durch mehrmaliges Eintauchen in das Ätzbad und Abspülen in einem Wasserbad wird die Oberfläche des Glases abgetragen. In Abb. 10.1 ist eine derart säurepolierte Glasoberfläche (HF-Konzentration: 5,0 %) dargestellt. Durch den gleichmäßigen Oberflächenabtrag werden mikroskopisch zunächst nicht sichtbare Oberflächendefekte, welche aber durchaus für eine Festigkeitsreduzierung verantwortlich sind, auf der Glasoberfläche sichtbar (s. Abb. 10.5 und Abs. 10.5). Bedingt durch die Bildung von Siliciumtetrafluorid (s. Gl. 10.2 und Gl. 10.3) kann es zur Ablagerung von fluorsauren Salzen kommen, welche auf der Glasoberfläche eine Mattierung hervorrufen können. Daher ist es wichtig, dass während des Ätzvorgangs entweder das Werkstück oder die Lösung in Bewegung ist.

Im Gegensatz hierzu wird beim **Mattätzen** die Ablagerung von wasserunlöslichen Salzen (Fluoriden) erzwungen. Die Auflösung des Glasnetzwerks durch die Flusssäure geschieht nur in Bereichen ohne Ablagerung, so lange bis die gesamte Glasoberfläche bedeckt ist. Die ästhetische Erscheinung der Mattierung ist von der chemischen Glaszusammensetzung und dem Ätzpräparat abhängig (Rech, 1978):

- *Kaliumfluorid*, ein saures Kaliumsalz der Fluorwasserstoffsäure, bildet ein seidenartiges Matt.
- *Natriumfluorid*, ein saures Natriumsalz der Fluorwasserstoffsäure, bildet ein etwas kräftigeres Matt als solches durch Kaliumfluorid.
- *Ammoniumfluorid*, ein saures Ammoniumsalz der Fluorwasserstoffsäure, bildet ein rauhes und weißes Matt.

Das **Tiefätzen** wird zum Einätzen von Gradierungen oder Dekoren bzw. als Gestaltungselement verwendet. Hierzu wird die gesamte Glasoberfläche zunächst mit Wachsen oder

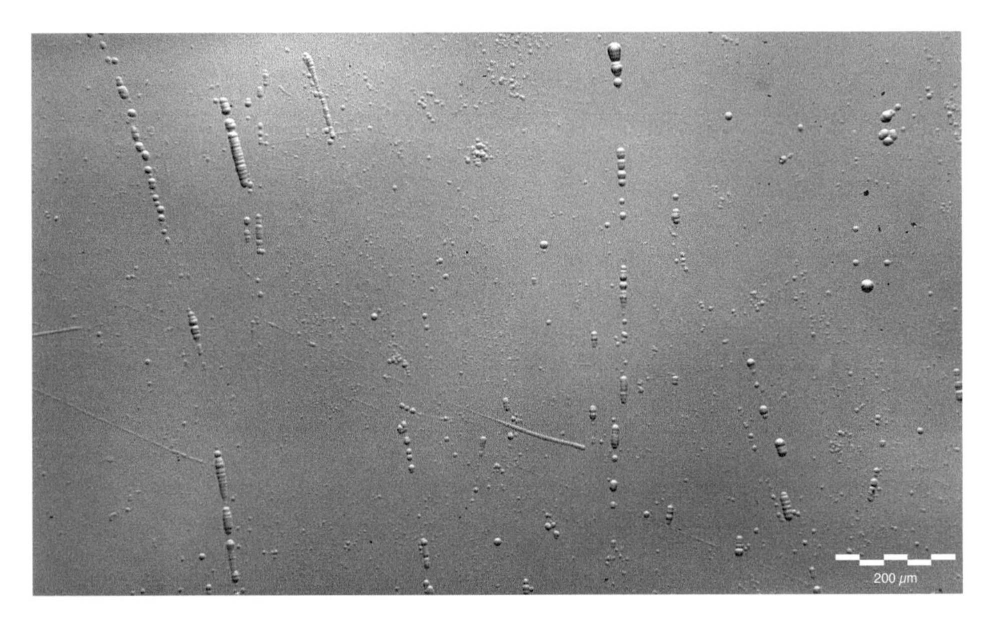

Abbildung 10.1 Lichtmikroskopaufnahme einer mit Flusssäure (HF-Konzentration: 5,0 %) polierten Glasoberfläche (Blankätzverfahren; Ätzdauer $t_{HF} = 24$ h): Erst durch den gleichmäßigen Abtrag der Glasoberfläche werden zunächst nicht sichtbare, festigkeitsmindernde Oberflächendefekte (Mikrorisse) erkennbar (s. Abb. 10.4 und Abb. 10.5). Die Oberfläche wurde vor dem Ätzvorgang nicht planmäßig vorgeschädigt.

speziellen Lacken beschichtet. Zu ätzende Bereiche werden manuell oder maschinell von der zuvor aufgebrachten Beschichtung befreit und die Zeichnung mit schwach verdünnter Flusssäure ($\approx$35 %ig) eingeätzt. Je verdünnter die Lösung, desto heller und blanker wird die Ätzung, aber auch weniger tief, bzw. länger andauernd ist der Ätzvorgang.

10.4 Molekulare Betrachtung des Ätzvorgangs

Budd (1961) beschreibt die molekulare Wechselwirkung zwischen Flusssäure und dem SiO_2-Netzwerk entsprechend Gl. 10.2 anhand eines vierstufigen Modells:

- **Schritt 1 (Ausrichtung)**
  Wie das H_2O-Molekül (Abs. 5.2), weist auch das HF-Molekül eine Dipolwirkung auf. Dieser Dipolcharakter bewirkt eine elektrostatische Wechselwirkung (*Van-Der-Waals'sche* Bindungskräfte) im Bereich einer SiO-Bindungsstelle, sodass sich das Wasserstoffatom dem Brückensauerstoff und das Fluoratom dem Siliciumatom ausrichtet (Abb. 10.2 (a)).

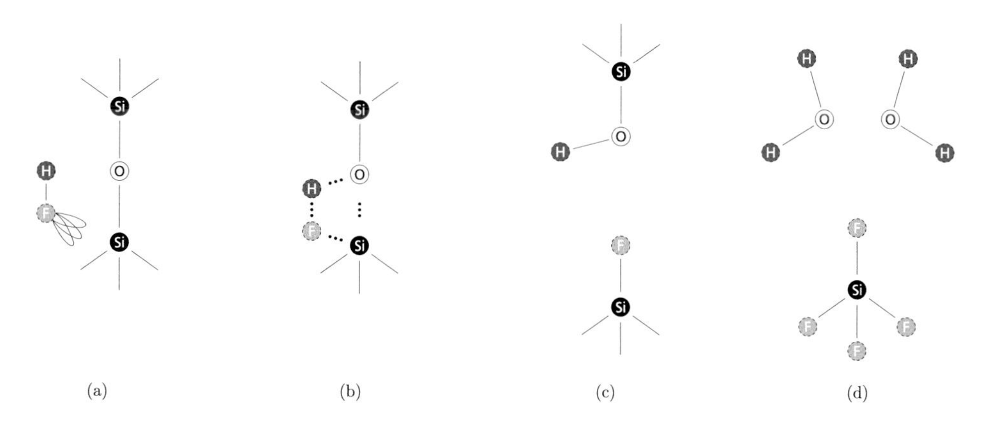

Abbildung 10.2 Schematische Darstellung des HF-Angriffs auf das SiO_2-Netzwerk. (nach Budd, 1961)

- **Schritt 2 (Adsorption)**
  Zwar bildet das Sauerstoffatom aufgrund seiner negativen Ladung eine elektrophile Angriffsstelle für das Wasserstoffatom, doch die schwache Ionisierung des angreifenden Wasserstoffs ist nicht stark genug um die kovalente SiO-Bindung zu stören. Gleiches gilt auch für das mäßig starke Fluoridion. Erst der gleichzeitige elektro- und nukleophile Angriff, ermöglicht dem Wasserstoffatom und dem Fluoratom die kovalente SiO-Bindung zu stören (Abb. 10.2 (b)).
- **Schritt 3 (Reaktion)**
  Die kovalente SiO-Bindung wird direkt im Anschluss an Schritt (2) dauerhaft getrennt (Abb. 10.2 (c)).
- **Schritt 4 (Separation)**
  Durch weitere HF-Angriffe auf das SiO-Netzwerk werden auch die restlichen Verbindungsstellen getrennt, sodass bei der Reaktion die in Gl. 10.1 und Gl. 10.2 genannten Reaktionsprodukte anfallen (Abb. 10.2 (d)).

Der molekulare Mechanismus im Bereich von Netzwerkwandlern in Kalk-Natronsilikatglas wird ebenfalls durch Budd (1961) beschrieben (Abb. 10.3). Da Alkali- und Erdalkalimetalle eine geringe Ionisierungsenergie aufweisen, können diese relativ leicht Elektronen abgeben und werden auf diese Weise zu positiv geladenen Ionen. Elemente auf der rechten Seite des Periodensystems (z. B. Halogene wie das Fluoratom) neigen dazu, durch Aufnahme von Elektronen Edelgas-Elektronenstrukturen anzunehmen und können damit leicht zu negativ geladenen Ionen werden. Im Gegensatz zu einer kovalenten Bindung, sind Ionenverbindungen, wie sie beispielsweise zwischen Netzwerkwandlern und den Sauerstoffatomen des Glasnetzwerks vorliegen, schwächer und somit leichter zu trennen. Ähnlich dem oben beschriebenem Adsorptionsprozess kommt es zu einer elek-

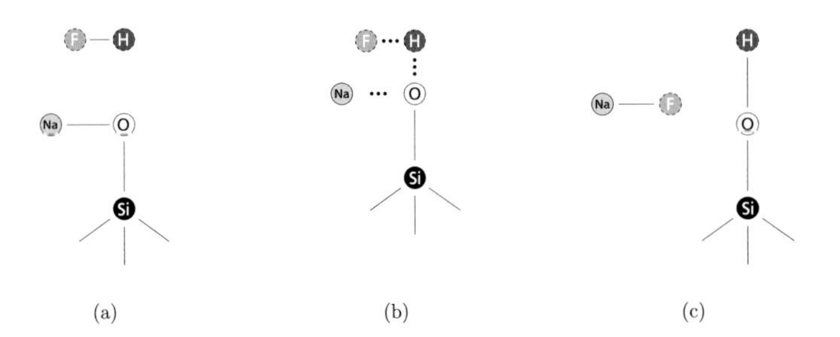

Abbildung 10.3 Schematische Darstellung des HF-Angriffs auf das SiO_2-Netzwerk im Bereich eines Netzwerkwandlers am Beispiel von Natrium. (nach Budd, 1961)

trostatischen Wechselwirkung zwischen dem Proton des HF-Moleküls und dem negativ geladenem Sauerstoffion (Abb. 10.3 (b)). Da feste Atombindungen aufgrund der zu erreichenden Edelgas-Elektronenstruktur energetisch stärker als Ionenverbindungen sind, geht im Falle eines HF-Angriffs das positiv geladene Wasserstoffatom unter Bildung einer Silanolgruppe (SiOH) eine kovalente Bindung mit dem Sauerstoffatom ein (Abb. 10.3 (c)). Das positiv geladene Atom des (Erd-)Alkalimetalls, bzw. das negative Fluoridion werden bei dieser Reaktion abgestoßen und beispielsweise im Fall von Natrium als Netzwerkwandler, Natriumfluorid gebildet.

10.5 Festigkeit geätzter Glasoberflächen

Es existieren verschiedene Methoden zur Steigerung der Biegefestigkeit von Glas. Im Bauwesen werden für gewöhnlich thermische (Abs. 2.5.1) und chemische Vorspannverfahren (Abs. 2.5.2) verwendet. Während durch die Eigenspannungen das gesamte Bauteil betroffen ist und Mikrorisse anhand der wirkenden Druckspannung an der Glasoberfläche dauerhaft kompensiert werden, bieten sich Oberflächenbehandlungsmethoden wie beispielsweise das Ätzen oder eine Feuerpolitur an, um Oberflächenschäden nachträglich zu entfernen. Rissheilungseffekte infolge Ätzung resultieren aus einem Oberflächenabtrag δ und einer Vergrößerung des Rissspitzenradius ρ (Proctor, 1962; Fletcher & Tillman, 1964; Ray & Stacey, 1969; Pavelchek & Doremus, 1974; Saha & Cooper, 1984; Donald, 1989; Spierings, 1993; Kolli et al., 2009; Ruggero, 2003; Bager Olesen & Krøigaard Smed, 2011). Beobachtete Verhältnisse der Festigkeitssteigerung sind dabei sehr unterschiedlich: Während Pavelchek & Doremus (1974), Ruggero (2003), als auch Bager Olesen & Krøigaard Smed (2011) ein moderates Verhältnis von $\sigma_{f,HF}/\sigma_f \approx 4{,}0$-$6{,}0$ beobachteten, berichten Saha & Cooper (1984) von Festigkeitssteigerungen von bis zu $\sigma_{f,HF}/\sigma_f \approx 21{,}0$ und experimentell ermittelten Biegefestigkeiten von bis zu $\sigma_{f,HF} \approx 1.400\,\mathrm{N\,mm^{-2}}$ (Mittelwert). Ähnlich extreme Festigkeitssteigerungen konnten auch Fletcher & Tillman (1964) und Ray & Stacey (1969) beobachten. Da durch die Ätzung Mikrorisse an der Oberfläche kompensiert werden, ist zu erwarten, dass die experimentell bestimmten Festigkeiten $\sigma_{f,HF}$ mit steigender Ätzdauer t_{HF}, respektive einem zunehmenden Oberflächenabtrag δ, gegen die theoretische Materialfestigkeit σ_t konvergieren. Die Ergebnisse von Proctor (1962), Pavelchek & Doremus (1974) und Saha & Cooper (1984) zeigen jedoch, dass die gemessenen Maximalwerte der Biegefestigkeiten $\sigma_{f,HF}$ deutlich unterhalb der theoretischen Festigkeit σ_t liegen. Die Autoren machen hierfür im Glasinneren wirksame Defekte verantwortlich. Es sei jedoch an dieser Stelle angemerkt, dass alternativ hierzu zum einen nicht alle Schäden vollständig beseitigt worden sein könnten und zum anderen erneute Oberflächendefekte, bedingt durch die Handhabung nach dem Ätzvorgang, die Festigkeit erneut herabgesetzt haben könnten.

Proctor (1962) definierte zwei Hypothesen (Grenzbetrachtungen) zur Festigkeitssteigerung durch das Ätzen mit Flusssäure:

(1) Durch einen Oberflächenabtrag δ kommt es zu einer Verringerung der Risslänge c (Abb. 10.4a). Das Ätzmedium diffundiert hierbei nicht in den Riss und der Rissspitzenradius ρ bleibt konstant.

(2) An der Glasoberfläche und im Riss kommt es zu einem identischen Abtrag des Glasnetzwerks δ (Abb. 10.4b). Bei zunehmendem Rissspitzenradius ρ bleibt die Risslänge c nahezu konstant.

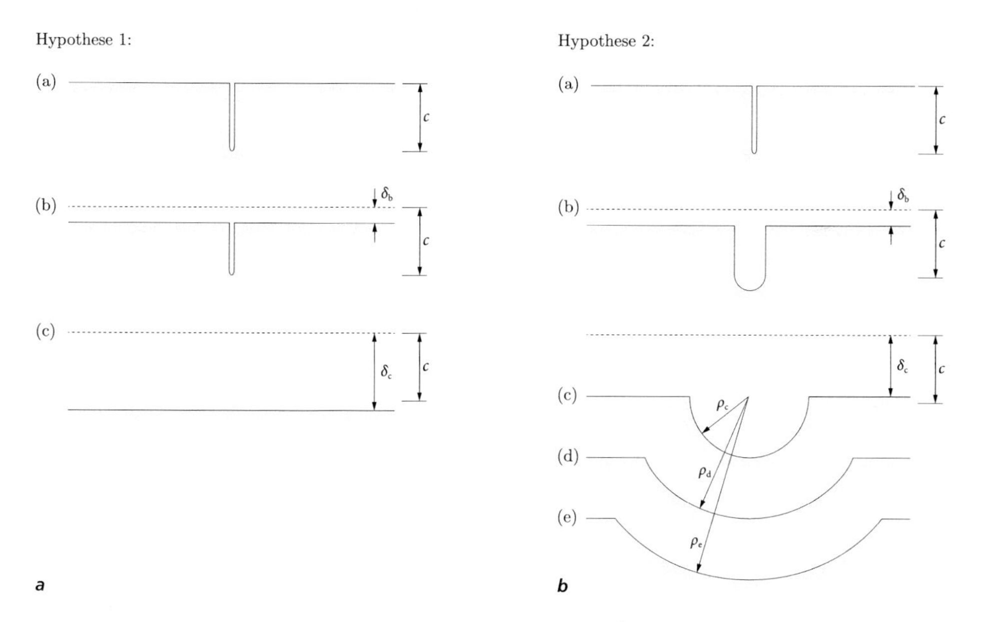

Abbildung 10.4 Modellvorstellung (Grenzbetrachtungen) des Ätzvorgangs nach Proctor (1962): Entsprechend *Hypothese 1* kommt es durch den Oberflächenabtrag δ zu einer Verringerung der Risslänge c, ohne dass das Ätzmedium in den Riss diffundiert *(a)*. Für *Hypothese 2* wird angenommen, dass es an der Glasoberfläche und im Riss zu einem identischen Oberflächenabtrag δ kommt – bei nahezu konstanter Risslänge c kommt es zu einer zunehmenden Rissspitzenausrundung ρ *(b)*.

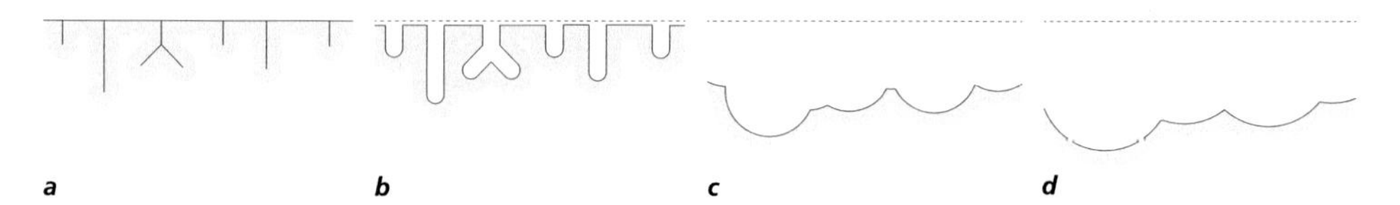

Abbildung 10.5 Schematische Darstellung des naßchemischen Ätzvorgangs auf einer durch Mikrodefekte gestörten Glasoberfläche: Ursprüngliche Oberfläche *(a)*; Oberflächenstruktur nach steigender Kontaktdauer zwischen der HF-Lösung und dem SiO_2-Netzwerk *(b)-(d)*. Die gestrichelte Linie symbolisiert die ursprüngliche Glasoberfläche vor dem Ätzen. (nach Spierings, 1993)

Einen zur zweiten Hypothese identischen Ansatz verfolgt auch Spierings (1993), der unter anderem die Oberflächentopografie geätzter Glasoberflächen untersuchte (vgl. Abb. 10.5).

Zur Ermittlung der Festigkeit $\sigma_{\mathrm{f,HF}}$ entsprechend Hypothese 1 (Abb. 10.4a) erweiterte Proctor die von Griffith (1921)[40] beschriebenen Zusammenhänge von Risstiefe c und Festigkeit σ_{f} zu

$$\sigma_{\mathrm{f,HF_I}} = \sqrt{\frac{2\,E\,\gamma}{\pi(c-\delta+\rho)}}\,. \tag{10.5}$$

Hierin sind E der Elastizitätsmodul von Glas, γ die zur Schaffung neuer Rissflanken notwendige Oberflächenenergie, δ der Oberflächenabtrag infolge Ätzung und ρ die natürliche Rissspitzenausrundung (Abs. 2.3.2). Saha & Cooper (1984) nutzten den Zusammenhang $K = \sqrt{2\,E\,\gamma}$, sodass die Berechnung der Festigkeit $\sigma_{\mathrm{f,HF}}$ nach Hypothese 1 auch anhand des Spannungsintensitätsfaktors entsprechend Gl. 4.17 und unter Berücksichtigung des Geometriefaktors Y möglich ist:

$$\sigma_{\mathrm{f,HF_I}} = \frac{K}{Y\sqrt{\pi\,(c-\delta)}}\,. \tag{10.6}$$

Grundlage für die bruchmechanische Betrachtung von Hypothese 2 (Abb. 10.4b) ist die Lösung für einen innenliegenden elliptischen Riss nach Inglis (1913). Unter der Annahme einer identischen Ätzrate für Glasoberfläche und Rissflanken postuliert Proctor (1962)

$$\sigma_{\mathrm{f,HF_{II}}} = \frac{\sigma_{\mathrm{t}}}{1+2\,\sqrt{c\,/\,(\rho+\delta)}}\,, \tag{10.7}$$

[40] Siehe hierzu Lawn (1993), Kapitel 1.

wobei die Risstiefe c und der Rissspitzenradius ρ den Zustand vor dem Ätzen beschreiben. Anhand von experimentell ermittelten Biegefestigkeiten an geätzten Gläsern, konnte Proctor Hypothese 1 sogleich widerlegen, während er mit Hypothese 2 die empirischen Festigkeiten in geeigneter Weise beschreiben konnte. Der Term im Nenner von Gl. 10.7 beschreibt dabei die Spannungskonzentration am Kerbgrund.

Auch Pavelchek & Doremus (1974) untersuchten den Effekt der Flusssäureätzung auf die Biegefestigkeit unter nahezu inerten Umgebungsbedingungen. Sie verallgemeinerten die Modellvorstellung von Proctor (1962) (Hypothese 2), indem sie einen dimensionslosen Faktor η zur Berücksichtigung unterschiedlicher Ätzraten im Bereich der Glasoberfläche und den Rissflanken definierten. Das Verhältnis der Festigkeitssteigerung berechnen die Autoren zu

$$\frac{\sigma_{\mathrm{f,HF_{II}}}}{\sigma_{\mathrm{f}}} = \sqrt{\left(\frac{c}{c-\delta}\right)\left(1+\frac{\delta\eta}{\rho}\right)}. \tag{10.8}$$

Hierin berücksichtigt der Term $c/(c-\delta)$ den Abtrag der Oberfläche und $\delta\,\eta/\rho$ die Zunahme des Rissspitzenradius[41]. Pavelchek & Doremus nahmen an, dass der Faktor η bis zu einer Ätztiefe von $\delta = 6{,}3\,\mu\mathrm{m}$ mit $\eta = 2\cdot 10^{-4}$ konstant ist.

10.6 Anwendungspotenziale geätzter Glasoberflächen im Bauwesen

Obwohl das Arbeiten mit Säuren ein hohes Gefahrenpotenzial aufweist, wird im Bereich der professionellen Fassaden- und Gebäudereinigung sowie der glasverarbeitenden Industrie vereinzelt auf säurehaltige Reinigungspräparate zurückgegriffen (Lutz, 2001). Vorwiegend sind in derartigen Produkten Fluss- und/oder Salzsäure in niedriger Konzentration enthalten. Solche Reinigungskonzentrate dienen der Entfernung insistenter Verschmutzungen, wie beispielsweise in Form von Schleifwasserrückständen, Gummirollenabdrücken von Schleifautomaten, blinden Stellen, etc. Esenwein (1980-1981) beschreibt die Behandlung von schwach korrodierten, ausgelaugten Glasoberflächen (Abs. 2.3.3) infolge alkalischer Auswaschung aus Betonoberflächen. Durch kurzzeitiges, flächiges Ätzen (20 s bis 40 s) mit etwa 2 %iger bis 4 %iger Flusssäure, konnte so ohne den kostenintensiven Austausch der Glasscheiben eine Sanierung durchgeführt werden.

Sofern eine Sanierung von Kratzern auf Glasoberflächen notwendig ist, erfolgt dies üblicherweise durch den Austausch der Verglasung oder durch Auspolieren der zerkratzen

[41] Pavelchek & Doremus (1974) gehen von einer initialen Rissspitzenausrundung von $\rho = 2{,}0\,\mathrm{nm}$ aus.

Bereiche (Abegg & Dür, 2007; Vetrox AG, 2007). Letzteres ist für gewöhnlich durch optische Beweggründe begründet. Sollen hingegen bei konstruktiven Bauteilen aus Glas nicht nur die ästhetische Erscheinung sondern auch eine statisch erforderliche Biegefestigkeit nach einer mechanischen Oberflächenbeschädigung gewährleistet werden, könnte eine lokale Oberflächenätzung mittles stark verdünnter Flusssäure in Betracht kommen. Diesbezüglich sind in Abs. 10.7.3 und Abs. 10.8.3 Versuche zur möglichen Erhöhung der Biegefestigkeit durch Ätzung lokal geschädigter Oberflächen beschrieben.

Weiterführend wäre zur Erhöhung des Bemessungswertes des Widerstandes R_d der Gebrauch geätzter Glasscheiben in konstruktiven Bauteilen aus Glas (Abs. 2.2) denkbar. An thermisch vorgespannten Glasscheiben könnte durch Anwendung des Blankätzverfahrens (Abs. 10.3) die Festigkeit um ein Vielfaches gesteigert werden. Dabei ist zu berücksichtigen, dass dies bei ungeschützten Glasoberflächen zunächst eine rein theoretische Betrachtung ist, da nach dem Ätzvorgang neue Oberflächendefekte infolge der alltäglichen Nutzung die Festigkeit auf ein gewohntes Maß herabsetzen würden. Beispielhaft könnte aber die systematische Verwendung geätzter Gläser als Innenscheibe in einem drei oder mehrfach Verbundsicherheitsglas mit zusätzlichem Kantenschutz diese Problematik lösen und auf diese Weise den Bau schlanker und extrem tragfähiger Bauteile aus Glas ermöglichen.

10.7 Experimentelle Untersuchungen zur Sanierung von Glas im Bauwesen

10.7.1 Vorbemerkungen

Methoden zur Sanierung von zerkratzen Glasoberflächen im Bauwesen wurden bereits in Abs. 3.4.5 erläutert. Hinsichtlich optischer und statischer Aspekte soll das Sanierungspotenzial im Folgenden für das kommerzielle Sanierungsverfahren der Firma 3M (2002), bei welchem Kratzer durch die Verwendung verschiedener Schleifscheiben unterschiedlicher Abrasivität entfernt werden, sowie eine lokale Anwendung verdünnter Flusssäure im Bereich von Oberflächendefekten, bewertet werden.

10.7.2 Versuchsreihe SP.1 – Abrasives Polieren

Für das Sanierungsverfahren der Firma 3M (2002) wurde entsprechend den vorherigen Versuchsdurchführungen mit dem *UST* auf Probekörpern aus thermisch entspanntem Floatglas ein definierter Kratzer (Eindringkörper: konischer 120°-Diamant; Auflast: $F_n = 750\,\text{mN}$; Kratzerlänge: $l_k = 2{,}0\,\text{mm}$) bei $50{,}0 \pm 5{,}0\,\%$ rF erzeugt (vgl. Abs. 9.2.3). Alternierend hierzu wurden weitere Vergleichsprobekörper planmäßig vorgeschädigt. Der anschließende Poliervorgang wurde entsprechend 3M (2002) solange durchgeführt, bis die Kratzspuren makroskopisch nicht mehr ersichtlich waren. Die Biegeprüfung erfolgte nach einer Lagerungsdauer von einer Stunde bei $50{,}0 \pm 5{,}0\,\%$ rF. Umfang der Versuchsreihe: 10 Probekörper.

10.7.3 Versuchsreihe SP.2 – Lokales Ätzen mit Flusssäure

Die durch Flusssäure bedingte Löslichkeit des Glasnetzwerks und hiermit verbundene Festigkeitssteigerung wurde bereits in Abs. 10.5 erläutert. Um diese Eigenschaft quantitativ zu beschreiben und die Auswirkung auf die optische Kratzanfälligkeit zu charakterisieren, wurde im Rahmen dieser Arbeit der Angriff von Flusssäure auf kommerziellem Kalk-Natronsilkatglas untersucht. Hierzu wurde das Blankätzverfahren nach Abs. 10.3 mit verdünnter Flusssäure angewandt. Ausgangsmaterial der Lösung war ein 48 %-iges Flusssäurepräparat der Firma AppliChem GmbH, Darmstadt, welches mit destilliertem Wasser auf die gewünschte Konzentration verdünnt wurde. Entsprechend der Gefahrstoffverordnung und BGI 576 (2012) wurden die Ätzvorgänge unter Berücksichtigung der allgemein bekannten Sicherheitsmaßnahmen (vgl. Anh. F.2) im Chemielabor des Institutes für Werkstoffe im Bauwesen der Technischen Universität Darmstadt durchgeführt. Hierbei wurden technische, organisatorische und persönliche Schutzmaßnahmen beachtet. Für die Durchführung der Ätzvorgänge wurden die zuvor kontrolliert vorgeschädigten Probekörper für verschiedene Einwirkungsdauern und Flusssäurekonzentrationen mit der jeweiligen Lösung großflächig benetzt. Sofern die vorgesehene Einwirkungsdauer dies erforderte, wurde die Lösung alle 15 bis 20 Minuten ausgetauscht. Anschließend wurden die Probekörper in zwei Tauchbädern mit Wasser gereinigt.

Zur Bewertung des optischen Sanierungspotenials von Flusssäure wurden mit dem *UST* definierte Kratzspuren (Eindringkörper: konischer 120°-Diamant; Auflast: $F_n = 750\,\text{mN}$; Kratzerlänge: $l_k = 2{,}0\,\text{mm}$) auf Objektträgern aus Kalk-Natronsilikatglas erzeugt und diese mit verschiedenen HF-Konzentrationen (2,5 Gew.-%, 5,0 Gew.-%, 10,0 Gew.-% sowie 48,0 Gew.-%) und Einwirkungsdauern t_{HF} (1 min, 2 min, 5 min, 10 min, 15 min, 30 min, 45 min sowie 60 min) behandelt.

Zur Bestimmung der festigkeitssteigernden Wirkung von Flusssäure auf Glas im Bauwesen, wurde an planmäßig vorgeschädigten und anschließend geätzten Probekörpern aus thermisch entspanntem Floatglas und Einscheibensicherheitsglas die Biegefestigkeit $\sigma_{\text{f,HF}}$ ermittelt. Während für die Untersuchung an Einscheibensicherheitsglas eine HF-Konzentration 2,5 Gew.-% verwendet wurde, wurde für thermisch entspanntes Floatglas zusätzlich noch eine Konzentration von 5,0 Gew.-% untersucht. Die planmäßige Vorschädigung erfolgte mit dem *UST* (Eindringkörper: konischer 120°-Diamant; Auflast: $F_n = 1.000\,\text{mN}$; Kratzerlänge: $l_k = 2{,}0\,\text{mm}$) bei $50{,}0 \pm 5{,}0\,\%$ rF. Neben diesen eigentlichen Versuchen wurden zusätzlich vergleichende Betrachtungen der festigkeitssteigernden Wirkung von Flusssäure in Abhängigkeit der aus dem Produktionsprozess von Floatglas resultierenden Oberflächenunterschiede durchgeführt. Während die planmäßige Vorschädigung der Probekörper am Vortag erfolgte, wurde, bedingt durch die zeitintensive Durchführung der Ätzvorgänge und der Wahrung der Sicherheitsvorkehrungen (Anh. F.2), die Behandlung mit Flusssäure sowie die Biegeprüfung erst am folgenden Tag durchgeführt, sodass insgesamt eine Lagerungsdauer von 24 Stunden eingehalten werden konnte. Analog der Versuchsdurchführung in Abs. 10.7.2, wurden Vergleichsprobekörper vorgehalten, die zwar planmäßig vorgeschädigt wurden, jedoch keinem Ätzvorgang unterzogen wurden. Die Biegeprüfung wurde bei $50{,}0 \pm 5{,}0\,\%$ rF durchgeführt. Umfang der Versuchsreihe: 142 Probekörper.

10.8 Ergebnisse der experimentellen Untersuchungen zur Sanierung von Glas im Bauwesen

10.8.1 Allgemeines

Alle Biegefestigkeiten wurden anhand der tatsächlichen Glasdicke ermittelt und die empirischen Parameter der Biegefestigkeit σ_f und $\sigma_{f,HF}$ (arithmetischer Mittelwert $\bar{r}$, Standardabweichung σ_x und Variationskoeffizient v) ausgewertet. Alle Einzelmesswerte können Anh. F.2 entnommen werden.

10.8.2 Ergebnisse der Versuchsreihe SP.1 – Abrasives Polieren

Alle Kratzspuren konnten mit dem mehrstufigen Polierverfahren der Firma 3M entfernt werden. Der Fortschritt des Poliervorgangs ist in Abb. 10.6 mikroskopisch dokumentiert. Die Begutachtung der Kratzspur vor und nach dem Poliervorgang erfolgte entsprechend der *Richtlinie zur Beurteilung der optischen Qualität von Glas im Bauwesen* (Bundesverband Flachglas, 2009). Während diese vor der Sanierung deutlich sichtbar war, konnte sie nach Abschluss des Poliervorgangs (vgl. Abb. 10.6f) makroskopisch nur noch durch eine intensive Betrachtung entdeckt werden. Wie bereits in Abs. 3.4.5 erläutert, konnte unter diagonaler Betrachtung der Probekörper nach dem Polierverfahren im bearbeiteten Bereich eine leichte Einwölbung der Glasoberfläche (Linseneffekt) beobachtet werden. Zwar wurde die Glasoberfläche während des abrasiven Bearbeitungsvorgangs stumpf, konnte aber in einem abschließenden Feinpoliervorgang wieder vollends transparent gemacht werden. Bis auf die leichte optische Krümmung der Glasoberfläche konnte makroskopisch nicht auf einen vorhandenen Oberflächendefekt geschlossen werden.

In Abb. 10.7 sind die Biegefestigkeiten polierter Gläser mit denen unbehandelter Gläser gegenübergestellt. Die empirischen Parameter der Biegefestigkeiten σ_f sind in Tab. 10.1

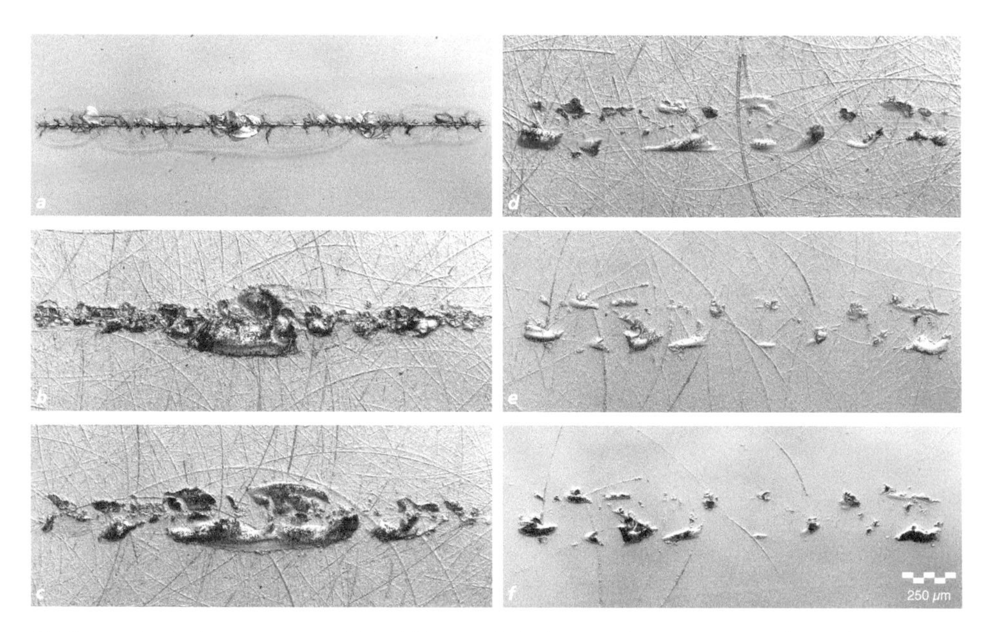

Abbildung 10.6 Versuchsreihe SP.1 – Mikroskopisch dokumentierter abrasiver Abtrag der Glasoberfläche beim Polierverfahren: Ausgangszustand *(a)*, fortschreitender Polierprozess *(b)* bis *(e)*, Endresultat der makroskopisch komplett ausgeschliffenen Kratzspur nach abschließender Feinpolitur *(f)*.

genannt. Während bei den Vergleichsprobekörpern ein Bruchversagen stets durch die planmäßige Vorschädigung stattgefunden hat, ging ein Bruchversagen der polierten Probekörper niemals von der Kratzspur aus. Die mittlere Biegefestigkeit der Vergleichsprobekörper ist etwa +9,6 % höher als die der sanierten Probekörper. Unter Berücksichtigung von subkritischen Risswachstumseffekten liegt die mittlere Risstiefe der Vergleichsprobekörper bei $c_f = 64{,}76\,\mu$m. Die der polierten Probekörper ist mit $c_f = 75{,}65\,\mu$m deutlich höher, sodass die durch das Polierverfahren induzierten Risstiefen in dem entsprechend Abs. 3.4.5 zu erwartenden Größenbereich liegt.

Tabelle 10.1 Versuchsreihe SP.1 – Empirische Parameter der Biegefestigkeit σ_f mittels abrasivem Polierverfahren behandelter Kratzspuren (thermisch entspanntes Floatglas).

Behandlung	**Minimalwert**	**Maximalwert**	**Mittelwert**	**Standardabweichung**	**Variationskoeffizient**
	$\sigma_{f,min}$	$\sigma_{f,max}$	$\bar{r}$	σ_x	v
[–]	[N mm^{-2}]	[N mm^{-2}]	[N mm^{-2}]	[N mm^{-2}]	[–]
behandelt	29,87	35,57	32,40	2,24	0,07
unbehandelt	33,65	36,28	35,00	1,18	0,03

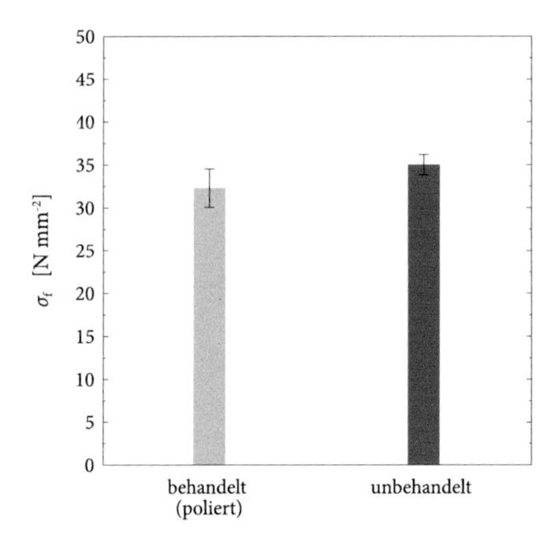

Abbildung 10.7 Versuchsreihe SP.1 – Einfluss des Polierverfahrens auf die Biegefestigkeit σ_f.

Wird von den durch das Verfahren erzeugten Linseneffekten abgesehen, kann das Auspolieren von Kratzspuren für ästhetisch begründete Anwendungsfälle als sinnvoll betrachtet werden. Bedingt durch die unweigerliche Erzeugung von weiteren Oberflächendefekten und der Reduzierung der Druckzonenhöhe von thermisch vorgespannten Gläsern ist dieses Verfahren jedoch für konstruktive Bauteile aus Glas als nicht geeignet zu betrachten.

10.8.3 Ergebnisse der Versuchsreihe SP.2 – Lokales Ätzen mit Flusssäure

Die Auswirkung von Flusssäure auf die optische Erscheinung von Kratzspuren ist in Abb. 10.8 dargestellt. Während bei einer HF-Konzentration von 2,5 Gew.-% erst nach längerer Kontaktdauer ($t_{HF} \geq 30$ min) mikroskopisch ein Effekt (Weichzeichnung der Lateralrisse) ersichtlich wird, zeichnen sich bei einer HF-Konzentration von 5,0 Gew.-% bzw. 10,0 Gew.-% bereits ab einer Ätzdauer von etwa $t_{HF} = 15$ min die Tiefenrisse deutlich ab. Ab einer Ätzdauer von $t_{HF} = 45$ min sind speziell für eine Behandlung mit einer HF-Konzentration von 10,0 Gew.-% die eigentlichen Strukturen der Kratzspuren nicht mehr zu identifizieren, da die ursprünglich feine Oberflächenstruktur durch den Lösungsvorgang des Glasnetzwerks auf eine Vielzahl von hemisphärischen Strukturen reduziert wurde (vgl. Abb. 10.5). Die Verwendung einer nicht verdünnten HF-Konzentration von 48,0 Gew.-% machte sich während der Versuchsdurchführung durch eine stetige Ausgasung bemerkbar. Die mikroskpische Betrachtung in Abb. 10.8 verdeutlicht das agressive Potenzial von Flusssäure auf Glasoberflächen. Die Kratzspur ist bereits nach einer Kontaktdauer von $t_{HF} = 1$ min nur noch schemenhaft zu erkennen. Längere Anwendungsdauern haben zu einer erheblichen Materialauflösung im Bereich der behandelten Fläche geführt, welche makroskopisch wie ein weißer Belag erscheint. Wie auch in Abs. 10.8.2, erfolgte die optische Bewertung der Kratzspuren entsprechend der *Richtlinie zur Beurteilung der optischen Qualität von Glas im Bauwesen* (Bundesverband Flachglas, 2009). Nach den Ätzvorgängen war jede Kratzspur makroskopisch deutlich erkennbar. Dabei erweckte der subjektive Eindruck, dass die Ätzvorgänge die Kratzspuren optisch sogar hervorheben und diese somit noch sichtbarer werden.

Die Auswirkung von Flusssäure auf die Biegefestigkeit $\sigma_{f,HF}$ planmäßig vorgeschädigter Probekörper aus thermisch entspanntem Floatglas und Einscheibensicherheitsglas ist in Abb. 10.9 dargestellt. Die empirischen Parameter der Biegefestigkeiten $\sigma_{f,HF}$ sind in Tab. 10.2 aufgeführt. In Abb. 10.9 dargestellte Messwerte für eine Kontaktdauer von $t_{HF} = 0$ min repräsentieren die Biegefestigkeiten der Vergleichsprobekörper, bei welchen keine Ätzung vorgenommen wurde. In Abb. 10.9a ist der anfängliche Bereich mit einer Kontaktdauer von $0 < t_{HF} \leq 15$ min dargestellt. Innerhalb dieses Zeitraums ist der Anstieg der Biegefestigkeit von thermisch vorgespanntem Floatglas für beide untersuchten HF-Konzentrationen etwa identisch. Der auf den Mittelwert bezogene Festigkeitsanstieg beträgt gegenüber den Vergleichsprobekörpern für eine Kontaktdauer von nur zwei Minuten bereits

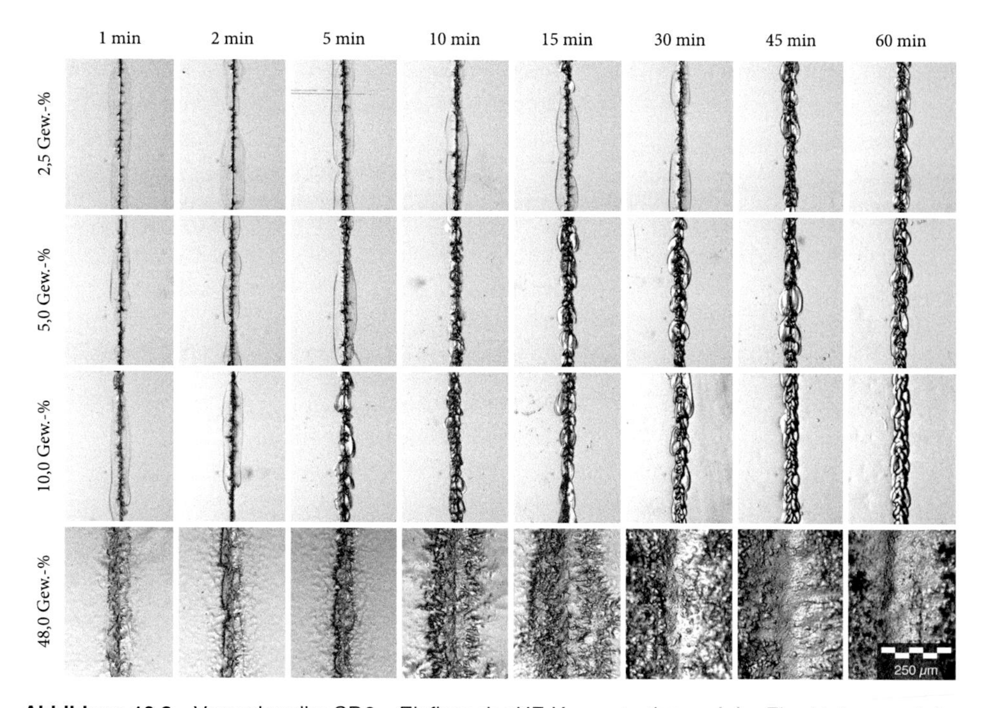

Abbildung 10.8 Versuchsreihe SP.2 – Einfluss der HF-Konzentration und der Einwirkdauer auf die optische Erscheinung von geätzten Kratzspuren. Für jede HF-Konzentration und Ätzdauer wurde ein separater Probekörper betrachtet.

bis zu +14,8 %. Im weiteren Verlauf bis etwa fünf Minuten zeigt der Festigkeitsanstieg ein plateauhaftes Verhalten; anschließend ist erneut ein kontinuierlicher Anstieg zu beobachten. Bezogen auf den Mittelwert der Biegefestigkeit resultieren aus der Behandlung mit einer HF-Konzentration von 5,0 Gew.-% bis zu einer Kontaktdauer von $t_{HF} = 15$ min nur unwesentlich höhere Biegefestigkeiten. Erst im weiteren Verlauf ist ein deutlicher Unterschied zur geringeren HF-Konzentration erkennbar. Grundsätzlich konnte für alle Probekörper die einer Ätzung durch Flusssäure unterzogen wurden ein Festigkeitsanstieg beobachtet werden. Bereits nach einer Kontaktdauer von nur $t_{HF} = 15$ min wurde die ursprüngliche Biegefestigkeit planmäßig vorgeschädigter Probekörper bis auf eine Ausnahme verdoppelt. Ab einer Kontaktdauer von $t_{HF} = 30$ min erfolgte der Festigkeitsanstieg für beide HF-Konzentrationen zwar weiterhin stetig, jedoch mit einem deutlich kleineren Gradienten. Obwohl die Oberflächen der Probekörper großzügig mit Flusssäure benetzt wurden und jeglicher Kontakt nach dem Ätzen zu ihnen vermieden wurde, lag der Bruchursprung für eine HF-Konzentration von 5,0 Gew.-% ab einer Kontaktdauer von $t_{HF} = 45$ min nicht mehr zuverlässig im Bereich der plamäßigen Vorschädigung.

Bis zu einer Kontaktdauer von $t_{HF} = 15$ min ist für Probekörper aus Einscheibensicherheitsglas ein zu thermisch entspanntem Floatglas ähnliches Verhalten des Festigkeitszuwachses zu beobachten. Jedoch zeigt der weitere Verlauf einen rapiden Anstieg der Biegefestigkeit auf vereinzelt max. 991,65 N mm^{-2}. Bezogen auf den Mittelwert der Vergleichsprobekörper entspricht dies einer Festigkeitssteigerung von +316 %. Auch für Einscheibensicherheitsglas ging ein Bruchversagen ab einer Kontaktdauer von $t_{HF} = 45$ min nicht mehr durch die planmäßige Vorschädigung aus. Obwohl die Oberflächen der Probekörper nach den Ätzvorgängen sehr sorgfältig behandelt wurden, ist nicht auszuschließen, dass vor der Biegeprüfung neue Oberflächendefekte induziert wurden.

Die in dieser Arbeit beobachteten maximalen Festigkeitssteigerungen (bezogen auf den Mittelwert der Messwerte) betragen für thermisch entspanntes Floatglas $\sigma_{f,HF}/\sigma_f = 3,68$ (2,5 Gew.-% HF) und $\sigma_{f,HF}/\sigma_f = 4,30$ (5,0 Gew.-% HF). Für Einscheibensicherheitsglas beträgt die maximale Festigkeitssteigerung $\sigma_{f,HF}/\sigma_f = 4,16$ (2,5 Gew.-% HF).

In Abb. 10.12 sind die Biegefestigkeiten in Abhängigkeit der produktionsbedingten Oberflächenunterschiede bei Floatglas für eine Kontaktdauer von $t_{HF} = 15$ min dargestellt. Im Mittel können für beide Oberflächen identische Festigkeitsanstiege beobachtet werden, jedoch zeigen die Messwerte auf der Atmosphärenseite etwas größere Streuungen.

Die erheblichen Festigkeitsanstiege sind auf die in Abb. 10.10 und Abb. 10.11 insbesondere bei längeren Kontaktdauern deutlich sichtbaren Rissspitzenausrundungen der Tiefenrisse zurückzuführen. Entsprechend Abs. 4.5.4 kann ein Versagen eines Oberflächendefektes mit ausgerundeter Rissspitze durch zwei Modellvorstellungen beschrieben werden:

(1) Die Spannung am Kerbgrund erreicht die theoretische Festigkeit ($\sigma_\rho = \sigma_t$) des Materials (vgl. Abs. 10.5) oder

(2) es kommt zur Ausbildung eines kleinen Risses am Kerbgrund, welcher schließlich bei Erreichen der kritischen Spannungsintensität zu einem Versagen führt (vgl. Abs. 4.5.4).

Die Überprüfung dieser Modellvorstellungen soll repräsentativ für die in Abb. 10.11a abgebildete Kratzspur erfolgen. Die mikroskopisch messbare Risstiefe des Tiefenrisses beträgt hierbei $c \approx 44\,\mu$m; die Rissspitzenausrundung kann zu $\rho \approx 3{,}7\,\mu$m bestimmt werden. Die korrespondierende gemessene mittlere Biegefestigkeit beträgt entsprechend Tab. 10.2 $\sigma_{\mathrm{f,HF}} = 144{,}01 \pm 15{,}43\,\mathrm{N\,mm^{-2}}$ $(\sigma_{\mathrm{f,HF}}/\sigma_{\mathrm{f}} = 2{,}98)$.

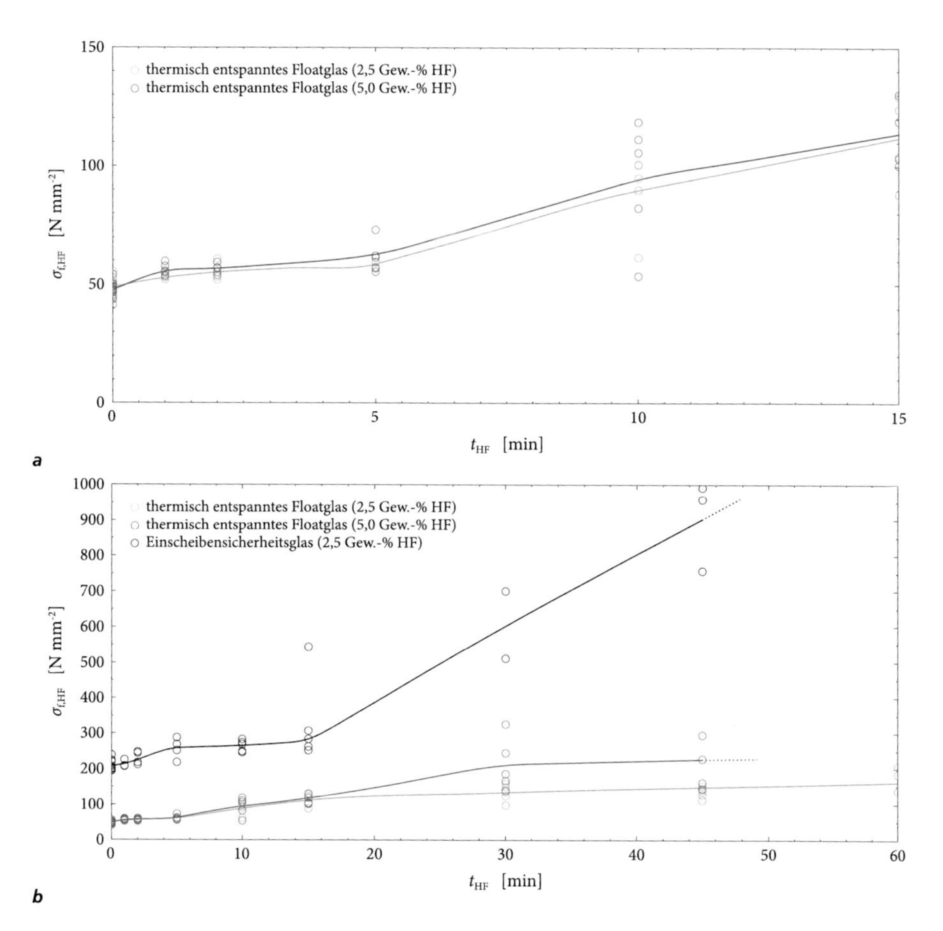

Abbildung 10.9 Versuchsreihe SP.2 – Festigkeitssteigerung von thermisch entspanntem Floatglas und Einscheibensicherheitsglas durch lokales Ätzen mit Flusssäure: $0 < t_{\mathrm{HF}} \leq 15$ min *(a)* $0 < t_{\mathrm{HF}} \leq 60$ min *(b)*.

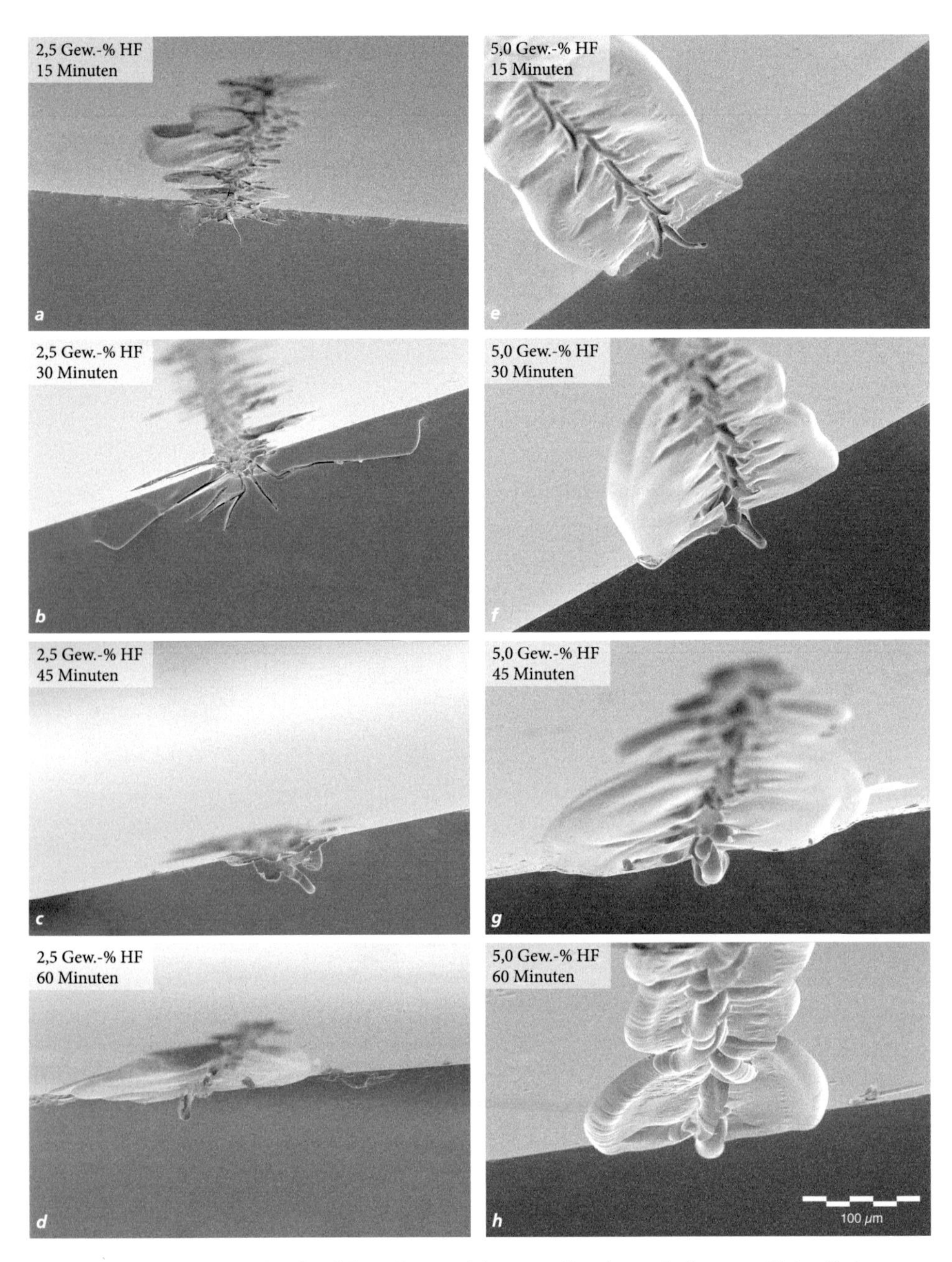

Abbildung 10.10 Versuchsreihe SP.2 – Rasterelektronenmikroskopaufnahmen geätzter Kratzspuren (Querschnitt) auf thermisch entspanntem Floatglas in Abhängigkeit der HF-Konzentration und der Ätzdauer, mit Darstellung der Lateralrisse und den teilweise deutlich ausgerundeten Tiefenrissen.

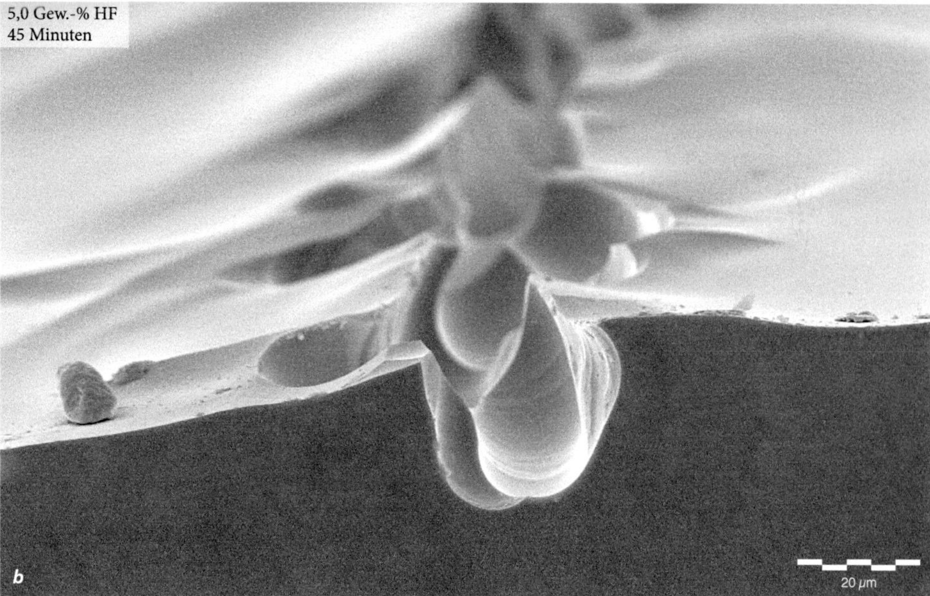

Abbildung 10.11 Versuchsreihe SP.2 – Hochauflösende Rasterelektronenmikroskopaufnahmen geätzter Kratzspuren (Querschnitt) auf thermisch entspanntem Floatglas in Abhängigkeit der HF-Konzentration und der Ätzdauer. Die Rissspitzenausrundung der Tiefenrisse beträgt $\rho = 3{,}7\,\mu$m *(a)* und $\rho = 8{,}2\,\mu$m *(b)*.

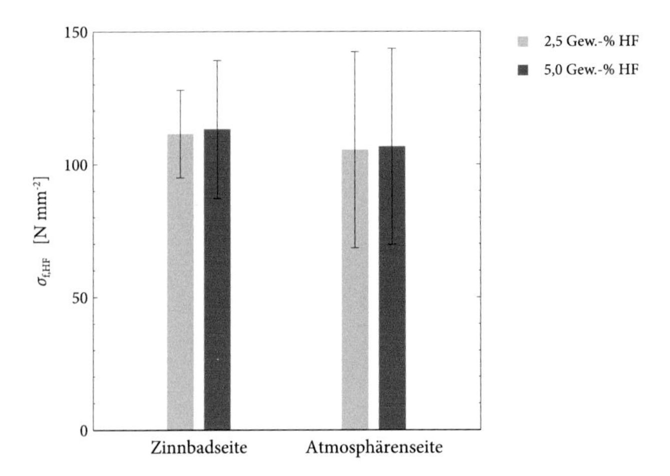

Abbildung 10.12 Versuchsreihe SP.2 – Biegefestigkeiten $\sigma_{f,HF}$ geätzter Probekörper ($t_{HF} = 15{,}0$ min) aus thermisch entspanntem Floatglas in Abhängigkeit der aus dem Floatprozess resultierenden Oberflächenunterschiede.

Nach Proctor (1962) kann die Festigkeit eines Risses mit definierter Rissspitzenausrundung anhand des Quotienten aus theoretischer Festigkeit σ_t und der am Kerbgrund vorherrschenden Spannungskonzentration berechnet werden. Unter Berücksichtigung einer »theoretischen Festigkeit« (bei Raumtemperatur unter Einfluss atmosphärischer Umgebungsbedingungen) nach Proctor et al. (1967) von $\sigma_t \approx 3.000\,\mathrm{N\,mm^{-2}}$ (vgl. Abs. 4.2) folgt aus Gl. 10.7 unter Annahme einer identischen Risstiefe c vor und nach dem Ätzvorgang und der Verwendung der oben ermittelten Kerbgeometrie eine Spannungskonzentration von $\sigma_a/\sigma_\rho = 7,78$, bzw. eine rechnerische Biegefestigkeit von $\sigma_{f,HF} = 379{,}89\,\mathrm{N\,mm^{-2}}$. Da Proctor et al. (1967) die theoretische Festigkeit σ_t an Quarzglas ermittelten und Netzwerkwandler, wie sie in Kalk-Natronsilikatglas vorliegen, das Glasnetzwerk auf atomarer Ebene schwächen, ist davon auszugehen, dass die theoretische Festigkeit der Probekörper unterhalb des oben genannten Wertes liegt, sodass ein Bruchversagen aufgrund einer erhöhten Spannungskonzentration als wahrscheinlich zu betrachten ist.

Ebenfalls auf Modellvorstellung (1) basierend konnten Pavelchek & Doremus (1974) in ihren empirischen Betrachtungen für Risstiefen im Bereich von etwa $c \approx 6\,\mu\mathrm{m}$ für den in Gl. 10.8 genannten Zusammenhang eine sehr gute Übereinstimmung zu experimentellen Festigkeitsuntersuchungen an geätzten Proben feststellen. Für den vorliegenden Anwendungsfall mit deutlich größeren Risstiefen resultiert auf Grundlage von Gl. 10.8 jedoch eine rechnerische Erhöhung der Biegefestigkeit von $\sigma_{f,HF}/\sigma_f = 2,265$ bzw. eine zu erwartende Biegefestigkeit nach dem Ätzvorgang von $\sigma_{f,HF} = 109,15\,\mathrm{N\,mm^{-2}}$ für $\rho = 2,0\,\mathrm{nm}$ entsprechend Pavelchek & Doremus (1974), was etwa im Bereich des empirisch beobachteten liegt. Wird jedoch ein Rissspitzenradius entsprechend dem Hohlraumdurchmesser

Tabelle 10.2 Versuchsreihe SP.2 – Empirische Parameter der Biegefestigkeit σ_f bzw. $\sigma_{f,HF}$ mittels lokalem Ätzen behandelter Kratzspuren.

Glas-art	**HF-Konz.**	**Ätz-dauer**	**Minimal-wert**	**Maximal-wert**	**Mittel-wert**	**Standard-abweichung**	**Variat.-koef.**
		t_{HF}	$\sigma_{f,min}$ $\sigma_{f,HF,min}$	$\sigma_{f,max}$ $\sigma_{f,HF,max}$	$\bar{r}$	σ_x	v
[–]	[Gew. – %]	[min]	$[\mathrm{N\,mm^{-2}}]$	$[\mathrm{N\,mm^{-2}}]$	$[\mathrm{N\,mm^{-2}}]$	$[\mathrm{N\,mm^{-2}}]$	[–]
FG	0,0	-	41,22	55,34	48,19	3,55	0,07
FG	2,5	1,0	51,94	55,79	53,75	1,62	0,03
FG	2,5	2,0	51,97	60,79	55,33	3,58	0,06
FG	2,5	5,0	56,67	59,50	58,43	1,34	0,02
FG	2,5	10,0	61,46	100,69	89,51	16,29	0,18
FG	2,5	15,0	88,31	129,25	111,42	18,82	0,17
FG	2,5	30,0	97,40	159,44	132,95	24,10	0,18
FG	2,5	45,0	111,80	152,52	144,01	15,43	0,11
FG	2,5	60,0	138,67	294,50	177,12	63,19	0,36
FG	5,0	1,0	53,46	59,59	56,17	2,41	0,04
FG	5,0	2,0	53,82	59,28	56,36	2,09	0,04
FG	5,0	5,0	55,30	73,00	61,71	6,94	0,11
FG	5,0	10,0	53,53	118,48	94,24	26,48	0,28
FG	5,0	15,0	61,89	130,21	102,95	25,94	0,25
FG	5,0	30,0	139,43	326,07	212,91	74,22	0,35
FG	5,0	45,0	144,63	295,41	207,22	69,01	0,33
FG	5,0	60,0		217,93		-	-
ESG	0,0	-	194,30	238,39	208,91	15,40	0,07
ESG	5,0	1,0	207,26	226,19	212,40	9,22	0,04
ESG	5,0	2,0	212,55	247,85	230,82	18,06	0,08
ESG	5,0	5,0	219,01	287,89	256,85	29,21	0,11
ESG	5,0	10,0	246,41	283,36	264,54	15,96	0,06
ESG	5,0	15,0	252,36	544,40	330,18	121,58	0,37
ESG	5,0	30,0	487,23	786,90	596,47	138,28	0,23
ESG	5,0	45,0	757,65	991,65	902,39	126,48	0,14
ESG	5,0	60,0		660,44		-	-
FG	2,5	15,0	75,71	152,05	105,42	28,81	0,27
FG	5,0	15,0	64,61	141,76	106,72	36,94	0,35

von $\rho \sim 0{,}5\,\text{nm}$ (Abs. 2.3.2) angenommen, sinkt die zu erwartende Biegefestigkeit auf $\sigma_{\text{f,HF}} = 79{,}30\,\text{N}\,\text{mm}^{-2}$ $(\sigma_{\text{f,HF}}/\sigma_{\text{f}} = 1{,}64)$.

Entsprechend Modellvorstellung (2) ist auch eine am Kerbgrund (z. B. infolge einer Materialinhomogenität) resultierende Initiierung eines kleinen Kerbrisses (Abb. 4.8c) vorstellbar. Zur Erfüllung des Versagenskriteriums nach Gl. 4.8, folgt nach Fett (1993) aus der Näherungslösung entsprechend Gl. 4.29 die notwendige Kerbrisstiefe zu $l_{\text{K}} = 7{,}4\,\mu\text{m}$.

Bedingt durch den erheblichen Festigkeitsanstieg erscheint das Verfahren der lokalen Anwendung von Flusssäure zur statischen Ertüchtigung konstruktiver Bauteile aus Glas geeignet. Aufgrund der erhöhten Sichtbarkeit behandelter Kratzspuren eignet es sich jedoch nicht für aus ästhetischen Beweggründen motivierte Sanierungsvorhaben.

11 Zusammenfassung und Ausblick

Die Ursachen für Kratzer auf Glasoberflächen im Bauwesen sind vielseitig. Während kleinere und meist unbedeutende Oberflächendefekte bereits aus der Produktion und Weiterverarbeitung von Glas resultieren, entstehen maßgebliche Schäden auf der Glasoberfläche im Wesentlichen infolge des Bauprozesses, der Glasreinigung und der eigentlichen Nutzung. Im Rahmen der vorliegenden Arbeit wurde die Kratzanfälligkeit von Gläsern im Bauwesen charakterisiert. Für typische Kratzspuren auf Kalk-Natronsilikatglas konnten drei elementare Bestandteile identifiziert werden: Die beim Kratzvorgang erzeugte *Kratzspur*, eine unmittelbar darunter liegende *Verdichtungszone* und ein komplexes *Risssystem*. Die Verdichtungszone ist ein hemisphärischer Bereich unterhalb der Kratzspur, in dem es aufgrund der hohen lokalen Kontaktspannungen zu inelastischen Verformungen des Glases kommt. Das Risssystem besteht aus *Lateral-*, *Radial* und *Tiefenrissen*. Lateralrisse verlaufen dicht unterhalb der Glasoberfläche und bewirken eine optische Verbreiterung des Kratzers. Sofern sie die Glasoberfläche erreichen, kommt es typischerweise zu muschelförmigen Abplatzungen, die auch als *Chipping* bezeichnet werden. Im Gegensatz zu Lateralrissen dringen Tiefenrisse senkrecht in das Glas ein und sind vor allem für eine Reduzierung der Biegefestigkeit verantwortlich. Radialrisse entstehen senkrecht zur Kratzrichtung und dringen ähnlich wie Tiefenrisse in das Material ein. Der Rissursprung von Lateral- und Tiefenrissen liegt dicht unterhalb der Verdichtungszone; die Initiierung von Radialrissen erfolgt hingegen von der Glasoberfläche aus. Während Tiefenrisse zeitgleich mit der Beanspruchung durch den Eindringkörper entstehen und wachsen, findet eine Initiierung der Lateralrisse erst kurz vor Abschluss der Entlastungsphase durch den Eindringkörper statt. Ein durch die Verdichtungszone lokal vorherrschendes Eigenspannungsfeld verursacht ein zeitverzögertes subkritisches Risswachstum der Lateralrisse.

Hinsichtlich der Sensitivität gegenüber Verkratzungen wurde in der vorliegenden Arbeit zwischen einer *optischen* und einer *statisch wirksamen Kratzanfälligkeit* unterschieden. Während erstere die Sichtbarkeit eines Kratzers beschreibt, bezieht sich letztere auf die Reduzierung der Bauteilfestigkeit. Anhand einer systematischen Versuchsdurchführung, bestehend aus Kratz- und Biegeversuchen, konnten die wesentlichen Einflüsse auf die optische und statisch wirksame Kratzanfälligkeit identifiziert werden.

Anhand von bis zu 35 Jahre genutzten Fassaden- und betretbaren Verglasungen aus Einscheibensicherheitsglas konnten reale Schadensmuster von Kratzspuren bestimmt werden. Die Detektion der Oberflächendefekte erfolgte mittels einer fluoreszierenden Eindringprüfung. Mit Hilfe dieser zerstörungsfreien Prüfmethode war es möglich, neben sehr kleinen auch sehr schwach ausgebildete Kratzspuren zuverlässig zu detektieren. Die Untersuchung der Gläser hat gezeigt, dass Verglasungen während ihrer Lebensdauer durch die alltägliche Nutzung (z. B. Reinigung, Betretung/Begehung, etc.) zahlreiche mechanische Oberflächendefekte, sehr häufig in Form von Kratzern, erfahren. Während die eigentliche Kratzspur des Kratzers durchschnittlich 10-30 μm beträgt, erweitern laterale Risse die Rissbreite auf bis zu 300 μm und machen eine Kratzspur somit makroskopisch deutlich sichtbar. Bereiche der Kratzspur, die laterale Abplatzungen aufweisen, erhöhen die makroskopische Sichtbarkeit durch Lichtreflektionen zudem merklich. Anhand der Charakterisierung realer Schadensmuster und von Vorversuchen war es möglich, eine ideale Konfiguration für Kratzversuche zu ermitteln. Für den Lastbereich von 100-1.000 mN (auf den Eindringkörper) konnte hierzu ein konischer 120° Eindringkörper mit einer Spitzenausrundung von 7-8 μm identifiziert werden.

Die Kratzversuche haben gezeigt, dass das laterale Risswachstumsverhalten wesentlich von den atmosphärischen Umgebungsbedingungen abhängt. Für Kratzversuche bei Umgebungsbedingungen von 50,0 $\pm$ 5,0 % rF konnte beobachtet werden, dass die lateralen Rissbreiten von Einscheibensicherheitsglas etwa 30 % größer sind als solche von thermisch entspanntem Floatglas. Gleichzeitig waren laterale Abplatzungen auf Einscheibensicherheitsglas deutlich häufiger ausgebildet. Unter der Einwirkung von Wasser (im flüssigen Aggregatzustand), konnte auch für thermisch entspanntes Floatglas eine vermehrte Ausprägung von lateralen Abplatzungen beobachtet werden. Außerdem waren die resultierenden lateralen Rissbreiten beider Glasarten dabei nahezu identisch. In weiteren Untersuchungen konnte gezeigt werden, dass produktionsbedingte Oberflächenunterschiede, resultierend aus dem Floatprozess (Zinnbad- und Atmosphärenseite) bzw. dem thermischen Vorspannprozess (Rollen- und Luftseite), keinen Einfluss auf die Ausbildung von Lateralrissen haben. Auch ein Einfluss unterschiedlicher Glasschmelzen von Kalk-Natronsilikatglas bzw. eine Herstellerabhängigkeit konnte ausgeschlossen werden. Vergleichende Kratzversuche auf thermisch entspanntem und vorgespanntem Floatglas, chemisch vorgespanntem Kalk-Natronsilikatglas, Aluminosilikatglas sowie einem Saphir-Kristall konnten aufzeigen, dass letztgenannte zu deutlich geringeren lateralen Rissbreiten neigen. Das für Einscheibensicherheitsglas tendenziell schnellere laterale Risswachstum wird auf eine Spannungsumlagerung der thermischen Eigenspannungen zurückgeführt, da diese im Bereich von Oberflächendefekten, wie z. B. der Kratzspur, aus Gleichgewichtsgründen umgelagert werden und hierbei neben den durch die Verdichtungszone verursachten Spannungen zusätzliche für die Lateralrisse risswirksame Spannungen resultieren. Anhand einer 24-stündigen mikroskopischen Dokumentation konnte für eine Zunahme der Oberflächendruckspannungen infolge thermischer oder chemischer Vorspannung ein Anstieg der lateralen Rissgeschwindigkeit beobachtet werden.

Hinsichtlich der *optischen Kratzanfälligkeit* ist festzuhalten, dass Kratzspuren sowohl auf thermisch entspanntem als auch vorgespanntem Floatglas ein laterales Risssystem ausbilden. Lateralrisse auf thermisch entspanntem Floatglas neigen unter normalen Umgebungsbedingungen tendenziell seltener zu lateralen Abplatzungen. Da diese die makroskopische Sichtbarkeit von Kratzspuren im Wesentlichen verantworten, weisen thermisch vorgespannte Gläser diesbezüglich eine höhere Sensibilität auf. Unter Einfluss von Wasser ist auf makroskopischer Ebene für beide Glasarten kein Unterschied in der Ausbildung der lateralen Risse zu beobachten, sodass die optische Kratzanfälligkeit für beide Glasarten unter diesen Umgebungsbedingungen als identisch zu betrachten ist.

Die statisch wirksame Kratzanfälligkeit wurde anhand planmäßig vorgeschädigter Probekörper aus thermisch entspanntem und vorgespanntem Floatglas untersucht. Wie für die Ausbildung von Lateralrissen, konnte auch für Tiefenrisse belegt werden, dass produktionsbedingte Oberflächenunterschieden keinen Einfluss auf die Rissbildung haben. Gleiche Aussage trift auch auf die chemische Zusammensetzung des Waschwassers bei Verwendung von Reinigungsmitteln während der Glasreinigung zu.

Speziell für thermisch entspanntes Floatglas konnte anhand der Untersuchung der Biegefestigkeit unter dem Einfluss von Feuchtigkeit beobachtet werden, dass sehr feuchte Umgebungsbedingungen während der Vorschädigung und der Lagerung eine gegenüber normalen Umgebungsbedingungen (50,0 % rF) festigkeitssteigernde Wirkung (Rissheilung) aufweisen. Hingegen zeigen sehr schwach korrosive Umgebungen ein im Vergleich zu normalen Umgebungsbedingungen weniger ausgeprägtes subkritisches Risswachstum während der Biegeprüfung. Für thermisch vorgespanntes Glas konnte im Gegensatz zu thermisch entspanntem Glas ein geringerer Einfluss durch Wasser während der Lagerung beobachtet werden. Für thermisch entspanntes Floatglas wurden Rissheilungseffekte über einen Zeitraum von 33 Tagen untersucht. Die Biegefestigkeit zeigt für diese Dauer ein asymptotisches Verhalten, wobei bereits nach einem Zeitraum von 24 Stunden bei einer Umgebungsbedingung von 50,0 % rF der Rissheilungsfortschritt zu 70 % bzw. bei Wasserlagerung zu 86 % abgeschlossen war.

Für thermisch vorgespannte Gläser konnte beobachtet werden, dass trotz identischer Vorschädigung die effektive Biegefestigkeit mit zunehmender Oberflächendruckspannung infolge des thermischen Vorspannprozesses steigt. Dies bedeutet, dass die Risslängen festigkeitsmindernder Oberflächendefekte auf thermisch vorgespannten Gläsern geringer sind. Anhand von Untersuchungen mit einem Rasterelektronenmikroskop konnten bei Kratzspuren auf Einscheibensicherheitsglas zwar die typischen Lateralrisse beobachtet werden, jedoch fehlte vereinzelt der festigkeitsmindernde Tiefenriss. Hingegen war dieser bei thermisch entspanntem Floatglas stets ausgebildet.

Anhand der experimentellen Simulation realer Schadensmuster (Glasreinigung, Betretung, etc.) konnte insbesondere für thermisch entspanntes Floatglas beobachtet werden, dass die tatsächlich resultierende charakteristische Festigkeit vereinzelt deutlich geringer ist, als die in der Produktnorm geregelte. Nicht zuletzt Beschädigungen, die aus Reinigungsvorgängen resultieren, bewirken teils sehr große Festigkeitsreduzierungen. Auch für reale Schadensmuster sind auf thermisch vorgespannten Gläsern geringere Risstiefen beobachtet worden. Gleichzeitig wurden die in den Produktnormen definierten charakteristischen Festigkeiten im Gegensatz zu thermisch entspanntem Floatglas deutlich seltener unterschritten.

Besonders Kratzspuren, die durch die Verwendung eines *Glashobels* induziert wurden, weisen auf allen Glasarten sehr große Risstiefen auf. Daher wird empfohlen auf die Verwendung eines Glashobels zur Glasreinigung, auch bei nur lokaler Anwendung, zu verzichten. Vielmehr sollte eine Verschmutzung von Glasscheiben noch vor der bauseitigen Erstreinigung durch geeignete Schutzmaßnahmen (z. B. Abkleben mit einer Folie) frühzeitig unterbunden werden.

Hinsichtlich der *statisch wirksamen Kratzanfälligkeit* konnte im Rahmen dieser Arbeit beobachtet werden, dass Kratzspuren sowohl auf thermisch entspanntem als auch vorgespanntem Floatglas festigkeitsmindernde Tiefenrisse aufweisen. Aufgrund der wirksamen Oberflächendruckspannung sind die empirisch ermittelten Risstiefen in thermisch vorgespannten Gläsern kleiner. Diese Ergebnisse konnten auch auf Grundlage einer bruchmechanischen Betrachtung bestätigt werden.

Des Weiteren wurden Methoden zur Sanierung (abrasives Polieren und lokales Ätzen mit Flusssäure) zerkratzter Glasscheiben untersucht. Bis auf wenige Einschränkungen konnten Kratzspuren optisch zufriedenstellend durch das Polierverfahren von der Glasoberfläche entfernt werden. Allerdings wurden durch das Verfahren weitere Oberflächendefekte auf der Glasoberfläche erzeugt, sodass neben der planmäßigen Vorschädigung eine zusätzliche Verminderung der Biegefestigkeit beobachtet werden konnte. Daher sollte das Polierverfahren nur bei statisch unbeanspruchten Gläsern zur Anwendung kommen. Für die lokale Anwendung von stark verdünnter Flusssäure konnte hingegen ein erheblicher Festigkeitsanstieg beobachtet werden. Allerdings neigten Kratzspuren nach einer solchen Behandlung zu einer höheren makroskopischen Sichtbarkeit.

In der vorliegenden Arbeit wurde eine quantitative Beurteilung der Festigkeitsminderung infolge realer Schadensmuster durchgeführt. Zwar ist eine Einschätzung der Tragfähigkeit derartig geschädigter Gläser auf Grundlage dieser Datenbasis möglich, jedoch sollten zu einer noch genaueren und zuverlässigeren Einschätzung die technischen Möglichkeiten der zerstörungsfreien Vermessung von Tiefenrissen weiter untersucht werden. Insbesondere das Verfahren der Weißlichtinterferometrie erscheint hierzu geeignet. Unter Umständen sind spezielle Beschichtungen auf Glasoberflächen zur Reduzierung der Kratzanfälligkeit geeignet. Bereits heute werben einige Hersteller mit derartigen Schutzschichten. Diese sollten hinsichtlich ihrer tatsächlichen Eignung und Dauerhaftigkeit bewertet und charakterisiert werden. In zukünftigen Studien sollten außerdem Rissheilungseffekte und deren molekulare Mechanismen für thermisch entspannte und vorgespannte Gläser weiter erforscht werden. Weiterführend sollten die in der vorliegenden Arbeit durchgeführten bruchmechanischen Betrachtungen der Rissinitiierung von Lateral- und Tiefenrissen, basierend auf existierenden analytischen Lösungsansätzen zur Beschreibung der Kontaktspannungsverteilung unter einem Eindringkörper, durch numerische Vergleichsrechnungen unter Berücksichtigung des komplexen Materialverhaltens in der Verdichtungszone und des zeitabhängigen Risswachstums verifiziert werden.

Literaturverzeichnis

3M (2002): 3M Glas-Reparatursystem Trizcat Glas-Schleifwerkzeug.

Abegg, B. & Dür, B. H. (2007): Argumentation für Kratzersanierung auf thermisch vorgespanntem Glas. Technischer Bericht, Vetrox AG, Schindellegi/CH.

Abrams, M. B., Green, D. J. & Jill Glass, S. (2003): Fracture behavior of engineered stress profile soda lime silicate glass. In: *Journal of Non-Crystalline Solids*, **321**, 1–2: 10–19.

Anstis, G. R., Chantikul, P., Lawn, B. R. & Marshall, D. B. (1981): A critical evaluation of indentation techniques for measuring fracture toughness – part I: Direct crack measurements. In: *Journal of the American Ceramic Society*, **64**, 9: 533–538.

Arora, A., Marshall, D. B., Lawn, B. R. & Swain, M. V. (1979): Indentation deformation/fracture of normal and anomalous glasses. In: *Journal of Non-Crystalline Solids*, **31**, 3: 415–428.

Asmec GmbH (2012): UNAT-Software InspectorX Version 2. Handbuch, Radeberg.

ASTM G171, Standard Test Method for Scratch Hardness of Materials Using a Diamond Stylus. ASTM International, West Conshohocken (Pennsylvania/US) 2003.

Bager Olesen, M. & Krøigaard Smed, S. (2011): Superglas - Undersøgelse af styrkeforøgende ætsning af SLS-glas. Bachelorarbeit, Danmarks Tekniske Universitet, Institut For Byggeteknologi.

Bando, Y., Ito, S. & Tomozawa, M. (1984): Direct observation of crack tip geometry of SiO2 glass by high-resolution electron microscopy. In: *Journal of the American Ceramic Society*, **67**, 3: C36–C37.

Bartoe, R. D. (2001): The dynamics of ceramic rollers and operating and maintenancs practices to produce quality tempered glass.

Bartoe, R. D., Caillaud, F., Dodsworth, J. & Osele, J. (1999): Maximizing ceramic furnace roll performance. In: *USGlass Magazine*, **34**, 6: 33–37.

Beer, U. (1996): Vergleich der Kratzfestigkeit verschiedener Einscheibensicherheitsgläser mit nicht vorgespannten Floatgläsern. Diplomarbeit, Technische Universität Clausthal, Institut für nichtmetallische Werkstoffe.

BGI 576 (2012): BG RCI – Berufsgenossenschaft Rohstoffe und chemische Industrie: Merkblatt M 005 (BGI 576): Fluorwasserstoff, Flusssäure und anorganische Fluoride.

Blank, K. (1993): Dickenbemessung von vierseitig gelagerten rechteckigen Glasscheiben unter gleichförmiger Flächenlast. Technischer Bericht, Institut für Konstruktiven Glasbau, Gelsenkirchen.

Borrero-López, O., Hoffman, M., Bendavid, A. & Martin, P. J. (2010): The use of the scratch test to measure the fracture strength of brittle thin films. In: *Thin Solid Films*, **518**, 17: 4911–4917.

Bousbaa, C., Madjoubi, A., Hamidouche, M. & Bouaouadja, N. (2003): Effect of annealing and chemical strengthening on soda lime glass erosion wear by sand blasting. In: *Journal of the European Ceramic Society*, **23**, 2: 331–343.

Boussinesq, J. (1885): Application des potentiels à l'étude de l'équilibre et du mouvement des solides élastiques. Gauthier-Villars, Paris.

Bridgman, P. W. (1953): The effect of pressure on the tensile properties of several metals and other materials. In: *Journal of Applied Physics*, **24**, 5: 560–570.

Bridgman, P. W. & Šimon, I. (1953): Effects of very high pressure on glass. In: *Journal of Applied Physics*, **24**, 4: 405–413.

Bucak, O. (1999): Glas im konstrutktivem Ingenieurbau. In: Kuhlmann, U. (Hrsg.): *Stahlbau-Kalender 1999*. Ernst & Sohn, Berlin.

Bucak, O. & Schuler, C. (2008): Glas im konstrutktivem Ingenieurbau. In: Kuhlmann, U. (Hrsg.): *Stahlbau-Kalender 2008*. Ernst & Sohn, Berlin.

Budd, S. M. (1961): The mechanisms of chemical reaction between silicate glass and attacking agents - Part 1: Electrophilic and nucleophilic mechanims of attack. In: *Physics and Chemistry of Glasses*, **2**, 4: 111–114.

Bulychev, S. I. (1999): Relation between the reduced and unreduced hardness in nanomicroindentation tests. In: *Technical Physics*, **44**, 7: 775–781.

Bundesinnungsverband des Gebäudereiniger-Handwerks (2001): Fachinformation zur Glasreinigung: Reinigungsprobleme bei Einscheibensicherheitsglas (ESG).

Bundesinnungsverband des Glaserhandwerks (2001): Reinigung von ESG-Glas. Musterhaftungsausschlusserklärung, Bonn.

Bundesinnungsverband des Glaserhandwerks (2003): Merkblatt zur Glasreinigung.

Bundesverband Flachglas (2009): Richtlinie zur Beurteilung der visuellen Qualität von Glas für das Bauwesen.

Bundesverband Flachglas (2012): Reinigung von Glas.

Bunker, B. C. (1994): Molecular mechanisms for corrosion of silica and silicate glasses. In: *Journal of Non-Crystalline Solids*, **179**, 1: 300–308.

Burghard, Z., Zimmermann, A., Rödel, J., Aldinger, F. & Lawn, B. R. (2004): Crack opening profiles of indentation cracks in normal and anomalous glasses. In: *Acta Materialia*, **52**, 2: 293–297.

Busch, D. M. (1968): Ritz- und Verschleißuntersuchung an spröden Werkstoffen mit einzelkornbesctückten Harstoffwerkzeugen. Doktorarbeit, Technische Hochschule Hannover, Fakultät für Maschinenwesen, Hannover.

Carturan, G., Khandelwal, N., Tognana, L. & Sglavo, V. M. (2007): Strengthening of soda-lime-silica glass by surface treatment with sol–gel silica. In: *Journal of Non-Crystalline Solids*, **353**, 16–17: 1540–1545.

Chacham, H. & Kleinman, L. (2000): Instabilities in diamond under high shear stress. In: *Physical Review Letters*, **85**, 23: 4904–4907.

Charles, R. J. (1958): Dynamic fatigue of glass. In: *Journal of Applied Physics*, **29**, 12: 1657–1662.

Charles, R. J. & Hillig, W. B. (1962): The kinetics of glass failure by stress corrosion.

Chaudhri, M. M. & Phillips, M. A. (1990): Quasi-static indentation cracking of thermally tempered soda-lime glass with spherical and vickers indenters. In: *Philosophical Magazine A*, **62**, 1: 1–27.

Cheng, W., Ling, E. & Finnle, I. (1990): Median cracking of brittle solids due to scribing with sharp indenters. In: *Journal of the American Ceramic Society*, **73**, 3: 580–586.

Chiang, S. S., Marshall, D. B. & Evans, A. G. (1982): The response of solids to elastic/plastic indentation. I. Stresses and residual stresses. In: *Journal of Physics*, **53**, 1: 298–311.

Chiu, W. C., Thouless, M. D. & Endres, W. J. (1998): An analysis of chipping in brittle materials. In: *International Journal of Fracture*, **90**, 4: 287–298.

Christoffer, J. (1990): Ermittlung von Schneelasten in Abhängigkeit von der Liegedauer. Technischer Bericht, Institut für Bautechnik & Deutscher Wetterdienst, Stuttgart.

Ciccotti, M. (2009): Stress-corrosion mechanisms in silicate glasses. In: *Journal of Physics D: Applied Physics*, **42**, 21: 1–18.

Cohen, H. M. & Roy, R. (1961): Effects of ultra high pressures on glass. In: *Journal of the American Ceramic Society*, **44**, 10: 523–524.

Colombin, L., Charlier, H., Jelli, A., Debras, G. & Verbist, J. (1980): Penetration of tin in the bottom surface of float glass: A synthesis. In: *Journal of Non-Crystalline Solids*, **38–39**, 2: 551–556.

Connolly, D., Stockton, A. C. & O'Sullivan, T. C. (1989): Large-deformation strength analysis of chemically strengthened glass disks. In: *Journal of the American Ceramic Society*, **72**, 5: 859–863.

Conway, J. C. & Kirchner, H. P. (1980): The mechanics of crack initiation and propagation beneath a moving sharp indentor. In: *Journal of Materials Science*, **15**, 11: 2879–2883.

Cook, R. F. & Pharr, G. M. (1990): Direct observation and analysis of indentation cracking in glasses and ceramics. In: *Journal of the American Ceramic Society*, **73**, 4: 787–817.

Cook, R. F. & Roach, D. H. (1986): The effect of lateral crack growth on the strength of contact flaws in brittle materials. In: *Journal of Materials Research*, **1**, 4: 589–600.

Creager, M. & Paris, P. C. (1967): Elastic field equations for blunt cracks with reference to stress corrosion cracking. In: *International Journal of Fracture Mechanics*, **3**, 4: 247–252.

Custers, J. F. H. (1949): Plastic deformation of glass during scratching. In: *Nature*, **164**, 4171: 627.

Czichos, H. & Habig, K.-H. (2010): Tribologie-Handbuch: Tribometrie, Tribomaterialien, Tribotechnik. 3. Aufl. Vieweg + Teubner, Wiesbaden.

Czichos, H. & Hennecke, M. (2012): HÜTTE - Das Ingenieurwissen. 34. Aufl. Springer, Berlin, Heidelberg.

Dannheim, H., Oel, H. J. & Prechtl, W. (1981): Einfluß der Vorspannung auf die Oberflächendefektentstehung bei thermisch vorgespannten Flachgläsern. In: *Glastechnische Berichte*, **54**, 10: 312–318.

Dengel, D. (1973): Wichtige Gesichtspunkte für die Härtemessung nach Vickers und nach Knoop im Bereich der Kleinlast- und Mikrohärte. In: *Materialwissenschaft und Werkstofftechnik*, **4**, 6: 292–298.

DIN 1259-1, Glas – Teil 1: Begriffe für Glasarten und Glasgruppen. Beuth, Berlin 2001.

DIN 1259-2, Glas – Teil 2: Begriffe für Glaserzeugnisse. Beuth, Berlin 2001.

DIN 18008-1, Glas im Bauwesen – Bemessungs- und Konstruktionsregeln – Teil 1: Begriffe und allgemeine Grundlagen. Beuth, Berlin 2010.

DIN 18008-2, Glas im Bauwesen – Bemessungs- und Konstruktionsregeln – Teil 2: Linienförmig gelagerte Verglasungen. Beuth, Berlin 2010.

DIN 18008-4, Glas im Bauwesen – Bemessungs- und Konstruktionsregeln – Teil 4: Zusatzanforderungen an absturzsichernde Verglasungen. Beuth, Berlin 2013.

DIN 18008-5, Glas im Bauwesen – Bemessungs- und Konstruktionsregeln – Teil 5: Zusatzanforderungen an begehbare Verglasungen. Beuth, Berlin 2013.

DIN 18361, VOB Vergabe- und Vertragsordnung für Bauleistungen – Teil C: Allgemeine Technische Vertragsbedingungen für Bauleistungen (ATV) – Verglasungsarbeiten. Beuth, Berlin 2012.

DIN EN 12150-1, Glas im Bauwesen – Thermisch vorgespanntes Kalknatron-Einscheibensicherheitsglas – Teil 1: Definition und Beschreibung; Deutsche Fassung EN 12150-1 : 2000. Beuth, Berlin 2000.

DIN EN 12337-1, Glas im Bauwesen – Chemisch vorgespanntes Kalknatronglas – Teil 1: Definition und Beschreibung; Deutsche Fassung 12337-1:2000. Beuth, Berlin 2000.

DIN EN 12600, Glas im Bauwesen – Pendelschlagversuch – Verfahren für die Stoßprüfung und Klassifizierung von Flachglas; Deutsche Fassung EN 12600:2002. Beuth, Berlin 2003.

DIN EN 1288-1, Glas im Bauwesen – Bestimmung der Biegefestigkeit von Glas – Teil 1: Grundlagen; Deutsche Fassung EN 1288-1:2000. Beuth, Berlin 2000.

DIN EN 1288-2, Glas im Bauwesen – Bestimmung der Biegefestigkeit von Glas – Teil 2: Doppelring-Biegeversuch an plattenförmigen Proben mit großen Prüfflächen; Deutsche Fassung EN 1288-2:2000. Beuth, Berlin 2000.

DIN EN 1288-3, Glas im Bauwesen – Bestimmung der Biegefestigkeit von Glas – Teil 5: Prüfung von Proben bei zweiseitiger Auflagerung (Vierschneiden-Verfahren); Deutsche Fassung 1288-3:2000. Beuth, Berlin 2000.

DIN EN 1288-5, Glas im Bauwesen – Bestimmung der Biegefestigkeit von Glas – Teil 5: Doppelring-Biegeversuch an plattenförmigen Proben mit kleinen Prüfflächen; Deutsche Fassung EN 1288-5:2000. Beuth, Berlin 2000.

DIN EN 14323, Holzwerkstoffe – Melaminbeschichtete Platten zur Verwendung im Innenbereich – Prüfverfahren; Deutsche Fassung EN 14323:2004. Beuth, Berlin 2004.

DIN EN 15186, Möbel – Bewertung der Kratzfestigkeit von Oberflächen; Deutsche Fassung prEN 15186:2012. Beuth, Berlin 2012.

DIN EN 1748-1-1, Glas im Bauwesen – Spezielle Basiserzeugnisse – Borosilicatgläser – Teil 1-1: Definitionen und allgemeine physikalische und mechanische Eigenschaften; Deutsche Fassung EN 1748-1-1:2004. Beuth, Berlin 2004.

DIN EN 1863-1, Glas im Bauwesen – Teilvorgespanntes Kalknatronglas – Teil 1: Definition und Beschreibung; Deutsche Fassung 1863-1:2011. Beuth, Berlin 2012.

DIN EN 1990, Eurocode: Grundlagen der Tragwerksplanung; Deutsche Fassung EN 1990:2002 + A1:2005 + A1:2005/AC:2010. Beuth, Berlin 2010.

DIN EN 1991-1-4, Eurocode 1: Einwirkungen auf Tragwerke – Teil 1-4: Allgemeine Einwirkungen – Windlasten; Deutsche Fassung EN 1991-1-4:2005 + A1:2010 + AC:2010. Beuth, Berlin 2010.

DIN EN 1991-1-4/NA, Nationaler Anhang – National festgelegte Parameter – Eurocode 1: Einwirkungen auf Tragwerke – Teil 1-4: Allgemeine Einwirkungen – Windlasten. Beuth, Berlin 2010.

DIN EN 438-2, Dekorative Hochdruck-Schichtpressstoffplatten (HPL) – Platten auf Basis härtbarer Harze (Schichtpressstoffe) – Teil 2: Bestimmung der Eigenschaften; Deutsche Fassung EN 438-2:2005. Beuth, Berlin 2005.

DIN EN 571-1, Zerstörungsfreie Eindringprüfung – Teil 1: Allgemeine Grundlagen; Deutsche Fassung EN 571-1: 1997. Beuth, Berlin 1997.

DIN EN 572-1, Glas im Bauwesen – Basiserzeugnisse aus Kalk-Natronsilicatglas – Teil 1: Definitionen und allgemeine physikalische und mechanische Eigenschaften; Deutsche Fassung EN 572-1:2012. Beuth, Berlin 2012.

DIN EN 572-2, Glas im Bauwesen - Basiserzeugnisse aus Kalk-Natronsilicatglas - Teil 2: Floatglas; Deutsche Fassung EN 572-2:2012. Beuth, Berlin 2012.

DIN EN ISO 1518-1, Beschichtungsstoffe – Bestimmung der Kratzbeständigkeit – Teil 1: Verfahren mit konstanter Last (ISO 1518-1:2011); Deutsche Fassung EN ISO 1518-1:2011. Beuth, Berlin 2011.

DIN EN ISO 1518-2, Beschichtungsstoffe – Bestimmung der Kratzbeständigkeit – Teil 2: Verfahren mit kontinuierlich ansteigender Last (ISO 1518-2:2011); Deutsche Fassung EN ISO 1518-2:2011. Beuth, Berlin 2012.

DIN EN ISO 4545-1, Metallische Werkstoffe – Härteprüfung nach Knoop – Teil 1: Prüfverfahren (ISO 4545-1:2005); Deutsche Fassung EN ISO 4545-1:2005. Beuth, Berlin 2006.

DIN EN ISO 6506-1, Metallische Werkstoffe – Härteprüfung nach Brinell – Teil 1: Prüfverfahren (ISO 6506-1:2015); Deutsche Fassung EN ISO 6506-1:2015. Beuth, Berlin 2015.

DIN EN ISO 6507-1, Metallische Werkstoffe – Härteprüfung nach Vickers – Teil 1: Prüfverfahren (ISO 6507-1:2005); Deutsche Fassung EN ISO 6507-1:2005. Beuth, Berlin 2006.

DIN EN ISO 6508-1, Metallische Werkstoffe – Härteprüfung nach Rockwell – Teil 1: Prüfverfahren (Skalen A, B, C, D, E, F, G, H, K, N, T) (ISO 6508-1:2005); Deutsche Fassung EN ISO 6508-1:2005. Beuth, Berlin 2006.

Donald, I. W. (1989): Methods for improving the mechanical properties of oxide glasses. In: *Journal of Materials Science*, **24**, 12: 4177–4208.

Duffer, P. F. (2011): A brief commentary on the indentation fracture of brittle solids with respect to tht special case of glass surface scratching. Technischer Bericht.

Duffer, P. F. (2012): A summary of responses to questions posed by the IWCA glass committee related to the article entitled: »Maximizing ceramic furnace roll performance«. Technischer Bericht.

Dwivedi, P. J. & Green, D. J. (1995): Determination of subcritical crack growth parameters by in situ observation of indentation cracks. In: *Journal of the American Ceramic Society*, **78**, 8: 2122–2128.

E DIN 18008-6, Glas im Bauwesen – Bemessungs- und Konstruktionsregeln – Teil 6: Zusatzanforderungen an zu Instandhaltungsmaßnahmen betretbare Verglasungen. Beuth, Berlin 2015.

E DIN EN ISO 14577-1, Metallische Werkstoffe - Instrumentierte Eindringprüfung zur Bestimmung der Härte und anderer Werkstoffparameter - Teil 1: Prüfverfahren (ISO/DIS 14577-1:2012); Deutsche Fassung prEN ISO 14577-1:2012. Beuth, Berlin 2012.

E DIN EN ISO 14577-2, Metallische Werkstoffe – Instrumentierte Eindringprüfung zur Bestimmung der Härte und anderer Werkstoffparameter – Teil 2: Prüfung und Kalibrierung der Prüfmaschine (ISO/DIS 14577-2:2012); Deutsche Fassung prEN ISO 14577-2:2012. Beuth, Berlin 2012.

Engel, A. (2011): Untersuchung der Festigkeit von planmäßig vorgeschädigtem Glas. Bachelorarbeit, Technische Universität Darmstadt, Institut für Werkstoffe und Mechanik im Bauwesen.

Erdogan, F. & Sih, G. C. (1963): On the crack extension in plates under plane loading and transverse shear. In: *Journal of Basic Engineering*, **85**, 4: 519–525.

Eremets, M. I., Trojan, I. A., Gwaze, P., Huth, J., Boehler, R. & Blank, V. D. (2005): The strength of diamond. In: *Applied Physics Letters*, **87**, 14: 141902.

Ernsberger, F. M. (1968): Role of densification in deformation of glasses under point loading. In: *Journal of the American Ceramic Society*, **51**, 10: 545–547.

Esenwein, P. (1980-1981): Fensterverschmutzung durch ausgelaugte Zementbestandteile. In: *Cementbulletin*, **48-49**, 9: 1–4.

Etzold, A. (2003): Gebäudeverglasungen - Beschädigungen durch fehlerhaftes Reinigen und unzureichende Schutzmaßnahmen. In: Zimmermann, G. (Hrsg.): *Bauschäden-Sammlung, Band 14*, Bd. Band 14, 70–71. Fraunhofer IRB Verlag, Stuttgart.

Evans, A. G. & Wiederhorn, S. M. (1974): Proof testing of ceramic materials – An analytical basis for failure prediction. In: *International Journal of Fracture*, **10**, 3: 379–392.

Evers, M. (1964): Die Kennzeichnung der Mikroduktilität von Gläsern durch ihre innere Reibung. In: *Glastechnische Berichte*, **37**, 7: 345–348.

Fett, T. (1990): Stress intensity factors and weight functions for edge cracked plate calculated by the boundary collocation method. Technischer Bericht, Kernforschungszentrum Karlsruhe GmbH, Institut für Materialforschung, Karlsruhe.

Fett, T. (1993): Stress intensity factors and weight functions for cracks in front of notches. Technischer Bericht, Kernforschungszentrum Karlsruhe GmbH, Institut für Materialforschung, Karlsruhe.

Fett, T. & Munz, D. (1994): Stress intensity factors and weight functions for one-dimensional cracks. Technischer Bericht, Kernforschungszentrum Karlsruhe GmbH, Institut für Materialforschung, Karlsruhe.

Fink, A. (2000): Ein Beitrag zum Einsatz von Floatglas als dauerhaft tragender Konstruktionswerkstoff im Bauwesen. Doktorarbeit, Technische Universität Darmstadt, Institut für Statik, Darmstadt.

Fischer-Cripps, A. C. (2004): A simple phenomenological approach to nanoindentation creep. In: *Materials Science and Engineering: A*, **385**, 1–2: 74–82.

Fischer-Cripps, A. C. (2007): Introduction to Contact Mechanics. 2. Aufl. Springer US, Boston.

Fletcher, P. C. & Tillman, J. J. (1964): Effect of silicone quenching and acid polishing on the strength of glass. In: *Journal of the American Ceramic Society*, **47**, 8: 379–381.

Franz, H. (1987): Glass surface improvements by chemical reactions and thin film deposition. In: *Glastechnische Berichte*, **60**, 5: 182–186.

Freiman, S. W. (1974): Effect of alcohols on crack propagation in glass. In: *Journal of the American Ceramic Society*, **57**, 8: 350–353.

Freiman, S. W., Wiederhorn, S. M. & Mecholsky, J. J. (2009): Environmentally enhanced fracture of glass – A historical perspective. In: *Journal of the American Ceramic Society*, **92**, 7: 1371–1382.

Fröhlich, F., Grau, P. & Grellmann, W. (1977): Performance and analysis of recording microhardness tests. In: *Physica Status Solidi (a)*, **42**, 1: 79–89.

Gehrke, E. & Ullner, C. (1988): Makroskopisches Rißwachstum, Inertfestigkeit und Ermüdungsverhalten silikatischer Gläser. Doktorarbeit, Akademie der Wissenschaften der DDR, Forschungsbereich Chemie - Zentralinstitut für anorganische Chemie - Bereich Glas/Keramik, Berlin.

Gehrke, E., Ullner, C. & Hähnert, M. (1987): Correlation between multistage crack growth and time-dependent strength in commercial silicate glasses. In: *Glastechnische Berichte*, **60**, 8: 268–278.

Gehrke, E., Ullner, C. & Hähnert, M. (1990): Effect of corrosive media on crack growth of model glasses and commercial silicate glasses. In: *Glastechnische Berichte*, **63**, 9: 255–265.

Gehrke, E., Ullner, C. & Hähnert, M. (1991): Fatigue limit and crack arrest in alkali-containing silicate glasses. In: *Journal of Materials Science*, **26**, 20: 5445–5455.

Ghosal, A. K. & Biswas, S. K. (1993): Examination of stress fields in elastic-plastic indentation. In: *Philosophical Magazine Part B*, **67**, 3: 371–387.

GlasStress Ltd. (2010): Scattered Light Polariscope SCALP-04 – Instruction Manual Ver. 4.5.1. Handbuch, Tallinn.

Griffith, A. A. (1921): The phenomena of rupture and flow in solids. In: *Philosophical Transactions of the Royal Society of London*, **A221**, 1: 163–198.

Gross, D. & Seelig, T. (2007): Bruchmechanik – Mit einer Einführung in die Mikromechanik. 4. Aufl. Springer, Berlin.

Grönegräs, W. (1989): Der Glashobel, ein Gerät des Gebäudereinigers - Der tägliche Schadensfall: 11. In: *Glaswelt*, **42**, 11: 32.

Grönegräs, W. (1992): Kratzer und kein Ende - Der tägliche Schadensfall: 27. In: *Glaswelt*, **45**, 1: 58.

Grönegräs, W. (1995): Quarz auf Glas verrieben - Der tägliche Schadensfall: 58. In: *Glaswelt*, **48**, 9: 12–18.

GS-BAU-18, Grundsätze für die Prüfung und Zertifizierung der bedingten Betretbarkeit oder Durchsturzsicherheit von Bauteilen bei Bau- oder Instandhaltungsarbeiten. BG BAU - Berufsgenossenschaft der Bauwirtschaft, Berlin 2001.

Gu, W. & Yao, Z. (2011): Evaluation of surface cracking in micron and sub-micron scale scratch tests for optical glass BK7. In: *Journal of Mechanical Science and Technology*, **25**, 5: 1167–1174.

Guin, J.-P., Wiederhorn, S. M. & Fett, T. (2005): Crack-tip structure in soda–lime–silicate glass. In: *Journal of the American Ceramic Society*, **88**, 3: 652–659.

Gy, R. (2003): Stress corrosion of silicate glass: A review. In: *Journal of Non-Crystalline Solids*, **316**, 1: 1–11.

Hagan, J. T. & Swain, M. V. (1978): The origin of median and lateral cracks around plastic indents in brittle materials. In: *Journal of Physics D: Applied Physics*, **11**, 15: 2091.

Haldimann, M. (2006): Fracture strength of structural glass elements – Analytical and numerical modelling, testing and design. Doktorarbeit, École Polytechnique Fédérale de Lausanne, Faculté de L'Environnement Naturel, Architectural et Construit – Steel Structures Laboratory (ICOM), Lausanne.

Hayashida, K., King, G. L., Tesinsky, J. & Wittenbrug, D. R. (1972): Rationale for windshield glass system specifications requirements for shuttle orbiter. Technischer Bericht SD 72-SH-0122 / NAS1 10957, Space Division - North American Rockwell.

Hénaux, S. & Creuzet, F. (1997): Kinetic fracture of glass at the nanometer scale. In: *Journal of Materials Science Letters*, **16**, 12: 1008–1011.

Herrmann, K. (2007): Härteprüfung an Metallen und Kunststoffen – Grundlagen und Überblick zu modernen Verfahren. Expert-Verlag, Renningen.

Hertz, H. (1881): Ueber die Berührung fester elastischer Körper. In: *Journal für die reine und angewandte Mathematik*, **92**: 156–171.

Hertz, H. (1896): Miscellaneous papers. Macmillan and Co., Ltd., New York.

Hesse, K. (1928): Die Glasveredelung. Das Glas in Einzeldarstellungen. Akademische Verlagsgesellschaft Leipzig, Leipzig.

Hill, R. (1950): The mathematical theory of plasticity. Clarendon Press, Oxford.

Howes, V. R. & Szameitat, A. (1984): Morphology of sub-surface cracks below the scratch produced on soda lime glass by a disc cutter. In: *Journal of Materials Science Letters*, **3**, 10: 872–874.

Huber, M. T. (1904): Zur Theorie der Berührung fester elastischer Körper. In: *Annalen der Physik*, **319**, 6: 153–163.

Häse, A. (2006): Miniaturmessverfahren zur Bestimmung mechanischer Kennwerte von Lotwerkstoffen aus der Mikroelektronik. Doktorarbeit, Technische Universität Berlin, Verkehrs- und Maschinensysteme, Berlin.

ift Rosenheim (2005): Vergleich der Ritzfestigkeit mit dem Härteprüfverfahren nach Mohs von Floatglas und ESG. Technischer Bericht, ift Rosenheim.

Inglis, C. E. (1913): Stresses in a plate due to the presence of cracks and sharp corners. In: *Transactions of the Royal Institution of Naval Architects*, **55**, 1: 219–241.

Innowep GmbH (2011): UST V5.01. Handbuch, Würzburg.

Irwin, G. R. & Washington, D. C. (1957): Analysis of stresses and strains near the end of a crack traversing a plate. In: *Journal of Applied Mechanics*, **24**: 361–364.

Ito, S. & Tomozawa, M. (1982): Crack blunting of high-silica glass. In: *Journal of the American Ceramic Society*, **65**, 8: 368–371.

Jebsen-Marwedel, H. & Brückner, R. (2011): Glastechnische Fabrikationsfehler: »Pathologische« Ausnahmezustände des Werkstoffes Glas und ihre Behebung – Eine Brücke zwischen Wissenschaft, Technologie und Praxis. Springer, Berlin, Heidelberg.

Jebsen-Marwedel, H. & von Stösser, K. (1939): Der Mechanismus des Schneidens von Glas und die Schwächung des Glases durch den Schnitt. In: *Glastechnische Berichte*, **17**, 1: 1–11.

Johnson, K. L. (1970): The correlation of indentation experiments. In: *Journal of the Mechanics and Physics of Solids*, **18**, 2: 115–126.

Johnson, K. L. (2003): Contact mechanics. Cambridge Univ. Press, Cambridge.

Karlsson, S., Jonson, B. & Stålhandske, C. (2010): The technology of chemical glass strengthening a review. In: *Glass Technology - European Journal of Glass Science and Technology Part A*, **51**, 2: 41–54.

Kašiarová, M., Rouxel, T., Sangleboeuf, J. C. & Le Houérou, V. (2005): Fractographic analysis of surface flaws in glass. In: *Key Engineering Materials*, **290**, Fractography of Advanced Ceramics II: 300–303.

Kerkhof, F. (1975): Bruchmechanische Analyse von Schadensfällen an Gläsern. In: *Glastechnische Berichte*, **48**, 6: 112–124.

Kerkhof, F., Richter, H. & Stahn, D. (1981): Festigkeit von Glas – Zur Abhängigkeit von Belastungsdauer und -verlauf. In: *Glastechnische Berichte*, **54**, 8: 265–277.

Khrushchov, M. M. & Berkovich, E. S. (1951): Methods of determining the hardness of very hard materials – The hardness of diamaond. In: *Industrial Diamond Review*, **11**, 2: 42–49.

Kick, F. (1885): Das Gesetz der proportionalen Widerstände und seine Anwendungen: Nebst Versuchen über das Verhalten verschiedener Materialien bei gleichen Formänderungen sowohl unter der Presse als dem Schlagwerk. Felix, Leipzig.

Kirchner, H. P. & Kirchner, J. W. (1979): Fracture mechanics of fracture mirrors. In: *Journal of the American Ceramic Society*, **62**, 3-4: 198–202.

Kistler, S. S. (1962): Stresses in glass produced by nonuniform exchange of monovalent ions. In: *Journal of the American Ceramic Society*, **45**, 2: 59–68.

Kitaigorodsky, I. L. (1957): Technologie des Glases. VEB Verlag Technik u. R. Oldenbourg, Berlin/München.

Kobrick, R. L., Klaus, D. M. & Street, K. W. (2010): Standardization of a volumetric displacement measurement for two-body abrasion scratch test data analysis. Technischer Bericht NASA/TM-2010-216347, National Aeronautics and Space Administration (NASA), Glenn Research Center, Cleveland, Ohio/US.

Kobrick, R. L., Klaus, D. M. & Street, K. W. (2011): Validation of proposed metrics for two-body abrasion scratch test analysis standards. Technischer Bericht NASA/TM-2011-216940, National Aeronautics and Space Administration (NASA), Glenn Research Center, Cleveland, Ohio/US.

Kolli, M., Hamidouche, M., Bouaouadja, N. & Fantozzi, G. (2009): HF etching effect on sandblasted soda-lime glass properties. In: *Journal of the European Ceramic Society*, **29**, 13: 2697–2704.

Kranich, J. F. & Scholze, H. (1976): Einfluß verschiedener Messbedingungen auf die Knoop-Mikrohärte von Gläsern. In: *Glastechnische Berichte*, **49**, 6: 135–143.

Kurkjian, C. R., Gupta, P. K., Brow, R. K. & Lower, N. (2003): The intrinsic strength and fatigue of oxide glasses. In: *Journal of Non-Crystalline Solids*, **316**, 1: 114–124.

Küffner, P. & Lummertzheim, O. (2004): Fassadenverglasung aus Sicherheitsglas - Verkratzungen an Einscheibensicherheitsglas (ESG). In: Zimmermann, G. & Schumacher, R.

(Hrsg.): *Bauschadensfälle - Band 5*, Bd. 5, 76–79. Fraunhofer IRB Verlag, Stuttgart.

Lawn, B. R. (1993): Fracture of brittle solids. Cambridge solid state science series, 2. Aufl. Cambridge Univ. Press, Cambridge.

Lawn, B. R., Dabbs, T. P. & Fairbanks, C. J. (1983): Kinetics of shear-activated indentation crack initiation in soda-lime glass. In: *Journal of Materials Science*, **18**, 9: 2785–2797.

Lawn, B. R. & Evans, A. G. (1977): A model for crack initiation in elastic/plastic indentation fields. In: *Journal of Materials Science*, **12**, 11: 2195–2199.

Lawn, B. R., Evans, A. G. & Marshall, D. B. (1980): Elastic/plastic indentation damage in ceramics: The median/radial crack system. In: *Journal of the American Ceramic Society*, **63**, 9-10: 574–581.

Lawn, B. R. & Fuller, E. R. (1975): Equilibrium penny-like cracks in indentation fracture. In: *Journal of Materials Science*, **10**, 12: 2016–2024.

Lawn, B. R., Fuller, E. R. & Wiederhorn, S. M. (1976): Strength degradation of brittle surfaces: Sharp indenters. In: *Journal of the American Ceramic Society*, **59**, 5-6: 193–197.

Lawn, B. R., Jakus, K. & Gonzalez, A. C. (1985a): Sharp vs. blunt crack hypotheses in the strength of glass – A critical study using indentation flaws. In: *Journal of the American Ceramic Society*, **68**, 1: 25–34.

Lawn, B. R. & Marshall, D. B. (1978): Indentation fracture and strength degradation in ceramics. In: Bradt, R. C., Hasselman, D. P. H. & Lange, F. F. (Hrsg.): *Fracture mechanics of ceramics - Volume 3: Flaws and testing*, Bd. 3. Plenum Press, New York.

Lawn, B. R., Marshall, D. B. & Dabbs, T. P. (1985b): Fatigue strength of glass: A controlled flaw study. In: *Strength of inorganic glass*, 249–260. Plenum Press, New York.

Lawn, B. R., Marshall, D. B. & Heuer, A. H. (1984): Comment on »Direct observation of crack-tip geometry of SiO2 glass by high-resolution electron microscopy«. In: *Journal of the American Ceramic Society*, **67**, 11: c253–c253.

Lawn, B. R., Marshall, D. B. & Wiederhorn, S. M. (1979): Strength degradation of glass impacted with sharp particles – Part II: Tempered surfaces. In: *Journal of the American Ceramic Society*, **62**, 1-2: 71–74.

Lawn, B. R. & Swain, M. V. (1975): Microfracture beneath point indentations in brittle solids. In: *Journal of Materials Science*, **10**, 1: 113–122.

Lawn, B. R., Swain, M. V. & Phillips, K. (1975a): On the mode of chipping fracture in brittle solids. In: *Journal of Materials Science*, **10**, 7: 1236–1239.

Lawn, B. R., Wiederhorn, S. M. & Johnson, H. H. (1975b): Strength degradation of brittle surfaces: Blunt indenters. In: *Journal of the American Ceramic Society*, **58**, 9-10: 428–432.

Lawn, B. R. & Wilshaw, R. (1975): Indentation fracture: Principles and applications. In: *Journal of Materials Science*, **10**, 6: 1049–1081.

Le Bourhis, E. (2008): Glass: Mechanics and technology. Wiley-VCH-Verlag, Weinheim.

Le Houérou, V., Sangleboeuf, J. C., Dériano, S., Rouxel, T. & Duisit, G. (2003): Surface damage of soda–lime–silica glasses: Indentation scratch behavior. In: *Journal of Non-Crystalline Solids*, **316**, 1: 54–63.

Le Houérou, V., Sangleboeuf, J. C. & Rouxel, T. (2005): Scratchability of soda-lime silica (SLS) glasses: Dynamic fracture analysis. In: *Key Engineering Materials*, **290**, Fractography of Advanced Ceramics II: 31–38.

Levengood, W. C. (1958): Effect of origin flaw characteristics on glass strength. In: *Journal of Applied Physics*, **29**, 5: 820–826.

Li, K., Shapiro, Y. & Li, J. C. M. (1998): Scratch test of soda-lime glass. In: *Acta Materialia*, **46**, 15: 5569–5578.

Liang, D.-T. & Readey, D. W. (1987): Dissolution kinetics of crystalline and amorphous silica in hydrofluoric-hydrochloric acid mixtures. In: *Journal of the American Ceramic Society*, **70**, 8: 570–577.

Lohmeyer, S. (1987): Werkstoff Glas II, Bd. 2. Expert Verlag, Ehningen.

Love, A. E. H. (1920): A treatise on the mathematical theory of elasticity. 3. Aufl. Cambridge University Press, Cambridge.

Lower, N. P., Brow, R. K. & Kurkjian, C. R. (2004): Inert failure strain studies of sodium silicate glass fibers. In: *Journal of Non-Crystalline Solids*, **349**, 0: 168–172.

Lutz, W. (1995a): Handbuch Reinigungs- und Hygienetechnik. Ecomed, München.

Lutz, W. (1995b): Reibspuren und Verätzungen - Der tägliche Schadensfall: 56. In: *Glaswelt*, **48**, 7: 52–55.

Lutz, W. (1999): Ausführung von Glasreinigungsarbeiten. Technischer Bericht, FIGR Forschungs- und Prüfinstitut für Facility Management GmbH.

Lutz, W. (2001): Fachbuch Gebäudereinigung. Bundesinnungsverband d. Gebäudereiniger-Handwerks und FIGR-Forschungs- und Prüfinstitut für Facility Management GmbH, Dettingen/Ems.

Magnaflux (2014): Zyglo ZL-15B, ZL-19, ZL-60C. Produktdatenblatt, Swindon.

Makkonen, L. (2008): Problems in the extreme value analysis. In: *Structural Safety*, **30**, 5: 405–419.

Marsh, D. M. (1964a): Plastic flow and fracture of glass. In: *Proceedings of the Royal Society of London. Series A, Mathematical and Physical Sciences*, **282**, 1388: 33–43.

Marsh, D. M. (1964b): Plastic flow in glass. In: *Proceedings of the Royal Society of London. Series A, Mathematical and Physical Sciences*, **279**, 1378: 420–435.

Marshall, D. B. & Lawn, B. R. (1978): Strength degradation of thermally tempered glass plates. In: *Journal of the American Ceramic Society*, **61**, 1-2: 21–27.

Marshall, D. B. & Lawn, B. R. (1979): Residual stress effects in sharp contact cracking – Part 1: Indentation fracture mechanics. In: *Journal of Materials Science*, **14**, 8: 2001–2012.

Marshall, D. B. & Lawn, B. R. (1980): Flaw characteristics in dynamic fatigue: The influence of residual contact stresses. In: *Journal of the American Ceramic Society*, **63**, 9-10: 532–536.

Marshall, D. B., Lawn, B. R. & Chantikul, P. (1979): Residual stress effects in sharp contact cracking – Part 2: Strength degradation. In: *Journal of Materials Science*, **14**, 9: 2225–2235.

Marshall, D. B., Lawn, B. R. & Evans, A. G. (1982): Elastic/plastic indentation damage in ceramics: The lateral crack system. In: *Journal of the American Ceramic Society*, **65**, 11: 561–566.

Martens, A. (1898): Handbuch der Materialienkunde für den Maschinenbau. Julius Springer, Berlin.

MathWorks, Inc. (2014): Matlab – Image Processing Toolbox User's Guide. Natick.

Mattes, G. (2003): Spannungsoptik - Eine kurze Einführung in Begriffe und Anwendung.

Mattes, G. (2009): Glasreinigung und Oberflächenschäden - Produktmangel oder falsche Behandlung.

Mauer, G. (2011): Quality test for uncoated tempered glass surfaces.

Maugis, D. (1985): Subcritical crack growth, surface energy, fracture toughness, stick-slip and embrittlement. In: *Journal of Materials Science*, **20**, 9: 3041–3073.

Mellmann, G. & Maultzsch, M. (1989): Forschungsbericht 161 – Untersuchung zur Ermittlung der Biegefestigkeit von Flachglas für bauliche Anlagen. Technischer Bericht, Bundesanstalt für Materialforschung und -prüfung (BAM), Berlin.

Menčík, J. (1992): Strength and fracture of glass and ceramics. Glass science and technology. Elsevier, Amsterdam.

Michalske, T. A. (1977): The stress corrosion limit: Its measurement and implications. In: Bradt, R., Evans, A. G., Hasselman, D. P. H. & Lange, F. F. (Hrsg.): *Fracture mechanics of ceramics – Surface flaws, statistics, and microcracking*, Fracture Mechanics of Ceramics, Bd. 5. Plenum Press, New York.

Michalske, T. A. & Bunker, B. C. (1985): Wie Glas bricht. In: *Spektrum der Wissenschaft*, , 2: 114–121.

Michalske, T. A. & Freiman, S. W. (1982): A molecular interpretation of stress corrosion in silica. In: *Nature*, **295**, 5849: 511–512.

Michalske, T. A. & Freiman, S. W. (1983): A molecular mechanism for stress corrosion in vitreous silica. In: *Journal of the American Ceramic Society*, **66**, 4: 284–288.

Miller, J. B. (1910): Die Glasätzerei, A. Hartlebens chemisch-technische Bibliothek, Bd. 4. A. Hartleben's Verlag, Wien u. Leipzig.

Mindlin, R. D. (1936): Force at a point in the interior of a semi-infinite solid. In: *Journal of Applied Physics*, **7**, 5: 195–202.

Mohs, F. (1822): Grund-Riß der Mineralogie. Arnold, Dresden.

Monk, D. J., Soane, D. S. & Howe, R. T. (1993): A review of the chemical reaction mechanism and kinetics for hydrofluoric acid etching of silicon dioxide for surface micromachining applications. In: *Thin Solid Films*, **232**, 1: 1–12.

MPA NRW (2011): Kalibrierschein Härtevergleichsplatte BK7 (DKD-K-06301 – MPA NRW V16.102011). Kalibrierschein, Kalibrierlaboratorium Materialprüfungsamt Nordrhein-Westfalen (Akkreditierungsstelle des Deutschen Kalibrierdienstes).

Munz, D. & Fett, T. (1999): Ceramics – Mechanical properties, failure behaviour, materials selection. Springer series in materials science. Springer, Berlin.

Murakami, Y. (1987): Stress intensity factors handbook (in 2 volumes). Pergamon Press, Oxford.

Newman, J. C. & Raju, I. S. (1981): An empirical stress-intensity factor equation for the surface crack. In: *Engineering Fracture Mechanics*, **15**, 1–2: 185–192.

Nielsen, J. H. (2009): Tempered Glass – Bolted connections and related problems. Doktorarbeit, Danmarks Tekniske Universitet – DTU, Department of Civil Engineering, Brovej.

Nielsen, J. H. (2013): Numerical investigation of a noval connection in tempered glass using holes drilled after tempering.

Nielsen, J. H., Olesen, J. & Stang, H. (2009): The fracture process of tempered soda-lime-silica glass. In: *Experimental Mechanics*, **49**, 6: 855–870.

Nordberg, M. E., Mochel, E. L., Garfinkel, H. M. & Olcott, J. S. (1964): Strengthening by ion exchange. In: *Journal of the American Ceramic Society*, **47**, 5: 215–219.

Nölle, G. (1997): Technik der Glasherstellung. 3. Aufl. Dt. Verl. für Grundstoffindustrie, Stuttgart.

Oakley, D. R. & Green, M. F. (1991): Surface damage and the strength of chemically strengthened flat glass.

Oberacker, R. (2004a): ESG-Reinigung - keine leichte Aufgabe. In: *Glaswelt*, **57**, 2: 26–27.

Oberacker, R. (2004b): Ist ESG ohne Beschädigung zu reinigen? In: *Glaswelt*, **57**, 1: 13–14.

Oliver, W. C. & Pharr, G. M. (1992): An improved technique for determining hardness and elastic modulus using load and displacement sensing indentation experiments. In: *Journal of Materials Research*, **7**, 6: 1564–1583.

Overend, M. & Zammit, K. (2012): A computer algorithm for determining the tensile strength of float glass. In: *Engineering Structures*, **45**, 1: 68–77.

Pavelchek, E. K. & Doremus, R. H. (1974): Fracture strength of soda-lime glass after etching. In: *Journal of Materials Science*, **9**, 11: 1803–1808.

Peter, K. & Dick, E. (1967): Zur Materialverschiebung beim Ritzen von Glas. In: *Glastechnische Berichte*, **40**, 12: 470–471.

Peter, K. W. (1964): Sprödbruch und Mikroplastizität von Glas in Eindruckversuchen. In: *Glastechnische Berichte*, **37**, 7: 333–345.

Peter, K. W. (1970): Densification and flow phenomena of glass in indentation experiments. In: *Journal of Non-Crystalline Solids*, **5**, 2: 103–115.

Petit, F., Ott, C. & Cambier, F. (2009): Multiple scratch tests and surface-related fatigue properties of monolithic ceramics and soda lime glass. In: *Journal of the European Ceramic Society*, **29**, 8: 1299–1307.

Petzold, A., Marusch, H. & Schramm, B. (1990): Der Baustoff Glas: Grundlagen, Eigenschaften, Erzeugnisse, Glasbauelemente, Anwendungen. 3. Aufl. Hofmann, Berlin.

Pfeifer, H., Krugmann, R. & Neumann, M. (2002): ESG und seine Kratzanfälligkeit. Technischer Bericht, ifO Institut für Oberflächentechnik.

Poon, B., Rittel, D. & Ravichandran, G. (2008): An analysis of nanoindentation in linearly elastic solids. In: *International Journal of Solids and Structures*, **45**, 24: 6018–6033.

prEN 13474-3, Glass in building – Determination of the strength of glass panes – Part 3: General method of calculation and determination of strength of glass by testing. Beuth, Berlin 2009.

prEN 16612, Glas im Bauwesen – Bestimmung des Belastungswiderstandes von Glasscheiben durch Berechnung und Prüfung. Beuth, Berlin 2013.

Preston, F. W. (1935): The time factor in the testing of glassware. In: *Journal of the American Ceramic Society*, **18**, 1-12: 220–224.

Proctor, B. (1962): The effects of hydrofluoric acid etching on the strength of glasses. In: *Physics and Chemistry of Glasses*, **3**, 1: 7–27.

Proctor, B. A., Whitney, I. & Johnson, J. W. (1967): The strength of fused silica. In: *Proceedings of the Royal Society of London. Series A: Mathematical, Physical and Engineering Sciences*, **297**, 1451: 534–557.

Puttick, K. E. (1978): The mechanics of indentation fracture in poly(methyl methacrylate). In: *Journal of Physics D: Applied Physics*, **11**, 4: 595.

Quinn, G. D. (2007): Fractography of ceramics and glasses. NIST special publication. U.S. Gov. Print. Off., Washington, DC.

Quinn, G. D. & Salem, J. A. (2002): Effect of lateral cracks on fracture toughness determined by the surface-crack-in-flexure method. In: *Journal of the American Ceramic Society*, **85**, 4: 873–880.

Radaj, D. & Vormwald, M. (2007): Ermüdungsfestigkeit – Grundlagen für Ingenieure. 3. Aufl. Springer, Berlin.

RAL Gütegemeinschaft Gebäudereinigung e.V. (2010): Reinigung von vorgespannten ESG- und beschichteten Gläsern im Architekturbereich.

Ray, N. H. & Stacey, M. H. (1969): Increasing the strength of glass by etching and ion-exchange. In: *Journal of Materials Science*, **4**, 1: 73–79.

Rech, S. (1978): Glastechnik 1. VEB Verlag, Leipzig.

Richard, H. A. (1985): Bruchvorhersagen bei überlagerter Normal- und Schubbeanspruchung von Rissen. VDI-Forschungshefte. VDI-Verl., Düsseldorf.

Richard, H. A., Fulland, M. & Sander, M. (2005): Theoretical crack path prediction. In: *Fatigue & Fracture of Engineering Materials & Structures*, **28**, 1-2: 3–12.

Ritter, J. E. (1969): Dynamic fatigue of soda-lime-silica glass. In: *Journal of Applied Physics*, **40**, 1: 340–344.

Ritter, J. E. & Laporte, R. P. (1975): Effect of test environment on stress-corrosion susceptibility of glass. In: *Journal of the American Ceramic Society*, **58**, 7-8: 265–267.

Rogers, T. (2007): Protecting exterior fenestration & glazing surfaces with apllied coatings.

Rouxel, T. (2013): Mechanical damage at glass surface.

Rouxel, T., Ji, H., Guin, J. P., Augereau, F. & Rufflé, B. (2010): Indentation deformation mechanism in glass: Densification versus shear flow. In: *Journal of Applied Physics*, **107**, 9: 094903–1 – 094903–5.

Rouxel, T., Ji, H., Hammouda, T. & Moréac, A. (2008): Poisson's ratio and the densification of glass under high pressure. In: *Physical Review Letters*, **100**, 22: 225501.

Roy, S., Darque-Ceretti, E., Felder, E., Raynal, F. & Bispo, I. (2010): Experimental analysis and finite element modelling of nano-scratch test applied on 40–120 nm SiCN thin films deposited on Cu/Si substrate. In: *Thin Solid Films*, **518**, 14: 3859–3865.

Ruggero, S. A. (2003): Quantitative fracture analysis of etched soda-lime silica glass: Evaluation of the blunt crack hypothesis. Masterthesis, University of Florida, Florida.

Sachs, L. & Heddcrich, J. (2012): Angewandte Statistik. 14. aufl. Aufl. Springer, Berlin.

Saha, C. K. & Cooper, A. R. (1984): Effect of etched depth on glass strength. In: *Journal of the American Ceramic Society*, **67**, 8: C–158–C–160.

Sane, A. Y. & Cooper, A. R. (1987): Stress buildup and relaxation during ion exchange strengthening of glass. In: *Journal of the American Ceramic Society*, **70**, 2: 86–89.

Schinker, M. G. & Döll, W. (1983): Zum Einfluß der Schneidgeschwindigkeit auf Elementarvänge beim Schleifen optischer Gläser. In: *Glastechnische Berichte*, **56**, 6/7: 176–187.

Schneider, F. (2005): Ein Beitrag zum inelastischen Materialverhalten von Glas. Doktorarbeit, Technische Universität Darmstadt, Institut für Statik und Dynamik der Tragstrukturen, Darmstadt.

Schneider, J. (2001): Festigkeit und Bemessung punktgelagerter Gläser und stoßbeanspruchter Gläser. Doktorarbeit, Technische Universität Darmstadt, Institut für Statik, Darmstadt.

Schneider, J., Schula, S. & Burmeister, A. (2011): Zwei Verfahren zum rechnerischen Nachweis der dynamischen Beanspruchung von Verglasungen durch weichen Stoß. In: *Stahlbau – Supplement: Glasbau / Glass in Building*, **80**, S1: 81–87.

Schneider, J., Schula, S. & Weinhold, W. P. (2012): Characterisation of the scratch resistance of annealed and tempered architectural glass. In: *Thin Solid Films*, **520**, 12: 4190–4198.

Schneider, J., Techen, H. & Stengler, R. (2008): Determination of the scratch resistance of annealed and tempered glasses by using UST (Universal Surface Tester).

Scholze, H. (1988): Glas: Natur, Struktur und Eigenschaften. 3. Aufl. Springer, Berlin.

Schula, S., Schneider, J., Vandebroek, M. & Belis, J. (2013a): Fracture strength of glass, engineering testing methods and estimation of characteristic values. In: Belis, J., Louter, C. & Mocibob, D. (Hrsg.): *COST Action TU0905, Mid-term Conference on Structural Glass*, 223–234. Taylor & Francis Group, London, Poreč, Kroatien.

Schula, S., Sternberg, P. & Schneider, J. (2013b): Optische Charakterisierung von Oberflächenschäden auf Einscheiben-Sicherheitsglas bei Fassaden- und Dachverglasungen. In: Weller, B. & Tasche, S. (Hrsg.): *Glasbau 2013*, 211–226. Wilhelm Ernst & Sohn, Berlin.

Schull, P. J. (2002): Nondestructive evaluation: Theory, techniques, and applications. Marcel Dekker, Inc., New York.

Schönwiese, P. (2010): Schadensvermeidung an ESG und anderen Glasprodukten.

Sedlacek, G. (1999): Glas im konstruktiven Ingenieurbau. 1. Aufl. Ernst & Sohn, Berlin.

Sglavo, V. M. & Green, D. J. (1995): Influence of indentation crack configuration on strength and fatigue behaviour of soda-lime silicate glass. In: *Acta Metallurgica et Materialia*, **43**, 3: 965–972.

Shand, E. B. (1954): Experimental study of fracture of glass – Part I: The fracture process. In: *Journal of the American Ceramic Society*, **37**, 2: 52–59.

Shand, E. B. (1965): Strength of glass – The griffith method revised. In: *Journal of the American Ceramic Society*, **48**, 1: 43–49.

Shen, X. (1997): Entwicklung eines Bemessungs- und Sicherheitskonzeptes für den Glasbau. Fortschrittberichte VDI, 4. Aufl. VDI-Verl., Düsseldorf.

Shetty, D. K., Rosenfield, A. R. & Duckworth, W. H. (1987): Mixed-mode fracture in biaxial stress state: Application of the diametral-compression (brazilian disk) test. In: *Engineering Fracture Mechanics*, **26**, 6: 825–840.

Simmons, C. J. & Freiman, S. W. (1981): Effect of corrosion processes on subcritical crack growth in glass. In: *Journal of the American Ceramic Society*, **64**, 11: 683–686.

Singh, D. & Shelty, D. K. (1990): Subcritical crack growth in soda-lime glass in combined mode I and mode II loading. In: *Journal of the American Ceramic Society*, **73**, 12: 3597–3606.

Sneddon, I. N. (1948): Boussinesq's problem for a rigid cone. In: *Mathematical Proceedings of the Cambridge Philosophical Society*, **44**, 4: 492–507.

Sneddon, I. N. (1965): The relation between load and penetration in the axisymmetric boussinesq problem for a punch of arbitrary profile. In: *International Journal of Engineering Science*, **3**, 1: 47–57.

Spierings, G. A. C. M. (1993): Wet chemical etching of silicate glasses in hydrofluoric acid based solutions. In: *Journal of Materials Science*, **28**, 23: 6261–6273.

Springer, L. (1963): Lehrbuch der Glastechnik, Bd. 5. Wilhelm Knapp Verlag, Düsseldorf.

Srinivasan, S. & Scattergood, R. O. (1987): On lateral cracks in glass. In: *Journal of Materials Science*, **22**, 10: 3463–3469.

Steeb, S. (2005): Zerstörungsfreie Werkstück- und Werkstoffprüfung: Die gebräuchlichsten Verfahren im Überblick. 4. Aufl. Expert-Verlag.

Sternberg, P. (2012): Ein Beitrag zur Charakterisierung von Oberflächenschäden auf Kalk-Natron-Silikatglas. Bachelorarbeit, Technische Universität Darmstadt, Institut für Werkstoffe und Mechanik im Bauwesen.

Swain, M. V. (1978): Microcracking associated with the scratching of brittle solids. In: Bradt, R. C., Hasselman, D. P. H. & Lange, F. F. (Hrsg.): *Fracture mechanics of ceramics - Volume 3: Flaws and testing*, Bd. 3. Plenum Press, New York.

Swain, M. V. (1979): Microfracture about scratches in brittle solids. In: *Proceedings of the Royal Society of London. A. Mathematical and Physical Sciences*, **366**, 1727: 575–597.

Swain, M. V. (1981): Median crack initiation and propagation beneath a disc glass cutter. In: *Glass Technology*, **22**, 5: 222–230.

Swain, M. V. & Hagan, J. T. (1976): Indentation plasticity and the ensuing fracture of glass. In: *Journal of Physics D: Applied Physics*, **9**, 15: 2201.

Symonds, B. L., Cook, R. F. & Lawn, B. R. (1983): Dynamic fatigue of brittle materials containing indentation line flaws. In: *Journal of Materials Science*, **18**, 5: 1306–1314.

Tabor, D. (1951): The hardness of metals. Clarendon Pr., Oxford.

Tabor, D. (1956): The physical meaning of indentation and scratch hardness. In: *British Journal of Applied Physics*, **7**, 5: 159.

Tabor, D. (1986): Indentation hardness and its measurement: Some cautionary comments. In: Blau, P. J. & Lawn, B. R. (Hrsg.): *Microindentation Techniquwa in Materials Science and Engineering*, Bd. 889. ASTM International, Philadelphia.

Tada, H., Paris, P. & Irwin, G. R. (1985): The stress analysis of cracks handbook. 2. Aufl. Paris Productions & (Del Research Corp.), St. Louis.

Tammann, G. (1933): Der Glaszustand. Voss, Leipzig.

Tandon, R. & Cook, R. E. (1993): Indentation crack initiation and propagation in tempered glass. In: *Journal of the American Ceramic Society*, **76**, 4: 885–889.

Tandon, R., Green, D. J. & Cook, R. F. (1990): Surface stress effects on indentation fracture sequences. In: *Journal of the American Ceramic Society*, **73**, 9: 2619–2627.

Tartivel, R., Reynaud, E., Grasset, F., Sangleboeuf, J.-C. & Rouxel, T. (2007): Superscratch-resistant glass by means of a transparent nanostructured inorganic coating. In: *Journal of Non-Crystalline Solids*, **353**, 1: 108–110.

Taylor, E. W. (1949a): Correlation of the Mohs‘s scale of hardness with the Vickers‘s hardness numbers. In: *Mineralogical Magazine*, **28**: 718–721.

Taylor, E. W. (1949b): Plastic deformation of optical glass. In: *Nature*, **163**, 4139: 323.

Timoshenko, S. P. & Goodier, J. N. (1970): Theory of elasticity. 3. Aufl. McGraw-Hill, Auckland.

Tomozawa, M. (1998): Stress corrosion reaction of silica glass and water. In: *Physics and Chemistry of Glasses*, **39**, 2: 65–69.

TRAV, Technische Regeln für die Verwendung von absturzsichernden Verglasungen (TRAV), Ausgabe Januar 2003. Deutsches Institut für Bautechnik (DIBt), Berlin 2003.

TRLV, Technische Regeln für die Verwendung von linienförmig gelagerten Verglasungen (TRLV), Ausgabe Ausgust 2006. Deutsches Institut für Bautechnik (DIBt), Berlin 2006.

Tu, S. L. & Scattergood, R. O. (1990): Interaction of lateral cracks and plastic zones. In: *Journal of Applied Physics*, **68**, 8: 3983–3989.

Tummala, R. R. & Foster, B. J. (1975): Strength and dynamic fatigue of float glass surfaces. In: *Journal of the American Ceramic Society*, **58**, 3-4: 156–156.

Ullner, C. (1993): Untersuchungen zum Festigkeitsverhalten und zur Rißalterung von Glas unter dem Einfluß korrosiver Umgebungsbedingungen. Technischer Bericht, Bundesanstalt für Materialforschung und -prüfung (BAM) in Kooperation mit Fraunhofer-Institut für Werkstoffmechanik, Berlin.

VDI/VDE 2616-2, Härteprüfung an Kunststoffen und Gummi. Verein Deutscher Ingenieure und Verband der Elektrotechnik, Elektronik und Informationstechnik, Düsseldorf 2000.

Vetrox AG (2007): Vorrichtung zum Schleifen von harten Oberflächen, insbesondere von Glasflächen. Patent, European Patent Register, München.

Wagner, E. (2002): Glasschäden: Oberflächenbeschädigungen, Glasbrüche in Theorie und Praxis - Ursachen, Entstehung, Beurteilung. Karl Hofmann, Schorndorf.

Walley, S. M. (2012): Historical origins of indentation hardness testing. In: *Materials Science and Technology*, **28**, 9-10: 1028–1044.

Weibull, W. (1939): A statistical theory of the strength of materials. In: *Ingeniörsvetenskapsaakademiens handlingar*, **151**: 1–45.

Weibull, W. (1951): A statistical distribution function of wide applicability. In: *Journal of Applied Mechanics*, **18**, 3: 293–297.

Weinhold, W. P. (2008): Entwicklung eines Verfahrens zur ortsaufgelösten Charakterisierung von mikrotribologischen Oberflächeneigenschaften homogener und heterogener Werkstoffe. Doktorarbeit, Technische Universität Bergakademie Freiberg, Fakultät für Werkstoffwissenschaft und Werkstofftechnologie, Freiberg.

Wereszczak, A. A., Ferber, M. K. & Musselwhite, W. (2014): Method for identifying and mapping flaw size distributions on glass surfaces for predicting mechanical response. In: *International Journal of Applied Glass Science*, **5**, 1: 16–21.

Werkstoffzentrum Rheinbach GmbH (2001): Vergleichende Studie zu ESG und nicht vorgespanntem Floatglas. Versuchsbericht, Werkstoffzentrum Rheinbach GmbH.

Wesseling, M. (1996): Ursache unterschiedlicher Kratzfestigkeiten von Floatgläsern. Diplomarbeit, Technische Universität Clausthal, Institut für nichtmetallische Werkstoffe.

Whittle, B. R. & Hand, R. J. (2001): Morphology of vickers indent flaws in soda-lime-silica glass. In: *Journal of the American Ceramic Society*, **84**, 10: 2361–2365.

Wiederhorn, S. M. (1967): Influence of water vapor on crack propagation in soda-lime glass. In: *Journal of the American Ceramic Society*, **50**, 8: 407–414.

Wiederhorn, S. M. (1968): Moisture assisted crack growth in ceramics. In: *International Journal of Fracture Mechanics*, **4**, 2: 171–177.

Wiederhorn, S. M. (1978): Mechnisms of subcritical crack growth in glass. In: Bradt, R. C., Hasselman, D. P. H. & Lange, F. F. (Hrsg.): *Fracture mechanics of ceramics – Crack growth and microstructure*, Fracture Mechanics of Ceramics, Bd. 4. Plenum Press, New York.

Wiederhorn, S. M. & Bolz, L. H. (1970): Stress corrosion and static fatigue of glass. In: *Journal of the American Ceramic Society*, **53**, 10: 543–548.

Wiederhorn, S. M., Dretzke, A. & Rödel, J. (2002): Crack growth in soda-lime-silicate glass near the static fatigue limit. In: *Journal of the American Ceramic Society*, **85**, 9: 2287–2292.

Wiederhorn, S. M., Dretzke, A. & Rödel, J. (2003): Near the static fatigue limit in glass. In: *International Journal of Fracture*, **121**, 1: 1–7.

Wiederhorn, S. M., Freiman, S. W., Fuller, J., E. R. & Simmons, C. J. (1982): Effects of water and other dielectrics on crack growth. In: *Journal of Materials Science*, **17**, 12: 3460–3478.

Wiederhorn, S. M., Fuller, E. R. & Thomson, R. (1980): Micromechanisms of crack growth in ceramics and glasses in corrosive environments. In: *Metal Science*, **14**, 8-9: 450–458.

Wiederhorn, S. M. & Johnson, H. (1973): Effect of electrolyte pH on crack propagation in glass. In: *Journal of the American Ceramic Society*, **56**, 4: 192–197.

Wiederhorn, S. M., Johnson, H., Diness, A. M. & Heuer, A. H. (1974): Fracture of glass in vacuum. In: *Journal of the American Ceramic Society*, **57**, 8: 336–341.

Wiederhorn, S. M. & Lawn, B. R. (1979): Strength degradation of glass impacted with sharp particles – Part I: Annealed surfaces. In: *Journal of the American Ceramic Society*, **62**, 1-2: 66–70.

Wiederhorn, S. M. & Townsend, P. R. (1970): Crack healing in glass. In: *Journal of the American Ceramic Society*, **53**, 9: 486–489.

Wiegand, L. (2005): Ist ESG kratzanfälliger als Float? In: *Glas+Rahmen*, **-**, 3.

Winchell, H. (1945): The Knoop Microhardness Tester as a Mineralogical Tool. In: *American Mineralogist*, **30**, 9/10: 583–595.

Wissmann, J. & Sarnes, K.-D. (2006): Finite Elemente in der Strukturmechanik.

Wondraczek, L., Mauro, J. C., Eckert, J., Kühn, U., Horbach, J., Deubener, J. & Rouxel, T. (2011): Towards ultrastrong glasses. In: *Advanced Materials*, **23**, 39: 4578–4586.

Wörner, J.-D., Schneider, J. & Fink, A. (2001): Glasbau: Grundlagen, Berechnung, Konstruktion. Springer, Berlin.

Yoffe, E. H. (1982): Elastic stress fields caused by indenting brittle materials. In: *Philosophical Magazine A*, **46**, 4: 617–628.

Yoshida, S., Hayashi, T., Fukuhara, T., Soeda, K., Matasuoka, J. & Soga, N. (2005): Scratch test for evaluation of surface damage in glass. In: Bradt, R., Munz, D., Sakai, M. & White, K. (Hrsg.): *Fracture Mechanics of Ceramics, Vol. 14 – Active Materials, Nanoscale Materials, Composites, Glass, and Fundamentals*, Fracture Mechanics of Ceramics, Vol. 14. Plenum Press, New York.

Yoshida, S., Sangleboeuf, J. C. & Rouxel, T. (2007): Indentation-induced densification of soda-lime silicate glass. In: *International Journal of Materials Research*, **98**, 5: 360–364.

Zachariasen, W. H. (1932): The atomic arrangement in glass. In: *Journal of the American Chemical Society*, **54**, 10: 3841–3851.

Zerres, P. (2010): Numerische Simulation des Ermüdungsrissfortschrittes in metallischen Strukturen unter Berücksichtigung zyklischer Plastizitätseffekte. Doktorarbeit, Technische Universität Darmstadt, Institut für Stahlbau und Werkstoffmechanik – Fachgebiet Werkstoffmechanik, Darmstadt.

Zimmermann, H. H. (2006): Das Image bröckelt – Erfahrungen mit Einscheiben-Sicherheitsglas (ESG) an Objektfassaden. In: *Glaswelt*, **59**, 4: 20–23.

Zimmermann, H. H., Chmieleck, W.-D. & Jochheim, E. (2006): ESG – Anwendungen und Erfahrungen - Erfahrungen mit ESG an Objektfassaden. In: *Fassade | Facade*, **9**, 2: 25–28.

Zschacke, F. H., Vopelius, F. v., Springer, L. & Mauder, B. (1950): Lehrbuch der Glastechnik – Teil 3: Die Veredelung des Flachglases. Die Glashütte, Dresden.

Anhang A

Analytische Lösungsansätze zur Berechnung von Kontaktspannungen

A.1 Elastische Kontaktspannungsfelder

A.1.1 Singulärer Kontakt durch Einzellast nach Boussinesq und Mindlin

Entsprechend Timoshenko & Goodier (1970) lautet die Spannungsverteilung eines durch eine vertikale Einzellast beanspruchten elastischen Halbraums nach Boussinesq (1885) in zylindrischen Koordinaten (Abb. A.1a)

$$\sigma_{\mathrm{rr}} = \frac{F_{\mathrm{n}}}{2\pi}\left[(1-2\nu)\left(\frac{1}{r^2} - \frac{z}{r^2\left(r^2+z^2\right)^{1/2}}\right) - \frac{3r^2 z}{\left(r^2+z^2\right)^{5/2}}\right], \tag{A.1}$$

$$\sigma_{\phi\phi} = \frac{F_{\mathrm{n}}}{2\pi}(1-2\nu)\left[-\frac{1}{r^2} + \frac{z}{r^2\left(r^2+z^2\right)^{1/2}} + \frac{z}{\left(r^2+z^2\right)^{3/2}}\right], \tag{A.2}$$

$$\sigma_{zz} = -\frac{3F_{\mathrm{n}}}{2\pi}\frac{z^3}{\left(r^2+z^2\right)^{5/2}}, \tag{A.3}$$

$$\tau_{\mathrm{rz}} = -\frac{3F_{\mathrm{n}}}{2\pi} \frac{rz^2}{(r^2+z^2)^{5/2}}, \tag{A.4}$$

$$\tau_{\mathrm{r}\phi} = \tau_{\mathrm{z}\phi} = 0. \tag{A.5}$$

Die vertikalen Verschiebungen der Oberfläche folgen aus

$$u_{\mathrm{z}} = -\frac{F_{\mathrm{n}}}{\pi E r}\left(1-\nu^2\right). \tag{A.6}$$

Mindlin (1936) modifizierte den klassischen Lösungsansatz von Boussinesq (1885) zusätzlich um eine tangentiale Kraftwirkungsrichtung (F_{t}) und um einen zur Oberfläche des elastischen Halbraums um den Betrag s verschobenen Punkt der Krafteinleitung. Die Spannungsverteilung innerhalb des elastischen Halbraums lautet für eine normal zu diesem wirkende Einzellast F_{n} in kartesischen Koordinaten (Abb. A.1b)

$$\begin{aligned}
\sigma_{\mathrm{xx,n}} = & \frac{F_{\mathrm{n}}}{8\pi(1-\nu)}\left[\frac{(1-2\nu)(z-s)}{r_1^3} \dots \right.\\
& -\frac{3x^2(z-s)}{r_1^5} + \frac{(1-2\nu)[3(z-s)-4\nu(z+s)]}{r_2^3} \dots \\
& -\frac{3(3-4\nu)x^2(z-s)-6s(z+s)[(1-2\nu)z-2\nu s]}{r_2^5} - \frac{30sx^2z(z+s)}{r_2^7} \dots \\
& \left. -\frac{4(1-\nu)(1-2\nu)}{r_2(r_2+z+s)}\left(1-\frac{x^2}{r_2(r_2+z+s)}-\frac{x^2}{r_2^2}\right)\right],
\end{aligned} \tag{A.7}$$

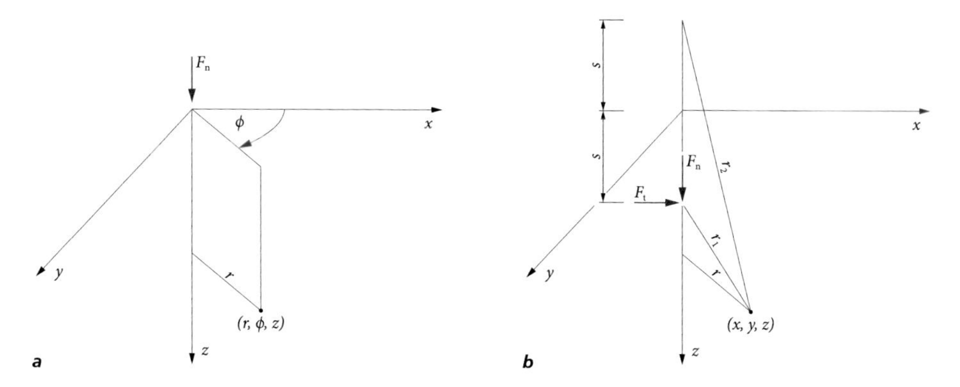

Abbildung A.1 Koordinatensysteme für die Spannungsverteilungen nach Boussinesq (1885) *(a)* und Mindlin (1936) *(b)*.

$$\sigma_{\mathrm{yy,n}} = \frac{F_{\mathrm{n}}}{8\pi(1-\nu)}\left[\frac{(1-2\nu)(z-s)}{r_1^3} - \frac{3y^2(z-s)}{r_1^5}\dots\right.$$

$$+\frac{(1-2\nu)[3(z-s)-4\nu(z+s)]}{r_2^3}\dots$$

$$-\frac{3(3-4\nu)y^2(z-s)-6s(z+s)[(1-2\nu)z-2\nu s]}{r_2^5} - \frac{30sy^2z(z+s)}{r_2^7}\dots$$

$$\left.-\frac{4(1-\nu)(1-2\nu)}{r_2(r_2+z+s)}\left(1-\frac{y^2}{r_2(r_2+z+s)}-\frac{y^2}{r_2^2}\right)\right], \tag{A.8}$$

$$\sigma_{\mathrm{zz,n}} = \frac{F_{\mathrm{n}}}{8\pi(1-\nu)}\left[-\frac{(1-2\nu)(z-s)}{r_1^3} + \frac{(1-2\nu)(z-s)}{r_2^3}\dots\right.$$

$$-\frac{3(z-s)^3}{r_1^5} - \frac{3(3-4\nu)z(z+s)^2-3s(z+s)(5z-s)}{r_2^5}\dots$$

$$\left.-\frac{30sz(z+s)^3}{r_2^7}\right], \tag{A.9}$$

$$\tau_{\mathrm{yz,n}} = \frac{F_{\mathrm{n}}y}{8\pi(1-\nu)}\left[-\frac{(1-2\nu)}{r_1^3}+\frac{(1-2\nu)}{r_2^3}-\frac{3(z-s)}{r_1^5}\dots\right.$$
$$\left.-\frac{3(3-4\nu)z(z+s)-3s(3z+s)}{r_2^5}-\frac{30sz(z+s)^2}{r_2^7}\right], \tag{A.10}$$

$$\tau_{\mathrm{zx,n}} = \frac{F_{\mathrm{n}}x}{8\pi(1-\nu)}\left[-\frac{(1-2\nu)}{r_1^3}+\frac{(1-2\nu)}{r_2^3}\dots\right.$$
$$\left.-\frac{3(z-s)^2}{r_1^5}-\frac{3(3-4\nu)z(z+s)-3s(3z+s)}{r_2^5}-\frac{30sz(z+s)^2}{r_2^7}\right], \tag{A.11}$$

$$\tau_{\mathrm{xy,n}} = \frac{F_{\mathrm{n}}xy}{8\pi(1-\nu)}\left[-\frac{3(z-s)}{r_1^5}-\frac{3(3-4\nu)(z-s)}{r_2^5}\dots\right.$$
$$\left.+\frac{4(1-\nu)(1-2\nu)}{r_2^2(r_2+z+s)}\left(\frac{1}{r_2+z+s}+\frac{1}{r_2}\right)-\frac{30sz(z+s)}{r_2^7}\right]. \tag{A.12}$$

Hierin sind r_1 und r_2 die in (Abb. A.1b) definierten Radien. Für eine parallel zur Oberfäche des elastischen Halbraums wirkende Einzelkraft F_{t} postulierte Mindlin (1936)

$$\sigma_{\mathrm{xx,t}} = \frac{F_{\mathrm{t}}x}{8\pi(1-\nu)}\left[-\frac{(1-2\nu)}{r_1^3}+\frac{(1-2\nu)(5-4\nu)}{r_2^3}-\frac{3x^2}{r_1^5}-\frac{3(3-4\nu)x^2}{r_2^5}\dots\right.$$
$$-\frac{4(1-\nu)(1-2\nu)}{r_2(r_2+z+s)^2}\left(3-\frac{x^2(3r_2+z+s)}{r_2^2(r_2+z+s)}\right)\dots$$
$$\left.+\frac{6s}{r_2^5}\left(3s-(3-2\nu)(z+s)+\frac{5x^2z}{r_2^2}\right)\right], \tag{A.13}$$

$$\sigma_{\mathrm{yy,t}} = \frac{F_{\mathrm{t}} x}{8\pi(1-\nu)} \left[\frac{(1-2\nu)}{r_1^3} + \frac{(1-2\nu)(3-4\nu)}{r_2^3} - \frac{3y^2}{r_1^5} - \frac{3(3-4\nu)y^2}{r_2^5} \dots \right.$$

$$- \frac{4(1-\nu)(1-2\nu)}{r_2(r_2+z+s)^2} \left(1 - \frac{y^2(3r_2+z+s)}{r_2^2(r_2+z+s)} \right) \dots$$

$$\left. + \frac{6s}{r_2^5} \left(s - (1-2\nu)(z+s) + \frac{5y^2 z}{r_2^2} \right) \right], \tag{A.14}$$

$$\sigma_{\mathrm{zz,t}} = \frac{F_{\mathrm{t}} x}{8\pi(1-\nu)} \left[\frac{(1-2\nu)}{r_1^3} - \frac{(1-2\nu)}{r_2^3} - \frac{3(z-s)^2}{r_1^5} - \frac{3(3-4\nu)(z+s)^2}{r_2^5} \dots \right.$$

$$\left. + \frac{6s}{r_2^5} \left(s + (1-2\nu)(z+s) + \frac{5z(z+s)^2}{r_2^2} \right) \right], \tag{A.15}$$

$$\tau_{\mathrm{yz,t}} = \frac{F_{\mathrm{t}} xy}{8\pi(1-\nu)} \left[-\frac{3(z-s)}{r_1^5} - \frac{3(3-4\nu)(z+s)}{r_2^5} \dots \right.$$

$$\left. + \frac{6s}{r_2^5} \left(1 - 2\nu + \frac{5z(z+s)}{r_2^2} \right) \right], \tag{A.16}$$

$$\tau_{\mathrm{zx,t}} = \frac{F_{\mathrm{t}}}{8\pi(1-\nu)} \left[-\frac{(1-2\nu)(z-s)}{r_1^3} + \frac{(1-2\nu)(z-s)}{r_2^3} \dots \right.$$

$$- \frac{3x^2(z-s)}{r_1^5} - \frac{3(3-4\nu)x^2(z+s)}{r_2^5} \dots$$

$$\left. - \frac{6s}{r_2^5} \left(z(z+s) - (1-2\nu)x^2 - \frac{5x^2 z(z+s)}{r_2^2} \right) \right], \tag{A.17}$$

$$\tau_{xy,t} = \frac{F_t y}{8\pi(1-\nu)}\left[-\frac{(1-2\nu)}{r_1^3} + \frac{(1-2\nu)}{r_2^3} \dots\right.$$

$$-\frac{3x^2}{r_1^5} - \frac{3(3-4\nu)x^2}{r_2^5} \dots$$

$$\left. - \frac{4(1-\nu)(1-2\nu)}{r_2(r_2+z+s)^2}\left(1 - \frac{x^2(3r_2+z+s)}{r_2^2(r_2+z+s)}\right) - \frac{6sz}{r_2^5}\left(1 - \frac{5x^2}{r_2^2}\right)\right]. \tag{A.18}$$

A.1.2 Sphärischer Kontakt nach Hertz

Die Spannungsverteilung in einem durch einen sphärischen Eindringkörper beanspruchten ebenen, elastischen Halbraum lautet in zylindrischen Koordinaten (Abb. A.2a) entsprechend Fischer-Cripps (2007)

$$\frac{\sigma_{rr}}{p_m} = \frac{3}{2}\left[\frac{1-2\nu}{3}\frac{a^2}{r^2}\left(1 - \left(\frac{z}{\lambda^{1/2}}\right)^3\right) + \left(\frac{z}{\lambda^{1/2}}\right)^3 \frac{a^2\lambda}{\lambda^2 + a^2 z^2}\right.$$

$$\left. + \frac{z}{\lambda^{1/2}}\left(\lambda \frac{1-\nu}{a^2+\lambda} + (1+\nu)\frac{\lambda^{1/2}}{a}\tan^{-1}\left(\frac{a}{\lambda^{1/2}}\right) - 2\right)\right], \tag{A.19}$$

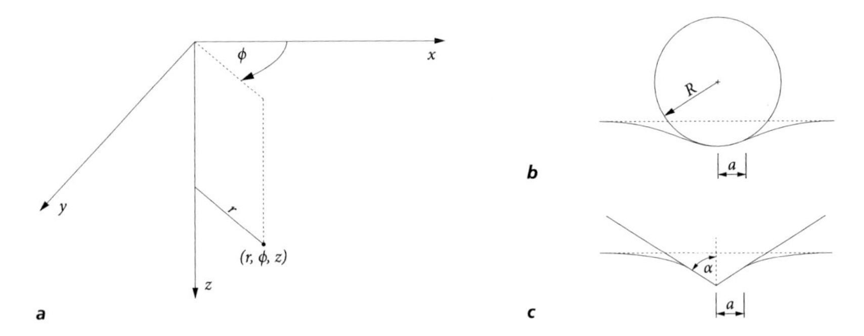

Abbildung A.2 Zylindrisches Koordinatensystem *(a)* für die Spannungsverteilungen nach Hertz (1881) *(b)* und Sneddon (1948) *(c)*.

$$\frac{\sigma_{\phi\phi}}{p_{\rm m}} = -\frac{3}{2}\left[\frac{1-2\nu}{3}\frac{a^2}{r^2}\left(1-\left(\frac{z}{\lambda^{1/2}}\right)^3\right)\right.$$
$$\left. + \frac{z}{\lambda^{1/2}}\left(2\nu + \lambda\frac{1-\nu}{a^2+\lambda} - (1+\nu)\frac{\lambda^{1/2}}{a}\tan^{-1}\left(\frac{a}{\lambda^{1/2}}\right)\right)\right], \tag{A.20}$$

$$\frac{\sigma_{\rm zz}}{p_{\rm m}} = -\frac{3}{2}\left(\frac{z}{\lambda^{1/2}}\right)^3\left(\frac{a^2\lambda}{\lambda^2+a^2z^2}\right), \tag{A.21}$$

$$\frac{\tau_{\rm rz}}{p_{\rm m}} = -\frac{3}{2}\left(\frac{rz^2}{\lambda^2+a^2z^2}\right)\left(\frac{a^2\lambda^{1/2}}{a^2+\lambda}\right), \tag{A.22}$$

$$\tau_{\rm r\phi} = \tau_{\phi\rm z} = 0, \tag{A.23}$$

mit

$$\lambda = \frac{1}{2}\left[(r^2+z^2-a^2) + \left((r^2+z^2-a^2)^2 + 4a^2z^2\right)^{1/2}\right]. \tag{A.24}$$

Hierin ist a der Kontaktradius entsprechend Abb. A.2b.

Die vertikalen Verschiebungen der Oberfläche unterhalb des Eindringkörpers ($r \leq a$) lauten

$$u_{\rm z} = \frac{1-\nu^2}{E}\frac{3}{2}p_{\rm m}\frac{\pi}{4a}\left(2a^2-r^2\right), \tag{A.25}$$

bzw. außerhalb des Kontaktbereichs ($r > a$)

$$u_{\rm z} = \frac{1-\nu^2}{E}\frac{3}{2}p_{\rm m}\frac{1}{2a}\left[\left(2a^2-r^2\right)\sin^{-1}\frac{a}{r} + r^2\frac{a}{r}\left(1-\frac{a^2}{r^2}\right)^{1/2}\right]. \tag{A.26}$$

A.1.3 Konischer Kontakt nach Sneddon

Entsprechend Sneddon (1948) lautet die Spannungsverteilung in einem durch einen konischen Eindringkörper beanspruchten elastischen Halbraum in zylindrischen Koordinaten:

$$\frac{\sigma_{zz}}{p_m} = -\left[J_1^0 + \frac{z}{a} J_2^0\right], \tag{A.27}$$

$$\frac{\sigma_{\phi\phi}}{p_m} = -\left[2\nu J_1^0 + \frac{a}{r}\left((1-2\nu) J_0^1 - \frac{z}{a} J_1^1\right)\right], \tag{A.28}$$

$$\frac{\sigma_{rr}}{p_m} = -\frac{2(1-\nu^2)}{1-\nu} J_1^0 - \frac{\sigma_{zz}}{p_m} - \frac{\sigma_{\phi\phi}}{p_m}, \tag{A.29}$$

$$\frac{\tau_{rz}}{p_m} = -\frac{z}{a} J_2^1, \tag{A.30}$$

$$\frac{\tau_{r\phi}}{p_m} = \frac{\tau_{z\phi}}{p_m} = 0, \tag{A.31}$$

mit

$$J_2^0 = \left(\frac{r^2}{a^2} + \frac{z^2}{a^2}\right)^{-\frac{1}{2}} - \frac{\cos\phi}{\xi}, \tag{A.32}$$

$$J_1^1 = \frac{a}{r}\left[\left(\frac{r^2}{a^2} + \frac{z^2}{a^2}\right)^{\frac{1}{2}} - \xi\cos\phi\right], \tag{A.33}$$

$$J_2^1 = \frac{a}{r}\left[\frac{(1+z^2/a^2)^{\frac{1}{2}}}{\xi}\cos(\theta-\phi) - \frac{z}{a}\left(\frac{r^2}{a^2} + \frac{z^2}{a^2}\right)^{-\frac{1}{2}}\right], \tag{A.34}$$

$$J_1^0 = \frac{1}{2} \ln \left[\frac{\xi^2 + 2\xi \left(1 + z^2/a^2\right)^{\frac{1}{2}} \cos(\theta - \phi) + 1 + z^2/a^2}{\left(z/a + (r^2/a^2 + z^2/a^2)^{\frac{1}{2}}\right)^2} \right], \tag{A.35}$$

$$J_0^1 = \frac{1}{2} \left[\frac{r}{a} J_1^0 + \frac{a}{r} (1 - \xi \sin\phi) - \frac{z}{a} J_1^1 \right], \tag{A.36}$$

wobei

$$\xi = \left[\left(\frac{r^2}{a^2} + \frac{z^2}{a^2} - 1 \right)^2 + 4 \frac{z^2}{a^2} \right]^{\frac{1}{4}}, \tag{A.37}$$

$$\tan\theta = \frac{a}{z}, \tag{A.38}$$

$$\tan 2\phi = 2 \frac{z}{a} \left(\frac{r^2}{a^2} + \frac{z^2}{a^2} - 1 \right)^{-1}. \tag{A.39}$$

Hierin ist a der Kontaktradius entsprechend Abb. A.2c. Die vertikalen Verschiebungen der Oberfläche unterhalb des Eindringkörpers ($r \leq a$) lauten

$$u_z = \left(\frac{\pi}{2} - \frac{r}{a} \right) a \cot\alpha, \tag{A.40}$$

bzw. außerhalb des Kontaktbereichs ($r > a$)

$$u_z = \left[\sin^{-1} \frac{a}{r} + \left(\frac{r^2}{a^2} - 1 \right)^{1/2} - \frac{r}{a} \right] a \cot\alpha. \tag{A.41}$$

A.2 Inelastische Kontaktspannungsfelder

Die auf Grundlage von Love (1920) abgeleitete Lösung des durch einen Härteeindruck erzeugten Eigenspannungsfeldes *(blister field)* lautet in sphärischer Darstellung (Abb. A.3) entsprechend Yoffe (1982)

$$\sigma_{\mathrm{rr}} = \frac{B}{r^3} 4\left[(5-\nu)\cos^2\theta - (2-\nu)\right], \tag{A.42}$$

$$\sigma_{\phi\phi} = \frac{B}{r^3} 2(1-2\nu)(2-3\cos^2\theta), \tag{A.43}$$

$$\sigma_{\theta\theta} = -\frac{B}{r^3} 2(1-2\nu)\cos^2\theta, \tag{A.44}$$

$$\tau_{\mathrm{r}\phi} = \tau_{\theta\phi} = 0. \tag{A.45}$$

$$\tau_{\mathrm{r}\theta} = \frac{B}{r^3} 4(1+\nu)\sin\theta\cos\theta, \tag{A.46}$$

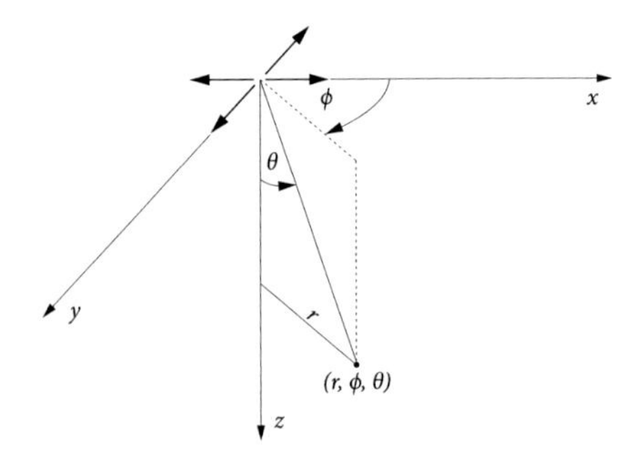

Abbildung A.3 Koordinatensystem für die Spannungsverteilung nach Yoffe (1982).

Die Verschiebungen sind definiert als

$$u_\mathrm{r} = \frac{B}{Gr^2}\left[2(1-\nu) - (5-4\nu)\cos^2\theta\right] \tag{A.47}$$

bzw.

$$u_\theta = \frac{B}{Gr^2} 2(1-2\nu)\sin\theta\cos\theta\,. \tag{A.48}$$

Anhang B

Wechsel der Basis mehraxialer Spannungszustände

Für orthonormierte Koordinatensysteme kann der Wechsel der Basis eines mehraxialen Spannungszustandes

$$\boldsymbol{\sigma} = \begin{bmatrix} \sigma_{11} & \sigma_{12} & \sigma_{13} \\ \sigma_{21} & \sigma_{22} & \sigma_{23} \\ \sigma_{31} & \sigma_{32} & \sigma_{33} \end{bmatrix} \tag{B.1}$$

durch die Beschreibung der Ausrichtung zwischen dem ursprünglichen x-y-z Koordinatensystem und dem in das zu überführende x'-y'-z' Koordinatensystem erfasst werden. Die Transformation beruht dabei auf reinen Rotationsbeziehungen, die sich in allgemeiner Schreibweise in drei fundamentale Rotationen im $\mathbb{R}^3$ aufspalten lassen. Diese Betrachtungsweise ist als *Euler'sche Winkel* bekannt. Weitere Grundtransformationen (Translationen und Skalierungen) der Koordinatensysteme finden keine Anwendung. Die Rotationen erfolgen dabei jeweils um eine bestimmte Achse, wobei für die Transformation eines mehraxialen Spannungszustandes zwischen kartesischen, zylindrischen und sphärischen Koordinatensystemen eine Reduzierung auf die zwei Rotationswinkel ϕ und θ möglich ist (Abb. B.1).

Nach Wissmann & Sarnes (2006) lautet das allgemein gültige Transformationsgesetz

$$\boldsymbol{\sigma}' = \boldsymbol{a}\,\boldsymbol{\sigma}\,\boldsymbol{a}^{\mathrm{T}} \tag{B.2}$$

wobei $\boldsymbol{\sigma}'$ dem transformierten mehraxialen Spannungszustand und $\boldsymbol{a}$ der Transformationsmatrix entspricht.

Für die Bestimmung der Transformationsmatrix $\boldsymbol{a}$ empfiehlt sich die vektorielle Darstellung jeder Rotation im Zweidimensionalen. Hierzu wird für den Einheitsvektor $\boldsymbol{T}$ zunächst die Rotation ϕ des ursprünglichen kartesischen x-y-z Koordinatensystems um die z-Achse

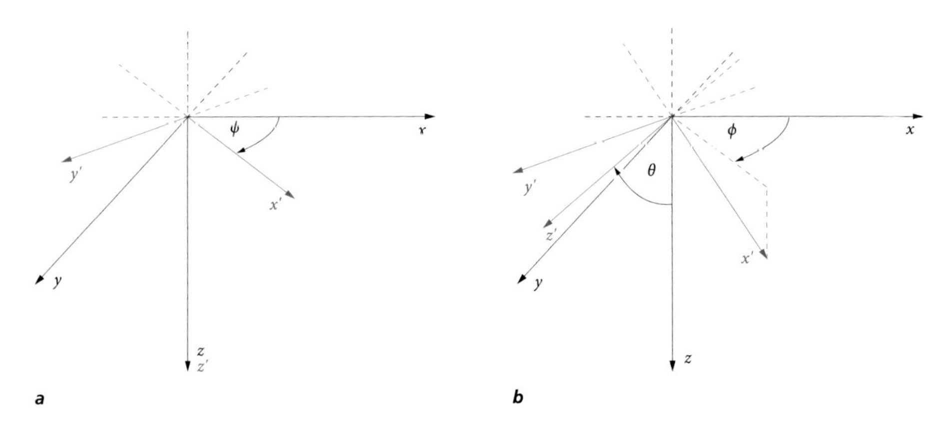

Abbildung B.1 Rotation orthonormierter Koordinatensysteme: Drehung ϕ um die z-Achse beim zylindrischen Koordinatensystem *(a)*; Drehung ϕ um die z-Achse und θ um die y'-Achse beim sphärischen Koordinatensystem *(b)*.

ausgeführt (Abb. B.2a). Das hieraus resultierende x'-y'-z Koordinatensystem entspricht bereits der Orientierung des zylindrischen Koordinatensystems. Für die Rotation ϕ gilt demnach

$$\begin{aligned} T_{x'} &= T_x \cdot \cos\phi + T_y \cdot \sin\phi \ , \\ T_{y'} &= -T_x \cdot \sin\phi + T_y \cdot \cos\phi \ . \end{aligned} \tag{B.3}$$

Die Transformationsmatrix der Rotation ϕ lautet

$$\boldsymbol{a}_\phi = \begin{bmatrix} \cos\phi & \sin\phi & 0 \\ -\sin\phi & \cos\phi & 0 \\ 0 & 0 & 1 \end{bmatrix} . \tag{B.4}$$

Für die Transformation zwischen dem kartesischen und dem sphärischen Koordinatensystem ist zusätzlich die Rotation θ zu berücksichtigen (Abb. B.2b). Die Rotation erfolgt um die y'-Achse und führt von dem x'-y'-z-Koordinatensystem in das x''-y'-z'-Koordinatensystem. Für die Rotation θ gilt demnach

$$\begin{aligned} T_{x''} &= T_{x'} \cdot \cos\theta + T_z \cdot \sin\theta \ , \\ T_{z'} &= -T_{x'} \cdot \sin\theta + T_z \cdot \cos\theta \ . \end{aligned} \tag{B.5}$$

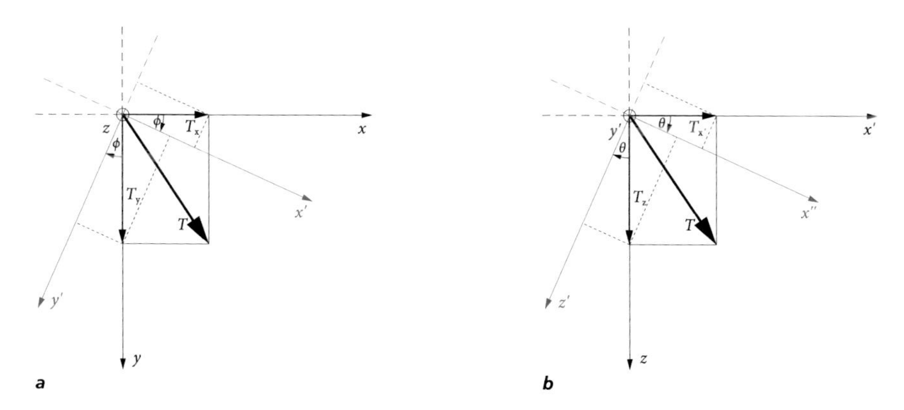

Abbildung B.2 Zweidimensionale, vektorielle Darstellung der Rotationen ϕ *(a)* und θ *(b)* sowie des Einheitsvektors $\boldsymbol{T}$.

Die Transformationsmatrix der Rotation θ lautet

$$\boldsymbol{a}_\theta = \begin{bmatrix} \cos\theta & 0 & \sin\theta \\ 0 & 1 & 0 \\ -\sin\theta & 0 & \cos\theta \end{bmatrix}. \tag{B.6}$$

Für den Wechsel *kartesisch* $\leftrightarrow$ *zylindrisch* ergibt sich die Transformationsmatrix zu $\boldsymbol{a} = \boldsymbol{a}_\phi$ (Gl. B.4). Für die Transformationsbeziehung *kartesisch* $\leftrightarrow$ *sphärisch* ergibt sich die Transformationsmatrix $\boldsymbol{a}$ durch Multiplikation beider Transformationsmatrizen der Rotationen ϕ und θ zu

$$\boldsymbol{a} = \boldsymbol{a}_\phi\, \boldsymbol{a}_\theta = \begin{bmatrix} \cos\phi\cos\theta & \sin\phi & \cos\phi\sin\theta \\ -\sin\phi\cos\theta & \cos\phi & -\sin\phi\sin\theta \\ -\sin\theta & 0 & \cos\theta \end{bmatrix}. \tag{B.7}$$

Der Wechsel der Basis kann für einen gegebenen Spannungszustand beispielsweise in der Programmsprache *Matlab* erfolgen. Für die Transformationsbeziehung *kartesisch* $\leftrightarrow$ *zylindrisch* gelten entsprechend Gleichung B.4 die Funktionen in Quellcode QC A2-1 und QC A2-2. Für die Transformationsbeziehung *kartesisch* $\leftrightarrow$ *sphärisch* gelten entsprechend Gleichung B.7 die Funktionen in Quellcode QC A2-3 und QC A2-4.

Quellcode QC A2-1 *Matlab*-Funktion zur Transformation eines mehraxialen Spannungszustandes vom kartesischen in das zylindrische Koordinatensystem.

```
function zyl = kar2zyl(x,y,z,T_xyz)

% Geometrische Randbedingung
phi = atan2(y,x);

% Transformationsmatrix
s_phi = sin(phi);
c_phi = cos(phi);

a = [[c_phi -s_phi 0]' [s_phi c_phi 0]' [0 0 1]'];

% Transformation
zyl = a * T_xyz * a.';

end
```

Quellcode QC A2-2 *Matlab*-Funktion zur Transformation eines mehraxialen Spannungszustandes vom zylindrischen in das kartesische Koordinatensystem.

```
function kar = zyl2kar(x,y,z,T_rtz)

% Geometrische Randbedingung
phi = -atan2(y/x);

% Transformationsmatrix
s_phi = sin(phi);
c_phi = cos(phi);

a = [[c_phi -s_phi 0]' [s_phi c_phi 0]' [0 0 1]'];

% Transformation
kar = a * T_rtz * a.';

end
```

Quellcode QC A2-3 *Matlab*-Funktion zur Transformation eines mehraxialen Spannungszustandes vom kartesischen in das sphärische Koordinatensystem.

```
function sph = kar2sph(x,y,z,T_xyz)

% Geometrische Randbedingung
r = sqrt(x^2+y^2);
phi = atan2(y,x);
```

```
theta = atan2(z,r);

% Transformationsmatrizen
s_phi = sin(phi);
c_phi = cos(phi);
s_the = sin(theta);
c_the = cos(theta);

a_1 = [[c_phi -s_phi 0]' [s_phi c_phi 0]' [0 0 1]'];
a_2 = [[c_the 0 -s_the]' [0 1 0]' [s_the 0 c_the]'];
a = a_2 * a_1;

% Transformation
sph = a * T_xyz * a.';

end
```

Quellcode QC A2-4 *Matlab*-Funktion zur Transformation eines mehraxialen Spannungszustandes vom sphärischen in das kartesische Koordinatensystem.

```
function kar = sph2kar(x,y,z,T_sph)

% Geometrische Randbedingung
r = sqrt(x^2+y^2);
phi = -atan2(y,x);
theta = -atan2(z,r);

% Transformationsmatrizen
s_the = sin(theta);
c_the = cos(theta);
s_phi = sin(phi);
c_phi = cos(phi);

a_1 = [[c_phi -s_phi 0]' [s_phi c_phi 0]' [0 0 1]'];
a_2 = [[c_the 0 -s_the]' [0 1 0]' [s_the 0 c_the]'];
a = a_1 * a_2;

% Transformation
kar = a * T_sph * a.';

end
```

Anhang C

Messwerte der Nanohärtemessungen

Tabelle C.1 Messwerte der Nano-Härtemessungen.

Nr. [–]	F [mN]	$h_{\max}$ [μm]	S [mN μm^{-1}]	h_c [μm]	a [μm]	A_p [μm^2]	H_{IT} [N mm^{-2}]
BK7.1	300,598	1,709	531,61	1,285	3,589	39,208	8.028
BK7.2	300,461	1,714	534,10	1,292	3,609	39,612	7.942
BK7.3	300,464	1,713	545,08	1,300	3,630	40,038	7.858
BK7.4	300,466	1,728	542,73	1,313	3,666	40,791	7.713
BK7.5	300,441	1,705	552,24	1,297	3,622	39,889	7.887
BK7.6	300,441	1,704	538,90	1,286	3,591	39,261	8.013
BK7.7	300,440	1,706	542,28	1,290	3,604	39,522	7.960
BK7.8	300,431	1,707	531,22	1,283	3,583	39,091	8.048
BK7.9	300,411	1,708	543,42	1,293	3,612	39,686	7.926
BK7.10	300,414	1,706	539,02	1,288	3,597	39,382	7.988
BK7.11	300,422	1,710	546,22	1,297	3,624	39,919	7.880
BK7.12	300,416	1,711	549,45	1,301	3,633	40,114	7.842
BK7.13	300,395	1,705	538,10	1,286	3,593	39,286	8.007
B-31.1	99,939	1,029	296,07	0,776	2,167	15,191	6.889
B-31.2	99,898	1,026	295,34	0,772	2,157	15,060	6.946
B-31.3	99,878	1,029	291,42	0,772	2,156	15,047	6.951
B-31.4	99,897	1,031	297,38	0,779	2,176	15,311	6.832
B-31.5	99,878	1,034	303,73	0,787	2,199	15,624	6.694
B-31.6	99,876	1,034	297,87	0,783	2,186	15,441	6.773
B-31.7	99,880	1,042	311,33	0,801	2,238	16,157	6.473
B-31.8	99,882	1,028	296,96	0,776	2,167	15,187	6.887
B-31.9	99,860	1,024	295,96	0,771	2,153	15,009	6.967
B-31.10	99,872	1,034	300,94	0,785	2,193	15,538	6.730
B-32.1	99,963	1,049	275,48	0,777	2,170	15,229	6.873
B-32.2	99,910	1,059	287,83	0,799	2,231	16,053	6.517
B-32.3	99,902	1,060	277,71	0,790	2,207	15,731	6.650

Tabelle C.1 Messwerte der Nano-Härtemessungen. *(Fortsetzung)*

Nr. [–]	F [mN]	h_{max} [μm]	S [mN μm^{-1}]	h_c [μm]	a [μm]	A_p [μm^2]	H_{IT} [N mm^{-2}]
B-32.4	99,905	1,057	281,91	0,791	2,210	15,769	6.634
B-32.5	99,912	1,059	277,23	0,789	2,203	15,674	6.675
B-32.6	99,901	1,064	282,92	0,799	2,232	16,072	6.509
B-32.7	99,894	1,051	281,80	0,785	2,193	15,540	6.731
B-32.8	99,892	1,062	279,92	0,794	2,219	15,889	6.583
B-32.9	99,902	1,052	276,76	0,781	2,182	15,394	6.795
B-32.10	99,901	1,063	281,21	0,797	2,225	15,973	6.549
B-45.1	99,957	1,045	286,87	0,784	2,189	15,484	6.760
B-45.2	99,881	1,052	294,88	0,798	2,229	16,026	6.526
B-45.3	99,875	1,052	292,96	0,796	2,224	15,963	6.551
B-45.4	99,875	1,048	294,89	0,794	2,218	15,875	6.588
B-45.5	99,862	1,047	288,47	0,787	2,199	15,624	6.693
B-45.6	99,894	1,045	295,70	0,792	2,211	15,785	6.626
B-45.7	99,874	1,050	295,12	0,796	2,224	15,958	6.553
B-45.8	99,883	1,048	299,27	0,798	2,228	16,016	6.530
B-45.9	99,856	1,046	290,28	0,788	2,201	15,648	6.682
B-46.1	99,948	1,039	305,25	0,793	2,216	15,853	6.602
B-46.2	99,907	1,036	292,82	0,780	2,179	15,351	6.815
B-46.3	99,898	1,046	300,39	0,797	2,225	15,973	6.549
B-46.4	99,883	1,047	299,06	0,797	2,225	15,971	6.549
B-46.5	99,878	1,050	298,13	0,799	2,231	16,056	6.514
B-46.6	99,887	1,044	304,08	0,798	2,228	16,014	6.532
B-46.7	99,885	1,042	302,09	0,794	2,218	15,876	6.588
B-46.8	99,877	1,044	293,67	0,789	2,203	15,683	6.669
B-46.9	99,885	1,042	293,51	0,787	2,197	15,601	6.704
B-46.10	99,889	1,049	298,00	0,798	2,228	16,012	6.532
B-47.1	99,921	1,040	303,94	0,793	2,216	15,854	6.600
B-47.2	99,901	1,040	298,37	0,789	2,203	15,681	6.671
B-47.3	99,873	1,045	305,80	0,800	2,234	16,106	6.493
B-47.4	99,863	1,045	300,72	0,796	2,223	15,949	6.556
B-47.5	99,865	1,037	300,93	0,788	2,201	15,652	6.681
B-47.6	99,875	1,039	308,23	0,796	2,223	15,951	6.557
B-47.7	99,883	1,045	309,22	0,803	2,242	16,209	6.452
B-47.8	99,858	1,044	306,85	0,800	2,234	16,101	6.494
B-47.9	99,860	1,041	304,76	0,795	2,221	15,923	6.567
B-47.10	99,882	1,049	307,33	0,805	2,249	16,306	6.414
B-48.1	99,949	1,082	272,54	0,807	2,254	16,371	6.393
B-48.2	99,910	1,081	269,74	0,803	2,243	16,227	6.447
B-48.3	99,899	1,087	275,09	0,815	2,275	16,669	6.275
B-48.4	99,897	1,080	268,63	0,801	2,237	16,146	6.479
B-48.5	99,903	1,076	276,12	0,805	2,247	16,282	6.425
B-48.6	99,877	1,082	273,82	0,808	2,258	16,429	6.366
B-48.7	99,876	1,078	272,17	0,803	2,242	16,211	6.451
B-48.8	99,895	1,084	282,59	0,819	2,287	16,834	6.214

Tabelle C.1 Messwerte der Nano-Härtemessungen. *(Fortsetzung)*

Nr. [–]	F [mN]	h_{max} [μm]	S [mN μm^{-1}]	h_c [μm]	a [μm]	A_p [μm^2]	H_{IT} [N mm^{-2}]
B-48.9	99,876	1,085	271,28	0,809	2,259	16,446	6.359
B-48.10	99,890	1,077	279,33	0,809	2,259	16,443	6.361
CH-1.1	99,964	0,985	319,37	0,750	2,095	14,251	7.345
CH-1.2	99,903	0,980	311,64	0,740	2,066	13,866	7.544
CH-1.3	99,879	0,981	316,83	0,745	2,079	14,045	7.446
CH-1.4	99,866	0,984	317,68	0,748	2,090	14,178	7.376
CH-1.5	99,893	0,979	313,09	0,740	2,066	13,871	7.541
CH-1.6	99,872	0,984	329,19	0,756	2,113	14,476	7.224
CH-1.7	99,883	0,976	322,47	0,744	2,077	14,014	7.463
CH-1.8	99,869	0,988	322,66	0,756	2,111	14,455	7.235
CH-1.9	99,885	0,978	323,19	0,746	2,084	14,105	7.415
CH-1.10	99,880	0,984	324,04	0,753	2,103	14,344	7.291
CH-2.1	99,940	0,972	317,62	0,736	2,056	13,739	7.617
CH-2.2	99,902	0,978	313,28	0,739	2,063	13,840	7.559
CH-2.3	99,900	0,980	320,80	0,746	2,085	14,113	7.412
CH-2.4	99,886	0,986	320,96	0,753	2,102	14,336	7.296
CH-2.5	99,891	0,980	316,78	0,744	2,077	14,007	7.467
CH-2.6	99,871	0,977	313,96	0,738	2,062	13,825	7.564
CH-2.7	99,904	0,979	316,11	0,742	2,072	13,952	7.498
CH-2.8	99,877	0,984	324,57	0,753	2,104	14,358	7.284
CH-2.9	99,892	0,985	324,03	0,754	2,105	14,379	7.274
CH-2.10	99,895	0,982	319,99	0,748	2,089	14,164	7.385
CH-3.1	99,937	0,977	314,31	0,739	2,063	13,829	7.567
CH-3.2	99,886	0,984	317,41	0,748	2,089	14,169	7.382
CH-3.3	99,890	0,979	314,34	0,741	2,069	13,906	7.522
CH-3.4	99,886	0,982	313,47	0,743	2,075	13,990	7.476
CH-3.5	99,902	0,983	322,06	0,750	2,096	14,254	7.339
CH-3.6	99,881	0,982	316,62	0,745	2,082	14,076	7.430
CH-3.7	99,887	0,982	310,46	0,741	2,069	13,907	7.521
CH-3.8	99,871	0,983	316,58	0,746	2,085	14,111	7.411
CH-3.9	99,876	0,984	308,39	0,741	2,070	13,921	7.512
CH-3.10	99,880	0,983	310,86	0,742	2,072	13,954	7.495
CH-4.1	99,940	0,984	318,80	0,749	2,092	14,201	7.369
CH-4.2	99,893	0,982	317,75	0,746	2,084	14,105	7.416
CH-4.3	99,884	0,982	312,68	0,742	2,073	13,968	7.488
CH-4.4	99,878	0,978	314,04	0,739	2,065	13,863	7.544
CH-4.5	99,882	0,982	321,61	0,749	2,092	14,208	7.361
CH-4.6	99,869	0,982	317,73	0,746	2,084	14,106	7.413
CH-4.7	99,863	0,982	310,03	0,740	2,068	13,897	7.525
CH-4.8	99,890	0,982	308,87	0,739	2,065	13,862	7.546
CH-4.9	99,871	0,980	316,00	0,743	2,075	13,988	7.476

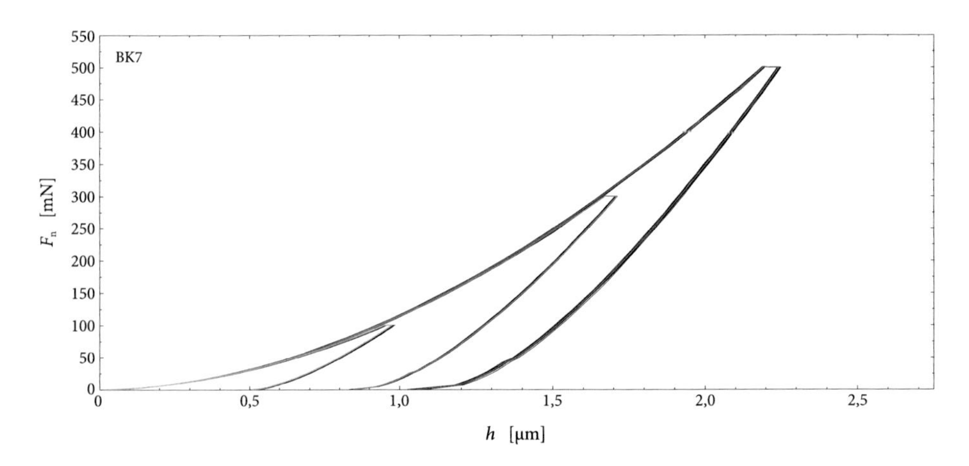

Abbildung C.1 Referenzplatte BK7 – Last-Eindringkurve.

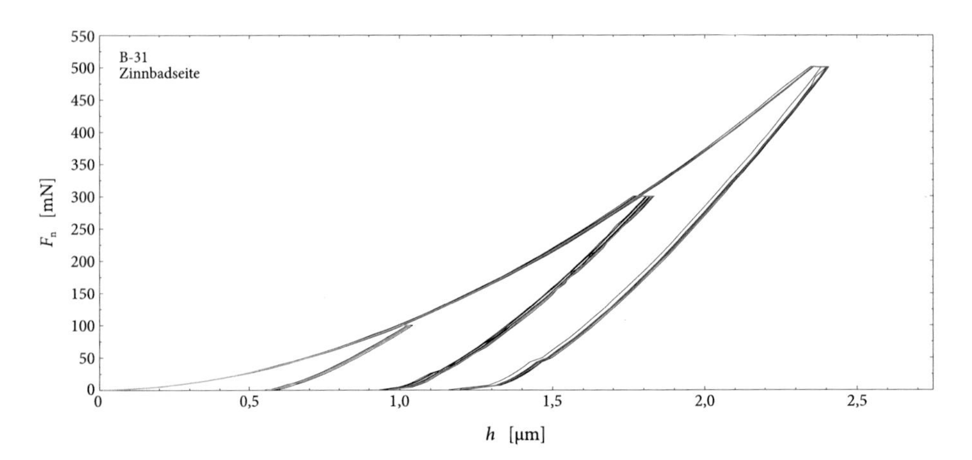

Abbildung C.2 B-31 – Last-Eindringkurve.

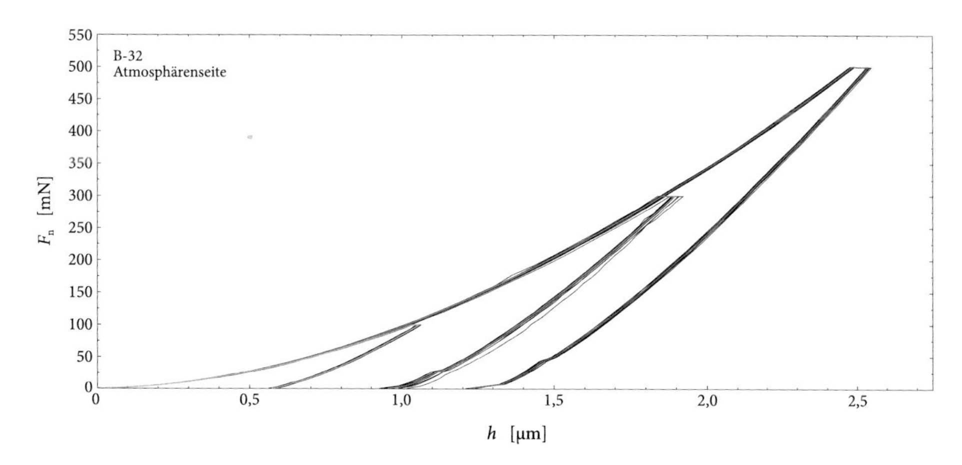

Abbildung C.3 B-32 – Last-Eindringkurve.

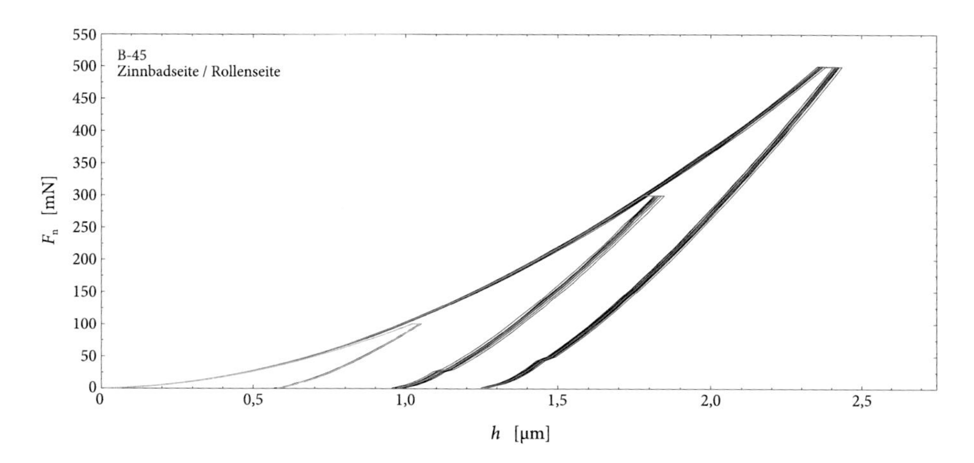

Abbildung C.4 B-45 – Last-Eindringkurve.

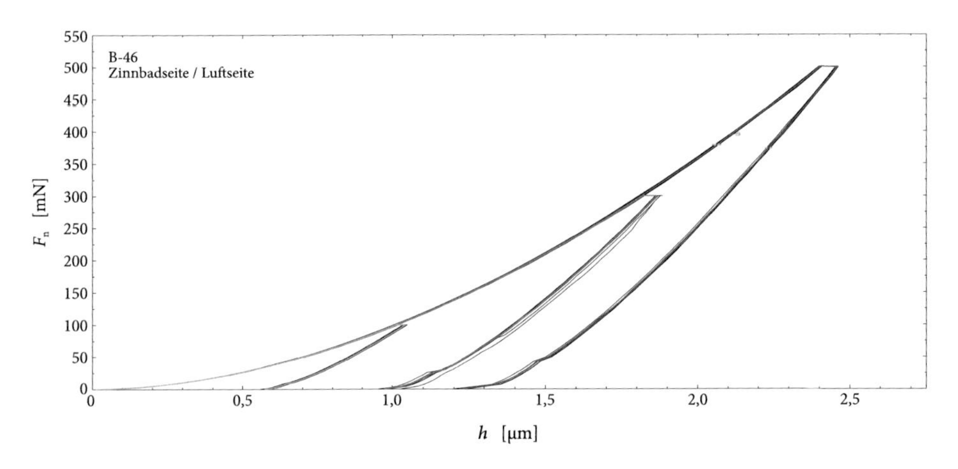

Abbildung C.5 B-46 – Last-Eindringkurve.

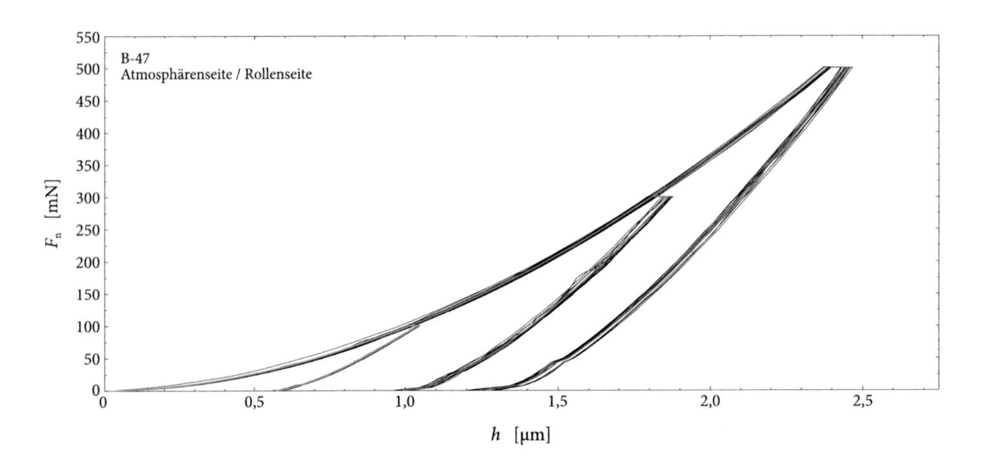

Abbildung C.6 B-47 – Last-Eindringkurve.

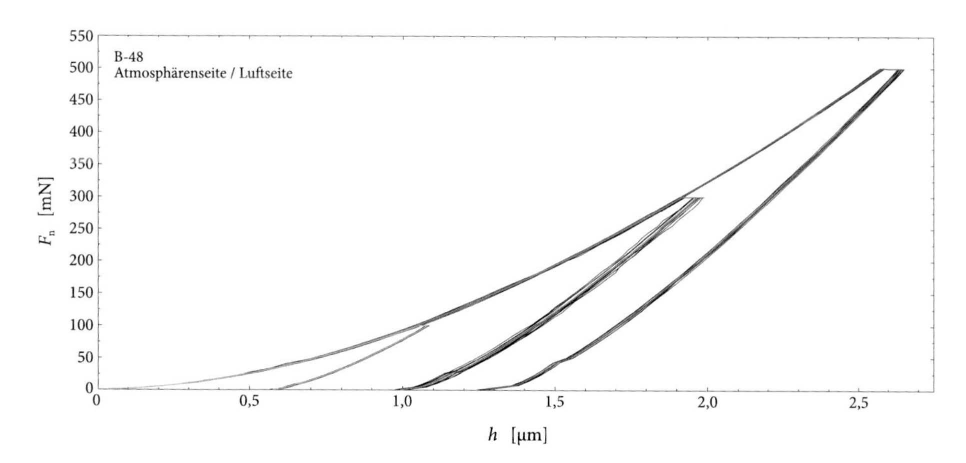

Abbildung C.7 B-48 – Last-Eindringkurve.

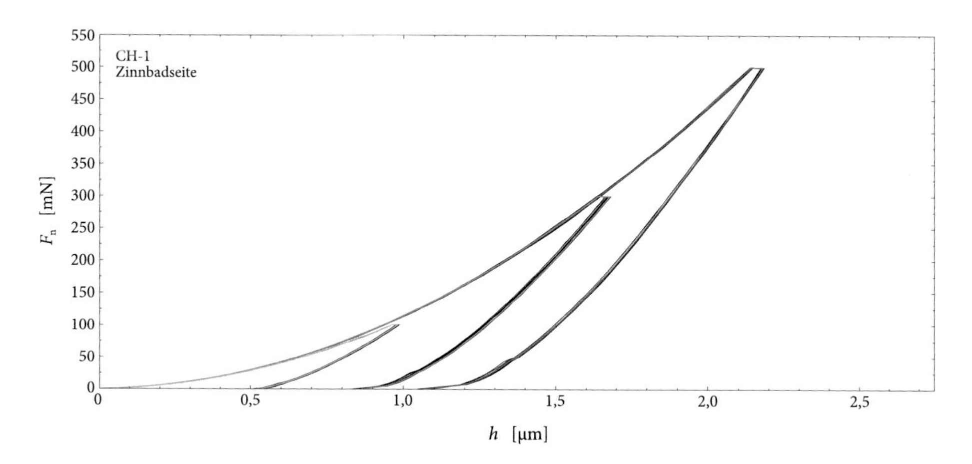

Abbildung C.8 CH-1 – Last-Eindringkurve.

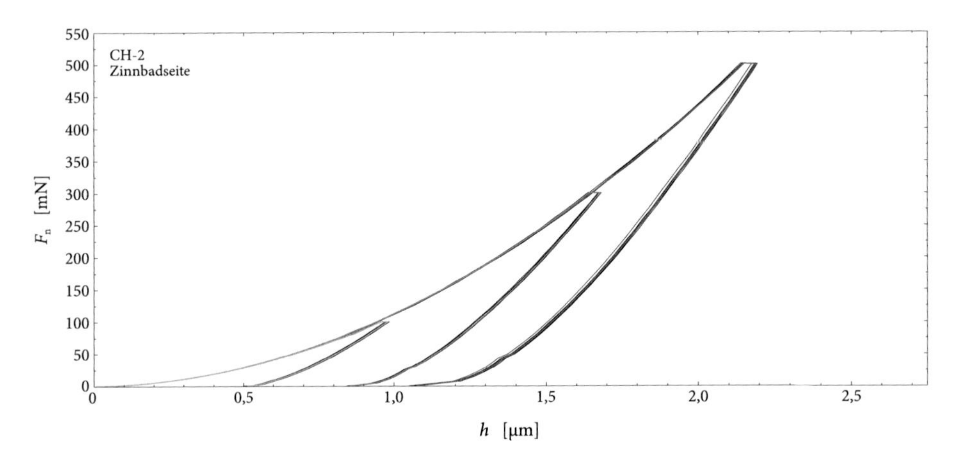

Abbildung C.9 CH-2 – Last-Eindringkurve.

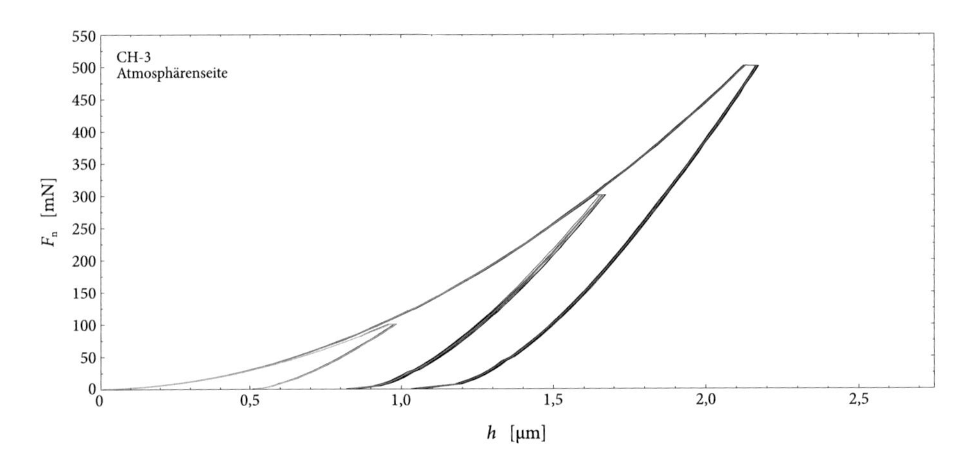

Abbildung C.10 CH-3 – Last-Eindringkurve.

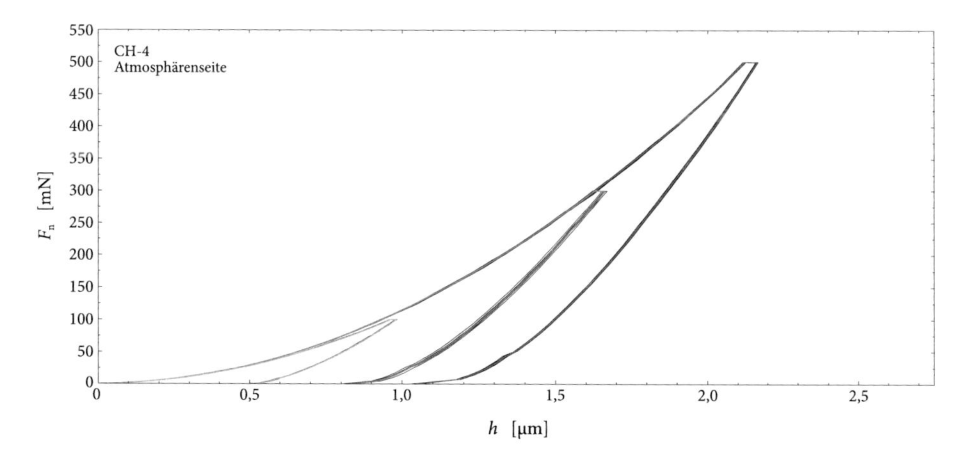

Abbildung C.11 CH-4 – Last-Eindringkurve.

Anhang D

MATLAB-Routine zur Bestimmung der lateralen Rissbreite

In QC A4-1 ist der in Abs. 9.2.5.3 diskutierte Quellcode der MATLAB-Routine zur automatischen Bestimmung der lateralen Rissbreite dargestellt. Die Routine unterliegt einigen Einschränkungen. Diese sind:

(1) Die einzulesende Bilddatei muss im `*.jpg`-Format vorliegen.

(2) Die Bilddatei muss als Graustufenbild vorliegen.

(3) Die Kratzspur muss parallel zu den horizontalen Bildkanten verlaufen und zentriert zu den vertikalen Bildkanten angeordnet werden.

Die Bildgröße der einzulesenden Datei ist nicht begrenzt. Dies betrifft vor allem die Länge der horizontalen Bildkante. Es hat sich jedoch gezeigt, dass die Ergebnisse des Verfahrens für Kratzspuren, welche mit einer 200-fachen optischen Vergrößerung aufgenommen wurden, bei einer Bildhöhe von etwa 600 px nur eine sehr geringe Fehlerwahrscheinlichkeit aufweist. Die Bildränder werden um die Beträge `RAND_HOR` und `RAND_VER` (Angaben in [px]) beschnitten. Speziell in den vertikalen Randbereichen ist die Fehlerhäufigkeit sehr hoch. Über die Variable `MASSSTAB` ist das Verhältnis der Pixelanzahl pro Mikrometer [px/μm] einzustellen. Das Verfahren ist so kalibriert, dass sowohl laterale Abplatzung als auch unter der Oberfläche verlaufende Lateralrisse zielsicher detektiert werden.

In QC A4-1 wird die Datei `N01_3_x200.jpg` eingelesen. Die Vorgehensweise des Verfahrens ist in Abb. D.1 für diese Datei exemplarisch dargestellt. Detaillierte Erläuterungen zu den benutzten Befehlen finden sich in MathWorks, Inc. (2014).

Quellcode QC A4-1 MATLAB-Routine zur Bestimmung der lateralen Rissbreite..

```
1 % MATLAB-Routine zur Detektion von Kratzspuren auf Glas
2 % (c) 2014, Sebastian Schula
3
4 % Definition des Verhältnisses px/mu
5   MASSSTAB = 0.5;
```

```
% Definition der Grösse der Bereiche entlang der Bildränder,
  die bei der Detektion nicht berücksichtigt werden
RAND_HOR = 25;
RAND_VER = 75;

% Einlesen der Bilddatei
PICTURE = importdata('N01_3_x200.jpg');
figure, imshow(PICTURE)

% Rangordnungsfilter (Medianfilter) zur Bestimmung der
  Grauwerte im Bereich 8px x 8px und Abspeichern in IMG
IMG = medfilt2(PICTURE,[8 8]);

% Detektion von markanten Kanten in IMG (Filter: Canny) und
  Anlegen der Maske BW
BW = edge(IMG,'Canny');

% Definition einer weiteren Maske zur folgenden
  Weichzeichnung von BW
MSK = [0 0 0 0 0;
       0 0 1 0 0;
       0 1 1 1 0;
       0 0 1 0 0;
       0 0 0 0 0;];

% Weichzeichnung von BW zur Reduzierung der Störstellen im
  Bereich der detektierten Kanten; "Conv2" beschreibt durch
   eine mathematische Faltung der Variablen BW und MSK den
  gewichteten Mittelwert
BW = conv2(double(BW),double(MSK));

% Bestimmen der Grösse der Maske BWs
[IM_X,IM_Y] = size(BW);

% Bestimmen der Grösse des Bildes PICTURE
[PIC_X, PIC_Y] = size(PICTURE);

% Differenzgrösse beider Bilder
DELTA_X = IM_X - PIC_X;
DELTA_Y = IM_Y - PIC_Y;

% Reduzierung von BW auf die ursprüngliche Bildgrösse
BW(:,IM_Y-DELTA_Y+1:IM_Y)           = [];
```

```
43    BW(IM_X-floor(DELTA_X/2)+1:IM_X,:) = [];
44
45  % Glättung der Kanten in Maske BW
46    BW(1:ceil(DELTA_X/2),:) = [];
47
48    clearvars IM_X IM_Y PIC_X PIC_Y DELTA_X DELTA_Y MSK
49
50  % Anlegen von zwei Strukturelementen in horizontaler und
      vertikaler Richtung (Grösse 6px)
51    SE90 = strel('line', 6, 90);
52    SE0  = strel('line', 6, 0);
53
54  % Schliessen der Lücken in Maske BW durch Anwendung der
      Strukturelemente und Abspeichern in der Variablen BW_DIL
55    BW_DIL = imdilate(BW, [SE90 SE0]);
56
57  % Bestimmung der Bildgrösse der Maske BW_DIL
58    [IM_X,IM_Y] = size(BW_DIL);
59
60  % Löschen der Bildinformationen entlang der unteren
      horizontalen Bildkante im Bereich von 10px
61    BW_DIL(IM_X-10:IM_X,:) = 0;
62
63    clearvars SE90 SE0 IM_X IM_Y BW
64
65  % Auffüllen aller Zwischenräume zwischen den detektierten
      Kanten und Abspeichern in BW_FILL
66    BW_FILL = imfill(BW_DIL, 'holes');
67
68  % Bestimmung der Grösse der Variable BW_FILL
69    [IM_X,IM_Y] = size(BW_FILL);
70
71  % Löschen von Bildinformationen entlang der Bildränder
72    BW_FILL(1:RAND_HOR,:)           = 0;
73    BW_FILL(IM_X-RAND_HOR:IM_X,:) = 0;
74    BW_FILL(:,1:RAND_VER)           = 0;
75    BW_FILL(:,IM_Y-RAND_VER:IM_Y) = 0;
76
77    clearvars IM_X RAND_HOR BW_DIL
78
79  % Anlegen eines diamantförmigen Strukturelements (Grösse 2px)
80    SED = strel('diamond',2);
81
```

```
82  % Glätten von Maske BW_FILL durch Anwendung der diamantfö
      rmigen Struktur
83  BW_MASK = imerode(BW_FILL,SED);
84
85  clearvars SED BW_FILL
86
87  % Zusammenstellen der Bildinformationen von Maske BW_MASK
88  CC         = bwconncomp(BW_MASK, 4);
89  CC.NumObjects;
90  GRAINDATA = regionprops(CC,'Area','PixelList');
91
92  % Detektion von Fehlstellen in der Maske, die nicht zur
      Kratzspur gehören
93  for F = 1:1:ans
94      A = size(GRAINDATA(F).PixelList);
95      AREA(F,1) = A(1,1);
96  end
97
98  % Reduzierung der Maske auf die Kratzspur
99  [WERT ZEILE]    = max(AREA);
100 A               = size(GRAINDATA(ZEILE).PixelList);
101 BW_FINAL        = BW_MASK;
102 BW_FINAL(:,:)   = 0;
103
104 for F = 1:1:A(1,1)
105     BW_FINAL(GRAINDATA(ZEILE).PixelList(F,2), GRAINDATA(
          ZEILE).PixelList(F,1)) = 1;
106 end
107
108 clearvars WERT ZEILE GRAINDATA CC BW_MASK A AREA F
109
110 % Bestimmen der äusseren Pixel der Maske
111 BW_OUTLINE = bwperim(BW_FINAL);
112 SEGOUT = PICTURE;
113 SEGOUT(BW_OUTLINE) = 255;
114
115 % Bestimmung der Kratzerbreite
116 A = size(BW_OUTLINE);
117 BREITE(1,1:A(1,2)) = 0;
118 BREITE(2,1:A(1,2)) = 0;
119 MITTELLINIE = floor(A(1,1) / 2);
120 for B = 1:1:A(1,2)
121     POSITION = find(BW_OUTLINE(:,B) == 1);
122     [SIZE_POSITION] = size(POSITION);
```

```
        if SIZE_POSITION >= 1
           BREITE(1,B) = POSITION(1,1);
           BREITE(2,B) = POSITION(SIZE_POSITION(1,1),1);
        else
           BREITE(1:2,B) = 0;
        end
    end

    for B = 1:1:A(1,2)
        BREITE(3,B) = BREITE(2,B) - BREITE(1,B);
    end

    DURCHSCHNITT_BREITE(1,1) = mean(BREITE(3,RAND_VER+5:IM_Y-
        RAND_VER+5));
    DURCHSCHNITT_BREITE(2,1) = mean(BREITE(3,RAND_VER+5:IM_Y-
        RAND_VER+5))/MASSSTAB;
    MAX_BREITE(1,1) = max(BREITE(3,:));
    MAX_BREITE(2,1) = max(BREITE(3,:))/MASSSTAB;
    MIN_BREITE(1,1) = min(BREITE(3,RAND_VER+5:IM_Y-RAND_VER-5))
        ;
    MIN_BREITE(2,1) = min(BREITE(3,RAND_VER+5:IM_Y-RAND_VER-5))
        /MASSSTAB;

    clearvars A B IM_Y RAND_VER POSITION SIZE_POSITION MASSSTAB

  % Plotten der Mikroskopaufnahme mit Umrandung der Kratzspur
      und Markierung der breitesten Stelle
    figure, imshow(SEGOUT, 'InitialMagnification', 'fit');
    hold on;
    [ZEILE SPALTE] = max(BREITE(3,:));
    text(SPALTE-125, BREITE(1,SPALTE)-20, ['b_{max} = ' sprintf
        ('%.1f',MAX_BREITE(2,1)) ' {\mu}m'], 'FontSize', 6);
    line([SPALTE, SPALTE], [BREITE(1,SPALTE), BREITE(2,SPALTE)
        ], 'Color', 'r', 'LineWidth', 1);
```

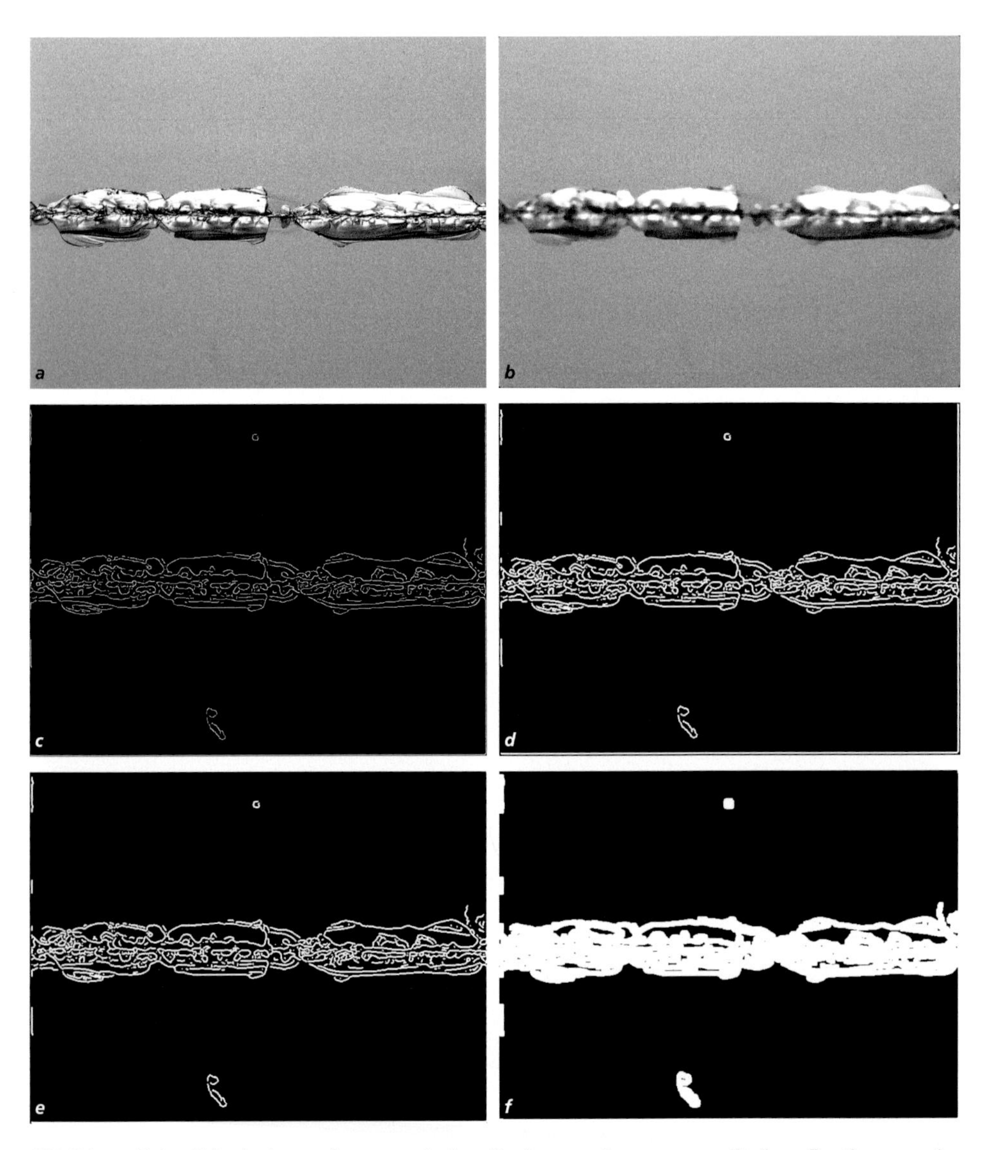

Abbildung D.1 Ablaufschema des numerischen Postprocessings zur quantitativen Bestimmung der lateralen Rissbreite: Einlesen der Bilddatei *(a)*, Anwendung des Medianfilters *(b)*, Detektion der markanten Kanten im Bild *(c)*, Weichzeichnung der Kanten *(d)*, Glättung der Kanten *(e)* und Schließen der offenen Kantenbereiche *(f)*.

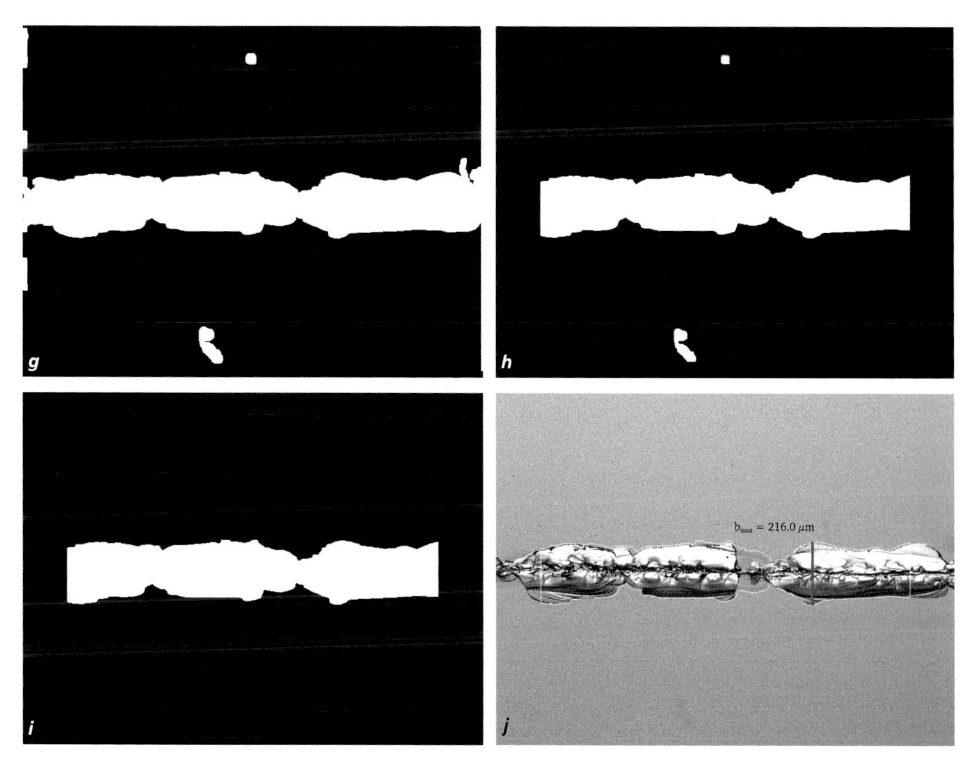

Abbildung D.1 Ablaufschema des numerischen Postprocessings zur quantitativen Bestimmung der lateralen Rissbreite: Ausfüllen der Kantenbereiche *(g)*, Löschen der Randbereiche *(h)*, Löschen der fälschlicherweise detektierten Bereiche *(i)*, Überlagerung der Mikroskopaufnahme mit dem detektierten Randbereich der Kratzspur (weiße Linie) und Lokalisation der breitesten Stelle der betrachteten Kratzspur mit quantitativer Nennung der Breite *(j)*. *(Fortsetzung)*

Anhang E

Einzelmesswerte der lateralen Rissbreiten

Tabelle E.1 Einzelmesswerte Versuchsreihe OK.1 – Auflast auf den Eindringkörper.

Nr.	PK	Glasart	Atmo. Beding.	Auflast	Laterale Kratzerbreite Minimal	Maximal	Mittel	Std.	Reib-koeff.
				F_n	$c_{l,min}$	$c_{l,max}$	$\bar{c}_{l,max}$	σ_x	μ
[–]	[–]	[–]	[–]	[mN]	[μm]	[μm]	[μm]	[μm]	[–]
OK.1-1	C_49	FG	H_2O	100	13,8	98,4	54,6	29,3	0,29
OK.1-2	C_49	FG	H_2O	200	21,7	84,6	59,2	19,8	0,44
OK.1-3	C_49	FG	H_2O	300	72,8	202,8	145,2	43,1	0,45
OK.1-4	C_49	FG	H_2O	400	59,1	228,3	143,7	46,0	0,47
OK.1-5	C_49	FG	H_2O	500	76,8	238,2	156,2	53,0	0,48
OK.1-6	C_49	FG	H_2O	600	90,6	246,1	169,5	47,3	0,48
OK.1-7	C_49	FG	H_2O	700	57,1	364,2	187,9	70,5	0,49
OK.1-8	C_49	FG	H_2O	800	86,6	316,9	162,9	58,3	0,49
OK.1-9	C_49	FG	H_2O	900	68,9	253,9	147,2	52,9	0,50
OK.1-10	C_49	FG	H_2O	1000	66,9	303,1	156,3	55,0	0,50
OK.1-11	C_50	FG	H_2O	100	13,8	59,1	43,6	12,4	0,26
OK.1-12	C_50	FG	H_2O	200	33,5	98,4	64,5	20,2	0,30
OK.1-13	C_50	FG	H_2O	300	43,3	206,7	141,3	43,1	0,35
OK.1-14	C_50	FG	H_2O	400	45,3	218,5	146,4	45,6	0,46
OK.1-15	C_50	FG	H_2O	500	57,1	330,7	180,1	75,4	0,48
OK.1-16	C_50	FG	H_2O	600	63,0	287,4	155,3	55,2	0,40
OK.1-17	C_50	FG	H_2O	700	65,0	273,6	149,0	55,4	0,43
OK.1-18	C_50	FG	H_2O	800	68,9	295,3	163,4	59,4	0,46
OK.1-19	C_50	FG	H_2O	900	66,9	267,7	147,8	56,0	0,49
OK.1-20	C_50	FG	H_2O	1000	74,8	275,6	155,5	54,8	0,50
OK.1-21	C_51	FG	H_2O	100	0,0	33,5	3,7	7,5	0,44
OK.1-22	C_51	FG	H_2O	200	15,7	66,9	43,4	16,6	0,45
OK.1-23	C_51	FG	H_2O	300	33,5	120,1	87,2	25,1	0,47
OK.1-24	C_51	FG	H_2O	400	51,2	198,8	100,4	33,8	0,49
OK.1-25	C_51	FG	H_2O	500	49,2	149,6	100,5	27,9	0,50

Tabelle E.1 Einzelmesswerte Versuchsreihe OK.1 – Auflast auf den Eindringkörper. *(Fortsetzung)*

Nr.	PK	Glasart	Atmo. Beding.	Auflast	Laterale Kratzerbreite Minimal	Maximal	Mittel	Std.	Reib-koeff.
				F_n	$c_{l,min}$	$c_{l,max}$	$\bar{c}_{l,max}$	σ_x	μ
[–]	[–]	[–]	[–]	[mN]	[μm]	[μm]	[μm]	[μm]	[–]
OK.1-26	C_51	FG	H_2O	600	80,7	267,7	174,2	60,5	0,50
OK.1-27	C_51	FG	H_2O	700	86,6	283,5	186,1	59,8	0,49
OK.1-28	C_51	FG	H_2O	800	78,7	240,2	144,6	45,1	0,50
OK.1-29	C_51	FG	H_2O	900	66,9	338,6	173,5	71,5	0,51
OK.1-30	C_51	FG	H_2O	1000	66,9	393,7	166,0	73,1	0,51
OK.1-31	C_52	FG	H_2O	100	0,0	17,7	0,9	3,3	0,38
OK.1-32	C_52	FG	H_2O	200	15,7	155,5	53,4	40,1	0,44
OK.1-33	C_52	FG	H_2O	300	33,5	159,4	84,1	32,7	0,47
OK.1-34	C_52	FG	H_2O	400	45,3	194,9	121,7	39,4	0,50
OK.1-35	C_52	FG	H_2O	500	66,9	167,3	128,2	34,4	0,51
OK.1-36	C_52	FG	H_2O	600	84,6	277,6	175,8	56,5	0,51
OK.1-37	C_52	FG	H_2O	700	124,0	324,8	182,9	67,5	0,51
OK.1-38	C_52	FG	H_2O	800	126,0	334,6	174,4	67,0	0,52
OK.1-39	C_52	FG	H_2O	900	153,5	417,3	195,8	84,8	0,52
OK.1-40	C_52	FG	H_2O	1000	175,2	417,3	203,0	90,0	0,53
OK.1-41	C_53	FG	50 % rF	100	7,9	35,4	21,0	5,8	0,24
OK.1-42	C_53	FG	50 % rF	200	19,7	74,8	43,6	15,7	0,30
OK.1-43	C_53	FG	50 % rF	300	11,8	72,8	31,0	11,1	0,39
OK.1-44	C_53	FG	50 % rF	400	29,5	116,1	73,4	25,7	0,39
OK.1-45	C_53	FG	50 % rF	500	31,5	218,5	107,3	46,3	0,40
OK.1-46	C_53	FG	50 % rF	600	59,1	171,3	109,6	32,1	0,43
OK.1-47	C_53	FG	50 % rF	700	53,1	224,4	125,3	46,4	0,44
OK.1-48	C_53	FG	50 % rF	800	72,8	153,5	116,1	30,0	0,46
OK.1-49	C_53	FG	50 % rF	900	68,9	322,8	157,1	77,5	0,46
OK.1-50	C_53	FG	50 % rF	1000	72,8	253,9	146,8	45,4	0,46
OK.1-51	C_54	FG	50 % rF	100	0,0	25,6	7,3	6,2	0,43
OK.1-52	C_54	FG	50 % rF	200	0,0	31,5	10,1	10,8	0,46
OK.1-53	C_54	FG	50 % rF	300	0,0	29,5	14,1	8,6	0,47
OK.1-54	C_54	FG	50 % rF	400	13,8	51,2	25,8	8,9	0,49
OK.1-55	C_54	FG	50 % rF	500	17,7	74,8	46,4	15,3	0,50
OK.1-56	C_54	FG	50 % rF	600	19,7	171,3	83,5	37,9	0,51
OK.1-57	C_54	FG	50 % rF	700	37,4	204,7	122,2	44,0	0,52
OK.1-58	C_54	FG	50 % rF	800	33,5	230,3	132,1	56,2	0,51
OK.1-59	C_54	FG	50 % rF	900	51,2	230,3	126,5	47,2	0,52
OK.1-60	C_54	FG	50 % rF	1000	31,5	246,1	165,3	60,6	0,50
OK.1-61	C_55	FG	50 % rF	100	0,0	21,7	11,3	8,4	0,43
OK.1-62	C_55	FG	50 % rF	200	0,0	29,5	4,9	7,7	0,45
OK.1-63	C_55	FG	50 % rF	300	0,0	33,5	11,0	9,1	0,47
OK.1-64	C_55	FG	50 % rF	400	17,7	55,1	23,8	7,2	0,49
OK.1-65	C_55	FG	50 % rF	500	15,7	80,7	47,7	19,2	0,48
OK.1-66	C_55	FG	50 % rF	600	19,7	92,5	58,5	23,7	0,48
OK.1-67	C_55	FG	50 % rF	700	19,7	110,2	75,3	22,9	0,47

Tabelle E.1 Einzelmesswerte Versuchsreihe OK.1 – Auflast auf den Eindringkörper. *(Fortsetzung)*

Nr.	PK	Glasart	Atmo. Beding.	Auflast	Laterale Kratzerbreite Minimal	Maximal	Mittel	Std.	Reib-koeff.
				F_n	$c_{l,min}$	$c_{l,max}$	$\bar{c}_{l,max}$	σ_x	μ
[–]	[–]	[–]	[–]	[mN]	[μm]	[μm]	[μm]	[μm]	[–]
OK.1-68	C_55	FG	50 % rF	800	23,6	143,7	92,2	37,2	0,47
OK.1-69	C_55	FG	50 % rF	900	23,6	120,1	76,1	27,2	0,48
OK.1-70	C_55	FG	50 % rF	1000	43,3	192,9	116,9	37,7	0,47
OK.1-71	C_56	FG	50 % rF	100	0,0	17,7	3,4	5,9	0,44
OK.1-72	C_56	FG	50 % rF	200	0,0	29,5	9,8	8,8	0,46
OK.1-73	C_56	FG	50 % rF	300	0,0	35,4	19,0	5,8	0,47
OK.1-74	C_56	FG	50 % rF	400	15,7	72,8	37,7	17,5	0,48
OK.1-75	C_56	FG	50 % rF	500	63,0	165,4	107,2	29,7	0,39
OK.1-76	C_56	FG	50 % rF	600	21,7	112,2	75,9	26,4	0,45
OK.1-77	C_56	FG	50 % rF	700	21,7	112,2	78,7	24,0	0,45
OK.1-78	C_56	FG	50 % rF	800	59,1	287,4	160,0	56,8	0,47
OK.1-79	C_56	FG	50 % rF	900	86,6	307,1	195,2	68,0	0,49
OK.1-80	C_56	FG	50 % rF	1000	51,2	344,5	177,5	71,0	0,48
OK.1-81	C_69	ESG	50 % rF	100	7,9	23,6	11,9	5,0	0,35
OK.1-82	C_69	ESG	50 % rF	200	0,0	57,1	7,0	12,4	0,42
OK.1-83	C_69	ESG	50 % rF	300	61,0	204,7	127,9	41,3	0,43
OK.1-84	C_69	ESG	50 % rF	400	55,1	224,4	124,7	38,7	0,46
OK.1-85	C_69	ESG	50 % rF	500	51,2	283,5	182,3	61,6	0,46
OK.1-86	C_69	ESG	50 % rF	600	106,3	261,8	175,2	51,1	0,47
OK.1-87	C_69	ESG	50 % rF	700	70,9	285,4	179,8	60,2	0,48
OK.1-88	C_69	ESG	50 % rF	800	100,4	313,0	214,9	66,1	0,49
OK.1-89	C_69	ESG	50 % rF	900	131,9	364,2	241,5	75,1	0,50
OK.1-90	C_69	ESG	50 % rF	1000	139,8	372,0	256,7	70,0	0,51
OK.1-91	C_70	ESG	50 % rF	100	15,7	27,6	22,1	5,0	0,38
OK.1-92	C_70	ESG	50 % rF	200	0,0	29,5	15,2	10,3	0,44
OK.1-93	C_70	ESG	50 % rF	300	21,7	72,8	44,1	12,5	0,43
OK.1-94	C_70	ESG	50 % rF	400	35,4	253,9	106,9	53,2	0,47
OK.1-95	C_70	ESG	50 % rF	500	59,1	236,2	155,3	46,1	0,48
OK.1-96	C_70	ESG	50 % rF	600	82,7	307,1	189,7	64,4	0,49
OK.1-97	C_70	ESG	50 % rF	700	102,4	348,4	204,1	73,2	0,50
OK.1-98	C_70	ESG	50 % rF	800	88,6	307,1	206,6	58,5	0,51
OK.1-99	C_70	ESG	50 % rF	900	78,7	324,8	222,5	64,1	0,52
OK.1-100	C_70	ESG	50 % rF	1000	96,5	405,5	251,1	79,3	0,52
OK.1-101	C_71	ESG	50 % rF	100	0,0	27,6	2,9	5,9	0,28
OK.1-102	C_71	ESG	50 % rF	200	0,0	37,4	16,2	7,2	0,36
OK.1-103	C_71	ESG	50 % rF	300	15,7	141,7	87,5	39,0	0,44
OK.1-104	C_71	ESG	50 % rF	400	49,2	189,0	133,1	42,0	0,46
OK.1-105	C_71	ESG	50 % rF	500	70,9	238,2	149,4	46,0	0,45
OK.1-106	C_71	ESG	50 % rF	600	39,4	281,5	178,7	62,7	0,26
OK.1-107	C_71	ESG	50 % rF	700	90,6	395,7	220,2	76,2	0,26
OK.1-108	C_71	ESG	50 % rF	800	102,4	295,3	198,0	62,7	0,24
OK.1-109	C_71	ESG	50 % rF	900	70,9	338,6	140,9	69,7	0,23

Tabelle E.1 Einzelmesswerte Versuchsreihe OK.1 – Auflast auf den Eindringkörper. *(Fortsetzung)*

Nr.	PK	Glasart	Atmo. Beding.	Auflast	Laterale Kratzerbreite Minimal	Maximal	Mittel	Std.	Reib-koeff.
				F_n	$c_{l,min}$	$c_{l,max}$	$\bar{c}_{l,max}$	σ_x	μ
[–]	[–]	[–]	[–]	[mN]	[μm]	[μm]	[μm]	[μm]	[–]
OK.1-110	C_71	ESG	50 % rF	1000	68,9	135,8	100,1	27,2	0,24
OK.1-111	C_72	ESG	50 % rF	100	7,9	23,6	11,8	5,1	0,40
OK.1-112	C_72	ESG	50 % rF	200	0,0	25,6	13,0	6,9	0,44
OK.1-113	C_72	ESG	50 % rF	300	7,9	63,0	34,9	13,4	0,46
OK.1-114	C_72	ESG	50 % rF	400	37,4	189,0	110,6	46,1	0,48
OK.1-115	C_72	ESG	50 % rF	500	33,5	283,5	130,5	60,6	0,50
OK.1-116	C_72	ESG	50 % rF	600	72,8	273,6	162,8	57,9	0,52
OK.1-117	C_72	ESG	50 % rF	700	70,9	293,3	192,7	54,2	0,48
OK.1-118	C_72	ESG	50 % rF	800	92,5	267,7	197,5	57,5	0,53
OK.1-119	C_72	ESG	50 % rF	900	49,2	279,5	199,5	70,5	0,54
OK.1-120	C_72	ESG	50 % rF	1000	108,3	385,8	233,3	78,9	0,54
OK.1-121	C_61	ESG	H_2O	100	0,0	43,3	1,7	7,5	0,44
OK.1-122	C_61	ESG	H_2O	200	35,4	149,6	105,0	32,4	0,46
OK.1-123	C_61	ESG	H_2O	300	66,9	204,7	135,6	43,8	0,46
OK.1-124	C_61	ESG	H_2O	400	57,1	220,5	135,7	42,8	0,48
OK.1-125	C_61	ESG	H_2O	500	61,0	271,7	140,7	50,6	0,49
OK.1-126	C_61	ESG	H_2O	600	68,9	297,2	163,8	62,1	0,50
OK.1-127	C_61	ESG	H_2O	700	68,9	313,0	151,3	56,5	0,50
OK.1-128	C_61	ESG	H_2O	800	74,8	255,9	145,7	44,4	0,51
OK.1-129	C_61	ESG	H_2O	900	76,8	236,2	161,7	47,8	0,52
OK.1-130	C_61	ESG	H_2O	1000	76,8	279,5	180,0	60,1	0,53
OK.1-131	C_62	ESG	H_2O	100	0,0	27,6	1,6	5,3	0,44
OK.1-132	C_62	ESG	H_2O	200	35,4	143,7	101,9	31,6	0,46
OK.1-133	C_62	ESG	H_2O	300	45,3	173,2	124,2	35,6	0,47
OK.1-134	C_62	ESG	H_2O	400	61,0	198,8	133,6	38,6	0,49
OK.1-135	C_62	ESG	H_2O	500	88,6	222,4	151,4	41,0	0,49
OK.1-136	C_62	ESG	H_2O	600	74,8	307,1	192,2	60,1	0,49
OK.1-137	C_62	ESG	H_2O	700	76,8	301,2	173,1	57,4	0,50
OK.1-138	C_62	ESG	H_2O	800	65,0	299,2	172,3	55,6	0,51
OK.1-139	C_62	ESG	H_2O	900	116,1	267,7	189,0	49,2	0,52
OK.1-140	C_62	ESG	H_2O	1000	135,8	303,1	216,9	53,4	0,53
OK.1-141	C_63	ESG	H_2O	100	0,0	41,3	1,0	4,3	0,35
OK.1-142	C_63	ESG	H_2O	200	43,3	135,8	80,6	22,4	0,38
OK.1-143	C_63	ESG	H_2O	300	37,4	255,9	126,7	50,4	0,42
OK.1-144	C_63	ESG	H_2O	400	65,0	328,7	175,6	63,1	0,47
OK.1-145	C_63	ESG	H_2O	500	66,9	267,7	179,2	57,8	0,48
OK.1-146	C_63	ESG	H_2O	600	61,0	299,2	162,1	50,6	0,48
OK.1-147	C_63	ESG	H_2O	700	72,8	261,8	156,6	46,0	0,48
OK.1-148	C_63	ESG	H_2O	800	102,4	295,3	175,6	46,1	0,49
OK.1-149	C_63	ESG	H_2O	900	86,6	238,2	188,9	49,8	0,51
OK.1-150	C_63	ESG	H_2O	1000	131,9	336,6	235,4	63,3	0,52
OK.1-151	C_64	ESG	H_2O	100	0,0	19,7	0,7	3,3	0,45
OK.1-152	C_64	ESG	H_2O	200	25,6	102,4	70,1	21,0	0,47

Tabelle E.1 Einzelmesswerte Versuchsreihe OK.1 – Auflast auf den Eindringkörper. *(Fortsetzung)*

Nr.	PK	Glasart	Atmo. Beding.	Auflast	Laterale Kratzerbreite Minimal	Maximal	Mittel	Std.	Reib-koeff.
				F_n	$c_{l,min}$	$c_{l,max}$	$\bar{c}_{l,max}$	σ_x	μ
[–]	[–]	[–]	[–]	[mN]	[μm]	[μm]	[μm]	[μm]	[–]
OK.1-153	C_64	ESG	H_2O	300	37,4	141,7	95,5	26,8	0,48
OK.1-154	C_64	ESG	H_2O	400	57,1	222,4	126,3	40,6	0,49
OK.1-155	C_64	ESG	H_2O	500	59,1	301,2	168,1	71,1	0,50
OK.1-156	C_64	ESG	H_2O	600	74,8	305,1	171,9	71,0	0,50
OK.1-157	C_64	ESG	H_2O	700	82,7	279,5	145,7	52,0	0,51
OK.1-158	C_64	ESG	H_2O	800	78,7	269,7	158,6	43,2	0,51
OK.1-159	C_64	ESG	H_2O	900	98,4	283,5	187,7	56,0	0,53
OK.1-160	C_64	ESG	H_2O	1000	86,6	320,9	223,1	68,5	0,54

Tabelle E.2 Einzelmesswerte Versuchsreihe OK.2 – Produktionsbedingte Oberflächenunterschiede.

Nr.	PK	Glasart	Atmo. Beding.	Auflast	Laterale Kratzerbreite Minimal	Maximal	Mittel	Std.	Reib-koeff.
				F_n	$c_{l,min}$	$c_{l,max}$	$\bar{c}_{l,max}$	σ_x	μ
[–]	[–]	[–]	[–]	[mN]	[μm]	[μm]	[μm]	[μm]	[–]
OK.2-1	A_001	FG	H_2O	700	56,0	202,0	118,2	45,1	0,42
OK.2-2	A_002	FG	H_2O	700	94,0	300,0	189,2	73,8	0,39
OK.2-3	A_003	FG	H_2O	700	62,0	286,0	164,9	66,0	0,43
OK.2-4	A_004	FG	H_2O	700	84,0	290,0	175,8	64,2	0,45
OK.2-5	A_005	FG	50 % rF	700	38,0	266,0	111,9	68,1	0,43
OK.2-6	A_006	FG	50 % rF	700	176,0	274,0	227,2	63,8	0,26
OK.2-7	A_007	FG	50 % rF	700	108,0	278,0	190,0	66,9	0,26
OK.2-8	A_008	FG	50 % rF	700	38,0	222,0	92,6	50,9	0,43
OK.2-9	A_009	ESG	H_2O	700	114,0	270,0	193,2	60,7	0,43
OK.2-10	A_010	ESG	H_2O	700	112,0	272,0	185,6	59,6	0,44
OK.2-11	A_011	ESG	H_2O	700	70,0	252,0	160,5	55,3	0,45
OK.2-12	A_012	ESG	H_2O	700	102,0	254,0	167,1	58,1	0,45
OK.2-13	A_013	ESG	H_2O	700	70,0	254,0	157,2	55,9	0,44
OK.2-14	A_014	ESG	H_2O	700	94,0	280,0	186,2	62,7	0,44
OK.2-15	A_015	ESG	H_2O	700	102,0	246,0	169,1	54,1	0,45
OK.2-16	A_016	ESG	H_2O	700	82,0	300,0	175,8	58,8	0,45
OK.2-17	A_017	ESG	50 % rF	700	78,0	182,0	119,6	38,0	0,31
OK.2-18	A_018	ESG	50 % rF	700	96,0	346,0	198,8	75,3	0,43
OK.2-19	A_019	ESG	50 % rF	700	108,0	236,0	195,9	58,0	0,34
OK.2-20	A_020	ESG	50 % rF	700	50,0	478,0	133,9	93,6	0,27
OK.2-21	A_021	ESG	50 % rF	700	78,0	312,0	205,6	89,1	0,39
OK.2-22	A_022	ESG	50 % rF	700	110,0	304,0	203,2	79,0	0,44
OK.2-23	A_023	ESG	50 % rF	700	56,0	246,0	172,8	60,5	0,36
OK.2-24	A_024	ESG	50 % rF	700	80,0	380,0	208,9	75,9	0,42

Tabelle E.2 Einzelmesswerte Versuchsreihe OK.2 – Produktionsbedingte Oberflächenunterschiede. *(Fortsetzung)*

Nr.	PK	Glasart	Atmo. Beding.	Auflast	Laterale Kratzerbreite Minimal	Maximal	Mittel	Std.	Reib-koeff.
				F_n	$c_{l,min}$	$c_{l,max}$	$\bar{c}_{l,max}$	σ_x	μ
[–]	[–]	[–]	[–]	[mN]	[μm]	[μm]	[μm]	[μm]	[–]
OK.2-25	B_025	FG	H_2O	700	56,0	284,0	185,0	72,2	0,42
OK.2-26	B_026	FG	H_2O	700	102,0	324,0	203,8	78,3	0,44
OK.2-27	B_027	FG	H_2O	700	84,0	306,0	166,2	64,9	0,42
OK.2-28	B_028	FG	H_2O	700	56,0	304,0	218,4	82,4	0,45
OK.2-29	B_029	FG	50 % rF	700	48,0	262,0	194,4	73,4	0,31
OK.2-30	B_030	FG	50 % rF	700	84,0	134,0	116,0	32,4	0,30
OK.2-31	B_031	FG	50 % rF	700	54,0	248,0	173,3	68,0	0,26
OK.2-32	B_032	FG	50 % rF	700	20,0	126,0	65,3	28,8	0,45
OK.2-33	B_033	ESG	H_2O	700	98,0	260,0	184,0	61,5	0,44
OK.2-34	B_034	ESG	H_2O	700	126,0	336,0	198,4	70,1	0,43
OK.2-35	B_035	ESG	H_2O	700	80,0	254,0	147,7	54,8	0,42
OK.2-36	B_036	ESG	H_2O	700	62,0	290,0	168,6	72,3	0,45
OK.2-37	B_037	ESG	H_2O	700	90,0	262,0	166,7	55,9	0,42
OK.2-38	B_038	ESG	H_2O	700	122,0	320,0	196,1	65,0	0,45
OK.2-39	B_039	ESG	H_2O	700	90,0	270,0	193,2	60,9	0,44
OK.2-40	B_040	ESG	H_2O	700	64,0	296,0	181,3	65,3	0,46
OK.2-41	B_041	ESG	50 % rF	700	90,0	330,0	199,0	73,4	0,44
OK.2-42	B_042	ESG	50 % rF	700	146,0	332,0	198,6	70,6	0,34
OK.2-43	B_043	ESG	50 % rF	700	14,0	256,0	71,3	85,0	0,29
OK.2-44	B_044	ESG	50 % rF	700	14,0	34,0	19,6	6,1	0,29
OK.2-45	B_045	ESG	50 % rF	700	120,0	344,0	244,5	81,4	0,25
OK.2-46	B_046	ESG	50 % rF	700	52,0	114,0	89,8	26,7	0,28
OK.2-47	B_047	ESG	50 % rF	700	72,0	366,0	193,8	83,1	0,34
OK.2-48	B_048	ESG	50 % rF	700	62,0	104,0	82,0	23,8	0,22
OK.2-49	C_049	FG	H_2O	700	78,0	262,0	164,4	59,9	0,43
OK.2-50	C_050	FG	H_2O	700	98,0	256,0	176,3	57,3	0,43
OK.2-51	C_051	FG	H_2O	700	90,0	250,0	158,5	51,3	0,44
OK.2-52	C_052	FG	H_2O	700	82,0	312,0	185,5	65,7	0,45
OK.2-53	C_053	FG	50 % rF	700	34,0	336,0	152,7	87,3	0,33
OK.2-54	C_054	FG	50 % rF	700	44,0	256,0	180,2	72,2	0,32
OK.2-55	C_055	FG	50 % rF	700	162,0	252,0	208,7	60,0	0,26
OK.2-56	C_056	FG	50 % rF	700	60,0	272,0	170,5	74,9	0,33
OK.2-57	C_057	ESG	H_2O	700	90,0	324,0	191,0	68,4	0,44
OK.2-58	C_058	ESG	H_2O	700	90,0	306,0	178,4	62,0	0,44
OK.2-59	C_059	ESG	H_2O	700	86,0	266,0	194,6	66,6	0,45
OK.2-60	C_060	ESG	H_2O	700	92,0	268,0	185,5	61,2	0,45
OK.2-61	C_061	ESG	H_2O	700	92,0	296,0	172,6	62,4	0,45
OK.2-62	C_062	ESG	H_2O	700	98,0	280,0	198,8	62,6	0,45
OK.2-63	C_063	ESG	H_2O	700	92,0	234,0	162,6	54,7	0,45
OK.2-64	C_064	ESG	H_2O	700	88,0	240,0	159,6	49,1	0,45
OK.2-65	C_065	ESG	50 % rF	700	74,0	342,0	209,5	83,8	0,26
OK.2-66	C_066	ESG	50 % rF	700	102,0	328,0	200,0	68,5	0,43
OK.2-67	C_067	ESG	50 % rF	700	64,0	286,0	179,4	73,5	0,23

Tabelle E.2 Einzelmesswerte Versuchsreihe OK.2 – Produktionsbedingte Oberflächenunterschiede. *(Fortsetzung)*

Nr.	PK	Glasart	Atmo. Beding.	Auflast	Laterale Kratzerbreite Minimal	Maximal	Mittel	Std.	Reib-koeff.
				F_n	$c_{l,min}$	$c_{l,max}$	$\bar{c}_{l,max}$	σ_x	μ
[−]	[−]	[−]	[−]	[mN]	[μm]	[μm]	[μm]	[μm]	[−]
OK.2-68	C_068	ESG	50 % rF	700	64,0	244,0	174,8	61,2	0,23
OK.2-69	C_069	ESG	50 % rF	700	86,0	336,0	200,8	77,7	0,34
OK.2-70	C_070	ESG	50 % rF	700	86,0	376,0	212,3	85,3	0,33
OK.2-71	C_071	ESG	50 % rF	700	74,0	236,0	150,7	48,8	0,37
OK.2-72	C_072	ESG	50 % rF	700	90,0	272,0	180,0	60,6	0,37
OK.2-73	D_073	FG	H_2O	700	76,0	268,0	197,4	64,2	0,43
OK.2-74	D_074	FG	H_2O	700	88,0	268,0	184,0	58,8	0,44
OK.2-75	D_075	FG	H_2O	700	104,0	268,0	199,2	62,2	0,44
OK.2-76	D_076	FG	H_2O	700	74,0	264,0	176,9	60,1	0,45
OK.2-77	D_077	FG	50 % rF	700	30,0	116,0	62,9	25,3	0,45
OK.2-78	D_078	FG	50 % rF	700	102,0	254,0	199,1	63,6	0,27
OK.2-79	D_079	FG	50 % rF	700	72,0	162,0	121,4	37,1	0,27
OK.2-80	D_080	FG	50 % rF	700	82,0	256,0	173,1	67,5	0,24
OK.2-81	D_081	ESG	H_2O	700	94,0	280,0	194,3	64,9	0,44
OK.2-82	D_082	ESG	H_2O	700	66,0	248,0	154,0	52,4	0,44
OK.2-83	D_083	ESG	H_2O	700	62,0	316,0	152,6	67,6	0,45
OK.2-84	D_084	ESG	100	700	58,0	300,0	146,8	58,0	0,44
OK.2-85	D_085	ESG	H_2O	700	94,0	280,0	174,3	62,4	0,43
OK.2-86	D_086	ESG	H_2O	700	106,0	252,0	177,5	56,6	0,45
OK.2-87	D_087	ESG	H_2O	700	92,0	274,0	167,5	52,1	0,46
OK.2-88	D_088	ESG	H_2O	700	110,0	278,0	184,3	59,9	0,45
OK.2-89	D_089	ESG	50 % rF	700	72,0	216,0	156,7	48,8	0,45
OK.2-90	D_090	ESG	50 % rF	700	120,0	160,0	136,2	37,4	0,27
OK.2-91	D_091	ESG	50 % rF	700	72,0	346,0	152,0	67,2	0,27
OK.2-92	D_092	ESG	50 % rF	700	124,0	328,0	204,5	67,6	0,28
OK.2-93	D_093	ESG	50 % rF	700	62,0	228,0	117,4	45,1	0,28
OK.2-94	D_094	ESG	50 % rF	700	60,0	198,0	123,0	42,3	0,26
OK.2-95	D_095	ESG	50 % rF	700	90,0	302,0	197,9	69,1	0,27
OK.2-96	D_096	ESG	50 % rF	700	82,0	250,0	176,7	55,9	0,35

Tabelle E.3 Einzelmesswerte Versuchsreihe OK.3 – Chemische Zusammensetzung der Gläser und Art der Vorspannung.

Nr.	PK	Glasart	Atmo. Beding.	Auflast	Laterale Kratzerbreite Minimal	Maximal	Mittel	Std.
				F_n	$c_{l,min}$	$c_{l,max}$	$\bar{c}_{l,max}$	σ_x
[–]	[–]	[–]	[–]	[mN]	[μm]	[μm]	[μm]	[μm]
OK.3-1	N09-1	FG	H_2O	700	62,0	258,0	166,3	80,7
OK.3-2	N09-2	FG	H_2O	700	62,0	186,0	118,3	61,6
OK.3-3	N09-3	FG	H_2O	700	134,0	226,0	184,2	76,6
OK.3-4	N09-4	FG	H_2O	700	98,0	208,0	166,9	70,9
OK.3-5	N10-1	FG	H_2O	700	122,0	196,0	163,3	67,6
OK.3-6	N10-2	FG	H_2O	700	108,0	176,0	145,7	60,0
OK.3-7	N10-3	FG	H_2O	700	100,0	184,0	149,1	62,3
OK.3-8	N05-1	TVG	H_2O	700	102,0	246,0	178,6	77,8
OK.3-9	N05-2	TVG	H_2O	700	94,0	240,0	164,5	72,8
OK.3-10	N05-3	TVG	H_2O	700	140,0	390,0	221,3	110,4
OK.3-11	N05-4	TVG	H_2O	700	78,0	222,0	172,3	74,8
OK.3-12	N06-1	TVG	H_2O	700	162,0	252,0	199,7	82,5
OK.3-13	N06-2	TVG	H_2O	700	148,0	262,0	191,2	80,0
OK.3-14	N06-3	TVG	H_2O	700	72,0	252,0	166,9	74,9
OK.3-15	N06-4	TVG	H_2O	700	104,0	214,0	160,8	69,4
OK.3-16	N07-1	TVG	H_2O	700	126,0	234,0	177,6	74,2
OK.3-17	N07-2	TVG	H_2O	700	104,0	208,0	162,7	69,3
OK.3-18	N07-3	TVG	H_2O	700	156,0	238,0	195,2	80,1
OK.3-19	N07-4	TVG	H_2O	700	102,0	310,0	199,2	93,5
OK.3-20	N08-1	TVG	H_2O	700	110,0	280,0	188,2	88,0
OK.3-21	N08-2	TVG	H_2O	700	108,0	212,0	163,5	70,6
OK.3-22	N08-3	TVG	H_2O	700	92,0	296,0	188,1	85,9
OK.3-23	N08-4	TVG	H_2O	700	88,0	206,0	158,8	69,6
OK.3-24	N01-1	ESG	H_2O	700	94,0	258,0	178,3	79,0
OK.3-25	N01-2	ESG	H_2O	700	106,0	186,0	151,7	63,3
OK.3-26	N01-3	ESG	H_2O	700	78,0	216,0	168,1	71,7
OK.3-27	N01-4	ESG	H_2O	700	130,0	198,0	168,2	69,1
OK.3-28	N02-1	ESG	H_2O	700	130,0	296,0	201,2	95,5
OK.3-29	N02-2	ESG	H_2O	700	104,0	262,0	168,2	75,7
OK.3-30	N02-3	ESG	H_2O	700	168,0	292,0	230,3	96,0
OK.3-31	N02-4	ESG	H_2O	700	82,0	208,0	168,7	71,5
OK.3-32	N03-1	ESG	H_2O	700	92,0	298,0	168,5	80,9
OK.3-33	N03-2	ESG	H_2O	700	136,0	218,0	178,7	73,9
OK.3-34	N03-3	ESG	H_2O	700	146,0	244,0	198,8	83,2
OK.3-35	N03-4	ESG	H_2O	700	116,0	238,0	162,3	71,6
OK.3-36	N04-1	ESG	H_2O	700	94,0	204,0	153,7	65,9
OK.3-37	N04-2	ESG	H_2O	700	96,0	202,0	159,7	67,5
OK.3-38	N04-3	ESG	H_2O	700	90,0	284,0	188,9	86,7
OK.3-39	N04-4	ESG	H_2O	700	84,0	288,0	181,9	87,7
OK.3-40	N11-1	CVG[a]	H_2O	700	42,0	76,0	56,4	23,6

[a] Chemisch vorgespanntes Glas aus Kalk-Natronsilikatglas.

Tabelle E.3 Einzelmesswerte Versuchsreihe OK.3 – Chemische Zusammensetzung der Gläser und Art der Vorspannung. *(Fortsetzung)*

Nr.	PK	Glasart	Atmo. Beding.	Auflast	Laterale Kratzerbreite Minimal	Maximal	Mittel	Std.
				F_n	$c_{l,min}$	$c_{l,max}$	$\bar{c}_{l,max}$	σ_x
[–]	[–]	[–]	[–]	[mN]	[μm]	[μm]	[μm]	[μm]
OK.3-41	N11-2	CVG[a]	H_2O	700	36,0	82,0	55,4	23,3
OK.3-42	N11-3	CVG[a]	H_2O	700	34,0	78,0	55,3	23,1
OK.3-43	N12-1	CVG[a]	H_2O	700	36,0	70,0	54,0	22,2
OK.3-44	N12-2	CVG[a]	H_2O	700	40,0	68,0	52,6	21,5
OK.3-45	N12-3	CVG[a]	H_2O	700	32,0	70,0	53,7	22,2
OK.3-46	N13-1	CVG[a]	H_2O	700	46,0	102,0	60,8	26,4
OK.3-47	N13-2	CVG[a]	H_2O	700	44,0	76,0	57,6	24,0
OK.3-48	N13-3	CVG[a]	H_2O	700	46,0	86,0	56,9	23,6
OK.3-49	N14-1	CVG[a]	H_2O	700	46,0	78,0	57,1	23,6
OK.3-50	N14-2	CVG[a]	H_2O	700	42,0	84,0	58,2	24,5
OK.3-51	N14-3	CVG[a]	H_2O	700	42,0	66,0	54,6	22,2
OK.3-52	N15-1	CVG[b]	H_2O	700	30,0	80,0	46,6	19,7
OK.3-53	N15-2	CVG[b]	H_2O	700	24,0	64,0	43,5	18,3
OK.3-54	N15-3	CVG[b]	H_2O	700	28,0	58,0	44,2	18,2
OK.3-55	N16-1	Saphir	H_2O	700	24,0	66,0	40,2	17,7
OK.3-56	N16-2	Saphir	H_2O	700	26,0	68,0	40,2	17,9
OK.3-57	N16-3	Saphir	H_2O	700	26,0	62,0	39,1	16,9

[a] Chemisch vorgespanntes Glas aus Kalk-Natronsilikatglas.
[b] Chemisch vorgespanntes Glas aus Aluminosilikatglas.

Anhang F

Einzelmesswerte der Biegeversuche

F.1 Versuchsreihe SK – Statisch wirksame Kratzanfälligkeit

Tabelle F.1 Einzelmesswerte Versuchsreihe SK.1 – Referenzreihe.

Nr.	PK	Glasart	Spannungs-rate $\dot{\sigma}$	Atmo. Beding.[a]	Bruch-spannung σ_f
[–]	[–]	[–]	[$N\,mm^{-2}\,s^{-1}$]	[% rF]	[$N\,mm^{-2}$]
SK.1-1	KNS_001	FG	2,0	48,7	82,12
SK.1-2	KNS_002	FG	2,0	49,2	84,12
SK.1-3	KNS_003	FG	2,0	49,1	74,69
SK.1-4	KNS_004	FG	2,0	49,5	74,01
SK.1-5	KNS_005	FG	2,0	49,4	102,12
SK.1-6	KNS_006	FG	2,0	49,0	88,39
SK.1-7	KNS_007	FG	2,0	49,1	89,62
SK.1-8	KNS_008	FG	2,0	49,2	94,80
SK.1-9	KNS_009	FG	2,0	48,8	50,84
SK.1-10	KNS_010	FG	2,0	48,8	64,20
SK.1-11	KNS_011	FG	2,0	48,9	95,22
SK.1-12	KNS_012	FG	2,0	49,1	72,76
SK.1-13	KNS_013	FG	2,0	49,0	73,99
SK.1-14	KNS_014	FG	2,0	48,9	91,51
SK.1-15	KNS_015	FG	2,0	48,8	84,80
SK.1-16	KNS_016	TVG	2,0	48,8	124,14
SK.1-17	KNS_017	TVG	2,0	49,2	197,59
SK.1-18	KNS_018	TVG	2,0	49,2	174,79
SK.1-19	KNS_019	TVG	2,0	49,3	172,22
SK.1-20	KNS_020	TVG	2,0	49,1	192,77
SK.1-21	KNS_021	TVG	2,0	48,7	197,03
SK.1-22	KNS_022	TVG	2,0	48,8	217,25

[a] Atmosphärische Bedingung während der Biegeprüfung.

Tabelle F.1 Einzelmesswerte Versuchsreihe SK.1 – Referenzreihe. *(Fortsetzung)*

Nr.	PK	Glasart	Spannungs-rate $\dot{\sigma}$	Atmo. Beding.[a]	Bruch-spannung σ_f
[–]	[–]	[–]	$[N\,mm^{-2}\,s^{-1}]$	[% rF]	$[N\,mm^{-2}]$
SK.1-23	KNS_023	TVG	2,0	48,7	205,07
SK.1-24	KNS_024	TVG	2,0	48,5	168,74
SK.1-25	KNS_025	TVG	2,0	49,2	133,08
SK.1-26	KNS_026	TVG	2,0	49,2	158,18
SK.1-27	KNS_027	TVG	2,0	49,4	151,45
SK.1-28	KNS_028	TVG	2,0	49,4	135,44
SK.1-29	KNS_029	TVG	2,0	49,5	175,12
SK.1-30	KNS_030	TVG	2,0	49,7	189,13
SK.1-31	KNS_031	ESG	2,0	49,4	215,95
SK.1-32	KNS_032	ESG	2,0	49,3	199,10
SK.1-33	KNS_033	ESG	2,0	49,4	298,04
SK.1-34	KNS_034	ESG	2,0	48,9	219,93
SK.1-35	KNS_035	ESG	2,0	48,9	251,40
SK.1-36	KNS_036	ESG	2,0	48,8	253,92
SK.1-37	KNS_037	ESG	2,0	49,0	250,32
SK.1-38	KNS_038	ESG	2,0	49,1	216,34
SK.1-39	KNS_039	ESG	2,0	49,1	264,64
SK.1-40	KNS_040	ESG	2,0	48,7	232,29
SK.1-41	KNS_041	ESG	2,0	48,8	270,10
SK.1-42	KNS_042	ESG	2,0	49,0	255,72
SK.1-43	KNS_043	ESG	2,0	49,0	238,68
SK.1-44	KNS_044	ESG	2,0	48,9	239,95
SK.1-45	KNS_045	ESG	2,0	49,0	229,71
SK.1-46	CSG_001	CVG	2,0	45,9	114,96
SK.1-47	CSG_002	CVG	2,0	46,5	124,51
SK.1-48	CSG_003	CVG	2,0	46,7	102,15
SK.1-49	CSG_004	CVG	2,0	47,0	100,45
SK.1-50	CSG_005	CVG	2,0	46,3	105,15
SK.1-51	CSG_006	CVG	2,0	45,5	121,49
SK.1-52	CSG_007	CVG	2,0	45,5	126,22
SK.1-53	CSG_008	CVG	2,0	45,4	78,76
SK.1-54	CSG_009	CVG	2,0	44,5	67,04
SK.1-55	CSG_010	CVG	2,0	44,5	89,86
SK.1-56	CSG_011	CVG	2,0	44,3	95,49
SK.1-57	CSG_012	CVG	2,0	44,3	128,95
SK.1-58	CSG_013	CVG	2,0	44,3	137,33
SK.1-59	CSG_014	CVG	2,0	43,9	79,91
SK.1-60	CSG_015	CVG	2,0	44,3	104,74
SK.1-61	CSG_016	CVG	2,0	45,1	89,97
SK.1-62	CSG_017	CVG	2,0	47,2	99,61
SK.1-63	CSG_018	CVG	2,0	47,4	64,44
SK.1-64	CSG_019	CVG	2,0	47,3	79,82
SK.1-65	CSG_020	CVG	2,0	47,8	85,70

[a] Atmosphärische Bedingung während der Biegeprüfung.

Tabelle F.2 Einzelmesswerte Versuchsreihe SK.2 – Einfluss der Spannungsrate $\dot{\sigma}$.

Nr.	PK	Glasart	Spannungs-rate $\dot{\sigma}$	Atmosphärische Bedingung Vorschädigung	Biegeprüfung	Bruch-spannung σ_f
[–]	[–]	[–]	$[N\ mm^{-2}\ s^{-1}]$	[% rF]	[% rF]	$[N\ mm^{-2}]$
SK.2-1	PK_401	FG	0,2	49,9	53,1	37,22
SK.2-2	PK_404	FG	0,2	51,0	50,7	40,42
SK.2-3	PK_685	FG	0,2	51,6	52,1	36,58
SK.2-4	PK_654	FG	0,2	50,3	51,3	34,92
SK.2-5	PK_655	FG	0,2	50,4	50,7	37,86
SK.2-6	PK_360	FG	2,0	49,9	49,9	44,00
SK.2-7	PK_677	FG	2,0	51,6	51,1	44,38
SK.2-8	PK_365	FG	2,0	50,6	50,2	39,65
SK.2-9	PK_395	FG	2,0	51,7	51,0	40,93
SK.2-10	PK_321	FG	2,0	47,8	49,2	55,13
SK.2-11	PK_292	FG	10,0	48,9	50,5	47,96
SK.2-12	PK_376	FG	10,0	50,6	51,4	53,46
SK.2-13	PK_364	FG	10,0	50,4	50,8	44,89
SK.2-14	PK_315	FG	0,2	49,8	0,8	48,09
SK.2-15	PK_391	FG	0,2	50,8	0,6	45,79
SK.2-16	PK_293	FG	0,2	49,5	0,5	50,39
SK.2-17	PK_289	FG	2,0	52,1	0,6	58,32
SK.2-18	PK_356	FG	2,0	51,3	0,5	55,13
SK.2-19	PK_384	FG	2,0	52,5	0,6	44,77
SK.2-20	PK_303	FG	2,0	53,3	0,6	49,63
SK.2-21	PK_334	FG	10,0	49,1	0,3	67,40
SK.2-22	PK_341	FG	10,0	48,5	0,3	54,74
SK.2-23	PK_294	FG	10,0	49,3	0,3	55,89
SK.2-24	PK_385	FG	10,0	48,7	0,6	51,67
SK.2-25	PK_369	FG	10,0	48,8	0,4	64,34
SK.2-26	FG_215	FG	0,2	47,5	H_2O	34,52
SK.2-27	FG_224	FG	0,2	48,0	H_2O	34,66
SK.2-28	FG_223	FG	0,2	49,5	H_2O	37,24
SK.2-29	FG_098	FG	2,0	50,1	H_2O	41,11
SK.2-30	FG_099	FG	2,0	49,3	H_2O	38,98
SK.2-31	FG_229	FG	2,0	49,1	H_2O	41,98
SK.2-32	FG_230	FG	10,0	48,7	H_2O	41,82
SK.2-33	FG_209	FG	10,0	48,2	H_2O	41,88
SK.2-34	FG_221	FG	10,0	48,7	H_2O	52,93

Tabelle F.3 Einzelmesswerte Versuchsreihe SK.3 – Einfluss atmosphärischer Umgebungsbedingungen.

Nr.	PK	Glasart	Atmosphärische Bedingung Vorschädigung	Atmosphärische Bedingung Biegeprüfung	Spannungsrate $\dot{\sigma}$	Bruchspannung σ_f
[–]	[–]	[–]	[% rF]	[% rF]	$[\mathrm{N\,mm^{-2}\,s^{-1}}]$	$[\mathrm{N\,mm^{-2}}]$
SK.3-1	SPG_066	SPG	0,5	0,04	2,0	49,3
SK.3-2	SPG_048	SPG	0,6	0,02	2,0	49,5
SK.3-3	SPG_049	SPG	0,4	0,03	2,0	54,1
SK.3-4	SPG_010	SPG	0,4	0,01	2,0	48,5
SK.3-5	SPG_199	SPG	0,3	0,02	2,0	52,5
SK.3-6	SPG_105	SPG	46,8	49,6	2,0	48,4
SK.3-7	SPG_195	SPG	47,6	48,9	2,0	45,3
SK.3-8	SPG_089	SPG	48,0	49,6	2,0	42,1
SK.3-9	SPG_071	SPG	48,3	49,8	2,0	37,9
SK.3-10	SPG_053	SPG	48,1	49,9	2,0	41,2
SK.3-11	SPG_094	SPG	H_2O	H_2O	2,0	51,9
SK.3-12	SPG_110	SPG	H_2O	H_2O	2,0	47,8
SK.3-13	SPG_081	SPG	H_2O	H_2O	2,0	51,7
SK.3-14	SPG_036	SPG	H_2O	H_2O	2,0	53,8
SK.3-15	SPG_054	SPG	H_2O	H_2O	2,0	50,8
SK.3-16	PK_706	TVG	45,6	48,6	2,0	127,9
SK.3-17	PK_714	TVG	45,9	50,1	2,0	107,1
SK.3-18	PK_701	TVG	46,6	49,7	2,0	107,2
SK.3-19	PK_693	TVG	47,3	49,0	2,0	126,6
SK.3-20	PK_719	TVG	47,0	48,5	2,0	131,6
SK.3-21	PK_721	TVG	H_2O	H_2O	2,0	121,3
SK.3-22	PK_690	TVG	H_2O	H_2O	2,0	116,5
SK.3-23	PK_724	TVG	H_2O	H_2O	2,0	115,3
SK.3-24	PK_722	TVG	H_2O	H_2O	2,0	133,4
SK.3-25	PK_723	TVG	H_2O	H_2O	2,0	127,8
SK.3-26	PK_540	ESG	45,6	49,5	2,0	225,4
SK.3-27	PK_605	ESG	45,8	50,2	2,0	189,3
SK.3-28	PK_550	ESG	45,9	50,0	2,0	195,2
SK.3-29	PK_576	ESG	45,7	50,0	2,0	216,0
SK.3-30	PK_575	ESG	45,7	50,0	2,0	204,7
SK.3-31	ESG_049	ESG	H_2O	H_2O	2,0	186,5
SK.3-32	ESG_091	ESG	H_2O	H_2O	2,0	188,4
SK.3-33	ESG_092	ESG	H_2O	H_2O	2,0	180,1
SK.3-34	ESG_051	ESG	H_2O	H_2O	2,0	203,2
SK.3-35	ESG_040	ESG	H_2O	H_2O	2,0	191,3
SK.3-36	SPG_113	SPG	0,1	47,7	2,0	36,6
SK.3-37	SPG_112	SPG	0,1	47,0	2,0	41,8
SK.3-38	SPG_111	SPG	0,1	47,0	2,0	39,9
SK.3-39	SPG_182	SPG	0,1	47,7	2,0	40,8
SK.3-40	SPG_181	SPG	0,0	47,1	2,0	40,9

Tabelle F.3 Einzelmesswerte Versuchsreihe SK.3 – Einfluss atmosphärischer Umgebungsbedingungen. *(Fortsetzung)*

Nr.	PK	Glasart	Atmosphärische Bedingung Vorschädigung	Biegeprüfung	Spannungs-rate $\dot{\sigma}$	Bruch-spannung σ_f
[–]	[–]	[–]	[% rF]	[% rF]	[N mm^{-2} s^{-1}]	[N mm^{-2}]
SK.3-41	SPG_132	SPG	45,8	0,2	2,0	52,6
SK.3-42	SPG_133	SPG	47,2	0,3	2,0	53,1
SK.3-43	SPG_121	SPG	45,5	0,1	2,0	54,9
SK.3-44	SPG_122	SPG	45,2	0,1	2,0	47,8
SK.3-45	SPG_123	SPG	46,1	0,3	2,0	52,7
SK.3-46	SPG_127	SPG	45,9	0,0	2,0	49,6
SK.3-47	SPG_151	SPG	46,3	0,1	2,0	50,4
SK.3-48	SPG_150	SPG	46,7	0,0	2,0	51,4
SK.3-49	SPG_149	SPG	47,2	0,0	2,0	49,7
SK.3-50	SPG_148	SPG	46,8	0,0	2,0	49,2
SK.3-51	PK_711	TVG	47,4	0,4	2,0	138,1
SK.3-52	PK_698	TVG	45,6	0,2	2,0	120,7
SK.3-53	PK_713	TVG	48,5	0,2	2,0	116,1
SK.3-54	PK_691	TVG	46,2	0,2	2,0	142,0
SK.3-55	PK_716	TVG	47,5	0,2	2,0	139,4
SK.3-56	ESG_088	ESG	46,4	0,4	2,0	230,2
SK.3-57	PK_568	ESG	47,2	0,5	2,0	235,3
SK.3-58	PK_526	ESG	46,8	0,2	2,0	220,0
SK.3-59	PK_640	ESG	46,7	0,3	2,0	188,0
SK.3-60	PK_530	ESG	46,8	0,2	2,0	230,2
SK.3-61	SPG_165	SPG	45,7	$H_2O^{\dagger}$	2,0	36,3
SK.3-62	SPG_164	SPG	46,4	$H_2O^{\dagger}$	2,0	38,1
SK.3-63	SPG_163	SPG	45,9	$H_2O^{\dagger}$	2,0	36,7
SK.3-64	SPG_162	SPG	47,1	$H_2O^{\dagger}$	2,0	37,9
SK.3-65	SPG_172	SPG	46,8	$H_2O^{\dagger}$	2,0	40,0
SK.3-66	SPG_153	SPG	48,4	$H_2O^{\ddagger}$	2,0	36,3
SK.3-67	SPG_152	SPG	47,9	$H_2O^{\ddagger}$	2,0	40,8
SK.3-68	SPG_161	SPG	46,8	$H_2O^{\ddagger}$	2,0	37,0
SK.3-69	SPG_160	SPG	47,5	$H_2O^{\ddagger}$	2,0	41,0
SK.3-70	SPG_171	SPG	48,1	$H_2O^{\ddagger}$	2,0	41,1
SK.3-71	SPG_139	SPG	H_2O	47,4	2,0	47,6
SK.3-72	SPG_138	SPG	H_2O	47,8	2,0	52,7
SK.3-73	SPG_137	SPG	H_2O	47,0	2,0	47,1
SK.3-74	SPG_136	SPG	H_2O	46,8	2,0	48,2
SK.3-75	SPG_131	SPG	H_2O	48,5	2,0	49,7
SK.3-76	SPG_130	SPG	46,9	FE-Mittel	2,0	51,7
SK.3-77	SPG_129	SPG	46,8	FE-Mittel	2,0	64,1
SK.3-78	SPG_145	SPG	46,5	FE-Mittel	2,0	57,9
SK.3-79	SPG_144	SPG	46,7	FE-Mittel	2,0	59,4
SK.3-80	SPG_143	SPG	45,3	FE-Mittel	2,0	53,4

Tabelle F.4 Einzelmesswerte Versuchsreihe SK.4 – Einfluss der Lagerungsdauer t zwischen planmäßiger Vorschädigung und Biegeprüfung.

Nr.	PK	Glasart	Lagerungsdauer t	Atmo. Beding.	Spannungsrate $\dot{\sigma}$	Bruchspannung σ_f
[–]	[–]	[–]	[–]	[–]	$[N\ mm^{-2}\ s^{-1}]$	$[N\ mm^{-2}]$
SK.4-1	RH_1	FG	30 s	50,0 % rF	2,0	35,07
SK.4-2	RH_2	FG	30 s	50,0 % rF	2,0	35,81
SK.4-3	RH_3	FG	30 s	50,0 % rF	2,0	35,99
SK.4-4	RH_4	FG	30 s	H_2O	2,0	42,47
SK.4-5	RH_5	FG	30 s	H_2O	2,0	39,44
SK.4-6	RH_6	FG	30 s	H_2O	2,0	41,08
SK.4-7	RH_13	FG	2 min	50,0 % rF	2,0	36,30
SK.4-8	RH_14	FG	2 min	50,0 % rF	2,0	37,49
SK.4-9	RH_15	FG	2 min	50,0 % rF	2,0	37,20
SK.4-10	RH_16	FG	2 min	H_2O	2,0	44,43
SK.4-11	RH_17	FG	2 min	H_2O	2,0	45,68
SK.4-12	RH_18	FG	2 min	H_2O	2,0	40,93
SK.4-13	RH_25	FG	5 min	50,0 % rF	2,0	37,41
SK.4-14	RH_26	FG	5 min	50,0 % rF	2,0	38,69
SK.4-15	RH_27	FG	5 min	50,0 % rF	2,0	38,78
SK.4-16	RH_28	FG	5 min	H_2O	2,0	43,32
SK.4-17	RH_29	FG	5 min	H_2O	2,0	47,86
SK.4-18	RH_30	FG	5 min	H_2O	2,0	50,63
SK.4-19	RH_37	FG	15 min	50,0 % rF	2,0	41,54
SK.4-20	RH_38	FG	15 min	50,0 % rF	2,0	37,28
SK.4-21	RH_39	FG	15 min	50,0 % rF	2,0	38,27
SK.4-22	RH_40	FG	15 min	H_2O	2,0	47,86
SK.4-23	RH_41	FG	15 min	H_2O	2,0	47,72
SK.4-24	RH_42	FG	15 min	H_2O	2,0	49,50
SK.4-25	RH_61	FG	1 h	50,0 % rF	2,0	39,66
SK.4-26	RH_62	FG	1 h	50,0 % rF	2	38,67
SK.4-27	RH_63	FG	1 h	50,0 % rF	2	42,68
SK.4-28	RH_64	FG	1 h	H_2O	2	50,46
SK.4-29	RH_65	FG	1 h	H_2O	2	48,79
SK.4-30	RH_66	FG	1 h	H_2O	2	47,34
SK.4-31	RH_73	FG	6 h	50,0 % rF	2	49,24
SK.4-32	RH_74	FG	6 h	50,0 % rF	2	45,34
SK.4-33	RH_75	FG	6 h	50,0 % rF	2	46,11
SK.4-34	RH_76	FG	6 h	H_2O	2	56,98
SK.4-35	RH_77	FG	6 h	H_2O	2	54,34
SK.4-36	RH_78	FG	6 h	H_2O	2	56,29
SK.4-37	RH_99	FG	24 h	50,0 % rF	2	47,47
SK.4-38	RH_98	FG	24 h	50,0 % rF	2	48,66
SK.4-39	RH_97	FG	24 h	50,0 % rF	2	44,97
SK.4-40	RH_96	FG	24 h	H_2O	2	55,34
SK.4-41	RH_95	FG	24 h	H_2O	2	58,52
SK.4-42	RH_94	FG	24 h	H_2O	2	60,86

Tabelle F.4 Einzelmesswerte Versuchsreihe SK.4 – Einfluss der Lagerungsdauer t zwischen planmäßiger Vorschädigung und Biegeprüfung. *(Fortsetzung)*

Nr.	PK	Glasart	Lagerungs-dauer t	Atmo. Beding.	Spannungs-rate $\dot{\sigma}$	Bruch-spannung σ_f
[−]	[−]	[−]	[−]	[−]	$[N\,mm^{-2}\,s^{-1}]$	$[N\,mm^{-2}]$
SK.4-43	RH_109	FG	5 d	50,0 % rF	2	46,66
SK.4-44	RH_110	FG	5 d	50,0 % rF	2	55,88
SK.4-45	RH_111	FG	5 d	50,0 % rF	2	45,34
SK.4-46	RH_112	FG	5 d	H_2O	2	59,63
SK.4-47	RH_113	FG	5 d	H_2O	2	56,65
SK.4-48	RH_114	FG	5 d	H_2O	2	58,92
SK.4-49	RH_123	FG	10 d	50,0 % rF	2	44,98
SK.4-50	RH_122	FG	10 d	50,0 % rF	2	48,91
SK.4-51	RH_121	FG	10 d	50,0 % rF	2	48,57
SK.4-52	RH_126	FG	10 d	H_2O	2	70,61
SK.4-53	RH_125	FG	10 d	H_2O	2	64,19
SK.4-54	RH_124	FG	10 d	H_2O	2	62,19
SK.4-55	RH_133	FG	33 d	50,0 % rF	2	61,65
SK.4-56	RH_134	FG	33 d	50,0 % rF	2	55,68
SK.4-57	RH_135	FG	33 d	50,0 % rF	2	40,66
SK.4-58	RH_136	FG	33 d	H_2O	2	65,52
SK.4-59	RH_137	FG	33 d	H_2O	2	62,82
SK.4-60	RH_138	FG	33 d	H_2O	2	54,87

Tabelle F.5 Einzelmesswerte Versuchsreihe SK.5 – Einfluss produktionsbedingter Oberflächenunterschiede.

Nr.	PK	Glasart	Oberfläche FP[b]	Oberfläche VP[c]	Spannungs-rate $\dot{\sigma}$	Atmo. Beding.[a]	Bruch-spannung σ_f
[−]	[−]	[−]	[−]	[−]	$[N\,mm^{-2}\,s^{-1}]$	[% rF]	$[N\,mm^{-2}]$
SK.5-1	SPG_039	FG	Zinnbad	-	2,0	49,5	43,23
SK.5-2	SPG_032	FG	Zinnbad	-	2,0	50,8	44,98
SK.5-3	SPG_086	FG	Zinnbad	-	2,0	51,7	43,76
SK.5-4	SPG_095	FG	Zinnbad	-	2,0	52,9	43,72
SK.5-5	SPG_020	FG	Zinnbad	-	2,0	53,5	43,90
SK.5-6	SPG_242	FG	Zinnbad	-	2,0	49,9	43,60
SK.5-7	SPG_034	FG	Zinnbad	-	2,0	51,9	49,28
SK.5-8	SPG_212	FG	Zinnbad	-	2,0	49,5	42,43
SK.5-9	SPG_024	FG	Zinnbad	-	2,0	49,8	45,24
SK.5-10	SPG_013	FG	Zinnbad	-	2,0	50,3	46,15

[a] Atmosphärische Bedingung während der Biegeprüfung.
[b] Aus dem Floatprozess resultierende Oberflächenunterschiede.
[c] Aus dem Vorspannprozess resultierende Oberflächenunterschiede.

Tabelle F.5 Einzelmesswerte Versuchsreihe SK.5 – Einfluss produktionsbedingter Oberflächenunterschiede. *(Fortsetzung)*

Nr.	PK	Glasart	Oberfläche		Spannungsrate	Atmo. Beding.[a]	Bruchspannung
			FP[b]	VP[c]	$\dot{\sigma}$		σ_f
[–]	[–]	[–]	[–]	[–]	$[N\,mm^{-2}\,s^{-1}]$	[% rF]	$[N\,mm^{-2}]$
SK.5-11	SPG_038	FG	Atmosphäre	-	2,0	51,1	46,39
SK.5-12	SPG_019	FG	Atmosphäre	-	2,0	52,4	43,76
SK.5-13	SPG_085	FG	Atmosphäre	-	2,0	50,3	46,89
SK.5-14	SPG_035	FG	Atmosphäre	-	2,0	53,2	49,52
SK.5-15	SPG_235	FG	Atmosphäre	-	2,0	49,8	40,89
SK.5-16	SPG_241	FG	Atmosphäre	-	2,0	51,2	50,19
SK.5-17	SPG_028	FG	Atmosphäre	-	2,0	51,3	43,10
SK.5-18	SPG_214	FG	Atmosphäre	-	2,0	52,1	46,97
SK.5-19	SPG_014	FG	Atmosphäre	-	2,0	49,2	48,71
SK.5-20	SPG_021	FG	Atmosphäre	-	2,0	50,9	46,65
SK.5-21	PK_471	TVG	Zinnbad	Rollen	2,0	49,4	135,71
SK.5-22	PK_496	TVG	Zinnbad	Rollen	2,0	48,5	115,73
SK.5-23	PK_512	TVG	Zinnbad	Rollen	2,0	50,4	140,57
SK.5-24	PK_511	TVG	Zinnbad	Rollen	2,0	51,9	143,38
SK.5-25	PK_488	TVG	Zinnbad	Rollen	2,0	50,7	124,25
SK.5-26	PK_506	TVG	Zinnbad	Rollen	2,0	52,0	136,86
SK.5-27	PK_473	TVG	Zinnbad	Rollen	2,0	51,5	154,12
SK.5-28	PK_474	TVG	Zinnbad	Rollen	2,0	53,1	167,94
SK.5-29	PK_444	TVG	Zinnbad	Rollen	2,0	51,6	168,45
SK.5-30	PK_686	TVG	Zinnbad	Rollen	2,0	52,1	160,52
SK.5-31	PK_501	TVG	Zinnbad	Rollen	2,0	51,0	138,90
SK.5-32	PK_502	TVG	Zinnbad	Rollen	2,0	52,1	129,44
SK.5-33	PK_497	TVG	Zinnbad	Rollen	2,0	50,4	139,67
SK.5-34	PK_522	TVG	Zinnbad	Rollen	2,0	50,7	120,86
SK.5-35	PK_521	TVG	Zinnbad	Rollen	2,0	52,3	128,03
SK.5-36	PK_475	TVG	Zinnbad	Luft	2,0	50,8	146,19
SK.5-37	PK_476	TVG	Zinnbad	Luft	2,0	49,3	137,11
SK.5-38	PK_472	TVG	Zinnbad	Luft	2,0	48,6	135,71
SK.5-39	PK_440	TVG	Zinnbad	Luft	2,0	50,6	140,44
SK.5-40	PK_446	TVG	Zinnbad	Luft	2,0	53,1	133,79
SK.5-41	PK_717	TVG	Zinnbad	Luft	2,0	52,0	174,20
SK.5-42	PK_437	TVG	Zinnbad	Luft	2,0	52,3	154,89
SK.5-43	PK_183	TVG	Zinnbad	Luft	2,0	51,8	107,40
SK.5-44	PK_481	TVG	Zinnbad	Luft	2,0	50,3	124,74
SK.5-45	PK_517	TVG	Zinnbad	Luft	2,0	51,1	135,45
SK.5-46	PK_518	TVG	Zinnbad	Luft	2,0	50,5	128,93
SK.5-47	PK_519	TVG	Zinnbad	Luft	2,0	50,3	123,22
SK.5-48	PK_520	TVG	Zinnbad	Luft	2,0	51,7	154,12
SK.5-49	PK_205	TVG	Zinnbad	Luft	2,0	51,2	120,18

[a] Atmosphärische Bedingung während der Biegeprüfung.
[b] Aus dem Floatprozess resultierende Oberflächenunterschiede.
[c] Aus dem Vorspannprozess resultierende Oberflächenunterschiede.

Tabelle F.5 Einzelmesswerte Versuchsreihe SK.5 – Einfluss produktionsbedingter Oberflächenunterschiede. *(Fortsetzung)*

Nr.	PK	Glasart	Oberfläche		Spannungsrate	Atmo. Beding.[a]	Bruchspannung
			FP[b]	VP[c]	$\dot{\sigma}$		σ_f
[–]	[–]	[–]	[–]	[–]	$[N\,mm^{-2}\,s^{-1}]$	[% rF]	$[N\,mm^{-2}]$
SK.5-50	PK_627	ESG	Zinnbad	Rollen	2,0	49,0	199,40
SK.5-51	PK_601	ESG	Zinnbad	Rollen	2,0	52,8	185,97
SK.5-52	PK_606	ESG	Zinnbad	Rollen	2,0	50,9	219,87
SK.5-53	PK_597	ESG	Zinnbad	Rollen	2,0	50,7	174,33
SK.5-54	PK_581	ESG	Zinnbad	Rollen	2,0	51,0	183,80
SK.5-55	PK_534	ESG	Zinnbad	Rollen	2,0	50,5	183,16
SK.5-56	PK_565	ESG	Zinnbad	Rollen	2,0	50,2	182,90
SK.5-57	PK_263	ESG	Zinnbad	Rollen	2,0	50,5	183,03
SK.5-58	PK_618	ESG	Zinnbad	Rollen	2,0	52,0	177,91
SK.5-59	PK_569	ESG	Zinnbad	Rollen	2,0	51,2	184,44
SK.5-60	PK_602	ESG	Zinnbad	Luft	2,0	49,3	223,45
SK.5-61	PK_599	ESG	Zinnbad	Luft	2,0	50,1	207,46
SK.5-62	PK_598	ESG	Zinnbad	Luft	2,0	49,3	190,96
SK.5-63	PK_593	ESG	Zinnbad	Luft	2,0	50,3	196,46
SK.5-64	PK_635	ESG	Zinnbad	Luft	2,0	50,8	192,88
SK.5-65	PK_556	ESG	Zinnbad	Luft	2,0	50,0	194,67
SK.5-66	PK_558	ESG	Zinnbad	Luft	2,0	51,6	217,95
SK.5-67	PK_596	ESG	Zinnbad	Luft	2,0	50,2	198,38
SK.5-68	PK_621	ESG	Zinnbad	Luft	2,0	52,1	200,55
SK.5-69	PK_210	ESG	Zinnbad	Luft	2,0	50,7	190,06
SK.5-70	PK_214	ESG	Zinnbad	Luft	2,0	51,3	227,03
SK.5-71	PK_253	ESG	Zinnbad	Luft	2,0	51,6	158,60
SK.5-72	PK_223	ESG	Zinnbad	Luft	2,0	51,5	192,11
SK.5-73	PK_546	ESG	Zinnbad	Luft	2,0	50,8	188,27

[a] Atmosphärische Bedingung während der Biegeprüfung.
[b] Aus dem Floatprozess resultierende Oberflächenunterschiede.
[c] Aus dem Vorspannprozess resultierende Oberflächenunterschiede.

Tabelle F.6 Einzelmesswerte Versuchsreihe SK.6 – Einfluss der Auflast F_n während der planmäßigen Vorschädigung.

Nr.	PK	Glasart	Auflast Vorschädigung	Spannungsrate	Atmo. Beding.[a]	Bruchspannung
			F_n	$\dot{\sigma}$		σ_f
[–]	[–]	[–]	[mN]	$[N\,mm^{-2}\,s^{-1}]$	[% rF]	$[N\,mm^{-2}]$
SK.6-1	PK_326	FG	200	2,0	47,4	88,2
SK.6-2	SPG_246	FG	250	2,0	51,4	71,7
SK.6-3	SPG_213	FG	250	2,0	51,7	73,5

[a] Atmosphärische Bedingung während der Biegeprüfung.

Tabelle F.6 Einzelmesswerte Versuchsreihe SK.6 – Einfluss der Auflast F_n während der planmäßigen Vorschädigung. *(Fortsetzung)*

Nr.	PK	Glasart	Auflast Vorschädigung F_n	Spannungs-rate $\dot{\sigma}$	Atmo. Beding.[a]	Bruch-spannung σ_f
[–]	[–]	[–]	[mN]	$[N\,mm^{-2}\,s^{-1}]$	[% rF]	$[N\,mm^{-2}]$
SK.6-4	SPG_217	FG	250	2,0	50,6	71,6
SK.6-5	SPG_216	FG	250	2,0	51,0	72,4
SK.6-6	SPG_012	FG	250	2,0	50,2	71,5
SK.6-7	PK_405	FG	300	2,0	50,6	57,4
SK.6-8	PK_346	FG	400	2,0	48,6	49,6
SK.6-9	SPG_234	FG	500	2,0	53,7	47,1
SK.6-10	SPG_233	FG	500	2,0	52,6	47,8
SK.6-11	SPG_232	FG	500	2,0	53,3	46,7
SK.6-12	SPG_253	FG	500	2,0	50,8	49,9
SK.6-13	SPG_207	FG	500	2,0	53,6	47,3
SK.6-14	SPG_256	FG	750	2,0	50,6	41,1
SK.6-15	SPG_252	FG	750	2,0	51,5	45,0
SK.6-16	SPG_254	FG	750	2,0	52,2	45,5
SK.6-17	SPG_208	FG	750	2,0	50,9	41,2
SK.6-18	SPG_244	FG	750	2,0	51,0	42,3
SK.6-19	SPG_206	FG	1.000	2,0	53,3	41,9
SK.6-20	SPG_027	FG	1.000	2,0	50,4	47,7
SK.6-21	SPG_029	FG	1.000	2,0	51,7	42,6
SK.6-22	SPG_219	FG	1.000	2,0	50,7	41,6
SK.6-23	SPG_218	FG	1.000	2,0	51,4	42,1
SK.6-24	PK_720	TVG	200	2,0	52,1	162,5
SK.6-25	PK_458	TVG	200	2,0	50,1	189,9
SK.6-26	PK_441	TVG	250	2,0	47,0	173,01
SK.6-27	PK_135	TVG	250	2,0	50,7	154,66
SK.6-28	PK_442	TVG	250	2,0	50,1	171,72
SK.6-29	PK_466	TVG	250	2,0	49,6	152,07
SK.6-30	PK_465	TVG	250	2,0	47,0	160,43
SK.6-31	PK_733	TVG	250	2,0	47,4	190,05
SK.6-32	PK_688	TVG	300	2,0	50,4	153,59
SK.6-33	PK_715	TVG	400	2,0	49,8	129,34
SK.6-34	PK_707	TVG	400	2,0	50,3	153,02
SK.6-35	PK_523	TVG	400	2,0	49,7	134,71
SK.6-36	PK_453	TVG	400	2,0	51,2	137,07
SK.6-37	PK_430	TVG	400	2,0	50,0	143,59
SK.6-38	PK_504	TVG	500	2,0	48,0	130,8
SK.6-39	PK_442	TVG	500	2,0	48,0	138,81
SK.6-40	PK_204	TVG	500	2,0	50,8	129,04
SK.6-41	PK_143	TVG	500	2,0	50,0	124,44
SK.6-42	PK_133	TVG	500	2,0	48,0	132,77

[a] Atmosphärische Bedingung während der Biegeprüfung.

Tabelle F.6 Einzelmesswerte Versuchsreihe SK.6 – Einfluss der Auflast F_n während der planmäßigen Vorschädigung. *(Fortsetzung)*

Nr.	PK	Glasart	Auflast Vorschädigung F_n	Spannungs-rate $\dot{\sigma}$	Atmo. Beding.[a]	Bruch-spannung σ_f
[–]	[–]	[–]	[mN]	$[N\ mm^{-2}\ s^{-1}]$	[% rF]	$[N\ mm^{-2}]$
SK.6-43	PK_493	TVG	500	2,0	49,3	142,28
SK.6-44	PK_494	TVG	500	2,0	48,7	137,79
SK.6-45	PK_454	TVG	500	2,0	49,4	128,29
SK.6-46	PK_455	TVG	500	2,0	49,6	131,92
SK.6-47	PK_461	TVG	500	2,0	49,8	135,72
SK.6-48	PK_173	TVG	750	2,0	50,7	141,49
SK.6-49	PK_143	TVG	750	2,0	51,5	134,25
SK.6-50	PK_445	TVG	750	2,0	51,8	132,68
SK.6-51	PK_510	TVG	750	2,0	50,9	130,47
SK.6-52	PK_130	TVG	750	2,0	49,5	140,09
SK.6-53	PK_422	TVG	750	2,0	49,1	127,26
SK.6-54	PK_469	TVG	750	2,0	49,6	138,65
SK.6-55	PK_457	TVG	750	2,0	49,2	125,36
SK.6-56	PK_425	TVG	750	2,0	49,5	125,19
SK.6-57	PK_463	TVG	750	2,0	49,3	125,7
SK.6-58	PK_202	TVG	1.000	2,0	49,6	132,87
SK.6-59	PK_159	TVG	1.000	2,0	50,0	133,28
SK.6-60	PK_448	TVG	1.000	2,0	50,0	122,94
SK.6-61	PK_513	TVG	1.000	2,0	47,3	128,26
SK.6-62	PK_692	TVG	1.000	2,0	48,4	134,39
SK.6-63	PK_524	TVG	1.000	2,0	50,7	131,75
SK.6-64	PK_525	TVG	1.000	2,0	49,8	137,79
SK.6-65	PK_460	TVG	1.000	2,0	50,5	134,85
SK.6-66	PK_595	ESG	200	2,0	49,1	259,9
SK.6-67	PK_579	ESG	200	2,0	49,4	239,3
SK.6-68	PK_282	ESG	250	2,0	47,6	221,4
SK.6-69	PK_625	ESG	250	2,0	49,6	221,1
SK.6-70	PK_567	ESG	250	2,0	49,2	231,1
SK.6-71	PK_538	ESG	250	2,0	50,8	217,2
SK.6-72	PK_629	ESG	250	2,0	48,5	218
SK.6-73	ESG_055	ESG	250	2,0	53,0	246,9
SK.6-74	ESG_089	ESG	250	2,0	52,6	268
SK.6-75	PK_588	ESG	300	2,0	49,3	233,1
SK.6-76	PL_578	ESG	300	2,0	50,6	205,6
SK.6-77	PK_582	ESG	400	2,0	50,5	189,9
SK.6-78	ESG_054	ESG	400	2,0	53,0	217,7
SK.6-79	PK_641	ESG	500	2,0	49,3	195,3
SK.6-80	PK_615	ESG	500	2,0	49,0	209,3
SK.6-81	PK_614	ESG	500	2,0	49,6	198,3

[a] Atmosphärische Bedingung während der Biegeprüfung.

Tabelle F.6 Einzelmesswerte Versuchsreihe SK.6 – Einfluss der Auflast F_n während der planmäßigen Vorschädigung. *(Fortsetzung)*

Nr.	PK	Glasart	Auflast Vorschädigung F_n	Spannungs-rate $\dot{\sigma}$	Atmo. Beding.[a]	Bruch-spannung σ_f
[–]	[–]	[–]	[mN]	$[N\,mm^{-2}\,s^{-1}]$	[% rF]	$[N\,mm^{-2}]$
SK.6-82	PK_608	ESG	500	2,0	48,8	197,1
SK.6-83	PK_566	ESG	500	2,0	48,4	199,3
SK.6-84	ESG_058	ESG	500	2,0	52,7	207,8
SK.6-85	ESG_057	ESG	500	2,0	52,6	201
SK.6-86	PK_285	ESG	750	2,0	50,5	205,6
SK.6-87	PK_531	ESG	750	2,0	50,5	191,8
SK.6-88	PK_634	ESG	750	2,0	50,1	194,6
SK.6-89	PK_539	ESG	750	2,0	51,0	211,3
SK.6-90	PK_577	ESG	750	2,0	53,2	194,3
SK.6-91	ESG_023	ESG	750	2,0	52,7	207,9
SK.6-92	ESG_084	ESG	750	2,0	52,8	204,7
SK.6-93	PK_574	ESG	1.000	2,0	52,8	189,6
SK.6-94	PK_572	ESG	1.000	2,0	49,1	203,5
SK.6-95	PK_564	ESG	1.000	2,0	50,5	201,1
SK.6-96	PK_532	ESG	1.000	2,0	49,9	187,8
SK.6-97	PK_638	ESG	1.000	2,0	50,4	208,6
SK.6-98	ESG_056	ESG	1.000	2,0	53,1	211,2
SK.6-99	ESG_071	ESG	1.000	2,0	49,3	214,4
SK.6-100	CVG_082	CVG	200	2,0	48,2	160,2
SK.6-101	CVG_071	CVG	300	2,0	48,6	82,05
SK.6-102	CVG_072	CVG	300	2,0	47,2	64,87
SK.6-103	CVG_073	CVG	300	2,0	47,9	71,06
SK.6-104	CVG_074	CVG	300	2,0	50,1	80,56
SK.6-105	CVG_075	CVG	200	2,0	47,8	65,23
SK.6-106	CVG_078	CVG	300	2,0	48,7	94,03
SK.6-107	CVG_079	CVG	300	2,0	48,7	55,36
SK.6-108	CVG_080	CVG	300	2,0	49,2	72,65
SK.6-109	CVG_063	CVG	400	2,0	41,4	153,31
SK.6-110	CVG_065	CVG	400	2,0	41,3	56,87
SK.6-111	CVG_067	CVG	400	2,0	44,9	227,19
SK.6-112	CVG_068	CVG	400	2,0	46,3	62,12
SK.6-113	CVG_053	CVG	400	2,0	44,1	72,75
SK.6-114	CVG_054	CVG	400	2,0	44,5	51,15
SK.6-115	CVG_055	CVG	400	2,0	44,1	54,09
SK.6-116	CVG_059	CVG	450	2,0	42,7	57,93
SK.6-117	CVG_060	CVG	450	2,0	43,2	53,61
SK.6-118	CVG_061	CVG	450	2,0	42,5	75,06
SK.6-119	CVG_062	CVG	450	2,0	42,2	71,35
SK.6-120	CVG_047	CVG	500	2,0	46,1	103,01
SK.6-121	CVG_048	CVG	500	2,0	45,5	70,37

[a] Atmosphärische Bedingung während der Biegeprüfung.

Tabelle F.6 Einzelmesswerte Versuchsreihe SK.6 – Einfluss der Auflast F_n während der planmäßigen Vorschädigung. *(Fortsetzung)*

Nr.	PK	Glasart	Auflast Vorschädigung F_n	Spannungsrate $\dot{\sigma}$	Atmo. Beding.[a]	Bruchspannung σ_f
[–]	[–]	[–]	[mN]	[N mm^{-2} s^{-1}]	[% rF]	[N mm^{-2}]
SK.6-122	CVG_049	CVG	500	2,0	45,3	63,92
SK.6-123	CVG_050	CVG	500	2,0	45,0	47,76
SK.6-124	CVG_051	CVG	500	2,0	44,8	65,99
SK.6-125	CVG_042	CVG	750	2,0	48,2	52,84
SK.6-126	CVG_043	CVG	750	2,0	48,4	53,64
SK.6-127	CVG_044	CVG	750	2,0	47,5	45,9
SK.6-128	CVG_045	CVG	750	2,0	47,1	48,56
SK.6-129	CVG_046	CVG	750	2,0	46,5	52,73
SK.6-130	CVG_036	CVG	1.000	2,0	47,3	37,5
SK.6-131	CVG_037	CVG	1.000	2,0	47,5	48,47
SK.6-132	CVG_039	CVG	1.000	2,0	48,2	47,56
SK.6-133	CVG_040	CVG	1.000	2,0	48,7	46,73
SK.6-134	CVG_041	CVG	1.000	2,0	47,1	41,43

[a] Atmosphärische Bedingung während der Biegeprüfung.

Tabelle F.7 Versuchsreihe SK.7 – Einfluss der Kratzgeschwindigkeit v_k.

Nr.	PK	Glasart	Kratzgeschwindigkeit v_k	Spannungsrate $\dot{\sigma}$	Atmo. Beding.[a]	Bruchspannung σ_f
[–]	[–]	[–]	[μm s^{-1}]	[N mm^{-2} s^{-1}]	[% rF]	[N mm^{-2}]
SK.7-1	SPG_238	FG	200	2,0	49,1	58,23
SK.7-2	SPG_239	FG	200	2,0	49,5	47,71
SK.7-3	SPG_251	FG	200	2,0	49,1	50,23
SK.7-4	SPG_250	FG	200	2,0	49,7	51,94
SK.7-5	SPG_031	FG	200	2,0	49,5	52,88
SK.7-6	SPG_030	FG	400	2,0	50,6	55,20
SK.7-7	SPG_037	FG	400	2,0	49,9	54,96
SK.7-8	SPG_227	FG	400	2,0	50,5	47,49
SK.7-9	SPG_237	FG	400	2,0	48,6	48,90
SK.7-10	SPG_236	FG	400	2,0	51,4	49,51
SK.7-11	SPG_222	FG	600	2,0	50,8	46,88
SK.7-12	SPG_255	FG	600	2,0	50,0	51,98
SK.7-13	SPG_245	FG	600	2,0	48,9	49,65
SK.7-14	SPG_243	FG	600	2,0	50,1	43,97
SK.7-15	SPG_228	FG	600	2,0	50,7	41,79

[a] Atmosphärische Bedingung während der Biegeprüfung.

Tabelle F.7 Versuchsreihe SK.7 – Einfluss der Kratzgeschwindigkeit v_k. *(Fortsetzung)*

Nr.	PK	Glasart	Kratzgeschwindigkeit	Spannungsrate	Atmo. Beding.[a]	Bruchspannung
			v_k	$\dot{\sigma}$		σ_f
[–]	[–]	[–]	[μms^{-1}]	[N mm^{-2} s^{-1}]	[% rF]	[N mm^{-2}]
SK.7-16	SPG_248	FG	800	2,0	50,8	57,39
SK.7-17	SPG_247	FG	800	2,0	51,0	48,04
SK.7-18	SPG_025	FG	800	2,0	51,5	50,66
SK.7-19	SPG_026	FG	800	2,0	51,1	50,15
SK.7-20	SPG_231	FG	800	2,0	51,0	40,90
SK.7-21	SPG_226	FG	1.000	2,0	50,3	44,77
SK.7-22	SPG_225	FG	1.000	2,0	51,2	51,11
SK.7-23	SPG_220	FG	1.000	2,0	50,8	51,40
SK.7-24	SPG_018	FG	1.000	2,0	49,5	41,97
SK.7-25	SPG_023	FG	1.000	2,0	50,4	42,64

[a] Atmosphärische Bedingung während der Biegeprüfung.

Tabelle F.8 Einzelmesswerte Versuchsreihe SK.8 – Einfluss des pH-Wertes und für die Glasreinigung im Waschwasser üblicherweise verwendete Reinigungszusätze.

Nr.	PK	Waschwasser Zusatz	Waschwasser Verhältnis	pH-Wert	Spannungsrate	Atmo. Beding.[a]	Bruchspannung
					$\dot{\sigma}$		σ_f
[–]	[–]	[–]	[–]	[–]	[N mm^{-2} s^{-1}]	[% rF]	[N mm^{-2}]
SK.8-1	PK_382	Leitungswasser	1:1	7,5	2,0	49,3	63,06
SK.8-2	PK_361		1:1	7,5	2,0	50,0	58,07
SK.8-3	PK_318		1:1	7,5	2,0	50,2	62,67
SK.8-4	PK_316		1:1	7,5	2,0	49,5	58,84
SK.8-5	PK_287		1:1	7,5	2,0	50,3	41,70
SK.8-6	PK_310	Destilliertes Wasser	1:1	8,0	2,0	49,1	53,08
SK.8-7	PK_331		1:1	8,0	2,0	50,6	64,46
SK.8-8	PK_373		1:1	8,0	2,0	49,3	52,18
SK.8-9	PK_323		1:1	8,0	2,0	49,0	58,84
SK.8-10	PK_317		1:1	8,0	2,0	50,1	58,20
SK.8-11	PK_664	Leifheit[b]	1:10	7,5-8,0	2,0	52,3	58,45
SK.8-12	PK_679		1:10	7,5-8,0	2,0	49,1	52,82
SK.8-13	PK_683		1:10	7,5-8,0	2,0	49,1	58,32
SK.8-14	PK_371		1:10	7,5-8,0	2,0	48,3	64,97
SK.8-15	PK_684		1:10	7,5-8,0	2,0	48,4	57,56
SK.8-16	PK_396		1:80	7,5-8,0	2,0	49,6	58,07
SK.8-17	PK_368		1:80	7,5-8,0	2,0	49,5	61,52
SK.8-18	PK_362		1:80	7,5-8,0	2,0	49,3	58,96
SK.8-19	PK_394		1:80	7,5-8,0	2,0	48,8	55,38
SK.8-20	PK_380		1:80	7,5-8,0	2,0	48,8	58,20

[a] Atmosphärische Bedingung während der Biegeprüfung.
[b] Leifheit Hausrein Super Konzentrat Glasreiniger.

Tabelle F.8 Einzelmesswerte Versuchsreihe SK.8 – Einfluss des pH-Wertes und für die Glasreinigung im Waschwasser üblicherweise verwendete Reinigungszusätze. *(Fortsetzung)*

Nr.	PK	Waschwasser Zusatz	Waschwasser Verhältnis	pH-Wert	Spannungsrate $\dot{\sigma}$	Atmo. Beding.[a]	Bruchspannung σ_f
[–]	[–]	[–]	[–]	[–]	$[N\,mm^{-2}\,s^{-1}]$	[% rF]	$[N\,mm^{-2}]$
SK.8-21	PK_678	Dr. Schnell[c]	1:10	12,5	2,0	46,7	64,59
SK.8-22	PK_372		1:10	12,5	2,0	49,3	61,01
SK.8-23	PK_402		1:10	12,5	2,0	50,0	62,67
SK.8-24	PK_397		1:10	12,5	2,0	48,3	56,79
SK.8-25	PK_352		1:10	12,5	2,0	49,2	58,58
SK.8-26	PK_666		1:200	10,5	2,0	48,7	63,44
SK.8-27	PK_649		1:200	10,5	2,0	48,5	50,01
SK.8-28	PK_672		1:200	10,5	2,0	47,9	59,99
SK.8-29	PK_681		1:200	10,5	2,0	48,2	56,28
SK.8-30	PK_665		1:200	10,5	2,0	49,5	58,20
SK.8-31	PK_297	Ungers Liquid[d]	1:10	7,0-7,5	2,0	49,8	55,13
SK.8-32	PK_343		1:10	7,0-7,5	2,0	49,1	62,03
SK.8-33	PK_305		1:10	7,0-7,5	2,0	49,4	55,00
SK.8-34	PK_366		1:10	7,0-7,5	2,0	49,8	57,81
SK.8-35	PK_375		1:10	7,0-7,5	2,0	49,4	57,43
SK.8-36	PK_669		1:100	7,5	2,0	49,1	49,11
SK.8-37	PK_674		1:100	7,5	2,0	49,9	56,28
SK.8-38	PK_682		1:100	7,5	2,0	50,1	60,11
SK.8-39	PK_668		1:100	7,5	2,0	50,3	60,37
SK.8-40	PK_680		1:100	7,5	2,0	49,3	58,45
SK.8-41	PK_667	Spülmittel[e]	1:10	7,0	2,0	48,7	62,54
SK.8-42	PK_675		1:10	7,0	2,0	49,8	56,92
SK.8-43	PK_676		1:10	7,0	2,0	49,9	54,49
SK.8-44	PK_309		1:10	7,0	2,0	51,4	48,99
SK.8-45	PK_403		1:10	7,0	2,0	52,2	51,29
SK.8-46	PK_355		1:100	7,0	2,0	49,1	58,45
SK.8-47	PK_307		1:100	7,0	2,0	50,2	63,06
SK.8-48	PK_381		1:100	7,0	2,0	49,2	57,94
SK.8-49	PK_344		1:100	7,0	2,0	49,8	62,54
SK.8-50	PK_374		1:100	7,0	2,0	49,5	55,38
SK.8-51	PK_383	Glasreiniger[f]	1:1	7,5	2,0	49,4	58,32
SK.8-52	PK_387		1:1	7,5	2,0	48,1	57,56
SK.8-53	PK_314		1:1	7,5	2,0	50,5	51,67
SK.8-54	PK_386		1:1	7,5	2,0	49,3	55,00
SK.8-55	PK_393		1:1	7,5	2,0	50,5	61,78

[a] Atmosphärische Bedingung während der Biegeprüfung.
[c] Dr. Schnell Glasan Großflächen-Glasreiniger.
[d] Ungers Liquid Professional (Fensterreiniger Seife).
[e] Palmolive Original.
[f] Henkel Sidolin Cristal.
[g] Leifheit Hausrein Super Konzentrat Glasreiniger.

Tabelle F.9 Einzelmesswerte Versuchsreihe SK.9 – Reale Schadensmuster.

Nr.	PK	Methode	Glasart	Spannungsrate $\dot{\sigma}$	Atmo. Beding.[a]	Bruchspannung σ_f
[–]	[–]	[–]	[–]	$[N\,mm^{-2}\,s^{-1}]$	[% rF]	$[N\,mm^{-2}]$
SK.9-1	PK_646		FG	2,0	51,4	39,10
SK.9-2	PK_648		FG	2,0	51,5	38,54
SK.9-3	PK_653		FG	2,0	52,5	38,18
SK.9-4	PK_656		FG	2,0	51,4	37,27
SK.9-5	PK_650		FG	2,0	51,2	38,28
SK.9-6	PK_657		FG	2,0	50,5	38,50
SK.9-7	PK_658		FG	2,0	50,1	38,03
SK.9-8	PK_662		FG	2,0	50,0	38,15
SK.9-9	PK_661		FG	2,0	51,3	40,84
SK.9-10	PK_671		FG	2,0	51,1	38,32
SK.9-11	PK_434		TVG	2,0	52,3	86,37
SK.9-12	PK_409		TVG	2,0	53,0	88,19
SK.9-13	PK_411		TVG	2,0	52,0	89,66
SK.9-14	PK_429		TVG	2,0	51,1	86,58
SK.9-15	PK_410	Korund	TVG	2,0	50,8	82,25
SK.9-16	PK_487	(P16 1kg/1m)	TVG	2,0	50,0	87,45
SK.9-17	PK_433		TVG	2,0	50,8	87,20
SK.9-18	PK_435		TVG	2,0	50,6	82,84
SK.9-19	PK_483		TVG	2,0	51,7	77,93
SK.9-20	PK_482		TVG	2,0	51,0	84,47
SK.9-21	PK_536		ESG	2,0	50,3	131,89
SK.9-22	PK_533		ESG	2,0	51,8	134,64
SK.9-23	PK_570		ESG	2,0	52,4	131,63
SK.9-24	PK_584		ESG	2,0	50,9	130,59
SK.9-25	PK_583		ESG	2,0	49,1	140,02
SK.9-26	PK_644		ESG	2,0	51,4	131,23
SK.9-27	PK_642		ESG	2,0	50,8	141,72
SK.9-28	PK_611		ESG	2,0	52,1	137,24
SK.9-29	PK_528		ESG	2,0	51,4	142,24
SK.9-30	PK_541		ESG	2,0	51,8	133,02
SK.9-31	PK_651		FG	2,0	50,6	39,39
SK.9-32	PK_652		FG	2,0	50,5	42,08
SK.9-33	PK_670		FG	2,0	52,3	43,10
SK.9-34	PK_660		FG	2,0	52,4	37,48
SK.9-35	PK_659		FG	2,0	52,4	42,08
SK.9-36	PK_647	Schleifpapier	FG	2,0	51,4	47,07
SK.9-37	PK_663	(80er/120er/240er)	FG	2,0	52,2	37,60
SK.9-38	SPG_076		FG	2,0	50,1	33,64
SK.9-39	SPG_109		FG	2,0	51,6	37,60
SK.9-40	SPG_075		FG	2,0	49,8	36,84
SK.9-41	PK_492		TVG	2,0	49,6	94,78
SK.9-42	PK_489		TVG	2,0	51,2	93,75

[a] Atmosphärische Bedingung während der Biegeprüfung.

Tabelle F.9 Einzelmesswerte Versuchsreihe SK.9 – Reale Schadensmuster. *(Fortsetzung)*

Nr.	PK	Methode	Glasart	Spannungs-rate $\dot{\sigma}$	Atmo. Beding.[a]	Bruch-spannung σ_f
[–]	[–]	[–]	[–]	$[N\,mm^{-2}\,s^{-1}]$	[% rF]	$[N\,mm^{-2}]$
SK.9-43	PK_495		TVG	2,0	51,3	94,04
SK.9-44	PK_451		TVG	2,0	52,4	105,14
SK.9-45	PK_450		TVG	2,0	51,5	96,69
SK.9-46	PK_490		TVG	2,0	53,2	100,69
SK.9-47	PK_484		TVG	2,0	52,0	98,19
SK.9-48	PK_412		TVG	2,0	50,5	91,58
SK.9-49	PK_486		TVG	2,0	49,7	97,59
SK.9-50	PK_449		TVG	2,0	50,3	89,41
SK.9-51	PK_589	Schleifpapier	ESG	2,0	50,0	152,21
SK.9-52	PK_603	(80er/120er/240er)	ESG	2,0	51,5	148,37
SK.9-53	PK_609		ESG	2,0	52,5	145,81
SK.9-54	PK_612		ESG	2,0	51,8	149,65
SK.9-55	PK_537		ESG	2,0	52,1	148,37
SK.9-56	PK_591		ESG	2,0	51,3	158,63
SK.9-57	PK_543		ESG	2,0	51,8	159,94
SK.9-58	PK_607		ESG	2,0	49,4	150,77
SK.9-59	PK_620		ESG	2,0	50,3	143,25
SK.9-60	PK_580		ESG	2,0	51,1	152,21
SK.9-61	SPG_073		FG	2,0	52,3	39,56
SK.9-62	SPG_074		FG	2,0	51,4	36,32
SK.9-63	SPG_108		FG	2,0	50,7	37,60
SK.9-64	SPG_042		FG	2,0	50,8	36,12
SK.9-65	SPG_176		FG	2,0	51,0	52,67
SK.9-66	SPG_177		FG	2,0	50,0	49,83
SK.9-67	SPG_088		FG	2,0	49,3	49,00
SK.9-68	SPG_090		FG	2,0	50,2	53,14
SK.9-69	SPG_091		FG	2,0	52,7	52,80
SK.9-70	SPG_175		FG	2,0	52,4	58,73
SK.9-71	SPG_100		FG	2,0	52,1	63,70
SK.9-72	SPG_101	Glasreinigung	FG	2,0	51,4	63,20
SK.9-73	SPG_178		FG	2,0	51,4	69,22
SK.9-74	SPG_093		FG	2,0	51,6	81,54
SK.9-75	SPG_104		FG	2,0	51,3	73,49
SK.9-76	SPG_033		FG	2,0	51,5	75,95
SK.9-77	PK_509		TVG	2,0	52,4	100,06
SK.9-78	PK_508		TVG	2,0	51,4	98,46
SK.9-79	PK_507		TVG	2,0	50,8	90,77
SK.9-80	PK_436		TVG	2,0	50,8	110,79
SK.9-81	PK_467		TVG	2,0	50,5	94,32
SK.9-82	PK_468		TVG	2,0	50,3	113,48
SK.9-83	PK_695		TVG	2,0	49,6	136,74
SK.9-84	PK_718		TVG	2,0	48,9	134,12

[a] Atmosphärische Bedingung während der Biegeprüfung.

Tabelle F.9 Einzelmesswerte Versuchsreihe SK.9 – Reale Schadensmuster. *(Fortsetzung)*

Nr.	PK	Methode	Glasart	Spannungs-rate $\dot{\sigma}$	Atmo. Beding.[a]	Bruch-spannung σ_f
[–]	[–]	[–]	[–]	$[N\,mm^{-2}\,s^{-1}]$	[% rF]	$[N\,mm^{-2}]$
SK.9-85	PK_694	Glasreinigung	TVG	2,0	53,1	103,29
SK.9-86	PK_705		TVG	2,0	52,7	132,76
SK.9-87	PK_697		TVG	2,0	52,3	130,84
SK.9-88	PK_712		TVG	2,0	52,0	125,82
SK.9-89	PK_708		TVG	2,0	51,5	155,62
SK.9-90	PK_709		TVG	2,0	51,4	127,76
SK.9-91	PK_443		TVG	2,0	51,2	137,66
SK.9-92	PK_725		TVG	2,0	50,7	127,12
SK.9-93	ESG_085		ESG	2,0	52,1	168,86
SK.9-94	ESG_022		ESG	2,0	51,9	163,20
SK.9-95	ESG_033		ESG	2,0	50,5	162,69
SK.9-96	ESG_060		ESG	2,0	50,4	149,26
SK.9-97	ESG_044		ESG	2,0	50,5	181,11
SK.9-98	ESG_045		ESG	2,0	50,3	184,20
SK.9-99	ESG_069		ESG	2,0	50,2	162,82
SK.9-100	ESG_052		ESG	2,0	49,3	196,91
SK.9-101	ESG_098		ESG	2,0	52,8	201,76
SK.9-102	ESG_050		ESG	2,0	52,1	198,25
SK.9-103	ESG_039		ESG	2,0	52,4	187,51
SK.9-104	ESG_087		ESG	2,0	51,3	184,05
SK.9-105	ESG_065		ESG	2,0	51,3	183,67
SK.9-106	ESG_067		ESG	2,0	50,8	204,52
SK.9-107	ESG_069		ESG	2,0	51,1	188,91
SK.9-108	ESG_080		ESG	2,0	50,6	208,97
SK.9-109	PK_062	Betretung (100 Zyklen)	FG	2,0	48,5	38,88
SK.9-110	PK_102		FG	2,0	48,5	46,94
SK.9-111	PK_072		FG	2,0	48,5	36,32
SK.9-112	PK_112		FG	2,0	48,5	46,30
SK.9-113	PK_100		FG	2,0	48,5	31,21
SK.9-114	PK_060		FG	2,0	48,5	32,49
SK.9-115	PK_090		FG	2,0	48,5	33,77
SK.9-116	PK_082		FG	2,0	48,5	33,64
SK.9-117	PK_172		TVG	2,0	48,5	96,44
SK.9-118	PK_142		TVG	2,0	48,5	102,71
SK.9-119	PK_182		TVG	2,0	48,5	92,86
SK.9-120	PK_152		TVG	2,0	48,5	98,23
SK.9-121	PK_132		TVG	2,0	48,5	93,63
SK.9-122	PK_180		TVG	2,0	48,5	85,57
SK.9-123	PK_140		TVG	2,0	48,5	83,51
SK.9-124	PK_170		TVG	2,0	48,5	92,03
SK.9-125	PK_162		TVG	2,0	48,5	91,32
SK.9-126	PK_192		TVG	2,0	48,5	90,56

[a] Atmosphärische Bedingung während der Biegeprüfung.

Tabelle F.9 Einzelmesswerte Versuchsreihe SK.9 – Reale Schadensmuster. *(Fortsetzung)*

Nr.	PK	Methode	Glasart	Spannungs-rate $\dot{\sigma}$	Atmo. Beding.[a]	Bruch-spannung σ_f
[–]	[–]	[–]	[–]	$[N\,mm^{-2}\,s^{-1}]$	[% rF]	$[N\,mm^{-2}]$
SK.9-127	PK_212	Betretung (100 Zyklen)	ESG	2,0	48,5	158,60
SK.9-128	PK_252		ESG	2,0	48,5	143,25
SK.9-129	PK_222		ESG	2,0	48,5	141,97
SK.9-130	PK_262		ESG	2,0	48,5	153,48
SK.9-131	PK_232		ESG	2,0	48,5	161,16
SK.9-132	PK_260		ESG	2,0	48,5	136,86
SK.9-133	PK_220		ESG	2,0	48,5	130,71
SK.9-134	PK_250		ESG	2,0	48,5	141,97
SK.9-135	PK_242		ESG	2,0	48,5	141,59
SK.9-136	PK_272		ESG	2,0	48,5	136,86
SK.9-137	PK_079	Glashobel (Zementmörtel)	FG	2,0	51,1	72,27
SK.9-138	PK_051		FG	2,0	52,7	63,95
SK.9-139	PK_052		FG	2,0	50,5	61,52
SK.9-140	PK_058		FG	2,0	50,8	40,16
SK.9-141	PK_078		FG	2,0	50,3	47,96
SK.9-142	PK_089		FG	2,0	50,5	33,89
SK.9-143	PK_059		FG	2,0	51,9	31,72
SK.9-144	PK_118		FG	2,0	50,7	33,51
SK.9-145	PK_099		FG	2,0	50,9	30,95
SK.9-146	PK_069		FG	2,0	52,2	25,96
SK.9-147	PK_138	Glashobel (Zementmörtel)	TVG	2,0	52,1	130,46
SK.9-148	PK_158		TVG	2,0	51,5	144,53
SK.9-149	PK_198		TVG	2,0	50,7	107,69
SK.9-150	PK_179		TVG	2,0	51,2	99,37
SK.9-151	PK_149		TVG	2,0	51,1	158,60
SK.9-152	PK_189		TVG	2,0	50,3	87,87
SK.9-153	PK_188		TVG	2,0	50,4	73,16
SK.9-154	PK_129		TVG	2,0	50,0	84,42
SK.9-155	PK_169		TVG	2,0	51,3	89,15
SK.9-156	PK_139		TVG	2,0	51,0	73,54
SK.9-157	PK_238		ESG	2,0	50,9	168,83
SK.9-158	PK_278		ESG	2,0	52,2	158,60
SK.9-159	PK_228		ESG	2,0	53,4	198,25
SK.9-160	PK_259		ESG	2,0	51,7	175,23
SK.9-161	PK_229		ESG	2,0	50,7	222,55
SK.9-162	PK_269		ESG	2,0	50,9	133,02
SK.9-163	PK_249		ESG	2,0	50,2	141,97
SK.9-164	PK_219		ESG	2,0	51,0	130,46
SK.9-165	PK_268		ESG	2,0	51,3	140,69
SK.9-166	PK_209		ESG	2,0	51,1	136,86
SK.9-167	PK_097	Glashobel (Baugips)	FG	2,0	48,8	79,45
SK.9-168	PK_066		FG	2,0	51,3	65,74

[a] Atmosphärische Bedingung während der Biegeprüfung.

Tabelle F.9 Einzelmesswerte Versuchsreihe SK.9 – Reale Schadensmuster. *(Fortsetzung)*

Nr.	PK	Methode	Glasart	Spannungs-rate $\dot{\sigma}$	Atmo. Beding.[a]	Bruch-spannung σ_f
[–]	[–]	[–]	[–]	$[\mathrm{N\,mm^{-2}\,s^{-1}}]$	[% rF]	$[\mathrm{N\,mm^{-2}}]$
SK.9-169	PK_057		FG	2,0	50,5	94,52
SK.9-170	PK_107		FG	2,0	50,5	95,97
SK.9-171	PK_067		FG	2,0	49,7	82,75
SK.9-172	PK_116		FG	2,0	48,9	45,92
SK.9-173	PK_076		FG	2,0	49,2	64,85
SK.9-174	PK_096		FG	2,0	48,1	70,14
SK.9-175	PK_056		FG	2,0	48,5	69,07
SK.9-176	PK_086		FG	2,0	48,0	104,62
SK.9-177	PK_167		TVG	2,0	51,5	188,02
SK.9-178	PK_176		TVG	2,0	50,2	195,69
SK.9-179	PK_136		TVG	2,0	49,2	202,09
SK.9-180	PK_166		TVG	2,0	48,4	185,46
SK.9-181	PK_126		TVG	2,0	48,7	222,55
SK.9-182	PK_127	Glashobel	TVG	2,0	49,5	109,23
SK.9-183	PK_196	(Baugips)	TVG	2,0	49,4	130,46
SK.9-184	PK_156		TVG	2,0	49,2	150,93
SK.9-185	PK_186		TVG	2,0	48,1	147,09
SK.9-186	PK_146		TVG	2,0	48,5	165,00
SK.9-187	PK_276		ESG	2,0	51,5	236,62
SK.9-188	PK_206		ESG	2,0	50,9	242,54
SK.9-189	PK_246		ESG	2,0	50,1	230,23
SK.9-190	PK_216		ESG	2,0	49,5	222,55
SK.9-191	PK_256		ESG	2,0	48,8	199,53
SK.9-192	PK_257		ESG	2,0	48,9	172,67
SK.9-193	PK_227		ESG	2,0	49,1	199,53
SK.9-194	PK_207		ESG	2,0	48,9	209,76
SK.9-195	PK_217		ESG	2,0	48,8	170,11
SK.9-196	PK_247		ESG	2,0	48,2	180,34
SK.9-197	PK_049		FG	2,0	46,0	35,69
SK.9-198	PK_088		FG	2,0	47,8	40,29
SK.9-199	PK_117		FG	2,0	48,6	63,58
SK.9-200	PK_087		FG	2,0	48,1	63,45
SK.9-201	PK_047		FG	2,0	48,0	49,88
SK.9-202	PK_048		FG	2,0	48,5	21,23
SK.9-203	PK_098	Glashobel	FG	2,0	47,7	30,31
SK.9-204	PK_068	(Estrichbeton)	FG	2,0	47,3	32,10
SK.9-205	PK_108		FG	2,0	47,5	34,79
SK.9-206	PK_077		FG	2,0	47,3	34,79
SK.9-207	PK_148		TVG	2,0	47,8	115,50
SK.9-208	PK_178		TVG	2,0	48,7	103,09
SK.9-209	PK_197		TVG	2,0	47,5	120,88
SK.9-210	PK_168		TVG	2,0	47,5	111,15

[a] Atmosphärische Bedingung während der Biegeprüfung.

Tabelle F.9 Einzelmesswerte Versuchsreihe SK.9 – Reale Schadensmuster. *(Fortsetzung)*

Nr.	PK	Methode	Glasart	Spannungs-rate $\dot{\sigma}$	Atmo. Beding.[a]	Bruch-spannung σ_f
[–]	[–]	[–]	[–]	$[N\,mm^{-2}\,s^{-1}]$	[% rF]	$[N\,mm^{-2}]$
SK.9-211	PK_177	Glashobel (Estrichbeton)	TVG	2,0	47,9	106,03
SK.9-212	PK_157		TVG	2,0	47,7	90,85
SK.9-213	PK_137		TVG	2,0	48,1	81,60
SK.9-214	PK_147		TVG	2,0	48,4	84,03
SK.9-215	PK_128		TVG	2,0	47,2	90,07
SK.9-216	PK_187		TVG	2,0	48,5	89,28
SK.9-217	PK_218		ESG	2,0	47,2	188,02
SK.9-218	PK_237		ESG	2,0	47,8	159,88
SK.9-219	PK_226		ESG	2,0	48,1	181,62
SK.9-220	PK_277		ESG	2,0	48,0	162,44
SK.9-221	PK_248		ESG	2,0	47,6	150,93
SK.9-222	PK_266		ESG	2,0	47,9	130,46
SK.9-223	PK_267		ESG	2,0	47,8	123,81
SK.9-224	PK_236		ESG	2,0	47,5	141,97
SK.9-225	PK_208		ESG	2,0	47,4	141,97
SK.9-226	PK_258		ESG	2,0	47,5	140,69
SK.9-227	PK_121	Glashobel (Mineralputz)	FG	2,0	49,3	113,93
SK.9-228	PK_101		FG	2,0	48,3	71,84
SK.9-229	PK_071		FG	2,0	49,0	94,78
SK.9-230	PK_081		FG	2,0	49,9	101,81
SK.9-231	PK_106		FG	2,0	50,2	50,27
SK.9-232	PK_055		FG	2,0	47,9	22,38
SK.9-233	PK_091		FG	2,0	49,7	26,99
SK.9-234	PK_061		FG	2,0	48,8	25,32
SK.9-235	PK_053		FG	2,0	50,1	30,31
SK.9-236	PK_054		FG	2,0	49,0	30,95
SK.9-237	PK_161		TVG	2,0	49,4	159,88
SK.9-238	PK_181	Glashobel (Mineralputz)	TVG	2,0	48,7	150,93
SK.9-239	PK_199		TVG	2,0	49,0	144,53
SK.9-240	PK_201		TVG	2,0	49,0	117,03
SK.9-241	PK_191		TVG	2,0	49,9	131,74
SK.9-242	PK_151		TVG	2,0	49,1	77,51
SK.9-243	PK_131		TVG	2,0	49,3	81,09
SK.9-244	PK_171		TVG	2,0	50,0	77,25
SK.9-245	PK_141		TVG	2,0	48,9	69,20
SK.9-246	PK_231		ESG	2,0	48,7	264,76
SK.9-247	PK_271		ESG	2,0	49,6	180,34
SK.9-248	PK_281		ESG	2,0	49,0	185,46
SK.9-249	PK_239		ESG	2,0	48,9	230,23
SK.9-250	PK_213		ESG	2,0	50,4	225,11
SK.9-251	PK_251		ESG	2,0	48,9	122,28
SK.9-252	PK_211		ESG	2,0	48,5	141,59

[a] Atmosphärische Bedingung während der Biegeprüfung.

Tabelle F.9 Einzelmesswerte Versuchsreihe SK.9 – Reale Schadensmuster. *(Fortsetzung)*

Nr.	PK	Methode	Glasart	Spannungs-rate $\dot{\sigma}$	Atmo. Beding.[a]	Bruch-spannung σ_f
[–]	[–]	[–]	[–]	$[\mathrm{N\,mm^{-2}\,s^{-1}}]$	[% rF]	$[\mathrm{N\,mm^{-2}}]$
SK.9-253	PK_261	Glashobel (Mineralputz)	ESG	2,0	49,3	131,74
SK.9-254	PK_221		ESG	2,0	48,9	120,49
SK.9-255	PK_241		ESG	2,0	49,6	136,86
SK.9-256	PK_083	Topfreiniger (Stahlwolle)	FG	2,0	48,8	59,35
SK.9-257	PK_113		FG	2,0	49,6	52,70
SK.9-258	PK_073		FG	2,0	49,3	71,63
SK.9-259	PK_123		FG	2,0	49,1	59,00
SK.9-260	PK_095		FG	2,0	49,5	60,24
SK.9-261	PK_163		TVG	2,0	49,1	113,45
SK.9-262	PK_193		TVG	2,0	49,3	107,69
SK.9-263	PK_153		TVG	2,0	48,7	125,22
SK.9-264	PK_203		TVG	2,0	49,0	112,81
SK.9-265	PK_175		TVG	2,0	49,1	134,30
SK.9-266	PK_243		ESG	2,0	48,4	168,83
SK.9-267	PK_273		ESG	2,0	48,3	189,30
SK.9-268	PK_233		ESG	2,0	49,5	189,30
SK.9-269	PK_283		ESG	2,0	49,7	180,34
SK.9-270	PK_255		ESG	2,0	49,1	170,11
SK.9-271	PK_070	Topfreiniger (Schwamm)	FG	2,0	49,1	44,25
SK.9-272	PK_094		FG	2,0	49,7	41,44
SK.9-273	PK_120		FG	2,0	50,2	42,72
SK.9-274	PK_080		FG	2,0	49,9	37,35
SK.9-275	PK_110		FG	2,0	49,4	52,82
SK.9-276	PK_150		TVG	2,0	49,1	104,49
SK.9-277	PK_174		TVG	2,0	49,6	97,59
SK.9-278	PK_200		TVG	2,0	49,5	94,52
SK.9-279	PK_160		TVG	2,0	50,4	99,37
SK.9-280	PK_190		TVG	2,0	49,3	93,87
SK.9-281	PK_230		ESG	2,0	49,2	157,32
SK.9-282	PK_254		ESG	2,0	49,3	154,76
SK.9-283	PK_280		ESG	2,0	50,3	161,25
SK.9-284	PK_240		ESG	2,0	50,1	150,77
SK.9-285	PK_270		ESG	2,0	49,6	153,48
SK.9-286	PK_084	Scheuermilch	FG	2,0	51,3	106,67
SK.9-287	PK_114		FG	2,0	48,7	104,88
SK.9-288	PK_074		FG	2,0	48,4	72,78
SK.9-289	PK_104		FG	2,0	47,7	83,78
SK.9-290	PK_064		FG	2,0	48,5	90,98
SK.9-291	PK_164		TVG	2,0	50,8	156,04
SK.9-292	PK_194		TVG	2,0	49,6	134,30
SK.9-293	PK_154		TVG	2,0	48,1	141,97
SK.9-294	PK_184		TVG	2,0	48,2	184,18
SK.9-295	PK_144		TVG	2,0	48,5	194,41

[a] Atmosphärische Bedingung während der Biegeprüfung.

Tabelle F.9 Einzelmesswerte Versuchsreihe SK.9 – Reale Schadensmuster. *(Fortsetzung)*

Nr.	PK	Methode	Glasart	Spannungs-rate $\dot{\sigma}$	Atmo. Beding.[a]	Bruch-spannung σ_f
[–]	[–]	[–]	[–]	$[N\,mm^{-2}\,s^{-1}]$	[% rF]	$[N\,mm^{-2}]$
SK.9-296	PK_244	Scheuermilch	ESG	2,0	49,9	260,92
SK.9-297	PK_274		ESG	2,0	48,5	268,76
SK.9-298	PK_234		ESG	2,0	47,8	220,25
SK.9-299	PK_264		ESG	2,0	48,2	271,38
SK.9-300	PK_224		ESG	2,0	48,3	245,57
SK.9-301	PK_085	Vandalismus (Scratching)	FG	2,0	48,7	29,50
SK.9-302	PK_115		FG	2,0	49,8	33,00
SK.9-303	PK_075		FG	2,0	49,2	29,03
SK.9-304	PK_105		FG	2,0	50,1	35,17
SK.9-305	PK_065		FG	2,0	48,5	29,29
SK.9-306	PK_165		TVG	2,0	49,2	84,03
SK.9-307	PK_195		TVG	2,0	50,0	86,08
SK.9-308	PK_155		TVG	2,0	50,9	77,25
SK.9-309	PK_185		TVG	2,0	49,0	87,05
SK.9-310	PK_145		TVG	2,0	49,2	86,33
SK.9-311	PK_245		ESG	2,0	50,3	143,25
SK.9-312	PK_275		ESG	2,0	50,8	136,86
SK.9-313	PK_235		ESG	2,0	49,4	117,80
SK.9-314	PK_265		ESG	2,0	49,9	147,09
SK.9-315	PK_225		ESG	2,0	50,0	145,52
SK.9-316	PK_290	Verbrennung (Winkelschleifer)	FG	2,0	48,2	51,03
SK.9-317	PK_350		FG	2,0	47,3	57,30
SK.9-318	PK_306		FG	2,0	47,6	56,37
SK.9-319	PK_399		FG	2,0	47,7	41,82
SK.9-320	PK_351		FG	2,0	48,5	55,89
SK.9-321	PK_491		TVG	2,0	48,4	108,21
SK.9-322	PK_500		TVG	2,0	48,1	107,95
SK.9-323	PK_499		TVG	2,0	48,5	106,59
SK.9-324	PK_498		TVG	2,0	49,2	112,35
SK.9-325	PK_503		TVG	2,0	48,8	112,43
SK.9-326	PK_617		ESG	2,0	48,1	163,88
SK.9-327	PK_626		ESG	2,0	48,3	148,37
SK.9-328	PK_633		ESG	2,0	47,8	158,60
SK.9-329	PK_535		ESG	2,0	48,6	158,60
SK.9-330	PK_636		ESG	2,0	47,7	167,55
SK.9-331	SGP_GSS_01	Sandstrahlen	FG	2,0	50,6	34,99
SK.9-332	SGP_GSS_02		FG	2,0	50,5	28,11
SK.9-333	SGP_GSS_03		FG	2,0	50,7	34,02
SK.9-334	SGP_GSS_04		FG	2,0	50,4	31,73
SK.9-335	SGP_GSS_05		FG	2,0	50,6	29,31
SK.9-336	SGP_GSS_06		FG	2,0	50,0	28,19
SK.9-337	SGP_GSS_07		FG	2,0	50,4	30,11
SK.9-338	SGP_GSS_08		FG	2,0	50,5	35,25

[a] Atmosphärische Bedingung während der Biegeprüfung.

Tabelle F.9 Einzelmesswerte Versuchsreihe SK.9 – Reale Schadensmuster. *(Fortsetzung)*

Nr. [–]	**PK** [–]	**Methode** [–]	**Glasart** [–]	**Spannungs-rate** $\dot{\sigma}$ $\left[\mathrm{N\,mm^{-2}\,s^{-1}}\right]$	**Atmo. Beding.**[a] [% rF]	**Bruch-spannung** σ_f $\left[\mathrm{N\,mm^{-2}}\right]$
SK.9-339	SGP_GSS_09	Sandstrahlen	FG	2,0	50,7	31,03
SK.9-340	SGP_GSS_10		FG	2,0	50,2	34,65
SK.9-341	SGP_GSS_11		FG	2,0	50,2	37,39
SK.9-342	SGP_GSS_12		FG	2,0	50,7	29,44
SK.9-343	SGP_GSS_13		FG	2,0	50,3	35,53
SK.9-344	SGP_GSS_14		FG	2,0	50,1	32,02
SK.9-345	SGP_GSS_15		FG	2,0	50,5	29,65
SK.9-346	SGP_GSS_16		FG	2,0	50,5	38,52
SK.9-347	SGP_GSS_17		FG	2,0	51,3	30,62
SK.9-348	SGP_GSS_18		FG	2,0	51,2	35,29
SK.9-349	SGP_GSS_19		FG	2,0	51,2	30,49
SK.9-350	SGP_GSS_20		FG	2,0	51,7	25,09
SK.9-351	SGP_GSS_21		FG	2,0	51,1	34,13
SK.9-352	SGP_GSS_22		FG	2,0	51,7	32,06
SK.9-353	SGP_GSS_24		FG	2,0	51,6	34,06
SK.9-354	SGP_GSS_25		FG	2,0	51,4	33,66
SK.9-355	SGP_GSS_26		FG	2,0	51,4	35,81
SK.9-356	SGP_GSS_27		FG	2,0	51,9	35,17
SK.9-357	SGP_GSS_28		FG	2,0	51,8	26,95
SK.9-358	SGP_GSS_29		FG	2,0	52,3	34,86
SK.9-359	SGP_GSS_30		FG	2,0	52,3	36,52
SK.9-360	SGP_GSS_31		FG	2,0	52,2	36,98
SK.9-361	SGP_GSS_32		FG	2,0	52,3	32,88
SK.9-362	SGP_GSS_33		FG	2,0	52,5	30,92
SK.9-363	SGP_GSS_34		FG	2,0	52,6	32,33

[a] Atmosphärische Bedingung während der Biegeprüfung.

F.2 Versuchsreihe SP – Sanierung von Glas

Tabelle F.10 Einzelmesswerte Versuchsreihe SP.1 – Sanierung durch abrasives Polieren.

Nr.	PK	Glasart	Poliert	Spannungs-rate $\dot{\sigma}$	Atmo. Beding.[a]	Bruch-spannung σ_f
[–]	[–]	[–]	[–]	$[N\,mm^{-2}\,s^{-1}]$	[% rF]	$[N\,mm^{-2}]$
SP.1-1	3M_007a	FG	Nein	2,0	47,9	36,28
SP.1-2	3M_008a	FG	Nein	2,0	48,0	35,89
SP.1-3	3M_009a	FG	Nein	2,0	48,0	35,27
SP.1-4	3M_010a	FG	Nein	2,0	48,6	33,65
SP.1-5	3M_011a	FG	Nein	2,0	48,1	33,90
SP.1-6	3M_007b	FG	Ja	2,0	47,0	32,76
SP.1-7	3M_008b	FG	Ja	2,0	47,6	29,87
SP.1-8	3M_009b	FG	Ja	2,0	46,7	33,10
SP.1-9	3M_010b	FG	Ja	2,0	48,9	30,67
SP.1-10	3M_011b	FG	Ja	2,0	49,9	35,57

[a] Atmosphärische Bedingung während der Biegeprüfung.

Tabelle F.11 Einzelmesswerte Versuchsreihe SP.2 – Sanierung durch lokales Ätzen.

Nr.	PK	Glasart	HF-Kon-zentration	Ätz-dauer t_{HF}	Spannungs-rate $\dot{\sigma}$	Atmo. Beding.[a]	Bruch-spannung σ_f
[–]	[–]	[–]	[Gew. – %]	[min]	$[N\,mm^{-2}\,s^{-1}]$	[% rF]	$[N\,mm^{-2}]$
SP.2-1	HF_41	FG	0,0	-	2,0	49,5	45,50
SP.2-2	HF_42	FG	0,0	-	2,0	49,9	52,40
SP.2-3	HF_43	FG	0,0	-	2,0	50,2	45,09
SP.2-4	HF_44	FG	0,0	-	2,0	51,4	44,67
SP.2-5	HF_45	FG	0,0	-	2,0	48,4	55,34
SP.2-6	HF_46	FG	0,0	-	2,0	49,8	49,10
SP.2-7	HF_47	FG	0,0	-	2,0	50,2	50,90
SP.2-8	HF_48	FG	0,0	-	2,0	49,6	44,04
SP.2-9	HF_49	FG	0,0	-	2,0	50,2	53,99
SP.2-10	HF_50	FG	0,0	-	2,0	53,3	45,10
SP.2-11	HF_51	FG	0,0	-	2,0	53,5	49,38
SP.2-12	HF_92	FG	0,0	-	2,0	50,0	49,65
SP.2-13	HF_93	FG	0,0	-	2,0	50,1	41,22
SP.2-14	HF_94	FG	0,0	-	2,0	50,1	48,80
SP.2-15	HF_95	FG	0,0	-	2,0	51,0	54,06
SP.2-16	HF_96	FG	0,0	-	2,0	49,8	49,66
SP.2-17	HF_97	FG	0,0	-	2,0	50,6	43,56

[a] Atmosphärische Bedingung während der Biegeprüfung.

Tabelle F.11 Einzelmesswerte Versuchsreihe SP.2 – Sanierung durch lokales Ätzen. *(Fortsetzung)*

Nr.	PK	Glasart	HF-Konzentration	Ätzdauer t_{HF}	Spannungsrate $\dot{\sigma}$	Atmo. Beding.[a]	Bruchspannung σ_f
[–]	[–]	[–]	[Gew. – %]	[min]	$[N\ mm^{-2}\ s^{-1}]$	[% rF]	$[N\ mm^{-2}]$
SP.2-18	HF_98	FG	0,0	-	2,0	50,7	46,97
SP.2-19	HF_99	FG	0,0	-	2,0	50,3	47,76
SP.2-20	HF_100	FG	0,0	-	2,0	51,0	47,51
SP.2-21	HF_101	FG	0,0	-	2,0	51,4	46,51
SP.2-22	HF_99-2	FG	0,0	-	2,0	52,0	48,59
SP.2-23	HF_100-2	FG	0,0	-	2,0	52,0	46,52
SP.2-24	HF_101-2	FG	0,0	-	2,0	52,1	50,22
SP.2-25	HF_1	FG	2,5	1,0	2,0	53,7	53,21
SP.2-26	HF_2	FG	2,5	1,0	2,0	53,6	55,79
SP.2-27	HF_3	FG	2,5	1,0	2,0	52,8	55,08
SP.2-28	HF_4	FG	2,5	1,0	2,0	53,4	51,94
SP.2-29	HF_5	FG	2,5	1,0	2,0	52,7	52,74
SP.2-30	HF_6	FG	2,5	2,0	2,0	52,9	56,96
SP.2-31	HF_7	FG	2,5	2,0	2,0	53,4	60,79
SP.2-32	HF_8	FG	2,5	2,0	2,0	52,6	53,07
SP.2-33	HF_9	FG	2,5	2,0	2,0	52,8	53,84
SP.2-34	HF_10	FG	2,5	2,0	2,0	52,9	51,97
SP.2-35	HF_11	FG	2,5	5,0	2,0	51,8	59,24
SP.2-36	HF_12	FG	2,5	5,0	2,0	52,1	59,50
SP.2-37	HF_13	FG	2,5	5,0	2,0	52,1	57,28
SP.2-38	HF_14	FG	2,5	5,0	2,0	51,9	56,67
SP.2-39	HF_15	FG	2,5	5,0	2,0	51,3	59,45
SP.2-40	HF_16	FG	2,5	10,0	2,0	52,4	89,93
SP.2-41	HF_17	FG	2,5	10,0	2,0	51,5	100,46
SP.2-42	HF_18	FG	2,5	10,0	2,0	51,7	95,00
SP.2-43	HF_19	FG	2,5	10,0	2,0	52,1	61,46
SP.2-44	HF_20	FG	2,5	10,0	2,0	51,3	100,69
SP.2-45	HF_21	FG	2,5	15,0	2,0	52,0	129,25
SP.2-46	HF_22	FG	2,5	15,0	2,0	52,0	88,31
SP.2-47	HF_23	FG	2,5	15,0	2,0	51,9	104,14
SP.2-48	HF_25	FG	2,5	15,0	2,0	51,9	123,99
SP.2-49	HF_26	FG	2,5	30,0	2,0	52,1	159,44
SP.2-50	HF_27	FG	2,5	30,0	2,0	52,0	97,40
SP.2-51	HF_28	FG	2,5	30,0	2,0	52,1	149,25
SP.2-52	HF_29	FG	2,5	30,0	2,0	52,0	123,56
SP.2-53	HF_30	FG	2,5	30,0	2,0	52,4	135,10
SP.2-54	HF_31	FG	2,5	45,0	2,0	52,8	152,52
SP.2-55	HF_32	FG	2,5	45,0	2,0	53,5	142,25
SP.2-56	HF_33	FG	2,5	45,0	2,0	53,5	137,27
SP.2-57	HF_34	FG	2,5	45,0	2,0	53,5	127,85
SP.2-58	HF_35	FG	2,5	45,0	2,0	52,8	111,80
SP.2-59	HF_36	FG	2,5	60,0	2,0	52,7	208,07
SP.2-60	HF_37	FG	2,5	60,0	2,0	53,4	184,63
SP.2-61	HF_38	FG	2,5	60,0	2,0	53,5	138,67

[a] Atmosphärische Bedingung während der Biegeprüfung.

Tabelle F.11 Einzelmesswerte Versuchsreihe SP.2 – Sanierung durch lokales Ätzen. *(Fortsetzung)*

Nr.	PK	Glasart	HF-Konzentration	Ätzdauer t_{HF}	Spannungsrate $\dot{\sigma}$	Atmo. Beding.[a]	Bruchspannung σ_f
[–]	[–]	[–]	[Gew. – %]	[min]	[N mm^{-2} s^{-1}]	[% rF]	[N mm^{-2}]
SP.2-62	HF_52	FG	5,0	1,0	2,0	51,5	53,46
SP.2-63	HF_53	FG	5,0	1,0	2,0	52,1	57,57
SP.2-64	HF_54	FG	5,0	1,0	2,0	51,8	55,26
SP.2-65	HF_55	FG	5,0	1,0	2,0	51,0	59,59
SP.2-66	HF_56	FG	5,0	1,0	2,0	51,5	54,97
SP.2-67	HF_57	FG	5,0	2,0	2,0	51,7	56,75
SP.2-68	HF_58	FG	5,0	2,0	2,0	51,9	59,28
SP.2-69	HF_59	FG	5,0	2,0	2,0	52,2	54,97
SP.2-70	HF_60	FG	5,0	2,0	2,0	52,5	56,96
SP.2-71	HF_61	FG	5,0	2,0	2,0	52,3	53,82
SP.2-72	HF_62	FG	5,0	5,0	2,0	50,9	73,00
SP.2-73	HF_63	FG	5,0	5,0	2,0	51,1	61,25
SP.2-74	HF_64	FG	5,0	5,0	2,0	51,8	55,30
SP.2-75	HF_65	FG	5,0	5,0	2,0	51,8	62,12
SP.2-76	HF_66	FG	5,0	5,0	2,0	51,1	56,86
SP.2-77	HF_67	FG	5,0	10,0	2,0	50,6	118,48
SP.2-78	HF_68	FG	5,0	10,0	2,0	51,1	82,33
SP.2-79	HF_69	FG	5,0	10,0	2,0	50,4	111,25
SP.2-80	HF_70	FG	5,0	10,0	2,0	50,7	53,53
SP.2-81	HF_71	FG	5,0	10,0	2,0	50,5	105,61
SP.2-82	HF_72	FG	5,0	15,0	2,0	52,6	103,37
SP.2-83	HF_73	FG	5,0	15,0	2,0	52,0	100,36
SP.2-84	HF_74	FG	5,0	15,0	2,0	52,1	61,89
SP.2-85	HF_75	FG	5,0	15,0	2,0	52,1	118,92
SP.2-86	HF_76	FG	5,0	15,0	2,0	52,6	130,21
SP.2-87	HF_77-2	FG	5,0	30,0	2,0	51,5	167,19
SP.2-88	HF_78-2	FG	5,0	30,0	2,0	51,1	139,43
SP.2-89	HF_79	FG	5,0	30,0	2,0	51,8	326,07
SP.2-90	HF_80	FG	5,0	30,0	2,0	51,7	245,28
SP.2-91	HF_81	FG	5,0	30,0	2,0	51,7	186,57
SP.2-92	HF_82-2	FG	5,0	45,0	2,0	52,4	295,41
SP.2-93	HF_83-2	FG	5,0	45,0	2,0	50,9	160,78
SP.2-94	HF_84-2	FG	5,0	45,0	2,0	51,0	228,06
SP.2-95	HF_86-2	FG	5,0	45,0	2,0	50,1	144,63
SP.2-96	HF_87-2	FG	5,0	60,0	2,0	52,5	217,93
SP.2-97	HF_167	ESG	0,0	-	2,0	52,7	201,51
SP.2-98	HF_168	ESG	0,0	-	2,0	52,7	224,32
SP.2-99	HF_169	ESG	0,0	-	2,0	52,2	238,39
SP.2-100	HF_170	ESG	0,0	-	2,0	52,8	198,39
SP.2-101	HF_172	ESG	0,0	-	2,0	52,4	206,23
SP.2-102	HF_173	ESG	0,0	-	2,0	52,5	194,30
SP.2-103	HF_174	ESG	0,0	-	2,0	52,3	194,95
SP.2-104	HF_175	ESG	0,0	-	2,0	52,5	201,01
SP.2-105	HF_176	ESG	0,0	-	2,0	52,4	221,05

[a] Atmosphärische Bedingung während der Biegeprüfung.

Tabelle F.11 Einzelmesswerte Versuchsreihe SP.2 – Sanierung durch lokales Ätzen. *(Fortsetzung)*

Nr.	PK	Glasart	HF-Konzentration	Ätzdauer t_{HF}	Spannungsrate $\dot{\sigma}$	Atmo. Beding.[a]	Bruchspannung σ_f
[–]	[–]	[–]	[Gew. – %]	[min]	$[N\,mm^{-2}\,s^{-1}]$	[% rF]	$[N\,mm^{-2}]$
SP.2-106	HF_127	ESG	2,5	1,0	2,0	51,6	208,66
SP.2-107	HF_129	ESG	2,5	1,0	2,0	52,0	207,26
SP.2-108	HF_130	ESG	2,5	1,0	2,0	52,0	226,19
SP.2-109	HF_131	ESG	2,5	1,0	2,0	52,1	207,47
SP.2-110	HF_133	ESG	2,5	2,0	2,0	51,8	244,74
SP.2-111	HF_134	ESG	2,5	2,0	2,0	51,8	247,85
SP.2-112	HF_135	ESG	2,5	2,0	2,0	51,8	218,14
SP.2-113	HF_136	ESG	2,5	2,0	2,0	51,6	212,55
SP.2-114	HF_137	ESG	2,5	5,0	2,0	51,7	268,63
SP.2-115	HF_138	ESG	2,5	5,0	2,0	51,9	219,01
SP.2-116	HF_139	ESG	2,5	5,0	2,0	52,4	287,89
SP.2-117	HF_140	ESG	2,5	5,0	2,0	52,3	251,86
SP.2-118	HF_142	ESG	2,5	10,0	2,0	51,9	274,31
SP.2-119	HF_143	ESG	2,5	10,0	2,0	51,8	249,68
SP.2-120	HF_144	ESG	2,5	10,0	2,0	51,7	268,92
SP.2-121	HF_145	ESG	2,5	10,0	2,0	52,0	283,36
SP.2-122	HF_146	ESG	2,5	10,0	2,0	51,9	246,41
SP.2-123	HF_147	ESG	2,5	15,0	2,0	52,5	283,90
SP.2-124	HF_148	ESG	2,5	15,0	2,0	52,5	544,40
SP.2-125	HF_149	ESG	2,5	15,0	2,0	51,9	307,27
SP.2-126	HF_150	ESG	2,5	15,0	2,0	52,5	252,36
SP.2-127	HF_151	ESG	2,5	15,0	2,0	52,5	262,99
SP.2-128	HF_152	ESG	2,5	30,0	2,0	51,9	700,99
SP.2-129	HF_156	ESG	2,5	30,0	2,0	51,3	511,29
SP.2-130	HF_157	ESG	2,5	45,0	2,0	51,8	757,65
SP.2-131	HF_158	ESG	2,5	45,0	2,0	51,9	957,89
SP.2-132	HF_161	ESG	2,5	45,0	2,0	52,6	991,65
SP.2-133	HF_102	FG[b]	2,5	15,0	2,0	53,3	106,74
SP.2-134	HF_103	FG[b]	2,5	15,0	2,0	49,8	152,05
SP.2-135	HF_104	FG[b]	2,5	15,0	2,0	49,9	75,71
SP.2-136	HF_105	FG[b]	2,5	15,0	2,0	52,3	103,24
SP.2-137	HF_106	FG[b]	2,5	15,0	2,0	51,8	89,37
SP.2-138	HF_107	FG[b]	5,0	15,0	2,0	51,8	128,18
SP.2-139	HF_108	FG[b]	5,0	15,0	2,0	51,7	130,28
SP.2-140	HF_109	FG[b]	5,0	15,0	2,0	52,4	141,76
SP.2-141	HF_110	FG[b]	5,0	15,0	2,0	52,5	64,61
SP.2-142	HF_111	FG[b]	5,0	15,0	2,0	52,2	68,75

[a] Atmosphärische Bedingung während der Biegeprüfung.
[b] Prüfung der Atmosphärenseite.

Anhang G

Arbeiten mit Flusssäure: Hinweise zum Arbeitsschutz

Flusssäure (HF) greift neben Glas auch Metalle, Textilien, Holz, usw. an. Bei Kontakt mit der Haut, beim Einatmen und/oder Verschlucken verursacht sie schwere Ätzungen und wird schnell lebensbedrohlich. Saure Fluoride durchdringen bei äußerem Kontakt zügig die Haut und zerstören tiefere Gewebeschichten. Durch die Bindung für den Stoffwechsel wichtiger Magnesium- und Calziumionen kann es akut zu bedrohlichen Stoffwechselstörungen kommen. Der toxische Wirkungseintritt wird durch die Konzentration der Lösung bedingt: 20 % bis nach 24 Stunden möglich, 20-50 % nach 1-8 Stunden, >50 % sofort. Daher ist der Umgang mit Flusssäure nur mit persönlicher (Augen-, Hand-, Haut- und Körperschutz) und technischer Schutzausrüstung (Luftabsaugung, Spritzschutz, etc.) durchzuführen. Diese

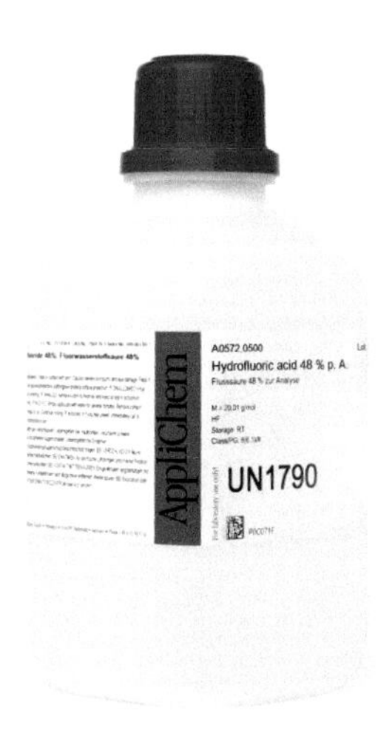

Gefährdungshinweise

H 300 Lebensgefahr bei Verschlucken
H 330 Lebensgefahr bei Einatmen
H 310 Lebensgefahr bei Hautkontakt
H 314 Verursacht schwere Verätzungen der Haut und schwere Augenschäden

Sicherheitshinweise

P 260 Nicht einatmen
P 280 Schutzhandschuhe / Schutzkleidung / Augenschutz / Gesichtsschutz tragen
P 301 Bei Verschlucken: Sofort Giftinformationszentrum anrufen
P 302 Bei Berührung mit der Haut: Behutsam mit viel Wasser und Seife waschen

Abbildung G.1 Flusssäure: GHS-Gefahrstoffkenzeichnung sowie die wichtigsten Gefährdungs- und Sicherheitshinweise (*H*- und *P*-Sätze).

müssen für Arbeiten mit Flusssäure geeignet sein. Bei Verätzungen sind sofortige Neutralisationsmaßnahmen (z. B. Auftragen von Calciumgluconat in gelartiger oder gelöster Form) zu ergreifen und der Notarzt zu verständigen. Der Transport, die Lagerung und die Anwendung von Flusssäure darf nur in Behältern aus Polyethylen erfolgen. Für die Entsorgung der Abwässer und Rückstände gelten spezielle Richtlinien.

Für Flusssäure treffen zahlreiche Verordnungen und Gesetze (z. B. Abfallverzeichnisverordnung, Arbeitsstoffverordnung, Gefahrgutverordnung, etc.) zu. Die Berufsgenossenschaften der chemischen Industrie haben ein Merkblatt (BGI 576) veröffentlicht, in welchem die genauen Richtlinien für die technischen und persönlichen Schutzmaßnahmen sowie Angaben zu Lagerung und Transport genannt sind.

Printed in the United States
By Bookmasters